常用建筑材料与结构工程检测

主 编 汪黎明

副主编 崔德密 项炳泉

黄河水利出版社

内 容 提 要

本书共分27章,系统地介绍了水泥、集料、混凝土、外加剂、钢材、砖、防水材料等十几种常用建筑材料的检验、评定方法;介绍了预制构件、塑钢及铝合金门窗、室内环境质量及有害物质限量的检测。同时,密切结合工程实际,介绍了混凝土结构工程、砌体工程、桩基工程、复合地基工程的检测技术及质量评价,并列举工程检测实例供读者参考。在质量管理方面,介绍了检测试验管理与计量认证工作。

本书可作为建筑工程、水利水电工程等质检人员的培训教材,也可供建筑设计、监理、施工、检测单位及高等院校、科研院所等有关专业人员阅读参考。

图书在版编目(CIP)数据

常用建筑材料与结构工程检测/汪黎明主编.—郑州:黄河水利出版社,2002.12(2006.7 重印)
ISBN 7-80621-599-9

Ⅰ.常… Ⅱ.汪… Ⅲ.①建筑材料-检测②结构工程-检测 Ⅳ.①TU502②TU317

中国版本图书馆 CIP 数据核字(2002)第 067872 号

出 版 社:黄河水利出版社
地址:河南省郑州市金水路 11 号 邮政编码:450003
发行单位:黄河水利出版社
发行部电话:0371-66026940 传真 0371-66022620
E-mail:yrcp@public.zz.ha.cn
承印单位:河南省瑞光印务股份有限公司
开本:787 mm × 1 092 mm 1/16
印张:36.25
字数:840 千字 印数:4101-6100
版次:2002 年 12 月第 1 版 印次:2006 年 7 月第 3 次印刷

书号:ISBN 7-80621-599-9/TU·25 定价:88.00 元

《常用建筑材料与结构工程检测》
编辑委员会

序

　　质量责任重于泰山。为了加强建设工程质量检测工作，自 1984 年以来，全国各地相继建立了各级工程质量检测机构。它们为推进建筑业的发展、提高工程建设质量发挥了积极的作用，做出了突出贡献。随着《建筑法》和《建设工程质量管理条例》先后颁布实施，明确了工程建设各方责任主体，工程质量检测工作也显示出它的重要性和必要性。尤其是我国加入 WTO 以后，建筑市场进一步开放，市场竞争日趋激烈，工程质量检测机构朝着独立性和社会化方向发展，逐步成为工程建设第六方责任主体。因此，对检测机构技术水平和检测能力要求越来越高。就目前我国现有检测机构分布情况来看，技术水平参差不齐，相当一部分市、县检测机构人员技术水平较低、管理落后，需要加强人才培养和设备投入，以提高检测技术水平，增强社会竞争力。

　　工程质量检测是一项专业性、技术性很强的工作，要做好工程质量检测工作，必须要有一支作风正派、业务过硬的检测队伍。检测人员没有过硬的检测技术，将无法保证检测工作质量，也难以承担复杂工程质量的检测、鉴定工作。因此，加强检测人员技术素质的培养尤为重要，它是检测机构科学性的保证。

　　《常用建筑材料与结构工程检测》一书为工程检测人员提供了一本好的培训教材。它将建筑材料检验和结构工程质量检测融为一体，系统地介绍了水泥、集料、混凝土、外加剂、砖、砌块、钢筋、涂料等十几种常用建筑材料的检验方法、仪器设备的使用以及预制构件、门窗、混凝土结构工程、砌体工程、桩基工程等检测技术和室内环境质量检测与评价。同时，编者以国家最新颁布的技术标准为依据，从讲清基本概念入手，重点介绍了实际应用，并结合编者长期从事检测工作的实践和研究成果，深入浅出，使读者不拘泥规范标准的条条框框，开阔了技术视野，启发了思路。书中内容丰富，资料翔实，具有较强的可读性、实用性和指导性，是建设工程检测行业首部综合性专业书籍。它不仅是检测试验人员学习、培训的教材，而且是一本好的工具书，可供从事工程设计、施工、监理、监督以及工程质量管理人员阅读参考。

　　相信本书的出版发行，对于加强建设工程质量检测工作，提高检测人员业务素质，保证建设工程质量，推进检测事业的发展，都会起到积极的推动作用，并发挥良好的社会效益。

吴晓勤

2002 年 12 月 6 日

前　言

常用建筑材料是建造土木工程的基本材料,它的质量优劣直接影响建筑物的质量和安全。因此,加强建筑材料质量检测与控制,是从源头抓好建设工程质量管理工作,确保建设工程质量和安全的重要保证。

随着建筑业的改革与发展,建筑工程使用的新材料、新工艺层出不穷,尤其是我国加入 WTO 以后,技术标准逐渐与国际标准接轨。国家对建筑材料检验技术规程、标准、规范进行了大范围的修订和更新,新方法、新仪器的采用和检测标准的变更,要求检测人员不断学习,更新知识,更好地把握标准、规范的尺度,做好质量检验与评定工作。

结构工程质量检测与评价,一直是各国专家研究的重要课题。随着科学技术的发展和计算机技术的普及与应用,建筑物检测的新技术和智能化仪器设备不断涌现,大大提高了测试精度、可信度以及检测效率。目前,已有多种无损检测技术和微破损技术应用于建设工程质量的检测与评定,旧建筑物鉴定与加固,以及桩基工程检测与质量控制等方面的工作,取得了很好的效果,并成为检测、监督、设计、施工、监理等方面人员评判建设工程质量的重要手段。

为了进一步提高检测人员技术水平和素质,正确地理解和运用技术规程、标准和规范,掌握检测方法,正确地选择和使用检测仪器设备,我们组织有关专家编写了《常用建筑材料与结构工程检测》一书,供检测人员培训使用及相关人员参考。

本书依据现行的国家及行业技术标准,对常用的建筑材料检验和结构工程无损检测方法、仪器设备的使用等方面逐一进行了介绍,并注重结合工程检测实际举例说明,以利检测人员更好地理解和掌握。

本书共 27 章,各章执笔人为:郑继第一、八、十二、二十六章,王祁青第二、七章,刘建列第三、四章,沈静苓第五、六章,王琳第九章,廖绍锋第十、十一章,秦厚慈第十三、二十三章,张家柱第十四章,项炳泉第十五、二十章,张今阳第十六、二十二章,刘林军第十七章,崔德密第十八章,吕列民第十九章,邹道金第二十一章,郭杨第二十四章,王晓泉第二十五章,吕列民、邵振东第二十七章。全书第一章至第十二章由项炳泉统稿,第十三章至第二十七章由崔德密统稿,汪黎明负责总校核。

本书在编写过程中得到安徽省建设厅、安徽省建筑工程质量监督检测站和监督检测二站等单位的大力支持和帮助,同时,在编写和审稿过程中得到多位专家的指导和帮助,在此表示感谢!

由于时间仓促,书中难免有不足之处,恳请广大读者批评指正。

编　者

2002 年 7 月

目 录

第一章 基本知识

第一节 材料的物理性质

一、材料的密度、表观密度与堆积密度

(一)密度

材料在绝对密实状态下(不包含孔隙)单位体积的质量称为材料的密度。可用公式表示如下：

$$\rho = \frac{m}{V} \tag{1-1}$$

式中 ρ——材料的密度，g/cm^3 或 kg/m^3；

　　m——材料在干燥状态下的质量，g 或 kg；

　　V——干燥材料在绝对密实状态下的体积，cm^3 或 m^3。

(二)表观密度

材料在自然状态下(包含内部孔隙但不包括空隙的体积)单位体积的质量称为材料的表观密度。用公式表示为：

$$\rho_0 = \frac{m}{V_0} \tag{1-2}$$

式中 ρ_0——材料的表观密度，g/cm^3 或 kg/m^3；

　　m—— 材料的质量，g 或 kg；

　　V_0——材料在自然状态下的体积，cm^3 或 m^3。

对于外形规则的材料，其表观密度测定很简便，只要测得材料的质量和体积(可用尺测量)，即可算得。不规则材料的体积要采用排水法求得。

材料表观密度的大小与其含水情况有关。当材料含水时，其质量和体积将有所变化，故测定表观密度时，须注明含水情况。通常材料的表观密度是指气干状态下的表观密度。材料在烘干状态下的表观密度称干表观密度。

(三)堆积密度(松散容重)

散粒材料在自然堆积状态下单位体积的质量称为堆积密度。可用下式表示为：

$$\rho'_0 = \frac{m}{V'_0} \tag{1-3}$$

式中 ρ'_0——散粒材料的堆积密度，g/cm^3 或 kg/m^3；

　　m——散粒材料的质量，g 或 kg；

　　V'_0——散粒材料在自然堆积状态下的体积，cm^3 或 m^3。

散粒材料在自然堆积状态下的体积,是指既含颗粒内部的孔隙,又含颗粒之间空隙在内的总体积。测定散粒材料的体积可通过已标定容积的容器计量而得。测定砂子、石子的堆积密度即可用此法求得。若以捣实体积计算时,则称紧密堆积密度。

建筑工程中在计算材料用量、构件自重、配料、材料堆场体积或面积,以及计算运输材料的车辆等时,均需要用到材料的上述状态参数。常用建筑材料的密度、表观密度及堆积密度如表1-1所示。

表1-1　常用建筑材料的密度、表观密度及堆积密度

材料名称	密度(g/cm^3)	表观密度(kg/m^3)	堆积密度(kg/m^3)
钢	7.8 ~ 7.9	7 850	—
花岗岩	2.7 ~ 3.0	2 500 ~ 2 900	—
石灰石	2.4 ~ 2.6	1 600 ~ 2 400	1 400 ~ 1 700(碎石)
砂	2.5 ~ 2.6	—	1 450 ~ 1 650
粘土	2.5 ~ 2.7	—	1 600 ~ 1 800
水泥	2.8 ~ 3.1	—	1 100 ~ 1 300
烧结普通砖	2.6 ~ 2.7	1 600 ~ 1 900	—
烧结空心砖(多孔砖)	2.6 ~ 2.7	800 ~ 1 480	—
红松木	1.55 ~ 1.60	400 ~ 600	—
泡沫塑料	—	20 ~ 50	—

二、材料的孔隙率与空隙率

(一)孔隙率

材料内部孔隙的体积占材料总体积的百分率,称为材料的孔隙率(P_0)。可用下式表示:

$$P_0 = \frac{V_0 - V}{V_0} \times 100\% = (1 - \frac{\rho_0}{\rho}) \times 100\% \qquad (1\text{-}4)$$

材料孔隙率的大小直接反映材料的密实程度,孔隙率大,则密实度小。孔隙率相同的材料,它们的孔隙特征(即孔隙构造)可以不同。按孔隙的特征,材料孔隙可分为开口孔和闭口孔两种。二者孔隙率之和等于材料的总孔隙率。按孔隙的尺寸大小,又可分极细孔隙(直径在 $n \times 10^{-7}$ ~ $n \times 10^{-4}$ mm 之间,n 为大于1的自然数,下同)、毛细管孔隙(直径在 $n \times 10^{-4}$ ~ n mm 之间)和粗大孔隙(直径大于 n mm)等三种。不同的孔隙对材料的性能(如强度、吸水性、抗渗性、抗冻性和导热性等)影响各不相同。

(二)空隙率

散粒材料(如砂子、石子)堆积体积(V'_0)中,颗粒间空隙体积所占的百分率称为空隙率(P'_0)。可用下式表示:

$$P'_0 = \frac{V'_0 - V_0}{V'_0} \times 100\% = (1 - \frac{\rho'_0}{\rho_0}) \times 100\% \qquad (1\text{-}5)$$

在配制混凝土时,砂、石子的空隙率是作为控制混凝土中集料级配与计算混凝土含砂率的重要依据。

三、材料与水有关的性质

(一)亲水性与憎水性

材料在空气中与水接触时,根据其是否能被水润湿,可分为亲水性材料和憎水性材料两类。

润湿就是水被材料表面吸附的过程,它和材料本身的性质有关。当材料在空气中与水相接触时,如材料分子与水分子间的相互作用力大于水本身分子间的作用力,则材料表面能被水所润湿。此时,在材料、水和空气三相的交点处,沿水滴表面所引切线与材料表面所成的夹角(称为润湿角)$\theta \leqslant 90°$,如图 1-1(a),这种材料称为亲水性材料。反之,如材料分子与水分子间的相互作用力小于水本身分子间的作用力,则表示材料不能被水润湿。此时,润湿角 $\theta > 90°$,如图 1-1(b),这种材料称为憎水性材料。

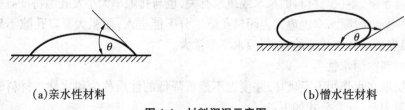

(a)亲水性材料   (b)憎水性材料

图 1-1　材料润湿示意图

水在亲水性材料的毛细管中形成凹形弯液面,水面上升,管径越细,水面上升越高。在憎水性材料的毛细管中,一般水不易渗入毛细管中去,当有水渗入时,则成凸形弯液面,并将保持在周围水面以下。

大多数建筑材料,如石料、砖、混凝土、木材等都属于亲水性材料,表面能被水润湿,并且能通过毛细管作用,将水分吸入材料内部。憎水性材料有沥青、石蜡等,其表面不能被水润湿。当材料的毛细管壁有憎水性材料存在时,将阻止水分进入毛细管中,减低材料的吸水作用。憎水性材料不仅可用作防水材料,而且还可用于处理亲水性材料的表面以降低其吸水性。

(二)吸水性

材料吸收水分的性质称为吸水性。

由于材料的亲水性及开口孔隙的存在,大多数材料具有吸水性,故材料中常含有水分。材料中所含水分的多少常以含水率表示。含水率为材料中所含水质量与材料干燥质量的百分比。

干的材料在空气中能吸收空气中的水分,而逐渐变湿;湿的材料在空气中能失去水分,而逐渐变干,最终将使材料中的水分与周围空气的湿度达到平衡,这时的材料处于气干状态。材料在气干状态时的含水率,称为平衡含水率。平衡含水率并不是固定不变的,当温度与湿度改变时,也将随着改变。

材料吸水达到饱和状态时的含水率,称为材料的吸水率。

质量吸水率：

$$W = \frac{m_2 - m_1}{m_1} \times 100\%$$ (1-6)

式中　W——质量吸水率(%)；

　　　m_1——材料在干燥状态下的质量，g；

　　　m_2——材料在浸水饱和状态下的质量，g。

体积吸水率：

$$W_0 = \frac{m_2 - m_1}{V_0} \times \frac{1}{\rho_{水}} \times 100\%$$ (1-7)

式中　W_0——体积吸水率(%)；

　　　V_0——材料在自然状态下的体积，cm^3；

　　　$\rho_{水}$——水的密度，g/cm^3，在常温下取 $\rho_{水} = 1\ g/cm^3$。

一般提到的吸水率，如未加说明，均指质量吸水率。

材料吸水率，不仅与材料的亲水或疏水有关，也与孔隙率大小及孔隙特征有关。一般来说，孔隙率愈大，吸水率也愈大。闭口孔隙水分不能进入；而粗大开口孔隙不易吸满水分；具有很多微小开口孔隙的材料，吸水率非常大。

(三)材料的耐水性

材料长期在水作用下不破坏，强度也不显著降低的性质称为耐水性。材料的耐水性用软化系数表示，计算公式如下：

$$K_{软} = \frac{f_{饱}}{f_{干}}$$ (1-8)

式中　$K_{软}$——材料的软化系数；

　　　$f_{饱}$——材料在饱和水状态下的抗压强度，MPa；

　　　$f_{干}$——材料在干燥状态下的抗压强度，MPa。

$K_{软}$ 的大小表明材料在浸水饱和后强度降低的程度。一般来说，材料含水分时，强度都要有所降低，水分在组成材料的微粒表面形成水膜，削弱了微粒间的结合力。$K_{软}$ 愈小，表示材料吸水后强度下降愈大，即耐水性愈差。不同材料的 $K_{软}$ 相差颇大，例如，粘土 $K_{软} = 0$，金属 $K_{软} = 1$。工程中将 $K_{软} > 0.85$ 的材料，称为耐水的材料。在设计长期处于水中或潮湿环境中的重要结构时，必须选用 $K_{软} > 0.85$ 的建筑材料。对用于受潮较轻或次要结构物的材料，其 $K_{软}$ 值不宜小于 0.75。

(四)材料的抗渗性

材料抵抗压力水渗透的性质称为抗渗性或不透水性。材料的抗渗性通常用渗透系数表示。渗透系数的物理意义是：一定厚度的材料，在一定的水压力下，单位时间内透过单位面积的水量。用公式表示为：

$$K_s = \frac{Qd}{AtH}$$ (1-9)

式中　K_s——材料的渗透系数，cm/s；

　　　Q——渗透水量，cm^3；

d——材料的厚度,cm;

A——渗水面积,cm²;

t——渗水时间,s;

H——水头差,cm。

K_s 值越大,表示材料抗渗性越差。

材料的抗渗性也可用抗渗等级表示。抗渗等级是以规定的试件、在标准试验方法下所能承受的最大水压力来确定的,以符号 Pn 表示,其中 n 为该材料所能承受的最大水压力的 $\frac{1}{10}$ MPa 数值,如 P4、P6、P8 等分别表示材料能承受 0.4、0.6、0.8 MPa 的水压而不渗水。

抗渗性也是检验防水材料质量的重要指标,在设计地下建筑、压力管道、容器等的结构时,均要求所用材料具有一定的抗渗性能。

(五)材料的抗冻性

材料在水饱和状态下,能经受多次冻融循环作用而不破坏,也不严重降低强度的性质,称为材料的抗冻性。

材料的抗冻性用抗冻等级表示。抗冻等级是以规定的试件在规定试验条件下,测得其强度降低不超过规定值,并且无明显损坏和剥落时所能经受的冻融循环次数,以此作为抗冻等级,用符号 Fn 表示,其中 n 即为最大冻融循环次数,如 F25、F50 等。

材料抗冻等级的选择,是根据结构物的种类、使用条件、气候条件等来决定的。例如烧结普通砖、轻混凝土等墙体材料,一般要求其抗冻等级为 F15、F25,而水工混凝土要求抗冻等级高达 F500。材料受冻融破坏,主要是由材料孔隙中的水分结冰所引起的。水结冰时体积增大约 9%(冰的密度为 0.918 g/cm³)。当材料孔隙充满水时,由于水结冰后体积膨胀,孔壁表面受到很大的压力,孔壁产生拉应力。当拉应力超过材料的抗拉强度时,孔壁将发生局部开裂。随着冻融次数的增多,材料破坏愈加严重。

材料抗冻性好坏,取决于材料吸水饱和程度、孔隙特征和抵抗结冰应力(因结冰而产生的拉应力)的能力。如果孔隙充水不多,远未达到饱和,有足够的自由空间,即使受冻,也不致产生结冰应力。极细开口孔隙,虽然能充满水分,可是孔壁对水的吸附力极大,冰点很低,一般负温下水不会结冰;粗大开口孔隙,水分不能充满其中;闭口孔隙,一般情况下水分不能渗入,对冰冻破坏起缓冲作用。毛细管孔隙,既易充满水分,又能结冰,所以对材料的冰冻破坏作用很大。材料的变形能力大,强度高,软化系数大,则抗冻性较高。一般认为软化系数小于 0.80 的材料,其抗冻性较差。

就外界条件来说,材料受冻破坏的程度与冻融温度、结冰速度及冻融频繁程度等因素有关。

四、材料的导热性

当材料两侧存在温差时,热量将由温度高的一侧,通过材料传递到温度低的一侧,材料的这种传导热量的能力,称为导热性。

材料的导热性可用导热系数来表示。导热系数的物理意义是:厚度为 1 m 的材料,当温度每改变 1 K 时,在 1 h 时间内通过 1 m² 面积的热量。用公式表示为:

$$\lambda = \frac{Q \cdot \alpha}{(t_1 - t_2) A \cdot Z} \tag{1-10}$$

式中 λ——材料的导热系数,$W/(m \cdot K)$;

$\qquad Q$——传导的热量,J;

$\qquad \alpha$——材料的厚度,m;

$\qquad A$——材料传热的面积,m^2

$\qquad Z$——传热时间,h;

$\qquad t_1 - t_2$——材料两侧温度差,K。

材料的导热系数越小,表示其绝热性能越好。工程中通常把 $\lambda < 0.23\ W/(m \cdot K)$ 的材料称为绝热材料。

五、材料的耐久性

材料除要求具有设计的强度外,还应在周围的自然环境及使用条件下,具有经久耐用的性能。耐久性的具体内容,因材料组成和结构不同而有所不同。例如,钢材易受氧化而腐蚀,受水压作用的混凝土,要具有抗渗性,受冻的混凝土应具有抗冻性。处于侵蚀环境中的混凝土,要具有抗侵蚀性,暴露在大气中的材料由于受寒暑、干湿及日晒雨淋等作用,要具有一定的抗风化(老化)性,等等。

无机非金属材料常因氧化、溶蚀、冻融、热应力、干湿交替作用而破坏;有机材料多因腐烂、虫蛀、溶蚀和受紫外线照射而变质。

对材料耐久性最可靠的判断,是在使用条件下进行长期的观察和测定。但这需要很长的时间。所以,通常是根据使用要求,在试验室进行有关的快速试验,据此对材料耐久性做出判断。试验室快速试验包括:①干湿循环;②冻融循环;③加湿与紫外线干燥循环;④碳化;⑤盐溶液浸渍与干燥循环;⑥化学介质浸渍等。

第二节 材料的力学性质

材料的力学性质是指材料在外力作用下的变形性和抵抗破坏的性质。

一、材料的强度与等级

(一)材料的强度

材料在外力(荷载)作用下抵抗破坏的能力,称为材料的强度。

根据外力作用形式的不同,材料的强度有抗压强度、抗拉强度、抗弯强度及抗剪强度等,如图 1-2 所示。

材料的这些强度是在静荷载短期作用下测得的,所以严格说应称为静力强度(或暂时强度),以区别持久荷载作用下的持久强度。材料的强度常通过标准试件的破坏试验而实际测得,是材料的实际强度,它远低于材料的理论强度。材料的抗压、抗拉和抗剪强度的计算公式为:

$$f = \frac{P}{A} \tag{1-11}$$

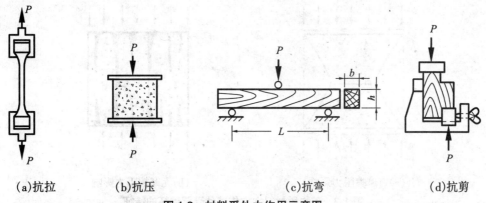

|(a)抗拉|(b)抗压|(c)抗弯|(d)抗剪|

图 1-2　材料受外力作用示意图

式中　f——材料的极限强度(抗压、抗拉和抗剪),MPa;

　　　　P——试件破坏时的最大荷载,N;

　　　　A——试件受力面积,mm^2。

材料的抗弯强度与试件的几何外形及荷载施加的情况有关。对于矩形截面的简支梁试件,当其二支点的中间作用一集中荷载时,其抗弯极限强度按下式计算:

$$f_弯 = \frac{3PL}{2bh^2} \tag{1-12}$$

当在试件支点间的三分点处作用两个相等的集中荷载时,则其抗弯强度的计算公式为:

$$f_弯 = \frac{PL}{bh^2} \tag{1-13}$$

以上两式中　$f_弯$——材料的抗弯极限强度,MPa;

　　　　　　P——试件破坏时的最大荷载,N;

　　　　　　L——试件两支点间的距离,mm;

　　　　　　b、h——试件截面的宽度和高度,mm。

材料的强度主要决定于材料的成分、结构及构造。不同种类的材料,其强度不同;即使是同类材料,由于结构或构造不同,其强度也有很大的差异。疏松及孔隙率较大的材料,其质点间的联结较弱、受力的有效面积减小及孔隙附近的应力集中,故强度较低。某些具有层状或纤维状构造的材料,其组成成分按一定方向排列;这种材料在不同方向受力时所表现的强度也不同,即所谓各向异性。对于结晶材料,一般说来,细晶结构较粗晶结构的强度要高。

材料强度的试验结果与试验时的条件有关。

试验时所用试件的表面状态、形状、尺寸及装置情况等都对试验结果有一定的影响。如以矿物质材料受压试验为例,当试件受压时,试验机的压板和试件承压面紧紧相465,产生了摩擦阻力,阻止试件承压面及其毗连部分的横向扩展,从而抑制试件的破坏,故所得强度值较高,并使试件破坏成如两个顶角相接的截头角锥体,如图 1-3(a)所示。如在试件承压面上涂以石蜡,则由于表面光滑,摩擦阻力消失,试件受压时得以自由地横向扩展,最后将产生与加力方向平行的裂缝而破坏,如图 1-3(b)。其强度值也将大为降低。

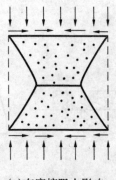 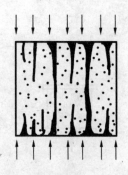

(a)有摩擦阻力影响   (b)无摩擦阻力影响

图 1-3　矿物质材料立方体试件受压破坏的特征

试验时,如采用棱柱体(高度为边长的 2～3 倍)或高度大于直径的圆柱体试件,其抗压强度值要比立方体试件小。就立方体试件来说,小试件的抗压强度又高于大试件的抗压强度。出现这种现象的原因,也是由于试件承压面摩擦阻力的影响,因试件高度的中间部分,距离承压面较远,受摩擦阻力的影响较小而易于破坏。所以棱柱体试件比立方体试件受摩擦阻力对抑制试件破坏的影响较小,故强度较低。同样道理,大试件的强度比小试件的小。

此外,材料内部总不免含有可能降低材料强度的各种构造缺陷,试件较大时,缺陷出现的几率也较大,这也是大试件强度值偏小的一个原因。

试验时的加荷速度也影响到所测强度值的大小。材料的破坏是在变形达到一定程度时发生的,当加荷速度较快时,材料变形的增长落后于荷载的增长,故破坏时的强度值较高,反之,则强度值较低。

材料的强度与试验时的温度也有关,一般说,温度升高强度将降低。例如:沥青混凝土受温度的影响特别显著,在 20 ℃时,抗压强度为 1.96～4.90 MPa,但当温度升至 50 ℃时,抗压强度只有 0.78～1.47 MPa。

材料的强度,还与材料的含水状态有关。一般含有水分的材料,其强度比干燥时的强度低。

由此可知,材料的强度是在特定条件下测定的数值。为了使试验结果准确,且具有可比性,各国都制定了统一的材料试验标准,在测定材料强度时,必须严格按照规定的试验方法进行。材料的强度是大多数材料划分等级的依据。

(二)材料的等级

各种材料的强度差别甚大。建筑材料常按其强度值的大小划分为若干等级。如烧结普通砖按抗压强度分为五个等级;硅酸盐水泥按抗压和抗折强度分为六个等级;等等。

二、材料的变形

材料在外力作用下产生变形,当外力去除后能完全恢复到原始形状的性质称为弹性。材料的这种可恢复的变形称为弹性变形,弹性变形属可逆变形,其数值大小与外力成正比,这时的比例系数 E 称为材料的弹性模量。材料在弹性变形范围内,E 为常数,其值可

用应力(σ)与应变(ε)之比表示,即:

$$\frac{\sigma}{\varepsilon} = E = 常数 \tag{1-14}$$

弹性模量是衡量材料抵抗变形能力的一个指标。E 值越大,材料越不易变形。弹性模量是结构设计时的重要参数。

材料在外力作用下产生变形,当外力去除后,有一部分变形不能恢复,这种性质称为材料的塑性,这种不能恢复的变形称为塑性变形。塑性变形为不可逆变形。

实际上纯弹性变形的材料是没有的,通常一些材料在受力不大时,表现为弹性变形,而当外力达一定值时,则呈现塑性变形,如低碳钢就是典型的这种材料。另外许多材料在受力时,弹性变形和塑性变形同时发生,这种材料当外力取消后,弹性变形会恢复,而塑性变形不能消失。混凝土就是这类材料的代表。弹塑性材料的变形曲线如图 1-4 所示,图中 ab 为可恢复的弹性变形,bO 为不可恢复的塑性变形。

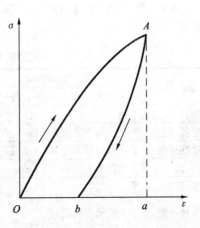

图 1-4 弹塑性材料的变形曲线

材料在外力的作用下会产生变形,事实上某些材料在不受外力的作用时,也会产生变形。例如,由于混凝土中水分的变化而引起的湿胀干缩变形;由于温度的变化而引起的温度变形(热胀、冷缩变形);由于水泥的水化而产生的自生体积变形;等等。

三、材料的脆性与韧性

材料受外力作用,当外力达一定值时,材料发生突然破坏,且破坏时无明显的塑性变形,这种性质称为脆性,具有这种性质的材料称为脆性材料。脆性材料不能承受振动和冲击荷载,也不宜用作受拉构件,只适于用作承压构件。

材料在冲击或振动荷载作用下,能吸收较大的能量,同时产生较大的变形而不破坏,这种性质称为韧性。材料的韧性用冲击韧性指标 α_k 表示。冲击韧性指标系指带缺口的试件做冲击破坏试验时,断口处单位面积所吸收的功。其计算公式为:

$$\alpha_k = \frac{A_k}{A} \tag{1-15}$$

式中 α_k——材料的冲击韧性指标,J/mm^2;

$\qquad$ A_k——试件破坏时所消耗的功,J;

$\qquad$ A——试件受力净截面积,mm^2。

在建筑工程中,对于要求承受冲击荷载和有抗震要求的结构,如吊车梁、桥梁、路面等所用的材料,均应具有较高的韧性。

第三节 法定计量单位

我国计量法规定,国家实行法定计量单位制度。根据国务院 1984 年发布的《关于在我国统一实行法定计量单位的命令》,要求从 1986 年起必须使用国家规定的法定计量单位。现将材料试验常用的法定计量单位和应废除的单位以及它们之间的换算关系列于表 1-2。

表 1-2 常用的法定计量单位和应废除的单位换算关系表

量的名称	应废除的单位		法定计量单位		换算关系
	中文名称	符号	中文名称	符号	
力	千克力	kgf	牛顿	N	$1 kgf = 9.806\ 65\ N$
强度、应力	千克力每平方厘米	kgf/cm^2	兆帕斯卡	MPa	$1 kgf/cm^2 = 0.098\ 066\ 5\ MPa$
弹性模量	千克力每平方厘米	kgf/cm^2	兆帕斯卡	MPa	$1 kgf/cm^2 = 0.098\ 066\ 5\ MPa$
功、能	千克力米	kgf·m	焦耳	J	$1 kgf·m = 9.806\ 65\ J$
热、热量	卡	Cal	焦耳	J	$1 Cal = 4.187\ J$
导热系数	千卡每米小时度	kCal/(m·h·℃)	瓦特每米开尔文	W/(m·K)	$1 kCal/(m·h·℃)$ $= 1.163\ W/(m·K)$
长度	市尺	—	米	m	1 市尺 $= 0.333\ 33\ m$
	英寸	in	厘米	cm	$1\ in = 2.54\ cm$
质量	市斤	—	千克	kg	1 市斤 $= 0.5\ kg$
时间	平均太阳年	a	秒	s	$1\ a = 3.155\ 7 \times 10^7\ s$
体积	立方英寸	in^3	升	L	$1\ in^3 = 1.638\ 7 \times 10^{-2}\ L$
面积	市亩	—	平方米	m^2	1 市亩 $= 6.666\ 7 \times 10^2\ m^2$

第四节 试验数据的处理与分析

在建筑施工中,要对大量的原材料和半成品进行试验,在取得了原始的观测数据之后,为了达到所需要的科学结论,常需要对观测数据进行一系列的分析和处理,最基本的方法是数学处理方法。在建材试验中,各种试验数值应保留的有效位数在各自的试验标准中均有规定,为了科学地评价数据资料,首先应了解数字修约规则,以便确定测试数据的可靠性与精确性。

一、数值修约规则

在科学技术与生产活动中试验测定和计算得出的各种数值,需要修约时,除另有规定者外,应按《数值修约规则》(GB 8170—87)给定的规则进行。

(1)拟舍弃数字的最左一位数字小于 5 时,则舍去,即保留的各位数字不变。例如:将12.149 8 修约到一位小数,得 12.1。

(2)拟舍弃数字的最左的一位数字大于 5 或者是 5,而其后跟有并非全部为 0 的数字时,则进一,即保留的末位数字加 1。

例1:将1 268修约到"百"数位,得13×10^2(特定时可写为1 300)。

例2:将10.502修约到个数位,得11。

"特定时"的涵义系指修约间隔或有效位数明确时。

(3)拟舍弃数字的最左的一位数字为5,而右面无数字或皆为0时,若所保留的末位数字为奇数(1、3、5、7、9)则进一,为偶数(2、4、6、8、0)则舍弃。

例1:修约间隔为0.1(或10^{-1})。

拟修约值	修约值
1.050	1.0
0.350	0.4

例2:修约间隔为1 000(或10^3)。

拟修约值	修约值
2 500	2×10^3(特定时可写为2 000)
3 500	4×10^3(特定时可写为4 000)

例3:将下列数字修约成两位有效位数。

拟修约值	修约值
0.032 5	0.032
32 500	32×10^3(特定时可写为32 000)

(4)负数修约时,先将它的绝对值按上述规定进行修约,然后在修约值前面加上负号。

例如:将下列数字修约到"十"数位。

拟修约值	修约值
－355	-36×10(特定时可写为－360)

(5)拟修约数字应在确定修约数后一次修约获得结果,而不得多次按上述规则连续修约。

例如:修约15.454 6,修约间隔为1。

正确的做法:15.454 6→15

不正确的做法:15.454 6→15.455→15.46→15.5→16

(6)在具体实施中,有时测试与计算部门先将获得数值按指定的修约位数多一位或几位报出,而后由其他部门判定。为避免产生连续修约的错误,应按下述步骤进行:

①报出数值最右的非零数字为5时,应在数值后面加"(＋)"或"(－)"或不加符号,以分别表明已进行过舍、进或未舍未进。

例如:16.50(＋)表示实际值大于16.50,经修约舍弃成为16.50;16.50(－)表示实际值小于16.50,经修约进一成为16.50。

②如果判定报出值需要进行修约,当拟舍弃数字的最右一位数字为5而后面无数字或皆为零时,数值后面有(＋)号者进一,数值后面有(－)号者舍去,其他仍按上述规则进行。

例如:将下列数字修约到个数位后进行判定(报出值多留一位到一位小数)。

实测值	报出值	修约值
15.454 6	15.5(－)	15
16.520 3	16.5(＋)	17
17.500 0	17.5	18

– 15.454 6	–(15.5(–))	–15

(7)0.5 单位修约与 0.2 单位修约。

①0.5 单位修约。

将拟修约数值乘以 2,按指定数位进行修约,所得数值再除以 2。

例如:将下列数字修约到个位的 0.5 单位(或修约间隔为 0.5)。

拟修约数值 (A)	乘 2 (2A)	2A 修约值 (修约间隔为 1)	A 修约值 (修约间隔为 0.5)
60.25	120.50	120	60.0
60.38	120.76	121	60.5
–60.75	–121.50	–122	–61.0

②0.2 单位修约。

将拟修约数值乘以 5,按指定数位进行修约,所得数值再除以 5。

例如:将下列数字修约到"百"数位的 0.2 单位(或修约间隔为 20)。

拟修约数值 (A)	乘 5 (5A)	5A 修约值 (修约间隔为 100)	A 修约值 (修约间隔为 20)
830	4 150	4 200	840
842	4 210	4 200	840
–930	–4 650	–4 600	–920

二、测定值或其计算值与标准规定的极限数值作比较的方法

试验、检测所得的测定值或其计算值与标准规定的极限值如何比较判定,应按《极限数值的表示方法和判定方法》(GB 1250—89)规定进行。

(一)两种判定方法

(1)在判定检测数据是否符合标准要求时,应将检验所得的测定值或其计算值与标准规定的极限数值做比较,比较的方法有两种:①修约值比较法;②全数值比较法。

(2)有一类极限数值为绝对极限,书写 ≥0.2 和书写 ≥0.20 或 ≥0.200,具有同样的界限上的意义。对此类极限数值,用测定值或其计算值判定是否符合要求,需要用全数值比较法。

(3)对附有极限偏差值的数值,对牵涉到安全性能指标和计算仪器中有误差传递的指标或其他重要指标,应优先采用全数值比较法。

(4)标准中各种极限数值(包括带有极限偏差值的数值)未加说明时,均指采用全数值比较法。如规定采用修约值比较法,应在标准中加以说明。

(二)修约值比较法

(1)将测定值或其计算值进行修约,修约位数与标准规定的极限数值书写位数一致。修约按 GB 8170—87 进行。

(2)将修约后的数值与标准规定的极限数值进行比较,以判定实际指标或参数是否符

合标准要求。示例见表 1-3。

表 1-3 修约值比较示例

项目	极限数值	测定值或其计算值	修约值	是否符合标准要求
抗拉强度(MPa)	$\geq 56 \times 10$	554 555 556	55×10 56×10 56×10	不符 符合 符合
精炼子油酸价 (毫克 KOH/克油)	≤ 1.0	0.98 1.05 1.06	1.0 1.0 1.1	符合 符合 不符
硅含量(%)	≤ 0.05	0.046 0.054 0.055	0.05 0.05 0.06	符合 符合 不符
锰含量(%)	$0.30 \sim 0.60$	0.294 0.295 0.605 0.606	0.29 0.30 0.60 0.61	不符 符合 符合 不符
盘条直径(mm)	5.0 (极限偏差 ±0.5)	4.45 4.46 5.54 5.55	4.4 4.5 5.5 5.6	不符 符合 符合 不符

注: 表中示例并不表明这类极限数值都应采用修约值比较法。

(三)全数值比较法

将检验所得的测定值或其计算值不经修约处理(或可作修约处理,但应表明它是经舍、进或未进未舍而得,见 GB 8170—87),而用数值的全部数字与标准规定的极限数值做比较,只要越出规定的极限数值(不论越出的程度大小),都判定为不符合标准要求。示例见表 1-4。

三、平均值、标准差、变异系数

进行观测的目的是要求得某一物理量的真值。但是,真值是无法测定的,而只能得到近似值,所以要设法找出一个可以用来代表真值的最佳值。

(一)母体与子样

将某一规格的材料,以标准方法制成无数个试样,得到的观测值称为母体。但实际上要求无限次的观测值是不可能的,只能从同一母体中任意地取出 n 个有限试样,对它进行试验,从而推断出母体的值。这样任意取出的 n 个试样的观测值就称为子样。母体的测定值服从正态分布。

(二)平均值

将某一未知量 x 测定 n 次,其观测值为 x_1、x_2、x_3、$\cdots$、x_n,将它们平均得:

表 1-4　全数值比较示例

项目	极限数值	测定值或其计算值	或写成	是否符合标准要求
抗拉强度(MPa)	$\geqslant 56 \times 10$	555 559 560 565	$56 \times 10(-)$ $56 \times 10(-)$ 56×10 $56 \times 10(+)$	不符 不符 符合 符合
NaOH 含量(%) 优级纯	$\geqslant 97.0$	97.01 97.00 96.98 96.94	$97.0(+)$ 97.0 $97.0(-)$ $96.9(+)$	符合 符合 不符 不符
硅含量(%)	$\leqslant 0.05$	0.049 0.050 0.051 0.056	$0.05(-)$ 0.05 $0.05(+)$ 0.06	符合 符合 不符 不符
锰含量(%)	$0.30 \sim 0.60$	0.299 0.300 0.600 0.601	$0.30(-)$ 0.30 0.60 $0.60(+)$	不符 符合 符合 不符
直径(mm)	10.0 ± 0.1	9.89 9.90 10.10 10.11	$9.9(-)$ 9.9 10.1 $10.1(+)$	不符 符合 符合 不符

注:1. 表内示例并不表明这类极限数值都应采用全数值比较法。
　　2. 对同样的极限数值,若它本身属于标准要求,则全数值比较法比修约值比较法相对严些。

$$\bar{x} = \frac{x_1 + x_2 + \cdots + x_n}{n} = \frac{1}{n}\sum_{i=1}^{n} x_i \tag{1-16}$$

式中　$\bar{x}$——算术平均值;

　　　x_1、x_2、x_3、$\cdots$、x_n——各个试验数据值;

　　　n——试验数据个数;

　　　$\sum x_i$——各试验数据值的总和。

　　算术平均值是一个经常用到的很重要的数值,当观测次数越多时,它越接近真值。平均值只能用来了解观测值的平均水平,而不能反映其波动情况。

(三)标准差(均方差)

　　观测值与平均值之差的平方和的平均值称为方差,用符号 σ^2 表示。方差的平方根称为标准差(均方差),用 σ 表示。计算式为:

$$\sigma^2 = \frac{(x_1 - \bar{x})^2 + (x_2 - \bar{x})^2 + \cdots + (x_n - \bar{x})^2}{n} = \frac{\sum\limits_{i=1}^{n}(x_i - \bar{x})^2}{n} \tag{1-17}$$

$$\sigma = \sqrt{\frac{\sum\limits_{i=1}^{n}(x_i - \bar{x})^2}{n}} \tag{1-18}$$

　　σ 是表示测量次数 $n \to \infty$ 时的标准差,而在实测中只能进行有限次的测量,其标准差

可用 S 表示。即：

$$S = \sqrt{\frac{\sum\limits_{i=1}^{n}(x_i - \overline{x})^2}{n-1}} \tag{1-19}$$

标准差是衡量波动性的指标。在应用时可用 S，也可用 σ 表示标准差，计算均用公式(1-19)。

(四)变异系数

标准差 σ 或 S 只是反映数值绝对离散(波动)的大小，也可以用它来说明绝对误差的大小，而实际上更关心其相对误差的大小，即相对离散的程度，这在统计学上用变异系数 C_v 来表示。计算式为：

$$C_v = \frac{\sigma}{x} \qquad 或 \quad C_v = \frac{S}{x} \tag{1-20}$$

如同一规格的材料经过多次试验得出一批数据后，就可通过计算平均值、标准差与变异系数来评定其质量或性能的优劣。

四、通用计量名词及定义

(1)测量误差：测量结果与被测量真值之差。

(2)测得值：从计量器具直接得出或经过必要计算而得出的量值。

(3)实际值：满足规定准确度的用来代替真值使用的量值。

(4)测量结果：由测量所得的被测量值。

(5)未修正测量结果：有系统误差而未作修正的测量结果。

(6)观测误差：在测量过程中由于观测者主观判断所引起的误差。

(7)测量重复性：在实际相同测量条件下，对同一被测量进行连续多次测量时，其测量结果之间的一致性。

(8)测量复现性：在不同测量条件下，对同一被测量进行测量时，其测量结果的一致性。

(9)系统误差：在对同一被测量的多次测量过程中，保持恒定或以可预知方式变化的测量误差的分量。

(10)随机误差：在对同一被测量的多次测量过程中，以不可预知方式变化的测量误差的分量。

(11)修正值：为消除或减少系统误差，用代数法加到未修正测量结果上的值。

(12)算术平均值：一个被测量的 n 个测得值的代数和除以 n 而得的商。

(13)加权算术平均值：在对某一被测量的多组测量中，考虑到每组测量结果的"权"后，计算出这一种测量结果的算术平均值称为加权算术平均值。加权算术平均值 L_p 是各组测得值的算术平均值(L_1、L_2、…、L_n)与相应"权"(p_1、p_2、…、p_n)的乘积之总和被"权"的和($p_1 + p_2 + \cdots + p_n$)相除所得的商。用公式表示为：

$$L_p = \frac{p_1 L_1 + p_2 L_2 + \cdots + p_n L_n}{p_1 + p_2 + \cdots + p_n} \tag{1-21}$$

(14)测量精密度：表示测量结果中随机误差大小的程度。

(15)测量正确度:表示测量结果中系统误差大小的程度。

(16)测量准确度:表示测量结果与被测量的(约定)真值之间的一致程度。

(17)测量不确定度:表征被测量的真值所处量值范围的评定。

(18)绝对误差:测量结果与被测量(约定)真值之差。

(19)相对误差:测量的绝对误差与被测量(约定)真值之比。

(20)允许误差:技术标准、检定规程等对计量器具所规定的允许的误差极限值。

(21)计量仪器的示值误差:计量仪器的示值与被测量(约定)真值之差。

第五节　建筑材料技术标准与试验基本技能

一、建筑材料技术标准的分类与级别

技术标准或规范主要是对产品与工程建设的质量、规格及其检验方法等所作的技术规定,是从事生产、建设、科学研究工作与商品流通的一种共同的技术依据。

(一)技术标准的分类

技术标准按通常分类可分为基础标准、产品标准、方法标准等。

基础标准:指在一定范围内作为其他标准的基础,并普遍使用的具有广泛指导意义的标准。如《水泥命名定义和术语》、《砖和砌块名词术语》等。

产品标准:是衡量产品质量好坏的技术依据。例如《硅酸盐水泥、普通硅酸盐水泥》、《钢筋混凝土用热轧带肋钢筋》等。

方法标准:是指以试验、检查、分析、抽样、统计、计算、测定作业等各种方法为对象制定的标准。例如《水泥胶砂强度检验方法》、《水泥取样方法》等。

(二)技术标准的等级

建筑材料的技术标准根据发布单位与适用范围,分为国家标准、行业标准(含协会标准)、地方标准和企业标准四级。各级标准分别由相应的标准化管理部门批准并颁布,我国国家质量监督检验检疫总局是国家标准化管理的最高机关。国家标准和部门行业标准都是全国通用标准。国家标准、行业标准分为强制性标准和推荐性标准。省、自治区、直辖市有关部门制定的工业产品的安全、卫生要求等地方标准在本行政区域内是强制性标准。企业生产的产品没有国家标准、行业标准和地方标准的,企业应制定相应的企业标准作为组织生产的依据。企业标准由企业组织制定,并报请有关主管部门审查备案。鼓励企业制定各项技术指标均严于国家、行业、地方标准的企业标准在企业内使用。

(三)技术标准的代号与编号

各级标准都有各自的部门代号,例如:

GB——中华人民共和国国家标准;

GBJ——国家工程建设标准;

GB/T——中华人民共和国推荐性国家标准;

ZB——中华人民共和国专业标准;

ZB/T——中华人民共和国推荐性专业标准;

JC——中华人民共和国国家建筑材料工业局行业标准；

JG/T——中华人民共和国建设部建筑工程行业推荐性标准；

JGJ——中华人民共和国建设部建筑工程行业标准；

YB——中华人民共和国冶金工业部行业标准；

SL——中华人民共和国水利部行业标准；

JTJ——中华人民共和国交通部行业标准；

CECS——工程建设标准化协会标准；

JJG——国家计量局计量检定规程；

DB——地方标准；

Q/××——××企业标准。

标准的表示方法，系由标准名称、部门代号、编号和批准年份等组成的。例如：国家推荐性标准《烧结普通砖》(GB/T 5101—1998)。标准的部门代号为 GB/T，编号为 5101，批准年份为 1998 年。建材行业标准《建筑水磨石制品》(JC 507—93)。标准的部门代号为 JC，编号为 507，批准年份为 1993 年。

各个国家均有自己的国家标准，例如"ASTM"代表美国国家标准、"JIS"代表日本国家标准、"BS"代表英国标准、"STAS"代表罗马尼亚国家标准、"MSZ"代表匈牙利国家标准等。另外，在世界范围内统一执行的标准为国际标准，其代号为"ISO"。我国是国际标准化协会成员国，当前我国各项技术标准都正在向国际标准靠拢，以便于科学技术的交流与提高。

二、建筑材料试验基本技能

(一)测试技术

1. 取样

在进行试验之前首先要选取试样，试样必须具有代表性。取样原则为随机抽样，即在若干堆(捆、包)材料中，对任意堆放材料随机抽取试样。取样方法视材料而定。

2. 仪器的选择

试验中有时需要称取试件或试样的质量，称量时要求具有一定的精确度，如试样称量精度要求为 0.1 g，则应选用感量 0.1 g 的天平，一般称量精度大致为试样质量的 0.1%。另外测量试件的尺寸，同样有精度要求，一般对边长大于 50 mm 的，精度可取 1 mm；对边长小于 50 mm 的，精度可取 0.1 mm。对试验机吨位的选择，根据试件荷载吨位的大小，应使指针停在试验机度盘的第二、三象限内为好。

3. 试验

试验前一般应将取得的试样进行处理、加工或成型，以制备满足试验要求的试样或试件。制备方法随试验项目而异，应严格按照各个试验所规定的方法进行。

4. 结果计算与评定

对各次试验结果，进行数据处理，一般取 n 次平行试验结果的算术平均值作为试验结果。试验结果应满足精确度与有效数字的要求。

试验结果经计算处理后，应给予评定，是否满足标准要求，评定其等级，在某种情况下还应对试验结果进行分析，并得出结论。

(二)试验条件

同一材料在不同的试验条件下,会得出不同的试验结果,如试验时的温度、湿度、加荷速度、试件制作情况等都会影响试验数据的准确性。

1.温度

试验时的温度对某些试验结果影响很大,在常温下进行试验,对一般材料来说影响不大,但如感温性强的材料,必须严格控制温度。例如:石油沥青的针入度、延度试验,一定要控制在 25 ℃的恒温水浴中进行。通常材料的强度也会随试验时温度的升高而降低。

2.湿度

试验时试件的湿度也明显影响试验数据,试件的湿度越大,测得的强度越低。在物理性能测试中,材料的干湿程度对试验结果的影响就更为明显了。因此,在试验时试件的湿度应控制在规定的范围内。

3.试件尺寸与受荷面平整度

当试件受压时,由前面第二节材料的力学性能所述可知,对于同一材料小试件强度比大试件强度为高;相同受压面积之试件,高度大的比高度小的测试强度为小。因此,不同材料的试件尺寸大小都有规定。

试件受荷面的平整度也大大影响着测试强度,如受荷面粗糙不平整,会引起应力集中而使强度大为降低。在混凝土强度测试中,不平整度达到 0.25 mm 时,强度可能降低 1/3。上凸比下凹引起应力集中更甚,强度下降更大。所以受压面必须平整,如成型面受压,必须用适当强度的材料找平。

4.加荷速度

施加于试件的加荷速度对强度试验结果有较大影响,加荷速度越慢,测得的强度越低,这是由于应变有足够的时间发展,应力还不大时变形已达到极限应变,试件即破坏。因此,对各种材料的力学性能测试,都有加荷速度的规定。

(三)试验报告

试验的主要内容都应在试验报告中反映,试验报告的形式可以不尽相同,但其内容都应该包括:

(1)试验名称、内容;

(2)目的与原理;

(3)试样编号、测试数据与计算结果;

(4)结果评定与分析;

(5)试验条件与日期;

(6)试验、校核、技术负责人。

工程的质量检测报告内容包括:委托单位;委托日期;报告日期;样品编号;工程名称、样品产地和名称;规格及代表数量;检测条件;检测依据;检测项目;检测结果;结论;等等。

试验报告是经过数据整理、计算、编制的结果,而不是原始记录,也不是计算过程的罗列,经过整理计算后的数据可用图、表等表示,达到一目了然。为了编写出符合要求的试验报告,在整个试验过程中必须认真做好有关现象及原始数据的记录,以便于分析、评定测试结果。

第二章 水 泥

第一节 概 述

水泥,是指加水拌和成塑性浆体后,能胶结砂、石等适当材料并能在空气和水中硬化的粉状水硬性胶凝材料。

水泥作为建筑工业基本材料之一,使用广、用量大,素有"建筑工业的粮食"之称。根据预测,21世纪的主要建筑材料,仍将是水泥及其混凝土,故水泥的生产、应用和研究仍极为重要。

对水泥的分类通常有两种方法:按组成分类和按用途及性能分类。

一般按组成分为六类:硅酸盐水泥系列(第一水泥系列)、铝酸盐水泥系列(第二水泥系列)、硫铝酸盐水泥系列、铁铝酸盐水泥系列、氟铝酸盐水泥系列(第三水泥系列)和其他水泥系列。

一般按用途及性能分为三大类:通用水泥、专用水泥和特性水泥。

为了强调水泥的应用,我们按用途及性能分类进行叙述,主要介绍通用水泥及其性能。

第二节 通用水泥

通用水泥,即一般土木建筑工程通常采用的水泥,目前有七大品种,如:硅酸盐水泥(P.Ⅰ、P.Ⅱ)、普通硅酸盐水泥(P.O)、矿渣硅酸盐水泥(P.S)、火山灰质硅酸盐水泥(P.P)、粉煤灰硅酸盐水泥(P.F)、复合硅酸盐水泥(P.C)、石灰石硅酸盐水泥(P.L)。

各品种水泥1999标准都设置六个强度等级。

硅酸盐水泥为:

42.5、42.5R、52.5、52.5R、62.5、62.5R

普通、矿渣、火山灰质、粉煤灰、复合硅酸盐水泥为:

32.5、32.5R、42.5、42.5R、52.5、52.5R

各品种水泥1999标准水泥强度龄期都设置为3 d、28 d。

一、硅酸盐水泥

凡由硅酸盐水泥熟料、0~5%石灰石或粒化高炉矿渣、适量石膏磨细制成的水硬性胶凝材料,称为硅酸盐水泥。

硅酸盐水泥在国际上分为两种类型:不掺混合材料的称Ⅰ型硅酸盐水泥,其代号为P.Ⅰ;在硅酸盐水泥熟料粉磨时掺入不超过水泥质量5%的石灰石或粒化高炉矿渣混合材料的称Ⅱ型硅酸盐水泥,其代号为 P.Ⅱ。

硅酸盐水泥国家标准为《硅酸盐水泥》(GB 175—1999)。标准对定义、强度、品质指标、试验方法、验收规则、包装与标志、运输与保管均作了详细的规定。

硅酸盐水泥的技术要求如下:

不溶物:Ⅰ型硅酸盐水泥中不溶物不得超过 0.75%;Ⅱ型硅酸盐水泥中不溶物不得超过 1.50%。

烧失量:Ⅰ型硅酸盐水泥中烧失量不得大于 3.0%;Ⅱ型硅酸盐水泥中烧失量不得大于 3.5%。

氧化镁:水泥中氧化镁的含量不得超过 5.0%。如果水泥经压蒸安定性试验合格,则水泥中氧化镁的含量允许放宽到 6.0%。

三氧化硫:水泥中三氧化硫的含量不得超过 3.5%。

细度:硅酸盐水泥比表面积大于 300 m^2/kg。

凝结时间:硅酸盐水泥初凝不得早于 45 min,终凝不得迟于 6.5 h。

安定性:用沸煮法检验必须合格。

强度:水泥强度等级按规定龄期的抗压强度和抗折强度来划分(见表2-1)。

碱:水泥中碱含量按 $Na_2O + 0.658K_2O$ 计算值来表示。若使用活性集料,用户要求提供低碱水泥时,水泥中碱含量不得大于 0.60%或由供需双方商定。

表2-1 硅酸盐水泥、普通硅酸盐水泥各强度等级水泥的各龄期强度不得低于的数值

品　种	强度等级	抗压强度(MPa)		抗折强度(MPa)	
		3 d	28 d	3 d	28 d
硅酸盐水泥	42.5	17.0	42.5	3.5	6.5
	42.5R	22.0	42.5	4.0	6.5
	52.5	23.0	52.5	4.0	7.0
	52.5R	27.0	52.5	5.0	7.0
	62.5	28.0	62.5	5.0	8.0
	62.5R	32.0	62.5	5.5	8.0
普通硅酸盐水泥	32.5	11.0	32.5	2.5	5.5
	32.5R	16.0	32.5	3.5	5.5
	42.5	16.0	42.5	3.5	6.5
	42.5R	21.0	42.5	4.0	6.5
	52.5	22.0	52.5	4.0	7.0
	52.5R	26.0	52.5	5.0	7.0

二、普通硅酸盐水泥

凡由硅酸盐水泥熟料,掺入 6%～15%混合材料、适量石膏磨细制成的水硬性胶凝材料,称为普通硅酸盐水泥,其代号为 P.O。在普通水泥中混合材料最大掺量不得超过 15%,其中允许用不超过水泥质量5%的窑灰或不超过水泥质量10%的非活性混合材料

来代替。掺非活性混合材料时最大掺量不得超过水泥质量的 10%。

由于普通硅酸盐水泥与硅酸盐水泥基本相似,仅在混合材料的掺量方面有所不同,故熟料的主要化学与矿物组成相同,生产方式也基本相同。在水化反应与特性方面以及应用方面也基本相同。

普通硅酸盐水泥国家标准为《普通硅酸盐水泥》(GB 175—1999),与硅酸盐水泥同一标准。在某些技术要求上有所区别:

烧失量:普通水泥不得大于 5.0%。

细度:普通水泥 80 μm 方孔筛筛余不得超过 10%。

凝结时间:普通水泥初凝不得早于 45 min,终凝不得迟于 10 h。

水泥强度等级按规定龄期的抗压强度和抗折强度来划分(见表 2-1)。

三、矿渣硅酸盐水泥

凡由硅酸盐水泥熟料和粒化高炉矿渣,并掺入适量石膏磨细制成的水硬性胶凝材料,称为矿渣硅酸盐水泥,其代号为 P.S。水泥中粒化高炉矿渣掺加量按质量百分比计为 20% ~ 70%,允许用石灰石、窑灰和火山灰质混合材料中的一种材料代替矿渣,代替数量不得超过水泥质量的 8%,替代后水泥中粒化高炉矿渣不得少于 20%。

(一)矿渣水泥的技术要求

矿渣水泥为我国七大品种水泥之一,是产量最多的水泥品种。

矿渣水泥国家标准为《矿渣硅酸盐水泥、火山灰质硅酸盐水泥及粉煤灰硅酸盐水泥》(GB 1344—1999)。技术要求如下:

氧化镁:熟料中氧化镁的含量不得超过 5.0%。如果水泥经压蒸安定性试验合格,则熟料中氧化镁的含量允许放宽到 6.0%。

熟料中氧化镁含量为 5.0% ~ 6.0% 时,如矿渣水泥中混合材料总掺量大于 40% 或火山灰水泥和粉煤灰水泥中混合材料掺加量大于 30%,制成的水泥可不做压蒸试验。

三氧化硫:矿渣水泥中三氧化硫的含量不得超过 4.0%。

细度:矿渣水泥 80 μm 方孔筛筛余不得超过 10.0%。

凝结时间:矿渣水泥初凝不得早于 45 min,终凝不得迟于 10 h。

安定性:用沸煮法检验必须合格。

水泥强度等级按规定龄期的抗压强度和抗折强度来划分(见表 2-2)。

表 2-2　矿渣水泥、火山灰质水泥、粉煤灰水泥各强度等级的各龄期强度不得低于的数值

强度等级	抗压强度(MPa)		抗折强度(MPa)	
	3 d	28 d	3 d	28 d
32.5	10.0	32.5	2.5	5.5
32.5R	15.0	32.5	3.5	5.5
42.5	15.0	42.5	3.5	6.5
42.5R	19.0	42.5	4.0	6.5
52.5	21.0	52.5	4.0	7.0
52.5R	23.0	52.5	4.5	7.0

碱:水泥中碱含量按 $Na_2O + 0.658K_2O$ 计算值来表示。若使用活性集料,要限制水泥中的碱含量时,由供需双方商定。

(二)矿渣水泥的特性

矿渣水泥的颜色比硅酸盐水泥淡,密度较硅酸盐水泥小,为 $2.8 \sim 3.0$ g/cm³,松散密度为 $0.9 \sim 1.2$ g/cm³,紧密密度为 $1.4 \sim 1.8$ g/cm³。矿渣水泥的凝结时间一般比硅酸盐水泥要长,初凝一般为 $2 \sim 3$ h,终凝一般为 $5 \sim 9$ h。标准稠度与普通水泥相近。为了提高水泥的早期强度,水泥的细度一般要求磨得细一些。一般控制在 0.08 μm 方孔筛筛余在 5% 左右。目前,国外已采用分别粉磨技术,将矿渣先粉磨至 400 m²/kg 以上比表面积再与熟料混合,对早强有大的作用,国内已有一些厂家在采用此方法。矿渣水泥的安定性良好,早期强度较普通水泥低,但后期强度可以超过普通水泥。

四、火山灰质硅酸盐水泥

凡由硅酸盐水泥熟料和火山灰质混合材料、适量石膏磨细制成的水硬性胶凝材料,称为火山灰质硅酸盐水泥,其代号为 P.P。水泥中火山灰质混合材料掺加量按质量百分比计为 $20\% \sim 50\%$。

(一)火山灰水泥的技术要求

火山灰水泥国家标准为 GB 1344—1999,与矿渣硅酸盐水泥同一标准。火山灰水泥技术要求上除三氧化硫的含量不得超过 3.5% 外,其他指标与矿渣水泥相同。

(二)火山灰水泥的特性

火山灰水泥的密度比硅酸盐水泥小,一般为 $2.7 \sim 2.9$ g/cm³。火山灰水泥的强度发展较慢,尤其是早期强度较低,这主要是由于掺加混合材料后的水泥中,水泥矿物 C_3S 和 C_3A 含量相对降低的缘故。但是,后期强度往往可以赶上甚至超过硅酸盐水泥的强度。火山灰水泥的水化热较低,用于大体积混凝土工程时,比普通水泥好。火山灰水泥的用途基本上与矿渣水泥相似,但是,更适用于地下、水中、潮湿环境工程。不适宜配制干燥环境中的混凝土、要求快硬的混凝土、高强(大于 C40 级)的混凝土、严寒地区的露天混凝土和有耐磨要求的混凝土。

五、粉煤灰硅酸盐水泥

凡由硅酸盐水泥熟料和粉煤灰、适量石膏磨细制成的水硬性胶凝材料,称为粉煤灰硅酸盐水泥,其代号为 P.F。水泥中粉煤灰掺加量按质量百分比计为 $20\% \sim 40\%$。

(一)粉煤灰水泥的技术要求

粉煤灰水泥国家标准为 GB 1344—1999,与矿渣硅酸盐水泥同一标准。粉煤灰水泥技术要求上除三氧化硫的含量不得超过 3.5% 外,其他指标与矿渣水泥相同。

(二)粉煤灰水泥的特性

粉煤灰与天然火山灰相比,结构比较致密,比表面积小,有很多球状颗粒,所以需水量少、和易性好,干缩性小、抗裂性好。用粉煤灰水泥制成的砂浆或混凝土的体积稳定性强,不容易产生裂缝,抗裂性好,混凝土的抗拉强度较高。

粉煤灰水泥的水化热较低。由于粉煤灰水泥泌水快,抗冻性能和抗碳化性能较差。

因此,粉煤灰水泥可用于一般的工业和民用建筑,尤其适用于大体积水工混凝土以及地下和海港工程等。但不适宜配制干燥环境中的混凝土、要求快硬的混凝土、高强(大于C60级)的混凝土、严寒地区的露天混凝土和有耐磨要求的混凝土。

六、复合硅酸盐水泥

凡由硅酸盐水泥熟料、两种或两种以上规定的混合材料、适量石膏磨细制成的水硬性胶凝材料,称为复合硅酸盐水泥,其代号为 P.C。水泥中混合材料总掺加量按质量百分比计应大于 15%,但不超过 50%。

水泥中允许用不超过 8% 的窑灰代替部分混合材料;掺矿渣时混合材料掺量不得与矿渣硅酸盐水泥重复。

复合水泥国家标准为《复合硅酸盐水泥》(GB 12958—1999)。技术要求如下:

氧化镁:熟料中氧化镁的含量不得超过 5.0%。如果水泥经压蒸安定性试验合格,则熟料中氧化镁的含量允许放宽到 6.0%。

三氧化硫:复合水泥中三氧化硫的含量不得超过 3.5%。

细度:复合水泥 80 μm 方孔筛筛余不得超过 10.0%。

凝结时间:复合水泥初凝不得早于 45 min,终凝不得迟于 10 h。

安定性:用沸煮法检验必须合格。

水泥强度等级按规定龄期的抗压强度和抗折强度来划分(见表 2-3)。

表 2-3　复合硅酸盐水泥各强度等级水泥的各龄期强度不得低于的数值

强度等级	抗压强度(MPa)		抗折强度(MPa)	
	3 d	28 d	3 d	28 d
32.5	11.0	32.5	2.5	5.5
32.5R	16.0	32.5	3.5	5.5
42.5	16.0	42.5	3.5	6.5
42.5R	21.0	42.5	4.0	6.5
52.5	22.0	52.5	4.0	7.0
52.5R	26.0	52.5	5.0	7.0

碱:水泥中碱含量按 $Na_2O + 0.658K_2O$ 计算值来表示。若使用活性集料,要限制水泥中的碱含量时,由供需双方商定。

复合水泥可广泛应用于工业和民用建筑中。但不适宜配制要求快硬的混凝土和严寒地区处在水位升降范围内的混凝土。

七、石灰石硅酸盐水泥

凡由硅酸盐水泥熟料和石灰石、适量石膏磨细制成的水硬性胶凝材料,称为石灰石硅酸盐水泥,其代号为 P.L。水泥中石灰石掺加量按质量百分比计应大于 10%,不超过 25%。

石灰石硅酸盐水泥属一种新型的通用水泥。目前尚无 ISO 国际标准和国家标准,国家建材局已制定强制性的建材行业标准 JC 600—1995,并于 1996 年 10 月 1 日起开始实施。该标准等效采用欧洲试行标准 ENV 197—1—92,达到国际先进水平。石灰石硅酸盐水泥按标号分 325、425、425R、525、525R 五个标号。其强度指标采用与 GB 175—1992 普通硅酸盐水泥相同的指标,其他技术指标亦与普通硅酸盐水泥一致,但水泥的比表面积则要求达到 350 m^2/kg 以上。

石灰石硅酸盐水泥可与同标号普通水泥一样使用,即适用于一般建筑工程。尤其适宜兴修农田水利、水中及地下潮湿环境工程,亦可用于低层民用建筑的基础、垫层、砌筑砂浆以及要求强度不高的水泥制品。不宜用其配制钢筋混凝土结构工程,亦不适用于干燥环境工程。

第三节　水泥试验方法

一、一般规定

(一)取样方法

通用水泥出厂前按同品种、同强度等级进行编号,每一编号为一取样单位。水泥出厂编号按水泥厂年生产能力规定:

120 万 t 以上,不超过 1 200 t 为一编号;

60 万~120 万 t,不超过 1 000 t 为一编号;

30 万~60 万 t,不超过 600 t 为一编号;

10 万~30 万 t,不超过 400 t 为一编号;

10 万 t 以下,不超过 200 t 为一编号。

施工现场取样,应以同一水泥厂、同品种、同强度等级、同一批号且连续进场的水泥为一个取样单位。袋装不超过 200 t 为一批,散装不超过 500 t 为一批,每批抽样不少于一次。取样应有代表性,可连续取,亦可从 20 个以上不同部位取等量样品,总量至少 12 kg。

(二)试样及用水

试样应充分拌匀,并通过 0.9 mm 方孔筛,记录筛余百分率及筛余物情况。

仲裁试验或其他重要试验用蒸馏水,其他试验可用饮用水。

(三)试验室温、湿度

试验室温度为(20±2)℃,相对湿度应大于 50%;养护箱温度为(20±1)℃,相对湿度应大于 90%;养护池水温为(20±1)℃。

水泥试样、标准砂、拌和水及仪器用具的温度应与试验室温度相同。

二、水泥细度(筛析法)

水泥细度是指水泥颗粒的粗细程度。目前,我国普遍采用筛余百分数和比表面积两种表示方法。

筛余百分数法在《水泥细度检验方法(80 μm 筛筛析法)》(GB/T 1345—1991)中规定了

三种检验方法:负压筛法、水筛法、手工干筛法。三种方法测定结果发生争议时,以负压筛法为准。

三种检验方法都采用 80 μm 筛作为试验用筛,用筛网上所得筛余物的质量占试样原始质量的百分数来表示水泥样品的细度。

试验用筛的清洗、保养、修正方法一致。

(一)主要仪器设备

(1)试验筛。试验筛由圆形筛框和框网组成,分负压筛和水筛两种,其结构尺寸见图 2-1 和图 2-2。负压筛应附有透明筛盖,筛盖与筛上口应有良好的密封性。筛网应紧绷在筛框上,筛网和筛框接触处,应用防水胶密封,防止水泥嵌入。

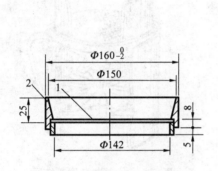

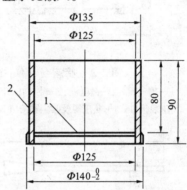

图 2-1 负压筛 (单位:mm)
1—筛网;2—筛框

图 2-2 水筛 (单位:mm)
1—筛网;2—筛框

(2)负压筛析仪。负压筛析仪由筛座、负压筛、负压源及收尘器组成,其中筛座由转速为 (30 ± 2) r/min 的喷气嘴、负压表、控制板、微电机及壳体等构成,见图 2-3。

筛析仪负压可调范围 4 000 ~ 6 000 Pa。负压源和收尘器,由功率 600 W 的工业吸尘器和小型旋风收尘筒组成,或用其他具有相当功能的设备。

喷气嘴上口平面与筛网之间距离为 2 ~ 8 mm,喷气嘴的上开口尺寸见图 2-4。

负压筛析法是干筛法的一种,效率高,人为因素少,准确性高。试样质量 25 g,工作负压 4 000 ~ 6 000 Pa,筛析时间 2 min。

(3)水筛架和喷头。水筛架上筛座内径为 140^{+3}_{0} mm。喷头直径 55 mm,面上均匀分布 90 个孔,孔径 0.5 ~ 0.7 mm,喷头安装高度离筛网 35 ~ 75 mm 为宜。水筛架和喷头见图2-5。

标准规定:水筛法喷头底面与筛网之间的距离为 35 ~ 75 mm。试样质量 50 g,水压为 (0.05 ± 0.02) MPa,冲洗时间 3 min。

(4)天平。最大称量为 100 g,分度值不大于 0.05 g。

(二)试验步骤

1. 负压筛法

(1)检查负压筛析仪系统,调节负压至 4 000 ~ 6 000 Pa 范围内。

(2)称取试样 25 g,置于洁净的负压筛中,盖上筛盖,放在筛座上,开动筛析仪连续筛析2 min,在此期间如有试样附着在筛盖上,可轻轻地敲击,使试样落下。筛毕,用天平称

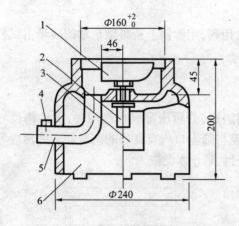

图 2-3 筛座（单位：mm）

1—喷气嘴；2—微电机；3—控制板开口；
4—负压表接口；5—负压源及收尘器接口；6—壳体

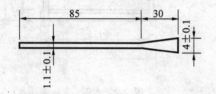

图 2-4 喷气嘴上开口（单位：mm）

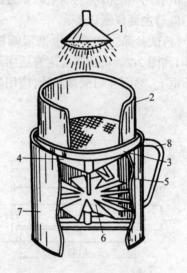

图 2-5 水筛法装置系统图

1—喷头；2—标准筛；3—旋转托架；
4—集水头；5—出水口；6—叶轮；
7—外筒；8—把手

量筛余物。

(3)当工作负压小于 4 000 Pa 时,应清理吸尘器内水泥,使负压恢复正常。

2. 水筛法

(1)调整好水压及水筛架的位置,使其能正常运转。

(2)称取试样 50 g,置于洁净的水筛中,立即用清水冲洗至大部分细粉通过后,放在水筛架上,用水压为(0.05 ± 0.02)MPa 的喷头连续冲洗 3 min。

(3)筛毕,用少量水把筛余物冲至蒸发皿中,等水泥颗粒全部沉淀后,小心倒出清水,烘干并用天平称量筛余物。

3. 手工干筛法

(1)称取试样 50 g 倒入干筛内,盖上筛盖。

(2)用一只手执筛往复摇动,另一只手轻轻拍打,拍打速度每分钟约 120 次,每 40 次向同一方向转动 60°,使试样均匀分布在筛网上,直至每分钟通过试样量不超过 0.05 g 为止。

(3)筛毕,用天平称量筛余物。

4. 试验筛的清洗

试验筛必须保持洁净,筛孔通畅,如筛孔被水泥堵塞影响筛余量时,可用弱酸浸泡,用毛刷轻轻地刷洗,用淡水冲净,晾干。

(三)试验结果

1. 水泥试样筛余百分数

水泥试样筛余百分数按下式计算:

$$F = \frac{R_S}{W} \times 100\% \tag{2-1}$$

式中 F——水泥试样筛余百分数(%);

        R_S——水泥筛余物的质量,g;

        W——水泥试样的质量,g。

结果计算至0.1%。

2. 筛余结果的修正

为使试验结果可比,应采用试验筛修正系数方法修正上述计算结果,修正系数测定方法如下:

水泥细度和比表面积用 JBW 01—3—4 标样检定。

用一种已知 80 μm 标准筛筛余百分数的粉状试样作为标准样,按前述试验步骤测定标准样在试验筛上的筛余百分数。

试验筛修正系数 C 为(精确至0.01):

$$C = F_n / F_t \tag{2-2}$$

式中 F_n——标准样给定的筛余百分数(%);

        F_t——标准样在试验筛上的筛余百分数(%)。

C 超出 0.80~1.20 范围的试验筛不能用作水泥细度检验。

水泥试样筛余百分数结果修正按下式计算:

$$F_C = C \cdot F \tag{2-3}$$

式中 F_C——水泥试样修正后的筛余百分数(%);

        C——试验筛修正系数;

        F——水泥试样修正前的筛余百分数(%)。

三、水泥比表面积测定(勃氏法)

水泥比表面积是指单位质量的水泥粉末所具有的总表面积,以 m²/kg 来表示。

测定原理:勃氏法主要是根据一定量的空气通过具有一定空隙率和固定厚度的水泥层,所受阻力不同而引起流速的变化来测定水泥的比表面积。在一定空隙率的水泥层中,孔隙的大小和数量是颗粒尺寸的函数,同时也决定了通过料层的气流速度。

水泥颗粒越粗,测得的比表面积越小。因为空气通过固定厚度的水泥层所受阻力越小,所需时间越短,所以测得比表面积越小。相反,颗粒越细,所测得比表面积也越大。

比表面积测定方法有勃氏透气法、低压透气法、动态吸附法三种。

我国国家标准规定为前两种方法,即《水泥比表面积测定方法(勃氏法)》(GB 8074—87)和《水泥比表面积测定方法》(GB/T 207—63),两种方法并列执行,有争议时以勃氏法为准。

(一)主要仪器设备

(1)Blaine 透气仪。如图 2-6、图 2-7 所示,由透气圆筒、压力计、抽气装置等三部分组成。

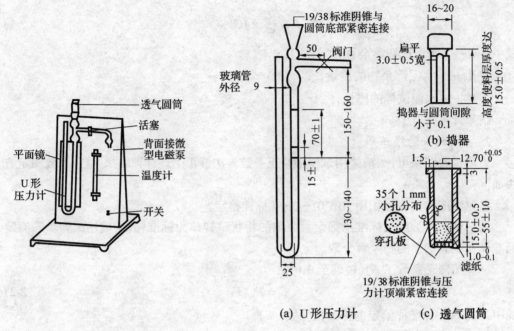

图 2-6　Blaine 透气仪示意图　　图 2-7　Blaine 透气仪结构及主要尺寸图　(单位:mm)

(2)分析天平。分度值为 1 mg。

(3)计时秒表。精确读到 0.5 s。

(4)烘干箱。

(二)试验步骤

(1)首先用已知密度、比表面积等参数的标准粉对仪器进行校正,用水银排代法测定试料层的体积,同时须进行漏气检查。

(2)根据所测试样的密度和试料层体积等计算出试样量,按量称取烘干备用的水泥试样(精确到 0.001 g),制备试料层。

(3)进行透气试验,即打开微型电磁泵慢慢从压力计一臂中抽出空气,直到压力计内液面上升到扩大部下端时关闭阀门,记录压力计中液面从第一条刻度线降至第二条刻度线所需的时间。同时记录试验时的温、湿度。

(三)结果计算

当被测物料的密度、试料层中空隙率与标准试样相同,试验时温差≤3 ℃时,可按下式计算水泥比表面积 $S(\mathrm{cm}^2/\mathrm{g})$:

$$S = \frac{S_S \sqrt{T}}{\sqrt{T_S}} \tag{2-4}$$

式中　S_S——标准试样比表面积,cm^2/g;

　　　T——被测试样试验时,压力计中液面降落测得的时间,s;

T_S——标准试样试验时,压力计中液面降落测得的时间,s。

(四)水泥比表面积测定结果的确定

水泥比表面积由两次试验结果的平均值确定,计算应精确至 10 cm²/g,并将结果换算成以 m²/kg 为单位。10 cm²/g 以下数值按 4 舍 5 入计算。每次试验结果与所得平均值相差不得超过 2%,否则应进行第三次试验,以误差在 2%以内的两次试验结果的平均值来确定。

如两次试验结果相差在 2%以上时,应重新试验。

四、水泥标准稠度用水量、凝结时间、安定性检验

本方法适用于硅酸盐水泥、普通水泥、矿渣水泥、火山灰水泥、粉煤灰水泥以及指定采用本方法的其他品种水泥。

测定原理:

(1)水泥标准稠度净浆对标准试杆(或试锥)的沉入具有一定阻力。通过试验不同含水量水泥净浆的穿透性,以确定水泥标准稠度净浆中所需加入的水量。

(2)凝结时间由试针沉入水泥标准稠度净浆至一定深度所需的时间表示。

(3)雷氏法是观测由两个试针的相对位移所指示的水泥标准稠度净浆体积膨胀的程度。

(4)试饼法是观测水泥标准稠度净浆试饼的外形变化程度。

(一)主要仪器设备

(1)水泥净浆搅拌机。符合 JC/T 729—1996 的要求。

(2)标准法维卡仪。如图 2-8 所示,标准稠度测定用试杆由有效长度为(50±1)mm、直径为(10±0.05)mm 的圆柱形耐腐蚀金属制成。测定凝结时间时取下试杆,用试针代替试杆。试针为由钢制成的圆柱体,其有效长度初凝针(50±1)mm、终凝针(30±1)mm、直径为(1.13±0.05)mm。滑动部分的总质量为(300±1)g。与试杆、试针联结的滑动杆表面应光滑,能靠重力自由下落,不得有紧涩和旷动现象。

(3)代用法维卡仪。符合 JC/T 729—1996 的要求。

(4)湿气养护箱。能使温度控制在(20±1)℃,相对湿度不低于 90%。

(5)雷氏夹。由铜质材料制成,其结构如图 2-9 所示。

当用 300 g 砝码校正时,两根指针的针尖距离增加应在(17.5±2.5)mm 范围内,即 $2x = (17.5±2.5)$mm(见图 2-10),去掉砝码后针尖的距离应恢复原状。

(6)雷氏夹膨胀值测定仪。如图 2-11 所示,标尺最小刻度为 0.5 mm。

(7)沸煮箱。有效容积约为 410 mm×240 mm×310 mm,能在(30±5)min 内将箱内试验用水由室温升至沸腾状态,并恒沸 3 h 以上。

(8)量水器。最小刻度为 0.1 mL,精度 1%。

(9)天平。最大称量不小于 1 000 g,分度值不大于 1 g。

(10)水泥净浆试模。盛装水泥净浆的试模应由耐腐蚀的、有足够硬度的金属制成,形状为截顶圆锥体,每只试模应配备一块厚度≥2.5 mm、大于试模底面的平板玻璃底板。

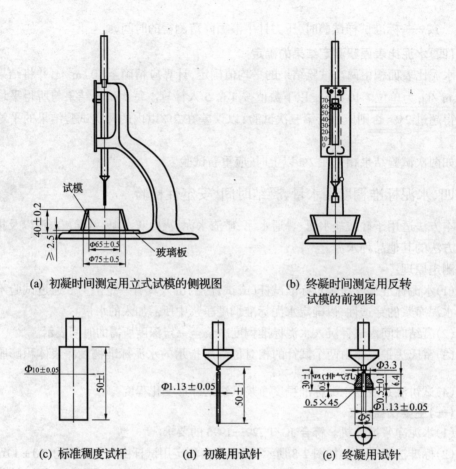

(a) 初凝时间测定用立式试模的侧视图　(b) 终凝时间测定用反转
试模的前视图

(c) 标准稠度试杆　(d) 初凝用试针　(e) 终凝用试针

图 2-8　测定水泥标准稠度和凝结时间用的维卡仪　(单位:mm)

(二)标准稠度用水量的测定(标准法)

测定水泥标准稠度用水量的目的是为测定水泥凝结时间及安定性时制备标准稠度的水泥净浆确定加水量。试验步骤如下:

(1)首先将维卡仪调整至试杆接触玻璃板时指针对准零点。

(2)称取水泥试样 500 g,拌和水量按经验找水。

(3)用湿布将搅拌锅和搅拌叶片擦过,将拌和水倒入搅拌锅内,然后在 5~10 s 内小心将称好的 500 g 水泥加入水中,防止水和水泥溅出。

(4)拌和时,先将锅放到搅拌机的锅座上,升至搅拌位置。启动搅拌机进行搅拌,低速搅拌 120 s,停拌 15 s,同时将叶片和锅壁上的水泥浆刮入锅中间,接着高速搅拌 120 s 后停机。

(5)拌和结束后,立即将拌制好的水泥净浆装入已置于玻璃底板上的试模中,用小刀插捣,轻轻振动数次,使气泡排出,刮去多余的净浆,抹平后迅速将试模和底板移到维卡仪上,并将其中心定在试杆下,降低试杆直至与水泥净浆表面接触,拧紧螺丝 1~2 s 后,突然放松,使试杆垂直自由地沉入水泥净浆中,在试杆停止沉入或释放试杆 30 s 时记录试杆距底板之间的距离,整个操作应在搅拌后 1.5 min 内完成。

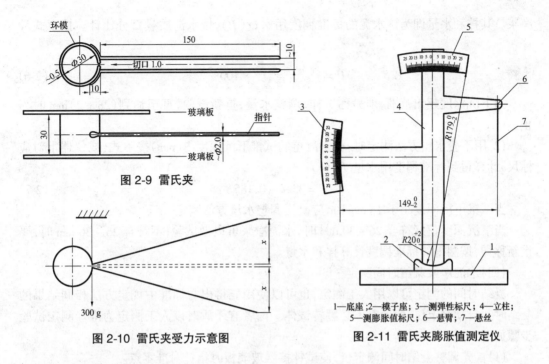

图 2-9 雷氏夹

图 2-10 雷氏夹受力示意图

图 2-11 雷氏夹膨胀值测定仪

1—底座；2—模子座；3—测弹性标尺；4—立柱；
5—测膨胀值标尺；6—悬臂；7—悬丝

(6)以试杆沉入净浆并距底板(6 ± 1)mm的水泥净浆为标准稠度净浆。其拌和水量为该水泥的标准稠度用水量(P)，以水泥质量的百分比计。按下式计算

$$P = \frac{拌和用水量}{水泥质量} \times 100\% \tag{2-5}$$

(三)标准稠度用水量的测定(代用法)

采用代用法测定水泥标准稠度用水量，可用调整水量和不变水量两种方法的任一种测定。

1. 试验步骤

(1)将维卡仪调整至试锥接触锥模顶面时指针对准零点。

(2)称取水泥试样 500 g，采用调整水量方法时拌和水量按经验找水，采用不变水量方法时拌和水量用 142.5 mL。水量准确至 0.5 mL。

(3)用湿布将搅拌锅和搅拌叶片擦过，将拌和水倒入搅拌锅内，然后在 5～10 s 内小心将称好的 500 g 水泥加入水中，防止水和水泥溅出。

(4)拌和时，先将锅放到搅拌机的锅座上，升至搅拌位置。启动搅拌机进行搅拌，低速搅拌 120 s，停拌 15 s，同时将叶片和锅壁上的水泥浆刮入锅中间，接着高速搅拌 120 s 后停机。

(5)拌和结束后，立即将拌制好的水泥净浆装入锥模内，用小刀插捣并用手将其振动数次，使气泡排出。刮去多余净浆并抹平后迅速放到试锥下面固定位置上。将试锥降至净浆表面，拧紧螺丝 1～2 s 后，突然放松螺丝，让试锥垂直自由地沉入水泥净浆中，到试锥停止下沉或释放试锥 30 s 时记录试锥下沉深度。整个操作应在搅拌后 1.5 min 内完成。

2. 试验结果

(1)用调整水量方法测定时，以试锥下沉深度 S 为(28 ± 2)mm 时的净浆为标准稠度

净浆。其拌和水量即为该水泥的标准稠度用水量(P),按水泥质量百分比计。按下式计算:

$$P = \frac{拌和用水量}{水泥质量} \times 100\% \qquad (2\text{-}6)$$

如下沉深度超出范围,须另称试样,调整水量,重新试验,直至达到(28 ± 2)mm 时为止。

(2)用不变水量方法测定时,根据测得的试锥下沉深度 S(mm)按下式(或仪器上对应标尺)计算得到标准稠度用水量 $P(\%)$:

$$P = 33.4 - 0.185S \qquad (2\text{-}7)$$

当试锥下沉深度小于 13 mm 时,应改用调整水量方法测定。

当下沉深度正好符合 26 ~ 30 mm 时,水泥净浆可以做试验;不符合 26 ~ 30 mm 时,要重新称样,按测得的标准稠度计算拌和水量。

(四)水泥净浆凝结时间测定

凝结时间的测定可以用人工测定,也可以使用能得出与标准中规定方法相同结果的凝结时间自动测定仪,使用时不必翻转试体。两者有矛盾时以人工测定为准。测定试验步骤如下:

(1)首先调整凝结时间测定仪,使试针接触玻璃板时指针对准零点。

(2)称取水泥试样 500 g,以标准稠度用水量制成标准稠度的水泥净浆一次装满试模,振动数次后刮平,立即放入湿气养护箱中。记录水泥全部加入水中的时间作为凝结时间的起始时间。

(3)初凝时间的测定。试件在湿气养护箱中养护至加水后 30 min 时进行第一次测定。测定时,从湿气养护箱中取出试模放到试针下,降低试针与水泥净浆表面接触,拧紧螺丝 1 ~ 2 s 后,突然放松,试针垂直自由地沉入水泥净浆,观察试针停止下沉或释放 30 s 时指针的读数。当试针沉至距底板(4 ± 1)mm 时,为水泥达到初凝状态,由水泥全部加入水中至初凝状态的时间为水泥的初凝时间,单位:min。

(4)终凝时间的测定。为了准确观测试针沉入的状况,在终凝针上安装了一个环形附件。在完成初凝时间测定后,立即将试模连同浆体以平移的方法从玻璃板取下,翻转 180°,直径大端向上、小端向下放在玻璃板上,再放入湿气养护箱中继续养护,临近终凝时间时每隔15 min测定一次,当试针沉入试体 0.5 mm 时,即环形附件开始不能在试体上留下痕迹时,认为水泥达到终凝状态。由水泥全部加入水中至终凝状态的时间为水泥的终凝时间,单位:min。

(5)测定时应注意:在最初测定的操作时应轻轻扶持金属柱,使其徐徐下降,以防试针撞弯,但结果以自由下落为准,在整个测试过程中试针沉入的位置至少要距试模内壁 10 mm。临近初凝时,每隔 5 min 测定一次,临近终凝时,每隔 15 min 测定一次,到达初凝和终凝时应立即重复测一次,当两次结果相同时才能定为到达初凝或终凝状态。每次测定不得让试针落入原针孔,每次测试完毕须将试针擦净并将试模放回湿气养护箱内,整个测试过程要防止试模受振。

在确定初凝时间时,如有疑问,应连续测三个点,以其中结果相同的两个点来判定。

(五)安定性的测定(标准法)

标准法(雷氏法)是测定水泥净浆在雷氏夹中沸煮后的膨胀值,来检验水泥的体积安定性。

1. 试验步骤

(1)每个试样需成型两个试件,每个雷氏夹应配备质量为 75～85 g 的玻璃板两块,一垫一盖,凡与水泥净浆接触的玻璃板和雷氏夹内表面都要稍稍涂上一层油。

(2)将预先准备好的雷氏夹放在已稍擦油的玻璃板上,并立即将已制好的标准稠度的水泥净浆一次装满雷氏夹,装浆时一只手轻扶雷氏夹,另一只手用宽约 10 mm 的小刀插捣数次,然后抹平,盖上涂油的玻璃板。随即将试件移至湿气养护箱内养护(24±2)h。

(3)脱去玻璃板,取下试件,先测量雷氏夹指针尖端间的距离(A),精确到 0.5 mm,接着将试件放到沸煮箱内水中试件架上,指针朝上,然后在(30±5)min 内加热至沸并恒沸(180±5)min。

(4)沸煮结束后,立即放掉沸煮箱中的热水,打开箱盖,待箱体冷却至室温,取出试件进行判别。

2. 结果判别

测量雷氏夹指针尖端间的距离(C),准确至 0.5 mm,当两个试件沸煮后增加距离($C-A$)的平均值不大于 5.0 mm 时,即认为该水泥安定性合格。当两个试件的($C-A$)值相差超过 4 mm 时,应用同一样品立即重做一次试验。再如此,则认为该水泥安定性不合格。

(六)安定性的测定(代用法)

安定性的测定方法有标准法(雷氏法)和代用法(饼法)两种,有争议时以标准法为准。代用法(饼法)是观察水泥净浆试饼沸煮后的外形变化来检验水泥的体积安定性。

1. 试验步骤

(1)将制好的标准稠度的水泥净浆取出约 150 g,分成两等份,使之呈球形,放在已涂油的玻璃板上,用手轻轻振动玻璃并用湿布擦过的小刀由边缘向中央抹动,做成直径 70～80 mm、中心厚约 10 mm、边缘渐薄、表面光滑的两个试饼,放入湿气养护箱内养护(24±2)h。

(2)脱去玻璃板,取下试饼并编号,先检查试饼,在无缺陷的情况下将试饼放在沸煮箱水中的箅板上,在(30±5)min 内加热至沸并恒沸(180±5)min。

用试饼法时先检查试饼是否完整(如已开裂、翘曲,要检查原因,确认无外因时,该试饼已属不合格,不必沸煮)。

(3)沸煮结束后放掉热水,打开箱盖,待箱体冷却至室温,取出试件进行判别。

2. 结果判别

目测试饼未发现裂缝,用钢直尺检查也没有弯曲(用钢直尺和试饼底部紧靠,以两者间不透光为不弯曲)的试饼为安定性合格,反之为不合格。当两个试饼判别结果有矛盾时,该水泥的安定性为不合格。

GB/T 1346—2001 规定水泥标准稠度用水量、安定性的测定有标准法和代用法,凝结时间没有代用法,有矛盾时以标准法为准。

五、水泥胶砂强度 ISO 法

(一)主要仪器设备

1. 行星式水泥胶砂搅拌机

工作时搅拌叶片既绕自身轴线自转又沿搅拌锅周边公转,运动轨迹似行星式的水泥胶砂搅拌机(见图 2-12)。其性能应符合《行星式水泥胶砂搅拌机》(JC/T 681—1997)要求。

搅拌叶片高速与低速时的自转和公转速度应符合表 2-4 的要求。

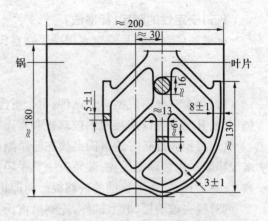

图 2-12 搅拌机 (单位:mm)

表 2-4 行星式水泥胶砂搅拌机主要参数 (单位:r/min)

速度	搅拌叶自转	搅拌叶公转
低	140 ± 5	62 ± 5
高	285 ± 10	125 ± 10

注:叶片与锅底、锅壁的工作间隙(3 ± 1)mm。

搅拌锅可以随意挪动,但可以很方便地固定在锅座上,而且搅拌时也不会明显晃动和转动。搅拌叶片呈扇形,搅拌时除顺时针自转外,还沿锅边逆时针公转,并且有高、低两种速度。

2. 振实台

振实台振幅(15 ± 0.3)mm,振动频率 60 次/(60 ± 2)s。GB/T 17671—1999 规定,振实成型方法用伸臂式振实台,或者振幅(0.75 ± 0.02)mm、振动频率为 2 800 ~ 3 000 次/min 振动台振实成型试件,试验结果有争议时,以伸臂式振实台为准。

振实台性能应符合《水泥胶砂试体成型振实台》(JC 682—1997)要求(见图 2-13)。

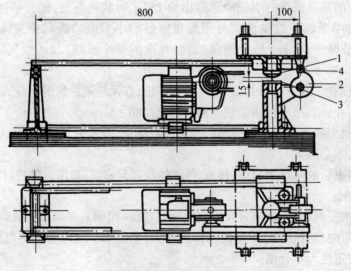

图 2-13 振实台 (单位:mm)
1—突头;2—凸轮;3—止动器;4—随动轮

3．试模、播料器及刮平直尺

播料器见图2-14,刮平直尺见图2-15。标准规定试模长度为(160±0.8)mm,模槽宽度为 $4.0^{+0.05}_{-0.10}$ mm,模槽高度为(40.1±0.1)mm。试模的质量为(6.25±0.25)kg。其材质和制造应符合《水泥胶砂试模》(JC/T 726—1997)要求。

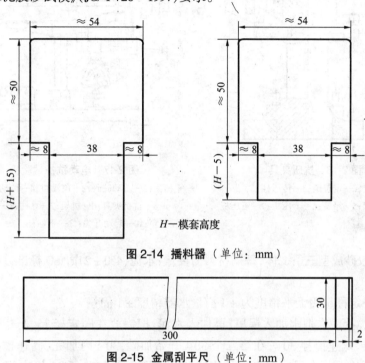

H—模套高度

图2-14 播料器 (单位:mm)

图2-15 金属刮平尺 (单位:mm)

4．抗压夹具

抗压夹具结构为双臂式,加压板面积为 40 mm × 40 mm。其结构及性能应满足《40 mm × 40 mm水泥抗压夹具》(JC/T 683—1997)要求(见图2-16)。

5．抗折试验机

采用电动或手动双杠杆抗折试验机(见图2-17),也可采用性能符合要求的其他试验机。抗折夹具的加荷与支撑圆柱必须用硬质钢材制造,其直径均为(10±0.2)mm,两个支撑圆柱中心距为(100±0.2)mm。其性能应符合《水泥物理检验仪器电动抗折试验机》(JC/T 724—1996)要求。

6．抗压强度试验机

要求抗压强度试验机在较大的 4/5 量程范围内使用时记录的荷载应有±1%精度,并具有(2 400±200)N/s速率的加荷能力。它应有一个能指示试件破坏时荷载值并把它保持到试验机卸载以后的指示器。它可以用表盘里的峰值指针或显示器来达到。人工操作的试验机应配有一个速度动态装置,以便控制加荷速度。

(二)胶砂的制备

(1)除火山灰水泥以外,水灰比为 0.50;火山灰水泥按 0.50 水灰比和胶砂流动度不小于 180 mm 来确定。

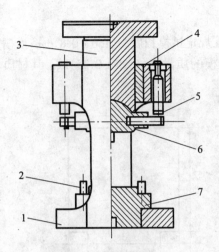

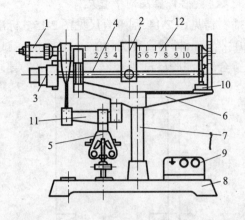

图 2-16　抗压夹具

1—框架；2—定位销；3—传压柱

4—衬套；5—吊簧；6—上压板；7—下压板

图 2-17　电动抗折试验机

1—平衡锤；2—游动砝码；3—电动机；4—传动丝杠；

5—抗折夹具；6—机架；7—立柱；8—底座；

9—电器控制箱；10—启动开关；11—下杠杆；12—上杠杆

(2)一锅胶砂成型三条试体,每锅材料需要量:水泥(450 ± 2)g,ISO 标准砂$(1\,350 \pm 5)$g,水(225 ± 1)g。

配料中规定称量用天平精度为 ± 1 g,量水器精度 ± 1 mL。

(3)胶砂搅拌时先把水加入锅里,再加入水泥,把锅放在固定架上,上升至固定位置,立即开动机器,低速搅拌 30 s,在第二个 30 s 开始加砂,30 s 内加完,高速搅拌 30 s,停拌 90 s,从停拌开始 15 s 内用一胶皮刮具将叶片和锅壁上的胶砂,刮入锅中间,再高速搅拌 60 s。各个搅拌阶段,时间误差应在 ± 1 s 以内。

(三)试件的制备

(1)振实台成型时,立即将搅拌好的胶砂分两次装入试模,装第一层时,每个模槽里约放 300 g 胶砂,用大播料器垂直架在模套顶部沿每一个模槽来回一次将料层播平,接着振 60 次,再装入第二层胶砂,用小播料器播平,再振 60 次。移走模套,从振实台上取下试模,用一金属直尺近似 90°的角度架在试模模顶的一端,然后沿试模长度方向以横向锯割动作慢慢向另一端移动,一次将超过试模部分的胶砂刮去(见图 2-18),并用同一直尺以近似水平的情况下将试体表面抹平。

(2)振动台成型时,除刮平与上述要求一致外,其他要求按 GB 177—1985 规定。

(3)在试模上做标记或用字条表明试件编号。

(四)试件的养护

(1)成型好以后的试模立即放入养护箱$((20 \pm 1)℃,湿度 \geqslant 90\%)$中养护,养护到规定的脱模时间取出脱模。在编号时应将同一试模中的三条试体分在两个以上的龄期内。编号标注可以用防水笔、红色玻璃陶瓷铅笔。

(2)将做好标记的试体水平或垂直放在$(20 \pm 1)℃$水中养护,水平放置时刮平面应朝上。不允许在养护期间全部换水,28 天换一次水。

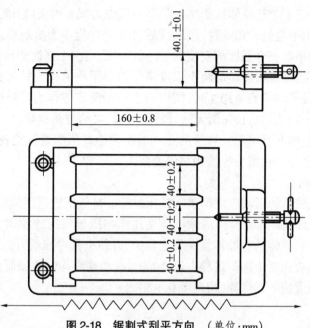

图 2-18　锯割式刮平方向　（单位:mm）

（3）试体龄期从水泥加水搅拌开始试验时算起。不同龄期强度试验在下列时间里进行:

24 h ± 15 min   7 d ± 2 h

48 h ± 30 min   ≥28 d ± 8 h

72 h ± 45 min

由此可知:对龄期的规定较为严密,一是明确了龄期起始时间;二是龄期多,以适应不同品种的水泥;三是龄期越短,破型时间范围越小。

（五）水泥强度试验

各龄期的试体必须在规定的时间内进行强度试验。试体从水中取出后,揩去试体表面沉积物,并用湿布覆盖至试验为止。

1.抗折强度的测定

（1）每龄期取出 3 条试体先做抗折强度试验。试验前须擦去试体表面的附着水分和砂粒,清除夹具上圆柱表面粘着的杂物,试体放入夹具内,应使侧面与圆柱接触。

（2）试体放入前,应使杠杆成平衡状态。试体放入后调整夹具,使杠杆在试体折断时尽可能地接近平衡位置。

（3）抗折试验以(50 ± 10)N/s 的速率均匀地加荷直至折断。

（4）单块抗折强度按下式计算(精确至 0.01 MPa):

$$R_f = \frac{3 F_f L}{2 b^3} \tag{2-8}$$

式中　　R_f——抗折强度,MPa;

　　　　F_f——折断时荷载,N;

　　　　L——跨距,mm;

　　　　b——正方形截面的边长,mm。

抗折强度"以一组三个棱柱体抗折结果的平均值作为试验结果(精确至 0.1 MPa)。当三个强度值中有超出平均值 ±10% 时,应剔除后再取平均值作为抗折强度试验结果。"也就是说,抗折强度结果以三个强度测定值的平均值为准,当三个强度测定值中有一个超过平均值的 ±10% 时应予剔除,以其余两个强度测定值的平均值作为抗折强度结果。如其中有两个测定值超过平均值的 ±10% 时,则以剩下一个测定值作为抗折强度结果。若三个测定值全部超过平均值的 ±10% 而无法计算强度时,必须重新检验。

这里要注意的是标准要求用平均值的 ±10% 作为检查范围进行检查有无超差值,而不能把平均值进行修约。否则会导致相对误差增大。

2. 抗压强度的测定

(1)抗折强度试验后的断块应立即进行抗压试验。抗压试验须用抗压夹具进行,试体受压面为 40 mm × 40 mm。试验前应清除试体受压面与压板间的砂粒和杂物。试验时以试体的侧面为受压面,试体的底面靠紧夹具定位销,并使夹具对准压力机压板中心。

(2)抗压强度试验在整个加荷过程中以 2 400 N/s 的速率均匀地加荷直至破坏。

(3)单块抗压强度按下式计算(精确至 0.1 MPa):

$$R_c = \frac{F_c}{A} \tag{2-9}$$

式中　R_c——抗压强度,MPa;

　　　F_c——破坏时的最大荷载,N;

　　　A——受压面积,mm^2。

抗压强度"以一组三个棱柱体上得到的六个抗压强度测定值的平均值作为试验结果(精确至 0.1 MPa)。如六个测定值中有一个超出六个平均值的 ±10%,就应剔除这个结果,而以剩下五个的平均值作为结果。如果五个测定值中再有超过它们平均值 ±10% 的,则此组结果作废。"也就是说,六个平均,有一个超差,再用五个平均,仍有一个超差,就要重做。六个平均时,如有二个超差,直接判重做。

3. 试验结果的记录与计算精度

GB/T 17671—1999 规定抗折强度记录至 0.1 MPa,平均值计算精确至 0.1 MPa。单块抗压强度结果计算至 0.1 MPa,平均值计算精确至 0.1 MPa。为使记录精度与平均值计算精度相一致,抗折强度及其平均值的计算精度可取小数点后二位,即 0.01 MPa,抗压单块强度结果和平均值可计算到 0.1 MPa。报告的时候再修约和标准值精度一样。

六、水泥胶砂流动度测定

水泥胶砂流动度是表示水泥胶砂流动性的一种量度。流动度以水泥胶砂在流动桌上扩展的平均直径表示(单位:mm)。

本方法主要用于测定水泥胶砂流动度,以确定水泥胶砂的适宜水量。

测定水泥胶砂流动度的目的:水泥胶砂流动度是衡量水泥需水性的重要指标之一,是水泥胶砂可塑性的反映。用流动度来控制胶砂用水量,能使胶砂物理性能的测试建立在准确可比的基础上。用流动度来控制水泥胶砂强度成型加水量,所测得的水泥强度与混凝土强度间有较好的相关性,更能反映实际使用效果。

(一)主要仪器设备

1. 胶砂搅拌机

符合《行星式水泥胶砂搅拌机》(JC/T 681—1997)性能要求。

2. 跳桌及附件

(1)跳桌如图 2-19 所示。可跳动部分由桌面(1)和推杆(4)构成。圆盘桌面直径(258±1)mm,桌面上铺有同直径的玻璃板,中间垫有画着直径为 120、130、140 mm 同心圆及十字线的薄塑料片,玻璃板用卡子固定在圆盘桌面上。推杆直径为 24 mm,推杆垂直密纹连接在凸肩(3)中心,推杆下装有小轴承作为托轮(5)。跳动部分下落瞬间,托轮不应与凸轮(9)接触,落距(凸肩底面与机架顶面间距离)为(10±0.1)mm。跳动部分质量为(3.45±0.01)kg。

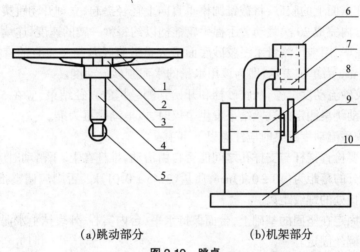

(a)跳动部分   (b)机架部分

图 2-19　跳桌

1—圆盘桌面;2—筋;3—凸肩;4—推杆;5—托轮;6—机架顶面;
7—推杆轴孔;8—转动轴;9—凸轮;10—机架底座

转动轴与转速为 60 r/min 无外带减速装置的电机或手动轮连接,其转动机构能保证跳桌在(30±1)s 内完成 30 次跳动。

跳桌安装时应使圆盘台面水平,固定在坚固的基座上。

(2)圆柱捣棒。由金属材料制成,直径(20±0.5)mm,长约 200 mm。

(3)截锥圆模及模套。截锥圆模尺寸:高(60±0.5)mm,上口内径 φ(70±0.5)mm,下口内径 φ(100±0.5)mm。模套须与截锥圆模配合使用。截锥圆模与模套用金属材料制成。

(4)卡尺。量程 200 mm 的卡尺,分度值不大于 0.5 mm。

(二)流动度的测定

(1)胶砂的制备。

①GB/T 2419—1994 规定一次试验用的材料数量为:

水泥	540 g
标准砂	1 350 g
水	按预定的水灰比进行计算

②按 GB 177—1985 的规定进行搅拌。

(2)在拌和胶砂的同时,用湿布抹擦跳桌台面、捣捧、截锥圆模和模套内壁,并把它们置于玻璃板中心,盖上湿布。

(3)将拌好的水泥胶砂迅速地分两层装入模内。第一层装至圆锥模高的 2/3 处,用小刀在相互垂直两个方向各划 5 次,再用圆柱捣棒自边缘至中心均匀捣压 15 次。接着装第二层胶砂,装至高出圆模约 20 mm,同样用小刀在相互垂直两个方向各划 5 次,再用圆柱捣棒自边缘至中心均匀捣压 10 次。捣压深度,第一层捣至胶砂高度的 1/2,第二层捣至不超过已捣实的底层表面。

装胶砂与捣实时用手将截锥圆模扶持,不要移动。

(4)捣压完毕,取下模套,用小刀由中间向边缘分两次将高出截锥圆模的胶砂刮去并抹平,擦去落在桌面上的胶砂,将截锥圆模垂直向上轻轻提起,立刻开动跳桌,约每秒钟一次,在(30±1)s 内完成 30 次跳动。手握手轮摇柄以约每秒一转的速度,连续摇动 30 转。

(5)跳动完毕,用卡尺测量水泥胶砂底面最大扩散直径及与其垂直的直径,计算平均值,取整数,以 mm 为单位表示,即为该用水量的水泥胶砂流动度。

(6)注意胶砂流动度试验,从胶砂拌和开始到测量扩散直径结束,应在 5 min 内完成。电动跳桌与手动跳桌测定的试验结果发生争议时,以电动跳桌为准。

(7)使用胶砂流动度跳桌时应注意以下事项:

①使用前要检查推杆与支撑孔之间能否自由滑动,推杆在上、下滑动时应处于垂直状态。可跳动部分的落距为(10±0.1)mm,质量(3.45±0.01)kg,否则应调整推杆上端螺纹与圆盘底部连接处的螺纹距离。

②跳桌应固定在坚固的基础上,台面保持水平,台内实心,外表抹上水泥砂浆,跳桌底座和工作台用螺丝固定。

试验表明,固定要比不固定测出的流动度高 4~5 mm,实心工作台又比空心工作台测出的流动度平均高 9.9 mm。对此,安装跳桌时一定要注意。

③手动跳桌计锁销用久后容易弯曲,所以使用时要注意到 30 次销住后,不能再摇动手轮。

④安装好的跳桌用 JBW 01—1—1 标样检定,测得的流动度与标准样给定流动度相差在规定范围内,则跳桌性能良好。

第三章 建筑钢材

第一节 概 述

以铁为主要元素,含碳量一般在 2% 以下,并含有其他元素的材料称为钢。炼钢炉炼出的钢水,浇铸成钢锭或连铸坯。而钢锭或连铸坯必须经过压力加工,变成钢材才能使用。钢材的种类很多,一般可分为板、管、型、丝四大类。型钢的品种也很多,可分成简单断面和复杂断面两种。简单断面的型钢有圆钢、方钢、扁钢、六角钢和角钢。复杂断面型钢有工字钢、槽钢、H 型钢、钢轨、窗框钢、钢板桩及其他异型钢材等。

混凝土和预应力混凝土用的钢材主要有盘条、钢筋、钢丝和钢绞线等。它是钢筋混凝土的主要受力材料,它与混凝土协调工作,重点承受拉力、压力以及起构造作用。

近十年来,随着对钢筋使用要求的提高及生产设备的现代化和生产工艺的不断更新和改进,开发出了一些新品种的钢筋和钢丝并不断应用于工程,从而使我国钢筋混凝土和预应力混凝土用钢筋形成了新的体系。

本章主要介绍钢筋混凝土用钢筋和部分型钢的技术指标和试验方法。

第二节 技术要求

一、钢筋混凝土用钢筋的技术要求

(一)钢筋混凝土用热轧光圆钢筋的技术要求

1.牌号及化学成分

(1)钢的牌号及化学成分(熔炼分析)应符合表 3-1 的规定。

表 3-1 钢的牌号及化学成分

表面形状	钢筋级别	强度代号	牌号	化学成分(%)				
				C	Si	Mn	P	S
							不大于	
光圆	Ⅰ	R235	Q235	0.14～0.22	0.12～0.30	0.3～0.65	0.045	0.050

(2)钢中残余元素铬、镍、铜含量应各不大于 0.30%,氧气转炉钢的氮含量不应大于0.008%。经需方同意,铜的残余含量可不大于 0.35%。供方如能保证可不作分析。

(3)钢中砷的残余含量可不大于 0.080%。用含砷矿冶炼生铁所冶炼的钢,砷含量由供需双方协议规定。如原料中没有含砷,对钢中的砷含量可以不作分析。

(4)钢筋的化学成分允许偏差应符合《钢的化学分析用试样取样法及成品化学成分允

许偏差》(GB/T 222—1984)的有关规定。

(5)在保证钢筋性能合格的条件下,钢的成分下限不作交货条件。

2.力学性能、工艺性能

钢筋的力学性能、工艺性能应符合表 3-2 的规定。冷弯试验时受弯曲部位外表面不得产生裂纹。

表 3-2 热轧光圆钢筋的力学性能、工艺性能

表面形状	钢筋级别	强度等级代号	公 称 直 径 (mm)	屈服点 σ_s (MPa)	抗拉强度 σ_b (MPa)	伸长率 δ (%)	冷弯 d—弯芯直径 a—钢筋公称直径
				不小于			
光圆	Ⅰ	R235	8 ~ 20	235	370	25	180° $d = a$

3.表面质量

钢筋表面不得有裂纹、结疤和折叠。

钢筋表面凸块和其他缺陷的深度和高度不得大于所在部位尺寸的允许偏差。

(二)钢筋混凝土用热轧带肋钢筋的技术要求

热轧带肋钢筋的牌号由 HRB 和牌号的屈服点最小值构成。热轧带肋钢筋分为HRB335、HRB400、HRB500 三个牌号。

1.牌号和化学成分

(1)钢的牌号应符合表 3-3 的规定,其化学成分和碳当量 Ceq(熔炼分析)应不大于表3-3 规定的值。根据需要,钢中还可以加入 V、Nb、Ti 等元素。

表 3-3 钢牌号对应的化学成分和碳当量

牌号	化学成分(%)					
	C	Si	Mn	P	S	Ceq
HRB335	0.25	0.80	1.60	0.045	0.045	0.52
HRB400	0.25	0.80	1.60	0.045	0.045	0.54
HRB500	0.25	0.80	1.60	0.045	0.045	0.55

(2)各牌号钢筋的化学成分及其范围参照表 3-4。

HRB335、HRB400 钢筋的参考化学成分(熔炼分析)见表 3-4。

表 3-4 HRB335、HRB400 钢筋参考化学成分

牌号	原牌号	化学成分(%)							
		C	Si	Mn	V	Nb	Ti	P	S
HRB335	20MnSi	0.17 ~ 0.25	0.40 ~ 0.80	1.20 ~ 1.60	—	—	—	0.045	0.045
HRB400	20MnSiV	0.17 ~ 0.25	0.20 ~ 0.80	1.20 ~ 1.60	0.04 ~ 0.12	—	—	0.045	0.045
	20MnSiNb	0.17 ~ 0.25	0.20 ~ 0.80	1.20 ~ 1.60	—	0.02 ~ 0.04	—	0.045	0.045
	20MnTi	0.17 ~ 0.25	0.17 ~ 0.37	1.20 ~ 1.60	—	—	0.02 ~ 0.05	0.045	0.045

(3)碳当量 Ceq(%)值可按下式计算:

$$Ceq = C + Mn/6 + (Cr + V + Mo)/5 + (Cu + Ni)/15 \tag{3-1}$$

(4)钢的氮含量应不大于 0.012%。供方如能保证可不作分析。钢中如有足够数量的

氮结合元素,含氮量的限制可适当放宽。

(5)钢筋的化学成分允许偏差应符合 GB/T 222—1984 的规定。碳当量 Ceq 的允许偏差 +0.03%。

2. 力学性能

(1)钢筋的力学性能应符合表 3-5 的规定。

表 3-5　钢筋的力学性能

牌号	公称直径 (mm)	σ_s(或 $\sigma_{p0.2}$)(MPa)	σ_b(MPa)	δ_5(%)
		不小于		
HRB335	6~25 28~50	335	490	16
HRB400	6~25 28~50	400	570	14
HRB500	6~25 28~50	500	630	12

(2)钢筋在最大力下的总伸长率 δ_{gt} 不小于 2.5%。供方如能保证,可不作检验。

(3)根据需方要求,可供应满足下列条件的钢筋:

①钢筋实测抗拉强度与实测屈服点之比不小于 1.25;

②钢筋实测屈服点与表 3-5 规定的最小屈服点之比不大于 1.30。

3. 工艺性能

(1)弯曲性能。按表 3-6 规定的弯心直径弯曲 180°后,钢筋受弯曲部位表面不得产生裂纹。

(2)反向弯曲性能。根据需方要求,钢筋可进行反向弯曲性能试验。反向弯曲试验的弯心直径比弯曲试验相应增加一个钢筋直径,先正向弯曲 45°,后反向弯曲 23°。经反向弯曲试验后,钢筋受弯曲部位表面不得产生裂纹。

表 3-6　不同牌号钢筋弯曲试验的弯心直径

牌号	公称直径 a (mm)	弯曲试验 弯心直径
HRB335	6~25 28~50	3a 4a
HRB400	6~25 28~50	4a 5a
HRB500	6~25 28~50	6a 7a

4. 表面质量

钢筋表面不得有裂纹、结疤和折叠。

钢筋表面允许有凸块,但不得超过横肋的高度,钢筋表面上其他缺陷的深度和高度不得大于所在部位尺寸的允许偏差。

(三)低碳钢热轧圆盘条

1. 牌号和化学成分

(1)盘条的牌号和化学成分(熔炼分析),应符合表 3-7 的规定。

表 3-7　盘条的牌号和化学成分

牌号	化学成分（%）					脱氧方法
	C	Mn	Si	S	O	
			不大于			
Q195	0.06 ~ 0.12	0.25 ~ 0.50	0.30	0.050	0.045	F、b、Z
Q195C	≤0.10	0.30 ~ 0.60		0.040	0.040	
Q215A	0.09 ~ 0.15	0.25 ~ 0.55	0.30	0.050	0.045	F、b、Z
Q215B				0.045		
Q215C	0.10 ~ 0.15	0.30 ~ 0.60		0.040	0.040	
Q235A	0.14 ~ 0.22	0.30 ~ 0.65	0.30	0.050	0.045	F、b、Z
Q235B	0.12 ~ 0.20	0.30 ~ 0.70		0.045		
Q235C	0.13 ~ 0.18	0.30 ~ 0.60		0.040	0.040	

(2)沸腾钢硅的含量不大于 0.07%，半镇静钢硅的含量不大于 0.17%。镇静钢硅的含量下限值为 0.12%。允许用铝代硅脱氧。

(3)钢中铬、镍、铜、砷的残余含量应符合 GB 700—1998 的有关规定。

(4)经供需双方协议，各牌号的 Mn 含量可不大于 1.00%。

(5)经供需双方协议，并在合同中注明，可供应其他牌号的盘条。

(6)盘条的化学成分允许偏差应符合 GB/T 222—1984 中表 1 的规定。

2. 力学性能和工艺性能

(1)供建筑用盘条的力学性能和工艺性能应符合表 3-8 的规定。

表 3-8　建筑用盘条的力学性能和工艺性能

牌号	力学性能			冷弯试验 180° d—弯心直径 a—试件直径
	屈服点 σ_s（MPa）	抗拉强度 σ_b（MPa）	伸长率 δ_{10}（%）	
	不小于			
Q215	215	375	27	$d = 0$
Q235	235	410	23	$d = 0.5a$

(2)经供需双方协议，供拉丝用盘条的力学性能和工艺性能应符合表 3-9 的规定。

表 3-9　拉丝用盘条的力学性能和工艺性能

牌号	力学性能		冷弯试验 180° d—弯心直径 a—试样直径
	抗拉强度 σ_b（MPa）	伸长率 δ_{10}（%）	
	不大于	不小于	
Q195	390	30	$d = 0$
Q215	420	28	$d = 0$
Q235	490	23	$d = 0.5a$

3. 表面质量

(1)盘条应将头尾有害缺陷部分切除。盘条的截面不得有分层及夹层。

(2)盘条表面应光滑，不得有裂纹、折叠、耳子、结疤。盘条不得有夹杂及其他有害缺陷。

(四)冷轧带肋钢筋

1. 牌号和化学成分

制造钢筋的盘条应符合 GB/T 701—1997、GB/T 4354—1994 或其他有关标准的规定,盘条的牌号及化学成分可参考表 3-10。

表 3-10   冷轧带肋钢筋用盘条的参考牌号和化学成分

钢筋牌号	盘条牌号	化学成分(%)					
		C	Si	Mn	V、Ti	S	P
CRB550	Q215	0.09 ~ 0.15	≤0.30	0.25 ~ 0.55	—	≤0.050	≤0.045
CRB650	Q235	0.14 ~ 0.22	≤0.30	0.30 ~ 0.65	—	≤0.050	≤0.045
CRB800	24MnTi	0.19 ~ 0.27	0.17 ~ 0.37	1.20 ~ 1.60	Ti:0.01 ~ 0.05	≤0.045	≤0.045
	20MnSi	0.17 ~ 0.25	0.40 ~ 0.80	1.20 ~ 1.60		≤0.045	≤0.045
CRB970	41MnSiV	0.37 ~ 0.45	0.60 ~ 1.10	1.00 ~ 1.40	V:0.05 ~ 0.12	≤0.045	≤0.045
	60	0.57 ~ 0.65	0.17 ~ 0.37	0.50 ~ 0.80		≤0.035	≤0.035
CRB1170	70Ti	0.66 ~ 0.70	0.17 ~ 0.37	0.60 ~ 1.00	Ti: 0.01 ~ 0.05	≤0.045	≤0.045
	70	0.67 ~ 0.75	0.17 ~ 0.37	0.50 ~ 0.80		≤0.035	≤0.035

2. 力学性能和工艺性能

(1)钢筋的力学性能和工艺性能应符合表 3-11 的规定。当进行弯曲试验时,受弯曲部位表面不得产生裂纹。反复弯曲试验的弯曲半径应符合表 3-12 的规定。

表 3-11   钢筋的力学性能和工艺性能

牌号	$\sigma_{p0.2}$(MPa) 不小于	伸长率(%)		弯曲试验 180°	反复弯曲 次　数	松弛率 初始应力 $\sigma_{con} = 0.7\sigma_b$	
		δ_{10}	δ_{100}			1 000 h,% 不大于	10 h,% 不大于
CRB550	550	8.0	—	$D = 3d$	—	—	—
CRB650	650	—	4.0		3	8	5
CRB800	800	—	4.0		3	8	5
CRB970	970	—	4.0		3	8	5
CRB1170	1 170	—	4.0		3	8	5

表 3-12   反复弯曲试验的弯曲半径   (单位: mm)

钢筋公称直径	4	5	6
弯曲半径	10	15	15

(2)钢筋的规定非比例伸长应力 $\sigma_{p0.2}$ 值应不小于公称抗拉强度 σ_b 的 80%, $\sigma_b/\sigma_{p0.2}$ 比值应不小于 1.05。

(3)供方在保证 1 000 h 松弛率合格的基础上,试验可按 10 h 应力松弛试验进行。

3. 表面质量

(1)钢筋表面不得有裂纹、折叠、结疤、油污及其他影响使用的缺陷。

(2)钢筋表面可有浮锈,但不得有锈皮及目视可见的麻坑等腐蚀现象。

(五)冷轧扭钢筋

1. 定义及一般规定

低碳钢热轧圆盘条经专用钢筋冷轧扭机调直、冷轧并冷扭一次成型,具有规定截面形状和节距的连续螺旋状钢筋(图3-1)。

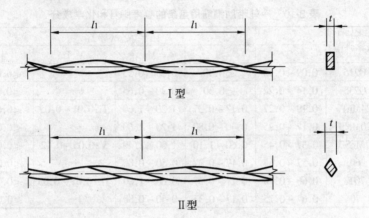

图3-1 冷轧扭钢筋的形状及截面
t—轧扁厚度;l_1—节距

(1)生产冷轧扭钢筋用的原材料宜优先选用低碳钢无扭控冷热轧盘条(高速线材),也可选用低碳钢热轧圆盘条。

(2)原材料采用的牌号为Q235、Q215。但当采用Q215时,碳的含量不宜小于0.12%。

2. 标志直径

标志直径为原材料(母材)轧制前的公称直径(d),标记符号为ϕ^t。

冷轧扭钢筋的公称横截面面积和公称质量应符合表3-13的规定。

3. 冷轧扭钢筋力学性能

冷轧扭钢筋的力学性能应符合表3-14的规定。

表3-13 公称截面面积和公称质量

类 型	标志直径 d(mm)	公称横截面面积 A(mm²)	公称质量 G(kg/m)
Ⅰ型	6.5	29.5	0.232
	8	45.3	0.356
	10	68.3	0.536
	12	93.3	0.733
	14	132.7	1.042
Ⅱ型	12	97.8	0.768

表3-14 力学性能

抗拉强度 σ_b (MPa)	伸长率 δ_{10} (%)	冷弯180° (弯心直径 = 3d)
≥580	≥4.5	受弯曲部位表面不得产生裂纹

4.冷轧扭钢筋外观质量

冷轧扭钢筋表面不应有影响钢筋力学性能的裂纹、折叠、结疤、压痕、机械损伤或其他影响使用的缺陷。

(六)冷拔钢丝

1.概述

冷拔钢丝包括冷拔低碳钢丝和冷拔低合金钢丝。

冷拔钢丝预应力混凝土构件中的预应力筋应采用甲级冷拔低碳钢丝或冷拔低合金钢丝;非预应力筋宜采用乙级冷拔低碳钢丝,主要用作焊接骨架、焊接网、架立筋、箍筋和构造钢筋。

2.机械性能

机械性能应符合表 3-15 规定。

表 3-15　冷拔钢丝强度标准值、伸长率和反复弯曲指标

钢丝种类		钢丝 (mm)	f_{ptk}或f_{stk}(MPa)		伸长率 δ_{100} (%)	反复弯曲 180° (次数)
			Ⅰ组	Ⅱ组		
冷拔低碳钢丝	甲级	5	650	600	≥3.0	≥4
		4	700	650	≥2.5	≥4
	乙级	3~5	550		≥2.5	≥4
冷拔低合金钢丝		5	800		≥4.0	≥4

注:预应力冷拔钢丝经机械调直后,强度标准值应降低 50 MPa。

二、碳素结构钢的技术要求

(一)牌号和化学成分

(1)钢的牌号和化学成分(熔炼分析)应符合表 3-16 规定。

表 3-16　钢的牌号和化学成分

牌号	等级	化学成分(%)					脱氧方法
		C	Mn	Si	S	P	
					不大于		
Q195	—	0.06~0.12	0.25~0.50	0.30	0.050	0.045	F、b、Z
Q215	A	0.09~0.15	0.25~0.55	0.30	0.050	0.045	F、b、Z
	B				0.045		
Q235	A	0.14~0.22	0.30~0.65*	0.30	0.050	0.045	F、b、Z
	B	0.12~0.20	0.30~0.70*		0.045		
	C	≤0.18	0.35~0.80		0.040	0.040	Z
	D	≤0.17			0.035	0.035	TZ
Q255	A	0.18~0.28	0.40~0.70	0.30	0.050	0.045	Z
	B				0.045		
Q275	—	0.28~0.38	0.50~0.80	0.35	0.050	0.045	Z

注:* Q235A、B 级沸腾钢锰含量上限为 0.60%。

①沸腾钢硅含量不大于 0.07%;半镇静钢硅含量不大于 0.17%;镇静钢硅含量上限值为 0.12%。

②D 级钢应含有足够的形成细晶粒结构的元素,例如钢中酸溶铝含量不小于 0.015%或全铝含量不小于 0.020%。

③钢中残余元素铬、镍、铜含量应各不大于 0.30%,氧气转炉钢的氮含量应不大于 0.008%。如供方能保证,均可不做分析。

经需方同意,A 级钢的铜含量可不大于 0.35%,此时,供方应做铜含量的分析,并在质量证明书中注明其含量。

④钢中的砷的残余含量应不大于 0.080%,用含砷矿冶炼生铁所冶炼的钢,砷含量由供需双方协议规定。如原料中没有含砷,对钢中的砷含量可以不做分析。

⑤在保证钢材力学性能符合本标准规定的情况下,各牌号 A 级钢的碳、锰含量和各牌号其他等级钢碳、锰含量下限可以不作为交货条件,但其含量(熔炼分析)应在质量证明书中注明。

⑥在供应商品钢锭(包括连铸坯)、钢坯时,供方应保证化学成分(熔炼分析)符合表3-16规定,但为保证轧制钢材各项性能符合本标准要求,各牌号 A、B 级钢的化学成分可以根据需方要求进行适当调整,另订协议。

(2)成品钢材、商品钢坯的化学成分允许偏差应符合 GB/T 222—1984 中表 1 的规定。沸腾钢成品钢材和商品钢坯化学成分偏差不作保证。

(二)力学性能

钢筋的拉伸和冲击试验应符合表 3-17 规定,弯曲试验应符合表 3-18 规定。

表 3-17　钢筋的拉伸和冲击试验

牌号	等级	拉伸试验						抗拉强度 σ_b (MPa)	伸长率 δ_5 (%)						冲击试验	
		屈服点 σ_s (MPa)							钢材厚度(直径)(mm)						温度(℃)	V 型冲击功(纵向)(J)
		钢材厚度(直径)(mm)							≤16	>16~40	>40~60	>60~100	>100~150	>150		
		≤16	>16~40	>40~60	>60~100	>100~150	>150									
		不小于							不小于							不小于
Q195	—	(195)	(185)	—	—	—	—	315~390	33	32					—	—
Q215	A	215	205	195	185	175	165	335~410	31	30	29	28	27	26	—	—
	B														20	27
Q235	A	235	225	215	205	195	185	375~460	26	25	24	23	22	21	—	—
	B														20	27
	C														0	27
	D														20	27
Q255	A	255	245	235	225	215	205	410~510	24	23	22	21	20	19	—	—
	B														20	27
Q275	—	275	265	255	245	235	225	490~610	20	19	18	17	16	15	—	—

表 3-18　钢筋弯曲试验

牌号	试样方向	冷弯试验 B = 2a　　180°		
		钢材厚度(直径)(mm)		
		≤60	>60~100	>100~200
		弯心直径 d		
Q195	纵	0		
	横	0.5a		
Q215	纵	0.5a	1.5a	2a
	横	a	2a	2.5a
Q235	纵	a	2a	2.5a
	横	1.5a	2.5a	3a
Q255		2a	3a	3.5a
Q275		3a	4a	4.5a

注：B 为试样宽度，a 为钢材厚度(直径)。

(1)牌号 Q195 的屈服点仅供参考，不作为交货条件。

(2)进行拉伸和弯曲试验时，钢板和钢带应取横向试样，伸长率允许比表 3-17 降低 1%(绝对值)，型钢应取纵向试样。

(3)各牌号 A 级钢的冷弯试验，在需方有要求时才进行。当冷弯试验合格时，抗拉强度上限可以不作为交货条件。

第三节　检验规则

一、检查验收

检查验收、组批规则、取样数量及取样方法见表 3-19。

表 3-19　检查验收规则与方法

钢材品种	检查和验收	组批规则	复验与判定	取样数量		取样方法
热轧光圆钢筋	按①的规定进行	按批进行检查和验收，每批质量不大于 60 t	应符合①的规定	拉伸	2	任选两根切取
				冷弯	2	
热轧带肋钢筋	按②的规定进行	按批进行检查和验收，每批质量不大于 60 t	应符合②的规定	拉伸	2	任选两根切取
				冷弯	2	
				反向弯曲	1	
热轧圆盘条	由供方技术监督部门进行	按批进行检查和验收，每批质量不大于 60 t	按①的规定	拉伸	1	任选一根切取，③不同根
				冷弯	2	
冷轧带肋钢筋	按②的规定进行	按批进行检查和验收，每批质量不大于 60 t	应符合②的规定	拉伸	每盘 1 个	在每(任)盘中随机切取。("盘"指生产钢筋的"原料盘")
				弯曲	每批 2 个	
				反复弯曲	每批 2 个	

钢材品种	检查和验收	组批规则	复验与判定	取样数量		取样方法
冷轧扭钢筋	按④的规定进行	每批不大于 10 t	按④的判定规则	拉伸	每批 2 个	随机抽取,取样部位应距钢筋端部不小于 500 mm,长度宜取偶数倍节距
				冷弯	每批 1 个	
碳素结构钢	由技术监督部门检查和验收	应成批验收,每批质量不得大于 60 t	应符合⑤和①的规定	拉伸	每批 1 个	③
				冷弯		
冷拔钢丝	预应力冷拔钢丝的机械性能应逐盘检验,从每盘钢丝中任一端截去 500 mm 以上后再取两个试样,分别进行抗拉强度、伸长率和反复弯曲试验,并按其抗拉强度确定该盘钢丝的级别和组别 (注:以 5 t 为一批,从每批冷拔钢丝中任意抽取 5%的盘数(但不少于 5 盘),进行反复弯曲试验)					

注:①GB 2101—1989;②GB/T 17505—1998;③GB/T 2975—1998;④JG 3046—1998;⑤GB 247—1997。

第四节 试验方法

一、拉伸试验

(一)原理
拉伸试验是用拉力拉伸试样,一般拉至断裂,测定一项或几项力学指标。

(二)试样
(1)试样的形状与尺寸取决于被试验金属产品的形状与尺寸。通常从产品、压制坯或铸锭切取样坯经机加工制成试样。但具有恒定横截面的产品(型材、棒材、线材等)可以不经机加工而进行试验。

(2)试样横截面可以为圆形、矩形、多边形、环形,特殊情况下可以为某些其他形状。

(3)试样原始标距(L_0)与原始横截面积(S_0)有 $L_0 = k\sqrt{S_0}$ 关系者称为比例试样。国际上使用的比例系数 k 值为 5.65。原始标距应不小于 15 mm。当试样截面积太小,以致采用比例系数 k 为 5.65 的值不能符合这一最小标距要求时,可以采用较高的值(优先采用 11.3 mm 的值)或采用非比例试样。采用非比例试样其原始标距与其原始横截面积无关。

(4)如试样为未经加工的产品或试棒的一段长度,两夹头间的长度应足够,以使原始标距的标记与夹头有合理的距离。

(三)原始横截面积的测定
对于圆形横截面试样,应在标距的两端及中间三处两个相互垂直的方向测量直径,取其算术平均值,取用三处测得的最小横截面积,并至少保留 4 位有效数字。钢筋产品标准大都规定,计算钢筋强度用截面面积采用相关产品标准中规定的公称截面面积。

(四)原始标距的标记

施力前的试样标距称为原始标距。应用小标记、细划线或细墨线标记原始标距,但不得用引起过早断裂的缺口作标记。对于比例试样,应将原始标距的计算值修约至最接近 5 mm 的倍数,中间数值向较大一方修约。原始标距的标记应准确到 ±1%。

(五)试验设备的准确度

试验机应按照 GB/T 16825—1997 进行检验,并应为 1 级或优于 1 级准确度。

引伸计的准确度级别应符合 GB/T 12160—2002 的要求。测定上屈服强度、下屈服强度、规定非比例延伸强度、规定残余延伸强度,应使用不劣于 1 级准确度的引伸计;测定抗拉强度、断后伸长率,应使用不劣于 2 级准确度的引伸计。

(六)试验要求

1. 试验温度

试验一般在室温 10～35 ℃范围内进行。对温度要求严格的试验,试验温度应为 (23 ± 5) ℃。

2. 试验速率

除非产品标准另有规定,试验速率取决于材料特性,并应符合下列要求:

(1)在弹性范围和直至上屈服强度,试验机夹头的分离速率应尽可能保持恒定并在表 3-20 规定的应力速率的范围内。

表 3-20　应力速率

材料弹性模量 E(MPa)	应力速率(MPa/s)	
	最小	最大
< 150 000	2	20
≥ 150 000	6	60

(2)若仅测定下屈服强度,在试样平行长度的屈服期间应变速率应在 0.000 25～0.002 5/s 之间。平行长度内的应变速率应尽可能保持恒定。如不能直接调节这一应变速率,应通过调节屈服即将开始前的应力速率来调整,在屈服完成之前不再调节试验机的控制。

任何情况下,弹性范围内的应力速率不得超过表 3-20 规定的最大速率。

(3)测定规定非比例延伸强度和规定残余延伸强度的应力速率应在表 3-20 的范围内。在塑性范围和直至规定强度(规定非比例延伸强度、规定残余延伸强度)应变速率不应超过 0.002 5/s。

(4)测定抗拉强度的试验速率。在塑性范围,平行长度的应变速率不应超过 0.008/s。在弹性范围,如试验不包括屈服强度或规定强度的测定,试验机的速率可以达到塑性范围内的最大速率。

平行长度(L_c)即试样两头部分或两夹持部分(不带头试样)之间平行部分的长度。

(5)冷轧扭钢筋拉伸时的加载速率不宜大于 2 kN/min,其试样的夹持,应使试样上下夹具中截面位置保持一致(见图 3-2)。

3. 夹持方法

应使用楔形夹头、螺纹夹头、套环夹头等合适的夹具夹持试样。

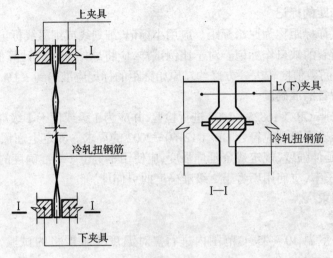

图 3-2 冷轧扭钢筋夹持方式

(七)试验方法

1. 断后伸长率(A)的测定

断后标距的残余伸长($L_u - L_0$)与原始标距(L_0)之比的百分率称为断后伸长率。计算公式为：

$$A = \frac{L_u - L_0}{L_0} \times 100\%$$ (3-2)

式中 L_u——断后标距；

L_0——原始标距。

(1)为了测定断后伸长率,应将试样断裂的部分仔细地配接在一起,使其轴线处于同一直线上,并采取特别措施确保试样断裂部分适当接触后测量试样断后标距。这对小横截面试样和低伸长率试样尤为重要。

(2)应使用分辨力优于 0.1 mm 的量具或测量装置测定断后标距,准确到 ± 0.25 mm。

(3)原则上只有断裂处与最接近的标距标记的距离不小于原始标距的 1/3 情况方为有效。但断后伸长率大于或等于规定值,不管断裂位置处于何处,测量均为有效。

(4)为了避免因发生在(3)规定的范围以外的断裂而造成试样报废,可以采用移位的方法测定断后伸长率。

(5)冷轧扭钢筋断后伸长率的测定,当断口位置与夹具之间距离不大于 $2d$(d 为试样标志直径)时,试验结果无效。

2. 上屈服强度和下屈服强度的测定

当金属材料呈现屈服现象时,在试验期间达到塑性变形而力不增加的应力点,称为屈服强度。屈服强度分为上屈服强度和下屈服强度。

上屈服强度(R_{eH}):试样发生屈服而力首次下降前的最高应力(见图 3-3)。

下屈服强度(R_{eL}):在屈服期间,不计初始瞬时效应时的最低应力(见图 3-3)。

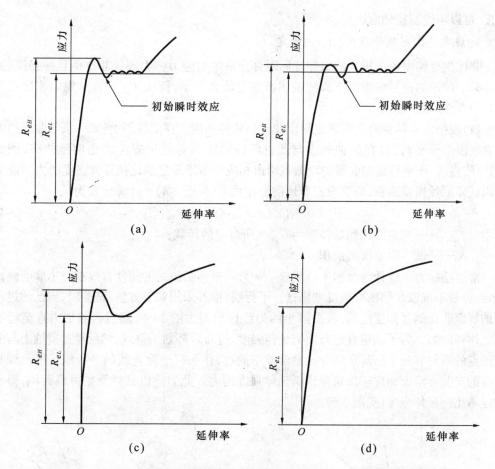

图 3-3　不同类型曲线的上屈服强度 R_{eH} 和下屈服强度 R_{eL}

呈现明显屈服现象的金属材料,相关产品标准应规定测定上屈服强度或下屈服强度或两者。如未具体规定,应测定上屈服强度和下屈服强度,或下屈服强度(图 3-3(d)中的情况)。按照下列方法测定上屈服强度和下屈服强度:

(1)图解方法:试验时记录力 ~ 位移曲线。从曲线图读取力首次下降前的最大力和不计初始瞬时效应时屈服阶段中的最小力或屈服平台的恒定力。将其分别除以试样原始横截面积,得到上屈服强度和下屈服强度。仲裁试验采用图解方法。

(2)指针方法:试验时,读取测力度盘指针首次回转前指示的最大力和不计初始瞬时效应时屈服阶段中指示的最小力或首次停止转动指示的恒定力。将其分别除以试样原始横截面积,得到上屈服强度和下屈服强度。计算公式为:

$$R_{eH}(R_{eL}) = F_{eH}(F_{eL})/S_0 \tag{3-3}$$

式中　$R_{eH}(R_{eL})$——首次回转前指示的最大力和不计初始瞬时效应时屈服阶段中指示的最小力或首次停止转动指示的恒定力;

S_0——试样原始横截面积。

(3)可以使用自动装置(例如微处理机等)或自动测试系统测定上屈服强度和下屈服

强度,可以不绘制拉伸曲线图。

　　3. 规定非比例延伸强度(R_p)的测定

　　非比例延伸率等于规定的引伸计标距百分率时的应力称为规定非比例延伸强度(见图3-4)。使用的符号应附以下脚注说明所规定的百分率,例如 $R_{p0.2}$,表示规定非比例延伸率为0.2%时的应力。

　　(1)根据力～延伸曲线图测定规定非比例延伸强度。在曲线图上,划一条与曲线的弹性直线段部分平行,且在延伸轴上与此直线段的距离等效于规定非比例延伸率,例如0.2%的直线,此平行线与曲线的交截点给出相应于所求规定非比例延伸强度的力。此力除以试样原始横截面积,得到规定非比例延伸强度(见图3-4)。计算公式为:

$$R_{p0.2} = F_{p0.2}/S_0 \tag{3-4}$$

式中　$F_{p0.2}$——规定非比例延伸率为0.2%所对应的荷载;

　　　　S_0——试样原始横截面积。

　　准确绘制力～延伸曲线图十分重要。如力～延伸曲线图的弹性直线部分不能明确地确定,以致不能以足够的准确度划出这一平行线,推荐采用如下方法:试验时,当已超过预期的规定非比例延伸强度后,将力降至约为已达到的力的10%,然后再施加力直至超过原已达到的力。为了测定规定非比例延伸强度,过滞后环划一直线,然后经过横轴上与曲线原点的距离等效于所规定的非比例延伸率的点,作平行于此直线的平行线。平行线与曲线的交截点给出相应于规定非比例延伸强度的力。此力除以试样原始横截面积,得到规定非比例延伸强度(见图3-5)。

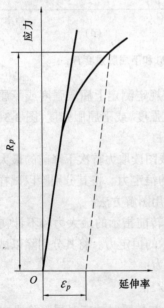
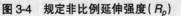
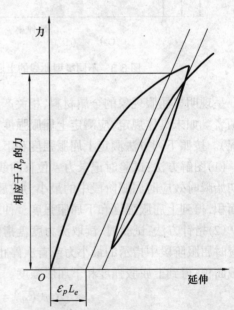

　　图3-4　规定非比例延伸强度(R_p)　　　图3-5　规定非比例延伸强度(R_p)的推求

　　(2)可以使用自动装置(例如微处理机等)或自动测试系统测定规定非比例延伸强度,可以不绘制力～延伸曲线图。

(3)日常一般试验允许采用绘制力~夹头位移曲线的方法测定规定非比例延伸率等于或大于 0.2% 的规定非比例延伸强度。仲裁试验不采用此方法。

4. 抗拉强度(R_m)的测定

相应最大力(F_m)的应力称为抗拉强度。采用图解方法或指针方法测定抗拉强度。

(1)对于呈现明显屈服现象的金属材料,从记录的力~延伸或力~位移曲线图,或从测力度盘,读取过了屈服阶段之后的最大力(见图 3-6),最大力除以试样原始横截面积,得到抗拉强度。

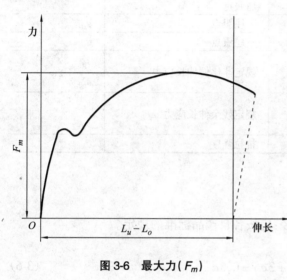

图 3-6　最大力(F_m)

(2)对于呈现无明显屈服现象的金属材料,从记录的力~延伸或力~位移曲线图,或从测力度盘,读取试验过程中的最大力。最大力除以试样原始横截面积,得到抗拉强度。计算公式为:

$$R_m = F_m / S_0 \qquad (3\text{-}5)$$

式中　F_m——最大力;

　　　S_0——试样原始横截面积。

(3)可以使用自动装置(例如微处理机等)或自动测试系统测定抗拉强度,可以不绘制拉伸曲线图。

(八)性能测定结果数值的修约

试验测定的性能结果数值应按照相关产品标准的要求进行修约。如未规定具体要求,应按照表 3-21 的要求进行修约。

表 3-21　性能测定结果数值的修约间隔

性能	范围	修约间隔
R_{eH}, R_{eL}, R_p, R_m	≤200 MPa >200 ~ 1 000 MPa >1 000 MPa	1 MPa 5 MPa 10 MPa
A		0.5%

性能测定结果数值修约到 5 MPa 的方法,可按照 GB/T 8170—87《数值修约规则》中"0.5 单位修约"方法进行,将拟修约的数值乘以 2,按指定位数依修约规则修约,所得数值再除以 2,例如:

拟修约数值(A)	乘 2(2A)	2A 修约值	A 修约值
60.25	120.50	120	60.0

按此方法修约,结果为:≤2.5 MPa 舍去,即尾数取"0";>2.5 MPa 并<7.5 MPa,尾数修约为 5 MPa;≥7.5 MPa,修约为 10 MPa,即尾数取"0"并向左进"1"。

(九)新旧标准性能名称对照

新的《金属材料室温拉伸试验方法》实施以后,性能名称和符号已与原来的有所不同,现列表对照(见表3-22)。

表 3-22　性能名称对照

新标准		旧标准	
性能名称	符号	性能名称	符号
断后伸长率	A $A_{11.3}$ A_{xmm}	断后伸长率	δ_5 δ_{10} δ_{xmm}
屈服强度	—	屈服点	σ_s
上屈服强度	R_{eH}	上屈服点	σ_{sU}
下屈服强度	R_{eL}	下屈服点	σ_{sL}
规定非比例延伸强度	R_p 例如 $R_{p0.2}$	规定非比例伸长应力	σ_p $\sigma_{p0.2}$
规定残余延伸强度	R_r 例如 $R_{r0.2}$	规定残余伸长应力	σ_r $\sigma_{r0.2}$
抗拉强度	R_m	抗拉强度	σ_b

二、弯曲试验

(1)试件长度 $5d_0 + 150$ mm。弯心直径:应按各自产品标准的规定。

(2)两支辊间的距离为:

$$l = (d + 3a) \pm 0.5a \tag{3-6}$$

式中　d——弯心直径;

　　　a——钢筋公称直径。

距离 l 在试验期间应保持不变(见图3-7)。平稳施力,直至达到规定的弯曲角度。弯曲后,按有关标准规定检查试样外表面,进行结果评定。

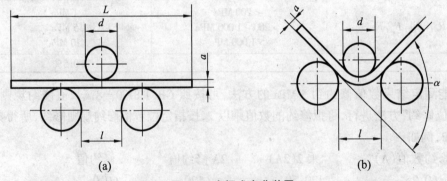

(a)　　　　　　　　　　(b)
图 3-7　支辊式弯曲装置

三、反复弯曲试验

(1)适用范围:直径为 0.3 ~ 10.0 mm 的金属线材。

(2)试件长度:150 ~ 250 mm。

(3)按照标准要求选择弯曲圆弧半径 r。

(4)操作应平稳而无冲击。弯曲速度每秒不超过一次,但要防止温度升高而影响试验结果。

(5)反复弯曲试验是将试样从起始位置向右(左)弯曲 90°后返回至起始位置,作为第一次弯曲(如图 3-8 所示);再由起始向左(右)弯曲 90°,试样再返回起始位置作为第二次弯曲。依次连续反复弯曲,试样折断时的最后一次弯曲不计。

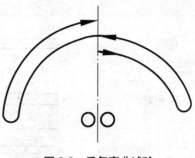

图 3-8　反复弯曲试验

(6)反复弯曲试验应连续进行,到有关标准中所规定的弯曲次数或试样折断为止。如有特殊要求,可弯曲到不用放大工具即可见裂纹为止。

四、钢筋机械性能试验结果评定

(1)屈服点(屈服强度)、抗拉强度、伸长率均符合各自标准规定,冷弯(反复弯曲)试验合格,则可评定为符合该级别钢筋。

(2)如拉伸、冷弯试验中某一项试验结果不合格,可从同一批钢筋中取双倍数量的试件,进行该不合格项目的复检 。如全部合格,则该批钢筋评定为合格;即使有一个指标不合格,则该批钢筋评定为不合格。

(3)评定结果不得高于委托单位提供的强度等级。

第五节　钢筋焊接

一、钢筋焊接的种类

(1)电阻点焊。

(2)闪光对焊。

(3)电弧焊。

(4)电渣压力焊。

(5)气压焊。

(6)预埋件埋弧压力焊。

二、钢筋各种焊接方法的适用范围

钢筋焊接时,各种焊接方法的适用范围应符合表 3-23 的规定。

三、各种焊接方法的试件数量

各种焊接方法的试件数量见表 3-24。

表 3-23　钢筋焊接方法的适用范围

焊接方法		接头型式	适用范围	
			钢筋级别	钢筋直径 (mm)
电阻点焊			热轧Ⅰ、Ⅱ级 冷拔低碳钢丝甲、乙级 冷轧带肋钢筋	6～14 3～5 4～12
闪光对焊			热轧Ⅰ～Ⅲ级 热轧Ⅳ级 余热处理Ⅲ级	10～40 10～25 10～25
电弧焊	帮条焊	双面焊	热轧Ⅰ～Ⅲ级 余热处理Ⅲ级	10～40 10～25
		单面焊	热轧Ⅰ～Ⅲ级 余热处理Ⅲ级	10～40 10～25
	搭接焊	双面焊	热轧Ⅰ～Ⅲ级 余热处理Ⅲ级	10～40 10～25
		单面焊	热轧Ⅰ～Ⅲ级 余热处理Ⅲ级	10～40 10～25
	熔槽帮条焊		热轧Ⅰ～Ⅲ级 余热处理Ⅲ级	20～40 25
	坡口焊	平焊	热轧Ⅰ～Ⅲ级 余热处理Ⅲ级	18～40 18～25
		立焊	热轧Ⅰ～Ⅲ级 余热处理Ⅲ级	18～40 18～25
	钢筋与钢板 搭接焊		热轧Ⅰ、Ⅱ级	8～40
	窄间隙焊		热轧Ⅰ～Ⅲ级	16～40
	预埋件电弧焊	角焊	热轧Ⅰ、Ⅱ级	6～25
		穿孔塞焊	热轧Ⅰ、Ⅱ级	20～25
电渣压力焊			热轧Ⅰ、Ⅱ级	14～40

续表 3-23

焊接方法	接头型式	适用范围	
		钢筋级别	钢筋直径（mm）
气压焊		热轧Ⅰ～Ⅲ级	14～40
预埋件 埋弧压力焊		热轧Ⅰ、Ⅱ级	6～25

表 3-24　各种焊接方法的试件数量

项次	焊接方法	每组试件数量（个）			同一类型焊接接头批数量（件）	复验试件数量
		抗剪	拉伸	弯曲		
1	电阻点焊	3	3		200（见注1）	双倍
2	闪光对焊（包括低温闪光对焊）		3	3	300（见注2）	双倍
3	电弧焊（包括低温电弧焊）	帮条平焊 帮条立焊	3		300（见注3）	双倍
		搭接平焊 搭接立焊	3			
		熔槽帮条焊	3			
		坡口平焊 坡口立焊	3			
4	电渣压力焊		3		300（见注4）	双倍
5	预埋件电弧焊 预埋件埋弧压力焊		3 3		300（见注5）	双倍
6	气压焊		3	3	300（见注6）	双倍

注1： a. 热轧钢筋焊点应做抗剪试验，试件应为3件；冷拔低碳钢丝焊点，除做抗剪试验外，还应对较小钢丝做拉伸试验，试件应各为3件。
　　　b. 凡钢筋级别、直径及尺寸均相同的焊接制品，即为同一类型制品，每200件为一批，一周内不足200件的亦应按一批计算。

注2： a. 钢筋闪光对焊接头的机械性能试验包括拉伸试验和弯曲试验，应从每批成品中切取6个试件，3个进行拉伸试验，3个进行弯曲试验。
　　　b. 同一台班内，由同一焊工完成的300个同级别、同直径的接头应作为一批。当同一台班内焊接的接头数量较少，一人连续焊接时，可在一周之内累计计算；累计仍不足300个接头，应按一批计算。
　　　c. 螺丝端杆接头可只做拉伸试验。

注3： a. 力学性能检验时，应从成品中每批切取3个接头进行拉伸试验。在装配式结构中，可按生产条件制作模拟试件。
　　　b. 在现场安装条件下，每一至二楼层中以300个同类型接头（同钢筋级别、同接头型式）作为一批，不足300个时，仍作为一批。

注4： 在现浇钢筋混凝土多层结构中，应以每一楼层或施工区段中300个同级别接头作为一批，不足300个时，仍作为一批。

注5： 当进行力学性能检验时，应以300件同类型成品作为一批。一周内连续焊接时，可以累计计算。当不足300件成品时，亦应按一批计算。应从每批成品中随机切取3个试件进行拉伸试验。

注6： 进行力学性能试验时，应从每批接头中随机切取3个接头做拉伸试验；在梁、板的水平钢筋连接中，应另切取3个接头做弯曲试验，且应按下列规定抽取试件：
　　　a. 一般构筑物中，以300个接头作为一批。
　　　b. 在现浇钢筋混凝土房屋结构中，同一楼层中应以300个接头作为一批，不足300个接头仍应作为一批。

四、钢筋焊接的试验项目及试验方法

(一)试验项目

1. 点焊(焊接骨架和焊接网片)

做抗剪试验、拉伸试验。

2. 闪光对焊

做拉伸试验、弯曲试验。

3. 电弧焊接头

做拉伸试验。

4. 电渣压力焊

做拉伸试验。

5. 预埋件T型接头埋弧压力焊

做拉伸试验。

6. 气压焊

做拉伸试验(在梁、板的水平钢筋连接中,应另切取3个接头做弯曲试验)。

(二)拉伸试件尺寸

各种钢筋焊接接头的拉伸试件的尺寸可按表3-25的规定取用。

表3-25 各种钢筋焊接接头拉伸试件的尺寸规定

焊接方法		接头型式	试件尺寸	
			l_S	$L \geqslant$
电阻点焊				300
闪光对焊			$8d$	$l_S + 2l_j$
电弧焊	双面帮条焊		$8d + l_h$	$l_S + 2l_j$
	单面帮条焊		$5d + l_h$	$l_S + 2l_j$

焊接方法	接头型式	试件尺寸	
		l_S	$L \geqslant$
电弧焊	双面搭接焊	$8d + l_h$	$l_S + 2l_j$
	单面搭接焊	$5d + l_h$	$l_S + 2l_j$
	熔槽帮条焊	$8d + l_h$	$l_S + 2l_j$
	坡口焊	$8d$	$l_S + 2l_j$
	窄间隙焊	$8d$	$l_S + 2l_j$
电渣压力焊		$8d$	$l_S + 2l_j$
气压焊		$8d$	$l_S + 2l_j$
预埋件电弧焊		—	200
预埋件埋弧压力焊	60×60		

注:l_S 为受试长度;l_h 为焊缝(或镦粗)长度;l_j 为夹持长度(100~200 mm);L 为试件长度;d 为钢筋直径;表中数字单位均为 mm。

（三）拉伸试验

(1)根据钢筋的级别和直径,应选用适配的拉力试验机或万能试验机。试验机应符合现行国家标准《金属拉伸试验方法》(GB/T 228—2002)中的有关规定。

(2)夹紧装置应根据试样规格选用,在拉伸过程中不得与钢筋产生相对滑移。

(3)在使用预埋件 T 形接头拉伸试验吊架时,应将拉杆夹紧于试验机的上钳口内,试样的钢筋应穿过垫板放入吊架的槽孔中心,钢筋下端应夹紧于试验机的下钳口内。

(4)试验前应采用游标卡尺复核钢筋的直径和钢板厚度。

(5)用静拉伸力对试样轴向拉伸时应连续而平稳,加荷速率宜为 10～30 MPa/s,将试样拉至断裂(或出现颈缩),可从测力盘上读取最大力或从拉伸曲线图上确定试验过程中的最大力。

(6)试验中,当试验设备发生故障或操作不当而影响试验数据时,试验结果应视为无效。

(7)当在试验断口上发现气孔、夹渣、未焊透、烧伤等焊接缺陷时,应在试验记录中注明。

(8)抗拉强度按下式计算:

$$R_m = F_b / S_0 \tag{3-7}$$

式中 R_m——抗拉强度,MPa,试验结果数值应修约到 5 MPa;

  F_b——最大力,N;

  S_0——试样公称截面面积,mm²。

(9)试验记录应包括:①试验编号;②钢筋级别和公称直径;③焊接方法;④试件拉断(或颈缩)过程中的最大力;⑤断裂(或颈缩)位置及离焊缝口的距离;⑥断口特征。

（四）剪切试验

(1)剪切试样的型式和尺寸应符合图 3-9 的规定。

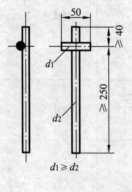

(a) 抗剪试件

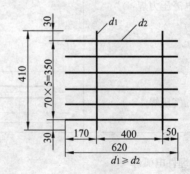

(b) 钢筋点焊试验网片

图 3-9 剪切试样的型式和尺寸 (单位:mm)

(2)剪切试验宜选用量程不大于 300 kN 的万能试验机。

(3)剪切夹具可分为悬挂式夹具和吊架式夹具两种;试验时,应根据试样尺寸和设备条件选用合适的夹具。

(4)夹具应安装于万能试验机的上钳口内,并应夹紧。试样横筋应夹紧于夹具的模槽内,不得转动。纵筋应通过纵槽夹紧于万能试验机的下钳口内,纵筋受拉的力应与试验机的加载轴线相重合。

(5)加载应连续而平稳,加荷速率宜为 10 ~ 30 MPa/s,直至试件破坏为止。从测力度盘上读取最大力,即为该试样的抗剪载荷。

(6)试验中,当试验设备发生故障或操作不当而影响试验数据时,试验结果应视为无效。

(五)弯曲试验

(1)弯曲试验试件的长度为两支辊内侧距离另加 150 mm。

(2)应将试样受压面的金属毛刺和镦粗变形部分去除,与母材外表齐平。

(3)弯曲试验可在压力机或万能试验机上进行。

(4)进行弯曲试验时,试样应放在两支点上,并应使焊缝中心与压头中心线一致,应缓慢地对试样施加弯曲力,直至达到规定的弯曲角度或出现裂纹、破断为止。

(5)压头弯心直径和弯曲角度应按表 3-26 的规定确定。

表 3-26　压头弯心直径和弯曲角度

序号	钢筋级别	弯心直径 D		弯曲角
		$d \leqslant 25mm$	$d > 25mm$	
1	Ⅰ	$2d$	$3d$	90°
2	Ⅱ	$4d$	$5d$	90°
3	Ⅲ	$5d$	$6d$	90°
4	Ⅳ	$7d$	$8d$	90°

注:d 为钢筋直径。

(6)在试验过程中,应采取安全措施,防止试件突然断裂伤人。

五、焊接接头试验结果评定

(一)电阻点焊

焊点的抗剪试验结果应符合表 3-27 的规定;拉伸试验结果,不得小于冷拔低碳钢丝乙级规定的指标。

表 3-27　焊接骨架焊点抗剪力指标　　　　　　　　　　(单位:N)

钢筋级别	较小钢筋直径(mm)								
	3	4	5	6	6.5	8	10	12	14
Ⅰ级	—	—	—	6 640	7 800	11 810	18 460	26 580	36 170
Ⅱ级	—	—	—	—	—	16 840	26 310	37 890	51 560
冷拔低碳钢丝	2 530	4 490	7 020	—	—	—	—	—	—

试验结果,当有 1 个试件达不到上述要求,应取 6 个抗剪试件或 6 个拉伸试件对该试验项目进行复验。复验结果仍有 1 个试件达不到上述要求时,该批制品应确认为不合格

品。对于不合格品,经采取补强处理后,可提交二次验收。

当模拟试件试验结果达不到规定要求时,复验试件应从成品中切取;试件数量和要求应与初始试验时相同。

(二)闪光对焊

1. 拉伸试验

闪光对焊接头拉伸试验结果应符合下列要求:

(1)3个热轧钢筋接头试件的抗拉强度均不得小于该级别钢筋规定的抗拉强度;余热处理Ⅲ级钢筋接头试件的抗拉强度均不得小于热轧Ⅲ级钢筋抗拉强度570MPa。

(2)应至少有两个试件断于焊缝之外,并呈延性断裂。

当试验结果有1个试件的抗拉强度小于上述规定值,或有两个试件在焊缝或热影响区发生脆性断裂时,应再取6个试件进行复验。复验结果,当仍有1个试件的抗拉强度小于规定值时,或有3个试件断于焊缝或热影响区,呈脆性断裂,应确认该批接头为不合格品。

(3)预应力钢筋与螺丝端杆闪光对焊接头拉伸试验结果,3个试件应全部断于焊缝之外,呈延性断裂。

当试验结果有1个试件在焊缝或热影响区发生脆性断裂时,应从成品中再切取3个试件进行复验。复验结果,当仍有1个试件在焊缝或热影响区发生脆性断裂时,应确认该批接头为不合格品。

(4)模拟试件的试验结果不符合要求时,应从成品中再切取试件进行复验,其数量和要求应与初始试验时相同。

2. 弯曲试验

闪光对焊接头弯曲试验时,应将受压面的金属毛刺和镦粗变形部分消除,且与母材的外表齐平。

当弯至90°时,至少有两个试件不得发生破断。

试验结果,当有两个试件发生破断时,应再取6个试件进行复验。复验结果,当仍有3个试件发生破断时,应确认该批接头为不合格品。

(三)电弧焊

钢筋电弧焊接头拉伸试验结果应符合下列要求:

(1)3个热轧钢筋接头试件的抗拉强度均不得小于该级别钢筋规定的抗拉强度;余热处理Ⅲ级钢筋接头试件的抗拉强度均不得小于热轧Ⅲ级钢筋规定的抗拉强度570MPa。

(2)3个接头试件均应断于焊缝之外,并应至少有两个试件呈延性断裂。

当试验结果有1个试件的抗拉强度小于规定值,或有1个试件断于焊缝,或有2个试件发生脆性断裂时,应再取6个试件进行复验。复验结果当有1个试件抗拉强度小于规定值,或有1个试件断于焊缝,或有3个试件呈脆性断裂时,应确认该批接头为不合格品。

(3)模拟试件的数量和要求应与从成品中切取时相同,当模拟试件试验结果不符合要求时,复验应再从成品中切取,其数量和要求应与初始试验时相同。

(四)电渣压力焊

电渣压力焊接头拉伸试验结果,3个试件的抗拉强度均不得小于该级别钢筋规定的抗拉强度。

当试验结果有 1 个试件的抗拉强度低于规定值,应再取 6 个试件进行复验。复验结果,当仍有 1 个试件的抗拉强度小于规定值,应确认该批接头为不合格品。

(五)气压焊

1. 拉伸试验

气压焊接头拉伸试验结果,3 个试件的抗拉强度均不得小于该级别钢筋规定的抗拉强度,并应断于压焊面之外,呈延性断裂。当有 1 个试件不符合要求时,应切取 6 个试件进行复验;复验结果,当仍有 1 个试件不符合要求,应确认该批接头为不合格品。

2. 弯曲试验

弯曲试验可在万能试验机、手动或电动液压弯曲试验器上进行;压焊面应处在弯曲中心点,弯至 90°,3 个试件均不得在压焊面发生破断。

当试验结果有 1 个试件不符合要求时,应再切取 6 个试件进行复验。复验结果,当仍有 1 个试件不符合要求,应确认该批接头为不合格品。

(六)预埋件钢筋 T 形接头

预埋件钢筋 T 形接头 3 个试件拉伸试验结果,其抗拉强度应符合下列要求:

(1)Ⅰ级钢筋接头不得小于 350 MPa;

(2)Ⅱ级钢筋接头不得小于 490 MPa。

当试验结果有 1 个试件的抗拉强度小于规定值,应再取 6 个试件进行复验,复验结果,当仍有一个试件的抗拉强度小于规定值时,应确认该批接头为不合格品。对于不合格品采取补强焊接后,可提交二次验收。

第四章　集　料

第一节　概　述

集料是混凝土或砂浆的主要组成材料之一,在混凝土及砂浆中起骨架作用及填充作用。粒径在 5 mm 以下的岩石颗粒称为细集料,俗称砂。粒径在 5 mm 以上的岩石颗粒称为粗集料,俗称石子。砂、石构成的坚硬骨架可承受外荷载作用,并兼有抑制水泥浆干缩的作用。

集料按材料来源划分,有天然集料和人造集料两大类。

天然集料直接取自天然形成的各类岩石,如花岗岩、石灰岩、玄武岩、石英石、重晶石、火山灰等;人造集料则由人工制造或取自工业废料,如粉煤灰陶粒、膨胀矿渣、煤渣、自然煤矸石、耐火粘土等。

集料按其密度和性质又可分为重集料、普通集料、轻集料、特种集料等。

为了保证混凝土及砂浆的质量,应合理选择和使用砂、石,按标准检验各项技术性能,为配合比设计提供可靠的数据。

本章主要介绍普通集料(砂、石)主要技术指标和检验方法。

第二节　砂

一、质量要求

(一)砂的分级

砂按细度模数 μ_f 分为粗、中、细三种规格,其细度模数分为:

粗砂:　$\mu_f = 3.7 \sim 3.1$

中砂:　$\mu_f = 3.0 \sim 2.3$

细砂:　$\mu_f = 2.2 \sim 1.6$

(二)砂的颗粒级配

砂按 0.630 mm 筛孔的累计筛余量,分成三个级配区(见表4-1)。砂的颗粒级配应处于表 4-1 中的任何一个区以内。

砂的实际颗粒级配与表 4-1 中所列的累计筛余百分率相比,除 5.00 mm 和 0.630 mm 外,允许稍有超出分界线,但其总量百分率不应大于 5%。

配制混凝土时宜优先选用Ⅱ区砂。当采用Ⅰ区砂时,应提高砂率,并保持足够的水泥用量,以满足混凝土的和易性;当采用Ⅲ区砂时,宜适当降低砂率,以保证混凝土强度。

对于泵送混凝土用砂,宜选用中砂。

当砂颗粒级配不符合上述要求时,应采取相应措施,经试验证明能确保工程质量,方允许使用。

表 4-1　砂颗粒级配区

累计筛余(%) ＼ 级配区 / 筛孔尺寸(mm)	Ⅰ区	Ⅱ区	Ⅲ区
10.0	0	0	0
5.00	10 ~ 0	10 ~ 0	10 ~ 0
2.50	35 ~ 5	25 ~ 0	15 ~ 0
1.25	65 ~ 35	50 ~ 10	25 ~ 0
0.630	85 ~ 71	70 ~ 41	40 ~ 16
0.315	95 ~ 80	92 ~ 70	85 ~ 55
0.160	100 ~ 90	100 ~ 90	100 ~ 90

(三)砂的含泥量

砂中含泥量应符合表 4-2 的规定。

表 4-2　砂中含泥量限值

混凝土强度等级	大于或等于 C30	小于 C30
含泥量(按质量计%)	≤3.0	≤5.0

对于有抗冻、抗渗或其他特殊要求的混凝土用砂,含泥量应不大于 3.0%。

对 C10 和 C10 以下的混凝土用砂,根据水泥强度等级,其含泥量可予以放宽。

(四)砂的泥块含量

砂中的泥块含量应符合表 4-3 的规定。

表 4-3　砂中的泥块含量

混凝土强度等级	大于或等于 C30	小于 C30
泥块含量(按质量计%)	≤1.0	≤2.0

对于有抗冻、抗渗或其他特殊要求的混凝土用砂,其泥块含量应不大于 1.0%。

对 C10 和 C10 以下的混凝土用砂,根据水泥强度等级,其泥块含量可予以放宽。

(五)砂的坚固性

砂的坚固性应符合表 4-4 的规定。

表 4-4　砂的坚固性指标

混凝土所处的环境条件	循环后的质量损失(%)
在严寒及寒冷地区室外使用并经常处于潮湿或干湿交替状态下的混凝土	≤8
其他条件下使用的混凝土	≤10

对于有抗疲劳、耐磨、抗冲击要求的混凝土用砂或有腐蚀介质作用或经常处于水位变化区的地下结构混凝土用砂,其坚固性质量损失率应小于8%。

(六)砂中其他物质的含量规定

砂中如含有云母、轻物质、有机物、硫化物及硫酸盐等有害物质,其含量应符合表 4-5 的规定。

表 4-5 砂中的有害物质限值

项 目	质 量 指 标
云母含量(按质量计%)	≤2.0
轻物质含量(按质量计%)	≤1.0
硫化物及硫酸盐含量(折算成 SO_3 按质量计%)	≤1.0
有机物含量(用比色法试验)	颜色不应深于标准色,如深于标准色,则应按水泥胶砂强度试验方法,进行强度对比试验,抗压强度比不应低于 0.95

有抗冻、抗渗要求的混凝土,砂中云母含量不应大于 1.0%。

砂中如发现含有颗粒状的硫酸盐或硫化物杂质时,则要进行专门检验,确认能满足混凝土耐久性要求时,方能采用。

(七)重要工程混凝土用砂的规定

对重要工程混凝土使用的砂,应采用化学法和砂浆长度法进行集料的碱活性检验。经上述检验判断为有潜在危害时,应采取下列措施:

(1)使用含碱量小于 0.6% 的水泥或采用能抑制碱—集料反应的掺合料;

(2)当使用含钾、钠离子的外加剂时,必须进行专门试验。

(八)对海砂的质量要求

采用海砂配制混凝土时,其氯离子含量应符合下列规定:

(1)对素混凝土,海砂中氯离子含量不予限制;

(2)对钢筋混凝土,海砂中氯离子含量不应大于 0.06%;

(3)预应力混凝土不宜用海砂。若必须使用海砂时,则应经淡水冲洗,其氯离子含量不得大于 0.02%。

二、检验规则

(1)供货单位应提供产品合格证或质量检验报告,购货单位应按同产地同规格分批验收。用火车、货船、汽车运输的,以 400 m³ 或 600 t 为一验收批。用小型工具(如马车等)运输的,以 200 m³ 或 300 t 为一验收批。不足上述数量者以一批论。

(2)每验收批至少应进行颗粒级配、含泥量和泥块含量检验。如为海砂,还应检验其氯离子含量。对重要工程或特殊工程应根据工程要求,增加检测项目。如对其他指标的合格性有怀疑时,应予以检验。

使用新产源的砂时,应由供货单位按质量要求进行全面检验。

(3)使用单位的质量检测报告内容应包括:委托单位;样品编号;工程名称;样品产地和名称;代表数量;检测条件;检测依据;检测项目;检测结果;结论;等等。

(4)砂的数量验收,可按质量或体积计算。

测定质量可以汽车地量衡或船舶吃水线为依据,测定体积可以车皮或船的容积为依据。用其他小型工具运输时,可按量方确定。

(5)砂在运输、装卸和堆放过程中,应防止离析和混入杂质,并应按产地、种类和规格分别堆放。

(6)若检验不合格时,应重新取样。对不合格项,进行加倍复验,若仍有一个试样不能满足标准要求,应按不合格品处理。

三、取样与缩分

(一)取样

(1)每验收批取样方法应按下列规定执行:

①在料堆上取样时,取样部位应均匀分布。取样前先将取样部位表层铲除,然后由各部位抽取大致相等的砂共 8 份,组成一组样品。

②从皮带运输机上取样时,应在皮带运输机机尾的出料处用接料器定时抽取砂 4 份组成一组样品。

③从火车、汽车、货船上取样时,从不同部位和深度抽取大致相等的砂 8 份,组成一组样品。

(2)每组样品的取样数量。对每一单项试验,应不小于表 4-6 所规定的最少取样数量;须做几项试验时,如确能保证样品经一项试验后不致影响另一项试验的结果,可用同组样品进行几项不同的试验。

表 4-6 每一试验项目所需砂的最少取样数量

试验项目	最少取样数量(g)
筛分析	4 400
表观密度	2 600
吸水率	4 000
紧密密度和堆积密度	5 000
含水率	1 000
含泥量	4 400
泥块含量	10 000
有机质含量	2 000
云母含量	600
轻物质含量	3 200
坚固性	分成 5.00 ~ 2.50 mm;2.50 ~ 1.25 mm;1.25 ~ 0.630 mm;0.630 ~ 0.315 mm 四个粒级,各需 100 g
硫化物及硫酸盐含量	50
氯离子含量	2 000
碱活性	7 500

(3)每组样品应妥善包装,避免细料散失及防止污染。并附样品卡片,标明样品的编号、取样时间、代表数量、产地、样品量、要求检验项目及取样方式等。

(二)样品的缩分

(1)样品的缩分可选择下列两种方法之一:

①用分料器(见图4-1)。将样品在潮湿状态下拌和均匀,然后使样品通过分料器。留在接料斗中的为其中一份。用另一份再次通过分料器,重复上述过程,直至把样品缩分到试验所需量为止。

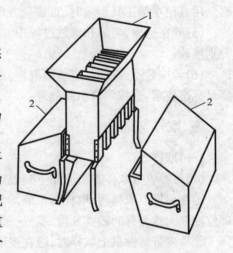

图 4-1 分料器
1—分料漏斗;2—接料斗

②人工四分法缩分。将所取每组样品置于平板上,在潮湿状态下拌和均匀,并堆成厚度约为20 mm的"圆饼"。然后沿互相垂直的两条直径把"圆饼"分成大致相等的四份,取其对角的两份重新拌匀,再堆成"圆饼"。重复上述过程,直至缩分后的材料量略多于进行试验所必需的量为止。

(2)对较少的砂样品(如做单项试验时)可采用较干的原砂样,但应经仔细拌匀后缩分。

砂的堆积密度和紧密密度及含水率检验所用的试样可不经缩分,在拌匀后直接进行试验。

四、检验方法

(一)筛分析试验

1.仪器设备

(1)试验筛:孔径为 10.0、5.00、2.50 mm 的圆孔筛和孔径 1.25、0.630、0.315、0.160 mm 的方孔筛,以及筛的底盘和盖各一只,筛框为 300 mm 或 200 mm,其产品质量要求应符合现行的国家标准《试验筛》的规定;

(2)天平:称量 1 000 g,感量 1 g;

(3)摇筛机;

(4)烘箱:能使温度控制在(105±5)℃;

(5)浅盘和硬、软毛刷等。

2.试样制备规定

用于筛分析的试样,颗粒粒径不应大于 10 mm。试验前应先将来样通过 10 mm 筛,并算出筛余百分率。然后称取每份不少于 550 g 的试样两份,分别倒入两个浅盘中,在(105±5)℃的温度下烘干到恒重。冷却至室温备用。

恒重系指试样在烘干 1~3 h 的情况下,其前后两次称量之差不大于该项试验所要求的称量精度。

3.试验步骤

(1)称取烘干试样 500 g,精确至 1 g,将试样倒入按筛孔大小从上到下组合的套筛(附筛底)上,将套筛装入摇筛机内固紧,筛分时间为 10 min 左右;然后取出套筛,再按筛孔大小顺序,在清洁的浅盘上逐个进行手筛,直至每分钟的筛出量不超过试样总量的 0.1% 时为止。通过的颗粒并入下一个筛,并和下一个筛中试样一起过筛;按这样顺序进行,直至每个筛全部筛完为止。

(2)称出各号筛的筛余量,试样在各号筛上的筛余量均不得超过式(4-1)的量:

$$m_r = \frac{A\sqrt{d}}{200} \tag{4-1}$$

式中 m_r——在一个筛上的剩余量,g;

　　　　d——筛孔尺寸,mm;

　　　　A——筛的面积,mm²。

超过时应将该筛余试样分成两份,再次进行筛分,并以其筛余量之和作为筛余量。

(3)称取各筛筛余试样的重量(精确至 1 g),所有各筛的分计筛余量和底盘中剩余量的总和与筛分前的试样总量相比,相差不得超过 1%。

4. 试验结果计算步骤

(1)计算分计筛余百分率:各筛号的筛余量与试样总量之比的百分率,精确至 0.1%。

(2)计算累计筛余百分率:该号筛上的分计筛余百分率加上该号筛以上各筛余百分率之总和,精确至 1%。

(3)根据各筛的累计筛余百分率评定该试样的颗粒级配分布情况。

(4)砂的细度模数 μ_f 按下式计算(精确至 0.01):

$$\mu_f = \frac{(\beta_2 + \beta_3 + \beta_4 + \beta_5 + \beta_6) - 5\beta_1}{100 - \beta_1} \tag{4-2}$$

式中 β_1、β_2、β_3、β_4、β_5、β_6——5.00、2.50、1.25、0.630、0.315、0.160 mm 各筛上的累计筛余百分率。

(5)筛分试验应采用两个试样平行试验。细度模数以两次试验结果的算术平均值为测定值(精确至 0.1)。如两次试验所得的细度模数之差大于 0.20 时,应重新取试样进行试验。

5. 示例

表 4-7 为某样砂的两个平行筛分试验结果,试根据计算结果判断砂的级配区的粗细。

表 4-7   筛分试验示例(筛框 Φ200 mm)

	筛孔尺寸(mm)	5.00	2.50	1.25	0.630	0.315	0.160	筛底	试样总量
第	筛余量(g)	0	72	96	95 + 93 = 188	90	30	23	499
一	分计筛余百分率(%)	0	14.4	19.2	37.7	18.0	6.0	4.6	
次	累计筛余百分率(%)	0	14	34	71	89	95	100	
第	筛余量(g)	0	74	95	100 + 84 = 184	90	34	23	500
二	分计筛余百分率(%)	0	14.8	19.0	36.8	18.0	6.8	4.6	
次	累计筛余百分率(%)	0	15	34	71	89	95	100	

$$\mu_{f1} = \frac{(14 + 34 + 71 + 89 + 95) - 5 \times 0}{100 - 0} = 3.03$$

$$\mu_{f2} = \frac{(15+34+71+89+95)-5\times0}{100-0} = 3.04$$

$$\mu_f = \frac{\mu_{f1}+\mu_{f2}}{2} = \frac{3.03+3.04}{2} = 3.04 \quad 取 3.0$$

根据细度模数 $\mu_f = 3.0$,属中砂。

按 0.630 mm 筛孔的累计筛余量 71%,属Ⅰ区。

结论:经试验该砂属Ⅰ区中砂。

(二)表观密度试验(标准方法)

表观密度指集料颗粒单位体积(包括内封闭孔隙)的质量。

1. 仪器设备

(1)天平:称量 1 000 g,感量 1 g;

(2)容量瓶:500 mL;

(3)干燥器、浅盘、铝制料勺、温度计等;

(4)烘箱:能使温度控制在(105±5)℃;

(5)烧杯:500 mL。

2. 试样制备规定

将缩分至 650 g 左右的试样在温度为(105±5)℃的烘箱中烘干至恒重,并在干燥器内冷却至室温。

3. 试验步骤

(1)称取烘干的试样 300 g,装入盛有半瓶冷开水的容量瓶中。

(2)摇转容量瓶,使试样在水中充分搅动以排除气泡,塞紧瓶塞,静置 24 h 左右。然后用滴管添水,使水面与瓶颈刻度线平齐,再塞紧瓶塞,擦干瓶外水分,称其质量(m_1)。

(3)倒出瓶中的水和试样,将瓶的内外表面洗净,再向瓶内注入与(2)水温相差不超过 2 ℃的冷开水至瓶颈刻度线。塞紧瓶塞,擦干瓶外水分,称其质量(m_2)。

此试验的各项称量可以在 15~25 ℃的温度范围内进行,从试样加水静置的最后 2 h 起直至试验结束,其温度相差不应超过 2 ℃。

4. 计算公式

表观密度 ρ(kg/m³)应按下式计算(精确至 10 kg/m³)

$$\rho = \left(\frac{m_0}{m_0+m_2-m_1} - \alpha_t\right) \times 1\,000 \tag{4-3}$$

式中　m_0——试样的烘干质量,g;

　　　m_1——试样、水及容量瓶总重,g;

　　　m_2——水及容量瓶总重,g;

　　　α_t——考虑称量时的水温对水相对密度影响的修正系数,见表 4-8。

以两次试验结果的算术平均值作为测定值,如两次结果之差大于 20 kg/m³ 时,应重新取样进行试验。

(三)表观密度试验(简易方法)

1. 仪器设备

(1)天平:称量 100 g,感量 0.1 g;

表 4-8　不同水温下砂的表观密度温度修正系数

水温(℃)	15	16	17	18	19	20
α_t	0.002	0.003	0.003	0.004	0.004	0.005
水温(℃)	21	22	23	24	25	
α_t	0.005	0.006	0.006	0.007	0.008	

(2)李氏瓶:容量 250 mL;

(3)其他仪器设备参照本节四(二)条。

2. 试样制备规定

将样品在潮湿状态下用四分法缩分至 120 g 左右,在(105 ± 5)℃的烘箱中烘干至恒重,并在干燥器中冷却至室温,分成大致相等的两份备用。

3. 试验步骤

(1)向李氏瓶中注入冷开水至一定刻度处,擦干瓶颈内部附着水,记录水的体积(V_1)。

(2)称取烘干试样 50 g(m_0),徐徐装入盛水的李氏瓶中。

(3)试样全部入瓶中后,用瓶内的水将粘附在瓶颈和瓶壁的试样洗入水中,摇转李氏瓶以排除气泡,静置约 24 h 后,记录瓶中水面升高后的体积(V_2)。

表观密度试验过程中应把水的温度控制在 15 ~ 25 ℃的温度范围内,但两次体积测定(指 V_1 和 V_2)的温差不得大于 2 ℃。从试样加水静置的最后 2 h 起,直至记录完瓶中水面升高时止,其温度相差不应超过 2 ℃。

4. 计算公式

表观密度 ρ(kg/m³)应按下式计算(精确至 10 kg/m³)

$$\rho = \left(\frac{m_0}{V_2 - V_1} - \alpha_t \right) \times 1\,000 \tag{4-4}$$

式中　m_0——试样的烘干质量,g;

　　　V_1——水的原有体积,mL;

　　　V_2——倒入试样后水和试样的体积,mL;

　　　α_t——考虑称量时的水温对水相对密度影响的修正系数,见表4-8。

以两次试验结果的算术平均值作为测定值,如两次结果之差大于 20 kg/m³ 时,应重新取样进行试验。

(四)吸水率试验

测定砂的吸水率,即测定以烘干质量为基准的饱和面干吸水率。

1. 仪器设备

(1)天平:称量 1 000 g,感量 1 g;

(2)饱和面干试模及质量约(340 ± 15)g 的钢制捣棒(见图 4-2);

(3)干燥器、吹风机(手提式)、浅盘、铝制料勺、玻璃棒、温度计等;

(4)烧杯:500 mL;

(5)烘箱:能使温度控制在(105 ± 5)℃。

2. 试样制备规定

饱和面干试样的制备,是将样品在潮湿状态下用四分法缩分至约 1 000 g,拌匀后分成两份,分别装于浅盘或其他合适的容器中,注入清水,使水面高出试样表面 20 mm 左右(水温控制在(20 ± 5)℃)。用玻璃棒连续搅拌 5 min,以排除气泡。静置 24 h 以后,细心地倒去试样上的水,并用吸管吸去余水。再将试样在盘中摊开,用手提吹风机缓缓吹入暖风,并不断翻拌试样,使砂表面的水分在各部位均匀蒸发。然后将试样松散地一次装满饱和面干试模中,捣 25 次,捣棒端面距试样表面不超过 10 mm,任其自由落下,捣完后,留下的空隙不用

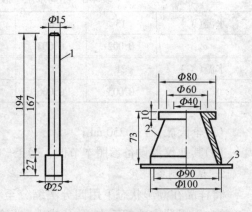

图 4-2 饱和面干试模及其捣棒 (单位:mm)
1—捣棒;2—试模;3—玻璃板

再装满,从垂直方向徐徐提起试模。如试模呈图 4-3(a)形状时,则说明砂中尚含有表面水,应继续按上述方法用暖风干燥,并按上述方法进行试验,直至试模提起后试样呈图 4-3(b)的形状为止。如试模提起后,试样呈图 4-3(c)的形状,则说明试样已干燥过分,此时对试样洒水约 55 mL,充分拌匀,并静置于加盖容器中 30 min 后,再按上述方法进行试验,直至试样达到图 4-3(b)的形状为止。

(a)尚有表面水　　　　　(b)饱和面干状态　　　　　(c)干燥过分

图 4-3 试样的塌陷情况

3. 试验步骤

立即将饱和面干试样 500 g,放入已知质量(m_1)的杯中,在温度为(105 ± 5)℃的烘箱中烘干至恒重,并在干燥器内冷却至室温后,称取干样与烧杯的总重(m_2)。

4. 计算公式

吸水率 ω_{wa}(%)应按下式计算(精确至 0.1%):

$$\omega_{wa} = \frac{500 - (m_2 - m_1)}{m_2 - m_1} \times 100\% \qquad (4-5)$$

式中　m_1——烧杯的质量,g;

　　　m_2——烘干的试样与烧杯的总重,g。

以两次试验结果的算术平均值作为测定值。如两次结果之差值大于 0.2%,应重新取样进行试验。

(五)堆积密度和紧密密度试验

集料在自然堆积状态下单位体积的质量称为堆积密度;按规定方法填实后单位体积的质量称为紧密密度。

1．仪器设备

(1)案秤:称量 5 000 g,感量 5 g;

(2)容量筒:金属制、圆柱形、内径 108 mm,净高 109 mm,筒壁厚 2 mm,容积约为 1 L,筒底厚为 5 mm;

(3)漏斗(见图 4-4)或铝制料勺;

(4)烘箱:能使温度控制在(105±5)℃;

(5)直尺、浅盘等。

2．试样制备规定

用浅盘装样品约 3 L,在温度为(105±5)℃烘箱中烘干至恒重,取出并冷却至室温,再用 5 mm 孔径的筛子过筛,分成大致相等的两份备用,试样烘干后如有结块,应在试验前先予捏碎。

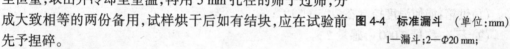

图 4-4　标准漏斗　(单位:mm)

1—漏斗;2—Φ20 mm;
3—活动门;4—筛;5—金属量筒

3．试验步骤

(1)堆积密度。取试样一份,用漏斗或铝制料勺,将它徐徐装入容量筒(漏斗口或料勺距容量筒筒口不应超过 50 mm),直至试样装满并超出容量筒筒口。然后用直尺将多余的试样沿筒口中心线向两个相反方向刮平,称其质量(m_2)。

(2)紧密密度。取试样一份,分两层装入容量筒。装完一层后,在筒底垫放一根直径为 10 mm 的钢筋,将筒按住,左右交替颠击两边地面各 25 下,然后再装入第二层,第二层装满后用同样方法颠实(但筒底所垫钢筋的方向应与第一层放置方向垂直);二层装完并颠实后,加料直至试样超出容量筒筒口,然后用直尺将多余的试样沿筒口中心线向两个相反方向刮平,称其质量(m_2)。

4．试验结果计算公式

(1)堆积密度 ρ_l(kg/m³)及紧密密度 ρ_c(kg/m³),按下式计算(精确到 10 kg/m³):

$$\rho_l(\rho_c) = \frac{m_2 - m_1}{V} \times 1\,000 \tag{4-6}$$

式中　m_1——容量筒的质量,kg;

　　　m_2——容量筒和砂总重,kg;

　　　V——容量筒容积,L。

以两次试验结果的算术平均值作为测定值。

(2)空隙率按下式计算(精确至 1%):

$$\upsilon_l = \left(1 - \frac{\rho_l}{\rho}\right) \times 100\% \tag{4-7}$$

$$\upsilon_c = \left(1 - \frac{\rho_c}{\rho}\right) \times 100\% \tag{4-8}$$

式中　υ_l——堆积密度的空隙率;

υ_c——紧密密度的空隙率；

ρ_l——砂的堆积密度，kg/m^3；

ρ——砂的表观密度，kg/m^3；

ρ_c——砂的紧密密度，kg/m^3。

5．容量筒容积的校正方法

以温度为 $(20\pm2)℃$ 的饮用水装满容量筒，用玻璃板沿筒口滑移，使其紧贴水面。擦干筒外壁水分，然后称重。用下式计算筒的容积 $V(L)$：

$$V = m'_2 - m'_1 \tag{4-9}$$

式中　m'_1——容量筒和玻璃板质量，kg；

　　　m'_2——容量筒、玻璃板和水总重，kg。

（六）含水率试验（标准方法）

1．仪器设备

(1)烘箱：能使温度控制在 $(105\pm5)℃$；

(2)天平：称量 2 000 g，感量 2 g；

(3)容器：如浅盘等。

2．试验步骤

由样品中取各重约 500 g 的试样两份，分别放入已知质量的干燥容器（m_1）中称重，记下每盘试样与容器的总重（m_2），将容器连同试样放入温度为 $(105\pm5)℃$ 的烘箱中烘干至恒重，称量烘干后的试样与容器的总重（m_3）。

3．计算公式

砂的含水率 $\omega_{wc}(\%)$ 按下式计算（精确至 0.1%）：

$$\omega_{wc} = \frac{m_2 - m_3}{m_3 - m_1} \times 100\% \tag{4-10}$$

式中　m_1——容器质量，g；

　　　m_2——未烘干的试样与容器的总重，g；

　　　m_3——烘干后的试样与容器的总重，g。

以两次试验结果的算术平均值作为测定值。

（七）含水率试验（快速方法）

对含泥量过大及有机杂质较多的砂不宜采用。

1．仪器设备

(1)电炉（或火炉）；

(2)天平：称量 1 000 g，感量 1 g；

(3)炒盘（铁制或铝制）；

(4)油灰铲、毛刷等。

2．试验步骤

(1)向干净的炒盘中加入约 500 g 试样，称取试样与炒盘的总重（m_2）。

(2)置炒盘于电炉（或火炉）上，用小铲不断地翻拌试样，到试样表面全部干燥后，切断电源(或移出火外),再继续翻拌 1 min,稍冷却(以免损坏天平)后,称干样与炒盘的总重(m_3)。

3. 计算公式

砂的含水率 ω_{wc}(%)应按下式计算(精确至 0.1%):

$$\omega_{wc} = \frac{m_2 - m_3}{m_3 - m_1} \times 100\% \tag{4-11}$$

式中　m_1——容器质量,g;

　　　m_2——未烘干的试样与容器的总重,g;

　　　m_3——烘干后的试样与容器的总重,g。

以两次试验结果的算术平均值作为测定值。各次试验前试样应予密封,以防水分散失。

(八)含泥量试验(标准方法)

含泥量是指砂中粒径小于 0.080 mm 的颗粒的含量。

1. 仪器设备

(1)天平:称量 1 000 g,感量 1 g;

(2)烘箱:能使温度控制在(105 ± 5)℃;

(3)筛:孔径为 0.080 mm 及 1.25 mm 筛各一个;

(4)洗砂用的容器及烘干用的浅盘等。

2. 试样制备规定

将样品在潮湿状态下用四分法缩分至约 1 100 g,置于温度为(105 ± 5)℃的烘箱中烘干至恒重,冷却至室温后,立即称取各为 400 g(m_0)的试样两份备用。

3. 试验步骤

(1)取烘干的试样一份置于容器中,并注入饮用水,使水面高出砂面约 150 mm 充分拌混均匀后浸泡 2 h,然后用手在水中淘洗试样,使尘屑、淤泥和粘土与砂粒分离,并使之悬浮或溶于水中。缓缓地将浑浊液倒入 1.25 mm 及 0.080 mm 的套筛(1.25 mm 筛放置在上面)上,滤去小于 0.080 mm 的颗粒。试验前筛子的两面应先用水润湿,在整个试验过程中应注意避免砂粒丢失。

(2)再次加水于筒中,重复上述过程,直到筒内洗出的水清澈为止。

(3)用水冲洗剩留在筛上的细粒。并将 0.080 mm 筛放在水中来回摇动,以充分洗除小于 0.080 mm 的颗粒。然后将两只筛上剩留的颗粒和筒中已经洗净的试样一并装入浅盘,置于温度为(105 ± 5)℃的烘箱中烘干至恒重,取出来冷却至室温后,称试样的质量(m_1)。

4. 计算公式

砂的含泥量 ω_c(%)应按下式计算(精确至 0.1%):

$$\omega_c = \frac{m_0 - m_1}{m_0} \times 100\% \tag{4-12}$$

式中　m_0——试验前的烘干试样质量,g;

　　　m_1——试验后的烘干试样质量,g。

以两个试样试验结果的算术平均值作为测定值。两个结果的差值超过 0.5%时,应重新取样进行试验。

（九）含泥量试验（虹吸管方法）

1. 仪器设备

(1)虹吸管:玻璃管的直径不大于 5 mm,后接胶皮弯管;

(2)玻璃的或其他容器:高度不小于 300 mm,直径不小于 200 mm。

2. 试样制备规定

试样制备应按本节第(八)2 条的规定。

3. 试验步骤

(1)称取烘干的试样约 500 g(m_0),置于容器中,并注入饮用水,使水面高出砂面约 150 mm,浸泡 2 h,浸泡过程中每隔一段时间搅拌一次,使尘屑、淤泥和粘土与砂分离。

(2)用搅拌棒搅拌约 1 min(单方向旋转),以适当宽度和高度的闸板闸水,使水停止旋转。经 20～25 s 后取出闸板,然后从上到下用虹吸管小心地将浑浊液吸出,虹吸管吸口的最低位置应距离砂面不少于 30 mm。

(3)再倒入清水,重复上述过程,直到吸出的水与清水的颜色基本一致为止。

(4)最后将容器中的清水吸出,把洗净的试样倒入浅盘并在(105±5)℃的烘箱中烘干至恒重,取出,冷却至室温后称砂重(m_1)。

4. 计算公式

砂的含泥量 ω_c(%)应按下式计算(精确至 0.1%):

$$\omega_c = \frac{m_0 - m_1}{m_0} \times 100\% \qquad (4\text{-}13)$$

式中　m_0——试验前的烘干试样质量,g;

　　　m_1——试验后的烘干试样质量,g。

以两个试样试验结果的算术平均值作为测定值。两个结果的差值超过 0.5% 时,应重新取样进行试验。

（十）砂的泥块含量试验

泥块含量即砂中粒径大于 1.25 mm,经水洗、手捏后变成小于 0.630 mm 颗粒的含量。

1. 仪器设备

(1)天平:称量 2 000 g,感量 2 g;

(2)烘箱:温度控制在(105±5)℃;

(3)试验筛:孔径为 0.630 mm 及 1.25 mm 筛各一个;

(4)洗砂用的容器及烘干用的浅盘等。

2. 试样制备规定

将样品在潮湿状态下用四分法缩分至约 3 000 g,置于温度为(105±5)℃的烘箱中烘干至恒重,冷却至室温后,用 1.25 mm 筛筛分,取筛上的砂 400 g 分为两份备用。

3. 试验步骤

(1)称取试样 200 g(m_1)置于容器中,并注入饮用水,使水面高出砂面约 150 mm。充分拌混均匀后,浸泡 24 h,然后用手在水中碾碎泥块,再把试样放在 0.630 mm 的筛上,用水淘洗,直至水清澈为止。

(2)保留下来的试样应小心地从筛里取出,装入浅盘后,置于温度为(105±5)℃的烘箱中烘干至恒重,冷却后称重(m_2)。

4.计算公式

砂中泥块含量 $\omega_{c,l}$(%)应按下式计算(精确至 0.1%):

$$\omega_{c,l} = \frac{m_1 - m_2}{m_1} \times 100\% \tag{4-14}$$

式中　m_1——试验前的干燥试样质量,g;

　　　m_2——试验后的干燥试样质量,g。

取两个试样试验结果的算术平均值作为测定值。两个结果的差值超过 0.4%时,应重新取样进行试验。

(十一)有机物含量试验

1.仪器设备

(1)天平:称量 100 g,感量 0.01 g;称量 500 g,感量 0.5 g,各一台;

(2)量筒:2 500 mL,100 mL 和 10 mL;

(3)烧杯、玻璃棒和孔径为 5.00 mm 的筛;

(4)氢氧化钠溶液:氢氧化钠与蒸馏水之质量比为 3:97;

(5)鞣酸、酒精等。

2.试样制备规定

筛去样品中的 5 mm 以上的颗粒,用四分法缩分至约 500 g,风干备用。

3.试验步骤

(1)向 250 mL 量筒中倒入试样至 130 mL 刻度处,再注入浓度为 3%的氢氧化钠溶液至 200 mL 刻度处,剧烈摇动后静置 24 h。

(2)比较试样上部溶液和新配制标准溶液的颜色,盛装标准溶液与盛装试样的量筒容积应一致。

标准溶液的配制方法,取 2 g 鞣酸粉溶解于 98 mL 的 10%酒精溶液中,即得所需的鞣酸溶液,取该溶液 2.5 mL,注入 97.5 mL 浓度为 3%的氢氧化钠溶液中,加塞后剧烈摇动,静置 24 h 即得标准溶液。碎石或卵石的该项试验与此相同。

4.结果评定方法

若试样上部的溶液颜色浅于标准溶液的颜色,则试样的有机质含量鉴定合格。如两种溶液的颜色接近,则应将该试样(包括上部溶液)倒入烧杯中放在温度为 60~70℃的水浴锅中加热 2~3 h,然后再与标准溶液比色。

如溶液的颜色深于标准色,则应按下法进一步试验:

取试样一份,用 3%氢氧化钠溶液洗除有机杂质,再用清水淘洗干净,至试样用比色法试验时溶液的颜色浅于标准色,然后用洗除有机质和未洗除的试样分别按现行的国家标准《水泥胶砂强度试验方法》配制两种水泥砂浆,测定 28 d 的抗压强度,如未经洗除的砂的砂浆强度与经洗除有机质后的砂的砂浆强度比不低于 0.95 时,则此砂可以采用。

(十二)云母含量试验

1.仪器设备

(1)放大镜(5 倍左右);

(2)钢针;

(3)天平:称量100 g,感量0.1 g。

2.试样制备规定

称取经缩分的试样50 g,在温度(105±5)℃的烘箱中烘干至恒重,冷却至室温后备用。

3.试验步骤

先筛去大于5 mm和小于0.315 mm的颗粒,然后根据砂的粗细不同称取试样10~20 g(m_0),放在放大镜下观察,用钢针将砂中所有云母全部挑出,称取所挑出云母的质量(m)。

4.计算公式

砂中云母含量ω_m(%)应按下式计算(精确至0.1%):

$$\omega_m = \frac{m}{m_0} \times 100\% \tag{4-15}$$

式中　m_0——烘干试样质量,g;

　　　m——挑出的云母质量,g。

(十三)轻物质含量试验

1.仪器设备和试剂

(1)烘箱:能使温度控制在(105±5)℃;

(2)天平:称量1 000 g,感量1 g及称量100 g,感量0.1 g,各一台;

(3)量具:量杯1 000 mL,量筒250 mL,烧杯150 mL各一个;

(4)比重计:测定范围为1.0~2.0;

(5)网篮:内径和高度约为70 mm,网孔孔径不大于0.135 mm(可用坚固性检验用的网篮,也可用孔径0.315 mm的筛);

(6)氯化锌:化学纯。

2.试样制备及重液配制规定

(1)称取经缩分的试样约800 g,在温度为(105±5)℃的烘箱中烘干至恒重,冷却后将大于5 mm和小于0.315 mm的颗粒筛去,然后称取每份为200 g的试样两份备用。

(2)配制相对密度为1 950~2 000 kg/m³的重液:向1 000 mL的量杯中加水至600 mL刻度处,再加入1 500 g氯化锌,用玻璃棒搅拌使氯化锌全部溶解,待冷却至室温后(氯化锌在溶解过程中放出大量热量),将部分溶液倒入250 mL量筒中测其相对密度。

(3)如溶液相对密度小于要求值,则将它倒回量杯,再加入氯化锌,溶解并冷却后测其相对密度,直至溶液相对密度达到要求数值为止。

3.试验步骤

(1)将上述试样一份(m_0)倒入盛有重液(约500 mL)的量杯中,用玻璃棒充分搅拌,使试样中的轻物质与砂分离,静置5 min后,将浮起的轻物质连同部分重液倒入网篮中,轻物质留在网篮上,而重液通过网篮流入另一容器。倾倒重液时应避免带出砂粒,一般当重液表面与砂表面相距20~30 mm时即停止倾倒。流出的重液倒回盛试样的量杯中,重复上述过程,直至无轻物质浮起为止。

(2)用清水洗净留存于网篮中的物质,然后将它倒入烧杯,在(105±5)℃的烘箱中烘干至恒重,用感量为 0.1 g 的天平称取轻物质与烧杯的总重(m_1)。

4. 计算公式

砂中轻物质的含量 ω_1(%)应按下式计算(精确至 0.1%):

$$\omega_1 = \frac{m_1 - m_2}{m_0} \times 100\% \tag{4-16}$$

式中　　m_1——烘干的轻物质与烧杯的总重,g;

　　　　m_2——烧杯的质量,g;

　　　　m_0——试验前烘干的试样质量,g。

以两次试验结果的算术平均值作为测定值。

(十四)坚固性试验

坚固性是指砂在气候、环境变化或其他物理作用下抵抗破裂的能力。

1. 仪器设备和试剂

(1)烘箱:能使温度控制在(105±5)℃;

(2)天平:称量 200 g,感量 0.2 g;

(3)筛:孔径为 0.315、0.630、1.25、2.50、5.00 mm 试验筛各一个;

(4)容器:搪瓷盆或瓷缸,容量小于 10 L;

(5)三脚网篮:内径及高均为 70 mm,由铜丝或镀锌铁丝制成,网孔的孔径不应大于所盛试样粒级下限尺寸的一半;

(6)试剂:无水硫酸钠或 10 水结晶硫酸钠(工业用);

(7)比重计。

2. 溶液的配制及试样制备规定

(1)硫酸钠溶液的配制方法。取一定数量的蒸馏水(多少取决于试样及容器大小,加温至 30~50 ℃),每 1 000 mL 蒸馏水加入无水硫酸钠(Na_2SO_4)300~350 g 或 10 水硫酸钠($Na_2SO_4 \cdot 10H_2O$)700~1 000 g,用玻璃棒搅拌,使其溶解并饱和,然后冷却至 20~25 ℃,在此温度下静置两昼夜,其相对密度应保持在 1 151~1 174 kg/m³ 范围内。

(2)将试样浸泡水,用水冲洗干净,在(105±5)℃的温度下烘干冷却至室温备用。

3. 试验步骤

(1)称取粒级分别为 0.315~0.630 mm、0.630~1.25 mm、1.25~2.50 mm、2.50~5.00 mm 的试样各约 100 g,分别装入网篮并浸入盛有硫酸钠溶液的容器中,溶液体积应不小于试样总体积的 5 倍,其温度应保持在 20~25 ℃范围内。三脚网篮浸入溶液时应先上下升降 25 次以排除试样中的气泡,然后静置于该容器中,此时,网篮底面应距容器底面 30 mm (由网篮脚高控制),网篮之间的间距应不小于 30 mm,试样表面至少应在液面以下 30 mm。

(2)浸泡 20 h 后,从溶液中提出网篮,放在温度为(105±5)℃的烘箱中烘烤 4 h,至此,完成了第一次试验循环。待试样冷却至 20~25 ℃后,即开始第二次循环,从第二次循环开始,浸泡及烘烤时间均为 4 h。

(3)第五次循环完后,将试样置于 20~25 ℃的清水中洗净硫酸钠,再在(105±5)℃的烘箱中烘干至恒重,取出并冷却至室温后,用孔径为试样粒级下限的筛,过筛并称量各粒级试样试验后的筛余量。

试样中硫酸钠是否洗净,可按下法检验:取洗试样的水数毫升,滴入少量氯化钡(BaCl₂)溶液,如无白色沉淀,则说明硫酸钠已被洗净。

4. 计算公式

(1)试样中各粒级颗粒的分计重量损失百分率 δ_{ji}(%)应按下式计算:

$$\delta_{ji} = \frac{m_i - m'_i}{m_i} \times 100\% \qquad (4\text{-}17)$$

式中　m_i——每一粒级试样试验前的质量,g;

　　　m'_i——经硫酸钠溶液试验后,每一粒级筛余颗粒的烘干质量,g。

(2)0.315~5.00 mm 粒级试样的总重损失百分率 δ_i(%)应按下式计算(精确至 1%):

$$\delta_j = \frac{\alpha_1 \delta_{j1} + \alpha_2 \delta_{j2} + \alpha_3 \delta_{j3} + \alpha_4 \delta_{j4}}{\alpha_1 + \alpha_2 + \alpha_3 + \alpha_4} \qquad (4\text{-}18)$$

式中　α_1、α_2、α_3、α_4——0.315~0.630 mm、0.630~1.25 mm、1.25~2.50 mm、2.50~5.00 mm 各粒级在筛除小于 0.315 mm 及大于 5.00 mm 颗粒后的原试样中所占的百分率;

　　　δ_{j1}、δ_{j2}、δ_{j3}、δ_{j4}——0.315~0.630 mm、0.630~1.25 mm、1.25~2.50 mm、2.50~5.00 mm 各粒级的分计重量损失百分率,按公式(4-17)算得。

(十五)硫酸盐、硫化物含量试验

1. 仪器设备和试剂

(1)天平:称量 1 kg、感量 1 g,称量 100 g,感量为 0.1 g,各一台;

(2)高温炉:最高温度 1 000 ℃;

(3)试验筛:孔径 0.080 mm;

(4)瓷坩埚;

(5)其他:烧瓶、烧杯等;

(6)10%(W/V)氯化钡溶液:10 g 氯化钡溶于 100 mL 蒸馏水中;

(7)盐酸(1+1):浓盐酸溶于同体积的蒸馏水中;

(8)1%(W/V)硝酸银溶液:1 g 硝酸银溶液溶于 100 mL 蒸馏水中,并加入 5~10 mL 硝酸,存于棕色瓶中。

2. 试样制备规定

取风干砂用四分法缩分至约 10 g,粉磨全部通过 0.080 mm 筛,烘干备用。

3. 试验步骤

(1)精确称取砂粉试样 1 g,放入 300 mL 的烧杯中,加入 30~40 mL 蒸馏水及 10 mL 的盐酸(1+1),加热至微沸,并保持微沸 5 min,使试样充分分解后取下,以中速滤纸过滤,用温水洗涤 10~12 次。

(2)调整滤液体积至 200 mL,煮沸,搅拌滴加 10 mL 10%氯化钡溶液,并将溶液煮沸数分钟,然后移至温热处静置至少 4 h(此时溶液体积应保持在 200 mL),用慢速滤纸过滤,以温水洗到无氯根反应(用硝酸银溶液检验)。

(3)将沉淀及滤纸一并移入已灼烧恒重的瓷坩埚(m_1)中,灰化后在 800 ℃的高温炉内灼烧 30 min。取出坩埚,置于干燥器中冷至室温,称量,如此反复灼烧,直至恒重(m_2)。

4. 计算公式

水溶性硫化物、硫酸盐含量(以 SO_3 计)应按下式计算(精确至 0.01%):

$$\omega_{SO_3} = \frac{(m_2 - m_1) \times 0.343}{m} \times 100\% \qquad (4\text{-}19)$$

式中　ω_{SO_3}——硫酸盐含量(%);

　　　m——试样质量,g;

　　　m_1——瓷坩埚的质量,g;

　　　m_2——瓷坩埚和试样总重,g;

　　　0.343——$BaSO_4$ 换算成 SO_3 的系数。

取两次试验的算术平均值作为测定值。若两次试验结果之差大于 0.15% 时,须重做试验。

第三节　石

一、质量要求

(一)碎石或卵石的颗粒级配

由天然岩石或卵石经破碎、筛分而得的粒径大于 5 mm 的岩石颗粒,称为碎石;由自然条件作用而形成的,粒径大于 5 mm 的岩石颗粒,称为卵石。

颗粒级配应符合表 4-9 的要求。

表 4-9　碎石或卵石的颗粒级配范围

级配情况	公称粒级 (mm)	累计筛余(按质量计)(%)											
		筛孔尺寸(圆孔筛)(mm)											
		2.50	5.00	10.0	16.0	20.0	25.0	31.5	40.0	50.0	63.0	80.0	100
连续粒级	5~10	95~100	80~100	0~15	0	—	—	—	—	—	—	—	—
	5~16	95~100	90~100	30~60	0~10	0	—	—	—	—	—	—	—
	5~20	95~100	90~100	40~70	—	0~10	0	—	—	—	—	—	—
	5~25	95~100	90~100	—	30~70	—	0~5	0	—	—	—	—	—
	5~31.5	95~100	90~100	70~90	—	15~45	—	0~5	0	—	—	—	—
	5~40	—	95~100	75~90	—	30~65	—	—	0~5	0	—	—	—
单粒级	10~20	—	95~100	85~100	—	0~15	0	—	—	—	—	—	—
	16~31.5	—	95~100	—	85~100	—	—	0~10	0	—	—	—	—
	20~40	—	—	95~100	—	80~100	—	—	0~10	0	—	—	—
	31.5~63	—	—	—	95~100	—	—	75~100	45~75	—	0~10	0	—
	40~80	—	—	—	—	95~100	—	—	70~100	—	30~60	0~10	0

注:公称级的上限为该粒级的最大粒径。

单粒级宜用于组合成具有要求级配的连续粒级,也可与连续粒级混合使用,以改善其级配或配成较大粒度的连续粒级。不宜用单一的单粒级配制混凝土。如必须单独使用,则应作技术经济分析,并应通过试验证明不会发生离析或影响混凝土的质量。

颗粒级配不符合表4-9要求时,应采取措施并经试验证实能确保工程质量,方允许使用。

(二)碎石或卵石中针、片状颗粒含量规定

凡岩石颗粒的长度大于该颗粒所属粒级的平均粒径2.4倍者为针状颗粒;厚度小于平均粒径0.4倍者为片状颗粒。平均粒径指该粒级上、下限粒径的平均值。

碎石或卵石中针、片状颗粒含量应符合表4-10的规定。

表4-10　针、片状颗粒含量

混凝土强度等级	大于或等于C30	小于C30
针、片状颗粒含量按质量计(%)	≤15	≤25

等于及小于C10级的混凝土,其针、片状颗粒含量可放宽到40%。

(三)碎石或卵石中的含泥量规定

粒径小于0:080 mm颗粒的含量称为含泥量。碎石或卵石中的含泥量应符合表4-11的规定。

表4-11　碎石或卵石中的含泥量

混凝土强度等级	大于或等于C30	小于C30
含泥量按质量计(%)	≤1.0	≤2.0

对有抗冻、抗渗或其他特殊要求的混凝土,其所用碎石或卵石的含泥量不应大于1.0%。如含泥基本上是非粘土质的石粉时,含泥量可由表4-11的1.0%、2.0%,分别提高到1.5%、3.0%;等于及小于C10级的混凝土用碎石或卵石,其含泥量可放宽到2.5%。

(四)碎石或卵石中泥块含量规定

粒径大于5 mm,经水洗、手捏后变成小于2.5 mm颗粒的含量,称为泥块含量。碎石或卵石中的泥块含量应符合表4-12的规定。

表4-12　碎石或卵石中的泥块含量

混凝土强度等级	大于或等于C30	小于C30
泥块含量按质量计(%)	≤0.5	≤0.7

有抗冻、抗渗和其他特殊要求的混凝土,其所用碎石或卵石的泥块含量应不大于0.5%;对等于或小于C10级的混凝土用碎石或卵石,其泥块含量可放宽到1.0%。

(五)碎石和卵石的压碎指标值

碎石或卵石抵抗压碎的能力,称为压碎指标值。

碎石的强度可用岩石的抗压强度和压碎指标值表示。岩石强度首先应由生产单位提供,工程中可采用压碎指标值进行质量控制,碎石的压碎指标值宜符合表4-11的规定。混凝土强度等级为C60及以上时应进行岩石抗压强度检验,其他情况下如有怀疑或认为有必要时也可进行岩石的抗压强度检验。岩石的抗压强度与混凝土强度等级之比不应小

· 84 ·

于 1.5,且火成岩强度值不宜低于 80 MPa,变质岩不宜低于 60 MPa,水成岩不宜低于 30 MPa。

卵石的强度用压碎指标值表示。其压碎指标值宜按表 4-14 的规定采用。

表 4-13　碎石的压碎指标值

岩石品种	混凝土强度等级	碎石压碎指标值(%)
水成岩	C55 ~ C40	≤10
	≤C35	≤16
变质岩或深成的火成岩	C55 ~ C40	≤12
	≤C35	≤20
火成岩	C55 ~ C40	≤13
	≤C35	≤30

注:水成岩包括石灰岩、砂岩等。变质岩包括片麻岩、石英岩等。深成的火成岩包括花岗岩、正长岩、闪长岩和橄榄岩等。喷出的火成岩包括玄武岩和辉绿岩等。

表 4-14　卵石的压碎指标值

混凝土强度等级	C55 ~ C40	≤C35
压碎指标值(%)	≤12	≤16

(六)碎石和卵石的坚固性

碎石和卵石在气候、环境变化或其他物理因素作用下抵抗碎裂的能力,称为坚固性。

碎石和卵石的坚固性用硫酸钠溶液法检验后,其质量损失应符合表 4-15 的规定。

有腐蚀性介质作用或经常处于水位变化区的地下结构或有抗疲劳、耐磨、抗冲击等要求的混凝土用碎石或卵石,其质量损失应不大于 8%。

表 4-15　碎石或卵石的坚固性指标

混凝土所处的环境条件	循环后的质量损失(%)
在严寒及寒冷地区室外使用,并经常处于潮湿或干湿交替状态下的混凝土	≤8
在其他条件下使用的混凝土	≤12

(七)有害杂质的含量规定

碎石或卵石中的硫化物和硫酸盐含量,以及卵石中有机杂质等有害物质含量应符合表 4-16 的规定。

表 4-16　碎石或卵石中的有害物质含量

项　目	质　量　要　求
硫化物及硫酸盐含量(折算成 SO_3,按质量计)(%)	≤1.0
卵石中有机质含量(用比色法试验)	颜色应不深于标准色。如深于标准色,则应配制成混凝土进行强度对比试验,抗压强度比应不低于 0.95

如发现有颗粒状硫酸盐或硫化物杂质的碎石或卵石,则要求进行专门检验,确认能满足混凝土耐久性要求时方可采用。

(八)重要工程混凝土用碎石或卵石的规定

对重要工程的混凝土所使用的碎石或卵石应进行碱活性检验。

进行碱活性检验时首先应采用岩相法检验碱活性集料的品种、类型和数量(也可由地质部门提供)。若集料中含有活性二氧化硅时,应采用化学法和砂浆长度法进行检验;若含有活性碳酸盐集料时,应采用岩石柱法进行检验。

经上述检验,集料判定为有潜在危害时,属碱—碳酸盐反应的,不宜作混凝土集料。如必须使用,应以专门的混凝土试验结果作出最后评定。

潜在危害属碱—硅反应的,应遵守以下规定方可使用:

(1)使用含碱量小于0.6%的水泥或采用能抑制碱—集料反应的掺和料;

(2)当使用含钾、钠离子的混凝土外加剂时,必须进行专门试验。

二、检验规则

(1)供货单位应提供产品合格证及质量检验报告。购货单位应按同产地同规格分批验收,用火车、货船或汽车运输的,以400 m³或600 t为一验收批,用小型工具(如马车等)运输的,以200 m³或300 t为一验收批。不足上述数量者以一验收批论。

(2)每验收批至少应进行颗粒级配、含泥量、泥块含量及针、片状颗粒含量检验。对重要工程或特殊工程应根据工程要求增加检测项目。对其他指标的合格性有怀疑时应予检验。

当使用新产源的石子时,应由供货单位按质量要求进行全面检验。

(3)使用单位的质量检测报告内容应包括:委托单位、样品编号、工程名称、样品产地、类别、代表数量、检测依据、检测条件、检测项目、检测结果、结论等。

(4)碎石或卵石的数量验收,可按质量计算,也可按体积计算。测定质量可以汽车地量衡或船舶吃水线为依据。测定体积可以车皮或船舶的容积为依据。用其他小型运输工具运输时,可按量方确定。

(5)碎石或卵石在运输、装卸和堆放过程中,应防止颗粒离析和混入杂质,并应按产地、种类和规格分别堆放。堆放高度不宜超过5 m,但对单粒级或最大粒径不超过20 mm的连续粒级,堆料高度可以增加到10 m。

(6)若检验不合格,应重新取样,对不合格项进行加倍复验,若仍有一个试样不能满足标准要求,应按不合格品处理。

三、取样与缩分

(一) 取样

(1)每验收批的取样应按下列规定进行:

①在料堆上取样时,取样部位应均匀分布。取样前先将取样部位表面铲除,然后由各部位抽取大致相等的石子15份(在料堆的顶部、中部和底部各由均匀分布的五个不同部位取得)组成一组样品。

②从皮带运输机上取样时,应在皮带运输机机尾的出料处用接料器定时抽取8份石子,组成一组样品。

③从火车、汽车、货船上取样时,应从不同部位和深度抽取大致相同的石子16份,组成一组样品。

(2)每组样品的取样数量。对每单项试验,应不小于表4-17所规定的最少取样量。

须作几项试验时,如确能保证样品经一项试验后不致影响另一项试验的结果,也可用一组样品进行几项不同的试验。

(3)每组样品应妥善包装,以避免细料散失及遭受污染。并应附有卡片标明样品名称、编号、取样的时间、产地、规格、样品所代表的验收批的质量或体积数、要求检验的项目及取样方法等。

表4-17 每一试验项目所需碎石或卵石的最小取样数量 (单位:kg)

试验项目	最大粒径(mm)							
	10	16	20	25	31.5	40	63	80
筛分析	10	15	20	20	30	40	60	80
表观密度	8	8	8	8	12	16	24	24
含水率	2	2	2	2	3	3	4	6
吸水率	8	8	16	16	16	24	24	32
堆积密度、紧密密度	40	40	40	40	80	80	120	120
含泥量	8	8	24	24	40	40	80	80
泥块含量	8	8	24	24	40	40	80	80
针、片状颗粒含量	1.2	4	8	8	20	40	—	—
硫化物、硫酸盐	1.0							

(二)样品的缩分

(1)将每组样品置于平板上,在自然状态下拌混均匀,并堆成锥体,然后沿互相垂直的两条直径把锥体分成大致相等的四份,取其对角的两份重新拌匀,再堆成锥体,重复上述过程,直至缩分后的材料量略多于进行试验所必需的量为止。

(2)碎石或卵石的含水率、堆积密度、紧密密度检验所用的试样,不经缩分,拌匀后直接进行试验。

四、检验方法

(一)筛分析试验

1. 仪器设备

(1)试验筛:孔径为100、80.0、63.0、50.0、40.0、31.5、25.0、20.0、16.0、10.0、5.00 mm和2.50 mm的圆孔筛,以及筛的底盘和盖各一只,其规格和质量要求应符合《试验筛》(GB 6003—85)的规定(筛框内径均为300 mm);

(2)天平或案秤:精确至试样量的0.1%左右;

(3)烘箱:能使温度控制在(105±5)℃;

(4)浅盘。

2. 试样制备规定

试验前,用四分法将样品缩分至略重于表4-18所规定的试样所需量,烘干或风干后备用。

3. 试验步骤

(1)按表4-18规定称取试样。

表 4-18 筛分析所需试样的最小质量

最大公称粒径(mm)	10.0	16.0	20.0	25.0	31.5	40.0	63.0	80.0
试样质量不少于(kg)	2.0	3.2	4.0	5.0	6.3	8.0	12.6	16.0

(2)将试样按筛孔大小顺序过筛,当每号筛上筛余层的厚度大于试样的最大粒径值时,应将该号筛上的筛余分成两份,再次进行筛分,直至各筛每分钟的通过量不超过试样总量的 0.1% 。

当筛余颗粒的粒径大于 20 mm 时,在筛分过程中,允许用手指拨动颗粒。

(3)称取各筛筛余的质量,精确至试样总重的 0.1% 。在筛上的所有分计筛余量和筛底剩余的总和与筛分前测定的试样总重相比,相差不得超过 1% 。

4.结果计算与评定

(1)由各筛上的筛余量除以试样总重计算得出该号筛的分计筛余百分率(精确至 0.1%)。

(2)每号筛计算得出的分计筛余百分率与大于该号筛各筛的分计筛余百分率相加,计算得出其累计筛余百分率(精确至 1%)。

(3)根据各筛的累计筛余百分率,评定该试样的颗粒级配。

(二)表观密度试验(标准方法)

集料颗粒单位体积(包括内部封闭空隙)的质量,称为表观密度。

1.仪器设备

(1)天平:称量 5 kg,感量 1 g,其型号及尺寸应能允许在臂上悬挂盛试样的吊篮,并在水中称重;

(2)吊篮:直径和高度均为 150 mm,由孔径为 1 ~ 2 mm 的筛网或钻有 2 ~ 3 mm 孔洞的耐锈蚀金属板制成;

(3)盛水容器:有溢流孔;

(4)烘箱:能使温度控制在(105 ± 5)℃;

(5)试验筛:孔径为 5 mm;

(6)温度计:0 ~ 100 ℃;

(7)带盖容器、浅盘、刷子和毛巾等。

2.试样制备规定

试验前,将样品筛去 5 mm 以下的颗粒,并缩分至略重于表 4-19 所规定的数量,刷洗干净后分成两份备用。

表 4-19 表观密度试验所需的试样最少质量

最大粒径(mm)	10.0	16.0	20.0	31.5	40.0	63.0	80.0
试样最少质量(kg)	2	2	2	3	4	6	6

3.试验步骤

(1)按表 4-19 的规定称取试样。

(2)取试样一份装入吊篮,并浸入盛水的容器中,水面至少高出试样 50 mm。

(3)浸水 24 h 后,移放到称量用的盛水容器中,并用上下升降吊篮的方法排除气泡(试样不得露出水面)。吊篮每升降一次约为 1 s,升降高度为 30～50 mm。

(4)测定水温后(此时吊篮应全浸在水中),用天平称取吊篮及试样在水中的质量(m_2)。称量时盛水容器中水面的高度由容器的溢流孔控制。

(5)提起吊篮,将试样置于浅盘中,放入 105 ℃的烘箱中烘干至恒重。取出来放在带盖的容器中冷却至室温后,称重(m_0);

(6)称取吊篮在同样温度的水中质量(m_1),称量时盛水容器的水面高度仍应由溢流口控制。

试验的各项称重可以在 15～25 ℃的温度范围内进行,但从试样加水静置的最后 2 h 起直至试验结束,其温度相差不应超过 2 ℃。

4.结果计算与评定

表观密度 ρ(kg/m^3)应按下式计算(精确至 10 kg/m^3):

$$\rho = \left(\frac{m_0}{m_0 + m_1 - m_2} - \alpha_t\right) \times 1\,000 \tag{4-20}$$

式中　m_0——试样的烘干质量,g;

　　　m_1——吊篮在水中的质量,g;

　　　m_2——吊篮及试样在水中的质量,g;

　　　α_t——考虑称量时的水温对表观密度影响的修正系数,见表 4-20。

表 4-20　不同水温下碎石或卵石的表观密度温度修正系数

水温(℃)	15	16	17	18	19	20	21	22	23	24	25
α_t	0.002	0.003	0.003	0.004	0.004	0.005	0.005	0.006	0.006	0.007	0.008

以两次试验结果的算术平均值作为测定值。如两次结果之差值大于 20 kg/m^3 时,须重新试验。对颗粒材质不均匀的试样,如两次试验结果之差超过规定时,可取 4 次测定结果的算术平均值作为测定值。

(三)表观密度试验(简易方法)

本方法不宜用于最大粒径超过 40 mm 的碎石或卵石。

1.仪器设备

(1)烘箱:能使温度控制在(105±5)℃;

(2)天平:称量 5 kg,感量 5 g;

(3)广口瓶:1 000 mL,磨口,并带玻璃片;

(4)试验筛:孔径为 5 mm;

(5)毛巾、刷子等。

2.试样制备规定

试验前,将样品筛去 5 mm 以下的颗粒,用四分法缩分至不少于 2 kg,洗刷干净后,分成两份备用。

3.试验步骤

(1)按表 4-19 规定的数量称取试样。

(2)将试样浸水饱和,然后装入广口瓶中。装试样时,广口瓶应倾斜放置,注入饮用水,用玻璃片覆盖瓶口,以上下左右摇晃的方法排除气泡。

(3)气泡排尽后,向瓶中添加饮用水直至水面凸出瓶口边缘。然后用玻璃片沿瓶口迅速滑行,使其紧贴瓶口水面。擦干瓶外水分后,称取试样、水、瓶和玻璃片总重(m_1)。

(4)将瓶中的试样倒入浅盘中,放在(105 ± 5)℃的烘箱中烘干至恒重。取出,放在带盖的容器中冷却至室温后称重(m_0)。

(5)将瓶洗净,重新注入饮用水,用玻璃片紧贴瓶口水面,擦干瓶外水分后称重(m_2)。水温控制与标准方法相同。

4. 结果计算与评定

表观密度 ρ(kg/m^3)应按下式计算(精确至 10 kg/m^3):

$$\rho = \left(\frac{m_0}{m_0 + m_2 - m_1} - \alpha_t \right) \times 1\,000 \tag{4-21}$$

式中　m_0——烘干后试样质量,g;

　　　m_1——试样、水、瓶和玻璃片共重,g;

　　　m_2——水、瓶和玻璃片共重,g;

　　　α_t——考虑称量时的水温对表观密度影响的修正系数,见表4-20。

以两次试验结果的算术平均值作为测定值,两次结果之差应小于 20 kg/m^3,否则重新取样进行试验。对颗粒材质不均匀的试样,如两次试验结果之差值超过 20 kg/m^3,可取 4 次测定结果的算术平均值作为测定值。

(四)含水率试验

1. 仪器设备

(1)烘箱:能使温度控制在(105 ± 5)℃;

(2)天平:称量 5 kg,感量 5 g;

(3)浅盘等。

2. 试验步骤

(1)取质量约等于表 4-19 所要求的试样,分成两份备用。

(2)将试样置于干净的容器中,称取试样和容器的共重(m_1),并在(105 ± 5)℃的烘箱中烘干至恒重。

(3)取出试样,冷却后称取试样与容器的共重(m_2)。

3. 结果计算与评定

含水率 ω_{wc}(%)应按下式计算(精确至 0.1%):

$$\omega_{wc} = \frac{m_1 - m_2}{m_2 - m_3} \times 100\% \tag{4-22}$$

式中　m_1——烘干前试样与容器共重,g;

　　　m_2——烘干后试样与容器共重,g;

　　　m_3——容器质量,g。

以两次试验结果的算术平均值作为测定值。

(五)吸水率试验

吸水率即测定以烘干质量为基准的饱和面干吸水率。

1. 仪器设备

(1)烘箱:能使温度控制在(105±5)℃;

(2)天平:称量5 kg,感量5 g;

(3)试验筛:孔径为5 mm;

(4)容器、浅盘、金属丝刷和毛巾等。

2. 试样制备要求

试验前,将样品筛去5 mm以下的颗粒,然后用四分法缩分至表4-21所规定的质量,分成两份,用金属丝刷刷净后备用。

表4-21 吸水率试验所需的试样最少质量

最大粒径(mm)	10	16	20	25	31.5	40	63	80
试样最少质量(kg)	2	2	4	4	4	6	6	8

3. 试验步骤

(1)取试样一份置于盛水的容器中,使水面高出试样表面5 mm左右,24 h后从水中取出试样,并用拧干的湿毛巾将颗粒表面的水分拭干,即成为饱和面干试样。然后,立即将试样放在浅盘中称重(m_2),在整个试验过程中,水温须保持在(20±5)℃。

(2)将饱和面干试样连同浅盘置于(105±5)℃的烘箱中烘干至恒重。然后取出,放入带盖的容器中冷却0.5~1 h,称取烘干试样与浅盘的总重(m_1)。称取浅盘的质量(m_3)。

4. 结果计算与评定

吸水率 ω_{wa}(%)应按下式计算(精确至0.01%):

$$\omega_{wa} = \frac{m_2 - m_1}{m_1 - m_3} \times 100\% \qquad (4\text{-}23)$$

式中 m_1——烘干试样与浅盘共重,g;

m_2——烘干前饱和面干试样与浅盘共重,g;

m_3——浅盘质量,g。

以两次试验结果的算术平均值作为测定值。

(六)堆积密度、紧密密度和空隙率试验

集料在自然堆积状态下单位体积的质量称为堆积密度。集料按规定方法填实后单位体积的质量称为紧密密度。

1. 仪器设备

(1)案秤:称量50 kg,感量50 g,及称量100 kg,感量100 g,各一台;

(2)容量筒:金属制,其规格见表4-22。

(3)烘箱:能使温度控制在(105±5)℃。

2. 试样制备要求

试验前,取质量约等于表4-19所规定的试样放入浅盘,在(105±5)℃的烘箱中烘干,也可以摊在清洁的地面上风干,拌匀后分成两份备用。

表 4-22 容量筒的规格要求

碎石或卵石的最大粒径 (mm)	容量筒容积 (L)	容量筒规格(mm)		筒壁厚度 (mm)
		内径	净高	
10.0;16.0;20.0;25.0	10	208	294	2
31.5;40.0	20	294	294	3
63.0;80.0	30	360	294	4

注:测定紧密密度时,对最大粒径为 31.5、40.0 mm 的集料,可采用 10 L 的容量筒,对最大粒径为 63.0、80.0 mm 的集料,可采用 20 L 的容量筒。

3. 试验步骤

(1)堆积密度:取试样一份,置于平整干净的地板上,用平头铁锹铲起试样,使石子自由落入容量筒内。此时,从铁锹的齐口至容量筒上口的距离应保持在 50 mm 左右。装满容量筒并除去凸出筒口表面的颗粒,并以合适的颗粒填入凹陷部分,使表面稍凸起部分和凹陷部分的体积大致相等,称取试样和容量筒共重(m_2)。

(2)紧密密度:取试样一份,分三层装入容量筒。装完一层后,在筒底垫放一根直径为 25 mm 的钢筋,将筒按住并左右交替颠击地面各 25 下,然后装入第二层。第二层装满后,用同样方法颠实(但筒底所垫钢筋的方向应与第一层放置方向垂直),然后再装入第三层,如法颠实。待三层试样装填完毕后,加料直到试样超出容量筒筒口,用钢筋沿筒口边缘滚转,刮下高出筒口的颗粒,用合适的颗粒填平凹处,使表面稍凸起部分和凹陷部分的体积大致相等。称取试样和容量筒共重(m_2)。

4. 结果计算

(1)堆积密度 ρ_l(kg/m³)或紧密密度 ρ_c(kg/m³)按下式计算(精确至 10 kg/m³):

$$\rho_l(\rho_c) = \frac{m_2 - m_1}{V} \times 1\,000 \tag{4-24}$$

式中　m_1——容量筒的质量,kg;

　　　m_2——容量筒和试样共重,kg;

　　　V——容量筒的容积,L。

以两次试验结果的算术平均值作为测定值。

(2)空隙率(υ_l,υ_c)分别按下式计算(精确至 1%):

$$\upsilon_l = \left(1 - \frac{\rho_l}{\rho}\right) \times 100\% \tag{4-25}$$

$$\upsilon_c = \left(1 - \frac{\rho_c}{\rho}\right) \times 100\% \tag{4-26}$$

式中　ρ_l——碎石或卵石的堆积密度,kg/m³;

　　　ρ_c——碎石或卵石的紧密密度,kg/m³;

　　　ρ——碎石或卵石的表观密度,kg/m³。

(3)容量筒容积的校正应以(20±5)℃的饮用水装满容量筒,用玻璃板贴紧筒口滑移,使其紧贴水面,擦干筒外壁水分后称重。用下式计算筒的容积 V(L):

$$V = m'_2 - m'_1 \tag{4-27}$$

式中　m'_1——容量筒和玻璃板质量,kg;

m'_2——容量筒、玻璃板和水总重,kg。

(七)含泥量试验

1. 仪器设备

(1)案秤:称量 10 kg,感量 10 g。对最大粒径小于 15 mm 的碎石或卵石应用称量为 5 kg,感量为 5 g 的天平;

(2)烘箱:能使温度控制在(105 ± 5)℃;

(3)试验筛:孔径为 1.25 mm 及 0.080 mm 筛各一个;

(4)容器:容积约 10 L 的瓷盘或金属盒;

(5)浅盘。

2. 试样制备规定

试验前,将试样用四分法缩分为表 4-23 所规定的量,并置于温度为(105 ± 5)℃的烘箱内烘干至恒重,冷却至室温后分成两份备用。

表 4-23　含泥量试验所需的试样最小质量

最大粒径(mm)	10.0	16.0	20.0	25.0	31.5	40.0	63.0	80.0
试样量不少于(kg)	2	2	6	6	10	10	20	20

3. 试验步骤

(1)称取试样一份(m_0)装入容器中摊平,并注入饮用水,使水面高出石子表面 150 mm;用手在水中淘洗颗粒,使尘屑、淤泥和粘土与较低粗颗粒分离,并使之悬浮或溶解于水。缓缓地将浑浊液倒入 1.25 mm 及 0.080 mm 的套筛上,滤去小于0.080 mm 的颗粒。试验前筛子的两面应先用水湿润。在整个试验过程中应注意避免大于0.080 mm 的颗粒丢失。

(2)再次加水于容器中,重复上述过程,直至洗出的水清澈为止。

(3)用水冲洗剩留在筛上的细粒,并将 0.080 mm 筛放在水中(使水面略高出筛内颗粒)来回摇动,以充分洗除小于 0.080 mm 的颗粒。然后,将两只筛上剩留的颗粒和筒中已洗净的试样一并装入浅盘,置于温度为(105 ± 5)℃的烘箱中烘干至恒重。取出冷却至室温后,称取试样的质量(m_1)。

4. 结果计算与评定

含泥量 ω_c(%)应按下式计算(精确至 0.1%):

$$\omega_c = \frac{m_0 - m_1}{m_0} \times 100\% \tag{4-28}$$

式中　m_0——试验前烘干试样的质量,g;

　　　m_1——试验后烘干试样的质量,g。

以两个试样试验结果的算术平均值作为测定值。如两次结果的差值超过 0.2%,应重新取样进行试验。

(八)泥块含量试验

1. 仪器设备

(1)案秤:称量 20 kg、感量 20 g,称量 10 kg,感量 10 g,各一台;

(2)天平:称量 5 kg,感量 5 g;

(3)试验筛:孔径 2.50 mm 及 5.00 mm 筛各一个;

(4)洗石用水筒及烘干用的浅盘等。

2. 试样制备规定

试验前,将样品用四分法缩分至略大于表 4-23 所示的量,缩分应注意防止所含粘土块被压碎,缩分后的试样在(105 ± 5)℃烘箱内烘至恒重,冷却至室温后分成两份备用。

3. 试验步骤

(1)筛去 5 mm 以下颗粒,称重(m_1);

(2)将试样在容器中摊平,加入饮用水使水面高出试样表面,24 h 后把水放出,用手碾压泥块,然后把试样放在 2.5 mm 筛上摇动淘洗,直至洗出的水清澈为止。

(3)将筛上的试样小心地从筛里取出,置于温度为(105 ± 5)℃烘箱中烘干至恒重,取出冷却至室温后称重(m_2)。

4. 结果计算与评定

泥块含量 $\omega_{c,l}$(%)应按下式计算(精确至 0.1%):

$$\omega_{c,l} = \frac{m_1 - m_2}{m_1} \times 100\% \tag{4-29}$$

式中　m_1——5.00 mm 筛筛余量,g;

　　　m_2——试验后烘干试样的质量,g。

以两个试样试验结果的算术平均值作为测定值。如两次结果的差值超过 0.2%,应重新取样进行试验。

(九)针状和片状颗粒的总含量试验

1. 仪器设备

(1)针状规准仪和片状规准仪或游标卡尺;

(2)天平:称量 2 kg,感量 2 g;

(3)案秤:称量 10 kg,感量 10 g;

(4)试验筛:孔径分别为 5.00、10.0、20.0、25.0、31.5、40.0、63.0、80.0 mm,根据需要选用;

(5)卡尺。

2. 试样制备规定

试验前,将试样在室内风干至表面干燥,并用四分法缩分至表 4-24 规定的数量,称重(m_0),然后筛分成表 4-25 所规定的粒级备用。

表 4-24　针、片状试验所规定的试样最少质量

最大粒径(mm)	10.0	16.0	20.0	25.0	31.5	40.0 以上
试样最少质量(kg)	0.3	1	2	3	5	10

3. 试验步骤

(1)按表 4-25 所规定的粒级用规准仪逐粒对试样进行鉴定,凡颗粒长度大于针状规准仪上相对应间距者,为针状颗粒。厚度小于片状规准仪上相应孔宽者,为片状颗粒。

(2)粒径大于 40 mm 的碎石或卵石可用卡尺鉴定其针片状颗粒,卡尺卡口的设定宽度应符合表 4-26 的规定。

表 4-25 不同粒级针、片状规准仪判别标准

粒级(mm)	5~10	10~16	16~20	20~25	25~31.5	31.5~40
片状规准仪上相对应的孔宽(mm)	3	5.2	7.2	9	11.3	14.3
针状规准仪上相对应的间距(mm)	18	31.2	43.2	54	67.8	85.8

表 4-26 大于 40 mm 粒级颗粒卡尺卡口的设定宽度

粒级(mm)	40~63	63~80
鉴定片状颗粒的卡口宽度(mm)	20.6	28.6
鉴定针状颗粒的卡口宽度(mm)	123.6	171.6

(3)称量由各粒级挑出的针状和片状颗粒的总重(m_1)。

4. 结果计算

碎石或卵石中针、片状颗粒含量 ω_p(%)应按下式计算(精确至 0.1%):

$$\omega_p = \frac{m_1}{m_0} \times 100\% \qquad (4\text{-}30)$$

式中　m_1——试样中所含针、片状颗粒的总重,g;

　　　m_0——试样总重,g。

(十)有机物含量试验

适用于近似地测定卵石中的有机物含量是否达到影响混凝土质量的程度。

1. 仪器、设备和试剂

(1)天平:称量 2 kg、感量 2 g,称量 100 g、感量 0.1 g,各一台;

(2)量筒:100 mL、250 mL、1 000 mL;

(3)烧杯、玻璃棒和孔径为 20 mm 的试验筛;

(4)氢氧化钠溶液:氢氧化钠与蒸馏水之重量比为 3∶97;

(5)鞣酸、酒精等。

2. 试样制备规定

试验前,筛去试样中 20 mm 以上的颗粒,用四分法缩分至约 1 kg,风干后备用。

3. 试验步骤

(1)在 1 000 mL 量筒中,倒入干试样至 600 mL 刻度处,再注入浓度为 3% 的氢氧化钠溶液至 800 mL 刻度处,剧烈搅动后,静置 24 h。

(2)比较试样上部溶液和新配制标准溶液的颜色,盛装标准溶液与盛装试样的量筒容积应一致。

4. 结果评定

若试样上部的溶液颜色浅于标准溶液的颜色,则试样的有机质含量鉴定合格;如两种

溶液的颜色接近,则应将该试样(包括上部溶液)倒入烧杯中,放在温度为60~70℃的水浴锅中加热2~3h,然后再与标准溶液比色。

如溶液的颜色深于标准色,则应配制成混凝土做进一步检验。其方法为:取试样一份,用浓度3%氢氧化钠溶液洗除有机杂质,再用清水淘洗干净,至试样用比色法试验时,溶液的颜色浅于标准色;然后用洗除有机质的试样和未经清洗的试样用相同的水泥、砂配成配合比相同、坍落度基本相同的两种混凝土,测其28 d抗压强度。如未经洗除有机质的卵石混凝土强度与经洗除有机质的混凝土强度的比不低于0.95时,则此卵石可以使用。

(十一)坚固性试验

本方法适用于以硫酸钠饱和溶液法间接地判断碎石或卵石的坚固性。

1. 仪器、设备及试剂

(1)烘箱:能使温度控制在(105±5)℃;

(2)天平:称量5 kg,感量1 g;

(3)试验筛:根据试样粒级,按表4-27选用;

(4)容器:搪瓷盆或瓷盆,容积不小于50 L;

(5)三脚网篮:网篮的外径为100 mm,高为150 mm,采用孔径不大于2.5 mm的网和铜丝制成,检验40~80 mm的颗粒时,应采用外径和高均为150 mm的网篮;

(6)试剂:无水硫酸钠或10水结晶硫酸钠(工业用)。

2. 硫酸钠溶液的配制

取一定数量的蒸馏水(多少取决于试样及容器的大小),加温到30~50℃,每1 000 mL蒸馏水加入无水硫酸钠(Na_2SO_4)300~350 g或10水硫酸钠($Na_2SO_4 \cdot 10H_2O$)700~1 000 g,用玻璃棒搅拌,使其溶解并饱和,然后冷却至20~25℃。在此温度下静置两昼夜。其密度应保持在1 151~1 174 kg/m³范围内。

3. 试样的制备

将试样按表4-27规定分级,并分别擦洗干净,放入(105±5)℃烘箱内烘24 h,取出并冷却至室温,然后按表4-27对各粒级规定的量称取试样(m_i)。

表4-27 坚固性试验所需的各粒级试样量

粒级(mm)	5~10	10~20	20~40	40~63	63~80
试样质量(g)	500	1 000	1 500	3 000	3 000

注:1. 粒级为10~20 mm的试样中,应含有10~16 mm粒级颗粒40%,16~20 mm粒级颗粒60%。

2. 粒级为20~40 mm的试样中,应含有20~31.5 mm粒级颗粒40%,31.5~40 mm粒级颗粒60%。

4. 试验步骤

(1)将所称取的不同粒级的试样分别装入三脚网篮并浸入盛有硫酸钠溶液的容器中。溶液体积应不小于试样总体积的5倍,其温度应保持在20~25℃范围内。三脚网篮浸入溶液时应先上下升降25次以排除试样中的气泡,然后静置于该容器中。此时,网篮底面应距容器底面约30 mm(由网篮脚高控制),网篮之间的间距应不小于30 mm,试样表面至少应在溶液以下30 mm。

(2)浸泡20 h后,从溶液中提出网篮,放在(105±5)℃的烘箱中烘4 h。至此,完成了第一次试验循环。待试样冷却至 20 ~ 25 ℃后,即开始第二次循环。从第二次循环开始,浸泡及烘烤时间均可为 4 h。

(3)第五次循环完后,将试样置于 25 ~ 30 ℃的清水中洗净硫酸钠,再在(105 ± 5)℃的烘箱中烘至恒重。取出冷却至室温后,用筛孔孔径为试样粒级下限的筛过筛,并称取各粒级试样试验后的筛余量(m'_i)。

(4)对粒径大于 20 mm 的试样部分,应在试验前后记录其颗粒数量,并做外观检查,描述颗粒的裂缝、开裂、剥落、掉边和掉角等情况所占颗粒数量,以作为分析其坚固性时的补充依据。

5. 结果计算

试样中各粒级颗粒的分计质量损失百分率 δ_{ji}(%)应按下式计算(精确至 0.1%):

$$\delta_{ji} = \frac{m_i - m'_i}{m_i} \times 100\% \tag{4-31}$$

式中 m_i——各粒级试样试验前的烘干质量,g;

m'_i——经硫酸钠溶液法试验后,各粒级筛余颗粒的烘干质量,g。

试样的总重损失百分率 δ_j(%)应按下式计算(精确至 1%):

$$\delta_j = \frac{a_1\delta_{j1} + a_2\delta_{j2} + a_3\delta_{j3} + a_4\delta_{j4} + a_5\delta_{j5}}{a_1 + a_2 + a_3 + a_4 + a_5} \tag{4-32}$$

式中 a_1、a_2、a_3、a_4、a_5——试样中 5.0 ~ 10.0 mm、10.0 ~ 20.0 mm、20.0 ~ 40.0 mm、40.0 ~ 63.0 mm、63.0 ~ 80.0 mm 各粒级颗粒的分计百分含量;

δ_{j1}、δ_{j2}、δ_{j3}、δ_{j4}、δ_{j5}——各粒级的分计质量损失百分率。

(十二)岩石的抗压强度试验

1. 仪器设备

(1)压力试验机:荷载 1 000 kN;

(2)石材切割机或钻石机;

(3)岩石磨光机;

(4)游标卡尺、角尺等。

2. 试样制作规定

试验时,取有代表性的岩石样品用石材切割机切割成边长为 50 mm 的立方体,或用钻石机钻取直径与高度均为 50 mm 的圆柱体。然后用磨光机把试件与压力机压板接触的两个面磨光并保持平行,试件形状须用角尺检查。

至少应制作 6 个试块。对有显著层理的岩石,应取两组试件(12 块)分别测定其垂直和平行于层理的强度值。

3. 试验步骤

(1)用游标卡尺量取试件的尺寸(精确至 0.1 mm)。对于立方体试件,在顶面和底面上各量取其边长,以各个面上相互平行的两个边长的算术平均值作为宽或高,由此计算面积。对于圆柱体试件,在顶面和底面上各量取相互垂直的两个直径,以其算术平均值计算面积。取顶面和底面面积的算术平均值作为计算抗压强度所用的截面积。

(2)将试件置于水中浸泡 48 h,水面应至少高出试件顶面 20 mm。

(3)取出试件,擦干表面,放在压力机上进行强度试验。试验时加压速率应为每秒钟 0.5 ~ 1 MPa。

4. 结果计算

岩石的抗压强度 f(MPa)应按下式计算(精确至 1 MPa):

$$f = \frac{F}{A} \tag{4-33}$$

式中　F——破坏荷载,N;

　　　A——试件的截面积,mm²。

5. 结果评定

取六个试件试验结果的算术平均值作为抗压强度测定值,如六个试件中的两个与其他四个试件抗压强度的算术平均值相差三倍以上时,则取试验结果相接近的四个试件的抗压强度算术平均值作为抗压强度测定值。

对具有显著层理的岩石,其抗压强度应为垂直于层理及平行于层理的抗压强度的平均值。

(十三)压碎指标值试验

1. 仪器设备

(1)压力试验机:荷载 300 kN;

(2)压碎指标值测定仪。

2. 试样制备规定

标准试样一律应采用 10 ~ 20 mm 的颗粒,并在气干状态下进行试验。

试验前,先将试样筛去 10 mm 以下及 20 mm 以上的颗粒,再用针状和片状规准仪剔除其针状和片状颗粒,然后称取每份 3 kg 的试样 3 份备用。

3. 试验步骤

(1)置圆筒于底盘上,取试样一份,分二层装入筒内。每装完一层试样后,在底盘下面垫放一直径为 10 mm 的圆钢筋,将筒按住,左右交替颠击地面各 25 下。第二层颠实后,试样表面距盘底的高度应控制为 100 mm 左右。

(2)整平筒内试样表面,把加压头装好(注意应使加压头保持平正),放到试验机上,在 160 ~ 300 s 内均匀地加荷到 200 kN,稳定 5 s,然后卸荷,取出测定筒。倒出筒中的试样并称其质量(m_0),用孔径为 2.5 mm 的筛筛除被压碎的细粒,称量剩留在筛上的试样质量(m_1)。

4. 结果计算与评定

碎石或卵石的压碎指标值 δ_a(%),应按下式计算(精确至 0.1%):

$$\delta_a = \frac{m_0 - m_1}{m_0} \times 100\% \tag{4-34}$$

式中　m_0——试样的质量,g;

　　　m_1——压碎试验后筛余的试样质量,g。

(十四)硫化物和硫酸盐含量的试验

1. 仪器、设备及试剂

(1)天平:称量 2 kg、感量 2 g,称量 1 000 g、感量 0.1 g,各一台;

(2)高温炉:最高温度 1 000 ℃;

(3)试验筛:孔径 0.080 mm;

(4)烧瓶、烧杯等;

(5)10%氯化钡溶液:10 g 氯化钡溶于 100 mL 蒸馏水中;

(6)盐酸(1+1):浓盐酸溶于同体积的蒸馏水中;

(7)1%硝酸银溶液:1 g 硝酸银溶于 100 mL 蒸馏水中,并加入 5～10 mL 硝酸,存于棕色瓶中。

2.试样制作规定

试验前,取粒径 40 mm 以下的风干碎石或卵石约 1 000 g,按四分法缩分至约 200 g,磨细使全部通过 0.080 mm 筛,仔细拌匀,烘干备用。

3.试验步骤

(1)精确称取石粉试样约 1 g(m)放入 300 mL 的烧杯中,加入 30～40 mL 蒸馏水及 10 mL 的盐酸(1+1),加热至微沸,并保持微沸 5 min,使试样充分分解后取下,以中速滤纸过滤,用温水洗涤 10～12 次。

(2)调整滤液体积至 200 mL,煮沸,边搅拌边滴加 10 mL 氯化钡溶液(10%),并将溶液煮沸数分钟,然后移至温热处至少静置 4 h(此时溶液体积应保持在 200 mL),用慢速滤纸过滤,以温水洗至无氯根反应(用硝酸根溶液检验)。

(3)将沉淀及滤纸一并移入已灼烧至恒重(m_1)的瓷坩埚中,灰化后在 800 ℃的高温炉内灼烧 30 min。取出坩埚,置于干燥器中冷却至室温,称重。如此反复灼烧,直至恒重(m_2)。

4.结果计算与评定

水溶性硫化物硫酸盐含量(以 SO_3 计)ω_{SO_3}(%)应按下式计算(精确至 0.01%):

$$\omega_{SO_3} = \frac{(m_2 - m_1) \times 0.343}{m} \times 100\%$$ (4-35)

式中　m——试样质量,g;

　　　m_2——沉淀物与坩埚共重,g;

　　　m_1——坩埚质量,g;

　　　0.343——$BaSO_4$ 换算成 SO_3 系数。

取二次试验的算术平均值作为评定指标,若两次试验结果之差大于 0.15%,应重做试验。

第四节　轻集料

一、技术要求

(一)颗粒级配

各种轻集料的颗粒级配应符合表 4-28 的要求,但人造轻粗集料的最大粒径不宜大于 20.0 mm。

表 4-28　颗粒级配

编号	轻集料种类	级配类别	公称粒级(mm)	各号筛的累计筛余(按质量计)(%) 筛孔尺寸(mm)										
				40.0	31.5	20.0	16.0	10.0	5.00	2.50	1.25	0.630	0.315	0.160
1	细集料	—	0~5					0	0~10	0~35	20~60	30~80	65~90	75~100
2	粗集料	连续粒级	5~40	1~10	—	40~60	—	50~85	90~100	95~100				
3			5~31.5	0~5	0~10	—	40~75	—	90~100	95~100				
4			5~20	—	0~5	0~10	—	40~80	90~100	95~100				
5			5~16	—	—	0~5	0~10	20~60	85~100	95~100				
6			5~10	—	—	—	0	0~15	80~100	95~100				
7		单粒级	10~16	—	—	0	0~15	85~100	90~100					

注:公称粒级的上限为该粒级的最大粒径。

(二)堆积密度

轻集料按堆积密度划分的密度等级应符合表 4-29 的要求。轻集料匀质性指标,以堆积密度的变异系数计,不应大于 0.10。

表 4-29　密度等级

密度等级		堆积密度范围(kg/m³)
轻粗集料	轻细集料	
200	—	110~200
300	—	210~300
400	—	310~400
500	500	410~500
600	600	510~600
700	700	610~700
800	800	710~800
900	900	810~900
1 000	1 000	910~1 000
1 100	1 100	1 010~1 100
	1 200	1 110~1 200

(三)筒压强度与强度标号

(1)不同密度等级超轻粗集料的筒压强度应不低于表 4-30 的规定。

(2)不同密度等级的普通轻粗集料的筒压强度应不低于表 4-31 的规定。

表 4-30　超轻粗集料筒压强度　　　　　　　（单位：MPa）

超轻集料品种	密度等级	筒压强度		
		优等品	一等品	合格品
粘土陶粒 页岩陶粒 粉煤灰陶粒	200	0.3		0.2
	300	0.7		0.5
	400	1.5		1.0
	500	2.0		1.5
其他超轻粗集料	≤500	—		

表 4-31　普通轻粗集料筒压强度　　　　　　　（单位：MPa）

普通轻集料品种	密度等级	筒压强度		
		优等品	一等品	合格品
粘土陶粒 页岩陶粒 粉煤灰陶粒	600	3.0		2.0
	700	4.0		3.0
	800	5.0		4.0
	900	6.0		5.0
浮石 火山渣 煤渣	600	—	1.0	0.8
	700	—	1.2	1.0
	800	—	1.5	1.2
	900	—	1.8	1.5
自燃煤矸石 膨胀矿渣珠	900	—	3.5	3.0
	1 000	—	4.0	3.5
	1 100	—	4.5	4.0

(3)不同密度等级高强轻粗集料的筒压强度和强度标号均应不低于表 4-32 的规定。

表 4-32　高强轻粗集料的筒压强度和强度标号　　　（单位：MPa）

密度等级	筒压强度	强度标号
600	4.0	25
700	5.0	30
800	6.0	35
900	6.5	40

(四)吸水率与软化系数

(1)不同密度等级轻粗集料的吸水率应不大于表 4-33 的规定。

(2)软化系数。人造轻粗集料和工业废料轻粗集料的软化系数应不小于 0.8;天然轻粗集料的软化系数应不小于 0.7。

(3)轻细集料的吸水率和软化系数不作规定。

(五)粒型系数

不同粒型轻粗集料的粒型系数应符合表 4-34 的规定。

(六)有害物质含量

轻集料有害物质含量应符合表 4-35 的规定。

表 4-33　轻粗集料的吸水率

类别	轻集料品种	密度等级	吸水率(%)
超轻集料	粘土陶粒 页岩陶粒 粉煤灰陶粒	200	30
		300	25
		400	20
		500	15
普通轻集料	粘土陶粒 页岩陶粒	600～900	10
	粉煤灰陶粒	600～900	22
	煤渣	600～900	10
	自燃煤矸石	600～900	10
	膨胀矿渣珠	900～1 100	15
	天然轻集料	—	不作规定
高强轻集料	粘土陶粒 页岩陶粒	600～900	8
	粉煤灰陶粒	600～900	15

表 4-34　轻粗集料的粒型系数

轻集料粒型	平均粒型系数		
	优等品	一等品	合格品
圆球型≤	1.2	1.4	1.6
普通型≤	1.4	1.6	2.0
碎石型≤	—	2.0	2.5

注:轻集料粒型的分类及其定义见 JGJ 51—1990。

表 4-35　有害物质含量

项目名称	质量指标	备　注
煮沸质量损失(%)	≤5	
烧失量(%)	≤5	天然轻集料不作规定;用于无筋混凝土的煤渣允许达 20
硫化物和硫酸盐含量(按 SO_3 计)(%)	≤1.0	用于无筋混凝土的自燃煤矸石允许含量≤1.5
含泥量(%)	≤3	结构用轻集料≤2;不允许含有粘土块
有机物含量	不深于标准色	
放射性比活度	符合 GB 9196—1986 规定	煤渣、自燃煤矸石应符合 GB 6763—1988 的规定

二、检验规则

(一)检验分类

轻粗集料的常规检验项目为:颗粒级配、堆积密度、粒型系数、筒压强度(高强轻粗集料尚应检测强度标号)和吸水率。

轻细集料的常规检验项目为:细度模数、堆积密度。

(二)组批规则

轻集料按品种、种类、密度等级和质量等级分批检验与验收。200 m³ 为一批。不足 200 m³ 亦以一批论。

(三)判定规则

(1)检验(含复检)后,各项性能指标都符合相应等级规定时,可判为该等级。

(2)若有一项性能指标不符合要求时,则应从同一批轻集料中加倍取样,对不符合标准要求的项目进行复检。复检后,仍然不符合要求时,则该批产品判为降等或不合格。

第五章　普通混凝土

第一节　概　述

由胶结材料水泥、粗细集料(普通砂、石)和水配制成的拌和物,经过一定时间硬化而成的人造石材即称为普通混凝土,简称混凝土,其干密度为 $2\,000 \sim 2\,800\,\mathrm{kg/m^3}$。根据工程的用途及施工方法的需要,也可在混凝土中加入各种外加剂调节和改善混凝土性能成为有特殊要求的混凝土,如抗渗混凝土、抗冻混凝土、高强混凝土、泵送混凝土、补偿收缩混凝土等。

普通混凝土的工程技术性能与原材料性质及其用量、搅拌、成型和养护等密切相关,施工(生产)单位应正确选择原材料。试验、检测机构应严格按普通混凝土设计规程进行配合比设计,确定材料合理的用量比例。施工现场按照规定要求进行工艺操作才能保证工程的混凝土质量。

第二节　一般规定和质量要求

一、组成材料的质量控制

(一)水泥

(1)配制混凝土用的水泥应符合现行国家标准《硅酸盐水泥,普通硅酸盐水泥》、《矿渣硅酸盐水泥,火山灰质硅酸盐水泥,粉煤灰硅酸盐水泥》和《快硬硅酸盐水泥》的规定。

(2)应根据工程特点、所处环境以及设计、施工的要求,选用适当品种和强度等级的水泥。

(3)水泥进场必须有出厂合格证,并应对其品种强度等级、包装或散装仓号、出厂日期等检查验收。对所用水泥应检验其安定性和强度。有要求时尚应检验其他性能,其检验方法应符合现行国家标准。

(4)水泥应按不同品种、强度等级及牌号按批分别存储在专用的仓罐或水泥库内,如因存储不当引起质量有明显降低或水泥出厂超过三个月(快硬硅酸盐水泥为一个月)时,应在使用前对其质量进行复验,并按复验的结果使用。

(二)集料

普通混凝土所用集料的质量应符合现行行业标准《普通混凝土用砂的质量标准及检验方法》(JGJ 52—92)和《普通混凝土用碎石或卵石的质量标准及检验方法》(JGJ 53—92)的规定。

1.粗集料最大粒径要求

粗集料最大粒径选用应符合下列要求:

（1）不得大于混凝土结构截面最小尺寸的 1/4，且不得大于钢筋最小净距的 3/4；对混凝土实心板，其最大粒径不宜大于板厚的 1/3，且不得超过 40 mm。

（2）泵送高度小于 50 m 的混凝土所用的碎石，不应大于输送管内径的 1/3；卵石不应大于输送管内径的 2/5。

2. 集料质量检验规定

（1）来自采集场（生产厂）的集料应附有质量证明书，根据需要应按批检验其颗粒级配、含泥量和泥块含量及粗集料的针片状颗粒含量。

对无质量证明书或其他来源的集料。因其质量未经系统检验验证，故规定应按批检验其颗粒级配、含泥量、泥块含量及粗集料的针片状颗粒含量，必要时还应检验其他质量指标。

（2）对含有活性二氧化硅、活性碳酸盐等可引起碱—集料反应成分的集料，应按有关标准的规定进行碱—集料反应试验，经验证确认对混凝土质量无有害影响时，方可使用。

（三）水

拌制混凝土的用水应符合现行行业标准《混凝土拌和用水标准》（JGJ 63—89）的规定。

（四）外加剂、掺和料

外加剂的质量应符合《混凝土外加剂》（GB 8076—1997）、《混凝土外加剂应用技术规范》（GB 50119—2000）等和有关环境保护的规定。掺和料的质量应符合《用于水泥和混凝土中的粉煤灰》（GB 1596—91）及《粉煤灰在混凝土和砂浆中应用技术规程》（JGJ 28—86）的规定。

二、混凝土配合比的基本要求

（1）混凝土配合比的选择，应保证混凝土能达到结构设计所规定的强度等级，并符合施工上对和易性的要求，必要时还应符合对混凝土的特殊要求（如抗冻、抗渗等）。

（2）为保证混凝土获得足够的密实度和耐久性，混凝土的最大水灰比和最小水泥用量应符合表 5-1 要求。

表 5-1　混凝土的最大水灰比和最小水泥用量

环境条件		结构物类别	最大水灰比			最小水泥用量(kg)		
			素混凝土	钢筋混凝土	预应力混凝土	素混凝土	钢筋混凝土	预应力混凝土
干燥环境		正常的居住或办公用房屋内部件	不做规定	0.65	0.60	200	260	300
潮湿环境	无冻害	高湿度的室内部件 室外部件 在非侵蚀性土和(或)水中的部件	0.70	0.60	0.60	225	280	300
	有冻害	经受冻害的室外部件 在非侵蚀性土和(或)水中且经受冻害的部件 高湿度且经受冻害的室内部件	0.55	0.55	0.55	250	280	300
有冻害和除冰剂的潮湿环境		经受冻害和除冰剂作用的室内和室外部件	0.50	0.50	0.50	300	300	300

注：1. 当用活性掺和料取代部分水泥时，表中的最大水灰比及最小水泥用量即为替代前的水灰比和水泥用量。
　　2. 配制 C15 级及其以下等级的混凝土，可不受本表限制。

(3)混凝土的最大水泥用量不应大于 550 kg/m³；水泥和矿物掺和料的总量不应大于 600 kg/m³。

(4)混凝土浇筑时的坍落度,宜按表 5-2 选用。坍落度测定方法应符合现行行业标准《普通混凝土拌和物性能试验方法》(GBJ 80—85),见本章第五节,坍落度允许偏差按《混凝土质量控制标准》(GB 50164—92)的规定。

表 5-2 混凝土浇筑时的坍落度

结 构 种 类	坍 落 度(mm)
基础或地面等的垫层、无配筋的大体积结构(挡土墙、基础等)或配筋稀疏的结构	10 ~ 30
板、梁和大型及中型截面的柱子等	35 ~ 50
配筋密列的结构(薄壁、斗仓、筒仓、细柱等)	55 ~ 70
配筋特密的结构	75 ~ 90

注:1. 本表系采用机械振捣混凝土时的坍落度,当采用人工捣实混凝土时其值可适当增大。
　　2. 当需要配制大坍落度混凝土时,应掺用外加剂。
　　3. 曲面或斜面结构混凝土的坍落度应根据实际需要另行选定。

第三节　混凝土配合比的设计和确定

为保证所生产的混凝土的质量符合要求,为混凝土的生产控制提供有关参数,应通过设计计算和试配,确定混凝土配合比。考虑到混凝土组成材料对混凝土性能波动的影响,故规定了不仅要根据组成材料的有关参数进行设计计算求得初步配合比,还应通过试配,调整以确定实际生产用的配合比,设计计算试配的目的是使根据所定配合比生产的混凝土能符合设计要求的强度等级和耐久性以及施工工艺要求的稠度等质量指标,且能做到合理使用材料及节约水泥。

一、配合比设计步骤

混凝土配合比设计,是采用计算与试验相结合的方法,即先根据结构物设计的强度要求、材料情况及施工条件等,计算初步配合比,再用施工所用的材料进行试配,通过试配与强度的检验,并进行调整,得出施工所需要混凝土配合比。

(一)计算混凝土配制强度($f_{cu,o}$)

混凝土配制强度($f_{cu,o}$)应根据混凝土设计强度要求,依据《普通混凝土配合比设计规程》(JGJ 55—2000)的规定进行计算:

$$f_{cu,o} = f_{cu,k} + 1.645\sigma \tag{5-1}$$

式中　$f_{cu,o}$ ——混凝土的配制强度,MPa;

　　　　$f_{cu,k}$ ——混凝土立方体抗压强度标准值,MPa;

　　　　σ ——混凝土强度标准差,MPa。

施工单位的混凝土强度标准差应按下列规定确定:

(1)当施工单位具有近期的同一品种混凝土强度资料时,其混凝土强度的标准差应按

下列公式计算:

$$\sigma = \sqrt{\dfrac{\sum\limits_{i=1}^{N} f_{cu,i}^2 - N\mu_{f_{cu}}^2}{N-1}} \qquad (5\text{-}2)$$

式中　$f_{cu,i}$——统计周期内同一品种混凝土第 i 组试件的强度值,MPa;

　　　$\mu_{f_{cu}}$——统计周期内同一品种混凝土 N 组强度的平均值,MPa;

　　　N——统计周期内同一品种混凝土试件的总组数,$N \geqslant 25$。

采用式(5-2)时应注意:①同一品种混凝土系指强度等级相同且生产工艺和配合比基本相同的混凝土。②对预拌混凝土厂和预制混凝土构件厂,统计周期可取为一个月,对现场拌制混凝土的施工单位,统计周期可根据实际情况确定。③当混凝土强度等级为 C20 或 C25 级,其强度标准差计算值小于 2.5 MPa 时,计算配制强度用的标准差应取不小于 2.5 MPa;当混凝土强度等级等于或大于 C30 级,其强度标准差计算值小于 3.0 MPa 时,计算配制强度用的标准差应取不小于 3.0 MPa。

(2)施工单位如无历史统计资料时,σ 值可按表 5-3 取值。

表 5-3　混凝土强度标准差选用表　　　　　　　　　　　　　　（单位:MPa）

施工水平 ＼ 混凝土强度等级	< C20	≥ C20
优良	≤3.5	≤4.0
一般	≤4.5	≤5.5
差	>4.5	>5.5

(二)计算水灰比值($\dfrac{W}{C}$)

水灰比的计算:$\dfrac{W}{C} = \dfrac{\alpha_a f_{ce}}{f_{cu,o} + \alpha_a \cdot \alpha_b f_{ce}}$,式中的回归系数 α_a 和 α_b 应根据工程使用的水泥、集料通过试验,建立灰水比和混凝土强度关系式而确定,当不具备试验统计资料时,其回归系数对碎石混凝土 α_a 可取 0.46,α_b 可取 0.07;对卵石混凝土,α_a 可取 0.48,α_b 可取 0.33。

即采用碎石时:
$$f_{cu,o} = 0.46 f_{ce}(C/W - 0.07) \qquad (5\text{-}3)$$
$$\frac{W}{C} = \frac{0.46 f_{ce}}{f_{cu,o} + 0.46 \times 0.07 f_{ce}} \qquad (5\text{-}4)$$

采用卵石时:
$$f_{cu,o} = 0.48 f_{ce}(C/W - 0.33) \qquad (5\text{-}5)$$
$$\frac{W}{C} = \frac{0.48 f_{ce}}{f_{cu,o} + 0.48 \times 0.33 f_{ce}} \qquad (5\text{-}6)$$

式中　$\dfrac{C}{W}$——灰水比;

　　　$\dfrac{W}{C}$——灰水比的倒数值即水灰比;

　　　f_{ce}——水泥 28 d 抗压强度实测值,MPa。

在无法取得水泥实际强度值时可采用下列公式：

$$f_{ce} = r_c \cdot f_{ce,g} \tag{5-7}$$

式中　$f_{ce,g}$——水泥强度等级值,MPa;

　　　r_c——水泥强度等级的富余系数,该值应按实际统计资料确定。

(三)砂率(β_S)选择

对于一定级配的粗集料和水泥用量的混合料,均有各自的最佳含砂率,使得在满足和易性(坍落度、粘聚性、保水性)要求下加水量最少,为此混凝土砂率的选择一般应根据各单位所用材料试验确定合理砂率,在无试验资料时可按表5-4选取。

表 5-4　混凝土的砂率(%)

水灰比(W/C)	卵石最大粒径(mm)			碎石最大粒径(mm)		
	10	20	40	16	20	40
0.40	26~32	25~31	24~30	30~35	29~34	27~32
0.50	30~35	29~34	28~33	33~38	32~37	30~35
0.60	33~38	32~37	31~36	36~41	35~40	33~38
0.70	36~41	35~40	34~39	39~44	38~43	36~41

注:1. 本表数值系中砂的选用砂率,对细砂或粗砂,可相应地减小或增大砂率。

　　2. 只用一个单粒级粗集料配制混凝土时,砂率应适当增大。

　　3. 对薄壁构件砂率取偏大值。

　　4. 本表中的砂率系指砂与集料总量的重量比。

(四)用水量(m_{wo})的确定

(1)当水灰比在0.4~0.8范围时,根据集料品种、粒径及施工要求的混凝土拌和物稠度,其用水量可按表5-5选取。

表 5-5　干硬性和塑性混凝土的用水量　　　　　　　(单位:kg/m³)

拌和物稠度		卵石最大粒径(mm)				碎石最大粒径(mm)			
项目	指标	10	20	31.5	40	16	20	31.5	40
维勃稠度(s)	16~20	175	160		145	180	170		155
	11~15	180	165		150	185	175		160
	5~10	185	170		155	190	180		165
坍落度(mm)	10~30	190	170	160	150	200	185	175	165
	35~50	200	180	170	160	210	195	185	175
	55~70	210	190	180	170	220	205	195	185
	75~90	215	195	185	175	230	215	205	195

注:1. 本表用水量系采用中砂时的平均取值。采用细砂时,每立方米混凝土用水量可增加5~10 kg;采用粗砂则可减少5~10 kg。

　　2. 掺用各种外加剂或掺和料时,用水量应相应调整。

(2)水灰比小于0.40的混凝土以及采用特殊成型工艺的混凝土用水量应通过试验确定。

(3)流动性、大流动性混凝土的用水量应按下列步骤计算:

①以表5-5中坍落度90 mm的用水量为基础,按坍落度每增大20 mm用水量增加5 kg,计算出未掺外加剂时的混凝土的用水量。

②掺外加剂时的混凝土用水量可按下式计算:

$$m_{wa} = m_{wo}(1 - \beta) \tag{5-8}$$

式中　m_{wa}——掺外加剂混凝土每立方米混凝土的用水量,kg;

　　　m_{wo}——未掺外加剂混凝土每立方米混凝土中的用水量,kg;

　　　β——外加剂的减水率(%)。

③外加剂的减水率 β,应经试验确定。

(五)水泥用量(m_{co})计算

水泥用量按下式计算:

$$m_{co} = \frac{m_{wo}}{W/C} \tag{5-9}$$

计算所得的水泥用量如小于本章表 5-1 规定的最小水泥用量,则应取表中规定的最小水泥用量值。

(六)计算砂、石用量(m_{so}、m_{go})

在已知砂率的情况下粗、细集料的用量可用重量法或体积法计算。

1. 重量法

原理:假定组成混凝土的水泥、砂、石、水等材料在密实状态下的体积密度为一个固定值。

砂、石用量可用以下两个关系式计算:

$$m_{co} + m_{go} + m_{so} + m_{wo} = m_{cp} \tag{5-10}$$

$$\beta_s = \frac{m_{so}}{m_{so} + m_{go}} \times 100\% \tag{5-11}$$

式中　m_{co}——每立方米混凝土的水泥用量,kg;

　　　m_{go}——每立方米混凝土的粗集料用量,kg;

　　　m_{so}——每立方米混凝土的细集料用量,kg;

　　　m_{wo}——每立方米混凝土的用水量,kg;

　　　m_{cp}——每立方米混凝土拌和物的假定质量,kg,其值可取 2 350 ~ 2 450 kg;

　　　β_s——砂率(%)。

2. 体积法

原理:假定刚拌和的混凝土拌和物的体积等于其各组成材料的绝对体积及其所含少量空气体积的总和且等于 1 m³。

砂、石用量可用以下两个关系式计算:

$$\frac{m_{co}}{\rho_c} + \frac{m_{so}}{\rho_s} + \frac{m_{go}}{\rho_g} + \frac{m_{wo}}{\rho_w} + 0.01\alpha = 1 \tag{5-12}$$

$$\beta_s = \frac{m_{so}}{m_{so} + m_{go}} \times 100\% \tag{5-13}$$

式中　ρ_c——水泥密度,kg/m³,可取 2 900 ~ 3 100 kg/m³;

　　　ρ_g——粗集料的表观密度,kg/m³;

　　　ρ_s——细集料的表观密度,kg/m³;

ρ_w——水的密度，kg/m^3，可取 1 000 kg/m^3；

α——混凝土的含气量百分数，在不使用引气型外加剂时，α 可取为 1。

粗、细集料的表观密度应按现行行业标准《普通混凝土用砂质量标准及检验方法》（JGJ 52—92）和《普通混凝土用碎石及卵石质量标准及检验方法》（JGJ 53—92）所规定的方法测定。

（七）按上述计算用量得出初步配合比

通过上述两种方法的计算，所求得的每立方米混凝土中各组成材料用量应该是接近的，根据计算所求得各组成材料用量中以水泥为分母，砂、石和水用量为分子算得配合比如下：

$$\frac{m_{co}}{m_{co}} : \frac{m_{so}}{m_{co}} : \frac{m_{go}}{m_{co}} : \frac{m_{wo}}{m_{co}} = 水泥(1):砂:石:水 \qquad (5\text{-}14)$$

二、试配、调整与配合比确定

根据上述计算的初步配合比，进行试配，试配时应采用工程中实际使用的材料。粗、细集料均以干燥状态为基准（干燥状态集料系指含水率小于 0.5% 的细集料和含水率小于 0.2% 的粗集料）。

（一）试配搅拌要求

混凝土试配时的搅拌方法，应尽量与生产使用的方法相同，每盘混凝土的最小搅拌量应符合表 5-6 的规定，当采用机械搅拌时，搅拌量不应小于搅拌机容量的 1/4。

表 5-6　混凝土试配用最小搅拌量

集料最大粒径(mm)	拌和物数量(L)
31.5 及以下	15
40	25

（二）和易性检验

按初步配合比计算出试配的材料用量进行试拌，以检查混凝土拌和物性能，如试拌得出的混凝土拌和物坍落度（或维勃稠度）不能满足要求，或粘聚性和保水性能不好，则应在保证水灰比不变的条件下相应调整用水量或砂率，直到符合要求为止，然后提出供检验混凝土强度用的基准配合比。

（三）水灰比检验

检验混凝土强度至少应采用三个不同的配合比，其中一个为调整后的基准配合比，另外两个配合比的水灰比值，应较基准配合比分别增加和减少 0.05，其用水量应与基准配合比相同，砂率可分别增加和减少 1%。

（四）试块制作及养护要求

制作混凝土强度试块时，尚需试验混凝土的坍落度（或维勃稠度）、粘聚性、保水性及拌和物的表观密度，并以此结果作为代表相应配合比的混凝土拌和物的性能。为检验混凝土强度，每种配合比应至少制作一组（三块）试块，标准养护 28 d 试压。

（五）配合比的确定

由试验得出的各灰水比值时的混凝土强度，用作图法或计算法求出与混凝土配制强

度($f_{cu,o}$)所对应的灰水比值,并应按下列原则确定每立方米混凝土的材料用量:

(1)用水量(m_w):应在基准配合比用量的基础上,根据制作强度试件时测得的坍落度或维勃稠度进行调整确定。

(2)水泥用量(m_c):应以用水量乘以选定出来的灰水比计算确定。

(3)粗、细集料的用量(m_g)及(m_s):应在基准配合比的粗、细集料用量的基础上,按选定的灰水比进行调整后确定。

(4)上述所定的混凝土配合比,还应根据实测混凝土表观密度再作必要的校正,其步骤为:

①按调整确定的配合比算出混凝土表观密度值,即

$$混凝土表观密度计算值 = m_w + m_c + m_s + m_g \tag{5-15}$$

②将混凝土的表观密度实测值除以表观密度计算值得出校正系数 δ

$$\delta = \frac{混凝土表观密度实测值}{混凝土表观密度计算值} \tag{5-16}$$

③当混凝土表观密度实测值与计算值之差的绝对值超过 2% 计算值时,应将配合比中每项材料用量均乘以校正系数 δ 值,即为确定的设计配合比。

以上混凝土的设计配合比是以干燥状态集料为基准的,施工(生产)使用时,必须根据现场集料含水率的变动,随时测定砂、石含水率,及时调整混凝土配合比中的用水量及砂、石用量,以免因集料含水量的变化而导致混凝土的水灰比波动,从而对混凝土的强度等技术性能造成不良影响。

三、普通混凝土配合比设计举例

某工程,采用现浇混凝土梁柱结构,最小截面尺寸为 350 mm,钢筋最小净距为 55 mm,设计的混凝土立方体抗压强度为 C30 级,采用现场机械搅拌,用插入式振动棒振捣,施工时要求混凝土坍落度为 35 ~ 50 mm,施工单位生产质量水平一般,所用材料如下:

水泥:矿渣硅酸盐水泥,水泥强度等级为 42.5 级,水泥 28 d 抗压强度实测值为 45 MPa。$\rho_c = 3\ 100\ \text{kg/m}^3$。

砂:中砂符合 II 区级配,$\rho_s = 2\ 650\ \text{kg/m}^3$。

石子:碎石,粒径 5 ~ 40 mm,$\rho_g = 2\ 700\ \text{kg/m}^3$。

水:自来水,$\rho_w = 1\ 000\ \text{kg/m}^3$。

(一)计算混凝土配制强度($f_{cu,o}$)

根据实际施工条件与混凝土质量水平,参照表 5-3,σ 值选用 5.0 MPa,$f_{cu,o}$ 按下式计算求得:

$$f_{cu,o} = f_{cu,k} + 1.645\sigma$$
$$f_{cu,o} = 30 + 1.645 \times 5 = 38.2(\text{MPa})$$

(二)水灰比计算

根据 $f_{cu,o}$ 按下式计算水灰比

$$f_{cu,o} = 0.46 f_{ce}(C/W - 0.07)$$

$$\frac{W}{C} = \frac{\alpha_a f_{ce}}{f_{cu,o} + \alpha_a \cdot \alpha_b f_{ce}} = \frac{0.46 \times 45}{38.2 + 0.46 \times 0.07 \times 45} = 0.522$$

取 $\dfrac{W}{C} = 0.52$。

(三)确定用水量

根据所用碎石最大粒径 40 mm，中砂及混凝土坍落度 35～50 mm 的要求查用水量选用表 5-5，其用水量为 175 kg。

(四)计算水泥用量

已知水灰比 0.52，用水量 175 kg，计算水泥用量如下：

即：水泥用量 $m_{co} = \dfrac{m_{wo}}{W/C} = 175 \div 0.52 = 336.5 (\text{kg})$。

(五)确定砂率

根据所用材料进行混凝土拌和物合理砂率的试验，确定 $\beta_s = 32\%$。

(六)计算砂、石用量

1. 用体积法计算

$$\begin{cases} \dfrac{m_{co}}{\rho_c} + \dfrac{m_{so}}{\rho_s} + \dfrac{m_{go}}{\rho_g} + \dfrac{m_{wo}}{\rho_w} + 0.01\alpha = 1 \\ \dfrac{m_{so}}{m_{so} + m_{go}} \times 100\% = \beta_s \end{cases}$$

式中：$\rho_c = 3\,100\ \text{kg/m}^3$，$\rho_s = 2\,650\ \text{kg/m}^3$，$\rho_g = 2\,700\ \text{kg/m}^3$，$\rho_w = 1\,000\ \text{kg/m}^3$，$\alpha = 1$。代入上式得：

$$\begin{cases} \dfrac{336.5}{3\,100} + \dfrac{m_{so}}{2\,650} + \dfrac{m_{go}}{2\,700} + \dfrac{175}{1\,000} + 0.01 = 1 \\ \dfrac{m_{so}}{m_{so} + m_{go}} \times 100\% = 32\% \end{cases}$$

解得：$m_{go} = 1\,289.2\ \text{kg}$

$m_{so} = 607.2\ \text{kg}$

取 $m_{so} = 607\ \text{kg}$，$m_{go} = 1\,289\ \text{kg}$。

$1\ \text{m}^3$ 混凝土材料用量(kg)为：

水:水泥:砂:石 $= 175 : 336.5 : 607 : 1\,289 = 0.52 : 1 : 1.80 : 3.83$

2. 用重量法计算

选取 m_{cp}(混凝土假定重量) $= 2\,400\ \text{kg/m}^3$

$$\begin{cases} m_{co} + m_{so} + m_{wo} + m_{go} = m_{cp} \\ \dfrac{m_{so}}{m_{so} + m_{go}} \times 100\% = \beta_s \end{cases}$$

$$\begin{cases} 336.5 + 175 + m_{so} + m_{go} = 2\,400 \\ \dfrac{m_{so}}{m_{so} + m_{go}} \times 100\% = 32\% \end{cases}$$

$m_{so} + m_{go} = 2\,400 - 336.5 - 175 = 1\,888.5 (\text{kg})$

$$m_{so} = 0.32 \times 1\,888.5 = 604.3 (\text{kg})$$

$$m_{go} = 1\,888.5 - 604.3 = 1\,284.2 (\text{kg})$$

取 $m_{go} = 1\,284\,\text{kg}$, $m_{so} = 604\,\text{kg}$。

$1\,\text{m}^3$ 混凝土材料用量(kg)为:

水:水泥:砂:石 $= 175:336.5:604:1\,284 = 0.52:1:1.79:3.82$。

(七) 试配、调整、确定混凝土配合比

1. 确定试配材料用量

以上述重量法计算的配合比 $m_{wo}:m_{co}:m_{so}:m_{go} = 0.52:1:1.79:3.82$ 为例,根据集料最大粒径,选取 25 L 混凝土拌和物量来计算试配的材料用量。

$$m_{co} = 336.5 \times \frac{25}{1\,000} = 8.41 (\text{kg})$$

$$m_{so} = 8.41 \times 1.79 = 15.05 (\text{kg})$$

$$m_{go} = 8.41 \times 3.82 = 32.13 (\text{kg})$$

$$m_{wo} = 8.41 \times 0.52 = 4.37 (\text{kg})$$

2. 调整、确定混凝土配合比

(1)和易性检验与调整:经试验该试拌混凝土拌和物的坍落度值为 40 mm,粘聚性、保水性良好,满足坍落度及和易性要求,用水量和砂率均不需调整。

基准配合比(质量比)即为:

$m_{wo}:m_{co}:m_{so}:m_{go} = 175:336.5:604:1\,284 = 0.52:1:1.79:3.82$

(2)强度检验及表观密度测定:

①试验用材料量。

水灰比分别为 0.47、0.52、0.57。

用水量保持原值,在基准配合比的水灰比基础上,增加和减少 0.05 水灰比其砂率增加或减少 1%。此三组的混凝土配合比为:

$m_{wo}:m_{co}:m_{so}:m_{go} = 175\,\text{kg}:372.3\,\text{kg}:574\,\text{kg}:1\,278\,\text{kg} = 0.47:1:1.54:3.43$

$m_{wo}:m_{co}:m_{so}:m_{go} = 175\,\text{kg}:336.5\,\text{kg}:604\,\text{kg}:1\,284\,\text{kg} = 0.52:1:1.79:3.82$(基准配合比)

$m_{wo}:m_{co}:m_{so}:m_{go} = 175\,\text{kg}:307\,\text{kg}:633\,\text{kg}:1\,285\,\text{kg} = 0.57:1:2.06:4.19$

混凝土拌和物的材料用量(用水量保持原值即 4.37 kg):

$\dfrac{W}{C} = 0.47$ 时: $m_{co} = 9.30\,\text{kg}$;

$m_{so} = 9.30 \times 1.54 = 14.32 (\text{kg})$;

$m_{go} = 9.30 \times 3.43 = 31.90 (\text{kg})$。

$\dfrac{W}{C} = 0.57$ 时: $m_{co} = 7.67\,\text{kg}$;

$m_{so} = 7.67 \times 2.06 = 15.80 (\text{kg})$;

$m_{go} = 7.67 \times 4.19 = 32.14 (\text{kg})$。

经试验,3组拌和物均满足坍落度及和易性要求,3组配合比的实测表观密度值分别为：2 410 kg/m³；2 380 kg/m³；2 360 kg/m³，各组混凝土的表观密度实测值与计算值之差的绝对值均未超过其计算值的 2%。3 组配合比试件的 28 d 实测强度值分别为：

$$\frac{C}{W} = 2.13；\quad \frac{W}{C} = 0.47；\quad f_{cu1} = 42.5 \text{ MPa}$$

$$\frac{C}{W} = 1.92；\quad \frac{W}{C} = 0.52；\quad f_{cu2} = 37.0 \text{ MPa}$$

$$\frac{C}{W} = 1.75；\quad \frac{W}{C} = 0.57；\quad f_{cu3} = 32.5 \text{ MPa}$$

②绘制强度与灰水比关系曲线（见图 5-1），由曲线图可知对应试配强度 $f_{cu,o} = 38.2$ MPa 的灰水比值为 1.96 即 $\frac{W}{C} = 0.51$。

也可用强度插入法来计算试配强度 $f_{cu,o} = 38.2$ MPa 时的水灰比（x），即

$$\frac{0.47 - x}{42.5 - 38.2} = \frac{x - 0.52}{38.2 - 37.0}$$

$$x = 0.509 \approx 0.51$$

两种方法求得的水灰比相接近。

③ 配合比设计的确定值：

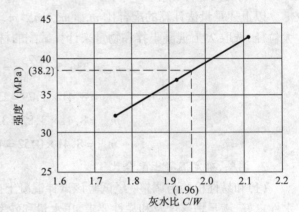

图 5-1　强度与灰水比关系曲线

$f_{cu,o} = 38.2$ MPa，$\frac{W}{C} = 0.51$。

$m_c = \dfrac{175}{0.51} = 343$ kg（对照表 5-1，343 kg 水泥用量大于最小水泥用量 260 kg，满足耐久性要求）

$$m_s + m_g = 2\,380 - 175 - 343 = 1\,862 （\text{kg}）$$

$$m_s = 1\,862 \times 0.32 = 595.8 （\text{kg}），取\ m_s = 596 \text{ kg}$$

$$m_g = 1\,862 - 596 = 1\,266 （\text{kg}）$$

$$m_w : m_c : m_s : m_g = 175 : 343 : 596 : 1\,266 = 0.51 : 1 : 1.74 : 3.69$$

以上混凝土配合比均以干燥状态集料为基准，施工（生产）时，应根据现场集料含水率的变动，随时测定砂、石含水率，及时调整混凝土配合比中的用水量及砂、石用量。

仍以上题配合比 $m_w : m_c : m_s : m_g = 0.51 : 1 : 1.74 : 3.69$ 为例，若现场的砂含水率为 5%，石含水率为 1%，材料用量应调整为：现场混凝土搅拌若以两包水泥（50 kg×2 = 100 kg）进行配料。

$$m_c = 100 \text{ kg}$$

$$m_s = 100 \times 1.74 \times (1 + 0.05) = 182.7 （\text{kg}）$$

$$m_g = 100 \times 3.69 \times (1 + 0.01) = 372.7 （\text{kg}）$$

$$m_w = 100 \times 0.51 - 1.74 \times 100 \times 0.05 - 3.69 \times 100 \times 0.01 = 51 - 8.7 - 3.7 = 38.6 （\text{kg}）$$

第四节 有特殊要求混凝土的配合比设计

一、抗渗混凝土

(一)对原材料的要求

(1)粗集料宜采用连续级配,最大粒径不宜大于 40 mm,其含泥量不得大于 1.0%,泥块含量不得大于 0.5%。

(2)细集料的含泥量不得大于 3.0%,泥块含量不得大于 1.0%。

(3)外加剂宜采用防水剂、膨胀剂、引气剂、减水剂或引气减水剂。

(二)配合比的要求

抗渗混凝土配合比计算和试配的步骤、方法除应遵守本章第三节混凝土配合比设计、试配、调整与确定外,尚应符合下列规定:

(1)每立方米混凝土中的水泥用量和矿物掺和料总量不宜小于 320 kg。

(2)砂率宜为 35% ~ 45%。

(3)供试配用的最大水灰比应符合表 5-7 的规定。

表 5-7 抗渗混凝土最大水灰比

抗渗等级	最大水灰比	
	C20 ~ C30 混凝土	C30 以上混凝土
P6	0.60	0.55
P8 ~ P12	0.55	0.50
> P12	0.50	0.45

(三)掺用引气剂的规定

掺用引气剂的抗渗混凝土,其含气量宜控制在 3% ~ 5%。

(四)抗渗性能试验

进行抗渗混凝土配合比设计时,尚应增加抗渗性能试验,并应符合下列规定:

(1)试配要求的抗渗水压值应比设计值提高 0.2 MPa。

(2)试配时,宜采用水灰比最大的配合比做抗渗试验,其试验结果应符合下式要求:

$$P_t \geq \frac{P}{10} + 0.2 \tag{5-17}$$

式中　P_t——6 个试件中 4 个未出现渗水时的最大水压值,MPa;

　　　P——设计要求的抗渗等级值。

(3)掺引气剂的混凝土还应进行含气量试验,试验结果应符合本节上述第(三)条的规定。

二、抗冻混凝土

(一)对原材料的要求

(1)水泥应选用硅酸盐水泥或普通硅酸盐水泥,不宜使用火山灰质硅酸盐水泥。

(2)宜选用连续级配的粗集料,其含泥量不得大于1.0%,泥块含量不得大于0.5%。

(3)细集料含泥量不得大于3.0%,泥块含量不得大于1.0%。

(4)抗冻等级F100及以上的混凝土所用的粗集料和细集料均应进行坚固性试验,并应符合现行行业标准《普通混凝土用碎石或卵石质量标准及检验方法》(JGJ 53—92)及《普通混凝土用砂质量标准及检验方法》(JGJ 52—92)的规定。

(5)抗冻混凝土宜采用减水剂,对抗冻等级F100及以上的混凝土应掺引气剂,掺用后混凝土的含气量应符合表5-8的规定,混凝土的含气量亦不宜超过7%。

表5-8　混凝土的最小含气量

粗集料最大粒径(mm)	最小含气量(%)
40	4.5
25	5.0
20	5.5

注:含气量的百分比为体积比。

(二)配合比的要求

抗冻混凝土的配合比计算方法和试配步骤除应遵守本章第三节的规定外,供试配用的最大水灰比尚应符合表5-9的要求。

表5-9　抗冻混凝土的最大水灰比

抗冻等级	无引气剂时	掺引气剂时
F50	0.55	0.60
F100	—	0.55
F150及以上	—	0.50

进行抗冻混凝土的配合比设计时,尚应增加抗冻融性能试验。

三、高强混凝土

(一)对原材料的要求

(1)应选用质量稳定、强度等级不低于42.5级的硅酸盐水泥或普通硅酸盐水泥。

(2)对强度等级为C60级的混凝土,其粗集料的最大粒径不应大于31.5 mm,对强度等级高于C60级的混凝土,其粗集料的最大粒径不应大于25 mm;针片状颗粒含量不宜大于5.0%,含泥量不应大于0.5%,泥块含量不宜大于0.2%;其他质量指标应符合现行行业标准《普通混凝土用碎石或卵石质量标准及检验方法》(JGJ 53—92)的规定。

(3)细集料的细度模数宜大于2.6,含泥量不应大于2.0%,泥块含量不应大于0.5%,其他质量指标应符合现行行业标准《普通混凝土用砂质量标准及检验方法》(JGJ 52—92)的规定。

(4)配制高强混凝土时应掺用高效减水剂或缓凝高效减水剂。

(5)配制高强混凝土时应掺用活性较好的矿物掺和料,且宜复合使用矿物掺和料。

（二）配合比的要求

高强混凝土配合比计算方法和试配步骤除应按本章第三节混凝土配合比的设计、试配、调整与确定的规定进行外，尚应符合下列规定：

(1)基准配合比中的水灰比，可根据现有试验资料选取。

(2)配制高强混凝土所用砂率及所采用的外加剂和矿物掺和料的品种、掺量，应通过试验确定。

(3)计算高强混凝土配合比时，其用水量可按本章第三节的规定确定。

(4)高强混凝土的水泥用量不应大于 550 kg/m³；水泥和矿物掺和料的总量不应大于 600 kg/m³。

(5)当采用三个不同的配合比进行混凝土强度试验时，其中一个应为基准配合比，另外两个配合比的水灰比，宜较基准配合比分别增加和减少 0.02 ~ 0.03。

(6)高强混凝土设计配合比确定后，尚应用该配合比进行不少于 6 次的重复试验进行验证，其平均值不应低于配制强度。

四、泵送混凝土

（一）对原材料的要求

(1)泵送混凝土应选用硅酸盐水泥、普通硅酸盐水泥、矿渣硅酸盐水泥和粉煤灰硅酸盐水泥，不宜采用火山灰质硅酸盐水泥。

(2)粗集料宜采用连续级配，其针片状颗粒含量不宜大于 10%；粗集料的最大粒径与输送管径之比，当泵送高度在 50 m 以下时，对碎石不大于 1:3，对卵石不大于 1:2.5；泵送高度在 50 ~ 100 m 时，对碎石不大于 1:4，对卵石不大于 1:3；泵送高度在 100 m 以上时，对碎石不大于 1:5，对卵石不大于 1:4。

(3)泵送混凝土宜采用中砂，其通过 0.315 mm 筛孔的颗粒含量不应小于 15%。

(4)泵送混凝土应掺用泵送剂或减水剂，并宜掺用粉煤灰或其他活性矿物掺和料。其质量应符合国家现行有关标准规定。

（二）坍落度值的计算

泵送混凝土试配时要求的坍落度值应按下式计算：

$$T_t = T_p + \Delta T \tag{5-18}$$

式中　T_t——试配时要求的坍落度值；

　　　T_p——入泵时要求的坍落度值；

　　　ΔT——试验测得在预计时间内的坍落度经时损失值。

（三）配合比的要求

泵送混凝土的配合比计算和试配除按本章第三节混凝土配合比的设计、试配、调整与确定的规定进行外，尚应符合以下规定：

(1)泵送混凝土的用水量与水泥和矿物掺和料的总量之比不宜大于 0.60。

(2)泵送混凝土的水泥和矿物掺和料的总量不宜小于 300 kg/m³。

(3)泵送混凝土的砂率宜为 35% ~ 45%。

(4)掺用引气型外加剂时，其混凝土含气量不宜大于 4%。

五、补偿收缩混凝土

(一)对原材料的要求

(1)掺明矾石膨胀剂的补偿收缩混凝土,应选用普通硅酸盐水泥、矿渣硅酸盐水泥,如采用其他水泥应通过试验确定。

(2)明矾石膨胀剂必须符合《混凝土膨胀剂》(JC 476—2001)标准的规定;膨胀剂运到工地(或混凝土搅拌站)应进行限制膨胀率检测,合格后方可使用。

(3)粗集料宜采用连续级配,细集料宜采用中砂。

(二)配合比的要求

补偿收缩混凝土的配合比计算和试配除按本章第三节混凝土配合比的设计、试配、调整与确定的规定进行外,尚应符合下列规定:

(1)每立方米混凝土中的水泥、掺和料、明矾石膨胀剂的总量不少于 300 kg。

(2)补偿收缩混凝土的明矾石膨胀剂掺量不宜大于 12%,不宜小于 7%。

(3)以水泥和膨胀剂为胶凝材料的混凝土,设基准混凝土配合比中水泥用量为 C_0、明矾石膨胀剂取代水泥率为 K,膨胀剂用量 $E = C_0 \cdot K$、水泥用量 $C = C_0 - E$。

(4)以水泥、掺和料和明矾石膨胀剂为胶凝材料的混凝土,膨胀剂取代胶凝材料率为 K,设基准混凝土配合比中水泥用量为 C',掺和料用量为 F',膨胀剂用量 $E = (C' + F') \cdot K$、掺和料用量 $F = F'(1 - K)$、水泥用量 $C = C'(1 - K)$。

(5)水胶比不宜大于 0.5。

第五节　混凝土基本性能试验

一、取样及试样(试件)的制作

(1)混凝土立方体抗压强度试验应以三个试件为一组。每组试件所用的拌和物根据不同要求应从同一盘搅拌或同一车运送的混凝土中取出,或在试验室用机械或人工单独拌制。用以检验现浇混凝土工程或预制构件质量的试件分组及取样原则应按现行《混凝土结构工程施工质量验收规范》(GB 50204—2002)以及其他有关规定执行。具体要求如下:

①每拌制 100 盘且不超过 100 m³ 的同配合比的混凝土取样不得少于一组。

②每工作班拌制的同一配合比的混凝土不足 100 盘时,取样不得少于一次。

③当一次连续浇筑超过 1 000 m³ 时,同一配合比的混凝土每 200 m³ 取样不得少于一次。

④每一楼层、同一配合比的混凝土取样不得少于一次。

⑤每次取样应至少留置一组标准养护试件,同条件养护试件的留置组数应根据实际需要确定。

(2)试验室拌制的混凝土制作试件时,其材料用量以质量计,称量的精度为:水泥、水和外加剂均为 ±0.5%;集料为 ±1%。拌和用的集料应提前送入室内,拌和时试验室的温度应保持在(20±5)℃。施工(生产)单位拌制的混凝土,其材料用量也应以质量计,各组成材料计量结果的偏差,水泥、水和外加剂均为 ±2%,集料为 ±3%。

(3)所有试件应在取样后立即制作,试件的成型方法应根据混凝土的稠度而定。坍落度不大于 70 mm 的混凝土,宜用振动台振实;大于 70 mm 的宜用捣棒人工捣实。

(4)制作试件用的试模由铸铁或钢制成,应具有足够的刚度并拆装方便。试模的内表面应机械加工,其不平度应为每 100 mm 不超过 0.05 mm。组装后各相邻面的不垂直度不应超过 ±0.5°。

制作试件前应将试模擦干净并在其内壁涂上一层矿物油脂或其他脱膜剂。

(5)采用振动台成型时,应将混凝土拌和物一次装入试模,装料时应用抹刀沿试模内壁略加插捣并使混凝土拌和物高出试模上口。振动时应防止试模在振动台上自由跳动。振动应持续到混凝土表面出浆为止,刮除多余的混凝土,并用抹刀抹平。

(6)人工插捣时,混凝土拌和物应分二层装入试模,每层的装料厚度大致相等。插捣用的钢制捣棒长为 600 mm,直径为 16 mm,端部应磨圆。插捣应按螺旋方向从边缘向中心均匀进行,插捣底层时,捣棒应达到试模表面,插捣上层时,捣棒应穿入下层深度为 20 ~ 30 mm,插捣时捣棒应保持垂直,不得倾斜。同时,还应用抹刀沿试模内壁插入数次。每层的插捣次数应根据试件的截面而定,一般每 100 cm² 截面积不应少于 12 次。插捣完后,刮除多余的混凝土,并用抹刀抹平。

(7)标准养护的试件成型后应覆盖表面,以防止水分蒸发,并应在温度为(20 ± 5)℃情况下静置一昼夜至两昼夜,然后编号拆模。

拆模后的试件应立即放在温度为(20 ± 3)℃,湿度为 90% 以上的标准养护室内养护。在标准养护室内试件应放在架上,彼此间隔为 10 ~ 20 mm,并应避免用水直接冲淋试件。

当无标准养护室时,混凝土试件可在温度为(20 ± 3)℃的不流动水中养护。水的 pH 值不应小于 7。

(8)混凝土试件一般标准养护到 28 d(由成型时算起)进行试验。但也可按工程要求(如需确定拆模、起吊、施加预应力或承受施工荷载等时的力学性能)养护到所需的龄期。

二、性能试验

(一)混凝土拌和物的稠度试验

1. 坍落度法

用于集料最大粒径不大于 40 mm、坍落度值不小于 10 mm 的混凝土拌和物稠度测定。

1)试验设备

(1)坍落度筒:由薄钢板或其他金属制成的圆台形筒(见图 5-2)。其内壁应光滑、无凹凸部位。底面和顶面应互相平行并与锥体的轴线垂直。在坍落筒外 2/3 高度处安两个手把,下端应焊脚踏板。筒的内部尺寸为:

底部直径　(200 ± 2)mm　　　顶部直径　(100 ± 2)mm
高　　度　(300 ± 2)mm　　　筒壁厚度不小于1.5 mm

(2)捣棒:直径为 16 mm、长 600 mm 的钢棒,端部应磨圆。

2)试验步骤

(1)湿润坍落度筒及其他用具,并把筒放在不吸水的刚性水平底板上,然后用脚踩住两边的脚踏板,使坍落度筒在装料时保持位置固定。

(2)把按要求取得的混凝土试样用小铲分三层均匀地装入筒内,使捣实后每层高度为筒高的 1/3 左右。每层用捣棒插捣 25 次。插捣应沿螺旋方向由外向中心进行,各次插捣应在截面上均匀分布。插捣筒边混凝土时,捣棒可以稍稍倾斜。插捣底层时,捣棒应贯穿整个深度,插捣第二层和顶层时,捣棒应插捣透本层至下一层的表面。

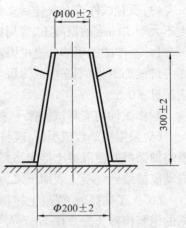

图 5-2 坍落度筒 (单位:mm)

浇灌顶层时,混凝土应灌到高出筒口。插捣过程中,如混凝土沉落到低于筒口,则应随时添加。顶层插捣完后,刮去多余的混凝土,并用抹刀抹平。

(3)清除筒边底板上的混凝土后,垂直平稳地提起坍落度筒。坍落度筒的提离过程应在 5~10 s 内完成。

从开始装料到提坍落度筒的整个过程应不间断地进行,并应在 150 s 内完成。

(4)结果评定:

①提起坍落度筒后,量测筒高与坍落后混凝土试件最高点之间的高度差,即为该混凝土拌和物的坍落度值。混凝土拌和物坍落度以 mm 为单位,结果表达精确至 5 mm。

②观察坍落后的混凝土试件的粘聚性及保水性。粘聚性的检查方法是用捣棒在已坍落混凝土锥体侧面轻轻敲打。此时,如果锥体逐渐下沉,则表示粘聚性良好,如果锥体倒塌、部分崩裂或出现离析现象,则表示粘聚性不好。

保水性以混凝土拌和物中稀浆析出的程度来评定,坍落度筒提起之后如有较多的稀浆从底部析出,锥体部分的混凝土也因失浆而集料外露,则表明此混凝土拌和物的保水性能不好。如坍落度筒提起后无稀浆或仅有少量稀浆自底部析出,则表示此混凝土拌和物保水性良好。

2. 维勃稠度法

用于集料最大粒径不大于 40 mm,维勃稠度在 5~30 s 之间的混凝土拌和物稠度测定。

1)试验设备

(1)维勃稠度仪(见图 5-3)由以下部分组成:

①振动台:台面长 380 mm,宽 260 mm,支撑在四个减振器上。台面底部安有频率为 (50 ± 3) Hz 的振动器。装有空容器时台面的振幅应为 (0.5 ± 0.1) mm。

②容器:由钢板制成,内径为 (240 ± 5) mm,高为 (200 ± 2) mm,筒壁厚 3 mm,筒底厚为 7.5 mm。

③坍落度筒:其内部尺寸为:底部直径 (200 ± 2) mm,顶部直径 (100 ± 2) mm,高度 (300 ± 2) mm。

④旋转架:与测杆及喂料斗相连。测杆下部安装有透明且水平的圆盘,并用测杆螺丝把测杆固定在套管中。旋转架安装在支柱上,通过十字凹槽来固定方向,并用定位螺丝来固定其位置。就位后,测杆或喂料斗的轴线均应与容器的轴线重合。

透明圆盘直径为 (230 ± 2) mm,厚度为 (10 ± 2) mm。荷重块直接固定在圆盘上。由测杆、圆盘及荷重块组成的滑动部分总重应为 $(2\,750 \pm 50)$ g。

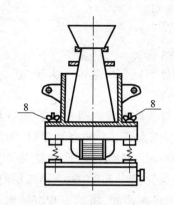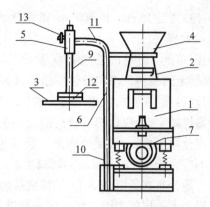

图 5-3 维勃稠度仪

1—容器;2—坍落度筒;3—透明圆盘;4—喂料斗;5—套管;6—定位螺丝;7—振动台;
8—固定螺丝;9—测杆;10—支柱;11—旋转架;12—荷重块;13—测杆螺丝

(2)捣棒:直径 16 mm、长 600 mm 的钢棒,端部应磨圆。

2)试验步骤

(1)把维勃稠度仪放置在坚实水平的地面上,用湿布把容器、坍落度筒、喂料斗内壁及其他用具润湿。

(2)将喂料斗提到坍落度筒上方扣紧,校正容器位置,使其中心与喂料中心重合,然后拧紧固定螺丝。

(3)把按要求取得的混凝土试样用小铲分三层经喂料斗均匀地装入筒内,装料及插捣的方法应符合上述坍落度试验步骤第(2)条的规定。

(4)把喂料斗转离,垂直地提起坍落度筒,此时并应注意不使混凝土试体产生横向的扭动。

(5)把透明圆盘转到混凝土圆台体顶面,放松测杆螺丝,降下圆盘,使其轻轻接触到混凝土顶面。

(6)拧紧定位螺丝,并检查测杆螺丝是否已经完全放松。

(7)在开启振动台的同时用秒表计时,当振动到透明圆盘的底面被水泥浆布满的瞬间停表计时,并关闭振动台。

(8)由秒表读出的时间(s)即为混凝土拌和物的维勃稠度值。

(二)混凝土拌和物表观密度试验

测定混凝土拌和物捣实后的单位体积质量。

1.试验设备

(1)容量筒:金属制成的圆筒,两旁装有手把。对集料最大粒径不大于 40 mm 的拌和物采用容积为 5 L 的容量筒,其内径与筒高均为(186 ± 2)mm,筒壁厚为 3 mm;集料最大粒径大于 40 mm 时,容量筒的内径与筒高均应大于集料最大粒径的 4 倍。容量筒上缘及内壁应光滑平整,顶面与底面应平行并与圆柱体的轴垂直。

(2)台秤:称量 100 kg,感量 50 g。

(3)振动台:频率应为(50 ± 3)Hz,空载时的振幅应为(0.5 ± 0.1)mm。

(4)捣棒:直径 16 mm、长 600 mm 的钢棒,端部应磨圆。

2.试验步骤

(1)用湿布把容量筒内外擦干净,称出筒重,精确至 50 g。

(2)混凝土的装料及捣实方法应根据拌和物的稠度而定。坍落度不大于 70 mm 的混凝土,用振动台振实为宜,大于 70 mm 的用捣棒捣实为宜。

采用捣棒捣实时,应根据容量筒的大小决定分层与插捣次数。用 5 L 容量筒时,混凝土拌和物应分两层装入,每层的插捣次数应为 25 次。用大于 5 L 的容量筒时,每层混凝土的高度不应大于 100 mm,每层的插捣次数应按每 100 cm² 截面不小于 12 次计算。各次插捣应均匀地分布在每层截面上,插捣底层时捣棒应贯穿整个深度,插捣第二层时,捣棒应插透本层至下一层的表面。每一层捣完后可把捣棒垫在筒底,将筒左右交替地颠击地面各 15 次。

采用振动台振实时,应一次将混凝土拌和物灌到高出容量筒口。装料时可用捣棒稍加插捣,振动过程中如混凝土沉落到低于筒口,则应随时添加混凝土,振动直至表面出浆为止。

(3)用刮尺齐筒口将多余的混凝土拌和物刮去,表面如有凹陷应予填平。将容量筒外壁擦净,称出混凝土与容量筒总重,精确至 50 g。

3.混凝土拌和物的表观密度计算

混凝土拌和物表观密度 $\rho_h(\text{kg/m}^3)$ 应按下列公式计算:

$$\rho_h = \frac{m_2 - m_1}{V} \times 1\,000 \tag{5-19}$$

式中　m_1——容量筒质量,kg;

　　　m_2——容量筒及试样总重,kg;

　　　V——容量筒容积,L。

试验结果的计算精确到 10 kg/m³。

容量筒容积应经常予以校正,校正方法可采用一块能覆盖住容量筒顶面的玻璃板,先称出玻璃板和空桶的质量;然后向容量筒中灌入清水,灌到接近上口时,一边不断加水,一边把玻璃板沿筒口徐徐推入盖严。应注意使玻璃板下不带入任何气泡,然后擦净玻璃板面及筒壁外的水分,将容量筒连同玻璃板放在台称上称重,两次称重之差(以 kg 计)即为容量筒的容积(L)。

(三)立方体抗压强度试验

用于测定混凝土立方体试件的抗压强度。

1.试件尺寸选择

混凝土试件的尺寸应根据混凝土中集料的最大粒径按表 5-10 选定。

表 5-10　混凝土立方体试件尺寸选用表

试件尺寸(mm × mm × mm)	集料最大粒径(mm)
100 × 100 × 100	≤31.5
150 × 150 × 150	≤40
200 × 200 × 200	≤63

2. 试验设备

混凝土立方体抗压强度试验所采用试验机的精度(示值的相对误差)至少应为±2%,其量程应能使试件的预期破坏荷载值不小于全量程的20%,也不大于全量程的80%。

试验机上、下压板及试件之间可各垫以钢垫板,钢垫板的两承压面均应机械加工。

与试件接触的压板或垫板的尺寸应大于试件的承压面,其不平度应为每100 mm不超过0.02 mm。

3. 试验步骤

(1)试件从标养室取出后,应尽快进行试验,以免试件内部的湿度发生显著变化。先将试件擦拭干净,测量尺寸,并检查其外观。试件尺寸测量精确至1 mm,并据此计算试件的承压面积。如实测尺寸与公称尺寸之差不超过1 mm,可按公称尺寸进行计算。

试件承压面的不平度应为每100 mm不超过0.05 mm,承压面与相邻面的不垂直度不应超过±1°。

(2)将试件安放在试验机的下压板上,试件的承压面应与成型时的顶面垂直。试件的中心应与试验机下压板中心对准。开动试验机,当上压板与试件接近时,调整球座,使接触均衡。

混凝土试件的试验应连续均匀地加荷,加荷速度应为:混凝土强度等级低于C30时,取每秒0.3~0.5 MPa;混凝土强度等级高于或等于C30时,取每秒0.5~0.8 MPa;当试件接近破坏而开始迅速变形时,停止调整试验机油门,直至试件破坏。然后记录破坏荷载。

4. 抗压强度计算与结果选取

混凝土立方体试件抗压强度应按下式计算:

$$f_{cu} = \frac{P}{A} \tag{5-20}$$

式中 f_{cu}——混凝土立方体试件抗压强度,MPa;

  P——破坏荷载,N;

  A——试件承压面积,mm^2。

混凝土立方体抗压强度计算应精确至0.1 MPa。

以3个试件测值的算术平均值作为该组试件的抗压强度值。3个测值中的最大值或最小值中如有一个与中间值的差值超过中间值的15%时,则把最大及最小值一并舍除,取中间值作为该组试件的抗压强度值。如有两个测值与中间值的差均超过中间值的15%,则该组试件的试验结果无效。

取150 mm×150 mm×150 mm试件的抗压强度为标准值,用其他尺寸试件测得的强度值均应乘以尺寸换算系数,其值为:对200 mm×200 mm×200 mm试件为1.05;对100 mm×100 mm×100 mm试件为0.95。

(四)抗折强度试验

用于测定混凝土的抗折(即弯曲抗拉)强度。

1. 试件制作要求

采用150 mm×150 mm×600(或550)mm小梁作为标准试件。制作标准试件所用混凝土中集料的最大粒径不应大于40 mm。

必要时可采用 100 mm × 100 mm × 400 mm 试件,此时,混凝土中集料的最大粒径不应大于 31.5 mm。

2. 试验设备

抗折试验所用的试验机可采用抗折试验机、万能试验机或带有抗折试验架的压力试验机。所有这些试验机均应带有能使两个相等的荷载同时作用在小梁跨度三分点处的装置。试验机的精度(示值的相对误差)至少应为 ±2%。其量程应能使试件的预期破坏荷载值不小于全量程的 20%,也不大于全量程的 80%。

试验机与试件接触的两个支座和两个加压头应具有直径为 20～40 mm 的弧形顶面,并应至少比试件的宽度长 10 mm。其中的 3 个(一个支座及两个加压头)应尽量做到能滚动并前后倾斜。

3. 试验步骤

(1)试件从养护地点取出后应及时进行试验。试验前,试件应保持与原养护地点相似的干湿状态。先将试件擦拭干净,量测尺寸,并检查其外观。试件尺寸测量精确至 1 mm,并据此进行强度计算。

试件不得有明显的缺损。在跨中 1/3 梁的受拉区内,不得有表面直径超过 7 mm 且深度超过 2 mm 的孔洞。试件承压区及支撑区接触线的不平度应为每 100 mm 不超过 0.05 mm。

(2)按图 5-4 的要求调整支撑架及压头的位置,其所有间距的尺寸偏差不应大于 ±1 mm。

将试件在试验机的支座上放稳对中,承压面应选择试件成型时的侧面。开动试验机,当加压头与试件快接近时,调整加压头及支座,使接触均衡。如加压头及支座均不能前后倾斜,则各接触不良之处应予垫平。

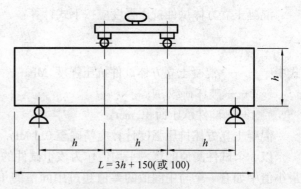

图 5-4　抗折试验示意图　(单位:mm)

试件的试验应连续而均匀地加荷,其加荷速度应为:混凝土强度等级低于 C30 时,取每秒 0.02～0.05 MPa;强度等级高于或等于 C30 时,取每秒 0.05～0.08 MPa。当试件接近破坏时,应停止调整油门,直至试件破坏,记录破坏荷载及破坏位置。

4. 抗折强度计算与结果选取

试件破坏时如折断面位于两个集中荷载之间时,抗折强度应按下式计算:

$$f_f = \frac{PL}{bh^2} \tag{5-21}$$

式中　f_f——混凝土抗折强度,MPa;

　　　P——破坏荷载,N;

　　　L——支座间距即跨度,mm;

　　　　b——试件截面宽度,mm;

　　　　h——试件截面高度,mm。

　　以3个试件测值的算术平均值作为该组试件的抗折强度值。3个测值中的最大值或最小值中如有一个与中间值的差值超过中间值的15%,则把最大及最小值一并舍除,取中间值作为该组试件的抗折强度值。如有两个测值与中间值的差均超过中间值的15%,则该组试件的试验结果无效。

　　3个试件中如有一个其折断面位于两个集中荷载之外(以受拉区为准),则该试件的试验结果应予舍弃,混凝土抗折强度按另两个试件的试验结果计算。如有两个试件的折断面均超出两集中荷载之外,则该组试验无效。

　　采用100 mm×100 mm×400 mm非标准试件时,取得的抗折强度值应乘以尺寸换算系数0.85。

　　(五)抗渗性能试验

　　用于测定硬化后混凝土的抗渗等级。

　　1. 试件选取

　　抗渗性能试验应采用顶面直径为175 mm,底面直径为185 mm,高度为150 mm的圆台体或直径与高度均为150 mm的圆柱体试件(视抗渗设备要求而定)。抗渗试件以6个为一组。

　　试件成型后24 h拆模,用钢丝刷刷去两端面水泥浆膜,然后送入标准养护室养护。

　　试件一般养护至28 d龄期进行试验,如有特殊要求,可在其他龄期进行。

　　2. 试验设备

　　(1)混凝土抗渗仪:应能使水压按规定的制度稳定地作用在试件上的装置。

　　(2)螺旋或其他型式加压装置:其压力以能把试件压入试件套内为宜。

　　3. 试验步骤

　　(1)试件养护至试验前一天取出,将表面晾干,然后在其侧面涂一层熔化的密封材料,随即在螺旋或其他加压装置上,将试件压入经烘箱预热过的试件套中,稍冷却后,即可解除压力,连同试件套装在抗渗仪上进行试验。

　　(2)试验从水压为0.1 MPa开始,以后每隔8 h增加水压0.1 MPa,并且要随时注意观察试件端面的渗水情况。

　　(3)当6个试件中有3个试件端面呈现渗水现象时,即可停止试验,记下当时的水压。

　　(4)在试验过程中,如发现水从试件周边渗出,则应停止试验,重新密封。

　　4. 结果计算

　　混凝土的抗渗等级以每组6个试件中4个试件未出现渗水时的最大水压力计算,其计算式为:

$$P = 10H - 1 \tag{5-22}$$

式中　P——抗渗等级;

　　　　H——6个试件中3个渗水时的水压力,MPa。

　　(六)抗冻性能试验

　　用于检验以混凝土试件所能经受的冻融循环次数为指标的抗冻等级。

1．试件选取

应采用立方体试件。试件的尺寸应按表 5-11 选定。

表 5-11　试件尺寸选用表

试件尺寸(mm×mm×mm)	集料最大粒径(mm)
100×100×100	≤31.5
150×150×150	≤40
200×200×200	≤63

每次试验所需的试件组数应符合表 5-12 的规定,每组试件应为 3 块。

表 5-12　试验所需的试件组数

设计抗冻等级	F25	F50	F100	F150	F200	F250	F300
检查强度时的冻融循环次数	25	50	50 及 100	100 及 150	150 及 200	200 及 250	250 及 300
鉴定 28 d 强度所需试件组数	1	1	1	1	1	1	1
冻融试件组数	1	1	2	2	2	2	2
对比试件组数	1	1	2	2	2	2	2
总计试件组数	3	3	5	5	5	5	5

2．试验设备

(1)冷冻箱(室):装有试件后能使箱(室)内温度保持在 -15 ~ -20 ℃范围内。

(2)融解水槽:装有试件后能使水温保持在 15~20 ℃的范围以内。

(3)框篮用钢筋焊成,其尺寸应与所装的试件相适应。

(4)案秤:称量 10 kg,感量 5 g。

(5)压力试验机精度至少为 ±2%,其量程应能使试件的预期破坏荷载值不小于全量程的 20%,也不大于全量程的 80%。

试验机上、下压板及试件之间可各垫以钢垫板,钢垫板两承压面均应机械加工。

与试件接触的压板或垫板的尺寸应大于试件承压面,其不平度应为每 100 mm 不超过 0.02 mm。

3．试验规定及试验步骤

(1) 如无特殊要求,试件应在 28 d 龄期时进行冻融试验。试验前 4 d 应把冻融试件从养护地点取出,进行外观检查,随后放在 15~20 ℃水中浸泡,浸泡时水面至少应高出试件顶面 20 mm,冻融试件浸泡 4 d 后进行冻融试验。对比试件则应保留在标准养护室内,直到完成冻融循环后,与抗冻试件同时试压。

(2)浸泡完毕后,取出试件,用湿布擦除表面水分,称重,按编号置入框篮后即可放入冷冻箱(室)开始冻融试验。在箱(室)内,框篮应架空,试件与框篮接触处应垫以垫条,并

· 126 ·

保证至少留有 20 mm 的空隙,框篮中各试件之间至少保持 50 mm 的空隙。

(3)抗冻试验冻结时温度应保持在 − 15 ~ − 20 ℃,试件在箱内温度达到 − 20 ℃时放入,装完试件如温度有较大升高,则以温度重新降至 − 15 ℃时起算冻结时间,每次从装完试件到重新降至 − 15 ℃所需时间不应超过 2 h,冷冻箱(室)内温度均以其中心处温度为准。

(4)每次循环中试件的冻结时间应按其尺寸而定,对 100 mm × 100 mm × 100 mm 及 150 mm × 150 mm × 150 mm 试件的冻结时间不应小于 4 h,对 200 mm × 200 mm × 200 mm 试件不应小于 6 h。如果在冷冻箱(室)内同时进行不同规格尺寸的冻结试验,其冻结时间应按最大尺寸试件计。

(5)冻结试验结束后,试件即可取出并应立即放入能使水温保持在 15 ~ 20 ℃的水槽中进行融化,此时,槽中水面应至少高出试件表面 20 mm,试件在水中融化的时间不应小于 4 h,融化完毕即为该次冻融循环结束,取出试件送入冷冻箱(室)进行下一次循环试验。

(6)应经常对冻融试验进行外观检查,发现有严重破坏时应进行称重,如试件中的平均失重率超过 5%,即可停止其冻融循环试验。

(7)混凝土试件达到表 5-12 规定的冻融循环次数后,即应进行抗压强度试验。

抗压强度试验前应称重并进行外观检查,详细记录试件表面破损、裂缝及边角缺损情况。

如果试件表面破损严重,则应用石膏找平后再进行试压。

(8)在冻融过程中,如因故需中断试验,为避免失水和影响强度,应将冻融试件移入标准养护室保存,直至恢复冻融试验为止,此时应将故障原因及暂停时间在试验结果中注明。

4. 强度损失率、质量损失率的计算与抗冻等级的确定

混凝土冻融试验后应按下式计算其强度损失率:

$$\Delta f_c = \frac{f_{co} - f_{cn}}{f_{co}} \times 100\% \tag{5-23}$$

式中　Δf_c——N 次冻融循环后的混凝土强度损失率(%),以 3 个试件的平均值计算;

　　　f_{co}——对比试件的抗压强度平均值,MPa;

　　　f_{cn}——经 N 次冻融循环后的 3 个试件抗压强度平均值,MPa。

混凝土试件冻融后的质量损失率可按下式计算:

$$\Delta \omega_n = \frac{G_o - G_n}{G_o} \times 100\% \tag{5-24}$$

式中　$\Delta \omega_n$——N 次冻融循环后的质量损失率(%),以 3 个试件的平均值计算;

　　　G_o——冻融循环试验前的试件质量,kg;

　　　G_n——N 次冻融循环后的试件质量,kg。

混凝土的抗冻等级,以同时满足强度损失率不超过 25%,质量损失率不超过 5%时的最大循环次数来表示。

第六节　混凝土强度检验评定

一、混凝土强度检验评定

混凝土强度应分批进行检验评定。同一验收批的混凝土应由强度等级相同,龄期相同以及生产工艺和配合比基本相同的混凝土组成,对施工现场的现浇混凝土,应按单位工程的验收项目划分验收批,每个验收项目应按照现行国家标准《建筑工程施工质量验收统一标准》(GB 50300—2001)确定,对同一验收批的混凝土强度,应以同批内标准试件的全部强度代表值来评定。

检验评定混凝土采用统计方法和非统计方法。预拌混凝土厂、预制混凝土构件厂和采用现场集中搅拌混凝土的施工单位应按统计方法进行评定;零星生产预制构件的混凝土或现场集中搅拌的批量不大的混凝土,可按非统计方法进行。统计和非统计方法分3种情况进行。

(1)当混凝土的生产条件在较长时间内能保持一致,且同一品种混凝土的强度变异性能保持稳定时,应由连续的三组试件组成一个验收批,其强度应同时满足下列要求:

$$m_{f_{cu}} \geq f_{cu,k} + 0.7\sigma_0 \tag{5-25}$$

$$f_{cu,\min} \geq f_{cu,k} - 0.7\sigma_0 \tag{5-26}$$

当混凝土强度等级不高于 C20 时,尚应符合下式要求:

$$f_{cu,\min} \geq 0.85 f_{cu,k} \tag{5-27}$$

当混凝土强度等级高于 C20 时,尚应符合下式要求:

$$f_{cu,\min} \geq 0.90 f_{cu,k} \tag{5-28}$$

式中　$m_{f_{cu}}$——同一验收批混凝土立方体抗压强度的平均值,MPa;

$f_{cu,k}$——设计的混凝土强度标准值,MPa;

σ_0——验收批混凝土立方体抗压强度的标准差,MPa;

$f_{cu,\min}$——同一验收批混凝土立方体抗压强度的最小值,MPa。

验收批混凝土立方体抗压强度的标准差,应根据前一个检验期内同一品种混凝土试件的强度数据,按下列公式确定:

$$\sigma_0 = \frac{0.59}{m}\sum_{i=1}^{m}\Delta f_{cu,i} \tag{5-29}$$

式中　$\Delta f_{cu,i}$——前一检验期内第 i 验收批混凝土试件立方体抗压强度中的最大值与最小值之差;

m——前一检验期内用以确定验收批混凝土立方体抗压强度标准差的数据总批数。

每个检验期不应超过三个月,且在该期间内验收批总批数不得少于 15 批。

(2)当混凝土的生产条件在较长时间内不能保持一致,且混凝土强度变异不能保持稳定时,或在前一检验期内的同一品种混凝土没有足够的强度数据用以确定验收批混凝土

立方体抗压强度标准差时,应由不少于 10 组的试件组成一个验收批,其强度应同时满足下列要求:

$$m_{f_{cu}} - \lambda_1 S_{f_{cu}} \geq 0.9 f_{cu,k} \qquad (5-30)$$

$$f_{cu,\min} \geq \lambda_2 f_{cu,k} \qquad (5-31)$$

式中 $S_{f_{cu}}$——同一验收批混凝土立方体抗压强度的标准差,MPa,当 $S_{f_{cu}}$ 的计算值小于 $0.06 f_{cu,k}$ 时,取 $S_{f_{cu}} = 0.06 f_{cu,k}$;

     λ_1, λ_2——合格判定系数。

验收批混凝土立方体抗压强度的标准差 $S_{f_{cu}}$ 应按下式计算:

$$S_{f_{cu}} = \sqrt{\frac{\sum\limits_{i=1}^{n} f_{cu,i}^2 - n m_{f_{cu}}^2}{n-1}} \qquad (5-32)$$

式中 $f_{cu,i}$——验收批内第 i 组混凝土试件的立方体抗压强度值,MPa;

     n——验收批内混凝土试件的总组数。

合格判定系数,应按表 5-13 取用。

表 5-13   合格判定系数

试件组数	10 ~ 14	15 ~ 24	≥25
λ_1	1.70	1.65	1.60
λ_2	0.90	0.85	

(3)按非统计法评定混凝土强度时,其强度应同时满足下列要求:

$$m_{f_{cu}} \geq 1.15 f_{cu,k} \qquad (5-33)$$

$$f_{cu,\min} \geq 0.95 f_{cu,k} \qquad (5-34)$$

二、混凝土生产质量水平

混凝土生产质量水平可按统计周期内混凝土强度标准差和试件强度不低于要求强度等级的百分率来划分,其划分的水平等级见表 5-14。

表 5-14   混凝土生产质量水平

生产质量水平		优 良		一 般		差	
混凝土强度等级		< C20	≥ C20	< C20	≥ C20	< C20	≥ C20
评定指标 生产场所							
混凝土强度标准差 σ (MPa)	预拌混凝土厂和预制混凝土构件厂	≤3.0	≤3.5	≤4.0	≤5.0	>4.0	>5.0
	集中搅拌混凝土的施工现场	≤3.5	≤4.0	≤4.5	≤5.5	>4.5	>5.5
强度不低于要求强度等级值的百分率 P(%)	预拌混凝土厂、预制混凝土构件厂及集中搅拌混凝土的施工现场	≥95		> 85		≤85	

混凝土强度标准差(σ)和强度不低于规定强度等级值的百分率(P),可按下列公式计算:

(1)标准差:

$$\sigma = \sqrt{\frac{\sum\limits_{i=1}^{N} f_{cu,i}^2 - N \cdot \mu_{f_{cu}}^2}{N-1}} \qquad (5\text{-}35)$$

(2)百分率:

$$P = \frac{N_0}{N} \times 100\% \qquad (5\text{-}36)$$

式中　$f_{cu,i}$——统计周期内第 i 组混凝土试件的立方体抗压强度值,MPa;

　　　N——统计周期内相同强度等级的混凝土试件组数,该值不得少于 25 组;

　　　$\mu_{f_{cu}}$——统计周期内 N 组混凝土试件立方体抗压强度的平均值,MPa;

　　　N_0——统计周期内试件强度不低于要求强度等级值的组数。

第六章 砌筑砂浆

砂浆是由胶凝材料水泥、细集料和水以及掺加料按适当比例配制而成,它是建筑工程中用量大、用途广泛的建筑材料。用于砌筑砖、石及各种砌块的砂浆称为砌筑砂浆。它起着粘结砖、石、砌块,构筑砌体,传递荷载的作用,因此是砌体的重要组成部分。

第一节 一般规定和质量要求

一、砌筑砂浆的组成材料及质量要求

(一)水泥

砌筑砂浆用水泥的质量应符合有关规定,其强度等级应根据设计要求进行选择。水泥砂浆采用的水泥其强度等级不宜大于 32.5 级;水泥混合砂浆采用的水泥,其强度等级不宜大于 42.5 级。

(二)砂

砌筑砂浆宜选用中砂,其中毛石砌体宜选用粗砂。砂的含泥量不应超过 5%。强度等级为 M2.5 的水泥混合砂浆,砂的含泥量不应超过 10%。

(三)掺加料

(1)生石灰熟化成石灰膏时,应用孔径不大于 3 mm×3 mm 的网过滤,熟化时间不得少于 7 d;磨细生石灰粉的熟化时间不得小于 2 d。沉淀池中贮存的石灰膏,应采取防止干燥、冻结和污染的措施。严禁使用脱水硬化的石灰膏。

(2)制作电石膏的电石渣应用孔径不大于 3 mm×3 mm 的网过滤,检验时应加热至 70℃并保持 20 min,没有乙炔气味后,方可使用。

(3)消石灰不得直接用于砌筑砂浆中。

(四)石灰膏和电石膏

石灰膏和电石膏试配时的稠度,应为(120±5)mm。

(五)粉煤灰

粉煤灰的品质指标和磨细生石灰的品质指标应符合国家标准《用于水泥和混凝土中的粉煤灰》(GB 1596—91)及行业标准《建筑生石灰粉》(JC/T 480—92)的要求。

(六)水

配制砂浆用水应符合现行行业标准《混凝土拌和用水标准》(JGJ 63—89)的规定。

(七)外加剂

砌筑砂浆中掺入的砂浆外加剂,应具有法定检测机构出具的该产品砌体强度型式检验报告,并经砂浆性能试验合格后,方可使用。

二、砌筑砂浆的技术要求

(1)必须符合设计要求的种类和强度等级。

(2)水泥砂浆拌和物的密度不宜小于 1 900 kg/m³;水泥混合砂浆拌和物的密度不宜小于 1 800 kg/m³。

(3)砌筑砂浆保水性能须良好,分层度不得大于 30 mm。

(4)砌筑砂浆的稠度应按表 6-1 的规定选用。

表 6-1　砌筑砂浆的稠度

砌体种类	砂浆稠度(mm)
烧结普通砖砌体	70 ~ 90
轻集料混凝土小型空心砌块砌体	60 ~ 90
烧结多孔砖、空心砖砌体	60 ~ 80
烧结普通砖平拱式过梁 空斗墙、筒拱 普通混凝土小型空心砌块砌体 加气混凝土砌块砌体	50 ~ 70
石砌体	30 ~ 50

(5)水泥砂浆中水泥用量不应小于 200 kg/m³;水泥混合砂浆中水泥和掺加料总量宜为 300 ~ 350 kg/m³。

(6)具有冻融循环次数要求的砌筑砂浆,经冻融试验后,质量损失率不得大于 5%,抗压强度损失率不得大于 25%。

(7)砂浆试配时应采用机械搅拌。搅拌时间,应自投料结束算起,水泥砂浆和水泥混合砂浆,不得小于 120 s;掺用粉煤灰和外加剂砂浆,不得小于 180 s。

第二节　配合比计算及确定

一、砌筑砂浆的配合比计算

(一)水泥混合砂浆配合比计算

1.砂浆配合比的确定

砂浆配合比的确定应按下列步骤进行:

(1)计算砂浆试配强度 $f_{m,o}$(MPa)。

(2)按公式(6-3)计算出每立方米砂浆中的水泥用量 Q_C(kg)。

(3)按水泥用量 Q_C 计算每立方米砂浆掺加料用量 Q_D(kg)。

(4)确定每立方米砂浆砂用量 Q_S(kg)。

(5)按砂浆稠度选用每立方米砂浆用水量 Q_W(kg)。

(6)进行砂浆试配。

(7)配合比确定。

2. 砂浆试配强度

按下式计算砂浆试配强度：

$$f_{m,o} = f_2 + 0.645\sigma \tag{6-1}$$

式中　$f_{m,o}$——砂浆的试配强度，MPa，精确至 0.1 MPa；

　　　f_2——砂浆抗压强度平均值，MPa，精确到 0.1 MPa；

　　　σ——砂浆现场强度标准差，MPa，精确至 0.01 MPa。

3. 砌筑砂浆现场强度标准差的确定

砌筑砂浆现场强度标准差的确定应符合下列规定：

(1)当有统计资料时应按下式计算：

$$\sigma = \sqrt{\frac{\sum\limits_{i=1}^{n} f_{m,i}^2 - n\mu_{f_m}^2}{n-1}} \tag{6-2}$$

式中　$f_{m,i}$——统计周期内同一品种砂浆第 i 组试件的强度，MPa；

　　　μ_{f_m}——统计周期内同一品种砂浆 n 组试件强度的平均值，MPa；

　　　n——统计周期内同一品种砂浆试件的总组数，$n \geqslant 25$。

(2)当不具有近期统计资料时，其砂浆现场强度标准差 σ 可按表 6-2 取用。

表 6-2　砂浆强度标准差 σ 选用值　　　　　　　　　　（单位：MPa）

砂浆强度 等级 施工水平	M2.5	M5	M7.5	M10	M15	M20
优良	0.50	1.00	1.50	2.00	3.00	4.00
一般	0.62	1.25	1.88	2.50	3.75	5.00
较差	0.75	1.50	2.25	3.00	4.50	6.00

4. 水泥用量的计算

(1)每立方米砂浆中的水泥用量，应按下式计算：

$$Q_C = \frac{1\,000(f_{m,o} - \beta)}{\alpha \cdot f_{ce}} \tag{6-3}$$

式中　Q_C——每立方米砂浆的水泥用量，kg，精确至 1 kg；

　　　$f_{m,o}$——砂浆的试配强度，MPa，精确至 0.1 MPa；

　　　f_{ce}——水泥的实测强度，MPa，精确至 0.1 MPa；

　　　α、β——砂浆的特征系数，其中 $\alpha = 3.03$，　$\beta = -15.09$。

(2)在无法取得水泥的实测强度值时，可按下式计算 f_{ce}：

$$f_{ce} = \gamma_c \cdot f_{ce,k} \tag{6-4}$$

式中　$f_{ce,k}$——水泥强度等级对应的强度值；

　　　γ_c——水泥强度等级值的富余系数，该值应按实际统计资料确定。无统计资料时
　　　　　　γ_c 取 1.0。

5. 水泥混合砂浆掺加料用量

水泥混合砂浆的掺加料用量应按下式计算：

$$Q_D = Q_A - Q_C \qquad\qquad (6\text{-}5)$$

式中　Q_D——每立方米砂浆的掺加料用量,kg,精确至 1 kg,石灰膏、电石膏使用时的稠度为(120 ± 5)mm;

　　　Q_C——每立方米砂浆的水泥用量,kg,精确至 1 kg;

　　　Q_A——每立方米砂浆中水泥和掺加料的总量,kg,精确至 1 kg,宜在 300 ~ 350 kg/m³ 之间。

石灰膏不同稠度时,可按表 6-3 进行换算。

表 6-3　石灰膏不同稠度时的换算系数

石灰膏稠度(mm)	120	110	100	90	80	70	60	50	40	30
换算系数	1.00	0.99	0.97	0.95	0.93	0.92	0.90	0.88	0.87	0.86

6. 砂子用量

每立方米砂浆中的砂子用量,应以干燥状态(含水率小于 0.5%)的堆积密度值作为计算值。

7. 用水量

每立方米砂浆中的用水量,根据砂浆稠度等级要求可选用 240 ~ 310 kg。确定用水量时还应注意:①混合砂浆中的用水量,不包括石灰膏或电石膏中的水;②当采用细砂或粗砂时,用水量分别取上限或下限;③稠度小于 70 mm 时,用水量可小于下限;④施工现场气候炎热或干燥季节,可酌量增加水量。

(二)水泥砂浆配合比选用

水泥砂浆材料用量可按表 6-4 选用。

表 6-4　每立方米水泥砂浆材料用量

强度等级	每立方米砂浆水泥用量(kg)	每立方米砂浆砂子用量(kg)	每立方米砂浆用水量(kg)
M2.5 ~ M5	200 ~ 230		
M7.5 ~ M10	220 ~ 280	1 m³ 砂子的堆积密度值	270 ~ 330
M15	280 ~ 340		
M20	340 ~ 400		

注:1. 此表水泥强度等级为 32.5 级,大于 32.5 级水泥用量宜取下限。
　　2. 根据施工水平合理选择水泥用量。
　　3. 当采用细砂或粗砂时,用水量分别取上限或下限。
　　4. 稠度小于 70 mm 时,用水量可小于下限。
　　5. 施工现场气候炎热或干燥季节,可酌量增加水量。
　　6. 试配强度应按式(6-1)计算。

(三)配合比试配、调整与确定

(1)试配时应采用工程中实际使用的材料;搅拌要求应符合本章第一节二、(7)条规定。

(2)按计算或查表所得配合比进行试拌时,应测定其拌和物的稠度和分层度,当不能满足要求时,则应调整材料用量,直到符合要求为止。然后确定为试配时的砂浆基准配合比。

(3)试配时至少应采用三个不同的配合比,其中一个为按上述第(2)条得出的基准配合比,其他配合比的水泥用量应按基准配合比分别增加及减少 10%,在保证稠度、分层度合格的条件下,可将用水量或掺加料用量作相应调整。

(4)对 3 个不同的配合比进行调整后,应按现行行业标准《建筑砂浆基本性能试验方法》(JGJ 70—90)的规定成型试件,测定砂浆强度;并选定符合试配强度要求的且水泥用量最低的配合比作为砂浆配合比。

二、砌筑砂浆配合比设计举例

要求设计用于砌筑砖墙的砂浆 M7.5 等级,稠度 70 ~ 90 mm 的水泥石灰砂浆配合比。原材料的主要参数:水泥强度等级为 32.5 级普通硅酸盐水泥;砂为中砂(试配时使其为干燥状态,含水率小于 0.5%),堆积密度为 1 450 kg/m³;石灰膏的稠度为 110 mm;施工水平一般。

(一)配合比计算

(1)计算试配强度 $f_{m,o}$:

$$f_{m,o} = f_2 + 0.645\sigma$$

式中 $f_2 = 7.5$ MPa;

$\sigma = 1.88$ MPa(查表 6-2)。

$$f_{m,o} = 7.5 + 0.645 \times 1.88 = 8.7 \text{ (MPa)}$$

(2) 计算水泥用量 Q_C:

$$Q_C = \frac{1\,000(f_{m,o} - \beta)}{\alpha \cdot f_{ce}}$$

式中 $f_{m,o} = 8.7$ MPa;

$\alpha = 3.03$, $\beta = -15.09$;

$f_{ce} = 32.5$ MPa。

$$Q_C = \frac{1\,000 \times (8.7 + 15.09)}{3.03 \times 32.5} = 242 \text{(kg/m}^3)$$

(3)计算石灰膏用量 Q_D:

$$Q_D = Q_A - Q_C$$

式中 $Q_A = 330$ kg/m³。

$$Q_D = 330 - 242 = 88 \text{(kg/m}^3)$$

石灰膏稠度 110 mm 换算成 120 mm(查表 6-3):

$$88 \times 0.99 = 87 \text{(kg/m}^3)$$

(4)根据砂子堆积密度,砂用量为 1 450 kg/m³。

(5)选择用水量为 300 kg/m³。

砂浆试配时各材料的用量比例:

水泥:石灰膏:中砂:水 = 242:87:1 450:300 = 1:0.36:5.99:1.24

(二)试配、调整,确定砂浆配合比

1. 确定材料用量

选用 15 L 砂浆拌和物的量来计算试配的材料用量。

$$Q_{C0} = 242 \times \frac{15}{1\,000} = 3.63(\text{kg})$$

$$Q_{D0} = 3.63 \times 0.36 = 1.31(\text{kg})$$

$$Q_{S0} = 3.63 \times 5.99 = 21.74(\text{kg})$$

$$Q_{W0} = 3.63 \times 1.24 = 4.50(\text{kg})$$

2.调整、确定砂浆配合比

(1)稠度和分层度检验与材料用量调整。

经试验,该试拌的砂浆拌和物的稠度为 110 mm,调整用水量为 4.07 kg,再次试拌,测得砂浆拌和物的稠度为 85 mm,分层度为 20 mm,符合设计要求。

(2)基准配合比:

水泥:石灰膏:中砂:水 = 3.63 kg:1.31 kg:21.74 kg:4.07 kg = 1:0.36:5.99:1.12

(3)砂浆强度检验及密度试验。

强度检验采用 3 个不同的配合比,其中一个为基准配合比,其他配合比的水泥用量按基准配合比分别增加及减少 10%,石灰膏用量约增加及减少 25%,用水量约增加及减少 3% ~ 4%,3 组砂浆的配合比如下:

第一组:$Q_{C0} : Q_{D0} : Q_{S0} : Q_{W0}$ = 218 kg:109 kg:1 450 kg:260 kg = 1:0.50:6.65:1.19

第二组:$Q_{C0} : Q_{D0} : Q_{S0} : Q_{W0}$ = 242 kg:87 kg:1 450 kg:271 kg = 1:0.36:5.99:1.12(基准配合比)

第三组:$Q_{C0} : Q_{D0} : Q_{S0} : Q_{W0}$ = 266 kg:64 kg:1 450 kg:282 kg = 1:0.24:5.45:1.06

① 3组配合比的材料用量。

第一组　　$Q_{C0} = 218 \times \frac{15}{1\,000} = 3.27(\text{kg})$

　　　　　$Q_{D0} = 3.27 \times 0.50 = 1.64(\text{kg})$

　　　　　$Q_{S0} = 3.27 \times 6.65 = 21.74(\text{kg})$

　　　　　$Q_{W0} = 3.27 \times 1.19 = 3.89(\text{kg})$

第二组　　$Q_{C0} = 242 \times \frac{15}{1\,000} = 3.63(\text{kg})$

　　　　　$Q_{D0} = 3.63 \times 0.36 = 1.31(\text{kg})$

　　　　　$Q_{S0} = 3.63 \times 5.99 = 21.74(\text{kg})$

　　　　　$Q_{W0} = 3.63 \times 1.12 = 4.07(\text{kg})$

第三组　　$Q_{C0} = 266 \times \frac{15}{1\,000} = 3.99(\text{kg})$

　　　　　$Q_{D0} = 3.99 \times 0.24 = 0.96(\text{kg})$

　　　　　$Q_{S0} = 3.99 \times 5.45 = 21.74(\text{kg})$

　　　　　$Q_{W0} = 3.99 \times 1.06 = 4.23(\text{kg})$

② 经试验,3 组拌和物均满足稠度及分层度要求,其实测砂浆密度分别为 1 950 kg/m³、1 980 kg/m³、2 000 kg/m³,实测 28 d 抗压强度分别为:

第一组　　$Q_{C0} = 218$ kg,　　$f_{m1} = 7.2$ MPa

第二组　　$Q_{C0} = 242$ kg, 　$f_{m2} = 9.2$ MPa

第三组　　$Q_{C0} = 266$ kg, 　$f_{m3} = 11.6$ MPa

③ 绘制强度与水泥用量关系曲线(见图6-1)。由曲线可知,试配强度 $f_{m,o} = 8.7$ MPa 对应的水泥用量为 235 kg。也可用强度插入法计算试配强度 $f_{m,o} = 8.7$ MPa 时的水泥用量(x),即:

$$\frac{242 - x}{9.2 - 8.7} = \frac{x - 218}{8.7 - 7.2}$$

$$x(Q_C) = 236 \text{ kg}$$

两种方法得出水泥用量相接近。

(4)配合比设计的确定。

$Q_C = 236$ kg, 　　$Q_D = (330 - 236) \times 0.99 = 93$(kg)

$Q_S = 1\,450$ kg, 　　$Q_W = 268$ kg

$Q_C : Q_D : Q_S : Q_W = 236$ kg:93 kg:1 450 kg:268 kg = 1:0.39:6.14:1.14

因 $Q_{C0} = 218$ kg 时实测砂浆密度为 1 950 kg/m³

$Q_{C0} = 242$ kg 时实测砂浆密度为 1 980 kg/m³

用插入法求得 $Q_C = 236$ kg 时砂浆密度为 1 970 kg/m³,根据砂浆密度此砂浆配合比应修正为:

$Q_C : Q_D : Q_S : Q_W = 227$ kg:89 kg:1 395 kg:259 kg = 1:0.39:6.14:1.14

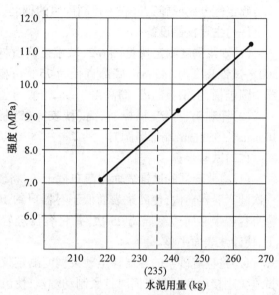

图 6-1　强度与水泥用量关系曲线

第三节　砌筑砂浆基本性能试验

一、拌和物取样及试样制备

(1)施工中取样进行砂浆试验时,应从施工现场的砂浆搅拌机出料口随机取样,至少从三个不同部位集取(同盘砂浆只应做一组试块),所取试样的数量应多于试验用料的 1~2倍。

(2)试验室拌制砂浆进行试验时,试验材料应与现场用料一致,并提前运入试验室内。拌和时试验室的温度应保持在(20 ± 5)℃。水泥如有结块应充分混合均匀,以 0.9 mm 筛过筛。砂也应以 5 mm 筛过筛。材料称量精度要求:水泥、外加剂等为 $\pm 0.5\%$,砂、石灰膏等为 $\pm 1\%$。

(3)砂浆的拌和。试验室拌制砂浆应采用机械搅拌。搅拌时间应自投料结束算起。对水泥砂浆和水泥混合砂浆不得少于 120 s;对掺用粉煤灰和外加剂的砂浆,不得少于

180 s。

砂浆拌和物取样后,应尽快进行试验。现场取来的试样,在试验前应经人工再翻拌,以保证其质量均匀。

二、砂浆稠度试验

确定配合比或施工过程中控制砂浆的稠度,以达到控制用水量的目的。

(一)主要仪器设备

(1)砂浆稠度测定仪见图6-2,试锥连同滑杆的总重为300 g,试锥高度为145 mm,底部直径为75 mm;盛砂浆的容器为圆锥桶,由钢板制成,筒高180 mm,锥底内径150 mm。

(2)拌和锅、拌铲、捣棒、量筒、秒表等(钢制捣棒直径10 mm,长350 mm,端部磨圆)。

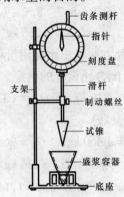

图6-2 砂浆稠度测定仪

齿条测杆
指针
刻度盘
支架
滑杆
制动螺丝
试锥
盛浆容器
底座

(二)试验步骤

(1)盛浆容器和试锥表面用湿布擦干净,将砂浆拌和物一次装入容器筒内,使砂浆表面低于容器口约10 mm,用捣棒自容器中心向边缘插捣25次,并将容器轻轻敲击5~6下,使砂浆表面平整。

(2)将盛有砂浆的容器移至砂浆稠度测定仪底座上,拧开制动螺丝向下移动滑杆,当试锥尖刚接触到砂浆表面时拧紧制动螺丝,使齿条测杆下端刚接触滑杆上端,并将指针调至刻度盘零点,然后拧开制动螺丝,使试锥自由沉入砂浆中,并同时按下秒表,经10 s后立即固定螺丝将齿条测杆下端接触滑杆上端,从刻度盘上读出下沉的深度(精确至1 mm),即为砂浆稠度值。

(3)圆锥形容器内的砂浆,只允许测定一次稠度,重复测定时,应重新取样测定之。

(三)结果计算及评定

取两次测定结果的算术平均值作为该砂浆的稠度值(精确至1 mm)。如两次测定值之差大于20 mm,则应另取砂浆搅拌后重新测定。

三、砂浆分层度试验

测定砂浆拌和物在运输及停放时内部组成的稳定性。

(一)主要仪器设备

砂浆分层度测定仪见图6-3,为圆筒形,其内径为150 mm,上节(无底)高200 mm,下节(带底)净高100 mm,用金属板制成,上、下层连接处需加宽到3~5 mm,并设有橡胶垫圈。其他需用仪器同砂浆稠度试验。

(二)试验步骤

(1)首先将砂浆拌和物按稠度试验方法测定稠度,将砂浆拌和物一次装入分层度筒内,待装满后,用木锤在容器周围距离大致相等的四个不同地方轻轻敲击1~2下,如砂浆沉落到低于筒口,则应随时添加,然后刮去多余的砂浆并用刀抹平。

(2)静置30 min后,除去上节200 mm砂浆,剩余的100 mm砂浆倒出放在拌和锅内拌

2 min,再按稠度试验方法测定其稠度。

(3)前后测得的稠度之差,即为砂浆的分层度值(mm)。

(三)结果计算及评定

(1)取两次试验结果的算术平均值作为该砂浆的分层度值。

(2)两次分层度试验值之差如大于 20 mm,应重做试验。

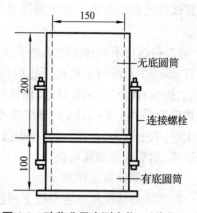

图 6-3 砂浆分层度测定仪 (单位:mm)

四、砂浆立方体抗压强度试验

测定砂浆立方体抗压强度。

(一)主要仪器设备

(1)试模:内壁边长为 70.7 mm 的立方体金属试模,应具有足够的刚度并拆装方便,试模的内表面应机械加工,其不平度应为每 100 mm 不超过 0.05 mm。组装后各相邻面的不垂直度不应超过 ± 0.5°。

(2)捣棒:直径 10 mm,长 350 mm 的钢棒,端部应磨圆。

(3)压力试验机:采用精度(示值的相对误差)不大于 ± 2% 的试验机,其量程应能使试件的预期破坏荷载不小于全量程的 20%,也不大于全量程的 80%。

(4)垫板:试验机上、下压板及试件之间可垫以钢垫板,垫板的尺寸应大于试件的承压面,其不平度应为每 100 mm 不超过 0.02 mm。

(二)试件制作及养护要求

(1)将无底试模放在预先铺有吸水性较好的湿纸的普通粘土砖上(砖的吸水率不小于10%,含水率不大于 2%),试模内壁事先涂刷薄层机油或脱模剂,放于砖上的湿纸,应为湿的新闻纸(或其他未粘过胶凝材料的纸),纸的大小要以盖过砖的四边为准,砖的使用面要求平整,凡砖四个垂直面粘过水泥或其他胶结材料后,不允许再使用。

(2)向试模内一次注满砂浆,用捣棒均匀由外向里按螺旋方向插捣 25 次,为了防止低稠度砂浆插捣后,可能留下孔洞,允许用油灰刀沿模壁插数次,使砂浆高出试模顶面 6~8 mm。当砂浆表面开始出现麻斑状态时(约 15~30 min),将高出部分的砂浆沿试模顶面削去抹平。

(3)试件制作后应在(20 ± 5)℃温度环境下停置一昼夜(24 ± 2)h,当气温较低时,可适当延长时间,但不应超过两昼夜,然后对试件进行编号并拆模。试件拆模后,应在标准养护条件下,继续养护至 28 d,然后进行试压。

(4)标准养护的条件是:①水泥混合砂浆应为温度(20 ± 3)℃,相对湿度 60%~80%;②水泥砂浆和微沫砂浆应为温度(20 ± 3)℃,相对湿度 90% 以上;③养护期间,试件彼此间隔不少于 10 mm。

(三)试验步骤

(1)试件从养护地点取出后,应尽快进行试验,以免试件内部的温湿度发生显著变化。试验前先将试件擦拭干净,测量尺寸,并检查其外观。试件尺寸测量精确至 1 mm,并据此计算试件的承压面积。如实测尺寸与公称尺寸之差不超过 1 mm,可按公称尺寸进行计算。

(2)将试件安放在试验机的下压板上(或下垫板上),试件的承压面应与成型时的顶面垂直,试件中心应与试验机下压板(或下垫板)中心对准。开动试验机,当上压板与试件(或上垫板)接近时,调整球座,使接触面均衡受压。承压试验应连续而均匀地加荷,加荷速度应为每秒 0.5~1.5 kN(砂浆强度 5 MPa 及 5 MPa 以下时,取下限为宜;砂浆强度 5 MPa 以上时,取上限为宜),当试件接近破坏而开始迅速变形时,停止调整试验机油门,直至试件破坏,然后记录破坏荷载。

(四)结果计算及评定

砂浆立方体抗压强度应按下列公式计算:

$$f_{m,cu} = \frac{N_u}{A} \tag{6-6}$$

式中　$f_{m,cu}$——砂浆立方体抗压强度,MPa;

　　　N_u——立方体破坏压力,N;

　　　A——试件承压面积,mm^2。

砂浆立方体抗压强度计算应精确至 0.1 MPa。

以 6 个试件测值的算术平均值作为该组试件的抗压强度值,平均值计算精确至 0.1 MPa。

当 6 个试件的最大值或最小值与平均值的差超过 20% 时,以中间 4 个试件的平均值作为该组试件的抗压强度值。

五、密度试验

测定砂浆拌和物捣实后的质量密度,以确定每立方米砂浆拌和物中各组成材料的实际用量。

1. 仪器设备

(1)容量筒:金属制成,内径 108 mm,净高 109 mm,筒壁厚 2 mm,容积为 1 L。

(2)托盘天平:称量 5 kg,感量 5 g。

(3)钢制捣棒:直径 10 mm,长 350 mm,端部磨圆。

(4)砂浆稠度仪。

(5)水泥胶砂振动台:振幅(0.85±0.05)mm,频率(50±3)Hz。

(6)秒表。

2. 试验步骤

(1)首先将拌好的砂浆,按本节稠度试验方法测定稠度,当砂浆稠度大于 50 mm 时,应采用插捣法,当砂浆稠度不大于 50 mm 时,宜采用振动法。

(2)试验前称出容量筒重,精确至 5 g。然后将容量筒的漏斗套上(见图 6-4),将砂浆拌和物装满容量筒并略有富余。根据稠度选择试验方法。

采用插捣法时,将砂浆拌和物一次装满容量筒,使稍有富余,用捣棒均匀插捣 25 次,插捣过程中如砂浆沉落到低于筒口,则应随时添加砂浆,再敲击 5~6 下。

采用振动法时,将砂浆拌和物一次装满容量筒连同漏斗在振动台上振 10 s,振动过程中如砂浆沉入到低于筒口,则应随时添加砂浆。

(3)捣实或振动后将筒口多余的砂浆拌和物刮去,使表面平整,然后将容量筒外壁擦净,称出砂浆与容量筒总重,精确至 5 g。

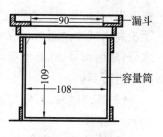

图 6-4 砂浆密度测定仪
(单位:mm)

3. 结果计算及评定

砂浆拌和物的质量密度 ρ(以 kg/m³ 计)按下列公式计算:

$$\rho = \frac{m_2 - m_1}{V} \times 1\,000 \qquad (6\text{-}7)$$

式中　m_1——容量筒质量,kg;

　　　m_2——容量筒及试件质量,kg;

　　　V——容量筒容积,L。

质量密度由二次试验结果的算术平均值确定,计算精确至 10 kg/m³。

容量筒容积的校正,可采用一块能覆盖住容量筒顶面的玻璃板,先称出玻璃板和容量筒重,然后向容量筒中灌注温度为(20 ± 5)℃的饮用水,灌到接近上口时,一边不断加水,一边把玻璃板沿筒口徐徐推入盖严。应注意使玻璃板下不带入任何气泡。然后擦净玻璃板面及筒壁外的水分,将容量筒和水连同玻璃板称重(精确至 5 g)。后者与前者称量之差(单位以 kg 计)即为容量筒的容积(单位为 L)。

六、抗冻性试验

用于砂浆强度等级大于 M2.5(2.5 MPa)的试件在负温空气中冻结,正温水中融解的方法进行抗冻性能检验。

1. 试件制作及养护要求

(1)砂浆抗冻试件采用 70.7 mm × 70.7 mm × 70.7 mm 的立方体试件,其试件组数除鉴定砂浆强度等级的试件之外,再制备两组(每组六块),分别作为抗冻试件和与抗冻试件同龄期的对比抗压强度检验试件。

(2)砂浆试件的制作与养护方法与本节砂浆立方体抗压强度试验的试件制作与养护方法相同。

2. 试验仪器设备

(1)冷冻箱(室):装入试件后能使箱(室)内的温度保持在 − 15 ~ − 20 ℃的范围以内。

(2)篮框:用钢筋焊成,其尺寸与所装试件的尺寸相适应。

(3)天平或案秤:称量 5 kg,感量 5 g。

(4)融解水槽:装入试件后能使水温保持在 15 ~ 20 ℃的范围以内。

(5)压力试验机:精度(示值的相对误差)不大于 ± 2%,量程能使试件的预期破坏荷载值不小于全量程的 20%,也不大于全量程的 80%。

3. 试验步骤

(1)试件在 28 d 龄期时进行冻融试验。试验前两天应把冻融试件和对比试件从养护室取出,进行外观检查并记录其原始状况;随后放入 15~20 ℃的水中浸泡,浸泡的水面应至少高出试件顶面 20 mm,将两组试件浸泡 2 d 后取出,并用拧干的湿毛巾轻轻擦去表面水分,然后编号,称其质量。冻融试件置入篮框进行冻融试验,对比试件则放入标准养护室中进行养护。

(2)冻或融时,篮框与容器底面或地面须架高 20 mm,篮框内各试件之间应至少保持 50 mm 的间距。

(3)冷冻箱(室)内的温度均应以其中心温度为标准。试件冻结温度应控制在 -15 ~ -20 ℃。当冷冻箱(室)内温度低于 -15 ℃时,试件方可放入。如试件放入之后,温度高于 -15 ℃时,则应以温度重新降至 -15 ℃时计算试件的冻结时间。由装完试件至温度重新降至 -15 ℃的时间不应超过 2 h。

(4)每次冻结时间为 4 h,冻后即可取出并应立即放入能使水温保持在 15~20 ℃的水槽中进行融化。此时,槽中水面应至少高出试件表面 20 mm,试件在水中融化的时间不应小于 4 h。融化完毕即为该次冻融循环结束。取出试件,送入冷冻箱(室)进行下一次循环试验,以此连续进行直至设计规定次数或试件破坏为止。

(5)每五次循环,应进行一次外观检查,并记录试件的破坏情况;当该组试件 6 块中的 4 块出现明显破坏(分层、裂开、贯通缝)时,则该组的抗冻性能试验应终止。

(6)冻融试件结束后,冻融试件与对比试件应同时在(105 ± 5)℃的条件下烘干,然后进行称量、试压。如冻融试件表面破坏较为严重,应采用水泥净浆修补,找平后送入标准环境中养护 2 d 后与对比试件同时进行试压。

4. 结果计算及评定

砂浆冻融试验后应分别按下式计算其强度损失率和质量损失率。

(1)砂浆试件冻融后的强度损失率:

$$\Delta f_m = \frac{f_{m1} - f_{m2}}{f_{m1}} \times 100\% \tag{6-8}$$

式中　　Δf_m——N 次冻融循环后的砂浆强度损失率(%);

f_{m1}——对比试件的抗压强度平均值,MPa;

f_{m2}——经 N 次冻融循环后的 6 块试件抗压强度平均值,MPa。

(2)砂浆试件冻融后的质量损失率:

$$\Delta m_n = \frac{m_o - m_n}{m_o} \times 100\% \tag{6-9}$$

式中　　Δm_n——N 次冻融循环后的质量损失率,以 6 块试件的平均值计算(%);

m_o——冻融循环试验前的试件质量,kg;

m_n——N 次冻融循环后的试件质量,kg。

当冻融试件的抗压强度损失率不大于 25%,且质量损失率不大于 5%时,说明该组试件两项指标同时满足上述规定,则该组砂浆在试验的循环次数下,抗冻性能可定为合格,否则为不合格。

第四节　砌筑砂浆强度检验评定

砌筑砂浆强度检验评定根据《砌体工程施工质量验收规范》(GB 50203—2002)的要求进行：

(1)每一检验批且不超过 250 m³ 砌体的各类型及强度等级的砌筑砂浆,每台搅拌机应至少抽检一次。

(2)在施工现场砂浆搅拌机出料口随机取样制作砂浆试块(同盘砂浆只应做一组试块)。

(3)砂浆强度应以标准养护、龄期为 28 d 的试块抗压试验结果为准。

同一验收批的砌筑砂浆试块强度验收时,其强度合格标准应同时符合下列要求：

$$f_{2,m} \geqslant f_2 \tag{6-10}$$

$$f_{2,\min} \geqslant 0.75f_2 \tag{6-11}$$

式中　$f_{2,m}$——同一验收批中砂浆试块立方体抗压强度平均值,MPa;

f_2——验收批砂浆设计强度等级所对应的立方体抗压强度,MPa;

$f_{2,\min}$——同一验收批中砂浆试块立方体抗压强度的最小一组平均值,MPa。

砌筑砂浆的验收批,同一类型、强度等级的砂浆试块应不少于 3 组。当同一验收批只有一组试块时,该组试块抗压强度的平均值必须大于或等于设计强度等级所对应的立方体抗压强度。

第七章 砖与砌块

第一节 概 述

砌墙砖系指以粘土、工业废料或其他地方资源为主要原料,以不同工艺制造的,用于砌筑承重和非承重墙体的墙砖。砌墙砖分为烧结砖和非烧结砖两种。

烧结砖包括普通砖、烧结多孔砖、烧结空心砖。非烧结砖包括蒸压灰砂砖、粉煤灰砖、炉渣砖和碳化砖等。

砖具有一定的强度、绝热、隔声和耐久性能,因此主要用作墙体材料。也可砌筑柱、拱、烟囱、地沟基础及配筋砖砌体等。从发展的观点看,我们应对粘土砖进行限制和改造,以求采用轻质、高强、多功能、低能耗的新型墙体材料,如复合大板、粉煤灰砌块和加气混凝土等。在目前的条件下,也可改用空心砖、灰砂砖,或工业废渣如煤矸石、粉煤灰等代替部分粘土制砖,以求达到提高强度、节约粘土资源及加快施工进度等。

第二节 烧结普通砖

一、定义、分类及规格

凡以粘土、页岩、煤矸石、粉煤灰为主要原料,经焙烧而成的实心或孔洞率不大于15%的砖,称为烧结普通砖。

按所用主要原料,烧结普通砖可分为粘土砖(N)、页岩砖(Y)、煤矸石砖(M)和粉煤灰砖(F)。

普通砖的外形为直角六面体,其公称尺寸为:长 240 mm、宽 115 mm、高 53 mm。

二、质量等级

烧结普通砖根据抗压强度分为 MU30、MU25、MU20、MU15、MU10 五个强度等级。强度和抗风化性能合格的砖,根据尺寸偏差、外观质量、泛霜和石灰爆裂分为优等品(A)、一等品(B)、合格品(C)三个质量等级。

优等品适用于清水墙和墙体装饰,一等品、合格品可用于混水墙。中等泛霜的砖不能用于潮湿部位。

三、技术要求

(一)尺寸偏差
尺寸允许偏差应符合表 7-1 的规定。

表 7-1　尺寸允许偏差　　　　　　　　　　　　　　　　（单位:mm）

公称尺寸	优 等 品		一 等 品		合 格 品	
	样本平均偏差	样本极差≤	样本平均偏差	样本极差≤	样本平均偏差	样本极差≤
240	±2.0	8	±2.5	8	±3.0	8
115	±1.5	6	±2.0	6	±2.5	7
53	±1.5	4	±1.6	5	±2.0	6

(二)外观质量

烧结普通砖的优等品颜色应基本一致,合格品颜色无要求。其他外观质量应符合表7-2 的规定。

表 7-2　外观质量　　　　　　　　　　　　（单位:mm）

项　目		优等品	一等品	合格品
两条面高度差	不大于	2	3	5
弯曲	不大于	2	3	5
杂质突出高度	不大于	2	3	5
缺棱掉角的三个破坏尺寸	不得同时大于	15	20	30
裂纹长度 (1)大面上宽度方向及其延伸至条面的长度 (2)大面上长度方向及其延伸至顶面的长度或 　　条面上水平裂纹的长度		70 100	70 100	110 150
完整面不得少于		一条面和一顶面	一条面和一顶面	—
颜色		基本一致	—	—

注:1. 为装饰而施加的色差、凹凸纹、拉毛、压花等不算缺陷。
　　2. 凡有下列缺陷之一者,不能称为完整面:
　　　①缺损在条面或顶面上造成的破坏面尺寸同时大于 10 mm×10 mm。
　　　②条面或顶面上裂纹宽度大于 1 mm,其长度超过 30 mm。
　　　③压陷、粘底、焦花、在条面或顶面上的凹陷或凸出超过 2 mm,区域尺寸同时大于 10 mm×10 mm。
　　3. 完整面系指宽度中有大于 1 mm 的裂纹长度不得超过 30 mm;条、顶面上造成的破坏面不得同时大于 10 mm×10 mm。

(三)强度等级

强度等级的评定根据变异系数,$\delta \leqslant 0.21$ 时采用平均值—标准值方法;$\delta > 0.21$ 时采用平均值—最小值方法。强度等级应符合表7-3 的规定。

表 7-3　强度等级　　　　　　　　　　　（单位:MPa）

强度等级	抗压强度平均值 $\bar{f} \geqslant$	变异系数≤0.21	变异系数>0.21
		强度标准值 $f_k \geqslant$	单块最小抗压强度值 $f_{min} \geqslant$
MU30	30.0	22.0	25.0
MU25	25.0	18.0	22.0
MU20	20.0	14.0	16.0
MU15	15.0	10.0	12.0
MU10	10.0	6.5	7.5

(四)抗风化性能

GB/T 5101—1998 规定,严重风化区中的 1、2、3、4、5 地区的砖必须进行冻融试验,其他地区的砖的抗风化性能符合表7-4规定时可不做冻融试验,否则,必须进行冻融试验。

表7-4 抗风化性指标

项目 砖种类	严重风化地区				非严重风化地区			
	5 h沸煮吸水率(%)		饱和系数≤		5 h沸煮吸水率(%)		饱和系数≤	
	平均值	单块最大值	平均值	单块最大值	平均值	单块最大值	平均值	单块最大值
粘土砖	21	23	0.85	0.87	23	25	0.88	0.90
粉煤灰砖	23	25			30	32		
页岩砖	16	18	0.74	0.77	18	20	0.78	0.80
煤矸石砖	19	21			21	23		

注:粉煤灰掺入量(体积比)小于30%时,抗风化性能指标按粘土砖规定。

冻融试验后,每块砖样不允许出现裂纹、分层、掉皮、缺棱掉角等冻坏现象。

根据风化指数,我国风化地区的划分见表7-5所示。风化指数是指日气温从正温降至负温或负温升至正温的每年平均天数与每年从霜冻之日起至消失霜冻之日止这一期间降雨总量(以 mm 计)的平均值的乘积。风化指数大于等于 12 700 者为严重风化区,小于12 700 为非严重风化区(各地如有可靠数据,也可按计算的风化指数划分本地区的风化区)。

表7-5 我国风化区的划分

严重风化区		非严重风化区	
1. 黑龙江省	11. 河北省	1. 山东省	11. 福建省
2. 吉林省	12. 北京市	2. 河南省	12. 台湾省
3. 辽宁省	13. 天津市	3. 安徽省	13. 广东省
4. 内蒙古自治区		4. 江苏省	14. 广西壮族自治区
5. 新疆维吾尔自治区		5. 湖北省	15. 海南省
6. 宁夏回族自治区		6. 江西省	16. 云南省
7. 甘肃省		7. 浙江省	17. 西藏自治区
8. 青海省		8. 四川省	18. 上海市
9. 陕西省		9. 贵州省	19. 重庆市
10. 山西省		10. 湖南省	

抗风化性能是烧结普通砖重要的耐久性指标之一,对砖的抗风化性能要求应根据各地区风化程度的不同而定。烧结普通砖的抗风化性通常是以其抗冻性、吸水率及饱和系数等指标判别的。

(五)泛霜

优等品:无泛霜。

一等品:不允许出现中等泛霜。

合格品:不允许出现严重泛霜。

泛霜是指粘土原料中的可溶性盐类(如硫酸钠等),随着砖内水分蒸发而在砖表面产生的盐析现象,一般为白色粉末,常在砖表面形成絮团或絮片状斑点。

(六)石灰爆裂

优等品:不允许出现最大破坏尺寸大于 2 mm 的爆裂区域。

一等品:最大破坏尺寸大于 2 mm 且小于等于 10 mm 的爆裂区域,每组砖样不得多于

146

15 处。不允许出现最大破坏尺寸大于 10 mm 的爆裂区域。

合格品:最大破坏尺寸大于 2 mm 且小于等于 15 mm 的爆裂区域,每组砖样不得多于 15 处,其中大于 10 mm 的不得多于 7 处。不允许出现最大破坏尺寸大于 15 mm 的爆裂区域。

当原料或内燃物质中夹杂着石灰质时,则烧砖时被烧成生石灰留在砖中。这些生石灰在砖吸水后,产生体积膨胀,导致砖发生胀裂破坏,这种现象称为石灰爆裂。

(七)产品中不允许有欠火砖、酥砖和螺旋纹砖

欠火砖是因未达到烧结温度或保持烧结温度时间不够而造成的缺陷。酥砖是由于生产中砖坯淋雨、受潮、受冻或焙烧中预热过急、冷却太快等原因,致使成品砖产生大量程度不等的网状裂纹,严重降低砖的强度和抗冻性。螺旋纹砖是因生产中以螺旋挤出机成型砖坯时,因泥料在出口处愈合不良而形成砖坯内部螺旋状的分层。它在烧结时难以消除而使成品砖上形成螺旋状裂纹,导致砖的强度降低,并且受冻后会产生层层脱心现象。

四、批量和抽样

检验批的构成原则和批量大小按 JC/T 466—92(96)规定。3.5 万～15 万块为一批,不足 3.5 万块按一批计。

外观质量检验的试样采用随机抽样法,在每一检验批的产品堆垛中抽取。其他检验项目的样品用随机抽样法从外观质量检验后的样品中抽取。

抽样数量按抽样数量表进行(见表 7-6)。

表 7-6　抽样数量表

序号	检验项目	抽样数量(块)
1	外观质量	50($n_1 = n_2 = 50$)
2	尺寸偏差	20
3	强度等级	10
4	泛霜	5
5	石灰爆裂	5
6	吸水率和饱和系数	5
7	冻融	5

注:n_1、n_2 代表两次抽样。

第三节　烧结多孔砖

烧结多孔砖为大面有孔的直角六面体,孔洞率一般大于 15%,强度较高。常用于承重部位,使用时孔洞垂直于承压面。

一、定义、分类及规格

凡以粘土、页岩、煤矸石、粉煤灰为主要原料,经焙烧而成孔洞率等于或大于 15%,孔的尺寸小而数量多的砖,称为烧结多孔砖。

按所用主要原料,烧结多孔砖可分为粘土砖(N)、页岩砖(Y)、煤矸石砖(M)和粉煤灰砖(F)。

烧结多孔砖的外形为直角六面体,其长度、宽度、高度尺寸应符合下列要求:

290、240、190、180 mm;

175、140、115、90 mm。

其他规格尺寸由供需双方协商确定。

烧结多孔砖的孔洞尺寸应符合表 7-7 的规定。

表 7-7 烧结多孔砖孔洞尺寸　　　　　　　　　　(单位:mm)

圆孔直径	非圆孔内切圆直径	手抓孔
≤22	≤15	(30~40)×(75~85)

二、质量等级

根据抗压强度分为 MU30、MU25、MU20、MU15、MU10 五个强度等级。

强度和抗风化性能合格的砖,根据尺寸偏差、外观质量、孔型及孔洞排列、泛霜、石灰爆裂分为优等品(A)、一等品(B)和合格品(C)三个质量等级。

三、技术要求

(一)尺寸允许偏差

烧结多孔砖尺寸允许偏差应符合表 7-8 的规定。

表 7-8 尺寸允许偏差　　　　　　　　　　(单位:mm)

尺　寸	优等品		一等品		合格品	
	样本平均偏差	样本极差≤	样本平均偏差	样本极差≤	样本平均偏差	样本极差≤
290、240	±2.0	6	±2.5	7	±3.0	8
190、180、175、140、115	±1.5	5	±2.0	6	±2.5	7
90	±1.5	4	±1.7	5	±2.0	6

(二)外观质量

烧结多孔砖外观质量应符合表 7-9 的规定。

(三)强度等级

烧结多孔砖强度等级的评定根据变异系数,$\delta \leqslant 0.21$ 时采用平均值—标准值方法;$\delta > 0.21$ 时采用平均值—最小值方法。强度等级应符合表 7-10 的规定。

(四)孔型、孔洞率及孔洞排列

烧结多孔砖孔型、孔洞率及孔洞排列应符合表 7-11 的规定。

(五)泛霜

优等品:无泛霜。

一等品:不允许出现中等泛霜。

合格品:不允许出现严重泛霜。

表 7-9 外观质量　　　　　　　　　　　　　　　　　　　　　（单位:mm）

项　目	优等品	一等品	合格品
1. 颜色(一条面和一顶面)	一致	基本一致	—
2. 完整面　不得少于	一条面和一顶面	一条面和一顶面	—
3. 缺棱掉角的三个破坏尺寸　不得同时大于	15	20	30
4. 裂纹长度　不大于			
①大面上深入孔壁 15 mm 以上宽度方向及其延伸到条面的长度	60	80	100
②大面上深入孔壁 15 mm 以上长度方向及其延伸到顶面的长度	60	100	120
③条、顶面上的水平裂纹	80	100	120
5. 杂质在砖面上造成的凸出高度不大于	3	4	5
6. 欠火砖和酥砖	不允许		

注:1. 为装饰面施加的色差、凹凸纹、拉毛、压花等不算缺陷。
　　2. 凡有下列缺陷之一者,不能称为完整面:
　　　①缺损在条面或顶面上造成的破坏面尺寸同时大于 20 mm × 30 mm。
　　　②条面或顶面上裂纹宽度大于 1 mm,其长度超过 70 mm。
　　　③压陷、焦花、粘底在条面上或顶面上的凹陷或凸出超过 2 mm,区域尺寸同时大于 20 mm × 30 mm。

表 7-10　强度等级　　　　　　　　　　　　　　　　　　　（单位:MPa）

强度等级	抗压强度平均值 $\bar{f} \geqslant$	变异系数 ≤0.21 强度标准值 $f_k \geqslant$	变异系数 >0.21 单块最小抗压强度值 $f_{min} \geqslant$
MU30	30.0	22.0	25.0
MU25	25.0	18.0	22.0
MU20	20.0	14.0	16.0
MU15	15.0	10.0	12.0
MU10	10.0	6.5	7.5

表 7-11　孔型、孔洞率及孔洞排列

产品等级	孔　型	孔洞率(%) ≥	孔洞排列
优等品	矩形条孔或矩形孔	25	交错排列,有序
一等品			
合格品	矩形孔或其他孔型		—

注:1. 所有孔宽 b 应相等,孔长 ≤50 mm。
　　2. 孔洞排列上下、左右应对称,分布均匀,手抓孔的长度方向尺寸必须平行于砖的条面。
　　3. 矩形孔的孔长 L、孔宽 b 满足 L ≥ 3 b 时,为矩形条孔。

(六)石灰爆裂

优等品:不允许出现最大破坏尺寸大于 2 mm 的爆裂区域。

一等品:最大破坏尺寸大于 2 mm 且小于等于 10 mm 的爆裂区域,每组砖样不得多于 15 处。不允许出现最大破坏尺寸大于 10 mm 的爆裂区域。

合格品:最大破坏尺寸大于 2 mm 且小于等于 15 mm 的爆裂区域,每组砖样不得多于 15 处,其中大于 10 mm 的不得多于 7 处。不允许出现最大破坏尺寸大于 15 mm 的爆裂区域。

(七)抗风化性能

GB 13544—2000 规定,严重风化区中的 1、2、3、4、5 地区的砖必须进行冻融试验,其他地区的砖的抗风化性能符合表 7-12 规定时可不做冻融试验,否则,必须进行冻融试验。

表 7-12　烧结多孔砖抗风化性指标

项目	严重风化地区				非严重风化地区			
	5 h 沸煮吸水率(%)		饱和系数≤		5 h 沸煮吸水率(%)		饱和系数≤	
砖种类	平均值	单块最大值	平均值	单块最大值	平均值	单块最大值	平均值	单块最大值
粘土砖	21	23	0.85	0.87	23	25	0.88	0.90
粉煤灰砖	23	25			30	32		
页岩砖	16	18	0.74	0.77	18	20	0.78	0.80
煤矸石砖	19	21			21	23		

注:粉煤灰掺入量(体积比)小于 30% 时按粘土砖规定判定。

冻融试验后,每块砖样不允许出现裂纹、分层、掉皮、缺棱掉角等冻坏现象。

我国风化区的划分见表 7-5。

(八)其他要求

产品中不允许有欠火砖、酥砖和螺旋纹砖。

四、批量和抽样

检验批的构成原则和批量大小按 JC/T 466—1992(1996)规定。3.5 万～15 万块为一批,不足 3.5 万块按一批计。

外观质量检验的试样采用随机抽样法,在每一检验批的产品堆垛中抽取。其他检验项目的样品用随机抽样法从外观质量检验后的样品中抽取。

抽样数量按抽样数量表进行(见表 7-13)。

表 7-13　抽样数量表

序号	检验项目	抽样数量(块)
1	外观质量	50($n_1 = n_2 = 50$)
2	尺寸偏差	20
3	强度等级	10
4	孔型、孔洞率及孔洞排列	5
5	泛霜	5
6	石灰爆裂	5
7	吸水率和饱和系数	5
8	冻融	5

注:n_1、n_2 代表两次抽样。

第四节　烧结空心砖和空心砌块

烧结空心砖和空心砌块,孔洞率一般在 35% 以上,自重较轻,强度不高,因而多用作非承重墙,如多层建筑内隔墙或框架结构的填充墙等。

一、定义、分类及规格

凡以粘土、页岩、煤矸石、粉煤灰为主要原料,经焙烧而成主要用于非承重部位,孔洞率等于或大于 35% ,孔的尺寸大而数量少的砖称为烧结空心砖。空心率等于或大于 35% 的砌块称为烧结空心砌块。

烧结空心砖和空心砌块的外形为直角六面体,在与砂浆的接合面上应设有增加结合力的深度 1 mm 以上的凹线槽。

烧结空心砖和空心砌块的长度、宽度、高度尺寸应符合下列要求:

290、190、140、90 mm;

240、180(175)、115 mm。

其他规格尺寸由供需双方协商确定。

砖和砌块的壁厚应大于 10 mm,肋厚应大于 7 mm。孔洞采用矩形条孔或其他孔型,且平行于大面和条面。

二、等级

根据密度分为 800,900,1 100 三个密度级别。每个密度级别根据孔洞及其排数、尺寸偏差、外观质量、强度等级和物理性能分为优等品(A)、一等品(B)和合格品(C)三个等级。

三、技术要求

(一)尺寸允许偏差

尺寸允许偏差应符合表 7-14 的规定。

表 7-14　烧结空心砖和空心砌块尺寸允许偏差　　　　　　　　(单位:mm)

尺寸	尺寸允许偏差		
	优等品	一等品	合格
>200	±4	±5	±7
200~100	±3	±4	±5
<100	±3	±4	±4

(二)外观质量

外观质量应符合表 7-15 的规定。

(三)强度等级

烧结空心砖和空心砌块根据其大面和条面的抗压强度值分为三个强度等级,其具体指标要求应符合表 7-16 的规定。

表 7-15　外观质量要求　　　　　　　　　　　　　（单位:mm）

项　目	优等品	一等品	合格品
1. 弯曲　不大于	3	4	5
2. 缺棱掉角的三个破坏尺寸　不得同时大于	15	30	40
3. 未贯穿裂纹长度　不大于			
①大面上宽度方向及其延伸到条面的长度	不允许	100	140
②大面上长度方向或条面上水平方向的长度	不允许	120	160
4. 贯穿裂纹长度　不大于			
①大面上宽度方向及其延伸到条面的长度	不允许	60	80
②壁、肋沿长度方向、宽度方向及其水平方向的长度	不允许	60	80
5. 肋、壁内残缺长度不大于	不允许	60	80
6. 完整面　不少于	一条面或一大面	一条面或一大面	–
7. 欠火砖和酥砖	不允许	不允许	不允许

注:凡有下列缺陷之一者,不能称为完整面:
1. 缺损在大面、条面上造成的破坏面尺寸同时大于 20 mm × 30 mm。
2. 大面、条面上裂纹宽度大于 1 mm,其长度超过 70 mm。
3. 压陷、粘底、焦花在大面、条面上的凹陷或凸出超过 2 mm,区域尺寸同时大于 20 mm × 30 mm。

表 7-16　烧结空心砖和空心砌块强度等级　　　　　　　（单位:MPa）

等　级	强度等级	大面抗压强度		条面抗压强度	
		平均值 不小于	单块最小值 不小于	平均值 不小于	单块最小值 不小于
优等品	5.0	5.0	3.7	3.4	2.3
一等品	3.0	3.0	2.2	2.2	1.4
合格品	2.0	2.0	1.4	1.6	0.9

(四)密度

密度级别应符合表 7-17 的规定。

表 7-17　密度级别　　　　　　　　　　　（单位:kg/m³）

密度级别	5块密度平均值
800	≤800
900	801 ~ 900
1 100	901 ~ 1 100

(五)孔洞及其结构

孔洞及其结构应符合表 7-18 的规定。

表 7-18　孔洞及其结构

等级	孔洞排数(排)		孔洞率 （%）	壁厚 （mm）	肋厚 （mm）
	宽度方向	高度方向			
优等品	≥5	≥2			
一等品	≥3	—	≥35	≥10	≥7
合格品	—	—			

(六)物理性能

烧结空心砖和空心砌块的物理性能应符合表 7-19 的规定。

表 7-19　物理性能

项　目	鉴　别　指　标
冻融	1. 优等品 　不允许出现裂纹、分层、掉皮、缺棱掉角等冻坏现象 2. 一等品、合格品 　①冻裂长度不大于表 7-15 中 3、4 的合格品规定 　②不允许出现分层、掉皮、缺棱掉角等冻坏现象
泛霜	1. 优等品:不允许出现轻微泛霜 2. 一等品:不允许出现中等泛霜 3. 合格品:不允许出现严重泛霜
石灰爆裂	试验后的每块试样应符合表 7-15 中 3、4、5 的规定,同时每组试样必须符合下列要求: 1. 优等品 　在同一大面或条面上出现最大直径大于 5 mm 不大于 10 mm 的爆裂区域不多于 1 处的试样,不得多于 1 块 2. 一等品 　①在同一大面或条面上出现最大直径大于 5 mm 不大于 10 mm 的爆裂区域不多于 1 处的试样,不得多于 3 块 　②各面出现最大直径大于 10 mm 不大于 15 mm 的爆裂区域不多于 1 处的试样,不得多于 2 块 3. 合格品 　各面不得出现最大直径大于 15 mm 的爆裂区域
吸水率	1. 优等品:不大于 22% 2. 一等品:不大于 25% 3. 合格品:不要求

四、批量和抽样

每 3 万块为一批,不足该数量时,仍按一批计。

尺寸偏差、外观质量检验的试样采用随机抽样法,在每一检验批的产品堆垛中抽取。其他检验项目的样品,从尺寸偏差、外观质量检验后合格的样品中按随机抽样法抽取。

抽样数量按抽样数量表进行(见表 7-20)。

表 7-20　抽样数量表

序号	检验项目	抽样数量(块)
1	尺寸偏差、外观质量	100
2	强度等级	10
3	密度	5
4	孔洞及其排数	5
5	泛霜	5
6	石灰爆裂	5
7	吸水率	5
8	冻融	5

第五节　混凝土小型空心砌块

一、定义

以水泥、砂石(或其他材料)制成的,其主规格尺寸为长 390 mm、宽 190 mm、高190 mm,空心率不小于 25％的砌块,称为普通混凝土小型空心砌块(以下简称砌块)。

二、等级

按其尺寸偏差、外观质量分为优等品(A)、一等品(B)及合格品(C)。
按其强度等级分为 MU3.5、MU5.0、MU7.5、MU10.0、MU15.0、MU20.0。

三、技术要求

(一)尺寸允许偏差

混凝土小型空心砌块的尺寸允许偏差应符合表 7-21 的规定。

表 7-21　尺寸允许偏差表

项目名称	优等品(A)	一等品(B)	合格品(C)
长度	±2	±3	±3
宽度	±2	±3	±3
高度	±2	±3	+3 -4

(二)外观质量

混凝土小型空心砌块的外观质量应符合表 7-22 的规定。

表 7-22　外观质量

项 目 名 称	优等品(A)	一等品(B)	合格品(C)
弯曲(mm)　不大于	2	2	3
缺棱掉角个数(个)　不多于	0	2	2
三个方向投影尺寸之最小值(mm)≤	0	20	30
裂纹延伸的投影尺寸累计(mm)≤	0	20	30

(三)强度等级

混凝土小型空心砌块的强度等级应符合表 7-23 的规定。

(四)相对含水率

相对含水率是指砌块发货时的含水率与吸水率之比,以百分率表示,即:

$$相对含水率(\%)=\frac{发货时的含水率}{吸水率}\times100\% \qquad (7\text{-}1)$$

混凝土小型空心砌块的相对含水率应符合表 7-24 的规定。

表 7-23　强度等级　(单位:MPa)

强 度 等 级	砌块抗压强度	
	平均值不小于	单块最小值不小于
MU3.5	3.5	2.8
MU5.0	5.0	4.0
MU7.5	7.5	6.0
MU10.0	10.0	8.0
MU15.0	15.0	12.0
MU20.0	20.0	16.0

表 7-24　相对含水率

使用地区	潮湿	中等	干燥
相对含水率(%)不大于	45	40	35

注:潮湿系指年平均相对湿度大于75%的地区;中等系指年平均相对湿度50%~75%的地区;干燥系指年平均相对湿度小于50%的地区。

(五)抗渗性

用于清水墙的砌块,其抗渗性应满足表7-25的规定。

表 7-25　抗渗性

项目名称	指标
水面下降高度	三块中任一块不大于 10 mm

(六)抗冻性

混凝土小型空心砌块的抗冻性应符合表7-26的规定。

表 7-26　抗冻性

使用环境条件		抗冻标号	指标
非采暖地区		不规定	—
采暖地区	一般环境	D15	强度损失≤25%
	干湿交替环境	D25	质量损失≤5%

注:非采暖地区指最冷月份平均气温高于-5℃的地区;采暖地区指最冷月份平均气温低于或等于-5℃的地区。

四、试验方法

(一)取样

以用同一种原料配成同等强度等级的混凝土,用同一种工艺制成的同等级的10 000块砌块为一批。砌块数不足10 000块时亦作为一批。

为判定外观质量,在一批砌块中按随机抽样方法抽取32块做外观质量检测。再由尺寸和外观合格的砌块中随机抽取5块做抗压强度检验,3块做相对含水率检验,3块做抗渗性检验。

砌块各部位的名称见图7-1。

(二)尺寸和外观

1. 主要仪器

钢尺或钢卷尺:分度值 1 mm。

2. 尺寸测量

(1)长度在条面的中间,宽度在顶面的中间,高度在顶面的中间测量。每项在对应两面各测一次,精确至 1 mm。

(2)壁、肋厚在最小部位测量,每项选两处各测一次,精确至 1 mm。

3. 外观质量检查

(1)弯曲测量:将直尺贴靠坐浆面、铺浆面和条面,测量直尺与试件之间的最大间距(见图 7-2),精确至 1 mm。

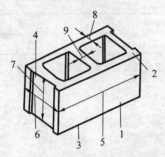

图 7-1 砌块各部位的名称
1—条面;2—坐浆面(肋厚较小的面);
3—铺浆面(肋厚较大的面);4—顶面;
5—长度;6—宽度;7—高度;8—壁;9—肋

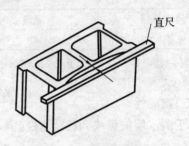

图 7-2 砌块的弯曲测量

(2)缺棱掉角检查:将直尺贴靠棱边,测量缺棱掉角在长、宽、高三个方向的投影尺寸(见图 7-3),精确至 1 mm。

(3)裂纹检查:用钢尺测量裂纹在所在面最大的投影尺寸(见图 7-4),精确至 1 mm,如裂纹由一个面延伸到另一个面时,则累计其延伸的投影尺寸(见图 7-4)。

(4)测量结果:试件尺寸偏差以实际测量的长度、宽度和高度与规定尺寸的差值表示。弯曲、缺棱掉角和裂纹长度的测量结果以最大测量值表示。

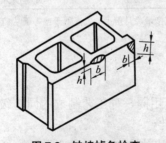

图 7-3 缺棱掉角检查
b—缺棱掉角在长度方向的投影尺寸;
h—缺棱掉角在高度方向的投影尺寸

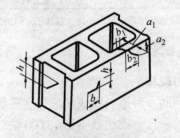

图 7-4 裂纹检查
b—裂纹在长、宽度方向的投影尺寸;
h—裂纹在高度方向的投影尺寸;
$a_1 + a_2$—裂纹在宽、高度方向的累计投影尺寸;
$b_1 + b_2$—裂纹在长度方向的累计投影尺寸

(三)抗压强度试验

1．主要仪器

(1)材料试验机:示值误差应不大于2%。

(2)钢板:厚度不小于10 mm,平面尺寸应大于440 mm×240 mm。钢板的一面需平整,精度要求在长度方向范围内的不平度不大于0.1 mm。

(3)玻璃平板:厚度不小于6 mm,平面尺寸与钢板的要求同。

(4)水平尺。

2．试件

(1)试件数量为五个砌块。

(2)处理试件的坐浆面和铺浆面,使之成互相平行的平面。将钢板置于稳固的底座下,平整面向上,用水平尺调至水平。在钢板上先薄薄地涂一层机油,或铺一张湿纸,然后铺一层以1份重量的325号以上水泥和2份细砂,加入适量的水调成砂浆,将试件的坐浆面或铺浆面平稳地压入砂浆层内,使砂浆层尽可能均匀,厚度为3~5 mm。将多余的砂浆沿试件棱边刮掉,静置24 h以后,再按上述方法处理试件的另一面。为使上下两面能彼此平行,在处理第二面时,应将水平尺置于现已向上的第一面上调至水平。在10 ℃以上不通风的室内养护3 d后做抗压强度试验。

(3)为缩短时间,也可在第一个砂浆层处理后,不经静置,立即在向上的面上铺一层砂浆,压上事先涂油的玻璃平板,边压边观察砂浆层,将气泡全部排除,并用水平尺调至水平,直至砂浆层平面均匀,厚度达3~5 mm。

3．试验步骤

(1)测量每个试件的长度和宽度,分别求出各个方向的平均值,精确至1 mm。

(2)将试件置于试验机承压板上,使试件的轴线与试验机压板的压力中心重合,以10~30 kN/s的速度加荷,直至试件破坏。记录最大破坏荷载 P。

若试验机压板不足覆盖试件受压面时,可在试件的上、下承压面加辅助钢压板。辅助钢压板的表面光洁度应与试验机原压板同,其厚度至少为原压板边至辅助钢压板最远角距离的1/3。

4．结果计算与评定

(1)每个试件的抗压强度按下式计算(精确至0.1 MPa):

$$R = \frac{P}{LB} \qquad (7\text{-}2)$$

式中　R——试件的抗压强度,MPa;

　　　P——破坏荷载,N;

　　　L——受压面的长度,mm;

　　　B——受压面的宽度,mm。

(2)试验结果以五个试件的抗压强度的算术平均值和单块最小值表示,精确至0.1 MPa。

（四）含水率、吸水率和相对含水率试验

1．主要设备

(1)电热鼓风干燥箱。

(2)磅秤：最大称量 50 kg，感量为 0.05 kg。

(3)水池或水箱。

2．试件数量

试件数量为三个砌块。试件如需运至远离取样处检验，在取样后立即用塑料袋包装密封。

3．试验步骤

(1)试件取样后立即称取其质量 m_0。如试件用塑料袋密封运输，则在拆袋前先将试件连同包装袋一起称量，然后减去包装袋的质量（袋内如有试件中析出的水珠，应将水珠拭干），即得试件在取样时的质量，精确至 0.05 kg。

(2)将试件放入电热鼓风干燥箱内，在(105 ± 5)℃的温度下至少干燥 24 h，然后每间隔 2 h 的两次称量之差不超过后一次称量的 0.2%为止。

(3)待试件在电热鼓风干燥箱内冷却至与室温之差不超过 20℃后取出，立即称其绝干质量 m，精确至 0.05 kg。

(4)将试件浸入室温 15 ~ 25 ℃的水中，水面应高出试件 20 mm 以上，24 h 后取出，称出试件面干潮湿状态的质量 m_2，精确到 0.01 kg。

4．结果计算与评定

(1)按下式计算每个试件的含水率（精确至 0.1%）：

$$W_1 = \frac{m_0 - m}{m} \times 100\% \tag{7-3}$$

式中　　W_1——试件含水率(%)；

　　　　m_0——试件在取样时的质量，kg；

　　　　m——试件的绝干质量，kg。

砌块的含水率以三个试件含水率的算术平均值表示，精确至 0.1%。

(2)按下式计算每个试件的吸水率（精确至 0.1%）：

$$W_2 = \frac{m_2 - m}{m} \times 100\% \tag{7-4}$$

式中　　W_2——试件吸水率(%)；

　　　　m_2——试件面干潮湿状态的质量，kg；

　　　　m——试件的绝干质量，kg。

砌块的吸水率以三个试件吸水率的算术平均值表示，精确至 0.1%。

(3)按下式计算砌块的相对含水率（精确至 0.1%）：

$$W = \frac{\overline{W}_1}{\overline{W}_2} \times 100\% \tag{7-5}$$

式中　　W——砌块的相对含水率(%)；

　　　　$\overline{W}_1$——砌块出厂时的平均含水率(%)；

$\overline{W}_2$——砌块的平均吸水率(%)。

(五)抗渗性试验

1. 主要设备

(1)抗渗装置见图7-5。

(2)水池或水箱。

2. 试件

(1)试件数量为三个砌块。

(2)将试件浸入室温 15 ~ 25 ℃的水中,水面应高出试件 20 mm 以上,2 h 后将试件从水中取出,放在铁丝网架上滴水 1 min,再用拧干的湿布拭去内、外表面的水。

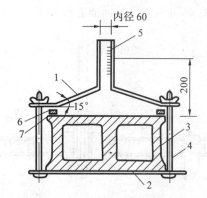

图7-5 抗渗性试验装置 (单位:mm)
1—上盖板;2—下托板;3—试件;
4—紧固螺栓;5—带有刻度的玻璃管;
6—橡胶海绵或泡沫橡胶条,厚 10 mm,宽 20 mm;
7—20 mm 周边处涂黄油或其他密封材料

3. 试验步骤

(1)将试件夹在抗渗装置中,使孔洞成水平状态(见图7-5),在试件周边 20 mm 宽度处涂上黄油或其他密封材料,再铺上橡胶条,拧紧紧固螺栓,将上盖板压紧在试件上,使周边不漏水。

(2)在 30 s 内往玻璃筒内加水,使水面高出试件上表面 200 mm。

(3)自加水时算起 2 h 后测量玻璃筒内水面下降的高度,三个试件的结果分别报告。

4. 结果评定

按三个试件上玻璃筒内水面下降的最大高度来评定。

第六节　砌墙砖试验方法

一、外观尺寸测量

(一)目的及适用范围

适用于测定烧结砖和非烧结砖的外观尺寸。烧结砖包括烧结普通砖、烧结多孔砖以及烧结空心砖和空心砌块;非烧结砖包括蒸压灰砂砖、粉煤灰砖、炉渣砖和碳化砖等。

(二)采用标准

《砌墙砖试验方法》(GB/T 2542—1992)。

(三)仪器设备

器具——砖用卡尺,如图7-6所示,分度值为 0.5 mm。

(四)测量方法

长度应在砖的 2 个大面的中间处分别测量 2 个尺寸;宽度应在砖的 2 个大面的中间处分别测量 2 个尺寸;高度应在 2 个条面的中间处分别测量 2 个尺寸,如图7-7所示。如被测处有缺损或凸出时,可在其旁边测量,但应选择不利的一侧。

(五)试验结果

结果分别以长度、高度和宽度的最大偏差值表示,不足 1 mm 者按 1 mm 计。

(六)结果评定

对照相应产品标准进行评定。

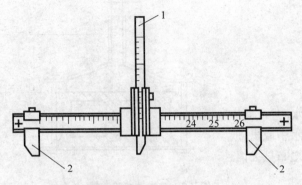

图 7-6 砖用卡尺
1—垂直尺;2—支脚

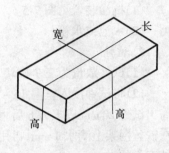

图 7-7 尺寸量法

二、外观质量检查

(一)目的及适用范围

适用于对烧结砖和非烧结砖的外观质量进行测量检查。

(二)采用标准·

《砌墙砖试验方法》(GB/T 2542—1992)。

(三)仪器设备

(1)砖用卡尺:分度值为 0.5 mm(如图 7-6 所示)。

(2)钢直尺:分度值为 1 mm。

(四)测量方法

1.缺损

(1)缺棱掉角在砖上造成的破坏程度,以破损部分对长、宽、高 3 个棱边的投影尺寸来度量,称为破坏尺寸,如图 7-8 所示。

(2)缺损造成的破坏面,系指缺损部分对条、顶面的投影面积,如图 7-9 所示。

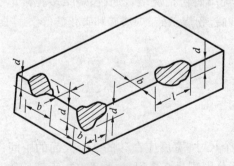

图 7-8 缺棱掉角破坏尺寸量法
l—长度方向的投影量;
b—宽度方向的投影量;
d—高度方向的投影量

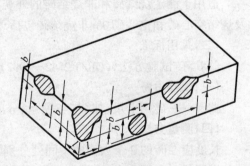

图 7-9 缺损在条、顶面上造成破坏面量法
l—长度方向的投影量;
b—高度方向的投影量
(破坏面—$l \times b$)

2. 裂纹

(1)裂纹分为长度方向、宽度方向和水平方向 3 种,以被测方向的投影长度表示。如果裂纹从一个面延伸至其他面上时,则累计其延伸的投影长度,如图 7-10 所示。

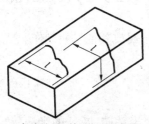 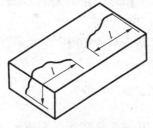 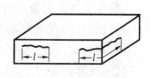

(a)宽度方向裂纹长度量法　　(b)长度方向裂纹长度量法　　(c)水平方向裂纹长度量法

图 7-10　裂纹长度量法

(2)裂纹长度以在 3 个方向上分别测得的最长裂纹作为测量结果。

3. 弯曲

(1)弯曲分别在大面和条面上测量,测量时将砖用卡尺的两支脚沿棱边两端放置。择其弯曲最大处将垂直尺推至砖面,如图 7-11 所示。但不应将因杂质或碰伤造成的凹处计算在内。

(2)以弯曲中测得的较大者作为测量结果。

4. 杂质凸出高度

杂质在砖面上造成的凸出高度,以杂质距砖面的最大距离表示。测量时将砖用卡尺的两支脚置于凸出两边的砖平面上,以垂直尺测量,如图 7-12 所示。

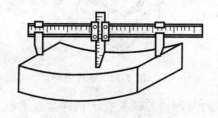 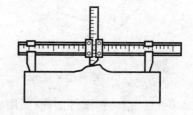

图 7-11　弯曲量法　　　　　　　　图 7-12　杂质凸出量法

5. 颜色的检验

砖抽样 20 块,条面朝上随机分两排并列,在自然阳光下,距离砖面 2 m 处目测外露的条顶面。

(五)结果记录及处理

外观测量以毫米为单位,不足 1 mm 者,按 1 mm 计。

(六)结果评定

对照相应产品标准进行评定。

三、抗压强度试验

(一)目的及选用范围

测定砖的抗压强度,作为评定砖强度等级的依据。

（二）采用标准

《砌墙砖试验方法》（GB/T 2542—1992）。

（三）仪器设备

（1）材料试验机：试验机的示值相对误差不大于±1%，其下加压板为球铰支座，预期最大破坏荷载应在量程的20%～80%之间。

（2）抗压试件制备平台：试件制备平台必须平整水平，可用金属或其他材料制作。

（3）水平尺：规格为250～300 mm。

（4）钢直尺：分度值为1 mm。

（四）试样制备

（1）烧结普通砖试样数量为10块。将砖样切断或锯成两个半截砖，断开的半截砖长不得小于100 mm，如图7-13所示。如果不足100 mm，应另取备用试样补足。

蒸压灰砂砖试样数量为5块。烧结多孔砖、烧结空心砖试样数量为10块（空心砖大面和条面抗压各5块）。其他砖样为10块。

（2）烧结普通砖试件制作：在试样制备平台上，将已断开的半截砖放入室温的净水中浸10～20 min后取出，并以断口相反方向叠放，两者中间抹以厚度不超过5 mm的用325号或425号普通硅酸盐水泥调制成的稠度适宜的水泥净浆粘结，上下两面用厚度不超过3 mm的同种水泥浆抹平。制成的试件上下两面须相互平行，并垂直于侧面，如图7-14所示。

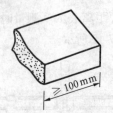

图7-13 断开的半截砖

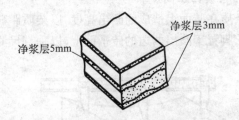

图7-14 抗压试件

（3）多孔砖、空心砖试件制作：采用坐浆法操作，即将玻璃板置于试件制备平台上，其上铺一张湿的垫纸，纸上铺一层厚度不超过5 mm的用325号或425号普通硅酸盐水泥制成的稠度适当的水泥净浆，再将在水中浸泡10～20 min的试样平稳地将受压面坐放在水泥浆上，在另一受压面上稍加压力，使整个水泥层与砖受压面相互粘结，砖的侧面应垂直于玻璃板，待水泥浆适当凝固后，连同玻璃板翻放在另一铺纸放浆的玻璃板上，再进行坐浆，用水平尺校正好玻璃板的水平。烧结多孔砖在两大面抹浆。烧结空心砖5块在两大面抹浆，5块在两条面抹浆。

（4）非烧结砖不需抹浆。将同一块试样的两半截砖断口相反叠放，叠合部分不得小于100 mm，即为抗压强度试件。

（五）试件养护

（1）制成的抹面试件应置于不低于10 ℃的不通风室内养护3 d，再进行试验。

（2）非烧结砖试件，不需养护，直接进行试验。

（六）试验步骤

（1）测量每个试件连接面或受压面的长、宽尺寸各 2 个，分别取其平均值，精确至 1 mm。

（2）将试件平放在加压板中央，垂直于受压面加荷，应均匀平稳，不得发生冲击或振动。加荷速度以（5±0.5）kN/s 为宜，直至试件破坏为止，记录试件破坏荷载 P。

（3）多孔砖以单块整砖沿竖孔方向加压。

（4）空心砖以单块整砖沿大面和条面方向分别加压。

（七）结果计算与评定

1. 单块试样的抗压强度 f_i

按下式计算（精确至 0.01 MPa）：

$$f_i = \frac{P}{Lb} \tag{7-6}$$

式中　f_i——抗压强度，MPa；

　　　P——最大破坏荷载，N；

　　　L——受压面（连接面）的长度，mm；

　　　b——受压面（连接面）的宽度，mm。

2. 强度变异系数与标准差

烧结普通砖、烧结多孔砖试验后按式（7-7）、式（7-8）分别计算出强度变异系数 δ、标准差 S：

$$\delta = \frac{S}{\bar{f}} \tag{7-7}$$

$$S = \sqrt{\frac{1}{9} \sum_{i=1}^{10} (f_i - \bar{f})^2} \tag{7-8}$$

式中　δ——砖强度变异系数，精确至 0.01；

　　　S——10 块试样的抗压强度标准差，MPa，精确至 0.01MPa；

　　　$\bar{f}$——10 块试样的抗压强度平均值，MPa，精确至 0.1MPa；

　　　f_i——单块试样抗压强度测定值，MPa，精确至 0.01MPa。

3. 烧结普通砖、烧结多孔砖结果计算与评定

（1）变异系数 $\delta \leqslant 0.21$ 时，按抗压强度平均值（$\bar{f}$）、强度标准值（f_k）指标评定砖的强度等级。样本量 $n = 10$ 时的强度标准值按下式计算：

$$f_k = \bar{f} - 1.8S \tag{7-9}$$

式中　f_k——强度标准值，MPa，精确至 0.1 MPa。

（2）变异系数 $\delta > 0.21$ 时，按抗压强度平均值（$\bar{f}$）、单块最小抗压强度值（$f_{\min}$）指标评定砖的强度等级，单块最小抗压强度值精确至 0.1 MPa。

4. 其他砖结果评定

其他砖对照相应产品标准进行评定。

四、抗冻性能试验

(一)目的及适用范围

测定砌墙砖的冻融循环次数,计算经冻融循环后砖的抗压强度和干质量损失,作为评定砖抗冻性能的依据。

(二)采用标准

《砌墙砖试验方法》(GB/T 2542—1992)。

(三)仪器设备

(1)低温箱或冷冻室:放入试样后箱(室)内温度可调至 −20 ℃或 −20 ℃以下。

(2)水槽:保持槽中水温 10~20 ℃为宜。

(3)台秤:分度值 5 g。

(4)鼓风干燥箱。

(四)试验步骤

烧结砖和蒸压灰砂砖为 5 块,其他砖为 10 块。用毛刷清理表面,并顺序编号。

(1)将试样放入鼓风干燥箱中,在 105~110 ℃下干燥至恒重(在干燥过程中,前后 2 次称量相差不超过 0.2%,前后 2 次称量时间间隔为 2 h),称其质量 G_0,并检查外观,将缺棱掉角和裂纹作标记。

(2)将试样浸在 10~20 ℃的水中,24 h 后取出,用湿布拭去表面水分,以大于 20 mm 的间距大面侧向立放于预先降温至 −15 ℃以下的冷冻箱中。

(3)当箱内温度再次降至 −15 ℃时开始计时,在 −15~ −20 ℃下冰冻:烧结砖冻 3 h;非烧结砖冻 5 h。然后取出放入 10~20 ℃的水中融化:烧结砖不少于 2 h;非烧结砖不少于 3 h。如此为一次冻融循环。

(4)每 5 次冻融循环,检查一次冻融过程中出现的破坏情况,如冻裂、缺棱、掉角、剥落。

(5)冻融过程中,发现试样的冻坏超过外观规定时,应继续试验至 15 次冻融循环结束为止。

(6)15 次冻融循环后,检查并记录试样在冻融过程中的冻裂长度、缺棱掉角和剥落等破坏情况。

(7)经 15 次冻融循环后的试样,放入鼓风干燥箱中,按第一条的规定干燥至恒重,称其质量 G_1。烧结砖若未发现冻坏现象,则可不进行干燥称量。

(8)将干燥后的试样(非烧结砖再在 10~20 ℃的水中浸泡 24 h)按本节三条中的规定进行抗压强度试验。

(五)结果计算

1. 抗压强度

抗压强度按下式计算(精确至 0.1 MPa):

$$f_i = \frac{P}{LB} \tag{7-10}$$

式中 f_i——抗压强度,MPa;

P——最大破坏荷载，N；

L——受压面(连接面)的长度，mm；

B——受压面(连接面)的宽度，mm。

取其抗压强度的算术平均值作为最后结果。

2. 质量损失率

质量损失率 G_m 按下式计算(精确至 0.1%)：

$$G_m = \frac{G_0 - G_1}{G_0} \times 100\% \qquad (7\text{-}11)$$

式中　G_m——质量损失率(%)；

G_0——试样冻融前干质量，g；

G_1——试样冻融后干质量，g。

(六)结果评定

试验结果以试样抗压强度、单块砖的干质量损失率表示，对照相应产品标准进行评定。

五、体积密度试验

(一)目的及适用范围

适用于测定砌墙砖的体积密度。

(二)采用标准

《砌墙砖试验方法》(GB/T 2542—1992)。

(三)仪器设备

(1)鼓风干燥箱。

(2)台秤：分度值 5 g。

(3)钢直尺或砖用卡尺：分度值为 1 mm。

(四)试验步骤

(1)每次试验用砖为 5 块，所取试样外观完整。清理试样表面，并注写编号，然后将试样置于 105～110 ℃鼓风干燥箱中干燥至恒重。称其质量 G_0，并检量外观情况，不得有缺棱、掉角等破损。如有破损者，须重新换取备用试样。

(2)将干燥后的试样按本节一中(四)条的规定，测量其长、宽、高尺寸各 2 个，分别取其平均值。

(五)结果计算

体积密度 ρ 按下式计算(精确至 0.1 kg/m³)：

$$\rho = \frac{G_0}{L \cdot B \cdot H} \times 10^9 \qquad (7\text{-}12)$$

式中　ρ——体积密度，kg/m³；

G_0——试样干质量，kg；

L——试样长度，mm；

B——试样宽度，mm；

H——试样高度，mm。

(六)结果评定

试验结果以试样密度的算术平均值表示，精确至 1 kg/m³。

六、石灰爆裂试验

(一)目的及适用范围

测定砌墙砖的石灰爆裂区域，评定砖的质量。

(二)采用标准

《砌墙砖试验方法》(GB/T 2542—1992)。

(三)仪器设备

(1)蒸煮箱。

(2)钢直尺：分度值 1 mm。

(四)试样制备

(1)试样为未经雨淋或浸水，且近期生产的砖样，数量为 5 块。

(2)试验前检查每块试样，将不属于石灰爆裂的外观缺陷作标记。

(五)试验步骤

(1)将试样平行侧立于蒸煮箱内的篦子板上，试样间隔不得小于 50 mm，箱内水面应低于筐上板 10 mm。

(2)加盖蒸 6 h 后取出。

(3)检查每块试样上因石灰爆裂(含试验前已出现的爆裂)而造成的外观缺陷，记录其尺寸(mm)。

(六)结果评定

以每块试样石灰爆裂区域的尺寸表示，对照相应产品标准进行评定。

七、泛霜试验

(一)目的及适用范围

测定砌墙砖的泛霜情况，评定砖的质量。

(二)采用标准

《砌墙砖试验方法》(GB/T 2542—1992)。

(三)仪器设备

(1)鼓风干燥箱。

(2)耐腐蚀的浅盘 5 个，容水深度 25 ~ 35 mm。

(3)能盖住浅盘的透明材料 5 张，在其中间部位开有大于试样宽度、高度或长度尺寸 5 ~ 10 mm 的矩形孔。

(4)干、湿球温度计或其他温、湿度计。

(四)试验步骤

(1)取试样 5 块，将粘附在试样表面的粉尘刷掉并编号，然后放入 105 ~ 110 ℃的鼓风干燥箱中干燥 24 h，取出冷却至常温。

(2)将试样顶面或有孔洞的面朝上分别置于 5 个浅盘中,往浅盘中注入蒸馏水,水面高度不低于 20 mm,用透明材料覆盖在浅盘上,并将试样暴露在外面,记录时间。

(3)试样浸在盘中的时间为 7 d,开始 2 d 内经常加水以保持盘内水面高度,以后则保持浸在水中即可,试验过程中要求环境温度为 16 ~ 32 ℃,相对湿度 30% ~ 70%。

(4)7 d 后取出试样,在同样的环境条件下放置 4 d,然后在 105 ~ 110 ℃的鼓风干燥箱中连续干燥 24 h。取出冷却至常温,记录干燥后的泛霜程度。

(5)7 d 后开始记录泛霜情况,每天 1 次。

(五) 结果评定

(1)泛霜程度根据记录以最严重者表示。

(2)泛霜程度划分如下:

无泛霜:试样表面的盐析几乎看不到。

轻微泛霜:试样表面出现一层细小明显的霜膜,但试样表面仍清晰。

中等泛霜:试样部分表面或棱角出现明显霜层。

严重泛霜:试样表面出现起砖粉、掉屑及脱皮现象。

(3) 对照相应产品标准进行评定。

八、吸水率和饱和系数试验

(一)目的及适用范围

测定砌墙砖的吸水率和饱和系数,评定砖的抗风化性能。

(二)采用标准

《砌墙砖试验方法》(GB/T 2542—1992)。

(三)仪器设备

(1)鼓风干燥箱。

(2)台秤:分度值为 5 g。

(3)蒸煮箱。

(四)试验步骤

(1)取试样 5 块。普通砖用整砖,多孔砖可用 1/2 块,空心砖用 1/4 块。

(2)清理试样表面,并注写编号,然后置于 105 ~ 110 ℃鼓风干燥箱中干燥至恒重,除去粉尘后,称其干质量 G_0。

(3)将干燥试样浸水 24 h,水温 10 ~ 30 ℃。

(4)取出试样,用湿毛巾拭去表面水分,立即称量,称量时试样毛细孔渗于秤盘中水的质量亦应计入吸水质量中,所得质量为浸泡 24 h 的湿质量 G_{24}。

(5)将浸泡 24 h 后的湿试样侧立放入蒸煮箱的箅子板上,试样间距不得小于 10 mm,注入清水,箱内水面应高于试样表面 50 mm,加热至沸腾,沸煮 3 h。饱和系数试验煮沸5 h,停止加热,冷却至常温。

(6)按上述第(4)条的规定,称量沸煮 3 h 的湿质量 G_3 和沸煮 5 h 的湿质量 G_5。

(五)结果计算

(1)常温水浸泡 24 h 试样吸水率 W_{24} 按下式计算(精确至 0.1%):

$$W_{24} = \frac{G_{24} - G_0}{G_0} \times 100\%\tag{7-13}$$

式中　W_{24}——常温水浸泡 24 h 试样吸水率(%);

　　　G_0——试样干质量,g;

　　　G_{24}——试样浸水 24 h 的湿质量,g。

(2)试样沸煮 5 h 吸水率 W_5 按下式计算(精确至 0.1%):

$$W_5 = \frac{G_5 - G_0}{G_0} \times 100\%\tag{7-14}$$

式中　W_5——试样沸煮 5 h 吸水率(%);

　　　G_5——试样沸煮 5 h 的湿质量,g;

　　　G_0——试样干质量,g。

(3)每块试样的饱和系数 K 按下式计算(精确至 0.01):

$$K = \frac{G_{24} - G_0}{G_5 - G_0}\tag{7-15}$$

式中　K——试样饱和系数;

　　　G_{24}——常温水浸泡 24 h 试样湿质量,g;

　　　G_0——试样干质量,g;

　　　G_5——试样沸煮 5 h 的湿质量,g。

(六)结果评定

吸水率以 5 块试样的算术平均值表示,精确至 1% 。

饱和系数以 5 块试样的算术平均值表示,精确至 0.01。

按照吸水率和饱和系数对照相应产品标准评定砖的抗风化性能。

第八章　干压陶瓷砖

第一节　概　述

由粘土或其他无机非金属原料,经成型、烧结等工艺处理,用于装饰与保护建筑物、构筑物墙面及地面的板状或块状陶瓷制品,称陶瓷砖,也可称为陶瓷饰面砖。将坯粉置于模具中高压下压制成型的陶瓷砖,称干压陶瓷砖。

国家标准《干压陶瓷砖》(GB/T 4100.1～5—1999)按照砖的吸水率的大小将干压陶瓷砖分成五类,即:

第 1 类　瓷质砖(吸水率 $E \leqslant 0.5\%$);

第 2 类　炻瓷砖(吸水率 $0.5\% < E \leqslant 3\%$);

第 3 类　细炻砖(吸水率 $3\% < E \leqslant 6\%$);

第 4 类　炻质砖(吸水率 $6\% < E \leqslant 10\%$);

第 5 类　陶质砖(吸水率 $E > 10\%$)。

《建筑装饰装修工程质量验收规范》(GB 50210—2001)第 8.1 条规定:饰面板(砖)工程验收时应检查材料的产品合格证书、性能检测报告和外墙陶瓷面砖的吸水率、抗冻性(寒冷地区)进场复验报告。

第二节　技术要求

一、尺寸偏差

尺寸偏差包括长度、宽度、厚度、边直度、直角度、表面平整度等。瓷质砖和炻瓷砖指标要求一样,细炻砖和炻质砖指标要求相同。陶质砖单独另有要求,按边直度、直角度和表面平整度偏差的大小分优等品和合格品两个等级,具体要求可见相应标准。

二、表面质量

优等品:在距砖 0.8 m 远处垂直观察砖的表面至少有 95% 的砖无缺陷;

合格品:在距砖 1 m 远处垂直观察砖的表面至少有 95% 的砖无缺陷。

三、物理性能

共有吸水率、破坏强度、断裂模数、抗热震性、抗冻性、抗釉裂性、光泽度、耐磨性、抗冲击性、线性热膨胀系数、湿膨胀、小色差、地砖的摩擦系数等项目。主要几项性能见表8-1。

表 8-1　干压陶瓷砖主要物理性能

类别	吸水率 $E(\%)$		破坏强度平均值(N)		断裂模数(MPa)		抗热震性	抗冻性
	平均值	单个值	厚度 $\geqslant 7.5$ mm	厚度 < 7.5 mm	平均值	单个值		
瓷质砖	$E \leqslant 0.5$	$\leqslant 0.6$	$\geqslant 1\,300$	$\geqslant 700$	$\geqslant 35$	$\geqslant 32$	10次热震试验不出现炸裂或裂纹	100次抗冻性试验后应无裂纹或剥落
炻瓷砖	$0.5 < E \leqslant 3$	$\leqslant 3.3$	$\geqslant 1\,100$	$\geqslant 700$	$\geqslant 30$	$\geqslant 27$		
细炻砖	$3 < E \leqslant 6$	$\leqslant 6.5$	$\geqslant 1\,000$	$\geqslant 600$	$\geqslant 22$	$\geqslant 20$		
炻质砖	$6 < E \leqslant 10$	$\leqslant 11$	$\geqslant 800$	$\geqslant 500$	$\geqslant 18$	$\geqslant 16$		
陶瓷砖	$E > 10$	$\geqslant 9$	$\geqslant 600$	$\geqslant 200$	$\geqslant 15$	$\geqslant 12$		

四、化学性能

主要包括耐化学腐蚀性、耐污染性及铅和镉的溶出量三大项。

第三节　检验规则

一、组批原则

以同种产品、同一级别、同一规格实际的交货量大于 5 000 m² 为一批,不足 5 000 m² 以一批计。

二、抽样方案及判定原则

(一)抽样方案

可从现场检验批中随机抽取具有代表性的试样,抽取两个样本,根据第一样本的检验情况,决定第二个样本是否需要检验。各项性能试验所需的砖数见表 8-2。

(二)判定原则

1. 计数检验

(1)第一个样本检验得出的不合格品数等于或小于表 8-2 第 3 列所示的接收数 A_{C1} 时,该抽取试样的检验批应认为可接收。

(2)第一个样本检验得出的不合格品数等于或大于表 8-2 第 4 列所示的拒收数 R_{e1} 时,可拒收该检验批。

(3)第一个样本检验得出的不合格品数介于接收或拒收(表 8-2 第 3 列和第 4 列)之间时,应再抽取与第一次相同数量的试样即第二样本进行检验。

(4)计算第一次和第二次抽样中经检验得出的不合格品的总和。

(5)若不合格品总数等于或小于表 8-2 第 5 列所示的第二接收数 A_{C2} 时,则检查批应认为可接收。

(6)若不合格品总数等于或大于表 8-2 第 6 列所示的第二拒收数 R_{e2} 时,就有理由拒收该检验批。

(7)当有关标准要求多于一项性能试验时,抽取的第二个样本(见前述(3)条)只检验根据最初样本检查的不合格品数在接收数 A_{C1} 和拒收数 R_{e1} 之间的检查项目。

2. 计量检验

(1)若第一个试验样本检验结果的平均值($\bar{X}_1$)满足要求(表8-2第7列),则检查批应认为可接收。

表 8-2　抽样与判定

性能	试样数量		计数检验				计量检验				试验方法 GB/T3810 部分
			第一次抽样		第一次加第二次抽样		第一次抽样		第一次加第二次抽样		
	第一次	第二次	接收数 A_{C1}	拒收数 R_{e1}	接收数 A_{C2}	拒收数 R_{e2}	可接收	第二次抽样	可接收	有理由拒收	
1	2		3	4	5	6	7	8	9	10	11
尺寸①	10	10	0	2	1	2	—	—	—	—	2
表面② 质量	30	30	1	3	3	4	—	—	—	—	2
	40	40	1	4	4	5	—	—	—	—	
	50	50	2	5	5	6	—	—	—	—	
	60	60	2	5	6	7	—	—	—	—	
	70	70	2	6	7	8	—	—	—	—	
	80	80	3	7	8	9	—	—	—	—	
	90	90	4	8	9	10	—	—	—	—	
	100	100	4	9	10	11	—	—	—	—	
	$1m^2$	$1m^2$	4%	9%	5%	>5%	—	—	—	—	
吸水率	5④	5④	0	2	1	2	$\bar{X}_1 > L$⑤	$\bar{X}_1 < L$	$\bar{X}_2 \geqslant L$⑤	$\bar{X}_2 < L$	3
	10	10	0	2	1	2	$\bar{X}_1 < U$⑥	$\bar{X}_1 < U$	$\bar{X}_2 < U$⑥	$\bar{X}_2 > U$	
断裂模数③	7⑦	7⑦	0	2	1	2	$\bar{X}_1 > L$	$\bar{X}_1 < L$	$\bar{X}_2 > L$	$\bar{X}_2 < L$	4
	10	10	0	2	1	2					
破坏强度③	7⑦	7⑦	0	2	1	2	$\bar{X}_1 > L$	$\bar{X}_1 < L$	$\bar{X}_2 > L$	$\bar{X}_2 < L$	4
	10	10	0	2	1	2					
无釉砖耐磨深度	5	5	0	2⑧	1⑧	2⑧	—	—	—	—	6
线性热膨胀系数	2	2	0	2⑨	1⑨	2⑨	—	—	—	—	8
抗热震性	5	5	0	2	1	2	—	—	—	—	9
耐化学腐蚀性⑩	5	5	0	2	1	2	—	—	—	—	13
抗釉裂性	5	5	0	2	1	2	—	—	—	—	11
抗冻性	10	—	0	1	—	—	—	—	—	—	12
耐污染性⑩	5	5	0	2	1	2	—	—	—	—	14
湿膨胀⑪	5	—	—	由生产厂确定性能要求							10
有釉砖耐磨性	11	—	—	由生产厂确定性能要求							7
摩擦系数⑫	12	—	—	由生产厂确定性能要求							17
小色差	5	—	—	由生产厂确定性能要求							16

性能	试样数量		计数检验				计量检验				试验方法
			第一次抽样		第一次加第二次抽样		第一次抽样		第一次加第二次抽样		
	第一次	第二次	接收数 A_{C1}	拒收数 R_{e1}	接收数 A_{C2}	拒收数 R_{e2}	可接收	第二次抽样	可接收	有理由拒收	GB/T3810 部分
1	2	3	4	5	6	7	8	9	10	11
抗冲击性	5	—	由生产厂确定性能要求								5
铅和镉的溶出量	5	—	—	由生产厂确定性能要求							15
光泽度	5	5	0	2	1	2	—	—	—	—	GB/T 13891

注:①仅指单块面积≥4 cm² 的砖。

②试样数量至少 30 块,且面积不小于 1 m²。无论 1 m² 的砖数量是多少,试样数量为 10 块砖以上。AQL 为 2.5% 可接收的规定,可以代替表 8-2 的程序。

③试样大小由砖的尺寸决定。

④仅指单块砖表面积≥0.04 m²。每块砖质量 < 50 g 时应取足够数量,每块砖质量在 50 ~ 100 g 之间时取 5 块试样。

⑤L 为下规格限。

⑥U 为上规格限。

⑦仅适用于砖边长≥48 mm。

⑧测量数。

⑨试样数。

⑩试验溶液的百分数。

⑪这些性能没有两次抽样检验。

⑫试样数量由试验方法而定。

(2)若平均值 $\bar{X}_1$ 不满足要求,应抽取与第一次样本相同数量的第二样本(表 8-2 第 8 列)。

(3)若第一次和第二次抽样的检验结果的平均值($\bar{X}_1$)满足要求(表 8-2 第 9 列),则检查批仍认为可接收。

(4)若平均值 $\bar{X}_2$ 不满足要求(表 8-2 第 10 列),就拒收检查批。

第四节 检验方法

《陶瓷砖试验方法》(GB/T 3810.1 ~ 16—1999)共有 17 部分,其中吸水率、断裂模数、抗热震性、抗冻性等几个常用试验方法如下。

一、吸水率、显气孔率、表观相对密度和密度的测定

(一)仪器

(1)烘箱(110 ± 5)℃或其他不影响检测结果的设备。

(2)加热器和干燥器。

(3)能称量精确到试样质量 0.01% 的天平。

(4)吊篮及烧杯。

(5)真空箱和真空系统。

(二)试样

(1)每种类型的砖用 10 块整砖测试。

(2)如每块砖的表面积大于 0.04 m² 时,只需用 5 块整砖作测试。如每块砖的表面积大于 0.16 m² 时,至少在 3 块整砖的中间部位切割最小边长为 100 mm 的 5 块试样。

(3)如每块砖的质量小于 50 g,则需足够数量的砖使每种测试样品达到 50~100 g。

(4)砖的边长大于 200 mm 时,可切割成小块,但切割下的每一块应计入测量值内。多边形和其他非矩形砖,其长和宽均按矩形计算。

(三)步骤

将砖放在(110±5)℃的烘箱中干燥至恒重,即每隔 24 h 的两次连续质量之差小于0.1%。砖放在有硅胶或其他干燥剂的干燥器内冷却至室温,不能使用酸性干燥剂。每块砖按表 8-3 的测量精度称量和记录。

表 8-3　砖的质量和测量精度

砖的质量 $m(g)$	测量精度(g)
$50 \leqslant m \leqslant 100$	0.02
$100 < m \leqslant 500$	0.05
$500 < m \leqslant 1\ 000$	0.25
$1\ 000 < m \leqslant 3\ 000$	0.50
$m > 3\ 000$	1.00

1. 水的饱和

1)煮沸法

将砖竖直放在盛有去离子水或蒸馏水的加热器中,使砖互不接触。砖的上部应保持有 5 cm 深度的水。在整个试验中都应保持高于砖 5 cm 的水面。将水加热至沸腾并保持煮沸 2 h。然后切断热源,使砖完全浸泡在水中冷却(4±0.25) h 至室温。也可用常温下的水或制冷器将样品冷却至室温。将一块浸湿过的麂皮用手拧干,并将麂皮放在平台上轻轻地依次擦干每块砖的表面;对于凹凸或有浮雕的表面应用麂皮轻轻地擦去表面水分,然后称重,记录每块试样的称量结果。保持与干燥状态下的相同精度(见表 8-3)。

2)真空法

将砖竖直放入真空箱中,使砖互不接触。抽真空至(100±1)kPa,并保持 30 min。在保持真空的同时,加入足够的水将砖覆盖并高出 5 cm,停止抽真空,让砖浸泡 15 min,将一块浸湿过的麂皮用手拧干。将麂皮放在平台上依次轻轻擦干每块砖的表面,对于凹凸或有浮雕的表面应用麂皮轻轻地擦去表面水分,然后立即称重,记录每块试样的测量结果。保持与干燥状态下的相同精度(见表 8-3)。

2. 悬挂称量

称量真空法吸水后悬挂在水中的每块试样的质量(m_3),精确至 0.01 g。称量时,将样品挂在天平一臂的吊环、绳索或篮子上。实际称量前,将安装好并浸入水中的吊环、绳索或篮子放在天平上,使天平处于平衡位置。吊环、绳索或篮子在水中的深度与放试样称量时的相同。

(四)结果计算

1.吸水率

计算每一块砖的吸水率 $E_{(b,v)}$,用干砖质量的百分数表示。计算公式如下:

$$E_{(b,v)} = \frac{m_{2(b,v)} - m_1}{m_1} \times 100\% \tag{8-1}$$

式中 m_1——干砖的质量,g;

  m_2——湿砖的质量,g。

E_b 表示用 m_{2b} 测定的吸水率,E_v 表示用 m_{2v} 测定的吸水率。E_b 代表水仅注入容易进入的气孔,而 E_v 代表水最大可能地注入所有气孔。

2.显气孔率

(1)用下式确定表观体积 $V(\text{cm}^3)$:

$$V = m_{2v} - m_3 \tag{8-2}$$

(2)用式(8-3)、式(8-4)确定开口气孔部分 V_0 和不透水部分 V_1 的体积(cm^3):

$$V_0 = m_{2v} - m_1 \tag{8-3}$$

$$V_1 = m_1 - m_3 \tag{8-4}$$

(3)显气孔率 P 用试样的开气孔体积与表观体积的关系式的百分数表示。计算公式如下:

$$P = \frac{m_{2v} - m_1}{V} \times 100\% \tag{8-5}$$

3.表观相对密度

计算试样不透水部分的表观相对密度 T。计算公式如下:

$$T = \frac{m_1}{m_1 - m_3} \tag{8-6}$$

4.密度

试样的密度 $B(\text{g/cm}^3)$ 用试样的干重除以表观体积(包括气孔)所得的商表示。计算公式如下:

$$B = \frac{m_1}{V} \tag{8-7}$$

二、断裂模数和破坏强度的测定

(一)仪器

(1)烘箱,同吸水率试验。

(2)金属制的两根圆柱形支撑棒,与试样接触部分用硬度为 (50 ± 5) IRHD 的橡胶包裹,橡胶的硬度按 GB/T 6031 测定,一根棒能稍微摆动(见图8-1),另一根棒能绕其轴稍作旋转(相应尺寸见表8-4)。

(3)一根与支撑棒直径相同且用同样橡胶包裹的圆柱形中心棒,用来传递荷载 F,此棒也可稍作摆动(见图8-1,相应尺寸见表8-4)。

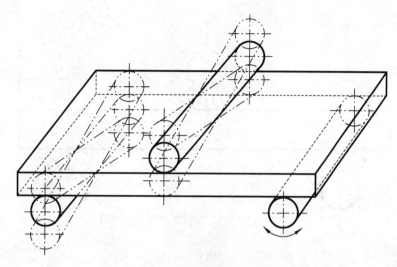

图 8-1

表 8-4　棒的直径、橡胶厚度和长度　　　　　　　　　（单位:mm）

砖的尺寸 K	棒的直径 d	橡胶厚度 t	砖伸出支撑棒外的长度 l
K≥95	20	5±1	10
48≤K<95	10	2.5±0.5	5
18≤K<48	5	1±0.2	2

(二)试样

(1)应用整砖检验,但是对超大的砖(即边长大于 300 mm 的砖)和一些非矩形的砖,必须进行切割,切割成可能最大尺寸的矩形试样,以便安放在仪器上检验。其中心应与原来砖的中心一致。在有疑问时,用整砖比切割过的砖测得的结果准确。

(2)每种样品的最少试样数量按表 8-5 规定。

表 8-5　最少试样的数量

砖的尺寸 K(mm)	最少试样数量
K≥48	7
18≤K<48	10

(三)步骤

(1)用硬刷刷去试样背面松散的粘结颗粒。将试样放入(110±5)℃的烘箱中干燥至恒重,即间隔 24 h 的连续两次称量的差值不大于 0.1%。然后将试样放在密闭的烘箱或干燥器中冷却至室温,干燥器中放有硅胶或其他合适的干燥剂,但不可放入酸性干燥剂。需在试样达到室温至少 3 h 后才能进行试验。

(2)将试样置于支撑棒上,使釉面或正面朝上,试样伸出每根支撑棒外的长度为 l(见表 8-4 和图 8-2)。

(3)对于两面相同的砖,例如无釉马赛克,以哪面在上都可以。对于挤压成型的砖,应将其背肋垂直于支撑棒放置,对所有其他矩形砖,应以其长边垂直于支撑棒放置。

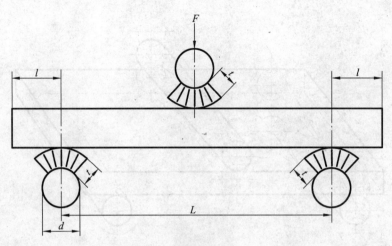

图 8-2

（4）对凸纹浮雕的砖，在与浮雕面接触的中心棒上再垫一层厚度与表 8-4 相对应的橡胶层。

（5）中心棒应与两支撑棒等距，以 (1 ± 0.2) MPa/s 的速率均匀地增加负载，每秒的实际增加率可按式(8-9)计算，记录断裂荷载 F。

（四）结果计算

只有在宽度与中心棒直径相等的中间部位断裂试样，其结果才能用来计算平均破坏强度和平均断裂模数，计算平均值至少需 5 个有效的结果。

如果有效结果少于 5 个，应取加倍数量的砖再做第二组试验，此时至少需要 10 个有效结果来计算平均值。

破坏强度 S 的单位以 N 表示，按下式计算：

$$S = \frac{FL}{b} \tag{8-8}$$

式中　F——破坏荷载,N；

　　　L——支撑棒之间的跨距,mm(见图 8-2)；

　　　b——试样的宽度,mm。

断裂模数 R 的单位以 MPa 表示，按下式计算：

$$R = \frac{3FL}{2bh^2} = \frac{3S}{2h^2} \tag{8-9}$$

式中　F——破坏荷载,N；

　　　L——支撑棒之间的跨距,mm(见图 8-2)；

　　　b——试样的宽度,mm；

　　　h——试验后沿断裂边测得的试样断裂面的最小厚度❶,mm。

记录所有结果，以有效结果计算试样的平均破坏强度和平均断裂模数。

---

❶　断裂模数的计算是根据矩形的横断面，如断面的厚度有变化，只能得到近似的结果，浮雕凸起越浅，近似值越准确。

三、抗热震性的测定

(一)原理

抗热震性的测定是用整砖在 15 ℃和 145 ℃两种温度之间进行 10 次循环试验。

(二)设备

1. 温水槽

可盛(15±5)℃流动凉水的低温水槽。例如水槽长 55 cm,宽 35 cm,深 20 cm。水流量为 4 L/min。也可使用其他适宜的装置。

浸没试验:用于按 GB/T 3810.3—1999 的规定检验吸水率不大于 10%的陶瓷砖,水槽不用加盖,但水需有足够的深度使砖垂直放置后能完全浸没。

非浸没试验:用于按 GB/T 3810.3—1999 规定检验吸水率大于 10%的有釉砖。在水槽上盖上一块 5 mm 厚的铝板,并与水面接触。然后将粒径分布为 0.3 mm 到 0.6 mm 的铝粒覆盖在铝板上,铝粒层厚度为 5 mm。

2. 烘箱

温度为(145±5)℃的烘箱。

(三)试样

最少用 5 块整砖进行试验。

(四)步骤

(1)试样的初步检查。首先用肉眼(平常戴眼镜的可戴上眼镜)在距砖 25 cm 到 30 cm,光源照度约 300 lx 的光照条件下观察砖面。所有试样在试验前应没有缺陷。可用亚甲基蓝溶液进行测定前的检验。

(2)浸没试验。吸水率不大于质量分数为 10%的低气孔率砖,垂直浸没在(15±5)℃的冷水中,并使它们互不接触。

(3)非浸没试验。吸水率大于质量分数为 10%的有釉砖,使其釉面向下与(15±5)℃的冷水槽上的铝粒接触。

(4)对上述两项步骤,在低温下保持 5 min 后,立即将试样移至(145±5)℃的烘箱内重新达到此温度后保温(通常为 20 min),然后立即将它们移回低温环境中。

重复此过程 10 次循环。

然后用肉眼(平常戴眼镜的可戴上眼镜),在距试样 25 cm 到 30 cm,光源照度约 300 lx 的条件下观察试样的可见缺陷。为帮助检查,可将合适的染色溶液(如含有少量湿润剂的 1%亚甲基蓝溶液)刷在试样的釉面上,1 min 后,用湿布抹去染色液体。

四、抗冻性的测定

(一)设备和材料

(1)烘箱,同吸水率试验。

(2)称量精确到试样质量的 0.01%的天平。

(3)能用真空泵抽真空后注入水的装置。能使装砖容器内的压力降低到(60±4)kPa 的真空度。

(4)能冷冻至少 10 块砖的冷冻机,其最小面积为 0.25 m²,并使砖互相不接触。

(5)麂皮。

(6)水。温度保持在(20±5)℃。

(7)热电偶或其他合适的测温装置。

(二)试样

1. 样品

使用不少于 10 块整砖,其最小面积为 0.25 m²,砖应没有裂纹、釉裂、针孔、磕碰等缺陷。如果必须用有缺陷的砖进行检验,在试验前应用永久性的染色剂对缺陷做记号,试验后检查这些缺陷。

2. 试样制备

砖在(110±5)℃的干燥箱内烘干至恒重,即相隔 24 h,连续两次称量之差值小于0.01%。记录每块砖的干质量(m_1)。

(三)浸水饱和

(1)砖冷却至环境温度后,将砖垂直地放在真空干燥箱内,砖与砖、砖与干燥箱互不接触。真空干燥箱连接真空泵抽真空,抽到压力低于(60±2.6)kPa。在该压力下保持把水引入装有砖的真空干燥箱内浸没,并至少高出砖 50 mm。在相同压力下维持 15 min,然后恢复到大气压力。用手把湿麂皮拧干,然后将麂皮放在一个平面上。依次将每块砖的各个面轻轻擦干,记录每块砖的湿质量 m_2。

(2)初始吸水率 E_1 用质量百分比表示,由下式求得:

$$E_1 = \frac{m_2 - m_1}{m_1} \times 100\% \tag{8-10}$$

式中 m_1——每块干砖的质量,g;

m_2——每块湿砖的质量,g。

(四)步骤

在试验时选择一块最厚的砖,该砖应视为对试样具有代表性。在砖一边的中心钻一个直径为 3 mm 的孔,该孔距砖边最大距离为 40 mm,在孔中插一支热电偶,并用一小片隔热材料(例如多孔聚苯乙烯)密封孔。如果用这种方法不能钻孔,可把一支热电偶放在一块砖的一个面的中心,用另一块砖附在这个面上。在冷冻机内欲测的砖垂直地放在支撑架上,用这一方法使得空气通过每块砖之间的空隙流过所有表面。把装有热电偶的砖放在试样中间,热电偶的温度定为试验时所有砖的温度,只有在用相同试样重复试验的情况下这点可省略。此外,应偶尔用砖中的热电偶作核实,每次测量温度应精确到 ±0.5 ℃。

以不超过 20 ℃/h 的速率使砖降温到 -5 ℃以下。砖在该温度下保持 15 min。砖浸于水中或喷水直到温度达到 5 ℃以上。砖在该温度下保持 15 min。

重复上述循环至少 100 次。如果将砖保持浸没在 5 ℃以上的水中,则此循环可中断。称量试验后的砖质量(m_3),再将其烘干至恒重的试样称出质量(m_4)。最终吸水率 E_2 用质量百分比表示,由下式求得:

$$E_1 = \frac{m_3 - m_4}{m_4} \times 100\% \tag{8-11}$$

式中　m_3——试验后每块湿砖的质量,g;

　　　m_4——试验后每块干砖的质量,g。

　　100 次循环后,在距离 25 ~ 30 cm、大约 300 lx 的光照条件下,用肉眼检查砖的釉面、正面和边缘。如果通常戴眼镜者,可以戴眼镜检查。在试验早期,如果有理由确信砖已遭受损坏,可在试验中间阶段检查并及时作记录。记录所有观察到的砖的釉面、正面和边缘的损坏情况。

第九章　建筑涂料

第一节　概　述

涂料是指一类应用于物体表面而能结成坚韧保护膜的物料的总称。建筑涂料作为涂料的一大类别,在涂料工业中占有很重要的地位。近年来,随着科学技术的进步和人民生活水平的提高,建筑涂料获得了较为迅速的发展,其品种不断增多,消耗量逐年加大,在建筑物的装饰、装修工程中占有重要位置。

建筑涂料一般由基料、颜(填)料、各种助剂和分散介质等组成。建筑涂料的品种和类别目前在我国还没有统一的划分方法,习惯上常采用三种方法对其进行分类。一种方法是按组成涂料的基料类别来划分,建筑涂料可以分为有机类、无机类和有机无机复合类三大类;二是按涂料成膜后的厚度和质地分类,建筑涂料可以分为表面平整光滑的平面涂料、表面呈砂粒状装饰效果的彩砂涂料和呈凹凸花纹装饰效果的复层涂料;第三种是按在建筑物上的使用部位分为内墙涂料、外墙涂料、地面涂料和顶棚涂料等四类。

建筑涂料的范围很广泛,并不仅仅局限于内、外墙面涂料。即使是内、外墙涂料,也有很多品种。由国家标准或行业标准明确列出的就有合成树脂乳液内、外墙涂料,砂壁状涂料,复层涂料,无机外墙涂料,溶剂型外墙涂料和水溶性内墙涂料等。由于本书篇幅的安排,这里只简要地介绍常用品种,并以内墙涂料、外墙涂料的划分来介绍建筑涂料的性能要求及常规检验项目的试验方法,并兼介绍常用胶粘剂的性能要求及试验方法。

此外,近年来建筑装饰材料的使用对环境可能造成的污染问题,已越来越受到人们的重视,我国于 2001 年颁布了强制性标准,对内墙涂料和胶粘剂中有害物质限量进行了规定,本章也对此作简要介绍。

第二节　内墙涂料

常用的内墙涂料主要有合成树脂乳液内墙涂料、水溶性内墙涂料等。水溶性内墙涂料属于较低档的内墙涂料,随着目前装饰装修水平的提高,其用量日趋减少,国家有关方面也不提倡使用,但它在县级及其以下城乡仍有着较大的市场和用量。本节主要介绍目前最常用的合成树脂乳液内墙涂料。

合成树脂乳液内墙涂料是以合成树脂乳液为基料,与颜料、体质颜料及各种助剂配制而成的,施涂后能形成表面平整的薄质涂层的内墙涂料。合成树脂乳液内墙涂料俗称内墙乳胶漆,由于它性能好,施工方便,可调配各种色彩,装饰效果好,是目前应用最广泛的内墙装饰涂料。按照装饰效果还可分为无光、半光、高光乳胶漆等,均按照国家标准《合成树脂乳液内墙涂料》进行性能检测。

合成树脂乳液内墙涂料分为三个等级:优等品、一等品、合格品。

一、技术要求

产品应符合表 9-1 规定的技术要求。

表 9-1　合成树脂乳液内墙涂料技术要求

项目	指标		
	优等品	一等品	合格品
容器中状态	无硬块,搅拌后呈均匀状态		
施工性	刷涂二道无障碍		
涂膜外观	正常		
干燥时间(表干)(h) ≤	2		
对比率(白色和浅色*) ≥	0.95	0.93	0.90
耐碱性	24 h 无异常		
耐洗刷性(次) ≥	1 000	500	100
低温稳定性	不变质		

注: * 浅色是指以白色涂料为主要成分,添加适量色浆后配制成的浅色涂料形成的涂膜所呈现的浅颜色,按《中国颜色体系》(GB/T15608—1995)中 4.3.2 规定明度值为 6 ~ 9(三刺激值中的 $Y_{D65} \geqslant 31.26$)。表 9-4、表 9-6 中浅色含义同此。

二、检验规则

(一)检验分类

产品检验分出厂检验和型式检验。

(1)出厂检验项目包括容器中状态、施工性、干燥时间、涂膜外观、对比率。

(2)型式检验项目包括表 9-1 所列的全部技术要求。

①在正常生产情况下,低温稳定性、耐碱性、耐洗刷性为半年检验一次。

②在《涂料产品检验、运输和贮存通则》(HG/T 2458—1993)中 3.2 规定的其他情况下亦应进行型式检验。

(二)检验结果的判定

(1)单项检验结果的判定按《极限数值的表示方法和判定方法》(GB/T 1250—1989)中修约值比较法进行。

(2)产品检验结果的判定按 HG/T 2458—1993 中 3.5 规定进行。

三、试验方法

(一)取样

产品按《涂料产品的取样》(GB 3186—1982)的规定进行取样。取样量根据检验需要而定。

1. 盛样容器和取样器械

用规定的取样器械(参见 GB 3186—1982)取一定数量样品盛入适当大小的洁净的广口玻璃容器(可密封)或金属罐(内部不涂漆);取样器械应能使产品尽可能混合均匀,并取出确有代表性的样品。

2. 取样数目

产品交货时,应记录产品的桶数,按随机取样方法,对同一生产厂生产的相同包装的产品进行取样,取样数应不低于$\sqrt{n/2}$(n为交货产品的桶数)。

3. 取样

(1)贮槽或槽车的取样。搅拌均匀后,选择适宜的取样器,从容器上部(距液面1/10处)、中部(距液面5/10处)、下部(距液面9/10处)三个不同水平部位取相同量的样品,进行再混合。搅拌均匀后,取两份为0.2~0.4 L的样品分别装入样品容器中,样品容器应留有约5%的空隙,盖严,并将样品容器外部擦洗干净,立即做好标志。

(2)生产线取样。应以适当的时间间隔,从放料口取相同量的样品进行再混合,搅拌均匀后,取两份各为0.2~0.4 L的样品分别装入样品容器中,样品容器应留有约5%的空隙,盖严,并将样品容器外部擦洗干净,立即做好标志。

(3)桶(罐和袋等)的取样。按规定的取样数,选择适宜的取样器,从已初检过的桶内不同部位取相同量的样品,混合均匀后,取两份样品,各为0.2~0.4 L装入样品容器中,样品容器应留有约5%的空隙,盖严,并将样品容器外部擦洗干净,立即做好标志。

(4)粉末产品的取样。按规定的取样数,选择适宜的取样器,取出相同量的样品,用四分法取出试验所需最低量的四倍。分别装于两个样品容器内,盖严,立即做好标志。

4. 样品的标志和密封

(1)标志应贴在样品容器的颈部或本体上,应贴牢,并能耐潮湿及样品中的溶剂。标志应包括如下内容:制造厂名;样品的名称、品种和型号;批号、贮槽号、桶号等;生产日期和取样日期;交货产品的总数;取样地点和取样者。

(2)密封。样品容器应予密封。

5. 样品的贮存和使用

样品应按生产厂规定的条件贮存和使用。样品取出后,应尽快检查。

(二)试验的一般条件

1. 试验环境

试板的状态调节和试验的温、湿度应符合《涂料试样状态调节和试验的温湿度》(GB 9278—1988)的规定。

(1)试验的温度及湿度。标准环境条件(凡有可能均应采用)温度(23±2)℃,相对湿度50%±5%。标准温度(23±2)℃,相对湿度为环境湿度。

(2)状态调节。试样及仪器的相关部分应置于状态调节环境中,使它们尽快地与环境达到平衡。试样应避免受日光直接照射,环境应保持清洁。试板应彼此分开,也应与状态调节箱的箱壁分开,其距离至少为20 mm。

2. 试验样板的制备

(1)所检产品未明示稀释比例时,搅拌均匀后制板。

(2)所检产品明示了稀释比例时,除对比率外,其余需要制板进行检验的项目,均应按规定的稀释比例加水搅匀后制板。若所检产品规定了稀释比例的范围时,应取其中间值。

(3)检验用试板除对比率使用聚酯膜(或卡片纸)外,均为符合《建筑用石棉水泥平板》

(JC/T 412—1991)表 2 中Ⅰ类板(加厚板,厚度为 4~6 mm)技术要求的石棉水泥平板,其表面处理按《色漆和清漆标准试板》(GB/T 9271—1988)中 7.3 规定进行。

(4)采用由不锈钢材料制成的线棒涂布器制板。线棒涂布器是由几种不同直径的不锈钢丝分别紧密缠绕在不锈钢棒上制成的,其规格为 80、100、120 三种。线棒规格与缠绕钢丝之间的关系见表 9-2。以其他规格形式表示的线棒涂布器也可使用,但应符合表 9-2 的技术要求。

表 9-2　线棒

规格	80	100	120
缠绕钢丝直径(mm)	0.80	1.00	1.20

(5)各检验项目的试板尺寸、采用的涂布器规格、涂布道数和养护时间应符合表 9-3 的规定。涂布两道时,两道间隔 6 h。进行对比率检验时可以根据涂料干燥性能不同,商定干燥条件和养护时间,但仲裁检验时为 1 d。

表 9-3　试板制板要求

检验项目	制板要求			
	尺寸	线棒涂布器规格		养护期(d)
	(mm×mm×mm)	第一道	第二道	
干燥时间	150×70×(4~6)	100		
耐碱性	150×70×(4~6)	120	80	7
耐洗刷性	430×150×(4~6)	120	80	7
施工性	430×150×(4~6)			
对比率		100		1

(三)试验项目

1. 容器中状态

打开包装容器,用搅棒搅拌时无硬块,易于混合均匀,则可视为合格。

2. 施工性

用刷子在试板平滑面上涂刷试样,涂布量为湿膜厚约 100 μm,使试板的长边呈水平方向,短边与水平成约 85°角竖放。放置 6 h 后再用同样方法涂刷第二道试样,在第二道涂刷时,刷子运行无困难,则可视为"刷涂二道无障碍"。

3. 涂膜外观

将试验结束后的试板放置 24 h。目视观察涂膜,若无针孔和流挂,涂膜均匀,则认为"正常"。

4. 干燥时间

按《漆膜、腻子膜干燥时间测定法》(GB/T 1728—1989)中表干乙法规定进行。

在石棉水泥平板上制备漆膜,在温度(23±2)℃、湿度(50±5)%条件下进行干燥。每隔若干时间或达到标准规定时间,在距膜面边缘不小于 1 cm 的范围内,以手指轻触漆膜表面,如感到有些发粘,但无涂料粘在手指上,即认为表面干燥。

5. 对比率

(1)在无色透明聚酯薄膜(厚度为 30~50 μm)上,或者在底色黑白各半的卡片纸上按(二)2 条规定均匀地涂布被测涂料,在(二)1 条规定条件下至少放置 24 h。

(2)用反射率仪(符合《浅色漆对比率的测定》(GB/T 9270—1988)中 4.3 规定)测定涂膜在黑白底面上的反射率:

①如用聚酯薄膜为底材制备涂膜,则将涂漆聚酯膜贴在滴有几滴 200 号溶剂油(或其他适合的溶剂)的仪器所附的黑白工作板上,使之保证无气隙,然后在至少四个位置上测量每张涂漆聚酯膜的反射率,并分别计算平均反射率 R_B(黑板上)和 R_W(白板上)。

②如用底色为黑白各半的卡片纸制备涂膜,则直接在黑白底色涂膜上各至少四个位置测量反射率,并分别计算平均反射率 R_B(黑板上)和 R_W(白板上)。

(3)对比率计算:

$$对比率 = \frac{R_B}{R_W} \tag{9-1}$$

(4)平行测定两次。如两次测定结果之差不大于 0.02,则取两次测定结果的平均值。

(5)黑白工作板和卡片纸的反射率为:黑色不大于 1%;白色不大于(80±2)%。

(6)仲裁检验用聚酯膜法。

6. 耐碱性

按《建筑涂料 涂层耐碱性的测定》(GB/T 9265—1988)的规定进行。

(1)碱溶液(饱和氢氧化钙)的配制。在(23±2)℃条件下,以 100 mL 蒸馏水中加入 0.12 g 氢氧化钙的比例配制碱溶液并进行充分搅拌,该溶液的 pH 值应达到 12~13。

(2)操作步骤。取两块按规定制备好的试板,用石蜡和松香混合物(质量比为 1:1)将试板四周边缘和背面封闭。然后将试板面积的 2/3 浸入温度为(23±2)℃的氢氧化钙饱和溶液中,直至规定时间。

(3)试板的检查与结果评定。浸泡结束后,取出试板用水冲洗干净,甩掉板面上的水珠,再用滤纸吸干。立即观察涂层表面是否出现起泡、裂痕、剥落、粉化、软化和溶出等现象。

以两块以上试板涂层现象一致作为试验结果。

评定时不计试板边缘约 5 mm 和液面以下约 10 mm 内的涂层区域。

如三块样板中有两块样板未出现起泡、掉粉、明显变色等涂膜病态现象,可评定为"无异常",如出现以上涂膜病态现象,按《色漆和清漆 涂层老化的评级方法》(GB/T 1766—1995)进行描述。

7. 耐洗刷性

除试板的制备外,按《建筑涂料 涂层耐洗刷性的测定》(GB/T 9266—1988)的规定进行。

1)仪器和材料

(1)洗刷试验机。该洗刷试验机是一种使刷子在试验样板的涂层表面做直线往复运动、对其进行洗刷的仪器。刷子运动频率为每分钟往复 37 次循环(74 个冲程),每个冲程刷子运动距离为 300 mm,在中间 100 mm 区间大致为匀速运动。

使用前,将刷毛浸入 20 ℃ 左右的水中,12 mm 深,30 min,再用力甩净水,浸入符合规定的洗刷介质中 12 mm 深,20 min。刷子经此处理,方可使用。

刷毛磨损至长度小于 16 mm 时,须重新更换刷子。

(2)洗刷介质。将洗衣粉溶于蒸馏水中,配成 0.5%(按质量计)的溶液,其 pH 值为 9.5 ~ 10.0。洗刷介质也可以是按产品标准规定的其他介质。

2)试验

(1)将试验样板涂漆面向上,水平固定在洗刷试验机的试验台板上。

(2)将预处理过的刷子置于试验样板的涂漆面上,试板承受约 450 g 的负荷(刷子及夹具的总重),往复摩擦涂膜,同时滴加(速度为每秒滴加约 0.04 g)符合规定的洗刷介质,使洗刷面保持湿润。

(3)视产品要求,洗刷至规定次数(或洗刷至样板长度的中间 100 mm 区域露出底漆颜色)后,从试验机上取下试验样板,用自来水清洗。

3)试板检查与结果评定

(1)试板检查。在散射日光下检查试验样板被洗刷过的中间长度 100 mm 区域的涂膜,观察其是否破损露出底漆颜色。

(2)结果评定。同一试样制备两块试板进行平行试验,洗刷至规定的次数时,两块试板中有一块试板未露出底材,则认为其耐洗刷性合格。

8. 低温稳定性

将试样装入 1 L 的塑料或玻璃容器(高约 130 mm,直径约 112 mm,壁厚 0.23 ~ 0.27 mm)内,大致装满,密封,放入(- 5 ± 2)℃ 的低温箱中,18 h 后取出容器,再于(二)1 条件下放置 6 h。如此反复三次后,打开容器,搅拌试样,观察有无硬块、凝聚及分离现象,如无则认为"不变质"。

第三节　外墙涂料

常用的外墙涂料主要有合成树脂乳液外墙涂料、溶剂型外墙涂料和合成树脂乳液砂壁状外墙涂料等。合成树脂乳液砂壁状建筑涂料又称真石漆,其集料选用粒径与色彩均不同的天然彩砂或人造彩砂,使砂壁状涂料的外观看起来质朴粗犷,质感丰满,装饰效果及耐久性均很好,但是耐污染性差,相对来说用量较少。本节主要介绍合成树脂乳液外墙涂料和溶剂型外墙涂料。

一、合成树脂乳液外墙涂料

合成树脂乳液外墙涂料是以合成树脂乳液为基料,与颜料、体质颜料及各种助剂配制而成的、施涂后能形成表面平整的薄质涂层的外墙涂料,适用于建筑物和构筑物等外表面的装饰和防护。合成树脂乳液外墙涂料俗称外墙乳胶漆,由于它具有成本低、装饰效果好、施工简便、符合环保要求等优点,目前已越来越广泛地应用于建筑物的外墙装饰。

合成树脂乳液外墙涂料分为三个等级:优等品、一等品、合格品。

(一)技术要求

产品应符合表 9-4 规定的技术要求。

(二)检验规则

1.检验分类

产品检验分出厂检验和型式检验。

(1)出厂检验项目包括容器中状态、施工性、干燥时间、涂膜外观、对比率。

(2)型式检验项目包括表 9-4 所列的全部技术要求。

表 9-4 合成树脂乳液外墙涂料技术要求

项　　目		指　　标		
		优等品	一等品	合格品
容器中状态		无硬块,搅拌后呈均匀状态		
施工性		刷涂二道无障碍		
涂膜外观		正常		
干燥时间(表干)(h)	≤	2		
对比率(白色和浅色)	≥	0.93	0.90	0.87
耐水性		96 h 无异常		
耐碱性		48 h 无异常		
耐洗刷性(次)	≥	2 000	1 000	500
耐人工气候老化性		600 h 不起泡、	400 h 不起泡、	250 h 不起泡、
白色和浅色		不剥落、无裂纹	不剥落、无裂纹	不剥落、无裂纹
粉化(级)	≤	1		
变色(级)	≤	2		
其他色		商定		
低温稳定性		不变质		
耐沾污性(白色和浅色)(%)	≤	15	15	20
涂层耐温变性(5 次循环)		无异常		

①在正常生产情况下,低温稳定性、耐水性、耐碱性、耐洗刷性、耐沾污性、涂层耐温变性为半年检验一次,耐人工气候老化性为一年检验一次。

②在《涂料产品检验、运输和贮存通则》(HG/T 2458—1993)中 3.2 规定的其他情况下亦应进行型式检验。

2.检验结果的判定

同本章第二节二(二)条检验结果的判定。

(三)试验方法

1.取样、试验的一般条件

同本章第二节三(一)、(二)1 及 2 中(1)、(2)、(3)、(4)条。

2.试验样板的制备

各检验项目的试板尺寸、采用的涂布器规格、涂布道数和养护时间应符合表 9-5 的规定。涂布两道时,两道间隔 6 h。在进行对比率检验时可以根据涂料干燥性能不同,商定干燥条件和养护时间,但仲裁检验时为 1 d。

表 9-5　试板制板要求

检验项目	制板要求			
	尺寸 （mm×mm×mm）	线棒涂布器规格		养护期(d)
		第一道	第二道	
干燥时间	150×70×(4~6)	100		
耐碱性、耐水性、耐人工气候老化性、耐沾污性、涂层耐温变性	150×70×(4~6)	120	80	7
耐洗刷性	430×150×(4~6)	120	80	7
施工性	430×150×(4~6)			
对比率		100		1

3. 耐水性

按《漆膜耐水性测定法》(GB/T 1733—1993)甲法规定进行。试板投试前除封边外,还需封背。将三块试板浸入《分析实验室用水规格和试验方法》(GB/T 6682—1992)规定的三级水中,如三块试板中有二块未出现起泡、掉粉、明显变色等涂膜病态现象,可评定为"无异常",如出现以上涂膜病态现象,按《色漆和清漆　涂层老化的评级方法》(GB/T 1766—1995)进行描述。

4. 耐人工气候老化性

试验按《色漆和清漆　人工气候老化和人工辐射暴露》(GB/T 1865—1995)规定进行。结果的评定按 GB/T 1766—1995 进行。其中变色等级的评定按 GB/T 1766—1995 中 4.2.2 进行。

5. 涂层耐温变性

按《建筑涂料　涂层耐冻融循环性测定法》(JG/T 25—1999)的规定进行,做 5 次循环((23±2)℃水中浸泡 18 h,(-20±2)℃冷冻 3 h,(50±2)℃热烘 3 h 为一次循环)。三块样板中至少应有二块未出现粉化、开裂、剥落、起泡、明显变色等涂膜病态现象,可评定为"无异常"。如出现以上涂膜病态现象,按 GB/T 1766—1995 进行描述。

6. 耐沾污性

1) 主要材料、仪器和装置

(1) 粉煤灰。

(2) 反射率仪:符合 GB/T 9270—1988 中 4.3 规定。

(3) 天平:感量为 0.1 g。

(4) 软毛刷:宽度(25~50)mm。

(5) 冲洗装置:水箱、水管和样板架用防锈硬质材料制成。

2) 试验

(1) 粉煤灰水的配制。称取适量粉煤灰并置于混合用容器中,与水以 1:1(质量)比例混合均匀。

(2) 操作。在至少三个位置上测定经养护后的涂层试板的原始反射系数,取其平均值,记为 A。用软毛刷将(0.7±0.1)g 粉煤灰水横向、竖向交错均匀涂刷在涂层表面上,在(23±2)℃、相对湿度(50±5)% 条件下干燥 2 h 后,放在样板架上。将冲洗装置水箱中加入 15 L水,打开阀门至最大冲洗样板。冲洗时应不断移动样板,使样板各个部位都能经过水流点。冲洗 1 min,关闭阀门,将样板在(23 ± 2)℃、相对湿度(50 ± 5)%条件下干燥至第二天,此为一个循环,约 24 h。按上述涂刷和冲洗方法继续试验至循环 5 次后,在至少三个位置上测定涂层样板的反射系数,取其平均值,记为 B。每次冲洗试板前均应将水箱中的水添加至 15 L。

3)结果计算

涂层的耐沾污性用反射系数下降率表示。计算公式如下:

$$X = \frac{A - B}{A} \times 100\% \tag{9-2}$$

式中 X——涂层反射系数下降率;

  A——涂层起始平均反射系数;

  B——涂层经沾污试验后的平均反射系数。

结果取三块样板的算术平均值,平行测定之相对误差不大于 10%。

7. 其他项目检验

容器中状态、施工性、涂膜外观、干燥时间、对比率、耐碱性、耐洗刷性、低温稳定性试验方法同合成树脂乳液内墙涂料相应项目。

二、溶剂型外墙涂料

溶剂型外墙涂料是以合成树脂为基料,与颜料、体质颜料及各种助剂配制而成的、施涂后能形成表面平整的薄质涂层的外墙涂料,适用于建筑物和构筑物等外表面的装饰和防护。溶剂型外墙涂料的耐气候老化性、耐洗刷性、耐沾污性等性能较优异,也是目前常用的外墙涂料。

溶剂型外墙涂料分为三个等级:优等品、一等品、合格品。

(一)技术要求

产品应符合表 9-6 的技术要求。

(二)检验规则

检验规则同"合成树脂乳液外墙涂料"(二)检验规则,其中型式检验项目包括表 9-6 所列的全部技术要求。

(三)试验方法

1. 取样、试验的一般条件

同本章第二节三(一)、(二)1 及 2 中(1)、(2)、(3)条。其中:所检产品明示了稀释比例时,除对比率外,其余需要制板进行检验的项目,均应按规定的稀释比例加稀释剂搅匀后制板;若所检产品规定了稀释比例的范围时,应取其中间值。

2. 试验样板的制备

除对比率采用刮涂制板外,其他均采用刷涂制板。刷涂两道间隔时间应不小于 24 h。各检验项目(除对比率外)的试板尺寸、刷涂量和养护时间应符合表 9-7 的规定。表中刷涂量以第一道 1.5 g/dm²、第二道 1.0 g/dm² 计。

表 9-6　溶剂型外墙涂料技术要求

项　目	指　标		
	优等品	一等品	合格品
容器中状态	无硬块,搅拌后呈均匀状态		
施工性	刷涂二道无障碍		
涂膜外观	正常		
干燥时间(表干)(h)　≤	2		
对比率(白色和浅色)　≥	0.93	0.90	0.87
耐水性	168 h 无异常		
耐碱性	48 h 无异常		
耐洗刷性(次)　≥	5 000	3 000	2 000
耐人工气候老化性	1 000 h 不起泡、不剥落、无裂纹	500 h 不起泡、不剥落、无裂纹	300 h 不起泡、不剥落、无裂纹
白色和浅色			
粉化(级)　≤	1		
变色(级)　≤	2		
其他色	商定		
耐沾污性(白色和浅色)(%)　≤	10	10	15
涂层耐温变性(5 次循环)	无异常		

表 9-7　试板制板要求

检验项目	制 板 要 求			
	尺寸 (mm×mm×mm)	刷涂量(g)		养护期(d)
		第一道	第二道	
干燥时间	150×70×(4~6)	1.6±0.1	1.0±0.1	
耐碱性、耐水性、耐人工气候老化性、耐沾污性、涂层耐温变性	150×70×(4~6)	1.6±0.1	1.0±0.1	7
耐洗刷性	430×150×(4~6)	9.7±0.1	6.4±0.1	7
施工性	430×150×(4~6)			

3. 容器中状态等项目检验

容器中状态、施工性、涂膜外观、干燥时间、耐碱性、耐洗刷性试验方法同合成树脂乳液内墙涂料相应项目。

4. 对比率

(1)在无色透明聚酯薄膜(厚度为 30 ~ 50 μm)上,或者在底色黑白各半的卡片纸上用 100 μm 的间隙式漆膜制备器按《漆膜一般制备法》(GB/T 1727—1992)中 6.4.2 均匀地涂布被测涂料,在上述(三)1 条规定的条件下至少放置 24 h。根据涂料干燥性能不同,干燥条件和养护时间可以商定,但仲裁检验时间为 24 h。

(2)用反射率仪(符合《浅色漆对比率的测定》(GB/T 9270—1988)中 4.3 规定)测定涂膜在黑白底面上的反射率:

①如用聚酯薄膜为底材制备涂膜,则将涂漆聚酯膜贴在滴有几滴 200 号溶剂油(或其他适合的溶剂)的仪器所附的黑白工作板上,使之保证无气隙,然后在至少四个位置上测量每张涂漆聚酯膜的反射率,并分别计算平均反射率 R_B(黑板上)和 R_W(白板上)。

②如用底色为黑白各半的卡片纸制备涂膜,则直接在黑白底色涂膜上各至少四个位置测量反射率,并分别计算平均反射率 R_B(黑板上)和 R_W(白板上)。

(3)对比率计算:

$$对比率 = \frac{R_B}{R_W} \tag{9-3}$$

(4)平行测定两次。如两次测定结果之差不大于 0.02,则取两次测定结果的平均值。

(5)黑白工作板和卡片纸的反射率为:黑色不大于 1%;白色不大于(80 ± 2)%。

(6)仲裁检验用聚酯膜法。

5. 耐水性等项目检验

耐水性、耐人工气候老化性、涂层耐温变性、耐沾污性试验方法同合成树脂乳液外墙涂料相应项目。

第四节　常用胶粘剂

一、水溶性聚乙烯醇缩甲醛胶粘剂

聚乙烯醇缩甲醛胶粘剂是以聚乙烯醇和甲醛进行部分缩合反应而制得的水溶性胶粘剂,主要用于水泥增强、配制普通内墙涂料和壁纸胶粘剂等。因聚乙烯醇缩甲醛胶粘剂内部含有少量游离甲醛会在使用过程中释放出来,对人体健康有一定危害,所以现在已逐步被其他胶粘剂取代。但是它在装饰装修工程中仍有较大的用量,且这种情况可能还会延续一段时间。

(一)技术要求

水溶性聚乙烯醇缩甲醛胶粘剂的技术指标,应符合表 9-8 的规定。

表 9-8　技术指标

试验项目	技术指标	
	一等品	合格品
外观	无色或浅黄色透明液体	
固体含量(%)	≥8.0	
粘度(23 ℃ ± 2 ℃)(Pa·s)	≥2.0	≥1.0
游离甲醛*(%)	≤0.5	
180°剥离强度(N/25 m)	≥15	≥10
pH 值	7 ~ 8	
低温稳定性(0 ℃,24 h)	呈流动状态	部分凝胶化,室温下恢复到流动状态

注:* 该项指标应满足《室内装饰装修材料　胶粘剂中有害物质限量》(GB 18583)的要求(编者注)。

(二)检验规则

1. 出厂检验

检验项目规定为外观、固体含量、粘度和游离甲醛。

2. 型式检验

生产工艺改变或长期停产后恢复制造时,应对表9-8规定的七项技术要求进行全部检验。正常生产时,每年进行一次全部检验。

3. 组批和抽样

以同一制造条件、同一时间和地点生产的产品为一批,按《建筑胶粘剂通用试验方法》(GB/T 12954—1991)中4.1条的规定抽取1.0 L样品,充分混匀后等分为两份。

4. 判定规则

一份试样的每项技术要求均符合本标准规定时判为批合格,若有一项指标不符合要求时,再取另一份试样进行复验,若仍有一项指标不合格,则判为批不合格。

(三)试验方法

1. 外观检查

将试样倒入100 mL洁净量筒中,于自然散射光下,目测并记录试样的颜色和透明程度。

2. 固体含量的测定

按GB/T 12954—1991中5.4条进行,干燥温度为(105 ± 2)℃,干燥时间为(180 ± 5) min。

3. 粘度的测定

按GB/T 12954—1991中5.3条进行。

4. 游离甲醛的测定

1)方法要点

过量亚硫酸氢钠与甲醛反应,生成羟甲基磺酸钠,剩余的亚硫酸氢钠用碘滴定并同时做空白试验。用每100 g水溶性聚乙烯醇缩甲醛胶粘剂所含未反应的甲醛克数表示游离甲醛值。

2)试剂

(1)1%亚硫酸氢钠溶液:称取1 g亚硫酸氢钠,溶于100 mL蒸馏水中,新配。

(2)1%淀粉溶液:称取1 g可溶性淀粉,加入少许蒸馏水,调至糊状,再加入100 mL沸腾蒸馏水,新配。

(3)硫代硫酸钠标准溶液 $c(Na_2S_2O_3) = 0.1$ mol/L:称取25 g硫代硫酸纳($Na_2S_2O_3 \cdot 5H_2O$),加入25 mL蒸馏水、2 g碘化钾和40 mL 1:10硫酸溶液,摇匀。静置过夜或更长时间后标定。

标定方法:称取0.15 g经120 ℃烘干的基准重铬酸钾(准确至0.000 2 g),置于250 mL碘瓶中,加入25 mL蒸馏水、2 g碘化钾和40 mL 1:10硫酸溶液,摇匀。置于暗处10 min,加入150 mL蒸馏水,用硫代硫酸纳标准溶液滴定,近终点时,加入1 mL 1%淀粉溶液,继续滴定至溶液由黄色变为亮绿色。

硫代硫酸纳标准溶液的浓度按下式计算:

$$c_1 = \frac{m}{V_1 \times 0.049\,03} \tag{9-4}$$

式中 c_1——硫代硫酸钠标准溶液之物质的量浓度，mol/L；

        V_1——硫代硫酸纳标准溶液的体积，mL；

        m——重铬酸钾的质量，g；

        0.049 03——与 1.00 mL 硫代硫酸钠标准溶液（$c(Na_2S_2O_3) = 1.000$ mol/L）相当的以
                 克表示的重铬酸钾的质量。

（4）碘标准溶液 $c(\frac{1}{2}I_2) = 0.05$ mol/L：称取 13 g 碘和 30 g 碘化钾，置于洁净瓷乳钵中，加入少许蒸馏水研磨至完全溶解或先把碘化钾溶于少许蒸馏水中，然后在不断搅拌下加碘，使其完全溶解后，移入 1 000 mL 棕色容量瓶，用蒸馏水稀释至刻度，摇匀。贮存于暗处，静置过夜或更长时间后标定。

标定方法：准确量取 20～30 mL 硫代硫酸钠标准溶液（$c(Na_2S_2O_3) = 0.1$ mol/L），置于 250 mL 碘瓶中，加入 150 mL 蒸馏水，用碘标准溶液（$c(\frac{1}{2}I_2) = 0.1$ mol/L）滴定，近终点时，加入 1 mL 1% 淀粉溶液，继续滴定至溶液呈稳定蓝色。

碘标准溶液的浓度按下式计算：

$$c_2 = \frac{c_1 \times V_1}{2V_2} \tag{9-5}$$

式中 c_2——碘标准溶液之物质的量浓度，mol/L；

        V_2——碘标准溶液的体积，mL；

        c_1——硫代硫酸钠标准溶液之物质的量浓度，mol/L；

        V_1——硫代硫酸纳标准溶液的体积，mL。

3）操作步骤

称取 1 g（准确至 0.000 2 g）试样，置于 250 mL 碘瓶中，加入 10 mL 蒸馏水至试样完全溶解后，用移液管准确加入 20 mL 新配 1% 亚硫酸氢钠溶液，加塞，于暗处静置 2 h，加入 50 mL 蒸馏水和 1 mL 1% 淀粉溶液，用碘标准溶液（$c(\frac{1}{2}I_2) = 0.1$ mol/L）滴定至溶液呈蓝色。

另量取一份 20 mL 1% 亚硫酸氢钠溶液，同时做空白试验。

4）计算

游离甲醛按下式计算：

$$F = \frac{(V_0 - V_3)c_2 \times 0.030\ 03}{W} \times 100\% \tag{9-6}$$

式中 F——游离甲醛（%）；

        V_0——空白试验时消耗碘标准溶液的体积，mL；

        V_3——滴定试样时消耗碘标准溶液的体积，mL；

        c_2——碘标准溶液之物质的量浓度，mol/L；

        W——试样的质量，g；

        0.030 03——与 1.00 mL 碘标准溶液（$c(\frac{1}{2}I_2) = 1.000$ mol/L）相当的以克表示的甲
                 醛的质量。

两次平行测定,绝对误差范围应不超过 0.05%,以其平均值表示,取小数点后两位数。

5.180°剥离强度的测定

1)仪器

500 N 拉力试验机,符合《试验机通用技术要求》(GB 2611—1992)的技术条件,选用 100 N 一挡。

2)试片材料

(1)棉布:符合《纺织品色牢度试验　棉和粘纤标准贴衬物规格》(GB 7565—1987)规定的纯棉平纹织物,单位面积质量为$(105 \pm 5)g/m^2$,表面平整。

(2)胶合板:符合《胶合板》(GB 9846)规定的 1 类 1 级三层胶合板,表面平整,无木节、裂纹、隙缝和缺陷等。

3)操作步骤

预先将胶合板切割成 125 mm × 150 mm,用梳齿刮刀将 $150\ g/m^2$ 试样均匀涂布于上面,然后将 175 mm × 150 mm 棉布粘贴,并用刮刀一次压平。在(23 ± 2)℃试验条件下放置 7 d 后,切割成 5 个 125 mm × 25 mm 的试片。

将上述切割试片一端剥离约 50 mm,置于试验机夹具上面,上夹口夹紧胶合板露出端,下夹口夹紧棉布端,以(200 ± 20)mm/min 拉伸速度,拉伸至粘贴部位剩余约 10 mm 时记录其值。按 GB/T 12954—1991 中 5.8.3 计算试验结果,以 N/25 mm 表示。

6.pH 值的测定

按 GB/T 12954—1991 中 5.2 条进行。

7. 低温稳定性的测定

1)仪器

电冰箱:能保持(0 ± 1)℃温度。

聚乙烯瓶:100 mL。

2)操作步骤

将试样倒入 100 mL 聚乙烯瓶中,加盖。置于(0 ± 1) ℃冰箱内保持 24 h,取出。目测并记录试样是否呈流动状态。如果发生凝胶化,待恢复到室温后再目测并记录试样是否呈流动状态。

二、聚乙酸乙烯酯乳液木材胶粘剂

聚乙酸乙烯酯乳液胶粘剂是用途较广泛的胶粘剂,如用于粘结木材、纸张、纤维等。不过,用途不同对这类乳液性能的要求也不同,本方法适用于木材用的聚乙酸乙烯酯乳液胶粘剂。

聚乙酸乙烯酯乳液木材胶粘剂分为Ⅰ型和Ⅱ型两种。

(一)技术要求

产品应符合表 9-9 规定的技术要求。

(二)检验规则

(1)取样方法按《聚乙酸乙烯酯乳液试验方法》(GB 11175—1989)中第三章的规定进行。

(2)出厂检验为表 9-9 中外观、pH 值、蒸发剩余物及粘度四项;最低成膜温度、木材污染性及压缩剪切强度仅在型式检验时测定。

(3)检验合格则由质检部门出具合格证。合格证应包括下列内容:产品名称、型号、批次、检验项目、检验结果及检验日期。

(4)检验结果如任何一项不符合表 9-9 技术要求时,应按(1)的取样方法双倍取样。对不合格项目进行复验,复验后仍未达到技术要求,则该批胶粘剂为不合格品。

表 9-9 技术要求

型 号 项 目		Ⅰ 型	Ⅱ 型
外观		乳白色,无粗颗粒和异物	
pH 值		3～7	
蒸发剩余物(%)	≥	40	
粘度(Pa·s)	≥	0.5	
灰分(%)	≤	3	
最低成膜温度(℃)	≤	17	4
木材污染性		较涂敷硫酸亚铁的显色浅	
压缩剪切强度 (MPa)	干强度 ≥	9.8	6.9
	湿强度 ≥	3.9	2.0

(5)供需双方检验结果不一致时,可由双方协商解决。如不能解决,则由专业监督部门仲裁。

(三)试验方法

1.外观试验方法

按 GB 11175 的规定进行。

(1)仪器。玻璃棒:直径 8 mm 左右,粗细均匀,长度 200 mm 左右。玻璃板:表面平滑、洁净、干燥。

(2)方法。用玻璃棒将试样混匀后薄薄地涂敷于玻璃板上,随即目测有无粗颗粒和杂质。目测无可见的粗颗粒和杂质即为外观合格,否则为外观不合格。

2.pH 值试验方法

按《聚合物和共聚物水分散体 pH 值测定方法》(GB 8325—1987)的规定进行。

3.蒸发剩余物试验方法

按 GB 11175—1989 的规定进行。

4.粘度试验方法

除试验温度控制在(30±0.5)℃以外,其余按《胶粘剂粘度测定方法》(GB 2794—1995)的规定进行。

5.灰分试验方法

按 GB 11175—1989 的规定进行。

6.最低成膜温度试验方法

按 GB 11175—1989 的规定进行。

7. 木材污染性试验方法

1）试剂

0.01％硫酸亚铁溶液；0.1％丹宁酸溶液。

2）显色试片

采用经 0.1％丹宁酸水溶液浸泡且经干燥过的定性滤纸，定性滤纸符合《定性滤纸》（GB 1915）的规定。

3）操作步骤

分别将样品和 0.01％硫酸亚铁水溶液在两显色试片上涂成均匀的薄层，待试片自然干燥后，比较显色程度。

8. 压缩剪切强度试验方法

1）试样

（1）试片。采用含水率（以绝对质量为基准）15％以下、密度大于 0.5 g/cm³ 的桦木边材作试片材料（也可用其他种类的木材代替桦木）。其胶接面应加工平滑且材料的主纤维方向与试片的轴向平行。

（2）试样的制备。把经充分搅拌的样品，分别涂在两块试片的胶接面上，胶接面积为 25 mm×25 mm，涂胶量均为 100 g/m²。按要求将试片叠合胶接成试样，叠合时间不超过 10 min，压机施以 49～98 N/cm² 的压力，室温为（20±2）℃，湿度 60％～70％下，装配时间 24 h，解除压力后在同样环境条件下放置 48 h，此试样即可进行干强度试验；若进行湿强度试验，此试样在（30±1）℃的水中浸泡 3 h 后，再于（20±1）℃的水中浸泡 10 min，然后立即进行压缩剪切强度试验。

2）试验条件

（1）若采用机械式试验机，应使试样的破坏荷载在满标负荷的 15％～85％范围内，试验机的力值误差应不大于 1％。

（2）试验时把试验机的加载负荷控制在每分钟 7.85～9.87 kN 以内。

（3）要使用能保证应力集中在胶接面的夹持器。

（4）试验时温度（20±2）℃，相对湿度为 60％～70％。

3）试验步骤

把准备好的试样安装于夹具中，应使所施的力互相平行，启动试验机，记下试样的胶接部分受压缩剪切力破坏时的最大负荷。

4）试验结果

（1）用精度不低于 0.1 mm 的量具测量试样胶接部分的长度和宽度。

（2）压缩剪切强度计算公式：

$$\sigma = \frac{\rho}{Lb} \tag{9-7}$$

式中　σ——压缩剪切强度，MPa；

　　　ρ——试验断裂时的最大负荷，N；

　　　L——试样胶接部分的长度，cm；

　　　b——试样胶接部分的宽度，cm。

(3)代表同一性能的试样一般不少于 5 个,试验时若试样的木材未发生破坏,且有不少于 5 个试验结果的极差在 2.5 MPa 以内,则试验结果有效。试验结果以算术平均值表示,计算至整数位。

(4)在仲裁试验或需测定标准偏差及变异系数的情况下,试样应不少于 10 个。

第五节　内墙涂料和胶粘剂中有害物质限量简介

随着人们对环保问题的日益关注,建筑涂料和胶粘剂作为装饰装修材料,在使用过程中对环境造成的污染问题也越来越被重视。涂料使用过程中排放的有机挥发物(VOC)是主要的环境污染源之一,释放的甲醛等也对人体有一定的危害。胶粘剂在使用过程中释放的甲醛、苯等有害物质同样对室内环境造成一定的污染,为此国家制定了强制性标准,规定了涂料、胶粘剂中有害物质限量,为生产厂家控制产品质量和消费者保障自己的权益提供了依据。本节对内墙涂料和胶粘剂中有害物质限量作一简单介绍,具体试验方法参见国家标准《室内装饰装修材料　内墙涂料中有害物质限量》(GB 18582—2001)和国家标准《室内装饰装修材料　胶粘剂中有害物质限量》(GB 18583—2001)。

一、技术要求

(一)内墙涂料有害物质限量

内墙涂料中有害物质限量应符合表 9-10 的要求。

表 9-10　技术要求

项目		限量值
挥发性有机化合物(VOC)(g/L)	≤	200
游离甲醛(g/kg)	≤	0.1
重金属(mg/kg)	可溶性铅 ≤	90
	可溶性镉 ≤	75
	可溶性铬 ≤	60
	可溶性汞 ≤	60

(二)胶粘剂中有害物质限量

(1)溶剂型胶粘剂中有害物质限量值应符合表 9-11 的规定。

表 9-11　溶剂型胶粘剂中有害物质限量值

项目		指标		
		橡胶胶粘剂	聚氨酯类胶粘剂	其他胶粘剂
游离甲醛(g/kg)	≤	0.5	—	—
苯*(g/kg)	≤		5	
甲苯+二甲苯(g/kg)	≤		200	
甲苯二异氰酸酯(g/kg)	≤	—	10	—
总挥发性有机物(g/L)	≤		750	

注:* 苯不能作为溶剂使用,作为杂质其最高含量不得大于表 9-11 的规定。

(2)水基型胶粘剂中有害物质限量值应符合表 9-12 的规定。

表 9-12　水基型胶粘剂中有害物质限量值

项　目		指　标				
		缩甲醛类胶粘剂	聚乙酸乙烯酯胶粘剂	橡胶类胶粘剂	聚氨酯类胶粘剂	其他胶粘剂
游离甲醛(g/kg)	≤	1	1	1	—	1
苯(g/kg)	≤	0.2				
甲苯 + 二甲苯(g/kg)	≤	10				
总挥发性有机物(g/L)	≤	50				

二、检验规则

(一)内墙涂料中有害物质限量检验规则

1. 型式检验项目

表 9-10 所列的全部技术要求均为型式检验项目。

(1)在正常生产情况下,每年至少进行一次型式检验。

(2)有下列情况之一时应随时进行型式检验:新产品最初定型时;产品异地生产时;生产配方、工艺及原材料有较大改变时;停产三个月后又恢复生产时。

2. 检验结果的判定

(1)检验结果的判定按《极限数值的表示方法和判定方法》(GB/T 1250—1989)中修约值比较法进行。

(2)所有项目的检验结果均达到 GB 18582—2001 技术要求时,该产品为符合 GB 18582—2001 要求。如有一项检验结果未达到 GB 18582—2001 要求时,应对保存样品进行复验,如复验结果仍未达到 GB 18582—2001 要求时,该产品为不符合 GB 18582—2001 要求。

(二)胶粘剂中有害物质限量检验规则

1. 型式检验

表 9-11 所列的全部要求均为型式检验项目。在正常情况下,每年至少进行一次型式检验。生产配方、工艺及原材料有重大改变或停产三个月后又恢复生产时应进行型式检验。

2. 取样方法

在同一批产品中随机抽取三份样品,每份不小于 0.5 kg。

3. 检验结果的判定

在抽取的三份样品中,取一份样品按 GB 18583—2001 的规定进行测定,如果所有项目的检验结果符合 GB 18583—2001 规定的要求,则判定为合格。如果有一项检验结果未达到 GB 18583—2001 要求时,应对保存样品进行复检,如果结果仍未达到 GB 18583—2001 要求时,则判定为不合格。

第十章　防水材料

第一节　概　述

我国的建筑防水材料自20世纪80年代以来取得了长足的进步,尤其是90年代以后发展更加迅速,已从单一品种石油沥青纸胎油毡和沥青发展到门类包括纸胎油毡(石油沥青纸胎油毡、油纸、石油沥青玻璃纤维胎油毡、石油沥青玻璃布胎油毡和铝箔面油毡)、改性沥青卷材(弹性体改性沥青防水卷材、塑性体改性沥青防水卷材、沥青复合胎柔性防水卷材、改性沥青聚乙烯胎防水卷材和自粘橡胶沥青防水卷材)、高分子防水卷材(聚氯乙烯防水卷材、氯化聚乙烯防水卷材、氯化聚乙烯－橡胶共混防水卷材和三元丁橡胶防水卷材)、防水涂料(聚氨酯涂料、聚合物水泥涂料、聚合物乳液涂料、溶剂型橡胶沥青涂料、聚氯乙烯弹性涂料、水性沥青基涂料、水性聚氯乙烯焦油涂料和皂液乳化沥青涂料)、密封材料、刚性防水和堵漏材料的多类别、多品种、多档次,品种和功能比较齐全的防水材料体系。新型防水材料从无到有,而传统的纸胎油毡已呈日益下降趋势。新型防水材料是相对石油沥青纸胎油毡和沥青而言的,具有强度高、延性大、高弹、轻质、耐老化等良好性能。

2001年建设部公告防水材料的发展政策:聚酯胎SBS和APP改性沥青卷材、非焦油性聚氨酯防水涂料为优选使用产品;玻纤胎SBS和APP改性沥青卷材、三元乙丙橡胶防水卷材、聚氯乙烯防水卷材和丙烯酸防水涂料为推荐使用产品;石油沥青纸胎油毡、沥青复合胎柔性防水卷材、焦油型聚氨酯防水涂料为限制使用产品;而水性聚氯乙烯焦油防水涂料为淘汰使用产品。

第二节　石油沥青

石油沥青是由石油原油经蒸馏提炼出各种轻质油(如汽油、柴油等)及润滑油以后的残留物,再经过加工而得的产品,是最早使用的防水材料之一。

石油沥青是一种憎水性的有机胶结材料,不仅本身结构致密,且能与石料、砖、混凝土、砂浆、木料、金属等材料牢固地粘结在一起。以沥青或以沥青为主组成的材料和制品,都具有良好的隔潮、防水、防渗以及耐化学腐蚀、电绝缘等性能。目前,在地下防潮、防水和屋面防水等建筑工程中,以及铺筑路面、材料防腐、金属防锈等工程中,沥青材料及其制品得到了广泛的应用。

一、技术要求

在工程建设中常用的石油沥青有道路石油沥青、建筑石油沥青及普通石油沥青,各品种按技术性质划分牌号,各牌号石油沥青的技术指标见表10-1。

表 10-1　石油沥青的技术指标

质量指标	道路石油沥青 SH 0522—2000							建筑石油沥青 GB/T 494—1998			普通石油沥青 SY 1665—77		
	200	180	140	100甲	100乙	60甲	60乙	40	30	10	75	65	55
针入度(25 ℃, 100 g,5 s)(1/10 mm)	201 ~ 300	161 ~ 200	121 ~ 160	91 ~ 120	81 ~ 120	51 ~ 80	41 ~ 80	36 ~ 50	26 ~ 35	10 ~ 25	75	65	55
延度(25℃), 不小于(cm)	—	100	100	90	60	70	40	3.5	2.5	1.5	2	1.5	1
软化点(环球法) (℃)	30 ~ 45	35 ~ 45	38 ~ 48	42 ~ 52	42 ~ 52	45 ~ 55	45 ~ 55	≮60	≮75	≮95	≮60	≮80	≮100

石油沥青的主要技术性能有稠度、塑性和温度稳定性,分别用针入度、延度和软化点来表示。

二、检验规则

以同一批出厂,并且类别、牌号相同的沥青为一个取样单位,从不同部位(均匀分布)取数量大致相等的洁净试样混合均匀,试样共重 2 kg,技术指标检测合格判为合格。

进入工地的沥青同一批至少抽一次,检验针入度、延度、软化点,检测合格才能使用。

三、试验方法

(一)针入度试验

石油沥青的针入度以标准针在一定的荷重、时间及温度条件下垂直穿入沥青试样的深度来表示,单位为(1/10)mm。非经另行规定,标准针、针连杆与附加砝码的合重为(100 ± 0.5)g,温度为(25 ± 0.01)℃,时间为 5 s,特定试验可使用的其他条件见表 10-2。

表 10-2　特定试验可使用的其他条件

温度(℃)	荷重(g)	时间(s)
0	200	60
4	200	60
46	50	5

特定试验,报告中应注明试验条件。

1. 仪器

(1)针入度计。凡允许针连杆在无明显摩擦下垂直运动,并且能指示穿入深度准确至 0.1 mm 的仪器均可应用。针连杆的质量应为(47.5 ± 0.05)g,针和针连杆组合件总质量应为(50 ± 0.05)g。针入度计附带(50 ± 0.05)g 和(100 ± 0.05)g 砝码各一个。仪器设有放置平底玻璃皿的平台,并有可调水平的机构,针连杆应与平台相垂直。仪器设有针连杆制动按钮,紧压按钮,针连杆可自由下落。针连杆易于卸下,以便检查其质量。

(2)标准针。标准针应由硬化回火的不锈钢制成,洛氏硬度为54～60。针长度约50 mm,直径为1.00～1.02 mm。针的一端必须磨成8.7～9.7°的锥度,针应装在一个黄铜或不锈钢制成的金属箍中,针露在外面的长度应在40～45 mm,针箍及其附件总质量为(2.50±0.05)g。每一根针均应附有国家计量部门的检验单。

(3)试样皿。应使用符合以下尺寸的金属圆柱形平底容器:针入度小于200时,试样皿内径55 mm,内部深度为35 mm;针入度在200～350时,试样皿内径55 mm,内部深度为70 mm;针入度在350～500时,试样皿内径50 mm,内部深度为60 mm。

(4)恒温水浴。容量不小于10 L,能保持温度在试验温度的±0.1 ℃范围内。水中应备有一个带孔的支架,位于水面下不少于100 mm、距浴底不少于50 mm处。在低温下测定针入度时,水浴中装入盐水。

(5)平底玻璃皿。容量不小于0.5 L,深度要没过最大的样品皿。内设一个不锈钢三腿支架,能使试样皿稳定。

(6)秒表。刻度不大于0.1 s,60 s间隔内的准确度达到±0.1 s的任何秒表均可使用。

(7)温度计。液体玻璃温度计,刻度范围0～50 ℃,分度为0.1 ℃;温度计应定期按液体玻璃温度计检定方法进行校正。

2.准备工作

(1)小心加热样品,不断搅拌以防止局部过热,加热到使样品能够流动。加热时焦油沥青的加热温度不超过软化点的60 ℃,石油沥青不超过软化点的90 ℃。加热时间不超过30 min。加热、搅拌过程中避免试样中混入气泡。

(2)将试样倒入预先选好的试样皿中,试样深度应大于预计穿入深度10 mm,同时将试样倒入两个试样皿。

(3)松松地盖住试样皿以防落入灰尘,使其在15～30 ℃的空气中冷却1.0～1.5 h(小试样皿)或1.5～2.0 h(大试样皿)。然后将试样皿移入维持在规定试验温度的恒温水浴中。小试样皿恒温1.0～1.5 h,大试样皿恒温1.5～2.0 h。

3.试验步骤

(1)调节针入度针的水平,检验针连杆和导轨,以确认无水和其他物质,用甲苯或其他合适的溶剂清洗针,用干净布将其擦干,把针插入针连杆中固定紧。按试验条件放好砝码。

(2)到恒温时间后,取出试样皿,放入水温控制在试验温度的平底玻璃皿中的三腿支架上,试样表面以上的水层高度应不小于10 mm(平底玻璃皿可用恒温浴的水),将平底玻璃皿置于针入度计的平台上。

(3)慢慢放下针连杆,使针尖刚好与试样表面接触。必要时用放置在合适位置的光源反射来观察。拉下活杆,使与连杆顶端相接触,调节针入度计刻度盘,使指针指零。

(4)用手紧压按钮,同时启动秒表,使标准针自由下落穿入沥青试样,到规定时间,停压按钮,使针停止移动。

(5)拉下活杆与针连杆顶端接触。此时刻度盘指针的读数即为试样的针入度,精确至0.1 mm。

(6)同一试样重复测定至少三次,各测定点之间及测定点与试样皿边缘之间的距离不应小于 10 mm。每次测定前应将平底玻璃皿放入恒温水浴。每次测定换一根干净的针或取下针用甲苯或其他溶剂清洗干净,再用干净布擦干。

(7)测定针入度大于 200 的沥青试样时,至少用三根针,每次测定后将针留在试样中,直至三次测定完成后,才能把针从试样中取出。

4. 精密度

(1)取三次测定针入度的平均值,取至整数,作为试验结果。三次测定的针入度值相差不应大于下列数值:

针入度: 0～49　　50～149　　150～249　　250～350

最大差值: 2　　　4　　　　6　　　　8

若差值超过上述数值,试验应重做。

(2)关于重复性与再现性的要求:

重复性:不超过平均值的 4%;

再现性:不超过平均值的 11%。

(二)延度试验

1. 仪器与材料

(1)延度仪。凡是能将试件浸没于水中,按照规定的速度拉伸试件的仪器均可使用。该仪器在开动时应无明显的振动。

(2)试件模具。由两个弧形端模和两个侧模组成,试件模具由黄铜制造,当装配完好后可以浇注成以下尺寸的试件:

总长:　　　　　　74.5～75.5 mm

端模间距:　　　　29.7～30.3 mm

端模口宽:　　　　19.8～20.2 mm

最小横断面宽:　　9.9～10.1 mm

厚度(全部):　　　9.9～10.1 mm

(3)水浴。容量至少为 10 L,能够保持试验温度变化不大于 0.1 ℃的玻璃或金属器皿,试件浸入水中深度不得小于 10 cm,水浴中设置带孔搁架,搁架距浴底部不得小于 5 cm。

(4)温度计。0～50 ℃,分度 0.1 ℃和 0.5 ℃各一支。

(5)筛。筛孔为 0.3～0.5 mm 的金属网。

(6)隔离剂。甘油滑石粉隔离剂(甘油 2 份,滑石粉 1 份,以质量计)。

(7)支撑板。金属板或玻璃板,一面必须磨光至表面粗糙度 $Ra0.63$。

2. 准备工作

(1)将隔离剂拌和均匀,涂于磨光的金属板上和铜模侧模的内表面,将模具组装在金属板上。

(2)小心加热试样,石油沥青样品加热至倾倒温度的时间不超过 2 h,其加热温度不超过预计软化点 110 ℃;焦油沥青样品加热至倾倒温度的时间不超过 0.5 h,其加热温度不超过预计软化点 55 ℃。试样加热后,将试样呈细流状,自模的一端至他端往返倒入。使试样略高出模具。

(3)试件在 15～30 ℃的空气中冷却 30～40 min,然后放入规定温度的水浴中,保持 30 min 以后取出,用热刀将高出模具的沥青刮去,使沥青面与模具面齐平。沥青的刮法应自模的中间刮向两边,表面应刮得十分光滑。将试件连同金属板在试验温度下保持 85～95 min。

(4)检查延度仪拉伸速度是否符合要求,然后移动滑板使其指针正对标尺的零点。保持水槽中水温为(25±0.5)℃,拉伸速度为(5±0.25)cm/min。

3.试验步骤

(1)将试件移至延度仪水槽中,将模具两端的孔分别套在滑板及槽端的金属柱上,水面距试件表面不小于 25 mm,然后去掉侧模。

(2)开动延度仪,此时仪器不得有振动。观察沥青的拉伸情况。在测定时,如发现沥青细丝浮于水面或沉入槽底时,则应在水中加入乙醇或食盐水调整水的密度,至与试样的密度相近后,再进行测定。

(3)试件拉断时指针所指标尺上的读数,即为试样的延度,单位以 cm 表示,精确至 0.1 cm。在正常情况下,应将试样拉伸成锥尖状,在断裂时实际横断面面积接近零。如果三次试验得不到正常结果,则应报告在此条件下无测定结果。

(4)取平行测定三个结果的平均值作为测定结果,精确至 0.1 cm。若三次测定值不在其平均值的 5%之内,但其中两个较高值在平均值的 5%之内,则弃去最低测定值,取两个较高值的平均值作为测定结果,否则重新测定。

4.精密度

两次试验结果之差,不应超过下列数据:

重复性:不超过平均值的 10%;

再现性:不超过平均值的 20%。

(三)软化点试验

1.仪器和材料

(1)沥青软化点测定器。

钢球。直径为 9.5 mm,质量为(3.50±0.05)g 的钢制圆球。

试样环。用黄铜制成的锥环或肩环。

钢球定位器。用黄铜制成,能使钢球定位于试样环中央。

支架。由上、中、下支撑板和定位套组成。环可以水平地安放于中支撑板上的圆孔中,环的下边缘距下支撑板应为 25 mm,下支撑板的下表面距离浴槽底部为(16±3)mm,其距离由定位套保证。三块板用长螺栓固定在一起。

温度计。测温范围 30～180 ℃,分度值 0.5 ℃的全浸式温度计。

(2)电炉及其他加热器。

(3)刀。切沥青用。

(4)筛。筛孔为 0.3～0.5 mm 的金属网。

(5)材料。甘油滑石粉隔离剂(甘油 2 份,滑石粉 1 份,以质量计);新煮沸过的蒸馏水;甘油。

2. 准备工作

(1)所有石油沥青试样的准备和测试必须在 6 h 内完成,煤焦油沥青必须在 4.5 h 内完成。石油沥青样品加热至倾倒温度的时间不超过 2 h,其加热温度不超过预计沥青软化点 110 ℃。煤沥青样品加热至倾倒温度的时间不超过 0.5 h,其加热温度不超过预计沥青软化点 55 ℃。如果重复试验,不能重新加热样品,应在干净的容器中用新鲜样品制备试样。

(2)将熬好的试样注入黄铜环内至略高出环面为止。若估计软化点在 120 ℃ 以上时,应将黄铜环与金属板预热至 80 ~ 100 ℃。

(3)试样在 15 ~ 30 ℃ 的空气中冷却 30 min 后,用热刀刮去高出环的试样,使与环面齐平。

(4)估计软化点不高于 80 ℃ 的试样,将盛有试样的黄铜环及板置于盛满水的保温槽内,水温保持在(5 ± 1)℃,恒温 15 min。估计软化点高于 80 ℃ 的试样,将盛有试样的黄铜环及板置于盛满甘油的保温槽内。甘油温度保持在(32 ± 1)℃,恒温 15 min,温度要求同保温槽。

(5)烧杯内注入新煮沸并冷却至 5 ℃ 的蒸馏水(估计软化点不高于 80 ℃ 的试样),或注入预先加热至约 30 ℃ 的甘油(估计软化点高于 80 ℃ 的试样),使水面或甘油面略低于环架连杆的深度标记。

3. 试验步骤

(1)从水或甘油保温槽中取出盛有试样的黄铜环放置在环架中支撑板的圆孔中,并套上钢球定位器,把整个环架放入烧杯内,调整水面或甘油面至深度标记,环架上任何部分均不得有气泡。将温度计由上支撑板中心垂直插入,使水银球底部与铜环下面齐平。

(2)将烧杯移至有石棉网的三脚架上或电炉上,然后将钢球放在试样上(须使各环的平面在全部加热时间内完全处于水平状态)立即加热,使烧杯内水或甘油温度在 3 min 后保持每分钟上升(5 ± 0.5)℃,在整个测定中温度的上升速度超出此范围时,则试验应重做。

(3)当两个试环的球刚触及下支撑板时,分别记录温度计所显示的温度,精确至 0.5 ℃。无须对温度计的浸没部分进行校正。取两个结果的算术平均值作为沥青的软化点,精确至 0.1 ℃。如果两个温度的差值超过 1 ℃,则重新试验。

4. 精密度(95%置信水平)

(1)重复性。不得大于 1.2 ℃。

(2)再现性。同一试样由两个试验室各自提供的试验结果之差不应超过 2.0 ℃。

第三节 石油沥青玛琋脂

由石油沥青和填充料配制而成的,用于粘贴各层石油沥青油毡、涂刷面层油和铺绿豆砂用的屋面胶结材料,称为石油沥青玛琋脂。它与混凝土或水泥砂浆具有良好粘结性、耐热性、柔韧性和大气稳定性。

一、技术要求

各标号石油沥青玛琋脂技术要求见表10-3。

表 10-3　石油沥青玛琋脂的质量要求

标号 指标名称	S-60	S-65	S-70	S-75	S-80	S-85
耐热度	用 2 mm 厚的沥青玛琋脂粘合两张沥青油纸,在不低于下列温度(℃)中,在1:1坡度上停放 5 h 的沥青玛琋脂不应流淌,油纸不应滑动					
	60	65	70	75	80	85
柔韧性	涂在沥青油纸上的 2mm 厚的沥青玛琋脂层,在(18 ± 2)℃时,围绕下列直径(mm)的圆棒,用 2 s 的时间以均衡速度弯成半周,沥青玛琋脂不应有裂纹					
	10	15	15	20	25	30
粘结力	用手将两张粘贴在一起的油纸慢慢地一次撕开,从油纸和沥青玛琋脂的粘贴面的任何一面的撕开部分,应不大于粘贴面积的 1/2					

配制沥青玛琋脂用的沥青,可采用 10 号、30 号的建筑石油沥青和 60 甲、60 乙的道路石油沥青;也可采用 55 号普通石油沥青掺配 10 号、30 号建筑石油沥青的熔合物或单独采用 55 号普通石油沥青。

配制石油沥青玛琋脂的粉状填充料,掺入量一般为 10% ~ 25%;采用纤维填充料,掺入量一般为 5% ~ 10%,填充料宜采用滑石粉、板岩粉、云母粉、石棉粉。填充料含水率不宜大于 3%,粉状填充料应全部通过 0.21 mm(900 孔/cm^2)孔径的筛子,其中大于 0.085 mm(4 900 孔/cm^2)的颗粒不应超过 15%。

沥青玛琋脂的配合比与其软化点和耐热度的关系数值,应由试验部门根据所用原材料试配后确定,施工中应按确定的配合比严格配料,每工作班均应检查与沥青玛琋脂耐热度相应的软化点和柔韧性。

二、检验规则

(1)配制沥青玛琋脂试验用的沥青和填充料均应与施工现场所用的材料相同并具有代表性。送试验样品数量,沥青 2 kg,填充料 0.5 kg。

(2)沥青玛琋脂试件成型时所用的油纸,应是 350 号石油沥青油纸。

(3)沥青玛琋脂的各项试验,每项至少三个试件,试验结果均须合格。其中若有一个试件不合格即判为不合格。

(4)现场试验每一工作班至少抽检一次,检验耐热度、柔韧性、粘结力,合格方能使用。

三、试验方法

(一)耐热度试验

1. 仪器设备

(1)烘箱。200 ℃,灵敏度 ±2 ℃。

(2)温度计。100 ~ 150 ℃。

(3)坡度板。木板制成,坡度 1:1。

2．试验步骤

(1)将已干燥的 110 mm×50 mm 的 350 号石油沥青油纸从干燥器中取出,放在瓷板或金属板上。

(2)将熔化的沥青玛瑞脂均匀涂布在油纸上,厚度为 2 mm,并不得有气泡,但在油纸的一端应留出 10 mm×50 mm 的空白面积,以备固定。立即以另一块 100 mm×50 mm 的油纸平行置放于其上,将两块油纸的三边对齐,同时用热刀将边上多余的沥青玛瑞脂刮下,试件置放于 15～25 ℃的空气中,上置一木制薄板,并将 2 kg 重的金属块放在木板中心,使均匀加压 1 h。

(3)卸掉试件上的负荷,将试件平置于预先已加热的电烘箱中(电烘箱的温度低于沥青玛瑞脂软化点 30 ℃)停放 30 min,再将油纸未涂沥青玛瑞脂的一端向上,固定在 45°角的坡度板上,在电烘箱中继续停放 5 h,然后取出试件,并仔细察看有无沥青玛瑞脂流淌和油纸下滑现象。

(4)如果未发生沥青玛瑞脂流淌或油纸下滑,则认为沥青玛瑞脂在该温度下合格,然后将电烘箱温度提高 5 ℃,另取一组试件重复以上步骤,直至出现沥青玛瑞脂流淌或油纸下滑时为止,此时可认为在该温度沥青玛瑞脂的耐热度不合格。

(二)柔韧性试验

1．仪器设备

温度计。0～50 ℃。

水槽或烧杯。

瓷板或金属板。

圆棒直径 10,15,20,25,30 mm。

2．试验步骤

(1)在 100 mm×50 mm 的 350 号沥青油纸上,均匀地涂布一层厚 2 mm 的沥青玛瑞脂(每一试件用 10 g 沥青玛瑞脂),静置 2 h 以上且冷却至温度为(18±2)℃后,将试件和规定直径的圆棒放在温度为(18±2)℃的水中 15 min。

(2)取出并用 2 s 时间以均衡速度弯曲成半圆。此时沥青玛瑞脂层上不应出现裂纹。

(三)粘结力试验

1．仪器设备

(1)金属块。2 kg。

(2)温度计。0～50 ℃。

(3)干燥器。

(4)瓷板或金属板。

2．试验步骤

(1)将已干燥的 100 mm×50 mm 的 350 号石油沥青油纸从干燥器中取出,放在成型板上,将熔化的沥青玛瑞脂均匀涂布在油纸上,厚度约为 2 mm,面积为 80 mm×50 mm,并不得有气泡,但在油纸的一端应留出 20 mm×50 mm 的空白面积,立即以另一块 100 mm×50 mm 的沥青纸平行地置于其上,将两块油纸四边对齐,同时用热刀把边上多余的沥青玛瑞脂刮下。

(2)试件置于 15~25 ℃的空气中,上置木制薄板,并将 2 kg 重的金属块放在木板中心,使均匀加压 1 h,然后除掉试件上的负荷,再将试件置于(18±2)℃的电烘箱中,待 30 min 后取出,用两手的拇指与食指捏住试件未涂沥青玛琋脂的部分,一次慢慢地揭开,若油纸的任何一面被撕开的面积不超过原粘结面的 1/2 时,则认为合格,否则为不合格。

第四节　防水卷材

防水卷材是建筑工程防水材料的重要品种之一,主要包括沥青防水卷材、高聚物改性沥青防水卷材和合成高分子防水卷材三大类。

一、石油沥青纸胎油毡、油纸

石油沥青纸胎油毡(以下简称油毡)是用低软化点石油沥青浸渍原纸,然后用高软化点石油沥青涂盖油纸两面,再涂撒隔离材料所制成的一种纸胎防水卷材。

石油沥青油纸(以下简称油纸)是采用低软化点石油沥青浸渍原纸所制成的一种无涂盖层的纸胎防水卷材。

油毡分为 200 号、350 号和 500 号三种标号。油纸分为 200 号和 350 号两种标号。油毡按表面撒布材料分粉状撒布材料面油毡和片状撒布材料面油毡两个品种。

200 号油毡适用于简易防水、临时性建筑防水、建筑防潮及包装等。350 号和 500 号粉状面油毡适用于屋面、地下、水利等工程的多层防水;片状面油毡用于单层防水。油纸适用于建筑防潮和包装,也可用于多层防水层的下层。

(一)技术要求

1. 油毡的物理性能

油毡的物理性能应符合表 10-4 的规定。

2. 油毡外观质量

(1)成卷油毡应卷紧、卷齐。卷筒两端厚度不得超过 5 mm,端面里进外出不得超过 10 mm。

(2)成卷油毡在环境温度 10~45 ℃时,应易于展开,不应有破坏毡面长度 10 mm 以上的粘结和距卷芯 1 000 mm 以外长度 10 mm 以上裂纹。

(3)纸胎必须浸透,不应有未浸透的浅色斑点,涂盖材料宜均匀致密地涂盖油纸两面,不应有油纸外露和冷油造成的涂油不均。

(4)毡面不应有孔洞、硌(楞)伤、长度 20 mm 以上的疙瘩、浆糊状粉浆或水渍、距卷芯 1 000 mm 以外长度 100 mm 以上的折纹或折皱。20 mm 以内的边缘裂口或长 50 mm、深 20 mm 以内的缺边不应超过 4 处。

(5)每卷油毡中允许有一接头,其中较短的一段长度不少于 2 500 mm,接头处应剪切整齐,并加长 150 mm 备作搭接。优等品中有接头的油毡卷数不得超过批量的 3%。

表 10-4　沥青纸胎油毡的物理性能

标号		200 号			350 号			500 号		
等级		合格	一等	优等	合格	一等	优等	合格	一等	优等
单位面积浸涂材料总量(g/m²)不小于		600	700	800	1 000	1 050	1 110	1 400	1 450	1 500
不透水性	压力不小于(MPa)	0.05			0.10			0.15		
	保持时间不小于(min)	15	20	30	30		45	30		
吸水率(真空法)不大于(%)	粉毡	1.0			1.0			1.5		
	片毡	3.0			3.0			3.0		
耐热度(℃)		85±2		90±2	85±2		90±2	85±2		90±2
		受热 2 h 涂盖层应无滑动和集中性气泡								
拉力(25±2)℃时纵向不小于(N)		240	270		340	370		440	470	
柔度(℃)		18±2	18±2	16±2	14±2			18±2	14±2	
		绕 Φ20 mm 圆棒或弯板无裂纹						绕 Φ25 mm 圆棒或弯板无裂纹		

(二)检验规则

1. 检验分类

(1)出厂检验:包装、标志、质量、面积、毡(纸)面外观和物理性能。

(2)型式检验:包括出厂检验的全部检验项目。

(3)现场抽检:进入现场的卷材应进行抽检,包括外观质量检验、纵向拉力、耐热度、柔度、不透水性。

2. 产品检验批

以同一品种、标号、等级的产品每 1 500 卷为一批,不足 1 500 卷者也按一批验收。

3. 抽样与判定规则

(1)抽样:在质量检查合格的 10 卷中取质量最轻的,面积、外观合格的无接头的一卷作为物理性能试样,若最轻的一卷不符合抽样条件时,可取次轻的一卷,但要详细记录。

现场检验按卷材数量进行抽样,大于 1 000 卷时抽 5 卷,500 ~ 1 000 卷时抽 4 卷。100 ~ 499 卷时抽 3 卷,100 卷以下抽 2 卷,进行规格尺寸和外观质量检验。在外观质量检验合格的卷材中,任取一卷进行物理性能检验。

(2)浸涂总量、吸水率、拉力:各项三个试件测定结果的算术平均值达到规定指标时,即判该项合格。

(3)耐热度、不透水性:各项三个试件分别达到规定指标时判为该项合格。

(4)柔度:六个试件至少有五个试件达规定指标即判该项合格。

(5)判定:检验结果符合各项物理性能指标时,产品为物理性能合格。若有一项不符合指标要求,应在该批产品中再抽取 10 卷称重,取质量合格的最轻的两卷,进行单项复验,达到指标要求时,该批产品亦为物理性能合格。若复验仍有一个试样不合格,则该产品物理性能不合格。

(6)总判定:质量、外观、面积合格,物理性能达到相应等级指标规定时,判该批产品为相应等级产品。

4.仲裁

如供需双方验收发生争议时,由双方共同委托有关质量检验与监督部门进行仲裁检验。吸水性仲裁试验采用真空吸水法。

(三)试验方法

1.试验的一般规定

(1)试样在试验前应原封放于干燥处并保持在 15~30℃范围内一定时间。

(2)将取样的一卷卷材切除距外层卷头 2 500 mm 后,顺纵向截取长度为 500 mm 的全幅卷材两块,一块作物理性能试验试件用,另一块备用。

(3)按图 10-1 所示部位及表 10-5 规定尺寸和数量切取试件。

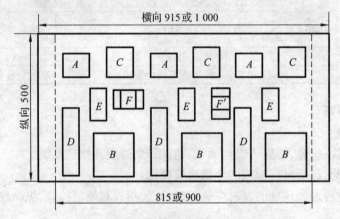

图 10-1 试样切取部位示意图 （单位:mm）

表 10-5 试样尺寸和数量表

	试件项目	试件部位	试件尺寸(mm×mm)	数量(块)
	浸料材料总量	A	100×100	3
	不透水性	B	150×150	3
	吸水性	C	100×100	3
	拉力	D	250×250	3
	耐热度	E	100×50	3
柔度	纵向	F	60×30	3
	横向	F′	60×30	3

(4)物理性能试验所用的水应为蒸馏水或洁净的淡水(饮用水)。

(5)各项指标试验值除另有注明外,均以平均值作为试验结果。

(6)物理性能试验时如由于特殊原因造成试验失败,不能得出结果,应取备用样重做,但须注明原因。

2．外观质量检验

（1）里进外出。将受检卷材立放平面上，用一把钢板尺平放在卷材的端面上，用另一把最小刻度为1mm的钢板尺垂直伸入卷材端面最凹处，所测得的数值即为卷材端面里进外出的尺寸。

（2）开卷检查。在10～45℃环境温度条件下，将成卷油毡展开。用最小刻度不大于1mm的钢板尺测量毡面粘结、裂纹、折纹、折皱、边缘裂口、缺边，观察孔洞、硌伤、水渍或浆糊状粘浆等是否符合毡（纸）面质量要求。

（3）浸渍情况。在受检卷材的任一端，沿横向全幅裁取50mm宽的一条，沿其边缘撕开，纸胎内不应有未被浸透的浅色斑点。并检查整卷毡面涂层有无涂油不均；若为油纸，可用不透水性试验判定。

3．拉力

（1）仪器与材料。

拉力机。测量范围0～1 000 N（或0～2 000 N），最小读数为5 N，夹具加持宽不小于5 cm。

量尺。精确度0.1 cm。

（2）试件。试件尺寸、形状、数量及制备按表10-5。

（3）试验条件。

试验温度：（25±2）℃。

拉力机：在无负荷情况下，空夹具自动下降速度为40～50 mm/min。

（4）试验步骤。

将试件置于拉力试验相同温度的干燥处不少于1 h。

调整好拉力机后，将定温处理的试件夹持在夹具中心，并不得歪扭，上、下夹具之间的距离为180 mm，开动拉力机使受拉试件被拉断为止。

读出拉断时指针所指数值即为试件的拉力。如试件断裂处距夹具小于20 mm时，该试件试验结果无效；应在同一样品上另行切取试件，重做试验。

（5）试验结果：按三块平均值计。

4．耐热度

1）仪器与材料

电热恒温箱。带有热风循环装置。

温度计。0～150℃，最小刻度0.5℃。

干燥器。直径250～300 mm。

表面皿。直径60～80 mm。

试件挂钩。洁净无锈的细铁丝或回形针。

2）试验步骤

①在每块试件距短边一端1 cm处的中心打一小孔。

②试件用细铁丝或回形针穿挂好试件小孔，放入已定温至标准规定温度的电热恒温箱内。试件的位置与箱壁距离不应小于50 mm，试件间应留一定距离，不致粘结在一起，试件的中心与温度计的水银球应在同一水平位置上，距每块试件下端10 mm处，各放一表

面皿用以接受淌下的沥青物质。

3）结果

在规定温度下加热2h后,取出试件,及时观察并记录试件表面有无涂盖层滑动和集中性气泡。集中性气泡系指破坏油毡涂盖层原型的密集气泡。

5. 柔度

1）仪器与材料

柔度弯曲器。$\Phi25$ mm、$\Phi20$ mm、$\Phi10$ mm金属圆棒或R为12.5 mm、10 mm、5 mm的金属柔度弯板。

温度计。$0 \sim 50$ ℃,精确度0.5 ℃。

保温水槽或保温瓶。

2）试验步骤

将呈平板状无卷曲试件和圆棒(或弯板)同时浸泡入已定温的水中,若试件有弯曲则可微微加热,使其平整。

试件经30 min浸泡后,自水中取出,立即沿圆棒(或弯板)在约2 s时间内按均衡速度弯曲折成180°。

3）试验结果

用肉眼观察试件表面有无裂纹。

6. 不透水性

1）仪器和材料

不透水仪。具有三个透水盘的不透水仪,它主要由液压系统、测试管理系统、夹紧装置和透水盘等部分组成,透水盘底座内径为92 mm,透水盘金属压盖上有7个均匀分布的直径25 mm透水孔。压力表测量范围为$0 \sim 0.6$ MPa,精度2.5级。

定时钟(或带定时器的油毡不透水测试仪)。

水温为(20 ± 5)℃。

2）试验准备

水箱充水:将洁净水注满水箱。

放松夹脚:启动油泵,在油压的作用下,夹脚活塞带动夹脚上升。

水缸充水:先将水缸内的空气排净,然后水缸活塞将水从水箱吸入水缸,完成水缸充水过程。

试座充水:当水缸储满水后,由水缸同时向三个试座充水,三个试座充满水并已接近溢出状态时,关闭试座进水阀门。

水缸二次充水:由于水缸容积有限,当完成向试座充水后,水缸内储存水已近断绝,需通过水箱向水缸再次充水,其操作方法与第一次充水相同。

3）测试

(1)安装试件。将三块试件分别置于三个透水盘试座上,涂盖材料薄弱的一面接触水面,并注意"O"形密封圈应固定在试座槽内,试件上盖上金属压盖(或油毡透水测试仪的探头),然后通过夹脚将试件压紧在试座上。如产生压力影响结果,可向水箱泄水,达到减压目的。

(2)压力保持。打开试座进水阀,通过水缸向装好试件的透水盘底座继续充水,当压力表达到指定压力时,停止加压,关闭进水阀和油泵,同时开动定时钟或油毡透水测试仪定时器,随时观察试件有否渗水现象,并记录开始渗水时间。在规定测试时间出现其中一块或二块试件有渗漏时,必须立即关闭控制相应试座的进水阀,以保证其余试件能继续测试。

(3)卸压。当测试达到规定时间即可卸压取样,启动油泵,夹脚上升后即可取出试件,关闭油泵。

4)试验结果

检查试件有无渗漏现象。

二、高聚物改性沥青防水卷材

高聚物改性沥青防水卷材主要有弹性体改性沥青卷材和塑性体改性沥青卷材。

弹性体改性沥青防水卷材是用热塑性弹性体(如苯乙烯-丁二烯-苯乙烯嵌段共聚物 SBS)改性沥青浸渍胎基,两面涂以改性沥青涂盖层,上表面撒以细砂、矿物粒(片)料或覆盖聚乙烯膜,下表面撒以细砂或覆盖聚乙烯膜所制成的防水卷材(简称 SBS 卷材)。

塑性体改性沥青防水卷材是用热塑性塑料(如无规聚丙烯 APP)改性沥青浸渍胎基,两面涂以改性沥青涂盖层,上表面撒以细砂、矿物粒(片)料或覆盖聚乙烯膜,下表面撒以细砂或覆盖聚乙烯膜所制成的防水卷材(简称 APP 卷材)。

(一)分类

1. 类型

(1)按胎基分为聚酯胎(PY)和玻纤胎(G)两类。

(2)按上表面隔离材料分为聚乙烯膜(PE)、细砂(S)与矿物粒(片)料(M)三种。

(3)按物理力学性能分为Ⅰ型和Ⅱ型。

(4)卷材按不同胎基、不同上表面材料分为六个品种,见表 10-6。

表 10-6 弹性体改性沥青防水卷材品种

上表面材料 \ 胎基	聚酯胎	玻纤胎
聚乙烯膜	PY-PE	G-PE
细砂	PY-S	G-S
矿物粒(片)料	PY-M	G-M

2. 规格

(1)幅宽:1 000 mm。

(2)厚度:聚酯胎卷材 3 mm 和 4 mm;玻纤胎卷材 2 mm、3 mm、4 mm。

(3)面积:每卷面积分为 15 m^2、10 m^2 和 7.5 m^2。

3. 标记

卷材按下列顺序标记:

弹性体改性沥青防水卷材、型号、胎基、上表面材料、厚度和标准号。

如 3 mm 厚砂面聚酯胎Ⅰ型弹性体改性沥青防水卷材标记为:

SBSⅠPY S3 GB 18242

4.用途

SBS卷材适用于工业与民用建筑的屋面及地下防水工程,尤其适用于较低气温环境的建筑防水。

APP卷材适用于工业与民用建筑的屋面和地下防水工程,以及道路、桥梁等建筑物的防水,尤其适用于较高气温环境的建筑防水。

(二)技术要求

1.外观

(1)成卷卷材应卷紧、卷齐,端面里进外出不得超过10 mm。

(2)成卷卷材在4~50℃温度下展开,在距卷芯1 000 mm长度外不应有10 mm以上的裂纹或粘结。

(3)胎基应浸透,不应有未被浸渍的条纹。

(4)卷材表面必须平整,不允许有孔洞、缺边和裂口,矿物粒(片)料粒度应均匀一致,并紧密地粘附于卷材表面。

(5)每卷接头处不应超过1个,较短的一段不应少于1 000 mm,接头应剪切整齐,并加长150 mm。

2.物理力学性能

物理力学性能应符合表10-7规定。

(三)检验规则

1.检验分类

分为出厂检验、型式检验和现场抽样检验。

出厂检验项目包括:卷重、厚度、外观、不透水性、耐热度、拉力、最大拉力时延伸率、低温柔度。

型式检验项目包括技术要求中所有规定。

现场抽样检验包括外观质量检验、拉力、最大拉力时的延伸率、耐热度、低温柔度、不透水性。

2.组批

以同一类型、同一规格10 000 m² 为一批,不足10 000 m² 时亦可作为一批。

3.抽样

在每批产品中随机抽取5卷进行卷重、面积、厚度与外观检查。

现场抽样与沥青防水卷材相同。

4.判定规则

1)卷重、面积、厚度与外观

在抽取的5卷样品中上述各项检查结果均符合规定时,判定其卷重、面积、厚度与外观合格。若其中一项不符合规定,允许在该批产品中另取5卷样品,对不合格项进行复查。如全部达到标准规定时则判为合格;若仍不符合标准,则判该批产品不合格。

2)物理力学性能

从卷重、面积、厚度及外观合格的卷材中随机抽取1卷进行物理力学性能试验。

表 10-7　高聚物改性沥青卷材物理力学性能

序号	品种		SBS卷材				APP卷材			
	胎基		PY		G		PY		G	
	型号		I	II	I	II	I	II	I	II
1	可溶物含量(g/m²) ≥	2 mm	—		1 300		—		1 300	
		3 mm	2 100							
		4 mm	2 900							
2	不透水性	压力(MPa)	0.3		0.2	0.3	0.3		0.2	0.3
		保持时间(min)	30							
3	耐热度(℃)		90	105	90	105	110	130	110	130
			无滑动、流淌、滴落							
4	拉力(N/50mm) ≥	纵向	450	800	350	500	450	800	350	500
		横向			250	300			250	300
5	最大拉力时延伸率(%) ≥	纵向	30	40			25	40		
		横向								
6	低温柔度(℃)		−18	−25	−18	−25	−5	−15	−5	−15
			无　裂　纹							
7	撕裂强度(N) ≥	纵向	250	350	250	350	250	350	250	350
		横向			170	200			170	200
8	人工气候加速老化	外观	1 级							
			无滑动、流淌、滴落							
		拉力保持率(%)≥ 纵向	80							
		低温柔度(℃)	−10	−20	−10	−20	3	−10	3	−10
			无　裂　纹							

注:表中1~6项为强制性项目;当需要耐热度超过130℃的APP卷材时,该指标可由供需双方协商确定。

可溶物含量、拉力、最大拉力时延伸率、撕裂强度各项试验结果的平均值达到标准规定的指标时判为该项指标合格。

不透水性、耐热度每组3个试件分别达到标准规定指标时判为该项指标合格。

低温柔度6个试件至少5个试件达到标准规定指标时判为该项指标合格。型式检验和仲裁检验必须采用A法(仲裁法)。

各项试验结果均符合表10-7规定,则判该批产品物理力学性能合格。若有一项指标不符合标准规定,允许在该批产品中再随机抽取5卷,并从中任取1卷对不合格项进行单项复验。达到标准规定时,则判该批产品合格。

3)总判定

卷重、面积、厚度、外观与物理力学性能均符合标准规定的全部技术要求时,且包装、标志符合标准的规定时,则判该批产品合格。

(四)试验方法

1. 外观

将卷材立放于平面上,用一把钢板尺平放在卷材的端面上,用另一把最小分度值为1 mm的钢板尺垂直伸入卷材端面最凹处,测得的数值即为卷材端面的里进外出值。然后将卷材展开按外观质量要求检查。沿宽度方向裁取 50 mm 宽的一条,胎基内不应有未被浸透的条纹。

2. 物理力学性能试件

将取样卷材切除距外层卷头 2 500 mm 后,顺纵向切取长度为 800 mm 的全幅卷材试样 2 块,一块做物理力学性能检测用,另一块备用。

按图 10-2 所示的部位及表 10-8 规定的尺寸和数量切取试件。试件边缘与卷材纵向边缘间的距离不小于 75 mm。

3. 拉力及最大拉力时延伸率

1)试验条件

拉力试验机:能同时测定拉力与延伸率,测力范围 0～2 000 N,最小分度值不大于 5 N,伸长范围能使夹具间距(180 mm)伸长 1 倍,夹具夹持宽度不小于 50 mm。

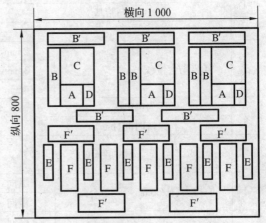

图 10-2　试件切取图　(单位:mm)

表 10-8　试件尺寸和数量

试验项目	试件代号	试件尺寸(mm × mm)	数量(个)
可溶物含量	A	100×100	3
拉力和延伸率	B、B′	250×50	纵、横向各 5
不透水性	C	150×150	3
耐热度	D	100×50	3
低温柔度	E	150×25	6
撕裂强度	F、F′	200×75	纵、横向各 5

试验温度:(23 ± 2)℃。

2)试验步骤

将试件(B,B′)放置在试验温度下不少于 24 h。

校准试验机,拉伸速度 50 mm/min,将试件夹持在夹具中心,不得歪扭,上、下夹具间距离为 180 mm。

启动试验机,至试件拉断为止,记录最大拉力及最大拉力时伸长值。

3)计算

分别计算纵向或横向 5 个试件拉力的算术平均值作为卷材纵向或横向拉力,单位为 N/50 mm。

延伸率按下式计算:

$$E = \frac{L_1 - L_0}{L} \times 100\% \qquad (10\text{-}1)$$

式中　E——最大拉力时延伸率(%);

　　　L_1——试件最大拉力时的标距,mm;

L_0——试件初始标距,mm;

L——夹具间距离,180 mm。

分别计算纵向或横向 5 个试件最大拉力时延伸率的算术平均值作为卷材纵向或横向延伸率。

4.不透水性

不透水性参见石油沥青油毡试验方法进行,卷材上表面作为迎水面,上表面为砂面、矿物粒料时,下表面作为迎水面。下表面材料为细砂时,在细砂面沿密封圈一圈去除表面浮砂,然后涂一圈 60 号～100 号热沥青,涂平待冷却 1 h 后检测不透水性。

5.耐热度

耐热度参见石油沥青油毡试验方法进行,加热 2 h 后观察并记录试件涂盖层有无滑动、流淌、滴落。任一端涂盖层不应与胎基产生位移,试件下端应与胎基平齐,无流挂、滴落。

6.低温柔度

1)试验器具

低温制冷仪。范围 0～－30 ℃,控温精度 ±2 ℃。

半导体温度计。量程 30～－40 ℃,精度为 0.5 ℃。

柔度棒或弯板。半径(r)15 mm、25 mm。

冷冻液。不与卷材反应的液体,如:车辆防冻液、多元醇、多元醚类。

2)试验方法

A 法(仲裁法)在不小于 10 L 的容器中放入冷冻液(6 L 以上),将容器放入低温制冷仪,冷却至标准规定温度。然后将试件与柔度棒(板)同时放在液体中,待温度达到标准规定的温度后至少保持 0.5 h。在标准规定的温度下,将试件于液体中在 3 s 内匀速绕柔度棒(板)弯曲 180°。

3)试验步骤

2 mm、3 mm 卷材采用半径为 15 mm 的柔度棒(板),4 mm 卷材采用半径为 25 mm 的柔度棒(板)。6 个试件中,3 个试件的下表面及另外 3 个试件的上表面与柔度棒(板)接触。取出试件用肉眼观察试件涂盖层有无裂纹。

三、高分子防水卷材

(一)产品分类

高分子防水卷材分类见表 10-9。

(二)产品标记

产品应按下列顺序标记,并可根据需要增加标记内容:

类型代号、材质(简称或代号)、规格(长度×宽度×厚度)

如:长度为 20 000 mm,宽度为 1 000 mm,厚度为 1.2 mm 的均质硫化型三元乙丙橡胶(EPDM)片材标记为:JL1-EPDM-20 000 mm×1 000 mm×1.2 mm。

(三)技术要求

1.片材的规格

片材的规格尺寸及允许偏差如表 10-10、表 10-11 所示,特殊规格由供需双方商定。

表 10-9　高分子防水卷材的分类表

分　类		代号	主要原材料
均质片	硫化橡胶类	JL1	三元乙丙橡胶
		JL2	橡胶(橡塑)共混
		JL3	氯丁橡胶、氯磺化聚乙烯、氯化聚乙烯等
		JL4	再生橡胶
	非硫化橡胶类	JF1	三元乙丙橡胶
		JF2	橡塑共混
		JF3	氯化聚乙烯
	树脂类	JS1	聚氯乙烯等
		JS2	乙烯醋酸乙烯、聚乙烯等
		JS3	乙烯醋酸乙烯改性沥青共混等
复合片	硫化橡胶类	FL	乙丙、丁基、氯丁橡胶,氯磺化聚乙烯等
	非硫化橡胶类	FF	氯化聚乙烯,乙丙、丁基、氯丁橡胶,氯磺化聚乙烯等
	树脂类	FS1	聚氯乙烯等
		FS2	聚乙烯等

表 10-10　片材的规格尺寸

项　目	厚度(mm)	宽度(m)	长度(m)
橡胶类	1.0,1.2,1.5,1.8,2.0	1.0,1.1,1.2	20 以上
树脂类	0.5 以上	1.0,1.2,1.5,2.0	

注:橡胶类片材在每卷 20m 长度中允许有一处接头,且最小块长度应不小于 3 m,并应加长 15 cm 备作搭接;树脂类片材在每卷至少 20 m 长度内不允许有接头。

表 10-11　允许偏差

项　目	厚　度	宽　度	长　度
允许偏差(%)	− 10 ~ + 15	> − 1	不允许出现负值

2. 片材的外观质量

片材表面应平整、边缘整齐,不能有裂纹、机械损伤、折痕、穿孔及异常粘着部分等影响使用的缺陷。片材在不影响使用的条件下,表面缺陷应符合下列规定:

(1)凹痕,深度不得超过片材厚度的 30%;树脂类片材不得超过 5%。

(2)杂质,每 1 m² 不得超过 9 mm²。

(3)气泡,深度不得超过片材厚度的 30%,每 1 m² 不得超过 7 mm²,但树脂类片材不允许有气泡。

3. 片材的物理性能

均质片的纵、横向性能应符合表 10-12,复合片的纵、横向性能应符合表 10-13 的规定,以胶断伸长率为其扯断伸长率;带织物加强层的复合片材,其主体材料厚度小于 0.8 mm 时,不考核胶断伸长率;厚度小于0.8 mm 的性能允许达到规定性能的 80% 以上;以聚氯乙烯或氯化聚乙烯树脂为单一主原料的防水片材(卷材)按照 GB 12952—91 或 GB 12953—91标准规定执行。

表 10-12　均质片的物理性能

项　目		指　标									
		硫化橡胶类				非硫化橡胶类			树脂类		
		JL1	JL2	JL3	JL4	JF1	JF2	JF3	JS1	JS2	JS3
断裂拉伸强度(MPa)	常温≥	7.5	6.0	6.0	2.2	4.0	3.0	5.0	10	16	14
	60℃≥	2.3	2.1	1.8	0.7	0.8	0.4	1.0	4	6	5
扯断伸长率(%)	常温≥	450	400	300	200	450	200	200	200	550	500
	−20℃≥	200	200	170	100	200	100	100	15	350	300
撕裂强度(kN/m)≥		25	24	23	15	18	10	10	40	60	60
不透水性,30 min 无渗漏		0.3MPa	0.3MPa	0.2MPa	0.2MPa	0.3MPa	0.2MPa	0.2MPa	0.3MPa	0.3MPa	0.3MPa
低温弯折(℃)≤		−40	−30	−30	−20	−30	−20	−20	−20	−35	−35
加热伸缩量(mm)	延伸<	2	2	2	2	2	4	4	2	2	2
	收缩<	4	4	4	4	4	6	10	6	6	6

表 10-13　复合片的物理性能

项　目		种　类			
		硫化橡胶类	非硫化橡胶类	树脂类	
		FL	FF	FS1	FS2
断裂拉伸强度(N/cm)	常温　≥	80	60	100	60
	60℃　≥	30	20	40	30
胶断伸长率(%)	常温　≥	300	250	150	400
	−20℃　≥	150	50	10	10
撕裂强度(N)　≥		40	20	20	20
不透水性,30 min 无渗漏		0.3 MPa	0.3 MPa	0.3 MPa	0.3 MPa
低温弯折(℃)　≤		−35	−20	−30	−20
加热伸缩量(mm)	延伸　<	2	2	2	2
	收缩　<	4	4	2	4

(四)检验规则

1. 检验分类

1)出厂检验

以同品种、同规格的 5 000 m² 片材(如日产量超过 8 000 m² 则以 8 000 m²)为一批,随机抽取 3 卷进行规格尺寸和外观质量检验;在上述检验合格的样品中再随机抽取足够的试样,进行物理性能检验。

应逐批对片材的规格尺寸、外观质量、常温拉伸强度、常温扯断伸长率、撕裂强度、低温弯折、不透水性能进行出厂检验。

2)型式检验

标准中全部技术指标项目为型式检验项目。

3)现场抽验

进入施工现场的抽样检验,抽样方式同沥青防水卷材,检验项目包括外观质量、断裂、拉伸强度、扯断伸长率、低温弯折、不透水性。

2. 判定规则

规格尺寸、外观质量及物理性能各项指标全部符合技术要求,则为合格品。若物理性能有一项指标不符合技术要求,应另取双倍试样进行该项复试,复试结果如仍不合格,则该批产品为不合格。

(五)试验方法

1. 尺寸的测定

(1)长度、宽度用钢卷尺测量,精确到 1 mm。宽度在纵向两端及中央附近测定三点,取平均值;长度的测定取每卷展平后的全长的最短部位。

(2)厚度用分度为 1/100 mm、压力为(22±5)kPa、测足直径不小于 6 mm 的厚度计测量,其测量点如图 10-3 所示,自端部起裁去 300 mm,再从其裁断处的 20 mm 内侧,且自宽度方向距两边各 10% 宽度范围内取两个点(a、b),再将 ab 间距四等分,取其等分点(c、d、e)共五个点进行厚度测量,测量结果用五个点的平均值表示;宽度不满 500 mm 的,可以省略 c、d 两点的测定。

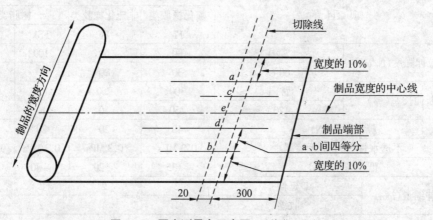

图 10-3 厚度测量点示意图 (单位:mm)

2. 外观质量

用目测方法及量具检查。

3. 物理性能的测定试样制备

从测定完尺寸的制品上裁取试验所需的足够长度试样,展平后在标准状态下静置 24 h 后按图 10-4 及表 10-14 所示裁取试片;裁切复合片时应顺着织物的纹路,尽量不破坏纤维并使工作部分保证最大的纤维根数。

4. 断裂拉伸强度、扯断伸长率

试验按下列方法进行,测试三个试样,取中值。

用测厚计在试样的中部和试验长度的两端测量其厚度。取三个测量值的中位数计算横截面的面积。在任何一个哑铃状试样中,狭小平行部分的三个厚度值均不应超过中位数的 2%。取裁刀狭小平行部分刀刃间距离作为试样的宽度,精确到 0.05 mm。

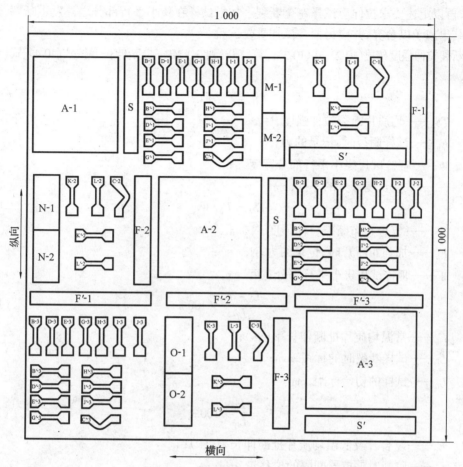

图 10-4　裁样示意图（单位:mm）

表 10-14　试样的形状与个数

项　目		试样代号	试样形状	个　数	
				纵向	横向
不透水性		A	140 mm × 140 mm	3	
拉伸性能	常温	B,B′	GB 528 中 I 型哑铃片	3	3
	高温	D,D′	GB 528 中 I 型哑铃片		
	低温	E,E′	GB 528 中 I 型哑铃片		
撕裂强度		C,C′	GB 528 中直角型试片	3	3
低温弯折		S,S′	120 mm × 50 mm	2	2
加热伸缩量		F,F′	300 mm × 30 mm	3	3

注:试样代号中,字母上方有"′"者是横向试样。

将试样匀称地置于上、下夹持器上,使拉力均匀分布到横截面上。根据试验需要,可安装一个变形测定装置,开动试验机,在整个试验过程中,连续监测试验长度和力的变化。对于橡胶类试样,夹持器移动速度应为(500 ± 50) mm/min;对于树脂类试样,速度应为(250 ± 50)mm/min;复合片拉伸试验应首先以 25 mm/min 的拉伸速度拉伸试件至加强层断裂后,再以上述要求拉伸至试样完全断裂。如果试样在狭小平行部分之外发生断裂,则该试验结果应予以舍弃,并应另取一试样重复试验。

断裂拉伸强度按式(10-2)、式(10-3)计算,精确到 0.1 MPa;扯断伸长率按式(10-4)、式(10-5)计算。

$$TS_b = F_b / Wt \qquad (10\text{-}2)$$

式中　TS_b——均质片断裂拉伸强度,MPa;

　　　F_b——试样断裂时,记录的力,N;

　　　W——哑铃试片狭小平行部分宽度,mm;

　　　t——试验长度部分的厚度,mm。

$$TS_b = F_b / W \qquad (10\text{-}3)$$

式中　TS_b——复合片布断裂拉伸强度,N/cm;

　　　F_b——加强布断开时,记录的力,N;

　　　W——哑铃试片狭小平行部分宽度,cm。

$$E_b = \frac{L_b - L_0}{L_0} \times 100\% \qquad (10\text{-}4)$$

式中　E_b——常温均质片扯断伸长率(%);

　　　L_b——试样断裂时的标距,mm;

　　　L_0——试样的初始标距,mm。

$$E_b = \frac{L_b}{L_0} \times 100\% \qquad (10\text{-}5)$$

式中　E_b——复合片及低温均质片扯断伸长率(%);

　　　L_b——胶断时夹持器间隔的位移量,mm;

　　　L_0——试样的初始夹持器间隔(Ⅰ型试样 50 mm,Ⅱ型试样 30 mm)。

5. 撕裂强度

片材的撕裂强度试验同拉伸试验,试验时将试样沿轴向对准拉伸方向分别夹入上、下夹持器中一定深度,以保证在平行的位置上充分均匀地加紧;复合片取其拉伸至断裂时的最大力为其撕裂强度。测试三个试样,取中位数。撕裂强度 T_s 按下式计算:

$$T_s = F / d \qquad (10\text{-}6)$$

式中　T_s——撕裂强度,kN/m;

　　　F——试样断裂时所需的力,N;

　　　d——试样厚度中位数,mm。

6. 不透水性

片材的不透水性试验采用如图 10-5 所示的十字型压板。试验时按透水仪的操作规程将试样装好,并一次性升压至规定压力,保持 30 min 后,观察试样无渗漏为合格。

7. 低温弯折

(1)试验仪器。低温弯折仪应由低温箱和弯折板两部分组成。低温箱应能在 0 ~ -40 ℃之间自动调节,误差为 ±2 ℃,且能使试样在被操作过程中保持恒定温度;弯折板由金属平板、转轴和调距螺丝组成,平板间距可任意调节。示意图如图10-6。

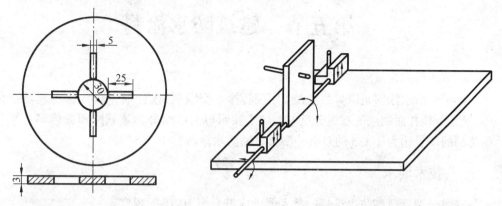

图 10-5　透水仪压板示意图　(单位:mm)　　　　图 10-6　弯折板示意图

(2)试验条件。从试样制备到试验,时间为 24 h;试验室温度控制在(23±2)℃范围内。

(3)试验程序。将试样弯曲 180°,使 50 mm 宽的试样边缘重合、齐平,并用定位夹或 10 mm 宽的胶布将边缘固定以保证其在试验中不发生错位;并将弯折仪的两平板间距调到片材厚度的三倍。将弯折仪上平板打开,将厚度相同的两块试样平放在底板上,重合的一边朝向转轴,且距转轴 20 mm;在规定温度下保持 1 h,之后迅速压下上平板,达到所调间距位置,保持 1 s 后将试样取出。待恢复到室温后观察试样弯折处是否断裂或用放大镜观察试样弯折处受拉面有无裂纹。

(4)判定。用 8 倍放大镜观察试样表面,以两个试样均无裂纹为合格。

8．加热伸缩量

(1)试验仪器。测伸缩量的标尺精度不低于 0.5 mm;老化试验箱。

(2)试验条件:同低温弯折。

(3)试验程序:将按图 10-7 规格尺寸制好的试样放入(80±2)℃的老化箱中,时间为 168 h;取出试样后停放 1 h,用量具测量试样的长度,根据初始长度计算伸缩量。根据纵横两个方向,分别用三个试样的平均值表示其伸缩量。注意:如试片弯曲,需施以适当的重物将其压平测量。

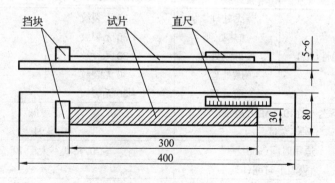

图 10-7　加热伸缩量测量示意图　(单位:mm)

第五节 建筑防水涂料

本节主要讲聚氨酯防水涂料。

聚氨酯防水涂料是以异氰酸酯为主剂,掺入交联剂、改性剂、填料、稳定剂及催化剂等,经充分搅拌而制成的双组分反应型防水涂料(即,甲组分为聚氨酯预聚体与乙组分为固化剂的质量比为1:1.5的双组分型聚氨酯防水涂料)。

一、技术要求

双组分型聚氨酯防水涂料的技术要求应符合表10-15的规定。

表10-15 双组分聚氨酯防水涂料质量要求

序号	试验项目		等级	
			一等品(B)	合格品(C)
			指标要求	
1	拉伸强度(MPa)	无处理 大于	2.45	1.65
		加热处理	无处理值的80%~150%	不小于无处理值的80%
		紫外线处理	无处理值的80%~150%	不小于无处理值的80%
		碱处理	无处理值的60%~150%	不小于无处理值的60%
		酸处理	无处理值的80%~150%	不小于无处理值的80%
2	断裂时的延伸率(%)大于	无处理	450	350
		加热处理	300	200
		紫外线处理	300	200
		碱处理	300	200
		酸处理	300	200
3	加热伸缩率(%)小于	伸长	1	
		缩短	4	6
4	拉伸时的老化	加热老化	无裂缝及变形	
		紫外线老化	无裂缝及变形	
5	低温柔性(℃)	无处理	-35 无裂纹	-30 无裂纹
		加热处理	-30 无裂纹	-25 无裂纹
		紫外线处理	-30 无裂纹	-25 无裂纹
		碱处理	-30 无裂纹	-25 无裂纹
		酸处理	-30 无裂纹	-25 无裂纹
6	不透水性,0.3 MPa,30 min		不渗漏	
7	固体含量(%)		≥94	
8	适用时间(min)		≥20,粘度不大于10^5 MPa·s	
9	涂膜表干时间(h)		≤4 不沾手	
10	涂膜实干时间(h)		≤12 无粘着	

二、检验规则

(一)检验分类

检验分出厂检验和型式检验。

出厂检验项目有拉伸强度、断裂时延伸率、无处理时的低温柔性及不透水性、固体含量、适用时间、涂膜的表干时间和实干时间。

型式检验项目按技术要求逐项进行检验。

(二)抽样与组批规则

(1)出厂检验甲组分以 5 t 为一批,不足 5 t 也按一批计;乙组分按质量配比相应组批。

(2)出厂检验和型式检验,甲、乙组分样品总量为 2 kg。

(三)判定规则

(1)每个试验项目以全部试件合格为合格,若有某项不合格,应双倍抽样重检,仍不合格,则该项技术要求不合格。

(2)产品抽样结果全部符合技术要求者判为整批合格,若有一项要求不合格时判为整批不合格。

(3)在供需双方对产品质量发生争议时,可由双方协商选定的检验机构按标准规定的试验方法和验收规则进行仲裁试验。

三、试验方法

(一)试验的标准条件

温度(20±2)℃,相对湿度(65±20)%。

(二)试件的制备

(1)在试件制备前,所取样品及所有仪器在标准条件下放置 24 h。

(2)在标准条件下,将静置后的固化剂搅拌均匀,并按生产厂提供的配合比称取所需的甲、乙组分,然后在烧杯中用刮刀在不混入气泡的要求下,充分搅拌 5 min,立即在不卷入气泡的要求下,倒入规定的涂膜模具(图 10-8)中涂覆。为了便于脱模,模型在涂覆前可用硅油作脱模剂进行表面处理,分二次涂覆。隔 8～24 h 涂覆第二次,用刮板将表面刮平,并在标准条件下养护 168 h,涂膜厚度(2.0±0.2) mm。

(3)检查涂膜外观,表面无明显气泡,光滑平整。然后从养护的涂膜上,按图 10-9 及表 10-16 裁取试件,并注明编号。

裁取的试件边缘与涂膜的边缘之间的距离不得小于 10 mm。裁取的试件与另一试件的边缘之间距离不得小于 10 mm。

(三)拉伸试验

1. 仪器设备

拉伸试验机:0～500 N。最小分度值为 0.5 N。拉伸速度 0～500 mm/min,试件标线间距离可拉伸至 8 倍以上。

2. 试验步骤

无处理时拉伸试验。

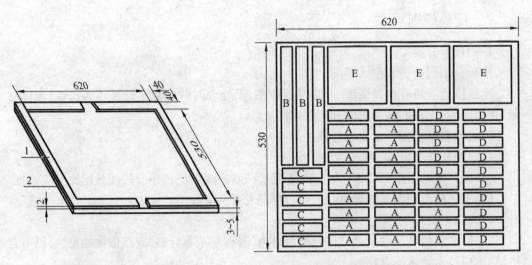

图 10-8　涂膜模具图　(单位:mm)
1—模型不锈钢板;2—普通平板玻璃

图 10-9　试件裁取示意图　(单位:mm)

表 10-16　试件尺寸及数量

编　号	试　验　项　目		试　验　形　状	数量(件)
A	拉伸强度 和 断裂伸长率	无处理	符合《硫化橡胶拉伸性能的测定》 (GB 528—1998)的哑铃形Ⅰ型形状	5
		加热处理		5
		紫外线处理		5
		碱处理		5
		酸处理		5
B	加热伸缩试验		300 mm×30 mm	3
C	拉伸时老化试验	加热老化	符合 GB 528—1998 的哑铃形Ⅰ型 形状	3
		紫外线老化		3
D	低温柔韧性试验	无处理	100 mm×25 mm	3
		加热处理		3
		紫外线处理		3
		碱处理		3
		酸处理		3
E	不透水性试验		150 mm×150 mm	3

将试件在标准条件下静置 24 h 以上,然后在试样狭小平行部分用印色和精度为 0.5 mm 的直尺在试件上划好两条间距为 25 mm 的平行标线,并用厚度计测量试件标距内 3 点的厚度 d,一点在中心处,另两点在标线附近。3 个测量值的中值为试件的厚度值。

将试件在标准条件下静置 1 h,然后安装在拉伸试验机夹具之间,不得歪扭。拉伸速度调整为 500 mm/min。夹具间标距为 70 mm。开动拉伸试验机拉伸到试件断裂。记录试件断裂时的最大荷载 P_B,并用精度为 1 mm 的标尺量取试件破坏时标线间距离 L。

3．结果计算

(1)最大拉伸强度 T_B(MPa)按下式计算：

$$T_B = \frac{P_B}{A}\tag{10-7}$$

式中　P_B——最大拉伸荷载，N；

　　　A——试件断面面积，mm^2，$A = b \cdot d$（d 为试件实测厚度，mm；b 为试件中间宽度，mm）。

(2)断裂时延伸率 E(％)按下式计算：

$$E = \frac{L - 25}{25} \times 100\%\tag{10-8}$$

式中　L——断裂时标线间的距离，mm；

　　　25——拉伸前标线间距离，mm。

4．结果评定

试验结果以 5 个试件的有效结果的算术平均值表示，取 3 位有效数字。

(四)低温柔韧性试验

1．仪器设备

弯折机。如图 10-10 所示。

冰箱。0～ -40 ℃，控温精度 ±2 ℃。

2．试验步骤

无处理的柔韧性。

将试件在标准条件下放置 24 h 以上，用最小分度值 0.01 mm 的厚度测量计沿试件长度方向上测量 3 点，取其算术平均值。同一试件厚度测量值的最大差值为 0.2 mm。3 个试件的算术平均的最大差值为 0.2 mm。

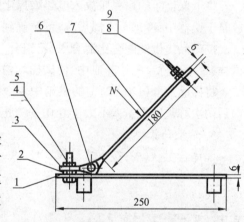

图 10-10　弯折机　（单位：mm）
1—下压板；2—调节螺母；3—连接板；4、8—螺栓；
5、9—螺母；6—销轴；7—上压板

将试件弯曲 180°，使 25 mm 宽的边缘齐平，用钉书机将边缘处固定，调整弯折机的上平板与下平板的距离为试件厚度的 3 倍。然后将 3 个试件分别平放在弯折机下平板上，试件重合的一边朝向弯折机轴，距转轴中心约 25 mm。将放有试件的弯折机放入冰箱中，在规定的冷却温度下保持 2 h 后，打开冰箱。在 1 s 内将弯折机的上平板压下，达到所调距离的平行位置后，保持 1 s 取出试件，并用 8 倍放大镜观察试件弯曲处的表面有无裂缝。

3．结果评定

3 个试件均无裂纹为合格

(五)不透水性试验

1．仪器设备

不透水试验仪。压力 0.1～0.3 MPa，试座直径 $\Phi93$ mm。

2．试验步骤

(1)在标准条件下放置试件 1 h，然后将洁净的(20 ± 2)℃的水注入不透水仪中至溢出,开启进水阀,使水与透水盘口齐平,关闭进水阀,开启总水阀,接着加水压使贮水罐的水流出,清除空气。

(2)将 3 块试件分别放置于不透水仪的 3 个圆盘上。再在每块试件上各加一块相同尺寸、孔径为 0.2 mm 铜丝网布。启动压紧,开启进水阀,关闭总水阀,施加压力至 0.3 MPa,随时观察试件有无渗水现象,到规定的时间为止。

3. 结果评定

3 块试件均无水渗出为合格。

(六)固体含量测定

1. 仪器设备

电热恒温烘箱,0 ~ 300 ℃,控温精度 ±2 ℃;

天平,感量 0.01 g;

干燥器。

2. 试验步骤

将干燥洁净的培养皿放入电热鼓风干燥箱中,加热温度(105 ± 2)℃,烘 30 min。取出放至干燥器中,冷却至室温后称量,精确到 0.01 g。

按产品提供的配合比混合甲、乙组分,充分搅拌 5 min,准确称取 1.5 ~ 2 g 刚搅拌好的试样,置于已称量的培养皿中,使试样均匀涂布于容器的底部,在标准条件下,放置 24 h。

将样品放入(120 ± 2)℃的烘箱中烘 30 min,取出放入干燥器中冷却至室温,称重,至前后两次称重的重量差不大于 0.01 g 为止。试验平行测定 2 个试样。

3. 结果计算

固体含量 $X(\%)$ 按下式计算:

$$X = \frac{W_2 - W_1}{G} \times 100\% \tag{10-9}$$

式中　W_1——容器质量,g;

　　　W_2——烘后试样和容器质量,g;

　　　G——试样质量,g。

4. 结果评定

试验结果取 2 次平行试验的平均值,2 次平行试验的相对误差不大于 3%。

(七)适用时间试验

1. 仪器设备

旋转粘度计。测定范围 1×10^5 MPa·s。

2. 试验步骤

在标准条件下,按产品提供的配合比混合甲、乙组分,在不混入气泡的条件下,充分搅拌 5 min。

经过标准规定的适用时间取试样 150 ~ 200 mL,置于 250 mL 烧杯中,烧杯口径大于 70 mm,移至校正好的旋转粘度计下方,按旋转粘度剂的使用方法测试,使转子在试样中旋转 20 s,读取试样的粘度。平行试验 2 次。

3. 结果评定

记录粘度达到 10^5 MPa·s 时的时间。两次平行试验的粘度测量误差不大于 5%，以最大的粘度值计。

(八)表干时间和实干时间

1. 表干时间试验

(1)试验步骤。在标准条件下，按产品配合比混合甲、乙组分，在不混入气泡的条件下，充分搅拌 5 min，即涂刷于玻璃板(50 mm × 120 mm × (3~5) mm)上制备涂膜，涂料用量(8±1) g，记录涂刷结束时间。在标准规定的涂膜表干时间内，在距膜面边缘不小于 10 mm 范围内，以手指轻触涂膜表面，观察有无涂料粘在手上的现象。

(2)结果评定。记录不粘手的时间。

2. 实干时间试验

(1)在标准条件下，从刷涂结束时间开始，在标准规定的涂膜实干时间内，在距膜边缘不小于 10 mm 的范围内，用单面保险刀片在样板上切刮涂膜，并观察底层及膜内有无粘着现象。

(2)结果评定。记录无粘着的时间。

第十一章　混凝土外加剂

第一节　概　述

混凝土外加剂(Concrete admixture)是指在混凝土拌和过程中掺入的、能按要求改善混凝土性能的材料,一般情况掺量不超过水泥重量的5%。

混凝土外加剂是现代混凝土不可缺少的组分之一,是混凝土改性的一种重要方法和技术。混凝土外加剂在混凝土中的广泛应用,已使其成为混凝土中除水泥、砂、石和水之外的必不可少的第五组分。它的特点是品种多、掺量小,在改善新拌和硬化混凝土性能中起着重要的作用。混凝土外加剂的研究和应用,促进了新品种混凝土和混凝土施工新技术的发展,如高性能混凝土、超大体积混凝土及泵送混凝土施工、自流平混凝土施工、水下浇筑混凝土施工等。

目前,我国混凝土外加剂生产厂有500多家,年产混凝土外加剂100多万t,混凝土外加剂主要有普通减水剂、高效减水剂、早强减水剂、缓凝高效减水剂、缓凝减水剂、引气减水剂、早强剂、缓凝剂、引气剂、泵送剂、防水剂、防冻剂、膨胀剂及速凝剂十四个大类,数百个品牌。混凝土外加剂现有七个技术标准和一个应用规程。

第二节　混凝土外加剂技术要求

混凝土外加剂技术要求分匀质性要求和受检砂浆、混凝土性能要求。

一、混凝土外加剂技术要求

普通减水剂、高效减水剂、早强减水剂、缓凝高效减水剂、缓凝减水剂、引气减水剂、早强剂、缓凝剂、引气剂技术要求为:

(1)匀质性指标见表11-1。

(2)掺外加剂混凝土性能指标见表11-2。

二、混凝土泵送剂技术要求

混凝土泵送剂是指能改善混凝土拌和物泵送性能的外加剂,其技术要求见表11-3。

三、砂浆、混凝土防水剂技术要求

砂浆、混凝土防水剂是指能降低砂浆、混凝土在静水压力下的透水性的外加剂,其技术要求为:

表 11-1　匀质性指标

试 验 项 目	指 标
含固量或含水量	1. 对液体外加剂,应在生产厂所控制值的相对量的3%内 2. 对固体外加剂,应在生产厂所控制值的相对量的5%内
密度	对液体外加剂,应在生产厂所控制值的 ± 0.02 g/cm³ 内
氯离子含量	应在生产厂所控制值的相对量的 5% 之内
水泥净浆流动度	应不小于生产厂控制值的 95%
细度	0.315 mm 筛筛余应小于 15%
pH 值	应在生产厂控制值 ±1 之内
表面张力	应在生产厂控制值 ±1.5 mN/m 之内
还原糖	应在生产厂控制值 ±3% 之内
总碱量($Na_2O + 0.658K_2O$)	应在生产厂控制值的相对量的 5% 之内
硫酸钠	应在生产厂控制值的相对量的 5% 之内
泡沫性能	应在生产厂控制值的相对量的 5% 之内
砂浆减水率	应在生产厂控制值 ±1.5% 之内

表 11-3　泵送剂受检混凝土性能指标

项 目		一 等 品	合 格 品
坍落度增加值(mm)	≥	100	80
常压泌水率比(%)	≤	90	100
压力泌水率比(%)	≤	90	95
含气量(%)	≤	4.5	5.5
坍落度增加值(mm) ≥	30 min	150	120
	60 min	120	100
抗压强度比(%) ≥	3 d	90	85
	7 d	90	85
	28 d	90	85
收缩率比(%) ≤	28 d	135	135
对钢筋锈蚀作用		应说明对钢筋有无锈蚀危害	

(1)受检砂浆性能指标见表 11-4。

(2)受检混凝土性能指标见表 11-5。

表 11-4　防水剂受检砂浆性能指标

项 目			一 等 品	合 格 品
净浆安定性			合 格	合 格
凝结时间	初凝(min)	不小于	45	45
	终凝(h)	不大于	10	10
抗压强度比(%)	不小于	7 d	100	85
		28 d	90	80
透水压力比(%)		不小于	300	200
48 h 吸水量比(%)		不大于	65	75
28 d 收缩率比(%)		不大于	125	135
对钢筋的锈蚀作用			应说明对钢筋有无锈蚀作用	

注:除凝结时间、安定性为受检净砂浆的试验结果外,表中所列数据均为受检砂浆与基准砂浆的比值。

表 11-2 掺外加剂混凝土性能指标

试验项目	普通减水剂		高效减水剂		早强减水剂		缓凝高效减水剂		缓凝减水剂		引气减水剂		早强剂		缓凝剂		引气剂	
	一等品	合格品	一等品	合格品	一等品	合格品	一等品	合格品	一等品	合格品	一等品	合格品	一等品	合格品	一等品	合格品	一等品	合格品
减水率(%)不小于	8	5	12	10	8	5	12	10	8	5	10	10	—	—	—	—	6	6
泌水率比(%)不大于	95	100	90	95	95	100	100	100	100	100	70	80	—	100	100	110	70	80
含气量(%)	≤3.0	≤4.0	≤3.0	≤4.0	≤3.0	≤4.0	<4.5		<5.5		>3.0		—		—		>3.0	
凝结时间之差(min) 初凝 / 终凝	-90~+120		-90~+120		-90~+90		>+90		>+90		-90~+120		-90~+90		>+90		-90~+120	
抗压强度比(%)不小于 1d	—		140	130	140	130	—		—		—		135	125	—		—	
抗压强度比(%)不小于 3d	115	110	130	120	130	120	125	120	100	100	115	110	130	120	100	90	95	80
抗压强度比(%)不小于 7d	115	110	125	115	115	110	125	115	110	110	110	100	110	105	100	90	95	80
抗压强度比(%)不小于 28d	110	105	120	110	105	100	120	110	110	105	100	95	100	95	100	90	90	80
收缩率比(%)28d不大于	135		135		135		135		135		135		135		135		135	
相对耐久性指标(%)200次不小于	—		—		—		—		—		80	60	—		—		80	60
对钢筋锈蚀作用	应说明对钢筋有无锈蚀危害																	

注:1. 除含气量外,表中所列数据为掺外加剂混凝土与基准混凝土的差值或比值。

2. 凝结时间指标,"-"号表示提前,"+"号表示延缓。

3. 相对耐久性指标一栏中,"200次≥80或≥60"表示将掺外加剂混凝土试件冻融循环200次后,动弹性模量保留值≥80%或≥60%。

4. 对于可以用高频振捣排除的,由外加剂所引入的气泡,允许用高频振捣的产品;达到某类型性能指标要求的外加剂,可按本表进行命名和分类,但须在产品说明书和包装上注明"用于高频振捣的××剂"。

表 11-5　防水剂受检混凝土性能指标

项　目		一　等　品	合　格　品
净浆安定性		合　格	合　格
泌水率比(%)		50	70
凝结时间差(min)　不小于	初凝	－ 90	
	终凝	—	
抗压强度比(%)　不小于	3 d	100	90
	7 d	110	100
	28 d	100	90
渗透高度比(%)　不大于		30	40
48 h 吸水量比(%)　不大于		65	75
28 d 收缩率比(%)　不大于		125	135
对钢筋的锈蚀作用		应说明对钢筋有无锈蚀作用	

注:除净浆安定性为净浆的试验结果外,表中所列数据均为受检混凝土与基准混凝土差值或比值。

四、混凝土防冻剂技术要求

混凝土防冻剂是指能使混凝土在负温下硬化,并在规定养护条件下达到预期性能的外加剂,混凝土防冻剂按其成分可分为氯盐类、氯盐阻锈类、无氯盐类,其技术要求见11-6。

表 11-6　防冻剂受检混凝土性能指标

项　目		一　等　品			合　格　品		
减水率(%)　不小于		8			—		
泌水率比(%)　不大于		100			100		
含气量(%)　不小于		2.5			2.0		
凝结时间差(min)	初凝	－ 120 ~ + 120			－ 150 ~ + 150		
	终凝						
抗压强度比(%) 不小于	规定温度(℃)	－ 5	－ 10	－ 15	－ 5	－ 10	－ 15
	R_{28}	95		90	90		85
	R_{-7+28}	95	90	85	90	85	80
	R_{-7+56}	100			100		
90 d 收缩率比(%)　不大于		120					
抗渗压力(或高度)比(%)		不小于 100(或不大于 100)					
50 次冻融强度损失率比(%)　不大于		100					
对钢筋的锈蚀作用		应说明对钢筋有无锈蚀作用					

五、混凝土膨胀剂技术要求

混凝土膨胀剂是指与水泥、水拌和后经水化反应生成钙矾石、氢氧化钙、钙矾石和氢氧化钙,使混凝土产生膨胀的外加剂。混凝土膨胀剂产生的体积膨胀,在有约束条件下能产生适宜的自应力。混凝土膨胀剂分为三类:

硫铝酸钙类混凝土膨胀剂:是指与水泥、水拌和后经水化反应生成钙矾石的混凝土膨胀剂。

硫铝酸钙 – 氧化钙类混凝土膨胀剂:是指与水泥、水拌和后经水化反应生成钙矾石和氢氧化钙的混凝土膨胀剂。

氧化钙类混凝土膨胀剂:是指与水泥、水拌和后经水化反应生成氢氧化钙的混凝土膨胀剂。

混凝土膨胀剂的技术要求见表11-7。

表 11-7 混凝土膨胀剂性能指标

项 目				指 标 值
化学成分	氧化镁(%)		≤	5.0
	含水率(%)		≤	3.0
	总碱量(%)		≤	0.75
	氯离子(%)		≤	0.05
物理性能	细度	比表面积(m²/kg)	≥	250
		0.08 mm 筛筛余(%)	≤	12
		1.25 mm 筛筛余(%)	≤	0.5
	凝结时间	初凝(min)	≥	45
		终凝(h)	≤	10
	限制膨胀率(%)	水 中	7 d ≥	0.025
			28 d ≤	0.10
		空气中	21 d ≥	− 0.020
	抗压强度(MPa) ≥	7 d		25.0
		28 d		45.0
	抗折强度(MPa) ≥	7 d		4.5
		28 d		6.5

注:细度用比表面积和1.25 mm 筛筛余或0.08 mm 筛筛余和1.25 mm 筛筛余表示,仲裁检验用比表面积和1.25 mm 筛筛余。

六、混凝土速凝剂技术要求

混凝土速凝剂是指能使混凝土迅速凝结硬化的外加剂,掺速凝剂拌和物及其硬化砂浆的性能应符合表11-8 的要求。

表 11-8 混凝土速凝剂性能指标

产品等级	净浆凝结时间(min) 不迟于		1 d 抗压强度(MPa) 不小于	28 d 抗压强度比(%) 不小于	细度(筛余)(%) 不大于	含水率(%) 小于
	初凝	终凝				
一等品	3	10	8	75	15	2
合格品	5	10	7	70	15	2

注:28 d 抗压强度比为掺速凝剂与不掺者的抗压强度比。

七、混凝土外加剂中释放氨的限量

混凝土外加剂中释放氨的量≤0.10%(质量百分数)。

第三节 检验规则

一、取样及编号

(一)点样和混合物

点样是在一次生产的产品中所得试样,混合样是三个或更多的点样等量均匀混合而取得的试样,也可采用连续取样方式取得。

(二)取样量

每一编号取样不小于 0.2 t 水泥所需用的外加剂量。

(三)编号

生产厂应根据产量和生产设备条件,将产品分批编号。

1. 外加剂

掺量大于 1%(含 1%)同品种的外加剂每一编号为 100 t,掺量小于 1% 的外加剂每一编号为 50 t,不足 100 t 或 50 t 的也按一个批量计,同一编号的产品必须混合均匀。

2. 泵送剂

年产 500 t 以上的,每一批号为 50 t;年产 500 t 以下,每一批号 30 t;每批不足 50 t 或 30 t 的也按一个批量计。

3. 防水剂

年产 500 t 以上的,每 50 t 为一批;年产 500 t 以下的,每 30 t 为一批。

4. 防冻剂

同一品种的防冻剂,每 50 t 为一批,不足 50 t 也可为一批。

5. 膨胀剂

日产量超过 200 t 时,以不超过 200 t 为一编号;不足 200 t 时,应以不超过日产量为一编号。

6. 速凝剂

每 20 t 为一批,不足 20 t 也可作为一批。

二、试样及留样

每一编号取得的试样应充分混匀,分为两等份,一份按外加剂规定的项目进行试验,另一份要密封保存半年或至有效期,以备有疑问时提交国家指定的检验机关进行复验或仲裁。

三、检验分类

(一)出厂检验

每编号外加剂检验项目,根据其品种不同按出厂检验要求进行检验。

(二)型式检验

型式检验项目包括匀质性、新拌及硬化混凝土性能指标。有下列情况之一者,应进行型式检验:

(1)新产品或老产品转厂生产的试制定型鉴定;

(2)正式生产后,若材料、工艺有较大改变,可能影响产品性能时;

(3)正常生产时,一年至少进行一次检验;

(4)产品长期停产后,恢复生产时;

(5)出厂检验结果与上次型式检验有较大差异时;

(6)国家质量监督机构提出型式检验要求时。

(三)施工现场复验

外加剂进入工地(或混凝土搅拌站)时,应先按产品标准检验以下项目,符合要求后方可入库、使用。

1. 外加剂

普通减水剂、高效减水剂、缓凝高效减水剂检验项目包括密度(或细度)、混凝土减水率,缓凝高效减水剂应增测凝结时间。

引气剂及引气减水剂检验项目包括 pH 值、密度(或细度)、含气量,引气减水剂应增测减水率。

缓凝剂及缓凝减水剂检验项目包括 pH 值、密度(或细度)、混凝土凝结时间,缓凝减水剂应增测减水率。

早强剂及早强减水剂检验项目包括密度(或细度),1 d、3 d、7 d 混凝土抗压强度比及对钢筋的锈蚀作用,早强减水剂应增测减水率。

2. 泵送剂

检验项目包括密度(或细度)、坍落度增加值及坍落度经时损失。

3. 防水剂

检验项目包括密度(或细度)、钢筋锈蚀。

4. 防冻剂

检验项目包括密度(或细度)、R_{-7+28}抗压强度比、钢筋锈蚀,并应检查是否有沉淀、结晶或结块。

5. 膨胀剂

检验项目包括限制膨胀率。

6. 速凝剂

检验项目包括密度(或细度)、凝结时间、1 d 抗压强度。

四、判定规则

(一)外加剂

产品经检验,匀质性符合要求,各种类型的减水剂的减水率、缓凝型外加剂的凝结时间差、引气型外加剂的含气量及硬化混凝土的各项性能符合表 11-1 要求,则判定该编号外加剂为相应等级的产品;若不符合上述要求时,则判该编号外加剂不合格。其余项目作为参考指标。

(二)泵送剂

各项性能均符合泵送剂标准技术要求(表 11-3),则判定该批号泵送剂为相应等级的产品。如不符合上述要求时,则判定该批号泵送剂为不合格品。

(三)防水剂

各项性能均符合防水剂标准(表 11-4、表 11-5)技术要求(但凝结时间差、泌水率比项目可除外),即可判定为相应等级的产品。

(四)防冻剂

新拌混凝土的含气量和硬化混凝土性能均符合防冻剂标准技术要求(表 11-6),即可判定为相应等级的产品,其余项目作为参考指标。

(五)膨胀剂

产品各项性能均符合膨胀剂标准技术要求(表 11-7),判为合格品;若有一项指标不符合膨胀剂标准技术要求时,则判为不合格品,不合格品不得出厂,也不得使用。

(六)速凝剂

所有项目都符合速凝剂标准规定的某一等级要求(表 11-8),则判为相应等级。

五、复验

复验以封存样进行。若使用单位要求现场取样,应事先在供货合同中规定,并在生产和使用单位人员在场的情况下于现场取平均样。复验按照型式检验项目检验。

第四节　试验方法

一、混凝土外加剂的试验方法

(一)试验要求

1. 材料

(1)水泥。采用符合下列品质指标的硅酸盐水泥熟料与二水石膏共同粉磨而成的标号大于(含)525 号的硅酸盐水泥:$C_3A(6\% \sim 8\%)$、$C_3S(50\% \sim 55\%)$、$f\text{-}CaO \not> 1.2\%$、碱含量 $\not> 1.0\%$、比表面积为 $(320 \pm 20)\,m^2/kg$。基准水泥必须由经中国水泥质量监督中心确认具备生产条件的工厂供给。在因故得不到基准水泥时,允许采用 C_3A 含量 $6\% \sim 8\%$,总碱量 $(Na_2O + 0.658K_2O)$ 不大于 1% 的熟料和二水石膏、矿渣共同磨制的标号大于(含)525 号普通硅酸盐水泥。但仲裁仍需用基准水泥。

(2)砂。符合《建筑用砂》(GB/T 14684—2001)要求的细度模数为 2.6~2.9 的中砂。

(3)石子。符合《建筑用卵石、碎石》(GB/T 14685—2001)粒径为 5~20 mm(圆孔筛),采用二级配,其中 5~10 mm 占 40%,10~20 mm 占 60%。如有争议,以卵石试验结果为准。

(4)水。饮用水。

(5)外加剂。需要检测的外加剂。

2. 配合比

基准混凝土配合比按《普通混凝土配合比设计技术规定》(JGJ 55—2000)进行设计(参见第五章),掺非引气型外加剂混凝土和基准混凝土的水泥、砂、石的比例不变。配合比设计符合以下规定:

(1)水泥用量。采用卵石时,$(310 \pm 5)\mathrm{kg/m^3}$;采用碎石时,$(330 \pm 5)\mathrm{kg/m^3}$。

(2)砂率。基准混凝土和掺外加剂混凝土的砂率均为 36% ~ 40%,但掺引气减水剂和引气剂的混凝土砂率应比基准混凝土低 1% ~ 3%。

(3)外加剂掺量。按科研单位或生产厂推荐的掺量。

(4)用水量。应使混凝土坍落度达 $(80 \pm 10)\mathrm{mm}$。

3. 混凝土搅拌

采用 60 L 自落式混凝土搅拌机,全部材料及外加剂一次投入,拌和量应不少于 15 L,不大于 45 L,搅拌 3 min,出料后在铁板上用人工翻拌 2 ~ 3 次再行试验。

各种混凝土材料及试验环境温度均应保持在 $(20 \pm 3)℃$。

4. 试件制作及试验所需试件数量

(1)试件制作。混凝土试件制作及养护按《普通混凝土拌和物性能试验方法》(GBJ 80—85)进行,但混凝土预养温度为 $(20 \pm 3)℃$。

(2)试验项目及所需数量详见表 11-9。

表 11-9　试验项目及所需数量

试验项目	外加剂类别	试验类别	试验所需数量			
			混凝土拌和批数	每批取样数目	掺外加剂混凝土总取样数目	基准混凝土总取样数目
减水率	除早强剂、缓凝剂外各种外加剂	混凝土拌和物	3	1 次	3 次	3 次
泌水率比	各种外加剂			1 个	3 个	3 个
含气量						
凝结时间差						
抗压强度比		硬化混凝土		9 或 12 块	27 或 36 块	27 或 36 块
收缩率比						
相对耐久性指标	引气剂、引气减水剂	硬化混凝土		1 块	3 块	3 块
钢筋锈蚀	各种外加剂	新拌或硬化砂浆				

注:1. 试验时,检验一种外加剂的三批混凝土要在同一天内完成。

2. 试验龄期参考表 11-2 试验项目栏。

(二)混凝土拌和物

1. 减水率测定

减水率为坍落度基本相同时基准混凝土和掺外加剂混凝土单位用水量之差与基准混凝土单位用水量之比。坍落度按 GBJ 80—85 测定。减水率按下式计算:

$$W_R = [(W_0 - W_1)/W_0] \times 100\% \qquad (11\text{-}1)$$

式中　W_R——减水率(%);

W_0——基准混凝土单位用水量,$\mathrm{kg/m^3}$;

W_1——掺外加剂混凝土单位用水量,$\mathrm{kg/m^3}$。

W_R 以三批试验的算术平均值计,精确到小数点后一位。若三批试验的最大值或最小值中有一个与中间值之差超过中间值的 15% 时,则把最大值与最小值一并舍去,取中间值作为该组试验的减水率。若有两个测值与中间值之差均超过 15% 时,则该批试验结果无效,应该重做。

2. 泌水率比测定

泌水率比按下式计算(精确到小数点后一位数):

$$B_R = (B_t / B_c) \times 100\% \tag{11-2}$$

式中　B_R——泌水率之比(%);

　　　B_c——基准混凝土泌水率(%);

　　　B_t——掺外加剂混凝土泌水率(%)。

泌水率的测定和计算方法如下:

先用湿布润湿容积为 5 L 的带盖筒(内径为 185 mm,高 200 mm),将混凝土拌和物一次装入,在振动台上振动 20 s,然后用抹刀轻轻抹平,加盖以防水分蒸发。试样表面应比筒口边低约 20 mm。自抹面开始计算时间,在前 60 min,每隔 10 min 用吸液管吸出泌水一次,以后每隔 20 min 吸水一次,直到连续三次无泌水为止。每次吸水前 5 min,应将筒底一侧垫高约 20 mm,使筒倾斜,以便于吸水。吸水后,将筒轻轻放平盖好。将每次吸出的水都注入带塞的量筒,最后计算出总的泌水量,准确至 1 g,并按式(11-3)、式(11-4)计算泌水率:

$$B = \{V_W / [(W/G) \times G_W]\} \times 100\% \tag{11-3}$$

$$G_W = G_1 - G_0 \tag{11-4}$$

式中　B——泌水率(%);

　　　V_W——泌水总质量,g;

　　　W——混凝土拌和物的用水量,g;

　　　G——混凝土拌和物的总质量,g;

　　　G_W——试样质量,g;

　　　G_1——筒及试样质量,g;

　　　G_0——筒质量,g。

试验时,每批混凝土拌和物取一个试样,泌水率取三个试样的算术平均值。若三个试样的最大值或最小值中有一个与中间值之差大于中间值的 15% 时,则把最大值与最小值一并舍去,取中间值作为该组试验的泌水率。若有两个测值与中间值之差均大于 15% 时,应该重做。

3. 含气量

按 GBJ 80—85 用气水混合式含气量测定仪,并按该仪器说明书进行操作,但混凝土拌和物一次装满并稍高于容器,用振动台振实 15~20 s;用高频插入式振捣器(Φ25 mm,14 000次/min)在模型中心垂直插捣 10 s。

试验时,每批混凝土拌和物取一个试样,含气量以三个试样的算术平均值来表示。若三个试样的最大值或最小值中有一个与中间值之差超过 0.5% 时,则把最大值与最小值一并舍去,取中间值作为该批的试验结果。若有两个测值与中间值之差均超过 0.5% 时,应该重做。

4. 凝结时间差测定

凝结时间差按下式计算：

$$\Delta T = T_t - T_c \tag{11-5}$$

式中　ΔT——凝结时间之差，min；

　　　T_t——掺外加剂混凝土的初凝或终凝时间，min；

　　　T_c——基准混凝土的初凝或终凝时间，min。

凝结时间采用贯入阻力仪测定，仪器精度为 5 N，凝结时间测定方法如下：

将混凝土拌和物用 5 mm(圆孔筛)振动筛筛出砂浆，拌匀后装入上口内径为 160 mm、下口内径为 150 mm、净高 150 mm 的刚性不渗水的金属圆筒，试样表面应低于筒口约 10 mm，用振动台振实(约 3 ~ 5 s)，置于(20 ± 3)℃的环境中，容器加盖。一般基准混凝土在成型后 3 ~ 4 h，掺早强剂的成型后 1 ~ 2 h，掺缓凝剂的在成型后 4 ~ 6 h 开始测定，以后每 0.5 h 或 1 h 测定一次，但在临近初凝、终凝时，可以缩短测定间隔时间，每次测点应避开前一次测孔，其净距为试针直径的 2 倍，但至少不小于 15 mm，试针与容器边缘之距离不小于 25 mm。测定初凝时间用截面积为 100 mm² 的试针，测定终凝时间用 20 mm² 的试针。贯入阻力按下式计算：

$$R = P/A \tag{11-6}$$

式中　R——贯入阻力值，MPa；

　　　P——贯入深度达 25 mm 时所需的净压力，N；

　　　A——贯入仪试针的截面积，mm²。

根据计算结果，以贯入阻力值为纵坐标，测试时间为横坐标，绘制贯入阻力值与时间关系曲线，求出贯入阻力值达 3.5 MPa 时对应的时间作为初凝时间及贯入阻力值达 28 MPa 时对应的时间作为终凝时间。凝结时间从水泥与水接触时开始计算。

试验时，每批混凝土拌和物取一个试样，凝结时间取三个试样的平均值。若三批的最大值或最小值之中有一个与中间值之差超过 30 min 时，则把最大值与最小值一并舍去，取中间值作为该组试验的凝结时间。若两测值与中间值之差均超过 30 min 时，该试验结果无效，则应重做。

(三)硬化混凝土

1. 抗压强度比测定

抗压强度比以掺外加剂混凝土与基准混凝土同龄期抗压强度之比表示，按下式计算：

$$R_s = (S_t/S_c) \times 100\% \tag{11-7}$$

式中　R_s——抗压强度比(%)；

　　　S_t——掺外加剂混凝土的抗压强度，MPa；

　　　S_c——基准混凝土的抗压强度，MPa。

掺外加剂与基准混凝土的抗压强度按《普通混凝土力学性能试验方法》(GBJ 81—85)进行试验和计算。试件用振动台振动 15 ~ 20 s；用插入式高频振捣器(Φ25 mm，14 000 次/min)振捣时间为 8 ~ 12 s。试件预养温度为(20 ± 3)℃。试验结果以三批试验测值的平均值表示，若三批试验中有一批的最大值或最小值与中间值的差值超过中间值的 15%，则把最大值及最小值一并舍去,取中间值作为该批的试验结果。若有两批测值与中间值的差均超过中间值的15%,则试验结果无效,应该重做。

2. 收缩率比测定

收缩率比以龄期28 d掺外加剂混凝土与基准混凝土干缩率比值表示,按下式计算:

$$R_\varepsilon = (\varepsilon_t / \varepsilon_c) \times 100\% \qquad (11\text{-}8)$$

式中　R_ε——收缩率比(%);

ε_t——掺外加剂混凝土的收缩率(%);

ε_c——基准混凝土的收缩率(%)。

掺外加剂及基准混凝土的收缩率按《普通混凝土长期性能和耐久性能试验方法》(GBJ 82—85)测定和计算,试件用振动台成型,振动15~20 s;用插入式高频振动器(Φ25 mm,14 000次/min)插捣8~20 s。每批混凝土拌和物取一个试样,以三个试样收缩率的算术平均值表示。

(四)钢筋锈蚀试验

钢筋锈蚀采用钢筋在新拌或硬化砂浆中阳极极化电位曲线来表示。

1. 钢筋锈蚀快速试验方法(新拌砂浆法)

1)仪器设备

恒电位仪,用符合标准要求的钢筋锈蚀测量仪,或恒电位/恒电流仪,或恒电流仪,或恒电位仪(输出电流范围不小于0~2 000 μA,可连续变化0~2 V,精度≤1%);甘汞电极;定时钟;铜芯塑料电线;绝缘涂料(石蜡:松香=9:1);塑料有底活动试模(尺寸40 mm×100 mm×150 mm)。

2)试验步骤

(1)制作钢筋电极。将Ⅰ级建筑钢筋加工制成直径7 mm、长度为100 mm、表面粗糙度Ra的最大允许值为1.6 μm的试件,用汽油、乙醇、丙酮依次浸擦,除去油脂,并在一端焊上长130~150 mm的导线,再用乙醇仔细擦去焊油,钢筋两端浸涂热熔石蜡松香绝缘涂料,使钢筋中间暴露长度为80 mm,计算其表面积。经过处理后的钢筋放入干燥器内备用,每组试件三根。

(2)拌制新鲜砂浆。在无特定要求时,采用水灰比0.5、灰砂比1:2配制砂浆,水为蒸馏水,砂为检验水泥强度用的标准砂,水泥为基准水泥(或按试验要求的配合比配制)。干拌1 min,湿拌3 min。检验外加剂时,外加剂按比例随拌和水加入。

(3)砂浆及电极入模。把拌制好的砂浆浇入试模中,先浇一半(厚20 mm左右)。将两根处理好经检查无锈痕的钢筋电极平行放在砂浆表面,间距40 mm,拉出导线,然后灌满砂浆抹平,并轻敲几下侧板,使其密实。

(4)连接试验仪器。按图11-1连接试验装置,以一根钢筋作为阳极接仪器的"研究"与"*号"接线孔,另一根钢筋为阴极(即辅助电极)接仪器的"辅助"接线孔,再将甘汞电极的下端与钢筋阳极的正中位置对准,与新鲜砂浆表面接触,并垂直于砂浆表面。甘汞电极的导线接仪器的"参比"接线孔。在一些现代新型钢筋锈蚀测量仪或恒电位/恒电流仪上,电极输入导线通常为集束导线,只须按规定将三个夹子分别接阳极钢筋、阴极钢筋和甘汞电极即可。

(5)测试。未通外加电流前,先读出阳极钢筋的自然电位 V(即钢筋阳极与甘汞电极之间的电位差值)。

接通外加电流,并按电流密度 50×10^{-2} A/m^2(即 50 μA/cm^2)调整微安表至需要值。同时,开始计算时间,依次按 2、4、6、8、10、15、20、25、30、60 min,分别记录阳极极化电位值。

(6)试验结果处理。以一组三个试验电极测量结果的平均值,作为钢筋阳极极化电位的测定值,以时间为横坐标,阳极极化电位为纵坐标,绘制电位~时间曲线(如图 11-2)。

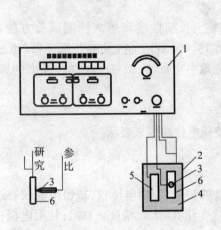

图 11-1　新拌砂浆极化电位测试装置
1—钢筋锈蚀测量仪或恒电位/恒电流仪;2—硬塑料模;
3—甘汞电极;4—新拌砂浆;5—钢筋阴极;6—钢筋阳极

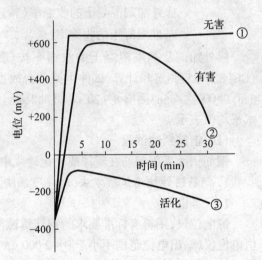

图 11-2　电位~时间曲线分析

根据电位~时间曲线判断砂浆中的水泥、外加剂等对钢筋锈蚀的影响。

电极通电后,阳极钢筋电位迅速向正方向上升,并在 1～5 min 内达到析氧电位值,经 30 min 测试,电位值无明显降低,如图 11-2 中的曲线①,则属钝化曲线。表明阳极钢筋表面钝化膜完好无损,所测外加剂对钢筋是无害的。

通电后,阳极钢筋电位先向正方向上升,随着又逐渐下降,如图 11-2 中的曲线②,说明钢筋表面钝化膜已部分受损。而图 11-2 中的曲线③属活化曲线,说明钢筋表面钝化膜破坏严重。这两种情况均表明钢筋钝化膜已遭破坏。但这时对试验砂浆中所含的水泥、外加剂对钢筋锈蚀的影响仍不能作出明确的判断,还必须再作硬化砂浆阳极极化电位的测量,以进一步判别外加剂对钢筋有无锈蚀危害。

通电后,阳极钢筋电位随时间的变化有时会出现图 11-2 中曲线①和②之间的中间情况,即电位先正方上升至较正电位值(例如 $\geq +600$ mV),持续一段稳定时间,然后渐呈下降趋势,如电位值迅速下降,则属第②项情况。如电位值缓降,变化不多,则试验和记录电位的时间再延长 30 min,继续在 35、40、45、50、55、60 min 分别记录阳极极化电位值,如果电位曲线保持稳定不再下降,可认为钢筋表面尚能保持完好钝化膜,所测外加剂对钢筋是无害的;如果电位曲线继续持续下降,可认为钢筋表面钝化膜已破损而转变为活化状态,对于这种情况,还必须再作硬化砂浆阳极极化电位的测量,以进一步判别外加剂对钢筋有无锈蚀危害。

2. 钢筋锈蚀快速试验方法(硬化砂浆法)

1)仪器设备

恒电位仪,专用的符合标准要求的钢筋锈蚀测量仪,或恒电位/恒电流仪,或恒电流仪,或恒电位仪(输出电流范围不小于 0 ~ 2 000 μA,可连续变化 0 ~ 2 V,精度≤1%);不锈钢片电极;甘汞电极(232 型和 222 型);定时钟;铜芯塑料电线(型号 RV1 × 16/0.15 mm);绝缘涂料(石蜡:松香 = 9:1);搅拌锅、搅拌铲;试模,长 95 mm,宽和高均为 30 mm 的棱柱体,模板两端中心带有固定钢筋的凹孔,其直径为 7.5 mm,深 2 ~ 3 mm,半通孔。试模用 8 mm 厚的硬聚氯乙烯塑料板制成。

2)试验步骤

(1)制备埋有钢筋的砂浆电极。制备钢筋:将 Ⅰ 级建筑钢筋加工制成直径 7 mm,长度 100 mm、表面粗糙度 Ra 的最大允许值为 1.6 μm 的试件,用汽油、乙醇、丙酮依次浸擦,除去油脂,经检查无锈痕后放入干燥容器中备用,每组三根。

成型砂浆电极:将钢筋插入试模两端的预留凹孔中,位于正中。按配比拌制砂浆,灰砂比为 1:2.5,采用基准水泥、检验水泥强度用的标准砂、蒸馏水(用水量按砂浆稠度 5 ~ 7 cm 时的加水量而定),外加剂采用推荐掺量。将称好的材料放入搅拌锅内干拌 1 min,湿拌 3 min。将拌匀的砂浆灌入预先安放好钢筋的试模内,置检验水泥强度用振动台振 5 ~ 10 s,然后抹平。

砂浆电极的养护及处理:试件成型后盖上玻璃板,移入标准养护室养护,24 h 后脱模,用水泥净浆将外露的钢筋两头覆盖,继续标准养护 2 d。取出试件,除去端部的封闭净浆,仔细擦净外露钢筋头的锈斑。在钢筋的一端焊上长 130 ~ 150 mm 的导线,用乙醇擦去焊油,并在试件两端浸涂热石蜡松香绝缘,使试件中间暴露长度为 80 mm,如图 11-3 所示。

(2)测试。将处理好的硬化砂浆电极置于饱和氢氧化钙溶液中,浸泡数小时,直至浸透试件,其表征为监测硬化砂浆电极在饱和氢氧化钙溶液中的自然电位稳定且接近新拌砂浆中的自然电位,由于存在欧姆电压降可能使两者之间有一个电位差。试验时应注意不同类型或不同掺量外加剂的试件不得放置在同一容器内浸泡,以防互相干扰。

把一个浸泡后的砂浆电极移入盛有饱和氢氧化钙溶液的玻璃缸内,使电极浸入溶液的深度为 8 cm,以它作为阳极,以不锈钢片作为阴极(即辅助电极),以甘汞电极作参比。按图 11-4 要求接好试验线路。未通外加电流前,先读出阳极(埋有钢筋的砂浆电极)的自然电位。

接通外加电流,并按电流密度 $50 × 10^{-2}$ A/m^2(即 50 μA/cm^2)调整微安表至需要值。同时,开始计算时间,依次按 2、4、6、8、10、15、20、25、30 min,分别记录埋有钢筋的砂浆电极阳极极化电位值。

(3)试验结果处理。取一组三个埋有钢筋的硬化砂浆电极电位的测量结果的平均值作为测定值,以时间为横坐标,阳极极化电位为纵坐标,绘制阳极极化电位 ~ 时间曲线(如图 11-2)。

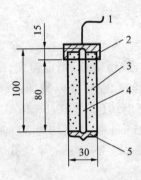

图 11-3　钢筋砂浆电极　(单位:mm)

1—导线;2、5—石蜡;

3—砂浆;4—钢筋

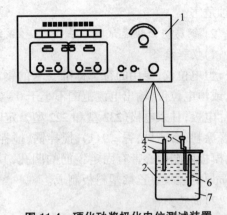

图 11-4　硬化砂浆极化电位测试装置

1—钢筋锈蚀测量仪或恒电位/恒电流仪;

2—烧杯1 000 mL;3—有机玻璃盖;4—不锈钢片(阴极);

5—甘汞电极;6—硬化砂浆电极(阳极);

7—饱和氢氧化钙溶液

根据电位~时间曲线判断砂浆中的水泥、外加剂等对钢筋锈蚀的影响。

电极通电后,阳极钢筋电位迅速向正方向上升,并在 1~5 min 内达到析氧电位值,经 30 min 测试,电位值无明显降低,如图 11-2 中的曲线①,则属钝化曲线。表明阳极钢筋表面钝化膜完好无损,所测外加剂对钢筋是无害的。

通电后,阳极钢筋电位先向正方向上升,随着又逐渐下降,如图 11-2 中的曲线②,说明钢筋表面钝化膜已部分受损。而图 11-2 中的曲线③属活化曲线,说明钢筋表面钝化膜破坏严重。这两种情况均表明钢筋钝化膜已遭破坏。所测外加剂对钢筋是有锈蚀危害的。

(五)外加剂匀质性

1. 密度

1)测试条件

(1)液体样品直接测试;

(2)固体样品溶液的浓度为 10 g/L;

(3)被测溶液的温度为 (20 ± 1)℃;

(4)被测溶液必须清澈,如有沉淀应滤去。

2)仪器

(1)比重瓶:25 mL 或 50 mL;

(2)天平:不应低于四级,精确至 0.000 1 g;

(3)干燥器:内盛变色硅胶;

(4)超级恒温器或同条件的恒温设备。

3)试验步骤

(1)比重瓶容积的校正。比重瓶依次用水、乙醇、丙酮和乙醚洗涤并吹干,塞子连瓶一起放入干燥器内,取出,称量比重瓶之质量为 m_0,直至恒重。然后将预先煮沸并经冷却的水装入瓶内,塞上塞子,使多余的水分从塞子毛细管流出,用吸水纸吸干瓶外的水。注意不能让吸水纸吸出塞子毛细管里的水,水要保持与毛细管上口相平,立即在天平上称出比重瓶装水后的质量 m_1。比重瓶的容积按下式计算:

$$V = \frac{m_1 - m_0}{0.998\,2}$$ (11-9)

式中　V——比重瓶在 20 ℃时的容积,mL;

　　　m_0——干燥的比重瓶质量,g;

　　　m_1——比重瓶盛满 20 ℃水的质量,g;

　　　0.998 2——20 ℃时纯水的密度,g/mL。

(2)外加剂溶液密度 ρ 的测定。将已校正 V 值的比重瓶洗净、干燥,灌满被测溶液,塞上塞子后放入(20±1)℃超级恒温器内,恒温 20 min 后取出,用吸水纸吸干瓶外的水及由毛细管溢出的溶液后,在天平上称出比重瓶装满外加剂溶液后的质量 m_2。

4)结果计算

外加剂溶液的密度 ρ 按下式计算:

$$\rho = \frac{m_2 - m_0}{V} = \frac{m_2 - m_0}{m_1 - m_0} \times 0.998\,2$$ (11-10)

式中　ρ——20 ℃时外加剂溶液密度,g/mL;

　　　m_2——比重瓶装满 20 ℃外加剂溶液后的质量,g。

5)允许差

室内允许差为 0.001 g/mL;

室外允许差为 0.002 g/mL。

2. 细度

1)仪器

(1)药物天平:称量 100 g,分度值 0.1 g;

(2)试验筛:采用孔径为 0.315 mm 的铜丝网筛布。筛框有效直径 150 mm、高 50 mm。筛布应紧绷在筛框上,接缝必须严密,并附有筛盖。

2)试验步骤

外加剂试样应充分拌匀并经 100~105℃(特殊品种除外)烘干,称取烘干试样 10 g,倒入筛内,用人工筛样。将近筛完时,必须一手执筛往复摇动,一手拍打,摇动速度控制在 120 次/min。其间,筛子应向一定方向旋转数次,使试样分散在筛布上,直至每分钟通过质量不超过 0.05 g 时为止。称量筛余物,称准至 0.1 g。

3)结果计算

细度筛余(%)按下式计算:

$$筛余 = \frac{m_1}{m_0} \times 100\%$$ (11-11)

式中　m_1——筛余物质量,g;

　　　m_0——试样质量,g。

4)允许差

室内允许差为 0.40%；

室外允许差为 0.60%。

3.pH 值

1)仪器

(1)酸度计；

(2)甘汞电极；

(3)玻璃电极；

(4)复合电极。

2)测试条件

(1)液体样品直接测试；

(2)固体样品溶液的浓度为 10 g/L；

(3)被测溶液的温度为(20±3)℃。

3)试验步骤

(1)校正。按仪器的出厂说明书校正仪器。

(2)测量。当仪器校正好后，先用水，再用测试溶液冲洗电极，然后再将电极浸入被测溶液中轻轻摇动试杯，使溶液均匀。待到酸度计的读数稳定 1 min 时，记录读数。测量结束后，用水冲洗电极，以待下次测量。

(3)酸度计测出的结果即为溶液的 pH 值。

4)允许差

室内允许差为 0.2%；

室外允许差为 0.5%。

二、泵送剂试验方法

(一)试验要求

1. 材料

同混凝土外加剂要求，但砂为Ⅱ区中砂，细度模数为 2.4~2.8，含水率小于 2%。

2. 配合比

基准混凝土配合比设计同外加剂，受检混凝土与基准混凝土的水泥、砂、石用量相同。

(1)水泥用量。采用卵石时，(380±5) kg/m³；采用碎石时，(390±5) kg/m³。

(2)砂率。44%。

(3)泵送剂掺量。按生产单位推荐的掺量。

(4)用水量。应使基准混凝土坍落度为(100±10) mm，受检混凝土坍落度为(210±10) mm。

3. 混凝土搅拌

同混凝土外加剂要求。

4. 试验项目及试件数量

符合表 11-10 规定。

表 11-10 试验项目及所需数量

试验项目	试验类别	混凝土拌和批数	每批取样数目	受检混凝土总取样数	基准混凝土总取样数
坍落度增加值	新拌混凝土	3	1 次	3 次	3 次
常压泌水率比 压力泌水率比 含气量 坍落度保留值			1 块	3 块	3 块
抗压强度比 收缩率比	硬化混凝土		9 块 1 块	27 块 3 块	27 块 3 块
钢筋锈蚀	新拌或硬化砂浆	1 块			

(二)混凝土拌和物

1. 坍落度增加值

坍落度按 GBJ 80—85 进行试验,但在试验受检混凝土坍落度时,分两层装入坍落度筒内,每层插捣 15 次。结果以 3 次试验的平均值表示,精确到 1 mm。坍落度增加值以水灰比相同时受检混凝土与基准混凝土坍落度之差表示,精确到 1 mm。

2. 压力泌水率比

(1)仪器。压力泌水仪,主要由压力表、活塞螺栓、筛网等部件构成。其工作活塞压强为 3.5 MPa,工作活塞公称直径为 125 mm,混凝土容积为 1.66 L,筛网孔径为 0.335 mm。

(2)试验步骤。将混凝土拌和物装入试料筒内,用捣棒由外围向中心均匀插捣 25 次,将仪器按规定安装完毕。尽快给混凝土加压至 3.0 MPa,立即打开泌水管阀门,同时开始计时,并保持恒压,泌出的水接入 1 000 mL 量筒内。加压 10 s 后读取泌水量 V_{10},加压 140 s 后读取泌水量 V_{140}。

(3)压力泌水率按下式计算:

$$B_p = (V_{10} / V_{140}) \times 100\% \tag{11-12}$$

式中 B_p——压力泌水率(%);

  V_{10}——加压 10 s 时的泌水量,mL;

  V_{140}——加压 140 s 时的泌水量,mL。

结果以 3 次试验的平均值表示,精确到 0.1%。

压力泌水率比按下式计算(精确至 1%):

$$R_b = (B_{pA} / B_{pO}) \times 100\% \tag{11-13}$$

式中 R_b——压力泌水率比(%);

  B_{pO}——基准混凝土压力泌水率(%);

  B_{pA}——受检混凝土压力泌水率(%)。

3. 坍落度保留值

出盘的混凝土拌和物进行坍落度试验后得坍落度值 H_0;立即将全部物料装入铁桶或塑料桶内,用盖子或塑料布密封。存放 30 min 后将桶内物料倒在拌料板上,用铁锹翻拌两次,进行坍落度试验得出 30 min 坍落度保留值 H_{30};再将全部物料装入桶内,密封再存放

30 min,用上法再测定一次,得出 60 min 坍落度保留值 H_{60}。

(三)常压泌水率比、含气量、硬化混凝土试验、钢筋锈蚀试验及匀质性试验

同外加剂试验。

三、防水剂试验方法

(一)受检砂浆的性能

1.材料

水泥、拌和水同外加剂;砂应符合《水泥强度试验用标准砂》(GB 178—77)规定的标准砂。

2.配合比

水泥与标准砂的质量比为 1:3。

用水量根据各项试验要求确定。

防水剂掺量采用生产厂推荐的最佳掺量。

3.搅拌

采用机械或人工搅拌。粉状防水剂掺入水泥中,液体或膏状防水剂掺入拌和水中。先将干物料干拌至基本均匀,再加入拌和水拌至均匀。

4.成型及养护条件

成型温度为 (20 ± 3) ℃,并在此温度下静置 (24 ± 2) h 脱模,如果是缓凝型产品,可适当延长脱模时间。然后在 (20 ± 3) ℃、相对湿度大于 90% 的条件下养护至龄期。

捣实采用振动频率为 (50 ± 3) Hz、空载时振幅约为 0.5 mm 的混凝土振动台,振动时间为 15 s。

5.试验项目及数量

试验项目及数量见表 11-11。

表 11-11 试验项目及数量

试验项目	试验类别	砂浆(净浆)拌和次数	每次取样数	基准砂浆取样数	受检砂浆取样数
安定性 凝结时间	净浆	1 次	3 次	3 次
抗压强度比	硬化砂浆	3	6 块	18 块	18 块
透水压力比			2 块	6 块	6 块
吸水量比 收缩率比			1 块	3 块	3 块
钢筋锈蚀				—	

6.凝结时间、安定性

凝结时间、安定性按照《水泥标准稠度用水量、凝结时间、安定性检验方法》(GB 1346—2001)规定进行(参见第二章)。

7.抗压强度比

(1)试验步骤。按照《水泥胶砂流动度测定方法》(GB 2419—94)(参见第二章)确定基准砂浆和受检砂浆的用水量,但水泥与砂的比例为 1:3,将两者流动度均控制在(140 ± 5) mm。

试验共进行 3 次,每次用有底试模 70.7 mm × 70.7 mm × 70.7 mm 的基准和受检试件各二组,每组 3 块,二组的试件分别养护至 7 d、28 d,测定抗压强度。

(2)结果计算。砂浆试件的抗压强度按下式计算:

$$R_d = P/A \tag{11-14}$$

式中　R_d——砂浆试件的抗压强度,MPa;

　　　P——破坏荷载,N;

　　　A——试件的受压面积,mm^2。

每组取 3 块试验结果的算术平均值(精确至 0.1 MPa)作为该组砂浆的抗压强度值,3 个测值中的最大值或最小值中如有一个与中间值之差超过中间值的 15%,则把最大值与最小值一并舍去,取中间值作为该组试件的抗压强度值。若有两个测值与中间值之差均超过 15%,则此组试件结果无效。

抗压强度比按下式计算:

$$R_r = (R_t/R_c) \times 100\% \tag{11-15}$$

式中　R_r——抗压强度比(%);

　　　R_t——受检砂浆的抗压强度,MPa;

　　　R_c——基准砂浆的抗压强度,MPa。

以 3 次试验的平均值作为抗压强度比值,计算精确至 1%。

8.透水压力比

(1)试验步骤。参照 GB 2419—94 确定基准砂浆和受检砂浆的用水量,两者保持相同的流动度,并以基准砂浆在 0.3~0.4 MPa 压力下透水为准,确定水灰比。

用上口直径 70 mm,下口直径 80 mm,高 30 mm 的截头圆锥带底金属试模成型基准和受检试件,成型后用塑料布将试件盖好静置。脱模后放入(20 ± 2)℃的水中养护至 7 d,取出待表面干燥后,用密封材料密封装入渗透仪中进行渗水试验。

水压从 0.2 MPa 开始,恒压 2 h,增至 0.3 MPa,以后每隔 1 h 增加水压 0.1 MPa。当 6 个试件中有 3 个试件端面呈现渗水现象时,即可停止试验,记下当时水压。若加压至 1.5 MPa,恒压 1 h 还未透水,应停止升压。砂浆透水压力为每组 6 个试件中 4 个未出现渗水时的最大压力。

(2)结果计算。透水压力比按下式计算:

$$P_r = (P_t/P_c) \times 100\% \tag{11-16}$$

式中　P_r——透水压力比(%);

　　　P_t——受检砂浆的透水压力,MPa;

　　　P_c——基准砂浆的透水压力,MPa。

9.吸水量比

(1)试验仪器。采用感量 1 g,最大称量范围为 1 000 g 的天平。

(2)试验步骤。按抗压强度试件的成型和养护方法,成型基准和受检试件,养护 28 d

后取出在 75~80 ℃温度下烘干(48±0.5)h,称量后将试件放入水槽。放时试件的成型面朝下,下部用两根 Φ10 mm 的钢筋垫起,试件浸入水中的高度为 35 mm。要经常加水,并在水槽上要求的水面高度处开溢水孔,以保持水面恒定。水槽应加盖,放入温度为 (20±3)℃,相对湿度 80% 以上恒温室中,但注意试件表面不得有结露或水滴。然后在 (48±0.5)h 取出,用挤干的湿布擦去表面的水,称量并记录。

(3)结果计算。吸水量按下式计算:

$$W = M_1 - M_0 \tag{11-17}$$

式中　W——吸水量,g;

　　　M_1——吸水后试件质量,g;

　　　M_0——干燥试件质量,g。

结果以三块试件平均值表示,精确至 1%。

吸水量比按下式计算:

$$W_r = (W_t / W_c) \times 100\% \tag{11-18}$$

式中　W_r——吸水量比(%);

　　　W_t——受检砂浆的吸水量,g;

　　　W_c——基准砂浆的吸水量,g。

10.收缩率比

(1)试验步骤。按照 7(1)条确定的配比,《建筑砂浆基本性能试验方法》(GBJ 70—90) (参见第六章)测定基准和受检砂浆试件的收缩值,但测定龄期为 28 d。

(2)结果计算。收缩率比按下式计算:

$$S_r = (\varepsilon_t / \varepsilon_c) \times 100\% \tag{11-19}$$

式中　S_r——收缩率之比(%);

　　　ε_t——受检砂浆的收缩率(%);

　　　ε_c——基准砂浆的收缩率(%)。

11.钢筋锈蚀

同混凝土外加剂试验。

(二)受检混凝土性能

1.材料

同混凝土外加剂要求。

2.试验项目及数量

试验项目及数量见表 11-12。

3.配合比、搅拌

基准混凝土与受检混凝土的配合比设计、搅拌、防水剂掺量同外加剂规定,但混凝土坍落度可以选择(80±10)mm 或(180±10)mm,当选择(180±10)mm 坍落度的混凝土时,砂率宜为 38%~42%。

4.体积安定性

体积安定性按照 GB 1346—2001 规定进行。

表 11-12　试验项目及数量

试验项目	试验类别	混凝土拌和次数	每次取样数目	受检混凝土取样总数目	基准混凝土取样总数目
安定性	净　浆	3	1 次	3 次	3 次
泌水率比	新拌混凝土				
凝结时间差					
抗压强度比	硬化混凝土		6 块	18 块	18 块
渗透高度比			2 块	6 块	6 块
吸水量比			1 块	3 块	3 块
收缩率比					
钢筋锈蚀	硬化砂浆				—

5.泌水率比、凝结时间差、收缩率比和抗压强度比

同混凝土外加剂试验。

6.渗透高度比

(1)试验步骤。渗透高度比试验的混凝土一律采用坍落度为(180±10)mm 的配合比。

参见第五章抗渗性能试验方法,但初始压力为 0.4 MPa。若基准混凝土在 1.2 MPa 以下的某个压力透水,则受检混凝土也加到这个压力,并保持相同时间,然后劈开,在底边均匀取 10 点,测定平均渗透高度。若基准混凝土与受检混凝土在 1.2 MPa 时都未透水,则停止升压,劈开,如上所述测定平均渗透高度。

(2)结果计算。渗透高度按下式计算:

$$H_r = (H_t/H_c) \times 100\% \tag{11-20}$$

式中　H_r——渗透高度比(%);

　　　H_t——受检混凝土的渗透高度,mm;

　　　H_c——基准混凝土的渗透高度,mm。

7.吸水量比

(1)试验仪器。采用感量 1 g,最大称量范围为 5 kg 的天平。

(2)试验步骤。按抗压强度试件的成型和养护方法,成型基准和受检试件,养护 28 d 后取出在 75～80 ℃温度下烘干(48±0.5)h,称量后将试件放入水槽。放时试件的成型面朝下,下部用两根 Φ10 mm 的钢筋垫起,试件浸入水中的高度为 50 mm。要经常加水,并在水槽上要求的水面高度处开溢水孔,以保持水面恒定。水槽应加盖,放入温度为 (20±3)℃,相对湿度 80%以上恒温室中,但注意试件表面不得有结露或水滴。然后在 (48±0.5)h 取出,用挤干的湿布擦去表面的水,称量并记录。

(3)结果计算。与防水剂砂浆吸水量比相同。

(三)钢筋锈蚀

同混凝土外加剂试验的硬化砂浆法。

四、防冻剂试验方法

(一)试验要求

1. 材料、配合比及搅拌

同外加剂要求。但混凝土坍落度为(30±10)mm。

2. 试验项目及试件数量

应符合表 11-13。

表 11-13 试验项目及所需数量

试验项目	试验类别	混凝土拌和批数	每批取样数目	掺防冻剂混凝土总取样数目	基准混凝土总取样数目
减水率 泌水率比 含气量 凝结时间差	混凝土拌和物	3	1次	3次	3次
抗压强度比	硬化混凝土		9块	27块	9块
收缩率比			1块	3块	3块
抗渗压力比			2块	6块	6块
冻融强度损失率比		1	6块	6块	6块
钢筋锈蚀	新拌或硬化砂浆	3	1块	3块	—

(二)混凝土拌和物

减水率、泌水率比、含气量及凝结时间差按照混凝土外加剂试验方法进行。

(三)硬化混凝土性能

1. 试件制作

混凝土试件制作及养护参照 GBJ 80—85 进行,但掺与不掺防冻剂混凝土坍落度为(30±10)mm,试件制作采用振动台振实,振动时间为 15~20 s,环境及预养温度为(20±3)℃。掺防冻剂受检混凝土预养 4 h(或按 $M = \sum(T+10)\Delta t = 120$ ℃·h 控制,式中:M 为度时积;T 为温度;t 为温度 T 的持续时间),移入冰箱(或冰室)内并用塑料布覆盖试件,其环境温度应于 3~4 h 内均匀地降至规定温度,养护 7 d 后脱模,转标养到达规定龄期进行试验。

2. 抗压强度比

以受检标养混凝土、受检负温混凝土与基准混凝土抗压强度之比表示:

$$R_{28} = (R_{CA}/R_C) \times 100\% \tag{11-21}$$

$$R_{-7+28} = (R_{AT}/R_C) \times 100\% \tag{11-22}$$

$$R_{-7+56} = (R_{AT}/R_C) \times 100\% \tag{11-23}$$

式中 R——不同条件下的混凝土抗压强度比(%);

$\quad R_{AT}$——不同龄期(−7+28 d 或 −7+56 d)的受检负温混凝土抗压强度,MPa;

$\quad R_{CA}$——标养 28 d 受检混凝土抗压强度,MPa;

R_C——标养 28 d 基准混凝土抗压强度,MPa。

每批一组,3 块试件数据取值原则同 GBJ 81—85 规定。

以三组试验结果强度的平均值计算抗压强度比,精确到 1%。

3. 收缩率比测定

基准混凝土试件应在 3 d 龄期(从搅拌混凝土加水时算起),从标养室取出移入恒温恒湿室内 3~4 h 测定初始长度,经 90 d 后再测量其长度。受检负温混凝土,在规定条件养护 7 d,拆模后标养 3 d,从标养室取出后移入恒温恒湿室内 3~4 h 测定初始长度,经 90 d 后再测量其长度。

以 3 个试件测值的算术平均值作为该混凝土的收缩率,收缩率比按下式计算:

$$S_r = (\varepsilon_{AT}/\varepsilon_c) \times 100\% \tag{11-24}$$

式中　S_r——收缩率之比(%),计算精确至 1%;

ε_{AT}——受检负温混凝土收缩率(%);

ε_c——基准混凝土的收缩率(%)。

4. 抗渗压力(或高度)比

基准混凝土 28 d,受检负温混凝土到 −7 + 56 d 进行抗渗试验。但按 0.2、0.4、0.6、0.8、1.0 MPa 加压,每级恒压 8 h,加压到 1.0 MPa 为止,若试件透水,则按式(11-25)计算透水压力比,计算精确到 1%。若试件未透水则将其劈开,测定试件 10 个等分点透水高度平均值,以一组 6 个试件测值的平均值作为试验结果,按式(11-26)计算透水高度比,精确到 1%。

$$P_r = (P_{AT}/P_c) \times 100\% \tag{11-25}$$

$$H_r = (H_{AT}/H_c) \times 100\% \tag{11-26}$$

式中　P_r——透水压力比(%);

P_{AT}——受检负温混凝土(−7 + 56 d)的透水压力,MPa;

P_c——标养 28 d 基准混凝土的透水压力,MPa;

H_r——透水高度之比(%);

H_{AT}——受检负温混凝土 6 个试件测值的平均值,mm;

H_c——基准混凝土 6 个试件测值的平均值,mm。

5. 冻融强度损失率比

参照 GBJ 82—85 进行试验和计算强度损失率,基准混凝土试验龄期为 28 d,受检负温混凝土龄期为 −7 + 28 d。根据计算出的强度损失率再按式(11-27)计算受检负温混凝土与基准混凝土强度损失率之比,计算精确到 1%。

$$\Delta f_r = (f_{AT}/f_c) \times 100\% \tag{11-27}$$

式中　Δf_r——50 次冻融强度损失率比(%);

f_{AT}——受检负温混凝土 50 次冻融强度损失率(%);

f_c——基准混凝土 50 次冻融强度损失率(%)。

6. 钢筋锈蚀及匀质性

同混凝土外加剂试验。

五、膨胀剂试验方法

(一)含水率

按速凝剂方法进行。

(二)物理性能

1.试验材料

(1)水泥。同外加剂要求。

(2)标准砂。符合 GB/T 17671—1999(参见第二章)要求。

(3)水。饮用水。

2.细度

(1)比表面积。按《水泥比表面积测定方法(勃氏法)》(GB 8074—1987)(参见第二章)进行。

(2)细度。按《水泥细度检验方法(80 μm 筛筛析法)》(GB/T 1345—91)(参见第二章)进行。

3.凝结时间

按 GB 1346—2001(参见第二章)进行。

4.限制膨胀率

(1)仪器。搅拌机、振动台、试模及下料漏斗按 GB/T 17671—1999 规定。

测量仪由千分表和支架组成(图 11-5),千分表刻度值最小为 0.001 mm。纵向限制器具由纵向钢丝与钢板焊接制成(图 11-6)。钢丝采用 D 级弹簧钢丝,铜焊处拉脱强度不低于 785 MPa。纵向限制器具不应变形,生产检验次数不应超过 5 次,仲裁检验不应超过1 次。

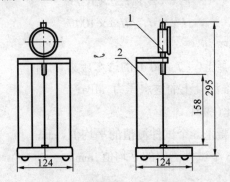

图 11-5 测量仪（单位：mm）

1—电子数量千分表量程 10 mm 千分表；2—支架

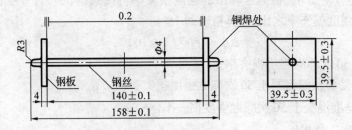

图 11-6 纵向限制器具（单位：mm）

(2)试验室温度、湿度。试验室、养护箱、养护水的温度、湿度应符合 GB/T 17671—1999 的规定。

恒温恒湿室(箱)的温度为(20±2)℃,相对湿度为(60±5)%。

每日应检查并记录温度、湿度变化情况。

(3)试体制作。试体全长 158 mm,其中胶砂部分尺寸为 40 mm×40 mm×140 mm。

每成型 3 条试体需称量的材料和用量如表 11-14。水泥胶砂搅拌、试体成型按 GB/T 17671—1999 的规定进行。

试体脱模时间以抗压强度(10±2)MPa 确定。

表 11-14

材　料	代　号	用　量(g)
水　泥	C	457.6
膨　胀　剂	E	62.4
标　准　砂	S	1 040
拌　和　水	W	208

注:1. $E/(C+E)=0.12$ $S/(C+E)=2.0$ $W/(C+E)=0.40$。

2. 混凝土膨胀剂检验时的最大掺量为 12%,但允许小于 12%。生产厂在产品说明书中,应对检验限制膨胀率、抗压强度与抗折强度规定统一的掺量。

(4)试体测长和养护。试体脱模后在 1 h 内测量初始长度(L)。

测量完初始长度的试体立即放入水中养护,测量水中第 7 d 的长度(L_1)变化,即水中 7d 的限制膨胀率。

测量完初始长度的试体立即放入水中养护,测量水中第 28 d 的长度(L_1)变化,即水中 28 d 的限制膨胀率。

测量完水中养护 7 d 试体长度后,放入恒温恒湿室(箱)养护 21 d,测量长度(L_1)变化,即为空气中 21 d 的限制膨胀率。

测量前 3 h,将测量仪、标准杆放在标准试验室内,用标准杆校正测量仪并调整千分表零点。测量前,将试体及测量仪测头擦净。每次测量时,试体记有标志的一面与测量仪的相对位置必须一致,纵向限制器测头与测量仪测头应正确接触,读数应精确至 0.001 mm。不同龄期的试体应在规定时间 ±1 h 内测量。

试体养护时,应注意不损伤试体测头。试体之间应保持 15 mm 以上间隔,试体支点距限制钢板两端约 30 mm。

(5)结果计算。限制膨胀率按下式计算:

$$\varepsilon = [(L_1 - L)/L_0] \times 100\% \tag{11-28}$$

式中　ε——限制膨胀率(%);

L_1——所测龄期的限制试体长度,mm;

L——限制试体初始长度,mm;

L_0——限制试体的基长,140 mm。

取相近的两条试体测定值的平均值作为限制膨胀率测定结果,计算应精确至小数点后第三位。

5.抗压强度和抗折强度

按 GB/T 17671—1999 进行。每成型三条试体需称量的材料及用量如表 11-15。

表 11-15　抗压强度和抗折强度材料用量

材　料	代　号	用　量(g)
水泥	C	396
膨胀剂	E	54
标准砂	S	1 350
拌和水	W	225

注:1. $E/(C+E)=0.12$ $S/(C+E)=3.0$ $W/(C+E)=0.50$。
　 2. 同表 11-14 注 2。

六、速凝剂试验方法

(一)材料

(1)水泥。同外加剂。

(2)砂。符合 GB 178—77 的规定。

(3)水。饮用水。

(4)速凝剂。

(二)凝结时间

1.仪器

(1)称量 2 000 g,分度值 2 g 的架盘天平;

(2)水泥净浆标准稠度与凝结时间测定仪;

(3)直径 400 mm、高 100 mm 的拌和锅,直径 100 mm 的拌和铲;

(4)秒表;

(5)温度计;

(6)200 mL 量筒。

2.试验步骤

在室温和材料温度(20±3)℃的条件下,称取基准水泥 400 g,放入拌和锅内。速凝剂按下限掺量加入水泥中,干拌均匀(颜色一致)后,加入 160 mL 水,迅速搅拌 25~30 s,立即装入圆模,人工振动数次,削去多余的水泥浆,并用洁净的刀修平表面。

将装满水泥浆的试模放在水泥净浆标准稠度与凝结时间测定仪下,使针尖与水泥浆表面接触。

迅速放松水泥净浆标准稠度与凝结时间测定仪杆上的固定螺丝,针即自由插入水泥浆中,观察指针读数,每隔 10 s 测定一次,直至终凝为止。

由加水时起,至试针沉入净浆中距底板 0.5~1.0 mm 时所需时间为初凝时间,至沉入净浆中不超过 1.0 mm 时所需时间为终凝时间。

3.结果评定

以两次试验结果的算术平均值表示。如两次试验结果的差值大于 30 s 时,本次试验无效,应重新进行试验。

(三)细度

按照 GB 1345—91 中的干筛法进行。

(四)含水率

1.仪器

(1)分析天平,称量 200 g,分度值 0.1 mg;

(2)鼓风电热恒温干燥箱,0～200 ℃;

(3)带盖称量瓶,$\Phi25$ mm×65 mm;

(4)干燥器,内盛变色硅胶。

2.试验步骤

将洁净带盖的称量瓶放入烘箱内,于 105～110 ℃烘 30 min。取出置于干燥器内,冷却 30 min 后称量,重复上述步骤至恒重,称其质量 m_0。

称取速凝剂试样(10±0.2)g,装入已烘至恒重的称量瓶中,盖上盖,称出试样及称量瓶总质量 m_1。

将盛有试样的称量瓶放入烘箱内,开启瓶盖升温至 105～110 ℃恒温 2 h,取出盖上盖,置于干燥器内,冷却 30 min 后称量,重复上述步骤至恒重,称其质量 m_2。

3.结果计算与评定

含水率按下式计算:

$$W = \left[(m_1 - m_2)/(m_2 - m_0) \right] \times 100\% \tag{11-29}$$

式中　W——含水率(%);

m_0——称量瓶质量,g;

m_1——称量瓶加干燥前试样质量,g;

m_2——称量瓶加干燥后试样质量,g。

含水率试验结果以三个试样试验结果的算术平均值表示,精确至 0.1%。

(五)强度

1.仪器设备

(1)300 kN 压力试验机;胶砂振动台;

(2)称量 5 kg,分度值 5 g 的台秤;

(3)40 mm×40 mm×160 mm 试模;

(4)称量 500 g,分度值 0.5 g 的架盘天平。

2.配合比

水泥与砂的质量比为 1:1.5,水灰比为 0.5。

3.试验步骤

在室温为(20±3)℃的条件下,称取基准水泥 1 600 g,标准砂 2 400 g,速凝剂按生产厂推荐的下限掺量加入,干拌均匀。加入 800 g 水;迅速搅拌 40～50 s,然后装入 40 mm×

$40\ mm \times 160\ mm$ 的试模中,立即在胶砂振动台上振动 $30\ s$ 刮去多余部分,抹平。每次成型二组,每组三块。

同时成型掺速凝剂的试块二组,不掺者一组,在温度为 (20 ± 3)℃的室内放置 $(24 \pm 1)\ h$ 脱模后立即测掺速凝剂试块的 $1\ d$ 强度。其余试块置于温度为 (20 ± 3)℃,湿度 90% 以上的标准养护室养护,测其 $28\ d$ 强度,并求出强度比。

4.结果计算与评定

(1)抗压强度按下式计算:

$$R = (P/S) \times 1\,000 \tag{11-30}$$

式中　R——抗压强度,MPa;

　　　P——试体受压破坏荷载,kN;

　　　S——试体受压面积,mm^2。

(2)抗压强度比按下式计算:

$$N = (R_B/R_A) \times 100\% \tag{11-31}$$

式中　N——抗压强度比(%);

　　　R_B——掺速凝剂砂浆抗压强度,MPa;

　　　R_A——不掺速凝剂砂浆抗压强度,MPa。

(3)结果处理。每个龄期由三块试块组成,抗压强度可分别得出六个强度值,其中与平均值相差 10% 的数值应当剔除,将剩下的数值平均,其中剩下的数值少于三个时,试验必须重做。

七、混凝土外加剂中释放氨的限量试验方法

(一)试剂

(1)水为蒸馏水或同等纯度的水;

(2)化学试剂除特别注明外,均为分析纯化学试剂;

(3)盐酸为 $1 + 1$ 溶液;

(4)硫酸标准溶液:$c(1/2H_2SO_4) = 0.1\ mol/L$;

(5)氢氧化钠标准滴定溶液:$c(NaOH) = 0.1\ mol/L$;

(6)甲基红-亚甲基蓝混合指示液:将 $50\ mL$ 甲基红乙醇溶液($2\ g/L$)和 $50\ mL$ 亚甲基蓝乙醇溶液($1\ g/L$)混合;

(7)广泛 pH 试纸;

(8)氢氧化钠。

(二)仪器设备

分析天平,精度 $0.001\ g$;$500\ mL$ 玻璃蒸馏器;$300\ mL$ 烧杯;$250\ mL$ 量筒;$20\ mL$ 移液管;$50\ mL$ 碱式滴定管;$1\,000\ W$ 电炉。

(三)试验步骤

1.试样的处理

固体试样需在干燥器中放置 $24\ h$ 后测定,液体试样可直接称量。

将试样搅拌均匀,分别称取两份各约 $5\ g$ 的试料,精确至 $0.001\ g$,放入两个 $300\ mL$ 烧

杯中,加水溶解,如试料中有不溶物,采用(2)步骤。

(1)可水溶的试料。在盛有试料的300 mL烧杯中加入水,移入500 mL玻璃蒸馏器中,控制总体积200 mL,备蒸馏。

(2)含有可能保留有氨的水不溶物的试料。在盛有试料的300 mL烧杯中加入20 mL水和10 mL盐酸溶液,搅拌均匀,放置20 min后过滤,收集滤液至500 mL玻璃蒸馏器中,控制总体积200 mL,备蒸馏。

2．蒸馏

在备蒸馏的溶液中加入数粒氢氧化钠,以广泛试纸试验,调整溶液pH > 12,加入几粒防爆玻璃珠。

准确移取20 mL硫酸标准溶液于250 mL量筒中,加入3 ~ 4粒混合指示剂,将蒸馏器馏出液出口玻璃管插入量筒底部硫酸溶液中。

检查蒸馏器连接无误并确保密封后,加热蒸馏。收集蒸馏液达180 mL后停止加热,卸下蒸馏瓶,用水冲洗冷凝管,并将洗涤液收集在量筒中。

3．滴定

将量筒中溶液移入300 mL烧杯中,洗涤量筒,将洗涤液并入烧杯。用氢氧化钠标准滴定溶液回滴过量的硫酸标准溶液,直至指示剂由亮紫色变为灰绿色,消耗氢氧化钠标准滴定溶液的体积为V_1。

4．空白试验

在测定的同时,按同样的分析步骤、试剂和用量,不加试料进行平行操作,测定空白试验氢氧化钠标准滴定溶液消耗体积V_2。

(四)计算

混凝土外加剂样品中释放氨的量,以氨(NH_3)质量分数表示,按下式计算:

$$X_氨 = \{[(V_2 - V_1)c \times 0.017\,03]/m\} \times 100\% \tag{11-32}$$

式中　$X_氨$——混凝土外加剂中释放氨的量,单位为质量百分数(%);

c——氢氧化钠标准溶液浓度的准确数值,mol/L;

V_1——滴定试料溶液消耗氢氧化钠标准溶液体积的数值,mL;

V_2——空白试验消耗氢氧化钠标准溶液体积的数值,mL;

0.017 03——与1.00 mL氢氧化钠标准溶液($c(NaOH) = 1.000$ mol/L)相当的以克表示的氨的质量;

m——试料质量的数值,g。

取两次平行测定结果的算术平均值为测定结果。两次平行测定结果的绝对差值大于0.01%时,需重新测定。

第十二章 建筑门窗与水管

第一节 建筑门窗

一、概述

门窗一般由窗(门)框、窗(门)扇、玻璃、配件等零件组合而成。窗户按开启形式可分为平开窗、推拉窗和旋转窗等。

门窗按所用材料不同可分为:木门窗、钢门窗、不锈钢门窗、彩板门窗、合金门窗、铝塑门窗、塑料门窗(PVC塑钢门窗)、玻璃纤维增强塑料门窗及极具发展前景的塑木门窗等。

目前,在我国铝合金门窗及PVC塑料门窗已逐渐普及,为此主要介绍上述两种材料制作的门窗的有关内容。与钢、木门窗相比,PVC塑料门窗具有以下明显优点:

(1)经久耐用,可正常使用30~50年。

(2)形状和尺寸稳定,不松散、不变形(钢、木门窗在这方面就差得多)。

(3)塑料门窗的气密封性和水密封性大大优于钢、木门窗,前者比后者气密封性高2~3个等级、水密封性高1~2个等级。

(4)具有自阻燃性,不能燃烧,有自熄性,有利于防火。

(5)隔噪声性能好,达30 dB(分贝),而钢窗隔噪声只能达到15~20 dB。

(6)隔热保温性能好,单层玻璃的PVC窗热传导系数K值为4~5 W/(m²·K)(国家标准4级),装双层玻璃的PVC窗的K值为2~3 W/(m²·K)(国家标准2级),而装单层玻璃的钢、铝窗K值只能达到国家标准6级,装双层玻璃的钢、铝窗只能达到国家标准3~4级。因此,冬季采暖、夏季空调降温时PVC塑料窗可节能25%以上。

(7)外观美,质感强,易于擦洗清洁。

(8)使用轻便灵活,抗冲击,开关时无撞击声。

(9)耐腐蚀,在潮湿、盐雾、酸雨中不腐蚀,不霉烂、不虫蛀。

(10)不需涂漆,基本上不需维修。

《建筑装饰装修工程质量验收规范》(GB 50210—2001)第5.1条规定:门窗工程验收时,应检查材料的合格证书、性能检测报告和外墙金属窗、塑料窗的抗风压性能、空气渗透性能、雨水渗漏性能三项指标的进场复验报告。

二、铝合金门窗

(一)平开、推拉铝合金窗

铝合金平开窗和铝合金推拉窗国家标准规定的主要技术要求包括窗用材料、表面处理、装配要求、表面质量、风压强度、空气渗透、雨水渗漏、隔声窗的空气声隔声性、保温窗的保温性及启闭性能,其中最主要的"三性"应符合表 12-1 的要求,启闭力应不大于 50 N。

表 12-1　平开铝合金窗和推拉铝合金窗综合性能

类别	等级	综合性能指标值					
		风压强度性能≥ (Pa)		空气渗透性能≤ (10 Pa) (m³/(h·m))		雨水渗漏性能≥ (Pa)	
		平开窗	推拉窗	平开窗	推拉窗	平开窗	推拉窗
A 类 (高性能窗)	优等品(A1 级)	3 500	3 500	0.5	0.5	500	400
	一等品(A2 级)	3 500	3 000	0.5	1.0	450	400
	合格品(A3 级)	3 000	3 000	1.0	1.0	450	350
B 类 (中性能窗)	优等品(B1 级)	3 000	3 000	1.0	1.5	400	350
	一等品(B2 级)	3 000	2 500	1.5	1.5	400	300
	合格品(B3 级)	2 500	2 500	1.5	2.0	350	250
C 类 (低性能窗)	优等品(C1 级)	2 500	2 500	2.0	2.0	350	200
	一等品(C2 级)	2 500	2 000	2.0	2.5	250	150
	合格品(C3 级)	2 000	1 500	2.5	3.0	250	100

(二)平开、推拉铝合金门

平开铝合金门和推拉铝合金门国家标准规定铝合金平开、推拉门的综合性能应符合表 12-2 的要求。

表 12-2　平开铝合金门和推拉铝合金门综合性能

类别	等级	综合性能指标值					
		风压强度性能≥ (Pa)		空气渗透性能≤ (10Pa) (m³/(h·m))		雨水渗漏性能≥ (Pa)	
		平开门	推拉门	平开门	推拉门	平开门	推拉门
A 类 (高性能门)	优等品(A1 级)	3 000	3 000	1.0	1.0	350	300
	一等品(A2 级)	3 000	3 000	1.0	1.5	300	300
	合格品(A3 级)	2 500	2 500	1.5	1.5	300	250
B 类 (中性能门)	优等品(B1 级)	2 500	2 500	1.5	2.0	250	250
	一等品(B2 级)	2 500	2 500	2.0	2.0	250	200
	合格品(B3 级)	2 000	2 000	2.0	2.5	200	200
C 类 (低性能门)	优等品(C1 级)	2 000	2 000	2.5	2.5	200	150
	一等品(C2 级)	2 000	2 000	2.5	3.0	150	150
	合格品(C3 级)	1 500	1 500	3.0	3.5	150	100

三、PVC 塑料门窗

PVC 塑料门窗产品技术指标国家和建设部均有相应产品标准要求,其中"三性"指标在检验方法中也还有等级划分标准指标,现介绍如下:

(一)PVC 塑料窗

GB 11793—89 依据不同建筑物的使用要求,按抗风压、空气渗透、雨水渗漏三项性能指标,将产品划分为 A、B、C 三类。并对保温性能、空气声隔声性能也进行了分级,其中三项性能指标见表 12-3。塑料窗的机械力学性能要求见表 12-4。

表 12-3　PVC 塑料窗综合性能

类　别	等　级	性能指标		
		抗风压性能≥ (Pa)	空气渗透性能≤ (10 Pa 以下) (m³/(m·h))	雨水渗漏性能≥ (Pa)
A 类 (高性能窗)	优等品(A1 级)	3 500	0.5	400
	一等品(A2 级)	3 000	0.5	350
	合格品(A3 级)	2 500	1.0	350
B 类 (中性能窗)	优等品(B1 级)	2 500	1.0	300
	一等品(B2 级)	2 000	1.5	300
	合格品(B3 级)	2 000	2.0	250
C 类 (低性能窗)	优等品(C1 级)	2 000	2.0	200
	一等品(C2 级)	1 500	2.5	150
	合格品(C3 级)	1 000	3.0	100

表 12-4　塑料窗的机械力学性能要求

序号	项　目		技术要求
1	窗开、关过程中移动窗扇的力		不大于 50 N
2	悬端吊重		在 500 N 力作用下,残余变形应不大于 3 mm,试件应不损坏,仍保持使用功能
3	翘曲或弯曲		在 300 N 力作用下,允许有不影响使用的残余变形,试件不允许破裂,仍保持使用功能
4	扭曲		在 200 N 力作用下,试件不允许损坏,不允许有影响使用功能的残余变形
5	对角线变形		
6	开关疲劳	平开窗	开关速度为 10 ~ 20 次/min,经不少于 1 万次的开关,试件及五金不应损坏,其固定处及玻璃压条不应松脱
		推拉窗	开关速度为 15 m/min,开关不应少于 1 万次,试件及五金不应损坏
7	大力关闭		经模拟 7 级风连续开关 10 次,试件不损坏,仍保持原有开关功能
8	窗撑试验		能支撑 200 N 力,不允许移位,连接处型材不应破裂
9	开启限位器		10 N 10 次,试件不应损坏
10	角强度		平均值不低于 3 000 N,最小值不低于平均值的 70%

建设部标准规定,PVC 塑料窗的技术要求有以下六条:

窗所用材料、窗框外形尺寸、窗的装配、玻璃装配、窗的外观及物理力学性能。平开、推拉窗的力学性能应符合表 12-5、表 12-6 规定。

抗风压、空气渗透、雨水渗漏、保温及隔声性能应符合表 12-7、表 12-8、表 12-9、表 12-10及表 12-11 的规定。

表 12-5　平开塑料窗的力学性能

型 式	项 目	技 术 要 求			
平 开塑料窗	锁紧器(执手)的开关力	不大于 100 N(力矩不大于 10 N·m)			
	开关力	平铰链	不大于 80 N	滑撑铰链	不小于 30 N 不大于 80 N
	悬端吊重	在 500 N 力作用下,残余变形不大于 2 mm,试件不损坏,仍保持使用功能			
	翘曲	在 300 N 力作用下,允许有不影响使用的残余变形,试件不损坏,仍保持使用功能			
	开关疲劳	经不少于 1 万次的开关试验,试件及五金件不损坏,其固定处及玻璃压条不松脱,仍保持使用功能			
	大力关闭	经模拟 7 级风连续开关 10 次,试件不损坏,仍保持开关功能			
	角强度	平均值不低于 3 000 N,最小值不低于平均值的 70%			
	窗撑试验	在 200 N 力作用下,不允许位移,连接处型材不破裂			

表 12-6　推拉塑料窗的力学性能

型 式	项 目	技 术 要 求
推 拉塑料窗	开关力	不大于 100 N
	弯曲	在 300 N 力作用下,允许有不影响使用的残余变形,试件不损坏,仍保持使用功能
	扭曲	在 200 N 力作用下,试件不损坏,允许有不影响使用的残余变形
	对角线变形	
	开关疲劳	经不少于 1 万次的开关试验,试件及五金件不损坏,其固定处及玻璃压条不松脱
	角强度	平均值不低于 3 000 N,最小值不低于平均值的 70%

表 12-7　窗的抗风压性能 W_q

等 级	1	2	3	4	5	6
W_q(Pa)	≥3 500	<3 500 ≥3 000	<3 000 ≥2 500	<2 500 ≥2 000	<2 000 ≥1 500	<1 500 ≥1 000

注:表中取值是建筑荷载规范中设计荷载取值的 2.25 倍。

表 12-8　窗的空气渗透性能 q_0　　　　（单位:$m^3/(h \cdot m)$）

等级	1	2	3	4	5
平开窗	≤0.5	>0.5 ≤1.0	>1.0 ≤1.5	>1.5 ≤2.0	—
推拉窗	—	≤1.0	>1.0 ≤1.5	>1.5 ≤2.0	>2.0 ≤2.5

注:1. 表中数值是压力差为 10 Pa 时单位缝长空气渗透量。

2. 平开塑料窗单位缝长空气渗透量的合格指标为不大于 2.0 $m^3/(h \cdot m)$。

3. 推拉塑料窗单位缝长空气渗透量的合格指标为不大于 2.5 $m^3/(h \cdot m)$。

表 12-9　窗的雨水渗漏性能 ΔP

等级	1	2	3	4	5	6
ΔP(Pa)	≥600	<600 ≥500	<500 ≥350	<350 ≥250	<250 ≥150	<150 ≥100

注:1. 在表中所列压力等级下,以雨水不进入室内为合格。

2. 塑料窗雨水渗漏性能的合格指标为不小于 100 Pa。

表 12-10　窗的保温性能 K_0　　　　（单位:$W/(m^2 \cdot K)$）

等级	1	2	3	4
平开塑料窗	≤2.00	>2.00 ≤3.00	>3.00 ≤4.00	>4.00 ≤5.00
推拉塑料窗	—	≤3.00	>3.00 ≤4.00	>4.00 ≤5.00

注:塑料窗保温性能的合格指标为 K_0 值不大于 5.00 $W/(m^2 \cdot K)$。

表 12-11　窗的空气声计权隔声性能　　　　（单位:dB）

等级	1	2	3
平开塑料窗	≥35	≥30	≥25
推拉塑料窗	—	≥30	≥25

注:1. 塑料窗隔声性能的合格指标为不小于 25 dB。

2. 推拉塑料窗隔声性能的合格指标也可按协议确定。

(二)PVC 塑料门

PVC 塑料门的技术要求主要包括门用材料、门框外形尺寸、门的装配、玻璃装配及门的力学性能。

(1)平开门、推拉门的力学性能应符合表 12-12、表 12-13 要求。

表 12-12　平开塑料门的力学性能

项 目	技 术 要 求
开关力	不大于 80 N
悬端吊重	在 500 N 力作用下,残余变形不大于 2 mm,试件不损坏,仍保持使用功能
翘 曲	在 300 N 力作用下,允许有不影响使用的残余变形,试件不损坏,仍保持使用功能
开关疲劳	经不少于 1 万次的开关试验,试件及五金件不损坏,其固定处及玻璃压条不松脱,仍保持使用功能
大力关闭	经模拟 7 级风开关 10 次,试件不损坏,仍保持开关功能
角强度	平均值不低于 3 000 N,最小值不低于平均值的 70%
软物冲击	无破损,开关功能正常
硬物冲击	无破损

注:全玻璃门不检测软、硬物体的冲击性能。

表 12-13　推拉塑料门的力学性能

项 目	技 术 要 求
开关力	不大于 100 N
弯 曲	在 300 N 力作用下,允许有不影响使用的残余变形,试件不损坏,仍保持使用功能
扭 曲 对角线变形	在 200 N 力作用下,试件不损坏,允许有不影响使用的残余变形
开关疲劳	经不少于 1 万次的开关试验,试件及五金件不损坏,固定处及玻璃压条等不松脱
软物冲击	试验后无损坏,启闭功能正常
硬物冲击	试验后无损坏
角强度	平均值不低于 3 000 N,最小值不低于平均值的 70%

注:1. 无凸出把手的推拉门不作扭曲试验。

　　2. 全玻璃门不检验软、硬物的冲击性能。

(2)平开门、推拉门的抗风压、空气渗透、雨水渗漏、保温及隔声性能应分别符合表 12-14、表 12-15、表 12-16、表 12-17、表 12-18 的规定。

表 12-14　门的抗风压性能 W_G

（单位:Pa）

等级	1	2	3	4	5	6
W_G	≥3 500	<3 500 ≥3 000	<3 000 ≥2 500	<2 500 ≥2 000	<2 000 ≥1 500	<1 500 ≥1 000

注:表中取值是建筑荷载规范中设计荷载值的 2.25 倍。

表 12-15　门的空气渗透性能 q_0

（单位:m³/(h·m)）

等级	2	3	4	5
q_0	≤1.0	>1.0 ≤1.5	>1.5 ≤2.0	>2.0 ≤2.5

注:1. 表中数值为压力差 10 Pa 时单位缝长空气渗透量。

　　2. 空气渗透量的合格指标为不小于 2.5 m³/(h·m)。

表 12-16　门的雨水渗漏性能 △P　　　　　　　　　　（单位：Pa）

等级	1	2	3	4	5	6
△P	≥600	< 600 ≥ 500	< 500 ≥ 350	< 350 ≥ 250	< 250 ≥ 150	< 150 ≥ 100

注：1. 表中所列压力等级下，以雨水不连续流入室内为合格。

　　2. 雨水渗漏性能的最低合格指标为不小于 100 Pa。

表 12-17　门的保温性能 K_0　　　　　　　　　　（单位：W/(m²·K)）

等级	1	2	3	4
平开塑料门	≤2.00	> 2.00 ≤ 3.00	> 3.00 ≤ 4.00	> 4.00 ≤ 5.00
推拉塑料门	—	> 2.00 ≤ 3.00	> 3.00 ≤ 4.00	> 4.00 ≤ 5.00

表 12-18　门的空气声计权隔声性能　　　　　　　　　　（单位：dB）

等级	1	2	3
平开塑料门	≥35	≥30	≥25
推拉塑料门	—	≥30	≥25

四、检验规则

(一)铝合金门窗

(1)从每批同规格型号的出厂检验合格的产品中随机抽取窗户三樘、门两樘，进行物理性能和启闭性能检验。

(2)当其中某项不合格时，应加倍抽样，对不合格项目进行复检，如该项仍不合格，则判定该批产品为不合格品。经检验，若全部检验项目符合标准规定的合格指标，则判定该批产品为合格品。

(二)PVC 塑料门窗

产品出厂前，应按每一批次品种、规格随机抽取数量不少于 3 樘的样品进行出厂检验；批量生产时，从每批同规格型号出厂检验合格的产品中随机抽取 3 樘进行型式检验。检测项目见表 12-19、表 12-20。

当检验项中某项不合格时，应加倍抽样。对不合格的项目进行复检，如该项仍不合格，则判定该批产品为不合格品。经检验，若全部检验项目符合标准规定的合格指标，则判定该批产品为合格品。

当供需双方对产品质量发生争议时，应按标准由法定检测机构进行仲裁检验。

表 12-19　PVC 塑料门检验项目

项　目	型式检验		出厂检验	
	平开门	推拉门	平开门	推拉门
抗风压	√	√	—	—
空气渗透	√	√	—	—
雨水渗漏	√	√	—	—
保温	√	√	—	—
隔声	√	√	—	—
角强度	√	√	√	√
增强型钢	√	√	√	√
五金件安装	√	√	√	√
开关力	√	√	√	√
悬端吊重	√	—	—	—
翘曲	√	—	—	—
大力关闭	√	—	—	—
开关疲劳	√	√	—	—
弯曲	—	√	—	—
扭曲	—	√	—	—
对角线变形	—	√	—	—
软物冲击	√	√	—	—
硬物冲击	√	√	—	—
外形高、宽尺寸	√	√	√	√
对角线尺寸	√	√	√	√
门框、门扇相邻构件装配间隙	√	√	√	√
相邻构件同一平面度	√	√	√	√
门框与扇框配合间隙 C	√	—	√	√
门板拼装缝隙	√	√	√	√
门框与门扇搭接量 b	√	√	√	√
密封条安装质量	√	√	√	√
压条安装质量	√	√	√	√
外观	√	√	√	√

注:1. 全玻璃的门不进行软、硬物件的冲击检验。

2. 没有凸出把手的推拉门,不检测扭曲性能。

3. 表中符号"√"表示需检测的项目。

表 12-20　PVC 塑料窗检验项目

项　　目	型式检验		出厂检验	
	平开窗	推拉窗	平开窗	推拉窗
抗风压	√	√	—	—
空气渗透	√	√	—	—
雨水渗漏	√	√	—	—
保温	√	√	—	—
隔声	√	√	—	—
角强度	√	√	√	√
增强型钢	√	√	√	√
五金件安装	√	√	√	√
锁紧器(执手)的开关力	√	—	√	√
窗扇开关力	√	√	√	√
悬端吊重	√	—	—	—
翘曲	√	—	—	—
开关疲劳	√	√	—	—
大力关闭	√	—	—	—
窗撑试验	√	—	—	—
弯曲	—	√	—	—
扭曲	—	√	—	—
对角线变形	—	√	—	—
外形高、宽尺寸	√	√	√	√
对角线尺寸	√	√	√	√
窗框、窗扇框相邻构件装配间隙	√	√	√	√
相邻构件同一平面度	√	√	√	√
窗框与窗扇配合间隙 C	√	—	√	—
窗框、窗扇搭接量 b	√	—	√	√
密封条安装质量	√	√	√	√
压条安装质量	—	√	√	√
外观	√	√	√	√

注:1. 出厂检验:出厂前检查焊缝开裂和型材角强度原始记录或型材出厂质量保证书。

2. 没有凸出把手的推拉窗不作扭曲试验。

3. 表中符号"√"表示需检测的项目。

五、检验方法

试验前试件应在 18~28 ℃的条件下存放 16 h 以上,并在该条件下进行检测。

(一)建筑外窗抗风压性能分级及检测方法

1. 分级

采用定级检测压力差为分级指标。分级指标值 P_3 值列于表 12-21,P_3 值与工程的风荷载标准值 W_k 相对比,应大于或等于 W_k。工程的风荷载标准值 W_k 的确定方法见 GBJ 50009。

表 12-21　建筑外窗抗风压性能分级表　　　　　　（单位：kPa）

分级代号	1	2	3	4	5	6	7	8	××
分级指标 P_3	$1.0 \leq P_3$ <1.5	$1.5 \leq P_3$ <2.0	$2.0 \leq P_3$ <2.5	$2.5 \leq P_3$ <3.0	$3.0 \leq P_3$ <3.5	$3.5 \leq P_3$ <4.0	$4.0 \leq P_3$ <4.5	$4.5 \leq P_3$ <5.0	$P_3 \geq 5.0$

注：××表示用≥5.0 kPa的具体值取代分级代号。

2. 检测

1）检测项目

检测项目分变形检测、反复加压检测和定级检测或工程检测三种。变形检测是检测试件在逐步递增的风压作用下,测试杆件相对面法线挠度的变化,得出检测压力差 P_1。反复加压检测是检测试件在压力差 P_2(定级检测时)或 P'_2(工程检测时)的反复作用下,是否发生损坏和功能障碍。定级检测或工程检测是检测试件在瞬时风压作用下,抵抗损坏和功能障碍的能力。

定级检测是为了确定产品的抗风压性能分级的检测,检测压力差为 P_3。工程检测是考核实际工程的外窗能否满足工程设计要求的检测,检测压力差为 P'_3。

2）检测装置

图 12-1 为检测装置示意图。

压力箱一侧开口部位可安装试件,箱体应有足够的刚度和良好的密封性能。压力测量仪器测值误差不应大于 2%。位移测量仪器测值误差不应大于 0.1 mm。

3）检测的准备

试件应为按所提供的图样生产的符合

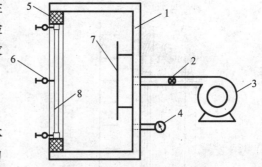

图 12-1　检测装置纵剖面示意图
1—压力箱；2—调压系统；3—供压设备；
4—压力监测仪器；5—镶嵌框；6—位移计；
7—进气口挡板；8—试件

设计要求合格产品或研制的试件。不得附有任何多余的零配件或采用特殊的组装工艺或改善措施,并保持清洁、干燥。

在安装试件时,试件与镶嵌框之间的连接应牢固并密封。安装好的试件要求垂直,下框要求水平。不允许因安装而出现变形。

试件安装后,应将试件可开启部分开关 5 次,最后关紧。

4）检测方法

检测顺序见图 12-2。

(1)确定测点和安装位移计。将位移计安装在规定位置上。测点位置规定为:中间测点在测试杆中点位置;两端测点在距该杆件端点向中点方向 10 mm 处(见图 12-3)。当试件的相对挠度最大的杆件难以判定时,也可选取两根或多根测试杆件,分别布点测量(见图 12-4)。

(2)预备加压。在进行正负变形检测前,分别提供三个压力脉冲,压力差 P_0 绝对值为 500 Pa,加载速度约为 100 Pa/s,压力稳定作用时间为 3 s,泄压时间不少于 1 s。

(3)变形检测。先进行正压检测,后进行负压检测。检测压力逐级升、降。每级升降

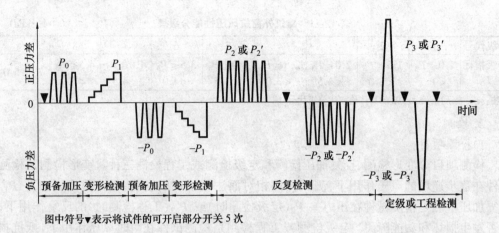

图 12-2　检测压差顺序图

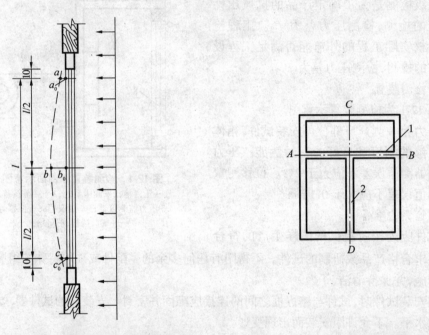

图 12-3　测试杆件测点分布图

a_0、b_0、c_0—三测点初始读数值,mm;

a、b、c—三测点在压力差作用过程中的稳定读数值,mm;

l—测试杆件两端测点 a、c 之间的长度,mm

图 12-4　测试杆件测点分布图

1、2—测试杆件

压力差值不超过 250 Pa。每级检测压力差稳定作用时间约为 10 s。压力升降直到面法线挠度值达到 ±l/300 时为止,不超过 ±2 000 Pa,记录每级压力差作用下的面法线位移量,并依据达到 ±l/300 面法线挠度时的检测压力级的压力值,利用压力差和变形之间的相对关系求出 ±l/300 面法线挠度的对应压力差值,作为变形检测压力差值,标以 ±P_1。工程检测中,l/300 所对应的压力差已超过 P'_3 时,检测至 P'_3 为止。

求取杆件中点面法线挠度可按下式进行(见图 12-3):

$$B = (b - b_0) - \frac{(a - a_0) + (c - c_0)}{2} \tag{12-1}$$

式中 a_0、b_0、c_0——各测点在预备加压后的稳定初始读数值,mm;

a、b、c——某级检测压力差作用过程中的稳定读数值,mm;

B——杆件中间测点的面法线挠度,mm。

(4)反复加压检测。检测前可取下位移计,装上安全设施。

检测压力从零升到 P_2 后降至零,$P_2 = 1.5P_1$,不超过 3 000 Pa,反复 5 次。再由零降至 $-P_2$ 后升至零,$-P_2 = 1.5(-P_1)$,不超过 $-3\,000$ Pa,反复 5 次。加压速度为 300 ~ 500 Pa/s,泄压时间不少于 1 s,每次压力差作用时间为 3 s。当工程设计值小于 $2.5P_1$ 时以 0.6 倍工程设计值进行反复加压检测。

正、负反复加压后将各试件可开关部分开关 5 次,最后关紧。记录试验过程中发生损坏(指玻璃破裂、五金件损坏、窗扇掉落或被打开以及可以观察到的不可恢复的变形等现象)和功能障碍(指外窗的启闭功能发生障碍、胶条脱落等现象)的部位。

(5)定级检测或工程检测。

①定级检测:使检测压力从零升至 P_3 后降至零,$P_3 = 2.5P_1$。再降至 $-P_3$ 后升至零,$-P_3 = 2.5(-P_1)$,加压速度为 300 ~ 500 Pa/s,泄压时间不少于 1 s,持续时间为 3 s。正、负加压后将各试件可开关部分开关 5 次,最后关紧。并记录试验过程中发生损坏和功能障碍的部位。

②工程检测:当工程设计值小于或等于 $2.5P_1$ 时,才按工程检测进行。压力加至工程设计值 P'_3 后降至零,再降至 $-P'_3$ 后升至零。加压速度为 300 ~ 500 Pa/s,泄压时间不少于 1 s,持续时间为 3 s。加正、负压后将各试件可开关部分开关 5 次,最后关紧。并记录试验过程中发生损坏和功能障碍的部位。当工程设计值大于 $2.5P_1$ 时,以定级检测取代工程检测。

③试验过程中试件出现破坏时,记录试件破坏时的压力差值。

3. 检测结果的评定

1)变形检测的评定

注明相对面法线挠度达到 $l/300$ 时的压力差值。

2)反复加压检测的评定

如果经检测,试件未出现功能障碍和损坏时,注明 $\pm P_2$ 值或 $\pm P'_2$ 值。如果经检测试件出现功能障碍或损坏时,记录出现的功能障碍、损坏情况及其发生部位,并以试件出现功能障碍或损坏时压力差值的前一级压力差值定级。工程检测时,如果出现功能障碍或损坏的压力差值低于或等于工程设计值时,该外窗判为不满足工程设计要求。

3)定级检测的评定

试件经检测未出现功能障碍或损坏时,注明 $\pm P_3$ 值,按 $\pm P_3$ 中绝对值较小者定级。如果经过检测,试件出现功能障碍或损坏时,记录出现功能障碍或损坏的情况及其发生的部位。以试件出现功能障碍或损坏所对应的压力差值的前一级压力差值进行定级。

4)工程检测的评定

试件未出现功能障碍或损坏时,注明 $\pm P'_3$ 值,判为满足设计要求。否则,判为不满足工程设计要求。如果 $2.5P_1$ 值低于工程设计要求时,便进行定级检测。给出所属级别,但不能判为满足工程设计要求。

5)三试件综合评定

定级检测时,以三试件定级值的最小值为该组试件的定级值;工程检测时,三试件必须全部满足工程设计要求。

(二)建筑外窗气密性能分级及检测方法

1.分级

采用压力差为 10 Pa 时的单位缝长空气渗透量 q_1 和单位面积空气渗透量 q_2 作为分级指标。具体分级指标值见表 12-22。

表 12-22 建筑外窗气密性能分级表

分级	1	2	3	4	5
单位缝长分级指标值 q_1 ($m^3/(m \cdot h)$)	$6.0 \geqslant q_1 > 4.0$	$4.0 \geqslant q_1 > 2.5$	$2.5 \geqslant q_1 > 1.5$	$1.5 \geqslant q_1 > 0.5$	$q_1 \leqslant 0.5$
单位面积分级指标值 q_2 ($m^3/(m^2 \cdot h)$)	$18 \geqslant q_2 > 12$	$12 \geqslant q_2 > 7.5$	$7.5 \geqslant q_2 > 4.5$	$4.5 \geqslant q_2 > 1.5$	$q_2 \leqslant 1.5$

2.检测

1)检测项目

检测试件的气密性能。以在 10 Pa 压力差下的单位缝长空气渗透量或单位面积空气渗透量进行评价。

2)检测装置

图 12-5 为检测装置示意图。

压力箱一侧开口部位可安装试件,箱体要有足够的刚度和良好的密封性能。压力测量仪器值误差不应大于 1 Pa。当空气流量不大于 3.5 m^3/h 时,测量误差不应大于 10%;当空气流量大于 3.5 m^3/h 时,测量误差不应大于 5%。

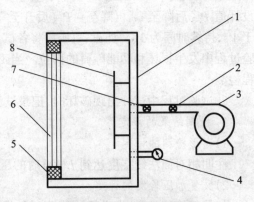

图 12-5 检测装置示意图

1—压力箱;2—调压系统;3—供压设备;
4—压力监测仪器;5—镶嵌框;6—试件;
7—流量测量装置;8—进气口挡板

3)检测准备

试件要求及安装同抗风压性能检测要求。

4)检测方法

检测压差顺序见图 12-6。

(1)预备加压。在正负压检测前分别施加三个压力脉冲。压力差绝对值为 500 Pa,加载速度约为 100 Pa/s,压力稳定作用时间为 3 s,泄压时间不少于 1 s。待压力差回零后,将试件上所有可开启部分开关 5 次,最后关紧。

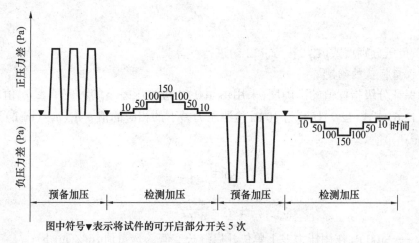

图中符号▼表示将试件的可开启部分开关 5 次

图 12-6　检测压差顺序图

(2)检测程序。

①附加渗透量的测定:充分密封试件上的可开启缝隙和镶嵌缝隙,或用不透气的盖板将箱体开口部盖严,然后按照图 12-6 逐级加压,每级压力作用时间约为 10 s,先逐级正压,后逐级负压。记录各级测量值。附加空气渗透量系指除通过试件本身的空气渗透量以外的通过设备和镶嵌框以及各部分之间连接缝等部位的空气渗透量。

②总渗透量的测定:去除试件上所加密封措施或打开密封盖板后进行检测。检测程序同①。

3.检测值的处理

1)计算

分别计算出升压和降压过程中在 100 Pa 压差下的两个附加渗透量测定值的平均值 $\bar{q}_f$ 和两个总渗透量测定值的平均值 $\bar{q}_z$,则窗试件本身 100 Pa 压力差下的空气渗透量 q_t (m^3/h)即可按下式计算:

$$q_t = \bar{q}_z - \bar{q}_f \tag{12-2}$$

然后,再利用式(12-3)将 q_t 换算成标准状态下的渗透量 $q'(m^3/h)$值。

$$q' = \frac{293}{101.3} \times \frac{q_t P}{T} \tag{12-3}$$

式中　q'——标准状态下通过试件空气渗透量值,m^3/h;

　　　P——试验室气压值,kPa;

　　　T——试验室空气温度值,K;

　　　q_t——试件渗透量测定值,m^3/h。

将 q' 值除以试件开启缝长度 l,即可得出在 100 Pa 下单位开启缝长空气渗透量 q'_1 ($m^3/(m \cdot h)$)值,即:

$$q'_1 = \frac{q'}{l} \tag{12-4}$$

或将 q' 值除以试件面积 A,得到在 100 Pa 下,单位面积的空气渗透量 q'_2 ($m^3/(m^2 \cdot h)$)值,即:

$$q_2' = \frac{q'}{A} \tag{12-5}$$

正压、负压分别按式(12-2)~式(12-5)进行计算。

2)分级指标值的确定

为了保证分级指标值的准确度,采用由100 Pa检测压差下的测定值±q_1'值或±q_2'值,按式(12-6)或式(12-7)换算为10 Pa检测压力差下的相应的值±q_1(m³/(m·h))值或±q_2(m³/(m²·h))值。

$$\pm q_1 = \frac{\pm q_1'}{4.65} \tag{12-6}$$

$$\pm q_2 = \frac{\pm q_2'}{4.65} \tag{12-7}$$

式中　q_1'——100 Pa作用压力差下单位开启缝长空气渗透量值,m³/(m·h);

　　　q_1——10 Pa作用压力差下单位开启缝长空气渗透量值,m³/(m·h);

　　　q_2'——100 Pa作用压力差下单位面积空气渗透量值,m³/(m²·h);

　　　q_2——10 Pa作用压力差下单位面积空气渗透量值,m³/(m²·h)。

将3樘试件的±q_1值或±q_2值分别平均后对照表12-22确定按照缝长和按面积各自所属等级,最后取两者中的不利级别为该组试件所属等级,按正、负压测值分别定级。

(三)建筑外窗水密性能分级及检测方法

1. 分级

采用严重渗漏压力差的前一级压力差作为分级指标。分级指标值ΔP列于表12-23,表12-23中×××级窗适用于热带风暴和台风地区(GB 50178中的ⅢA和ⅣA地区)的建筑。

表12-23　建筑外窗水密性能分级表　(单位:Pa)

分级	1	2	3	4	5	××××
分级指标 ΔP	$100 \leqslant \Delta P < 150$	$150 \leqslant \Delta P < 250$	$250 \leqslant \Delta P < 350$	$350 \leqslant \Delta P < 500$	$500 \leqslant \Delta P < 700$	$\Delta P \geqslant 700$

注:××××表示用≥700 Pa的具体值取代分级代号。

2. 检测

1)检测项目

检测试件的水密性能。

2)检测装置

图12-7为检测装置示意图。

压力箱一侧开口部位可安装试件,箱体应有足够的刚度和良好的密封性能,压力测量仪器值误差不应大于2%,喷淋装置必须满足在窗试件的全部面积上形成连续水膜并达到规定淋水量的要求。

3)检测的准备

试件的要求及安装同抗风压性能检测要求。

4)检测方法

可分别采用稳定加压法和波动加压法。定级检测和工程所在地为非热带风暴和台风

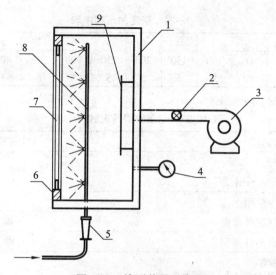

图 12-7　检测装置示意图

1—压力箱；2—调压系统；3—供压设备；4—压力监测仪器；
5—水流量计；6—镶嵌框；7—试件；8—淋水装置；9—进气口挡板

地区时,采用稳定加压法;如工程所在地为热带风暴和台风地区时,应采用波动加压法。

(1)稳定加压法。

按图 12-8、表 12-24 顺序加压。

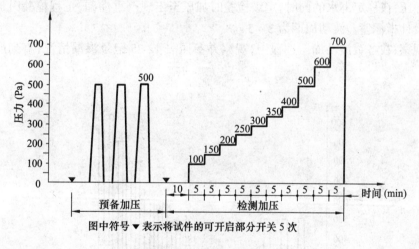

图中符号 ▼ 表示将试件的可开启部分开关 5 次

图 12-8　稳定加压顺序示意图

①预备加压:施加三个压力脉冲。压力差值为 500 Pa。加载速度约为 100 Pa/s,压力稳定作用时间为 3 s,泄压时间不少于 1 s。待压力差回零后,将试件所有可开启部分开关 5 次,最后关紧。

②淋水:对整个试件均匀淋水。淋水量为 2 L/(m² · min)。

③加压:在稳定淋水的同时,定级检验时,加压至出现严重渗漏,工程检验时,加压至设计指标值。

④观察:在逐级升压及持续作用过程中,观察并参照表 12-25 记录渗漏情况。

表 12-24　稳定加压顺序表

加压顺序	1	2	3	4	5	6	7	8	9	10	11
检测压力(Pa)	0	100	150	200	250	300	350	400	500	600	700
持续时间(min)	10	5	5	5	5	5	5	5	5	5	5

注:检测压力超过 700 Pa 时,每级间隔仍为 100 Pa。

表 12-25　记录渗漏情况的符号表

渗漏情况	符号
窗内侧出现水滴	○
水珠连成线,但未渗出试件界面	□
局部少量喷溅	△
喷溅出窗试件界面	▲
水溢出窗试件界面	●

注:1 表中后两项为严重渗漏。
　2. 稳定加压和波动加压检测结果均采用此表。

(2)波动加压法。按图 12-9、表 12-26 顺序加压。

①预备加压:施加三个压力脉冲,压力差值为 500 Pa。加载速度约为 100 Pa/s,压力稳定作用时间为 3 s,泄压时间不少于 1 s。待压力回零后,将试件所有可开关部分开关 5 次,最后关紧。

②淋水:对整个试件均匀地淋水。淋水量为 3 L/(m² · min)。

③加压:在稳定淋水的同时,定级检验时加压至出现严重渗漏,工程检验时加压至平均值为设计指标值。波动周期为 3~5 s。

④观察:在各级波动加压过程中,观察并参照表 12-25 记录渗漏情况,直到严重渗漏为止。

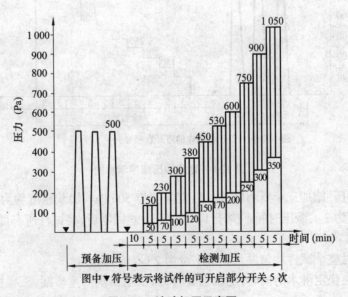

图中▼符号表示将试件的可开启部分开关 5 次

图 12-9　波动加压示意图

表 12-26 波动加压

加压顺序		1	2	3	4	5	6	7	8	9	10	11
波动压力值	上限值(Pa)	0	150	230	300	380	450	530	600	750	900	1 050
	平均值(Pa)	0	100	150	200	250	300	350	400	500	600	700
	下限值(Pa)	0	50	70	100	120	150	170	200	250	300	350
波动周期(s)		3～5										
每级加压时间(min)		5										

注:波动压力平均值超过 700 Pa 时,每级间隔仍为 100 Pa。

3. 检测值的处理

记录每个试件严重渗漏时的检测压力差值,以严重渗漏时所受压力差值的前一级检测压力差值作为该试件水密性能检测值。如果检测至委托方确认的检测值尚未渗漏,则此值为该试件的检测值。

三试件水密性检测值综合方法为:一般取 3 樘检测值的算术平均值。如果 3 樘检测值中最高值和中间值相差两个检测压力级以上时,将最高值降至比中间值高两个检测压力级后,再进行算术平均(3 个检测值中,较小的两值相等时,其中任一值可视为中间值)。最后以此 3 樘窗的综合检测值向下套级。综合检测值应大于或等于分级指标值。

第二节 建筑用水管

一、概述

目前建筑工程用室内外给排水管道所用的管材、管件主要有镀锌和非镀锌钢管、塑料管、复合管、铸铁管、混凝土管等。随着科学技术的发展,广泛使用化学建材——聚氯乙烯、聚乙烯树脂、聚丙烯管材(件)将是发展趋势。

给排水用的硬聚氯乙烯(PVC-U)管材(件)是以聚氯乙烯树脂为主要原料加入必要的助剂,经挤出成型(或注塑成型)而得的管材(件)。

给水用的高(或低)密度聚乙烯(HDPE 或 LDPE)管材(件)是以高(或低)密度聚乙烯树脂为主要原料经挤出成型而得的管材。

ISO 1873-1(1995)标准对三种聚丙烯的定义为:

PP-H 由丙烯的均聚物组成。

PP-B 是一种丙烯与不超过 50% 的另一种(或多种)烯烃单体,嵌段聚合而成的热塑性共聚物。这些单体不含有烯烃以外的其他官能团。

PP-R 是一种丙烯与不超过 50% 的另一种(或多种)烯烃单体,无规聚合而成的热塑性共聚物。这些单体不含有烯烃以外的其他官能团。

聚氯乙烯管材已广泛应用于建筑给、排水领域。由于我国聚氯乙烯树脂质量可靠,管材和管件配套齐全,标准方法和施工规范较为完善,特别是在工程建设中多年的成功应用,表明其技术已经成熟。在聚氯乙烯排水管方面,除去建筑用排水管以外,市政用大口径双壁波纹管和结构壁管也已经走入市场,占有大口径塑料管材的一席之地。

承压聚乙烯管材的主要品种为燃气管、给水管、交联聚乙烯管材等;非承压聚乙烯管材主要品种为双壁波纹管和大口径缠绕管等,主要用于市政排水系统。

我国聚丙烯用于建筑冷热水系统的技术最早由韩国引进,其管材加工设备和原材料均从韩国进口,产品就是目前所说的 PP-B 管材。

目前 PP-R、PP-B 是聚丙烯管材的主要品种,主要用于建筑用冷热水输送等领域。聚丙烯管材通常按照 ISO/DOS 15874 标准进行检验,1 000 h 以内各压力和温度的静液压试验是重要的测试指标。

PP-B、PP-R 管材都可用于冷水给水,且具有较长的寿命。当选择 PP-R 或 PP-B 作为热水给水管材时,由于塑料管材随着使用温度的升高,管材的寿命会受较大影响,故在选择时应注意。

铝塑复合管在国外应用并不普遍。从 20 世纪 90 年代中期,该技术才进入我国市场。

对于对接焊铝塑复合管材来说,美国标准 ASTMD 1335 的要求是比较全面的。目前,我国对接焊铝塑复合管行业标准和即将出台的国家标准都是按照 ASTMD 1335 制定的。

《建筑给排水及采暖工程施工质量验收规范》(GB 50242—2000)规定:建筑给排水工程所用材料、规格、型号及性能检测报告应符合国家技术标准或设计要求,进场应进行外力冲击破损等验收。

下面将介绍常用的聚氯乙烯、聚乙烯管材的有关性能及试验方法。

二、给排水用管材(件)主要技术要求

(一)给水用硬聚氯乙烯(PVC-U)管材(件)

1. 管材

管材内外表面应光滑、平整,无凹陷、分解变色线和其他影响性能的表面缺陷,管材不应含有可见杂质,端面应切割平整并与轴线垂直,管材应不透光。物理和力学性能应符合表 12-27 和表 12-28 的规定,饮用水管材的卫生指标应符合表 12-29 的规定。

表 12-27　物理性能

项　目	技术指标
密度	1 350 ~ 1 460 kg/m³
维卡软化温度	≥80℃
纵向回缩率	≤5%
二氯甲烷浸渍试验(15℃,15 min)	表面无变化

表 12-28　力学性能

项　目	技术指标
落锤冲击试验(0 ℃)TIR	≤5%
液压试验	无破裂、无渗漏
连接密封试验	无破裂、无渗漏

注:TIR 为真实冲击率。

表 12-29　卫生指标

项　目	技术指标
铅的萃取值	第一次萃取≤1.0 mg/L
	第三次萃取≤0.3 mg/L
锡的萃取值	第三次≤0.02 mg/L
镉的萃取值	三次萃取,每次≤0.01 mg/L
汞的萃取值	三次萃取,每次≤0.001 mg/L
氯乙烯单体含量	≤1.0 mg/kg

2. 管件

管件一般为白色,表面应光滑,不允许有裂纹、气泡、脱皮和严重的冷斑、明显的杂质以及色泽不匀、分解变色等缺陷。物理和力学性能应符合表 12-30 和表 12-31 的规定,饮用水管件的卫生指标也应符合表 12-29 的规定。

表 12-30　物理性能

性　能	指　标
密　度	1 350 ~ 1 460 kg/m³
维卡软化温度	≥72℃
吸水性	≤40 g/cm²
烘箱试验	均无任何起泡或拼缝线开裂等现象

表 12-31　力学性能

性　能	指　标
坠落试验	全部试样无破裂
液压试验	4.2 倍公称压力 1 h 不渗漏

(二)给水用高(低)密度聚乙烯(HDPE、LDPE)管材

管材的颜色、外观、规格尺寸、弯曲度应符合相应标准要求。物理机械性能应符合表 12-32、表 12-33 的规定。

表 12-32　高密度聚乙烯管材的物理机械性能要求

项　目		指　标
拉伸屈服应力		≥20 MPa
纵向尺寸收缩率		≤3%
液压试验	温度:20 ℃ 时间:1 h 环向应力:11.8 MPa	不破裂 不渗漏
	温度:80 ℃ 时间:170 h(60 h) 环向应力:3.9 MPa(4.9 MPa)	不破裂 不渗漏

注:( )为可替换试验。

表 12-33　低密度聚乙烯管材的物理机械性能要求

项　目			指　标
断裂伸长率			≥350%
纵向回缩率			≤3.0%
液压试验	短期	温度　20 ℃ 时间　1 h 环向应力　6.9 MPa	不破裂 不渗漏
	长期	温度　70 ℃ 时间　100 h 环向应力　2.5 MPa	不破裂 不渗漏

(三)排水用硬聚氯乙烯管材(件)

1. 管材

管材一般为灰色,内外壁应光滑、平整,不允许有气泡、裂口和明显的痕纹、凹陷、色泽不均及分解变色线。管材平均外径、壁厚和长度极限偏差应符合标准规定。同一截面壁厚偏差不得超过 14%,弯曲度不得小于 1%,物理机械性能应符合表 12-34 的规定。

表 12-34　管材物理机械性能

项　目	指　标	
	优等品	合格品
拉伸屈服强度(MPa)	≥43	≥40
断裂伸长率(%)	≥80	—
维卡软化温度(℃)	≥79	≥79
扁平试验	无破裂	无破裂
落锤冲击试验 TIR 20 ℃ 或 0 ℃	TIR≤10% TIR≤5%	9/10 通过 9/10 通过
纵向回缩率(%)	≤5.0	≤9.0

注:TIR 为真实冲击率。

2. 管件

管件一般为灰色,内外壁应光滑、平整。不允许有气泡、裂口和明显的痕纹、凹陷、色泽不均及分解变色线。管件应完整无缺损,浇口及溢边应修除平整。

管件物理机械性能应符合表 12-35 的规定。

表 12-35　管件物理机械性能

项　目	指　标	
	优等品	合格品
维卡软化温度(℃)	77	70
烘箱试验	合格	合格
坠落试验	无破裂	无破裂

三、检验规定

(一)给水用硬聚氯乙烯(PVC-U)管材(件)

1.管材

1)组批

同一批原料、同一配方和工艺情况下生产的同一规格管材为一批,每批数量不超过100 t。如生产数量少,生产期7 d尚不足100 t,则以7 d产量为一批。

2)判定规则

外观、不透光性、尺寸等任一项不符合规定,则判该批为不合格。物理力学性能中有一项达不到指标时,则随机抽取双倍样品进行该项的复验。如仍不合格,则判该批为不合格批。卫生指标有一项不合格判为不合格批。

2.管件

1)组批

用同一原料、配方和工艺生产的同一规格的管件作为一批,每批不超过2 000件。

2)判定规则

(1)样本单位质量的判定。技术要求的项目检验结果只要有一项不符合标准要求,则判该样品为不合格品。

(2)交付批质量判定。样本中外观尺寸及偏差不合格的样本数符合标准规定时,则判交付批质量合格,整批产品应被接收,反之相反。物理力学、卫生性能、检验结果有一项不合格则判整批不合格。

(3)经供需双方协商同意,可按标准规定的抽样数量进行不合格批的复验。

(二)给水用高(低)密度聚乙烯(HDPE、LDPE)管材

1.组批

同一原料、配方和工艺情况下生产的同一规格管材(件)为一批,每批数量不超过10 t。

2.判定规则

样品颜色、外观、规格尺寸、弯曲度任一项不合格的样本数不符合标准规定时,则判该批不合格,其他各项中,有一项达不到规定指标时,可随机抽取双倍样品进行该项目复验,如仍不合格,则判该批为不合格。

(三)排水用硬聚氯乙烯管材(件)

1.组批

同一原料、配方和工艺情况下生产的同一规格管材(件)为一批。每批数量管材不超过30 t,管件不超过5 000件,如生产数量少,生产期6 d管材尚不足30 t,管件尚不足5 000件,则以6 d产量为一批。

2.判定规则

样本颜色、外观、规格尺寸偏差、管材同一截面壁厚偏差、管材弯曲度等任一项的不合格样本数不符合标准规定时,则判该批不合格。物理机械性能中有一项达不到规定指标时,可随机抽取双倍样品进行该项的复验,如仍不合格则判该批为不合格。

四、检验方法

(一)硬聚氯乙烯(PVC-U)管件坠落试验方法

1. 试样

(1)取完整管件作为试样,试样应无机械损伤。

(2)同一规格同一品种的试样,每组 5 只。

2. 试验条件

(1)跌落高度。公称直径小于或等于 75 mm 的管件,从距地面(2.00±0.05)m 处坠落;公称直径大于 75 mm 的管件,从距地面(1.00±0.05)m 处坠落。

异径管件以最大口径为准。

(2)试验场地为平坦混凝土地面。

3. 试验步骤

(1)将试样放入(0±1)℃的试验环境中,当温度重新达到(0±1)℃时开始记时,并保持 30 min。

(2)取出试样,迅速从规定高度自由坠落于混凝土地面,坠落时应使 5 个试样在五个不同位置接触地面,并应尽量使接触点为易损点。

(3)试样从离开恒温状态到完成坠落,必须在 10 s 之内进行完毕。

4. 结果评定

检查试样破损情况,其中任一试样在任何部位产生裂纹或破裂,则该组试样为不合格。

(二)注塑硬聚氯乙烯(PVC-U)管件热烘箱试验方法

1. 试样及其制备

(1)取完整管件作为试样。如管件装有弹性密封圈,则应在试验前除去密封圈。

(2)每组至少测三个试样。

2. 试验步骤

(1)将烘箱温度设定在(150±2)℃。

(2)将试样放入烘箱,使其中一承接口向下直立,试样不得与其他试样和烘箱壁接触。不易放置平稳或受热软化后易倾倒的试样可用木支架支撑。

(3)待烘箱温度回升到设定温度时开始计算时间,试样在烘箱内的恒温时间按表 12-36规定,试样壁厚测量精确到 0.1 mm。

表 12-36　不同壁厚的试样在烘箱内的恒温时间

壁厚 e(mm)	恒温时间 t(min)
$e \leqslant 3.0$	15
$3.0 < e \leqslant 5.0$	30
$5.0 < e \leqslant 15.0$	60
$15.0 < e \leqslant 20.0$	70
$20.0 < e \leqslant 30.0$	140
$30.0 < e \leqslant 40.0$	220
$e > 40.0$	240

(4)恒温时间到后,从烘箱内将试样取出,注意勿损伤试样。

(5)试样在空气中冷却到室温后,检查每个试样出现的缺陷。

3．结果评定

试样应无起泡、碎裂及拼缝线裂开现象。

注射点周围允许有不穿透该点壁厚50%的缺陷。

拼缝线处允许有不贯穿全壁厚的开裂现象。

端部浇口管件(如环形浇口或隔膜浇口)在注射区范围内管件壁的碎裂或分层,应与中轴平行,并且不应穿透壁厚的20%以上。

(三)扁平试验

1．试样

从三根管材中各取一段长度为(50.0±1.0)mm管段,两端应切割平整并与轴线垂直。

2．试验设备

材料试验机。

3．试验步骤

将试样水平放置在试验机的上、下压板之间。以(10±5)mm/min的速度压缩试样,压至试样外径的50%时立即卸荷,三个试样均无破坏或破裂为合格。

(四)热塑性塑料管材拉伸性能试验方法——聚氯乙烯管材

1．试样

1)试样形状和尺寸

试验使用两种类型试样。冲裁试样见图12-10,试样尺寸见表12-37;机械加工试样见图12-11,试样尺寸见表12-38。

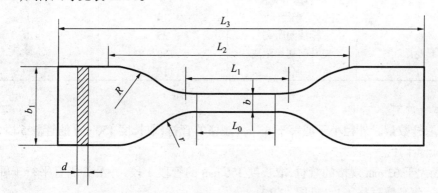

图 12-10　冲裁试样

表 12-37　冲裁试样尺寸　　　　　　　　　　　　　　　(单位:mm)

符　号	说　明	尺　寸	偏　差
L_3	最小总长度	115	—
b_1	端部宽度	25	±1
L_1	平行部分长度	33	±2
b	平行部分宽度	6	±0.4
r	小半径	14	±1

续表 12-37

符　号	说　明	尺　寸	偏　差
R	大半径	25	± 2
L_0	标线间距离	25	± 1
L_2	夹具间初始距离	80	± 5
d	管材壁厚　<	12	—

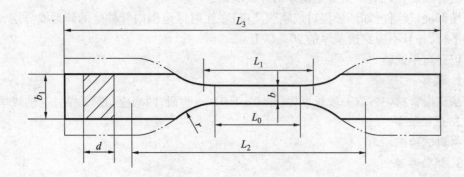

图 12-11　机械加工试样

表 12-38　机械加工试样尺寸　　　　　　　　（单位:mm）

符　号	说　明	尺　寸	偏　差
L_3	最小总长度	115	—
b_1	端部宽度　不小于	15	—
L_1	平行部分长度	33	± 2
b	平行部分宽度	6	± 0.4
r	半径	14	± 1
L_0	标线间距离	25	± 1
L_2	夹具间初始距离	80	± 5
d	厚度	管材壁厚	—

2)试样的制备

(1)取样数量。外径小于或等于 63 mm 规格的管材,取长度 150 mm 的管段 5 段,并于每段取试样 1 片。

外径大于 63 mm 规格的管材,取长度 150 mm 的管段 1 段,并沿管周且平行于轴线均匀取样条,每条取试样 1 片(见图 12-12)。

取样条数量见表 12-39。

表 12-39　取样数量

管材外径(mm)	75 ~ 250	280 ~ 400	450 ~ 630	710 ~ 1 000
扇形块或样条数量(个)	5	7	10	16

(2)制样要求:

①从管材上取样条时,不加热,样条的纵向平行于管材的轴线。

②PVC-U 或抗冲改性 PVC 管材:管材壁厚小于或等于 12 mm 规格的管材,可采用哑铃

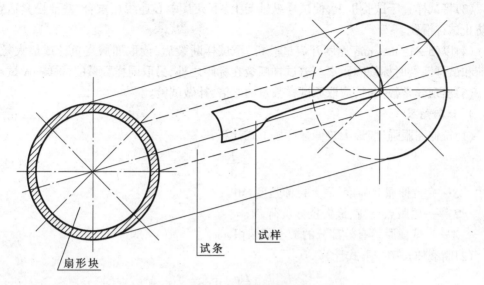

图 12-12 取样位置示意

形裁刀(图 12-10)或机械加工(图 12-11)的方法制样。

管材壁厚大于 12 mm 规格的管材采用机械加工方法制样。

③PVC-C 或 PVC/PVC-C 共混管材,均采用机械加工方法制样。

(3)制样方法:

①冲裁试样。把从管段上截取的样条置于 125～130 ℃的烘箱中,加热时间按管材壁厚计算,每毫米加热 1 min。取出样条后,速将哑铃形裁刀置于样条内表面,施加均匀压力裁样。必要时可加热裁刀。

②机械加工试样。外径小于或等于 110 mm 规格的管材,应将截取的样条在下列条件下压平后制样。

PVC-U 和抗冲改性 PVC 管材在 125～130 ℃的烘箱中加热;PVC-C 和 PVC/PVC-C 共混管材在 135～140 ℃的烘箱中加热。加热时间按管材壁厚计算,每毫米加热 1 min。

外径大于 110 mm 规格的管材,直接采用机械加工方法制样。不应使试样受热,被加工表面应光滑。

(4)试样状态调节。试验前,将试样置于(23±2)℃的环境中,时间不少于 4 h。

2. 试验设备及其要求

(1)材料试验机。试验示值的误差应在测定值的±1%之内。

(2)电热烘箱。控温误差在±2 ℃之内。

(3)游标卡尺或千分尺。

(4)冲片机。

(5)万能铣床或能满足制样要求的其他设备。

3. 试验步骤

(1)试验环境温度(23±2)℃。

(2)测量试样的宽度和厚度,精确到 0.01 mm。

(3)将试样置于试验机上,使试样纵轴与上、下夹具中心连线相重合,并要松紧适宜,以防止试样滑脱。

(4)以(5 ± 1) mm/min速度开启试验机,至试样断裂后,读取屈服点负荷或最大拉伸负荷和试样断裂时标线间距离。若试样断裂在标距之外,另取同样数量的试样补做试验。

(5)出现异常数据时,应取原试样数量的2倍,补做试验。

4. 试验结果

(1)拉伸屈服强度、最大拉伸强度按下式计算:

$$S = \frac{F}{A} \tag{12-8}$$

式中　S——拉伸屈服强度、最大拉伸强度,MPa;

　　　F——屈服点负荷、最大拉伸负荷,N;

　　　A——试样原始有效部分的最小截面积,mm^2。

(2)断裂伸长率按下式计算:

$$\varepsilon = \frac{L - L_0}{L_0} \times 100\% \tag{12-9}$$

式中　ε——断裂伸长率(%);

　　　L——试样断裂时标线间距离,mm;

　　　L_0——试样原始标线间距离,mm。

(3)试验结果以每组试样的算术平均值表示,取三位有效数字。

5. 标准偏差

按下式计算:

$$\delta = \sqrt{\frac{\sum (X - \bar{X})^2}{n - 1}} \tag{12-10}$$

式中　δ——标准偏差;

　　　X——单个测量值;

　　　$\bar{X}$——一组测量值的算术平均值;

　　　n——测量值个数。

(五)热塑性塑料管材拉伸性能试验方法——聚乙烯管材

1. 试样

1)试样形状和尺寸

试验使用两种类型试样。冲裁试样见图12-13,试样尺寸见表12-40;机械加工试样见图12-14,试样尺寸见表12-41。

2)试样的制备

(1)制样要求。

①从管材上取样条过程中,不加热、不压扁,样条的纵向平行于管材轴线。

②将哑铃形裁刀置于样条内表面,施加均匀压力制样。

③机械加工的试样,应不使试样表面受损。

(2)试样状态调节。试验前,将试样置于(23 ± 2)℃的环境中至少4 h。

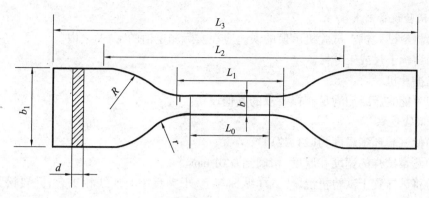

图 12-13 冲裁试样

表 12-40 冲裁试样尺寸
（单位：mm）

符 号	说 明	尺 寸	偏 差
L_3	最小总长度	115	—
b_1	端部宽度	25	±1
L_1	平行部分长度	33	±2
b	平行部分宽度	6	±0.4
r	小半径	14	±1
R	大半径	25	±2
L_0	标线间距离	25	±1
L_2	夹具间初始距离	80	±5
d	管材壁厚 <	13	—

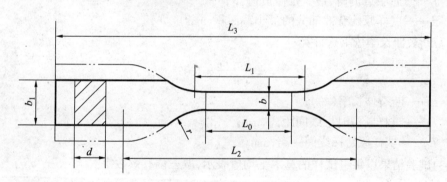

图 12-14 机械加工试样

表 12-41 机械加工试样尺寸
（单位：mm）

符 号	说 明	尺 寸	偏 差
L_3	最小总长度	115	—
b_1	端部宽度 ≥	15	—
L_1	平行部分长度	33	±2
b	平行部分宽度	6	±0.4
r	半径	14	±1
L_0	标线间距离	25	±1
L_2	夹具间初始距离	80	±5
d	厚度	管材壁厚	—

2．试验设备及其要求

(1)材料试验机。试验机示值的误差应在实际测定值的±1%之内。

(2)游标卡尺或千分尺。

(3)冲片机。

(4)万能铣床或能满足制样要求的其他设备。

3．试验步骤

(1)使试验环境温度为(23±2)℃。

(2)测量试样的宽度和厚度,精确到0.01mm。

(3)将试样置于试验机上,使试样纵轴与上、下夹具中心连线相重合,并要松紧适宜,以防止试样滑脱。

(4)当壁厚小于6mm时,拉伸速度为(100±10)mm/min;壁厚大于或等于6mm时,拉伸速度为(25±2.5)mm/min。试样拉断后,读取屈服点负荷或最大拉伸负荷和试样断裂时标线间距离。若试样断裂在标距之外,另取同样数量的试样补做试验。

(5)出现异常数据时,应取原试样数量的2倍,补做试验。

4．试验结果

(1)拉伸屈服强度、最大拉伸强度按下式计算:

$$S = \frac{F}{A} \tag{12-11}$$

式中　S——拉伸屈服强度、最大拉伸强度,MPa;

　　　F——屈服点负荷、最大拉伸负荷,N;

　　　A——试样原始有效部分的最小截面积,mm^2。

(2)断裂伸长率按下式计算:

$$\varepsilon = \frac{L - L_0}{L_0} \times 100\% \tag{12-12}$$

式中　ε——断裂伸长率(%);

　　　L——试样断裂时标线间距离,mm;

　　　L_0——试样原始标线间距离,mm。

(3)试验结果以每组试样的算术平均值表示,取三位有效数字。

5．标准偏差

按下式计算:

$$\delta = \sqrt{\frac{\sum (X - \bar{X})^2}{n - 1}} \tag{12-13}$$

式中　δ——标准偏差;

　　　X——单个测量值;

　　　$\bar{X}$——一组测量值的算术平均值;

　　　n——测量值个数。

(六)塑料管材尺寸测量方法

1．壁厚的测量

(1)测量仪器。壁厚的测量使用管壁测厚仪(如图12-15)或其他具有相同精度等级的测量仪器。

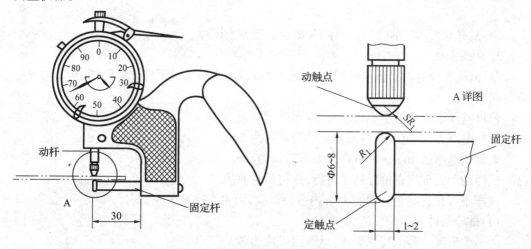

图 12-15 管壁测厚仪示意 (单位:mm)

(2)管壁厚度测量应在(23±2)℃的环境中进行。

(3)测量方法。将定触点伸入管内使之与管材内表面接触并调整动杆,读取最小读数。

(4)测量结果表示。测量结果精确到 0.05 mm。小数点后第二位大于零、小于或等于 5 时取 5,大于 5 时进一位。

2. 平均外径的测量

(1)原理。测量管材外壁圆周长并除以 3.142(圆周率)。

(2)测量仪器。直接以直径数值为刻度的卷尺或其他能达到相同测量精度的仪器。

(3)测量方法。将卷尺垂直于管材轴线绕外壁一周,紧密贴合后,读数。

(4)测量结果表示。读数或平均外径的计算值精确到 0.1 mm。

直径小于 40.0 mm 时,平均外径可取同一截面均布的 4 个外径的算术平均值,但有关方法应符合本标准的规定。

3. 任何部位外径的测量

(1)测量仪器。分度值不大于 0.05 mm 的游标卡尺或其他能达到相同测量精度的仪器。

(2)测量方法。将游标卡尺的固定量爪置于管材一侧,活动量爪置于另一侧,垂直于管材轴线,移动卡尺动爪,直至两爪与管材表面恰好接触。

确认卡尺与管材成正确位置后,读数。

在测量最大与最小直径时,要在同一断面各处测量,直至得出最大值与最小值。

(3)测量结果表示。测量结果读数精确到 0.1 mm。

(七)长期恒定内压下热塑性塑料管材耐破坏时间的测定方法

1. 试样

(1)管材样品的外观必须符合相应标准中规定的要求。

(2)连续从管材样品上切取试样,试样末端应平整并与管的轴线保持垂直。

287

(3)安装密封接头后试样两端的自由长度 L 应等于试样外径的三倍,但不得小于 250 mm。

(4)试样数量:在同一试验条件下,最少需要 5 个试样。

2. 试验条件

(1)试样的预处理。试样在加压之前应在规定的试验温度下进行预处理,其最短预处理时间如下:

管材壁厚小于或等于 5 mm 的试样预处理时间为 1 h。

管材壁厚为 5～10 mm 的试样预处理时间为 2 h。

管材壁厚超过 10 mm 的试样预处理时间为 3 h。

试样的预处理应在恒温槽中进行,并将试样灌满水。

试样不应在管材制成后的 15 h 内进行试验,但生产检验除外。

(2)试验条件:

①试验温度。若无特殊要求,试验温度应为 (23 ± 1)℃。

②试验压力。试验压力 $P(Pa)$ 按下式计算:

$$P = \delta \frac{2e}{D - e} \tag{12-14}$$

式中　δ——环应力,Pa;

　　　D——管的平均外径,mm;

　　　e——管的最小壁厚,mm。

对每种产品试样所施的环应力 δ 值应按相应的产品标准的规定。

3. 试验步骤

(1)按前述的规定切取试样。

(2)清除试样上的污垢、油迹等。

(3)测量试样的平均外径和最小厚度。按公式(12-14)计算相当于选用环应力的试验压力。

(4)将密封接头连接到试样两端。

(5)用水将试样灌满,按规定对试样进行预处理。

(6)将试样和试验设备相连接,排出空气,均匀加压到所规定的压力。在整个试验过程中,试样应浸没在恒温槽的介质之中,不能接触槽壁。

(7)当试样加压到所规定的压力后,立即启动计时器。

(8)试验中,当试样发生渗漏和破裂引起试验内部压力下降时,试验设备应自动关闭施压线路,并停止计时。如试样在距密封接头小于 $0.1L$ 处出现破裂,则不计结果,应另取试样重新试验。

(9)试样出现破裂,应记下其破坏类型:脆性的或是韧性的。不出现塑性变形则破裂是"脆性的";如破裂伴随发生塑性变形,则破裂是"韧性的"。

(八)硬聚氯乙烯(PVC)管材纵向回缩率的测定

采用试验方法 B——烘箱试验。

1. 原理

将规定长度的试样,置于 (150 ± 2)℃的烘箱中,保持所规定的时间。

在(23±2)℃下,测量试样置于烘箱前后的标线间距离。

回缩率按对原始长度的长度变化百分率计算。

2．仪器

仪器包括烘箱、夹持器、划线器、温度计,其中烘箱应满足下列条件:恒温控制在(150±2)℃。加热功率应保证试验温度范围。当试样置入后,烘箱内温度应在 15 min 内重新回升到试验温度范围。

3．试样

从三根管材中各取试样一段。试样最小长度为 200 mm。

使用划线器,在每个试样上划两条相距 100 mm 的圆周标线,使其中一标线距其一端至少 10 mm。并在(23±2)℃下至少放置 2 h。

4．试验步骤

(1)在(23±2)℃下,测量标线间距离 L_0,精确至 0.25 mm。

(2)调节烘箱温度至(150±2)℃。

(3)将试样置于烘箱中,使其不触及烘箱壁或烘箱底。垂直悬挂试样时,悬挂点应选在距标线最远的一端,水平放置试样时,应在试样下垫上一层滑石粉。

(4)试样在烘箱内的时间:

壁厚≤8 mm,60 min;

8 mm＜壁厚≤16 mm,120 min;

壁厚＞16 mm,240 min。

试验时间应从烘箱温度回升到试验温度算起。

(5)从烘箱中取出试样,平放于一光滑平面上。待完全冷却至(23±2)℃时,沿母线(直径上相对的)测量两标线间的最大和最小距离 L。

5．结果计算

(1)用公式(12-15)计算每一试验的纵向回缩率 T,以百分率表示。

$$T = \frac{|L_0 - L|}{L_0} \times 100\% \tag{12-15}$$

式中　L_0——试验前两条标线间距离,mm;

　　　L——试验后沿母线测量两条标线间距离,mm。

选择使｜$L_0 - L$｜为最大值时的 L 测量值,其中,$L_0 - L$ 为正值或负值。

(2)求出三段试样的算术平均值,作为管材纵向回缩率。

(九)聚乙烯(PE)管材纵向回缩率的测定

采用试验方法 B——烘箱试验。

1．原理

将规定长度的试样置于(100±2)℃或(110±2)℃的烘箱中,保持所规定的时间。

在(23±2)℃下,测量试样置于烘箱前后的标线间距离。

回缩率按对原始长度的长度变化百分率计算。

2．仪器

仪器包括烘箱、夹持器、划线器、温度计,其中烘箱应满足下列条件:恒温控制在(100

±2)℃或(110±2)℃。加热功率应保证试验温度范围。当试样置入后,烘箱内温度应在15 min 内重新回升到试验温度范围。

3.试样

从三根管材中各取试样一段。试样最小长度为 200 mm。使用划线器,在每个试样上划两条相距 100 mm 的圆周标线,使其中一标线距其一端至少 10 mm,并在(23±2)℃下至少放置 2 h。

4.试验步骤

(1)在(23±2)℃下,测量标线间距离 L_0,精确至 0.25 mm。

(2)将烘箱温度调节至:

低密度聚乙烯:(100±2)℃;

高密度聚乙烯:(110±2)℃。

(3)将试样置于烘箱中,使其不触及烘箱壁或烘箱底。垂直悬挂试样时,悬挂点应选在距标线最远的一端,水平放置试样时,应在试样下垫上一层滑石粉。

(4)试样在烘箱内的时间:

壁厚≤8 mm,60 min;

8 mm<壁厚≤16 mm,120 min;

壁厚>16 mm,240 min。

试验时间应从烘箱温度回升到试验温度算起。

(5)从烘箱中取出试样,平放于一光滑平面上。待完全冷却至(23±2)℃时,沿母线(直径上相对的)测量两标线间的最大和最小距离 L。

5.结果计算

(1)用公式(12-16)计算每一试验的纵向回缩率 T,以百分率表示。

$$T = \frac{|L_0 - L|}{L_0} \times 100\% \qquad (12\text{-}16)$$

式中　L_0——试验前两条标线间距离,mm;

　　　L——试验后沿母线测量两条标线间距离,mm。

选择使$|L_0 - L|$为最大值时的 L 测量值,其中,$L_0 - L$ 为正值或负值。

(2)求出三段试样的算术平均值,作为管材纵向回缩率。

第十三章 预制构件

第一节 概 述

预制构件是指预制混凝土构件。常用的预制构件主要有：薄腹梁、桁架、梁、柱、预应力空心板和墙板等。

预制构件作为产品，进入装配式结构的施工现场时，应按检验批检查其合格证件，以保证其外观质量、尺寸偏差和结构性能符合要求。

一般情况下，预制构件厂生产的中、小型预制构件应按规定划分检验批，并按规定抽样数量进行结构性能试验，以检验其承载力、挠度和裂缝控制性能(抗裂或裂缝宽度)。

对于设计成熟、生产数量较少的大型构件，可以不做破坏性承载力检验，甚至可以不做结构性能检验，可仅做挠度、抗裂或裂缝宽度检验，但应采取加强材料和制作质量检验的措施代替结构性能检验，以保证预制构件的质量。

随着国民经济的发展和建筑技术的进步，将会采用大跨度、薄壁预制构件及预应力构件，对其结构性能检验提出更高的要求。新型预制构件的采用，将会有新的结构性能检验方法的产生，要在实践中学习新的检验方法，以满足生产的需要。

在这里要指出的是：结构性能检验不合格的预制构件不得用于装配式结构。

本章主要介绍目前使用较多的中、小型预制构件的结构性能检验规则和方法。

第二节 技术要求

(1)预制构件应在明显部位标明生产单位、构件型号、生产日期和质量验收标志。

(2)构件上的预埋件、插筋和预留孔洞的规格、位置和数量应符合标准图或设计要求。

(3)预制构件的外观质量不应有严重缺陷。对已经出现的严重缺陷应按技术处理方案进行处理，并重新检查验收。

(4)预制构件不应有影响结构性能和安装、使用功能的尺寸偏差。对超过尺寸允许偏差且影响结构性能和安装、使用功能的部位，应按技术处理方案进行处理，并重新检查验收。

(5)预制构件的外观质量不宜有一般缺陷。对已经出现的一般缺陷，应按技术处理方案进行处理，并重新检查验收。

(6)预制构件的尺寸偏差应符合表13-1的规定。

表 13-1　预制构件尺寸的允许偏差

项　　目		允许偏差(mm)	检验方法
长度	板、梁	+10, -5	钢尺检查
	薄腹梁、桁架	+15, -10	
宽度、高(厚)度	板、梁、墙板、薄腹梁、桁架	±5	钢尺量一端及中端,取其中较大值
侧向弯曲	梁、板	$L/750$ 且 $\leqslant 20$	拉线、钢尺量最大侧向弯曲处
	墙板、薄腹梁、桁架	$L/1\,000$ 且 $\leqslant 20$	
主筋保护层厚度	板	+5, -3	钢尺或保护层厚度测定仪测量
	梁、墙板、薄腹梁、桁架	+10, -5	
对角线差	板	10	钢尺量两个对角线
表面平整度	板、墙板、梁	5	2 m 靠尺和塞尺检查
翘曲	板	$L/750$	调平尺在两端量测
	墙板	$L/1\,000$	

注:L 为构件长度,mm。

第三节　　检验规则

一、预制混凝土构件结构性能检验

预制构件应按标准图或设计要求的试验参数及检验指标进行结构性能检验。

(1)钢筋混凝土构件和允许出现裂缝的预应力混凝土构件进行承载力、挠度和裂缝宽度检验。

(2)要求不允许出现裂缝的预应力混凝土构件承载力、挠度和抗裂检验。

(3)预应力混凝土构件中的非预应力杆件按钢筋混凝土构件的要求进行检验。

二、检验批的确定和抽检数量

对于成批生产的构件,按同一工艺正常生产的不超过 1 000 件且不超过 3 个月的同类型产品为一批,当连续检验 10 批且每批的结构性能均符合《混凝土结构工程施工质量验收规范》(GB 50204—2002)规定的要求时,对同一工艺正常生产的构件,可改为不超过 2 000 件且不超过 3 个月的同类型产品为一批,在每批中应随机抽取一个构件作为试件进行检验。

三、构件结构性能检验要求

(一)预制构件承载力

(1)当按《混凝土结构设计规范》(GB 50010—2002)的规定进行检验时,应符合公式(13-1)的要求:

$$r_u^0 \geqslant r_0 [\, r_u]$$

(13-1)

式中　r_u^0——构件的承载力检验系数实测值,即试件的荷载实测值与荷载设计值(均包括自重)的比值;

　　　r_0——结构重要性系数,按设计要求确定,当无专门要求时取 1.0;

$[r_u]$——构件的承载力检验系数允许值,按表 13-2 取用。

表 13-2　构件的承载力检验系数允许值

受力情况	达到承载力极限状态的检验标志		$[r_u]$
轴心受拉、偏心受拉、受弯、大偏心受压	受拉主筋处的最大裂缝宽度达到 1.5 mm,或挠度达到跨度的 1/50	热轧钢筋	1.20
		钢丝、钢绞线、热处理钢筋	1.35
	受压区混凝土破坏	热轧钢筋	1.30
		钢丝、钢绞线、热处理钢筋	1.45
	受拉主筋拉断		1.50
受弯构件的受剪	腹部斜裂缝达到 1.5 mm,或斜裂缝末端受压混凝土剪压破坏		1.40
	沿斜截面混凝土斜压破坏,受拉主筋在端部滑脱或其他锚固破坏		1.55
轴心受压、偏心受压	混凝土受压破坏		1.50

注:热轧钢筋系指 HPB 235 级、HRB 335 级、HRB 400 级和 RRB 400 级钢筋。

(2)当按构件实际配筋进行承载力检验时,应符合公式(13-2)的要求:

$$r_u^0 \geq r_0 \eta [r_u] \tag{13-2}$$

式中　η——构件承载力检验修正系数,根据 GB 50010—2002,按实配钢筋的承载力计算确定。

承载力检验的荷载设计值是指承载能力极限状态下,根据构件设计控制截面上的内力设计值与构件检验的加载方式,经换算后确定的荷载值(包括自重)。

(二)预制构件的挠度检验

(1)当按 GB 50010—2002 规定的挠度允许值进行检验时,应符合下列公式的要求:

$$a_s^0 \leq [a_s] \tag{13-3}$$

$$[a_s] = \frac{M_K}{M_q(\theta - 1) + M_K}[a_f] \tag{13-4}$$

式中　a_s^0——在荷载标准值下的构件挠度实测值;

$[a_s]$——挠度检验允许值;

$[a_f]$——受弯构件的挠度限值,按 GB 50010—2002 确定;

M_K——按荷载标准组合计算的弯矩值;

M_q——按荷载准永久组合计算的弯矩值;

θ——考虑荷载长期作用对挠度增大的影响系数,按 GB 50010—2002 确定。

(2)当按构件实配钢筋进行挠度检验或仅检验构件的挠度、抗裂或裂缝宽度时,应符合公式(13-5)的要求:

$$a_s^0 \leq 1.2 a_s^c \tag{13-5}$$

同时,还应符合公式(13-3)的要求。

式中　a_s^c——在荷载标准值下按实配钢筋确定的构件挠度计算值,按 GB 50010—2002 确定。

正常使用极限状态检验的荷载标准值是指正常使用极限状态下,根据构件设计控制截面上的荷载标准组合效应与构件检验的加载方式,经换算后确定的荷载值。

直接承受重复荷载的混凝土受弯构件,当进行短期静力加荷试验时,a_s^c 值应按正常使用极限状态下静力荷载标准组合相应的刚度值确定。

(三)预制构件的抗裂检验

抗裂检验应符合下列公式要求:

$$r_{cr}^0 \geqslant [r_{cr}] \tag{13-6}$$

$$[r_{cr}] = 0.95 \frac{\sigma_{pc} + rf_{tk}}{\sigma_{ck}} \tag{13-7}$$

式中　r_{cr}^0——构件的抗裂检验系数实测值,即试件的开裂荷载实测值与荷载标准值(均包括自重)的比值;

　　　$[r_{cr}]$——构件的抗裂检验系数允许值;

　　　σ_{pc}——由预加力产生的构件抗拉边缘混凝土法向应力值,按 GB 50010—2002 确定;

　　　r——混凝土构件截面抵抗矩塑性影响系数,按 GB 50010—2002 计算确定;

　　　f_{tk}——混凝土抗拉强度标准值;

　　　σ_{ck}——由荷载标准值产生的构件抗拉边缘混凝土法向应力值,按 GB 50010—2002 确定。

(四)预制构件的裂缝宽度检验

裂缝宽度检验应符合下列公式的要求:

$$\omega_{s \cdot \max}^0 \leqslant [\omega_{\max}] \tag{13-8}$$

式中　$\omega_{s \cdot \max}^0$——在荷载标准值下,受拉主筋处的最大裂缝宽度实测值,mm;

　　　$[\omega_{\max}]$——构件检验的最大裂缝宽度允许值,按表 13-3 取用。

表 13-3　构件检验的最大裂缝宽度允许值　　　　　　　　　(单位:mm)

设计要求的最大裂缝宽度限值	0.2	0.3	0.4
$[\omega_{\max}]$	0.15	0.20	0.25

四、构件结构性能的检验结果评定

(1)当试件结构性能的全部检验结果均符合式(13-1)至式(13-8)的检验时,该批构件的结构性能应通过验收。

(2)当第一个试件的检验结果不能全部符合上述要求,但能符合第二次检验的要求时,可再抽两个试件检验。第二次检验指标,对承载力及抗裂检验系数的允许值应取表 13-2 规定的允许值减去 0.05;对挠度的允许值应取规定允许值的 1.10 倍。

当第二次抽取的两个试件的全部检验结果均已符合第二次检验的要求时,该批构件的结构性能可通过验收。

(3)当第二次抽取的第一个试件的全部检验结果均已符合式(13-1)至式(13-8)的要求时,该批构件的结构性能可通过验收。

应该指出的是,抽检的每一个试件,必须完整地取得三项检验指标的结果,严禁因某一检验项目达到二次抽样检验指标就终止试验而不再对其余项目进行检验。

第四节 试验方法

一、试验准备

构件应在 0 ℃以上的温度中进行试验。蒸汽养护后的构件应在冷却至常温后进行试验。构件在试验前应测量其实际尺寸,并仔细检查构件的表面,所有的缺陷和裂缝应在构件上标出。

试验用的加荷设备及仪表应预先进行标定或校准。

二、支撑方式

板、梁和桁架等简支构件试验时,一端用角钢构成铰支撑,另一端可用圆钢构成滚动支撑(见图 13-1)。

为保证支撑面紧密接触,钢垫板与构件、钢垫板与支墩间,宜铺砂浆或砂垫平。

构件支撑中心线位置应符合标准图或设计要求。

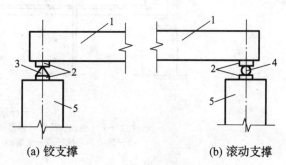

(a) 铰支撑　　　　(b) 滚动支撑

图 13-1　板、梁支撑
1—构件;2—钢垫板;3—角钢;
4—圆钢;5—支墩

三、荷载布置

构件的试验荷载布置应符合标准图或设计要求。

当试验荷载的布置不能完全与标准图或设计要求相符时,应按荷载效应等效的原则换算,即使构件试验的内力图形与设计的内力图形相似,并使控制截面上的内力值相等,但应考虑荷载布置改变后对构件其他部位的不利影响。

四、加荷方法

加荷方法应根据标准图或设计的加荷要求、构件类型及设备条件等进行选择。

(1)荷重块加荷宜用于均布加荷试验。荷重块应按区格成垛堆放(见图 13-2),垛与垛之间间隙不宜小于 50 mm,以免形成拱作用。

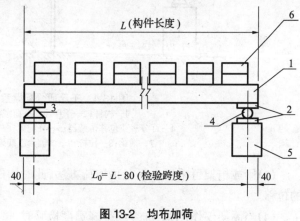

$L_0 = L - 80$ (检验跨度)

图 13-2　均布加荷
1—构件;2—钢垫板;3—角钢;
4—圆钢;5—支墩;6—荷重块

(2)千斤顶加荷宜用于集中加荷试验(见图13-3),有时,可用分配梁系统实现多点集中加荷(见图13-4)。千斤顶的加荷值宜采用荷载传感器测量,亦可采用油压表测量。

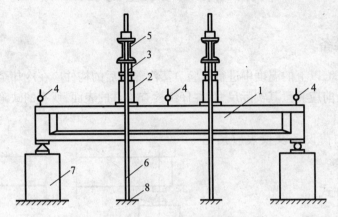

图 13-3 千斤顶加荷
1—构件;2—千斤顶;3—荷载传感器;4—百分表或位移传感器;
5—横梁;6—拉杆;7—支墩;8—试验台座或地锚

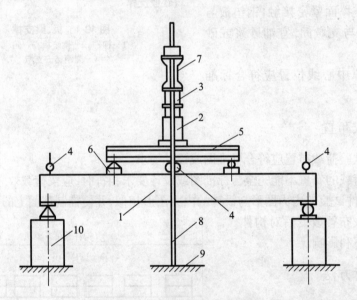

图 13-4 千斤顶分配梁系统加荷
1—构件;2—千斤顶;3—荷载传感器;
4—百分表或位移传感器;5—分配梁;6—加载垫板或垫梁;
7—横梁;8—拉杆;9—试验台座或地锚;10—支墩

(3)梁或桁架可采用水平对顶加荷方法,此时构件应垫平且不应妨碍构件在水平方向的位移。

(4)当屋架仅作挠度、抗裂或裂缝宽度检验时,可将两榀屋架并列,安放屋面板后进行加载试验。

五、荷载分级和持续时间

(一)荷载分级

《混凝土结构工程施工质量验收规范》(GB 50204—2002)规定,结构性能检验是按"正常使用极限状态"和"承载力极限状态"进行的,故有正常使用标准荷载检验值 Q_s 和承载力检验荷载设计值 Q_d。就有挠度、抗裂检验系列(K_1)和承载力检验系列(K_2)。一般挠度检验在前,抗裂检验次之,承载力检验在后。试验荷载分级时,必须使各项检验指标与各自的极限状态协调一致。

构件应分级加荷。当荷载小于标准荷载值时,每级荷载不宜大于荷载标准值的20%;荷载大于荷载标准值时,每级荷载不宜大于荷载标准值的10%;当荷载接近抗裂荷载检验值时,每级荷载不宜大于荷载标准值的5%。当荷载接近承载力荷载检验值时,每级荷载不宜大于承载力检验荷载设计值的5%。

作用在构件上的试验设备质量及构件自重应作为第一次加载的一部分。

说明:构件在试验前,宜进行预压,以检验试验装置的工作是否正常,同时应防止构件因预压而产生裂缝。

(二)荷载的持续时间

每级加荷完成后,宜持续 10~15 min;在正常使用短期荷载标准值作用下,宜持续 30 min;在持续时间内,应仔细观察裂缝的出现和开展,以及钢筋有无滑移等;在持续时间结束时,观察并记录各项读数。

六、承载力测定

对构件进行承载力检验时,应加载至构件出现表 13-3 所列承载能力极限状态的检验标志。当在规定的荷载持续时间出现上述检验标志之一时,应取本级荷载值与前一级荷载值的平均值作为其承载力检验荷载实测值;当在规定的荷载持续时间结束后出现上述检验标志之一时,应取本级荷载值为其承载力检验荷载实测值。

七、挠度测定

构件挠度可用百分表、位移传感器等进行观测,接近破坏阶段的挠度,可用水平仪或拉线、钢尺等测量。

试验时,应测量构件跨中位移和支座沉陷。

当试验荷载竖直向下作用时,对水平放置的构件,在各级荷载下的跨中短期挠度实测值按下列公式计算:

$$a_t^0 = a_q^0 + a_g^0 \tag{13-9}$$

$$a_q^0 = \upsilon_m^0 - \frac{1}{2}(\upsilon_1^0 + \upsilon_r^0) \tag{13-10}$$

$$a_g^0 = \frac{M_g}{M_b} a_b^0 \tag{13-11}$$

式中　a_t^0——全部试验荷载作用下构件跨中的挠度实测值,mm;

a_q^0——外加试验荷载作用下构件跨中的挠度实测值,mm;

a_g^0——构件自重与加荷设备重产生的跨中挠度值,mm;

υ_m^0——外加试验荷载作用下构件跨中的位移实测值,mm;

υ_1^0、υ_r^0——外加试验荷载作用下构件左、右支端沉降位移的实测值,mm;

M_g——构件自重与加荷设备重产生的跨中弯矩值,kN·m;

M_b——从外加试验荷载开始至构件出现裂缝的前一级荷载为止的外加荷载的跨中弯矩值,kN·m;

a_b^0——从外加试验荷载开始至构件出现裂缝的前一级荷载为止的外加荷载产生的跨中挠度实测值,mm。

若试验加至 $K_2 = 1.55$ 并在规定的持荷时间后试件未出现裂缝,也不再继续加载,此时可取 $K_2 = 1.55$ 时的荷载值 $M_{1.55}$ 作为"开裂"荷载实测值(其引起的构件跨中挠度值为 $a_{1.55}^0$),计算 a_g^0 时只须将 M_b、a_b^0 用 $M_{1.55}$、$a_{1.55}^0$ 替换,即:

$$a_g^0 = \frac{M_g}{M_{1.55}} \cdot a_{1.55}^0 \tag{13-12}$$

对均布加载:

$$a_g^0 = \frac{G_{k1}}{Q_{1.55}^0} \cdot a_{1.55}^0 \tag{13-13}$$

八、裂缝出现的观测

在构件进行抗裂检验中,当在规定的荷载持续时间内出现裂缝时,应取本级荷载值与前一级荷载值的平均值作为其开裂荷载实测值;当在规定的荷载持续时间结束后出现裂缝时,应取本级荷载值作为其开裂荷载实测值。

若试验中未能及时观察到正截面裂缝的出现,可取荷载～挠度曲线上的转折点或取曲线第一弯转段两端点切线的交点的荷载值作为构件的开裂荷载实测值(见图 13-5)。

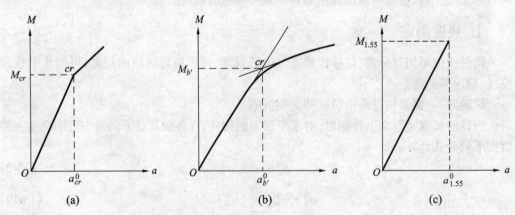

图 13-5 构件试验荷载与挠度曲线

九、裂缝宽度的观测

构件检验的最大裂缝宽度允许值,见表 13-3。

对正截面裂缝,应测量受拉主筋处的最大裂缝宽度;对斜截面裂缝,应测量腹部裂缝的最大裂缝宽度。

裂缝宽度可采用精度 0.05 mm 的刻度放大镜等仪器进行观测。

十、安全措施

(1)试验的加荷设备、支架、支墩等,应有足够的安全储备。

(2)在试验构件下面设置防护支撑,防止构件破坏时,伤及人身及观测仪表等。

十一、构件试验报告应符合下列要求

(1)试验报告应包含试验背景、试验方案、试验记录和检验结论等内容。

(2)试验报告中的原始数据和观察记录必须真实、准确,不得任意涂抹篡改。

(3)试验报告宜在试验现场完成,及时审核、签字、盖章并登记归档。

第五节 实 例

板型号:YKBa3360-2,设计几何尺寸 3 280 mm × 580 mm × 120 mm,两端支撑距离为板长减 80 mm,板自重 3.74 kN,短期检验荷载 $Q_s = 5.14$ kN/m²,承载力检验荷载设计值 $Q_d = 6.57$ kN/m²,承载力检验修正系数 $\eta = 1.16$,短期挠度允许值 $[a_s] = 9.05$ mm,抗裂检验系数 $[\gamma_{cr}] = 1.43$,采用均布加载法进行加载检验。

检验执行的标准和图集:执行标准《预制混凝土构件质量检验评定标准》(GBJ 321—90),执行图集《预应力混凝土多孔板》(皖 97G 408)。

一、计算参数

板的计算宽度 $B_K = 0.60$ m;

板的计算跨度 $l_0 = 3.28 - 0.08 = 3.20$(m);

均布加载的有效面积 $B_K \cdot l_0 = 0.60 × 3.20 = 1.92$(m²);

允许恒荷载 $[G_K] = 3.14$ kN/m²,分项系数 $\gamma_G = 1.2$;

允许活荷载 $[Q_K] = 2.0$ kN/m²,分项系数 $\gamma_Q = 1.4$;

正常使用短期荷载检验值 $N_s = 5.14 × 1.92 = 9.87$(kN);

承载力检验荷载设计值 $N_u = 6.57 × 1.92 × \gamma_0 × \eta = 12.61 × \gamma_0 × \eta$($\gamma_0 = 1.0$,结构重要性系数;$\eta = 1.16$,查图集皖 97G 408)。

二、计算检验荷载

正常使用极限状态外加荷载累计值:

$$N_{si} = K_1 \cdot N_s - G_{k0} = K_1 \times 9.87 - G_{k0}$$

承载力极限状态外加荷载累计值:

$$N_{ui} = K_2 \times 12.61 \times 1.0 \times 1.16 - G_{k0}$$
$$= K_2 \times 14.63 - G_{k0}$$

式中　$G_{k0} = \dfrac{3.74}{3.28 \times 0.58} \times (3.2 \times 0.58) = 3.65(\mathrm{kN})$

采用红砖,每级经秤称量后,均匀成垛堆放,垛与垛之间的间隙为 50 mm,各级外加荷载值见表 13-4。

表 13-4　加荷检验程序表

加载序号	加荷时间 (min)	加载系数 K	加载计算公式 $N_{si} = K_1 \times 9.87 - G_{k0}$ $N_{ui} = K_2 \times 14.63 - G_{k0}$	累计加载值 $N_{s(u)}$ (kN)	分级加载值 $\Delta N_{s(u)}$ (kN)	检验内容
0	0	$K_1 = 0.20$	$N_{s0} = 0.2 \times 9.87 - 3.65$	-1.68	—	
1	12	0.40	$N_{s1} = 0.4 \times 9.87 - 3.65$	0.30	0.30	
2	12	0.60	$N_{s2} = 0.6 \times 9.87 - 3.65$	2.27	1.97	
3	12	0.80	$N_{s3} = 0.8 \times 9.87 - 3.65$	4.25	1.98	
4	30	1.00	$N_{s4} = 1.0 \times 9.87 - 3.65$	6.22	1.97	挠度检验
5	12	1.10	$N_{s5} = 1.1 \times 9.87 - 3.65$	7.21	0.99	
6	12	1.20	$N_{s6} = 1.2 \times 9.87 - 3.65$	8.19	0.98	
7	12	1.30	$N_{s7} = 1.3 \times 9.87 - 3.65$	9.18	0.99	
8	12	1.38	$N_{s8} = 1.38 \times 9.87 - 3.65$	9.97	0.79	
9	12	1.43	$N_{s9} = 1.43 \times 9.87 - 3.65$	10.46	0.49	抗裂检验
10	12	1.53	$N_{s10} = 1.53 \times 9.87 - 3.65$	11.45	0.99	
11	12	1.63	$N_{s11} = 1.63 \times 9.87 - 3.65$	12.44	0.99	
12	12	1.73	$N_{s12} = 1.73 \times 9.87 - 3.65$	13.43	0.99	
13	12	1.83	$N_{s13} = 1.83 \times 9.87 - 3.65$	14.41	0.98	
14	12	$K_2 = 1.3$	$N_{u14} = 1.3 \times 14.63 - 3.65$	15.37	0.96	进入承载力检验
15	12	1.35	$N_{u15} = 1.35 \times 14.63 - 3.65$	16.10	0.73	检验标志①
16	12	1.40	$N_{u16} = 1.40 \times 14.63 - 3.65$	16.83	0.73	检验标志④
17	12	1.45	$N_{u17} = 1.45 \times 14.63 - 3.65$	17.56	0.73	检验标志③
18	12	1.50	$N_{u18} = 1.50 \times 14.63 - 3.65$	18.30	0.74	检验标志⑥
19	12	1.55	$N_{u19} = 1.55 \times 14.63 - 3.65$	19.03	0.73	检验标志⑤

注:1. 进行加载检验时间,是 2000 年春季,使用标准为《预制混凝土构件质量检验评定标准》(GBJ 321—90),最后加载等级为 18 级,$N_{s18} = 18.30$ kN。

2.《混凝土结构工程施工质量验收规范》(GB 50204—2002)已经发布实施,最终加载等级应为 19 级,$N_{s19} = 19.03$ kN。

3. 第 14 级加载增量 $\Delta N_{u14} = 0.96$ kN,小于第 13 级加载增量 $\Delta N_{u13} = 0.98$ kN,荷载分级合理。

三、检验结果的评定

(一)挠度检验

在正常使用短期荷载检验值下($K_1 = 1.0$),测得跨中位移值 $u_m^0 = 3.32$ mm,两端支座沉陷值 $u_c^0 = 0.64$ mm,$u_r^0 = 0.87$ mm,实测挠度值为 $a_q^0 = 2.56$ mm。

当 $K_1 = 1.63$ 时,持荷时间未到,即出现裂缝,实测挠度值为 $a_q^0 = 5.24$ mm,板开裂荷载实测值为:

$$N_{scr}^0 = \frac{11.45 + 12.44}{2} = 11.94 (\text{kN})$$

$$a_t^0 = 2.56 + \frac{3.65}{11.94} \times 5.24 = 4.16(\text{mm}) < [a_s] = 9.05 \text{ mm}$$

挠度检验合格。

(二)抗裂检验

当施加第 11 级荷载时,持荷时间未到,板出现裂缝,抗裂检验系数为:

$$\gamma_{cr}^0 = \frac{(11.45 + 3.65) + (12.44 + 3.65)}{2 \times (6.22 + 3.65)} = 1.58 > [\gamma_{cr}^0] = 1.43$$

或取　$\gamma_{cr}^0 = \frac{1.53 + 1.63}{2} = 1.58$（简单实用,在第 14 级以后出现裂缝,该式不适用）

抗裂检验合格。

(三)承载力检验

在最后一级($K_2 = 1.50$)持荷时间结束后,并未出现任何承载力极限破坏状态检验标志。该板承载力检验合格。按《混凝土结构工程施工质量验收规范》(GB 50204—2002)规定,最后一级应为 $K_2 = 1.55$。

(四)评定

挠度、抗裂和承载力三项结构性能指标均满足图集皖 97G 408 的设计要求,该板结构性能检验合格。

第十四章 土工试验

第一节 概 述

自然界的土绝大部分是由地表岩石在漫长的地质历史年代经风化作用形成的。它是一种松散的颗粒堆积物,由固相、液相和气相三部分组成。固相部分主要是土粒,有时还有粒间胶结物和有机质,构成土的骨架;液相部分为水及其溶解物;气相部分为空气和其他气体。土随着组成其母岩的矿物性质和结构的不同,而呈现出不同的性质。在进行土力学与地基基础的问题研究时,土力学试验是必不可少的一项技术,许多土力学计算理论都是在土工试验基础上建立起来的。在土工试验中,对土样的风干、过筛、击实、饱和、贮存以及土样的开启、切取等程序的正确与否都会直接影响到试验的结果,因此在进行土工试验时,应严格按照统一的操作标准来执行,这样试验成果才有一定的可比性。为了使广大的试验人员能初步掌握地基工程质量检测中有关土力学试验的基本知识和技能,并结合建筑地基的特点,现将建筑工程地基中常用的有关土工试验的方法、试验仪器和设备及试验操作中应该注意的有关问题分别进行详细的叙述。

第二节 土样和试样制备

(1)扰动土样在试验前必须经过制备程序,包括土的风干、碾散、过筛、匀土、分样和贮存等预备程序,以及制备试样程序。

(2)原状土样应蜡封严密,运输和保存过程中不得受振、受热和受冻。

(3)对暂时不开启的原状土样和需保持天然湿度的扰动土样应密封好,放入温度为(20±3)℃、相对湿度大于85%的养护室内。

(4)试验后的多余土样,应妥善保存并做好记录,一般保存期为出报告后的15~20 d。

一、仪器设备

(1)细筛。孔径20、5、2、0.5、0.075 mm。

(2)台秤。称量10~40 kg,分度值5 g。

(3)天平。称量1 000 g,分度值0.1 g;称量200 g,分度值0.01 g。

(4)击实器。包括击样设备和环刀。

(5)抽气机(附真空表)、饱和器(附金属真空缸)。

(6)其他。烘箱、干燥器、保湿器、研钵、木锤、木碾、橡皮板、玻璃瓶、玻璃缸、修土刀、钢丝锯、凡士林、土样标签以及其他盛土器等。

二、仪器设备的检定和校准

计量仪器(台秤、天平、真空表)应按相应的检定规程由计量检定部门进行检验和校准。

三、扰动土试样的制备

(一)制备试样的程序和要求

(1)将扰动土样进行土样描述。如颜色、土类、气味及夹杂物等。

(2)将块状扰动土放在橡皮板上用木碾或利用碎土器碾散(勿压碎颗粒);如含水率较大时,可先风干或烘干,至易碾散为止。

(3)根据试验所需土样数量,将碾散后的土样过筛。物理性试验土样如液限、塑限、缩限等试验,过 0.5 mm 筛;物理性及力学性试验土样,过 2 mm 筛;击实试验土样,过 5 mm 筛。过筛后用四分对角取样法或分砂器,取出足够数量的代表性土样,分别装入玻璃缸内,标以标签,以备各项试验之用。对风干土,需测定风干含水率。

(4)为配制一定含水率的土样,取过筛后的足够试验用的风干土 1~5 kg,平铺在不吸水的盘内,计算所需的加水量,用喷雾器喷洒预计的加水量,静置一段时间,然后装入陶瓷缸或塑料袋内封闭,润湿 24 h 备用(砂性土润湿时间可酌情减短)。

(5)测定湿润土样不同位置的含水率(至少 2 个以上),要求差值不大于 ±1%。

(6)试样制备的数量视试验需要而定,一般应多制备 1~2 个备用。注意,制备试样密度、含水率与制备标准之差值应分别在 ± 0.02 g/cm³ 与 ±1% 范围以内,平行试验或一组内各试样间之差值分别要求在 0.02 g/cm³ 和 1% 以内。

(二)试样的制备方法

扰动土试样的制备,视工程实际情况,分别采用击样法、击实法和压样法。

1. 击样法

(1)根据环刀的体积及所要求的干密度、含水率,按式(14-1)、式(14-2)计算用量,制备湿土样。

(2)将湿土倒入预先装好的环刀内,并固定在底板上的击实器内,用击实方法将土击入环刀内。

(3)取出环刀,称环刀、土总量,并符合一般要求(6)中的要求。

2. 击实法

(1)根据试样所要求的干密度、含水率,按式(14-1)或式(14-2)计算用量,制备湿土样。

(2)用《击实试验》的击实程序,将土样击实到所需的密度,用推土器推出。

(3)将试验用的切土环刀刃口向下,放在土样上。用切土刀将土样切削成稍大于环刀直径的土柱。然后将环刀垂直向下压,边压边削,至土样伸出环刀为止。削去两端余土并修平。擦净环刀外壁,称环刀、土总量,准确至 0.1 g,并测定环刀两端削下土样的含水率。

3. 压样法

(1)按击实法(1)中的规定制备湿土样称出所需的湿土量。

(2)将湿土倒入预先装好环刀的压样器内,拂平土样表面,以静压力将土全部压入环刀内。

(3)取出环刀,称环刀、土总量,并符合一般要求中(6)的要求。

四、原状土试样制备

(1)小心开启原状土样的包装皮,辨别土样上下位置,整平土样两端。

(2)根据试验要求,用环刀切取试样时,应在环刀内壁涂一薄层凡士林,刃口向下放在土样上,将环刀垂直下压,并用切土刀在环刀外侧斜削土样,边压边削,至土样高出环刀,用钢丝锯或切土刀整平环刀两端土样,擦净环刀外壁。称环刀和土样总质量,并取余土测定含水率。

(3)切削过程中,应细心观察土样的情况,并描述它的层次、气味、颜色、有无杂质、土质是否均匀、有无裂缝及土样的扰动情况等。

(4)若试验需留试样待用时,将切剩余的原状土样包好,置于保湿器内,以备以后试验用;切削的余土可做其他的物理性试验。

(5)切取试样时应注意,试样与环刀要密合,同一组试样的密度差值不宜大于 0.03 g/cm³,含水率差值不宜大于2%。

五、试样饱和

土的孔隙逐渐被水填充的过程称为饱和,当孔隙被水充满时的土,称为饱和土。试样饱和方法视土的性质选用浸水饱和法、毛细管饱和法及真空抽气饱和法三种。

(1)砂土。可直接在仪器内浸水饱和。

(2)较易透水的粘性土。渗透系数大于 10^{-4}cm/s 时,采用毛细管饱和法较为方便。

(3)不易透水的粘性土。渗透系数小于 10^{-4}cm/s 时,采用真空饱和法;对于土的结构性较弱,抽气可能发生扰动者,不宜采用该法。

(一)毛细管饱和法

(1)选用框式饱和器(图 14-1),在装有试样的环刀两面贴放滤纸,再放两块大于环刀的透水板于滤纸上,通过框架两端的螺丝将透水板、环刀夹紧。

(2)将装好试样的饱和器放入水箱中,注清水入箱,水面不宜将试样淹没,使土中气体得以排出。

(3)关上箱盖,防止水分蒸发,借土的毛细管作用使试样饱和,一般约需 3 d。

(4)试样饱和后,取出饱和器,松开螺丝,取出环刀,擦干外壁,吸去表面积水,取下试样上下滤纸,称环刀、土总量,准确至 0.1 g。计算饱和度。

(5)如饱和度小于95%时,将环刀再装入饱和器,浸入水中延长饱和时间。

(二)真空饱和法

(1)选用重叠式饱和器(图 14-2)或框式饱和器,在重叠式饱和器下板正中放置稍大于环刀直径的透水板和滤纸,将装有试样的环刀放在滤纸上,试样上再放一张滤纸和一块透水板,以这样顺序重复,由下向上重叠,至拉杆的长度,将饱和器上夹板放在最上部透水板上,旋紧拉杆上端的螺丝,将各个环刀上下夹板夹紧。

(2)装好试样的饱和器放入真空缸内(图14-3),盖上缸盖。盖缝内应涂一薄层凡士

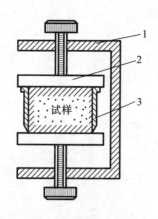

图 14-1 框式饱和器
1—框架;2—透水板;3—环刀

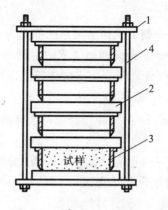

图 14-2 重叠式饱和器
1—夹板;2—透水板;3—环刀;4—拉杆

林,以防漏气。

(3)关管夹、开二通阀,将抽气机与真空缸接通,开动抽气机,抽除缸内及土中气体,当真空表达到约1个大气负压力值后,继续抽气,粘质土约1 h,粉质土约0.5 h后,打开管夹,使清水由引水管徐徐注入真空缸内。静置一定时间,借大气压力,使试样饱和。

(4)按毛细管饱和法(4)中的规定取出试样,称量准确到0.1 g。计算饱和度。

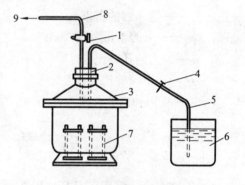

图 14-3 真空饱和装置
1—二通阀;2—橡皮塞;3—真空缸;4—管夹;
5—引水管;6—水缸;7—饱和器;8—排气管
9—接抽气机

六、计算

(1)按式(14-1)计算干土质量:

$$m_d = \frac{m}{1 + 0.01\omega_0} \tag{14-1}$$

式中 m_d——干土质量,g;

　　　m——风干土质量(或天然湿土质量),g;

　　　ω_0——风干含水率(或天然含水率)(%)。

(2)按式(14-2)计算土样制备含水率所加水量:

$$m_w = \frac{m}{1 + 0.01\omega_0} \times (\omega' - \omega_0) \tag{14-2}$$

式中 m_w——土样所需加水质量,g;

　　　m——风干含水率时的土样质量,g;

　　　ω_0——风干含水率(%);

　　　ω'——土样所要求的含水率(%)。

(3)按式(14-3)计算制备扰动土试样所需总土质量:

$$m = (1 + 0.01\omega_0)\rho_d V \qquad (14\text{-}3)$$

式中 m——制备试样所需总土质量,g;

ρ_d——制备试样所要求的干密度,g/cm^3;

V——计算出击实土样体积或压样器所用环刀容积,cm^3;

ω_0——风干含水率(%)。

(4)按式(14-4)计算制备扰动土样应增加的水量:

$$\Delta m_\omega = 0.01(\omega' - \omega_0)\rho_d V \qquad (14\text{-}4)$$

式中 Δm_ω——制备扰动土样应增加的水量,g;

其余符号含义同前。

(5)按式(14-5)计算饱和度:

$$S_r = \frac{(\rho - \rho_d)G_s}{e\rho_d} \quad 或 \quad S_r = \frac{\omega G_s}{e} \qquad (14\text{-}5)$$

式中 S_r——饱和度(%);

ρ——饱和后的密度,g/cm^3;

ρ_d——土的干密度,g/cm^3;

e——土的孔隙比;

G_s——土粒的比重;

ω——饱和后的含水率(%)。

第三节　含水率试验

土的含水率是试样在 105～110 ℃下烘到恒重时所失去的水质量和达到恒重后干土质量的比值,以百分数表示。土的含水率是通过试验直接测定的基本物理性指标。

本试验以烘干法作为室内试验的标准方法。

在野外如无烘箱设备或要求快速测定含水量时,可依土的性质和工程情况分别采用下列方法:

(1)酒精燃烧法。适用于简易测定细粒土含水率。

(2)比重法。适用于砂类土。

(3)微波炉烘烤法:适用于现场快速测定含水量。

现以室内烘干法为例来说明其试验过程。

一、仪器设备

(1)烘箱。可采用电热烘箱或温度能保持在 105～110 ℃的其他能源烘箱。

(2)天平。称量 200 g,分度值 0.01 g。

(3)其他。干燥器、称量盒(可用恒质量的铝盒)。

二、仪器设备的检定和校准

天平应按相应检定规程由计量检定部门进行定期检定。

三、试验步骤

(1)取代表性试样 15~30 g,放入恒重的称量盒内,立即盖好盒盖,称量。称量时,可在天平一端放上等质量的称量盒或与盒等质量的砝码。称量结果即是土质量。

(2)揭开盒盖,将试样和盒放入烘箱,在温度 105~110 ℃下烘到恒重。烘干时间对粘性土不少于 8 h;砂类土不少于 6 h;对含有机质超过 10%的土,应将温度控制在 65~70 ℃的恒温下烘至恒重。

(3)将烘干后的试样和盒取出,盖好盒盖放入干燥器内冷却至室温,称干土质量。

(4)试验称量应准确至 0.01 g。

四、含水率的计算

按下式计算含水率:

$$\omega = (\frac{m}{m_d} - 1) \times 100\% \tag{14-6}$$

式中　ω——含水率(%),精确至 0.1%;

m——湿土质量,g;

m_d——干土质量,g。

试验需进行 2 次平行测定,两次测定的允许平行差值:当含水率小于 10%时不得大于 0.5%;当含水率在 10%~40%时不得大于 1.0%;当含水率大于 40%时不得大于 2.0%。当在上述范围内时取两次值的平均值。

第四节　密度试验

土的密度是土的单位体积质量,它是通过试验直接测定的基本物理性指标。

本试验对一般粘质土,宜采用环刀法;土样易碎裂,切削困难,可用蜡土法。另外还有密度湿度计法、灌砂法等,现介绍环刀法。

一、仪器设备

(1)环刀。内径(61.8±0.15)mm,高度(20±0.016)mm,壁厚 1.5~2 mm,或体积 100 cm³(内径 50 mm)。

(2)天平。称量 500 g,分度值 0.1 g;称量 200 g,分度值 0.01 g。

(3)其他。切土刀、钢丝锯、凡士林等。

二、仪器设备检定和校准

(1)天平应按相应的检定规程由计量检定部门进行定期检定和校准。

(2)环刀应按相应的检定规程按期校验。

三、试验步骤

(1)按工程需要取原状土或制备所需状态的扰动土样,整平其两端,将环刀刃口向下放在土样上。

(2)用切土刀(或钢丝锯)将土样削成略大于环刀直径的土柱,然后将环刀垂直下压,边压边削,至土样伸出环刀为止,将两端余土削去修平,取剩余的代表性土样测定含水率。

(3)擦净环刀外壁称量。

(4)环刀的编号应与工程编号相一致,避免出错。

四、密度计算

按下列两式计算土样的密度及干密度:

$$\rho = \frac{m}{V} \tag{14-7}$$

$$\rho_d = \frac{\rho}{1 + 0.01\omega} \tag{14-8}$$

式中　ρ——密度,g/cm^3,计算精确至 $0.01\ g/cm^3$;

ρ_d——干密度,g/cm^3;

m——湿土质量,g;

V——环刀容积,cm^3;

ω——含水率(%)。

本试验需进行 2 次平行测定,其两次平行差值不得大于 $0.03\ g/cm^3$。取其算术平均值。

第五节　比重试验

土的颗粒比重是土在 $105 \sim 110\ ℃$ 下烘至恒值时的质量与土粒同体积 $4\ ℃$ 纯水质量的比值。

按照土粒粒径不同,分别用下列方法进行比重测定。

(1)粒径小于 5 mm 的土,用比重瓶法进行。

(2)粒径大于 5 mm 的土,其中含粒径大于 20 mm 颗粒小于 10%,用浮称法进行;含粒径大于 20 mm 颗粒大于 10% 时,用虹吸筒法进行;粒径小于 5 mm 部分用比重瓶法进行,取其加权平均值作为土粒比重。

(3)一般土粒的比重用纯水测定。对含有可溶盐、亲水性胶体或有机质土,须用中性液体(如煤油)测定。

一、比重瓶法

(一)仪器设备

(1)比重瓶。容量 100(50)mL,分长颈和短颈两种。

(2)天平。称量 200 g,分度值 0.001 g。

(3)恒温水槽。准确度 ±1℃。

(4)砂浴。能调节温度。

(5)真空抽气设备。

(6)温度计。测量范围 0～50 ℃，分度值 0.5 ℃。

(7)其他。如烘箱、纯水（煤油等）、孔径 2 mm 及 5 mm 筛、漏斗、滴管等。

（二）仪器设备的检定和标准。

(1)天平应按相应的检定规程由计量检定部门进行定期检定。

(2)比重瓶应按《比重瓶校正》方法进行校准。

（三）试验步骤

(1)将比重瓶烘干，装烘干土 15 g 入 100 mL 比重瓶内（若用 50 mL 比重瓶，装烘干土 12 g）称量。

(2)为排除土中的空气，将已装有干土的比重瓶，注纯水至瓶的一半处，摇动比重瓶，并将瓶放在砂浴上煮沸，煮沸时间自悬液沸腾时算起，砂及砂质粉土不应少于 30 min，粘土及粉质粘土不应少于 1 h。煮沸时应注意不使土液溢出瓶外。

(3)将纯水注入比重瓶，如系长颈比重瓶，注水至略低于瓶的刻度处；如系短颈比重瓶，应注入至近满（有恒温水槽时，可将比重瓶放于恒温水槽内）。待瓶内悬液温度稳定及瓶上部悬液澄清。如系长颈比重瓶，用滴管调整液面恰至刻度处（以弯液面下缘为准），擦干瓶外及瓶内壁刻度以上部分的水，称瓶、水、土总质量；如系短颈比重瓶，塞好瓶塞，使多余水分自瓶塞毛细管中溢出，将瓶外水分擦干后，称瓶、水、土总质量。称量后立即测出瓶内水的温度。

(4)根据测得的温度，从已绘制的温度与瓶水总量关系中查得瓶、水总质量。

(5)本试验称量应准确至 0.001 g。

（四）土粒比重的计算

按下式计算土粒比重：

$$G_s = \frac{m_d}{m_1 + m_d - m_2} G_{wt} \qquad (14-9)$$

式中　G_s——土粒比重，计算精确至 0.001；

　　　m_d——干土质量，g；

　　　m_1——瓶、水总质量，g；

　　　m_2——瓶、水、土总质量，g；

　　　G_{wt}——t ℃时纯水的比重（查物理手册），准确至 0.001。

试验须进行 2 次平行测定，其两次平行差值不得大于 0.02，取其算术平均值。

二、浮称法

（一）仪器设备

(1)孔径小于 5 mm 的铁丝筐，直径 10～15 cm，高 10～20 cm。

(2)适合铁丝筐沉入用的盛水容器。

(3)天平或秤。称量 2 kg、称量 10 kg，分度值 1 g。

(4)其他。如烘箱，温度计。孔径 5、20 mm 筛等。

(二)仪器设备的检定和校准

天平或秤应按相应的检定规程由计量检定部门进行检定。

(三)试验步骤

(1)取粒径大于 5 mm 的代表性试样 500~1 000 g(若用秤称则称 1~2 kg)。

(2)冲洗试样,直至颗粒表面无尘土和其他污物。

(3)将试样浸在水中 24 h 后取出,立即放入铁丝筐,缓缓浸没水中,并在水中摇晃,至无气泡逸出时为止。

(4)称铁丝筐和试样在水中的总质量(见图 14-4)。

(5)取出试样烘干、称量。

(6)称铁丝筐在水中质量,立即测量容器内水的温度,准确至 0.5 ℃。

(7)本试验称量应准确至 0.2 g。

(四)土粒比重的计算

按下式计算土粒比重

$$G_s = \frac{m_d}{m_d - (m'_2 - m'_1)} G_{wt} \qquad (14\text{-}10)$$

式中　m'_1——铁丝筐在水中质量,g;

　　　m'_2——试样加铁丝筐在水中总质量,g;

　　　其余符号含义同前。

计算精确至 0.001。

试验应进行 2 次平行测定,两次测定差值不得大于 0.02,取其算术平均值。

按下式计算平均比重

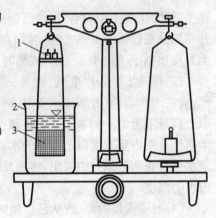

图 14-4　浮称天平
1—调平平衡砝码盘;2—盛水容器;
3—盛粗粒土的铁丝筐

$$G_s = \frac{1}{\dfrac{P_1}{G_{s1}} + \dfrac{P_2}{G_{s2}}} \qquad (14\text{-}11)$$

式中　G_{s1}——粒径大于 5 mm 土粒的比重;

　　　G_{s2}——粒径小于 5 mm 土粒的比重;

　　　P_1——粒径大于 5 mm 土粒占总质量的百分数;

　　　P_2——粒径小于 5 mm 土粒占总质量的百分数。

计算精确至 0.001。

三、虹吸筒法

(一)仪器设备

(1)虹吸筒,见图 14-5。

(2)台秤。称量 10 kg,分度值 1 g。

(3)量筒。容量大于 2 000 mL。

(4)其他。如烘箱,温度计,直径 5、20 mm 筛等。

(二)仪器设备的检定和校准

台秤应按相应的检定规程由计量检定部门进行定期检定。

(三)试验步骤

(1)取粒径大于 5 mm 的代表性试样 1 000～7 000 g。

(2)将试样冲洗,直至颗粒表面无尘土和其他污物。

(3)再将试样浸在水中 24 h 后取出,晒干(或用布擦干)其表面水分,称量。

(4)注清水入虹吸筒,至管口有水溢出时停止注水。使管口不再有水流出后,关闭管夹,将试样缓放入筒中,边放边搅,至无气逸出时为止,搅动时勿使水溅出筒外。

(5)待虹吸筒中水面平静后,开管夹,让试样排开的水通过虹吸管流入量筒中。

(6)称量筒与水总质量。测量筒内水的温度,准确至 0.5 ℃。

(7)取出虹吸筒内试样,烘干,称量。

(8)本试验称量应准确至 1 g。

(四)土粒比重的计算

按下式计算比重:

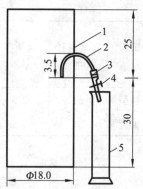

图 14-5　虹吸筒(单位:mm)
1—虹吸筒;2—虹吸管;
3—橡皮管;4—管夹;5—量筒

$$G_s = \frac{m_d}{(m_1 - m_0) - (m - m_d)} G_{wt} \qquad (14\text{-}12)$$

式中　m——晾干试样质量,g;

　　　m_1——量筒加水总质量,g;

　　　m_0——量筒质量,g;

　　　其余符号含义同前。

计算精确至 0.001。

试验进行 2 次平行测定,两次测定的差值不得大于 0.02。取其算术平均值。

第六节　击实试验

本试验的目的是用标准的击实方法,测定土的密度与含水率的关系,从而确定土的最大干密度与最优含水率。本试验分为轻型击实试验和重型击实试验两种方法。轻型击实试验适用于粒径小于 5 mm 的粘性土,其单位体积击实功能为 592.2 kJ/m³;重型击实试验适用于粒径小于 20 mm 的土,其单位体积击实功能为 2 684.9 kJ/m³。

一、仪器设备

(1)击实仪。由击实筒、击锤和护筒组成(见图 14-6),其尺寸应符合表 14-1 的规定。

(2)击实仪的击锤应配导筒,击锤与导筒间应有足够的间隙使锤能自由下落(见图 14-7)。

表 14-1　击实仪主要部件尺寸规格表

| 试验方法 | 锤底直径(mm) | 锤质量(kg) | 落高(mm) | 击实筒 | | | 护筒高度 |
				内径(mm)	筒高(mm)	容积(cm³)	
轻型	51	2.5	305	102	116	947.4	≥50
重型	51	4.5	457	152	116	2 103.9	≥50

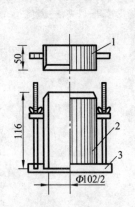

(a) 轻型击实筒

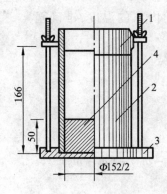

(b) 重型击实筒

图 14-6　击实筒　(单位:mm)

1—护筒;2—击实筒;3—底板;4—垫块

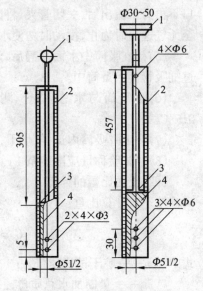

(a) 2.5 kg 击锤　　(b) 4.5 kg 击锤

图 14-7　击锤和导筒　(单位:mm)

1—提手;2—导筒;3—硬橡皮垫;4—击锤

(3)天平。称量 200 g,分度值 0.1 g。

(4)台秤。称量 10 kg,分度值 5 g。

(5)标准筛。孔径有 20 mm 圆孔筛和 5 mm 标准筛。

(6)试样推出器。用螺旋式千斤顶,如无此类装置,也可用刮刀和修土刀从击实筒中取出试样。

(7)其他。烘箱、喷水设备、碾土设备、盛土器、修土刀和保湿设备等。

二、仪器设备的检定和校准

(1)击实仪应按规定的方法进行检验和校准,合格后才能使用。

(2)天平和其他计量器具应按相应的检定规程由计量检定部门进行定期检定。

(3)试验前后应对仪器的性能进行检查并作记录。

三、试验步骤

(一)制备试样

取一定量的代表风干土样(轻型约为 20 kg,重型约为 50 kg),放在橡皮板上用木碾碾散,并分别按下列方法备料:

(1)轻型击实试验。将风干代表性试样过 5 mm 筛,将筛下土样拌匀并封存,测定土样的风干含水率。根据土的塑限来预估最优含水率,按依次相差约 2%的含水率制备一组(不少于 5 个)试样,其中应有 2 个含水率大于塑限,2 个含水率小于塑限,1 个含水率接近塑限。并按式(14-13)计算加水量:

$$m_w = \frac{m}{1 + 0.01\omega_0} \times 0.01(\omega - \omega_0) \qquad (14\text{-}13)$$

式中 m_w——土样所需加水质量,g;

　　　 m——风干含水率时的土样质量,g;

　　　 ω_0——风干含水率(%);

　　　 ω——土样所要求的含水率(%)。

(2)重型击实试验。将风干代表性土样过 20 mm 筛,将筛下土样拌匀并封存,测定土样的风干含水率。按依次相差约 2%的含水率制备一组(不少于 5 个)试样,其中至少有 3 个含水率小于塑限的试样。然后按式(14-13)计算加水量。

(3)将一定量的风干土样平放在不吸水的台面上(轻型击实取土样约 2.5 kg,重型击实取土样约 5.0 kg),按预定含水率用喷水器往土料上均匀喷洒所需加水量,注意边喷边翻,拌匀并装入塑料袋内静置 24 h。

(二)试样击实

(1)安装击实仪。将击实仪放在坚实的地面上,击实筒内壁和底板涂一薄层润滑油,连接好击实筒与底板,安装好护筒。

(2)从已制备好的一份试样中,对轻型击实分三层,每层称取 600 ~ 750 g 试样倒入击实筒内,土样的数量应略高于筒的 1/3;对重型击实分五层,每层称取 750 ~ 950 g 试样倒入击实筒内,土样数量应高于筒高的 1/5。整平其表面,进行击实。

(3)采用手工击实时,击锤应自由铅直下落,对轻型击实每层击 25 击;对重型击实每层击 56 击。锤迹必须均匀分布于土面上。

(4)当击实第一层后,用削土刀将土面刨毛,重复上述(2)步骤,对轻型击实试验进行第二层、第三层击实,对重型击实试验进行第二、三、四、五层击实。击实后超出击实筒的余土高度宜控制在 5 mm 以内。

(5)用削土刀沿套环内壁削挖后,扭动取下套环,将试样齐筒顶削平,拆除底板,同时削平筒底面余土。

(6)擦净筒外壁,称量土、筒的质量,准确至 1 g。

(7)用推土器从击实筒内推出试样,从上向下切开试样,从试样中心处各取两个 15 g 以上的土样测定其含水率,计算至 0.1%,其平行误差不得超过 1%。

(8)对击实后的土样一般不重复使用。

四、计算

(1)按下式计算击实后各试样的含水率:

$$\omega = \frac{m - m_d}{m_d} \times 100\%$$ (14-14)

式中 ω——含水率(%);

m——湿土质量,g;

m_d——干土质量,g。

(2)按下式计算击实后各试样的干密度:

$$\rho_d = \frac{\rho}{1 + 0.01\omega}$$ (14-15)

式中 ρ_d——干密度,g/cm³,计算至 0.01 g/cm³;

ρ——湿密度,g/cm³;

ω——含水率(%)。

(3)按下式计算土的饱和含水率:

$$\omega_{sat} = \left(\frac{\rho_w}{\rho_d} - \frac{1}{G_s}\right) \times 100\%$$ (14-16)

式中 ω_{sat}——饱和含水率(%);

G_s——土粒比重;

ρ_w——水的密度,g/cm;

其余符号含义同上。

五、制图

(1)以干密度为纵坐标、含水率为横坐标,绘制干密度与含水率的关系曲线(见图 14-8)。曲线上峰值点的纵、横坐标分别代表土的最大干密度和最优含水率。如果曲线不能给出峰值点,应进行补点试验。

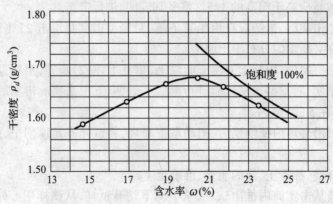

图 14-8 $\rho_d \sim \omega$ 关系曲线

(2)按计算的数个干密度下土的饱和含水率,以干密度为纵坐标、含水率为横坐标,绘制饱和曲线。

第七节　界限含水率试验

细粒土由于含水率不同,分别处于流动状态、可塑状态、半固体状态和固体状态。液限是细粒土呈可塑状态的上限含水率;塑限是细粒土呈可塑状态的下限含水率。

测定细粒土的液限、塑限,划分土类、计算塑性指数,供设计、施工使用。

一、仪器设备

(1)圆锥仪。锥质量为(76±0.2)g,锥角(30±0.2)°,锥尖磨损量不超过 0.3 mm。微分尺量程为 22 mm,刻线距离为 0.1 mm。其顶端磨平,能被磁铁平稳吸住。

(2)读数显示。采用光电式。常用的光电式液塑限联合测定仪见图14-9。

(3)试样杯。内径 40 ~ 50 mm;高 30 ~ 40 mm。

(4)天平。称量 200 g,分度值 0.01 g。

(5)其他。烘箱、干燥缸、铝盒、调土刀、筛(孔径 0.5 mm)、凡士林等。

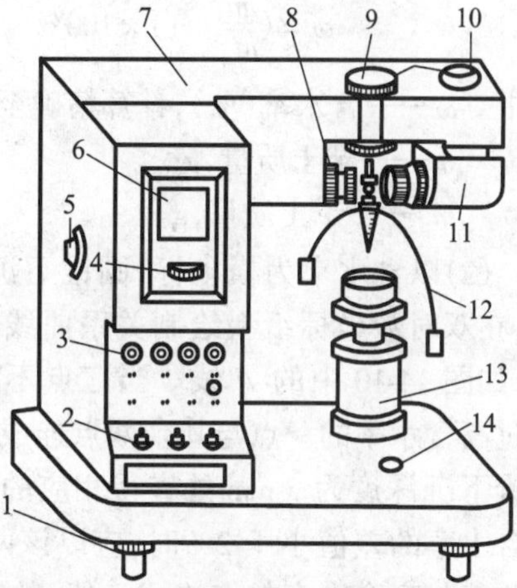

二、仪器设备的检定和校准

(1)液、塑限联合测定仪应按规定进行校验。

(2)天平应按相应的检定规程由计量检定部门进行定期检定。

图 14-9　光电式液塑限联合测定仪
1—水平调节螺丝;2—控制开关;3—指示灯;
4—零线调节螺丝;5—反光镜调节螺丝;
6—屏幕;7—机壳;8—物镜调节螺丝;
9—电磁装置;10—光源调节螺丝;11—光源;
12—圆锥仪;13—升降台;14—水平泡

三、试验步骤和方法

(1)制备试样:试验原则上采用天然含水率的土样制备试样,但在实际操作上比较困难时,允许用风干土制备试样。当采用风干土时,取代表性的风干土试样,放在橡皮垫上用木碾将土样碾碎后过 0.5 mm 筛,取约 400 g 过筛后的风干土样,分成三份,分别放入三个盛土皿中,加入不同数量的蒸馏水调成均匀糊状土膏,一般按圆锥入土深度为 4 ~ 5 mm、9 ~ 10 mm 和 16 ~ 18 mm 范围制备不同稠度的均匀土膏,然后放入密封的地方静置 24 h。

(2)装入土杯:将制备好的土膏用调土刀将试样调拌均匀,分层装入试杯中,装填时注意不要使土内留有空隙,然后刮去多余的土,使之与杯缘口齐平。在刮去多余的土时,要注意不得用刀在土面上反复涂抹。

(3)放锥:用布擦净圆锥仪,并在锥体上抹一层凡士林或润滑油,接通电源,使电磁铁吸稳圆锥仪,同时调节屏幕准线,使该读数为零,调节升降座,使圆锥仪锥角接触试样面,指示灯亮时使圆锥在自重力的作用下沉入试样内,经 5 s 后立即测读圆锥下沉深度。

(4)测土样含水率:取出试样杯,挖掉有凡士林的部分,用调土刀在土样中心附近挖取质量约 15 g 以上的土样 2 个放入铝盒内,加盖称其质量,再打开铝盒盖子,放入烘箱烘,至恒温后再称质量,计算含水率。

(5)按本办法测试出其余 2 个试样的圆锥下沉深度和含水率。

四、计算和制图

(1)按下式计算含水率

$$\omega = (\frac{m}{m_d} - 1) \times 100\% \qquad (14-17)$$

式中　ω——含水率(%),计算精确至 0.1%;

　　　m——湿土质量,g;

　　　m_d——干土质量,g。

(2)以含水率为横坐标、圆锥下沉深度为纵坐标,在双对数坐标纸上绘制关系曲线,三点连一直线,如图 14-10 中的 A 线。当三点不在一直线上,通过高含水率的一点与其余两点连成两条直线,在圆锥下沉深度为 2 mm 处查得相应的含水率,当两个含水率的差值小于 2% 时,应以该两点含水率的平均值与高含水率的点连成一线,如图中的 B 线。当两个含水率的差值大于或等于 2% 时,应补做试验。

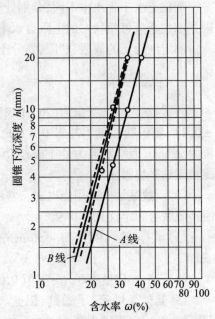

图 14-10　圆锥下沉深度与含水率关系

(3)在圆锥下沉深度与含水率关系图上,查得下沉深度为 10 mm 所对应的含水率为液限;查得下沉深度为 2 mm 所对应的含水率为塑限,以百分数表示,取整数。

(4)按下式分别计算塑性指数和液性指数:

$$I_p = \omega_L - \omega_p \qquad (14-18)$$

$$I_L = \frac{\omega - \omega_p}{I_p} \qquad (14-19)$$

式中　I_p——塑性指数;

　　　ω_L——液限(%);

　　　ω_p——塑限(%);

　　　ω——天然含水率(%);

　　　I_L——液性指数,计算精确至 0.01。

第八节　相对密度试验

相对密度是无粘性土处于最松状态的孔隙比与天然状态孔隙比之差和最松状态孔隙比与最紧密状态的孔隙比之差的比值。

本试验的目的是测定无粘性土的最大与最小孔隙比,用于计算相对密度。最大孔隙比试验采用漏斗法和量筒法;最小孔隙比试验采用振动锤击法。

一、最大孔隙比试验

(一)仪器设备

(1)量筒。容积为 500 mL 及 1 000 mL 两种,后者内径应大于 6 cm。

(2)长颈漏斗。颈管内径约 1.2 cm,颈口磨平(如图 14-11)。

(3)锥形塞。直径约 1.5 cm 的圆锥体镶于铁杆上。

(4)砂面拂平器(见图 14-11)。

(5)天平。称量 1 000 g,分度值 1 g。

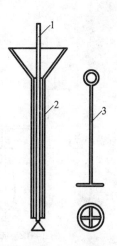

图 14-11   漏斗及拂平器
1—锥形塞;2—长颈漏斗;
3—砂面拂平器

(二)仪器设备的检定和校准

(1)量筒。应按有关规定进行检定。

(2)天平应按相应的检定规程由计量检定部门进行定期检定。

(三)试验步骤

(1)取代表性的烘干或完全风干试样约 1.5 kg,用圆木棍在橡皮板上碾散,并充分地拌和均匀。

(2)将锥形塞杆自长颈漏斗下口穿入,并向上提起,使橡皮锥体堵住漏斗管口,放入体积 1 000 mL 的量筒中,使其下端与量筒底接触。

(3)称取试样 700 g,用力提住橡皮锥体塞杆,同时将试样均匀倒入漏斗中,将漏斗与塞杆同时提高,然后下放塞杆使锥体略离开管口,使试样缓慢且均匀分布地落入量筒中。注意应经常保持管口高出砂面 1～2 cm。

(4)试样全部落入量筒中,取出漏斗与锥形塞,用砂面拂平器将砂面拂平,勿使量筒振动,然后测读砂样体积,估读至 5 mL。

(5)用手掌或橡皮板堵住量筒口,将量筒倒转,然后缓慢地转回原来位置,如此重复几次,记下体积的最大值,估读至 5 mL。

(6)取上述两种方法测得的较大体积值,计算最大孔隙比。

二、最小孔隙比试验

(一)仪器设备

(1)金属容器,有两种:

①容积 250 mL,内径 5 cm,高 12.7 cm。

②容积 1 000 mL,内径 10 cm,高 12.75 cm。

(2)振动叉。见图 14-12。

(3)击锤。锤质量 1.25 kg,落至 15 cm,锤底直径 5 cm,见图 14-13。

(4)台秤。称量 5 000 g,分度值 1 g。

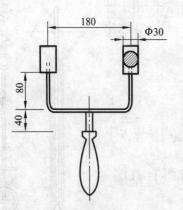

图 14-12 振动叉 （单位：mm）

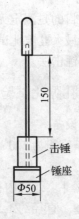

图 14-13 击锤 （单位：mm）

(二)仪器设备的检定和校准

(1)金属容器。按有关规定进行检定。

(2)台秤。应按相应的检定规程由计量检定部门进行定期检定。

(三)操作步骤

(1)取代表性的试样约 4 kg,用圆木棍在橡皮板上碾散,并拌和均匀。

(2)分 3 次倒入容器进行振击,先取上述试样 600~800 g(其数量应使振击后的体积略大于容器容积的 1/3)倒入 1 000 mL 容器内,用振动叉以每分钟各 150~200 次的速度敲打容器两侧,并在同一时间内,用击锤于试样表面每分钟锤击 30~60 次,直至砂样体积不变为止(一般击 5~10 min)。敲打时要用足够的力量使试样处于振动状态;锤击时,粗砂可用较少击数,细砂应用较多的击数。

(3)按上述步骤(2),进行后 2 次的装样、振动和锤击,第 3 次装料时应先在容器皿上安装套环。

(4)最后 1 次振毕,取下套环,用修土刀齐容器顶面削去多余试样,称容器内试样质量,准确至 1 g,并记录试样体积,计算其最小孔隙比。

(5)最小与最大密度,均需进行 2 次平行测定,取其算术平均值,其平行差值不得超过 0.03 g/cm³。

(四)计算

(1)按下式计算最小与最大干密度:

$$\rho_{d\min} = \frac{m_d}{V_{\max}} \tag{14-20}$$

$$\rho_{d\max} = \frac{m_d}{V_{\min}} \tag{14-21}$$

式中　$\rho_{d\min}$——最小干密度,g/cm³,计算精确至 0.01g/cm³;

　　　$\rho_{d\max}$——最大干密度,g/cm³,计算精确至 0.01g/cm³;

　　　m_d——试样干质量,g;

　　　$V_{\max}$——试样之最大体积,cm³;

V_{min}——试样之最小体积,cm^3。

(2)按下式计算最大与最小孔隙比:

$$e_{max} = \frac{\rho_w G_s}{\rho_{dmin}} - 1 \qquad (14-22)$$

$$e_{min} = \frac{\rho_w G_s}{\rho_{dmax}} - 1 \qquad (14-23)$$

式中　e_{max}——最大孔隙比,计算精确至 0.01;

　　　e_{min}——最小孔隙比,计算精确至 0.01;

　　　ρ_w——水的密度,g/cm^3;

　　　G_s——土粒比重;

　　　其余符号含义同前。

(3)按下式计算相对密度

$$D_r = \frac{e_{max} - e_0}{e_{max} - e_{min}} \qquad (14-24)$$

$$D_r = \frac{(\rho_d - \rho_{dmin})\rho_{dmax}}{(\rho_{dmax} - \rho_{dmin})\rho_d} \qquad (14-25)$$

式中　D_r——相对密度,计算精确至 0.01;

　　　e_0——天然孔隙比或填土的相应孔隙比;

　　　ρ_d——天然干密度或填土的相应干密度,g/cm^3;

　　　其余符号含义同前。

第九节　地基压实填土质量检测

一、工程检测前相关资料收集

建筑物地基需换土回填时,在地基回填施工之前,应检验所用原材料的质量状况,选用符合设计要求的原材料进行回填。检测人员在接受委托时需要了解现场施工情况及施工所用压实机具的性能,以使施工方法和施工工艺状况符合设计要求的质量控制标准。明确抽样检查的范围、检测方法和抽取检查样本的数量。

二、质量检测取样要求

(1)取样部位应有代表性,且应在面上均匀分布,不得随意挑选,特殊情况下取样需加以说明。

(2)压实填土地基质量检测所用的环刀体积为:对细粒土不宜小于 100 cm^3(内径 50 mm),对砾质土和砂砾样不宜小于 200 cm^3(内径 70 mm)。当含砾量较多或是碎石土而用环刀不能取样时,应采用灌砂法或灌水法测试。

(3)环刀法取样时,应在压实层厚的下部 1/3 处取样,若下部 1/3 的厚度不足环刀高度时,以环刀底面达到下层顶面时环刀取满土样为准。

三、质量检测数量要求

(1)每层检测的施工作业面不宜过小,一般不宜小于一个开间的面积。

(2)检测取样的数量:施工单位在进行地基压实回填时,其检测数量可控制在:每层填筑量在 1 000 m³ 以上的工程,每 100 m³ 至少应取样一组,3 000 m³ 以上的工程,每 300 m³ 至少取样一组。基槽每 20 延米应取样一组。对每层填筑量不足 300 m³ 的工程,则每层至少应取样 3 组。

(3)对压实质量可疑和地基的特定部位抽样检测时,取样数量可视具体情况而定。

(4)压实层经检验后,凡取样试验不合格的部位应根据取样样本所代表的填筑范围进行重新压实或作局部返工处理,并经复检合格后方可继续下道工序的施工。

四、试验步骤与方法

仅介绍灌砂法,环刀法参见本篇第四节。

(1)量砂的制备及密度的测定:取风干的均匀粒径净砂若干,用孔径 0.25 mm 及 0.5 mm 标准筛过筛。将 0.5 mm 筛下和 0.25 mm 筛上的砂样充分风干后,放入量砂容器内备用。同时用灌砂仪测定量砂的密度。

(2)在场地内选取代表性的试验点,将其表面未压实的土层清除干净并铲平。

(3)套环取样:在套环内挖一直径为 150 ~ 200 mm,深为 200 ~ 250 mm 的试坑(每一压实层的全部厚度),挖坑时应特别小心,将已松动的土全部取出,放置于容器或塑料袋内,称其质量。然后,称取一定量的量砂放入容器内备用。

(4)将灌砂容器的漏斗对准套环,向灌砂容器内侧倒入量砂。缓慢打开容器的阀门,使量砂经漏斗、套环注入坑内,当容器内量砂不动时,关闭阀门,取下灌砂容器,称量灌砂器内剩余砂的质量。

五、计算

按下式计算土的密度:

$$\rho = \frac{m_1}{m_2 - m_3}\rho_n \tag{14-26}$$

$$\rho_d = \frac{\rho}{1 + 0.01\omega} \tag{14-27}$$

式中　ρ——土样的湿密度,g/cm³;

ρ_d——土样的干密度,g/cm³;

m_1——从坑内取出湿土的质量,g;

m_2——加入量砂器内砂的总质量,g;

m_3——漏斗内剩余砂的质量,g;

ρ_n——量砂的密度,g/cm³;

ω——含水率(%)。

六、压实填土的质量评价

压实填土的质量以压实系数 λ_c 控制,并应根据结构类型和压实填土所在部位按《建筑地基基础设计规范》(GB 50007—2002)的要求按表 14-2 的数值确定。

表 14-2 压实填土的质量控制标准

结构类型	填土部位	压实系数 λ_c	控制含水率(%)
砌体承重结构 和框架结构	在地基主要受力层范围内	≥0.97	$\omega_{op} \pm 2$
	在地基主要受力层范围以下	≥0.95	
排架结构	在地基主要受力层范围内	≥0.96	
	在地基主要受力层范围以下	≥0.94	

注:地坪垫层以下及基础底面标高以上的压实填土,压实度数 $\lambda_c \geq 0.94$。ω_{op} 为最优含水率。

第十五章　回弹法检测混凝土强度

第一节　基本原理

回弹法是用一个弹簧驱动的重锤,通过弹击杆(传力杆),弹击混凝土表面,并测出重锤反弹回来的距离,以回弹值(反弹距离与弹簧初始长度之比)作为与强度相关的指标,来推定混凝土强度的一种方法。由于测量在混凝土表面进行,所以它属于表面硬度法的一种。

图 15-1 为回弹法的原理示意图。当重锤被拉到冲击前的起始状态时,若重锤的质量等于 1,则这时重锤所具有的势能 e 为:

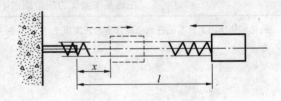

图 15-1　回弹法原理示意

$$e = \frac{1}{2} E_s l^2 \tag{15-1}$$

式中　E_s——拉力弹簧的弹性系数;

　　　l——拉力弹簧的起始拉伸长度。

混凝土受冲击后产生瞬时弹性变形,其恢复力使重锤弹回,当重锤被弹回到 x 位置时所具有的势能 e_x 为:

$$e_x = \frac{1}{2} E_s x^2 \tag{15-2}$$

式中　x——重锤反弹位置或重锤弹回时弹簧的拉伸长度。

重锤在弹击过程中,所消耗的能量 Δe 为:

$$\Delta e = e - e_x \tag{15-3}$$

将式(15-1)、式(15-2)代入式(15-3)得:

$$\Delta e = \frac{E_s l^2}{2} - \frac{E_s x^2}{2} = e\left[1 - \left(\frac{x}{l}\right)^2\right] \tag{15-4}$$

令

$$R = \frac{x}{l} \tag{15-5}$$

在回弹仪中,l 为定值,所以 R 与 x 成正比,称为回弹值。将 R 代入式(15-4)得:

$$R = \sqrt{1 - \frac{\Delta e}{e}} = \sqrt{\frac{e_x}{e}} \tag{15-6}$$

从式(15-6)可知,回弹值 R 等于重锤冲击混凝土表面后剩余的势能与原有势能之比的平方根。简而言之,回弹值 R 是重锤冲击过程中能量损失的反映。

能量主要损失在以下三个方面:

(1)混凝土受冲击后产生塑性变形所吸收的能量；

(2)混凝土受冲击后产生振动所消耗的能量；

(3)回弹仪各部件之间的摩擦所消耗的能量。

在具体的试验中,上述(2)、(3)两项应尽可能使其固定于某一统一的条件,例如,试件应有足够的厚度,或对较薄的试件予以加固,以减少振动;回弹仪应进行统一的计量检定,使冲击能量与仪器内摩擦损耗尽量保持统一等。因此,第一项是主要的。

根据以上分析可以认为,回弹值通过重锤弹击混凝土前后的能量变化,既反映了混凝土的弹性性能,也反映了混凝土的塑性性能。回弹值 R 反映了该式中的 E_s 和 l 两项,当然与强度 f_{cu} 也有着必然联系,但由于影响因素较多,R 与 E_s、l 的理论关系尚难推导。因此,目前均采用试验归纳法,建立混凝土强度 f_{cu} 与回弹值 R 之间的一元回归公式,或建立混凝土强度与回弹值 R 及主要影响因素(如碳化深度 d)之间的二元回归公式。这些回归公式可采用各种不同的函数方程形式,根据大量试验数据进行回归分析,择其相关系数较大者作为实用经验公式。目前常见的形式主要有以下几种:

直线方程 $$f^c_{cu,i} = A + BR_m \tag{15-7}$$

幂函数方程 $$f^c_{cu,i} = AR^B_m \tag{15-8}$$

抛物线方程 $$f^c_{cu,i} = A + BR_m + CR^2_m \tag{15-9}$$

二元方程 $$f^c_{cu,i} = AR^B_m \cdot 10^{Cd_m} \tag{15-10}$$

式中　$f^c_{cu,i}$——混凝土测区的强度换算值;

　　　R_m——测区平均回弹值;

　　　d_m——测区平均碳化深度值;

　　　A、B、C——常数项,视原材料条件等因素不同而不同。

第二节　仪器设备

一、回弹仪的构造

回弹仪作为常用无损检测仪器在世界范围内得到了广泛应用。我国是回弹仪应用和生产大国,回弹法在我国使用已有 40 余年,近年来,新型回弹仪不断出现,如检测高强混凝土的重型回弹仪,以及利用先进的电子技术,集数显、记录、数据处理、强度推定及打印输出为一体的数字式智能回弹仪等。目前,我国应用最广的是指针直读式回弹仪。按其冲击动能的大小,可分为重型、中型、轻型、特轻型四种规格。其分类和适用范围如下:

重型回弹仪:其冲击动能为 26.42 J,可供大型、重型构件、路面、飞机跑道及其他大体积混凝土的强度检测之用。

中型回弹仪(瑞士为 N 型):其冲击动能为 2.207 J,可用于一般建筑物、桥梁工地、预制厂等普通混凝土构件的强度检测。中型回弹仪是目前应用最广的回弹仪。

轻型回弹仪(瑞士为 L 型):其冲击动能为 0.98 J(瑞士为 0.75 J),可用于各种轻质建筑材料(如各种普通粘土砖、轻质混凝土、低强度混凝土等)和其他薄壁构件的强度检测。

特轻型回弹仪:其冲击动能为 0.27 J,可供检测砂浆强度。

本章只讨论目前我国应用最广的中型回弹仪,以下统称为回弹仪。回弹仪的构造和主要零件名称见图 15-2。

在回弹仪中,将弹击弹簧的拉伸长度 l(即弹击行程)分为 100 等分。根据式(15-5)所规定的回弹值 R 的定义,回弹值的具体读数应为:

$$R = \frac{x}{l} \times 100 \qquad (15\text{-}11)$$

二、回弹仪的标准状态及检定

试验证明,几乎每一台回弹仪都具有其本身的特性,而回弹值与强度之间的关系因试验者和仪器的不同而有差异。因此,统一仪器性能和统一测试方法,是提高回弹法测试精度的关键之一。在我国现行的回弹法技术规程中,明确规定了仪器的下列标准状态:

(1)水平弹击时,弹击锤脱钩的瞬间,回弹仪的标称动能应为 2.207 J。

(2)弹击锤与弹击杆碰撞的瞬间,弹击拉簧应处于自由状态,此时弹击锤起跳点应处在相应于刻度尺上的零处。

(3)在洛氏硬度为 60 ± 2 的钢砧上,回弹仪的率定值[R]应为 80 ± 2。

为了保证上述标准状态,必须保证机芯主要部件的装配尺寸和性能。其中最主要的是:

(1)拉簧的有效自由长度 L_0。当指针位于刻度尺的"0"位时,拉簧的有效自由长度 L_0(自拉簧座后沿口至弹击重锤大面间的距离)应为61.5 mm,这可通过调节拉簧座的孔位来实现。试验表明,当 L_0 大于 61.5 mm 时回弹值偏低。

(2)弹击重锤的冲击长度 L_p 及弹击拉簧的刚度。当仪器为标准状态时,弹击重锤的冲击长度 L_p 应等于弹击拉簧的拉伸长度 L,其值应为75.0 mm,弹击拉簧的刚度应为 785 N/m,这时脱钩瞬间的冲击动能 e 等于 2.207 J。试验表明,当 $L_p > 75.00$ mm时,回弹值略有偏低;当 $L_p < 75.00$ mm 时回弹值略有偏高。

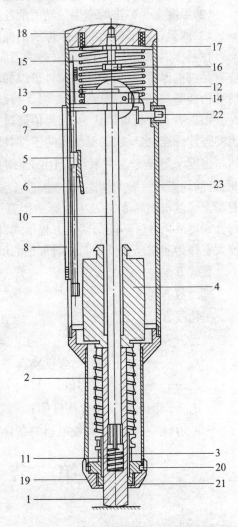

图 15-2 回弹仪的构造和主要零件名称

1—弹击杆;2—弹击拉簧;3—拉簧座;
4—弹击重锤;5—指针块;6—指针片;
7—指针轴;8—刻度尺;9—导向法兰;
10—中心导杆;11—缓冲压簧;12—挂钩;
13—挂钩压簧;14—挂钩销子;15—压簧;
16—调零螺丝;17—紧固螺母;18—尾盖;
19—盖帽;20—卡环;21—密封毡围;
22—按钮;23—外壳

当机芯在机壳内工作时,压簧对重锤脱钩的瞬间施于拉簧的反力传给缓冲压簧后,产生的压簧变形约为 0.5 mm,因此调整时应使 $L_p < 75.00$ mm。

(3)重锤的起跳点。根据仪器的设计,重锤的起跳点与刻度尺上的"0"相对应,而刻度尺上的"0～100"的长度为75 mm。当仪器处于标准状态时,此值应等于拉簧的拉伸长度 L 和重锤的冲击长度 L_p。当 L_0 与 L_p 值符合标准时,重锤应在刻度尺"100"处脱钩,如有偏差,可调节尾盖螺丝的长度来校正。

回弹仪用洛氏硬度 $HRC = 60 \pm 2$ 的钢砧进行率定。率定试验宜在 (20 ± 5) ℃的条件下进行。率定时,钢砧应稳固地平放在刚度大的混凝土实体上,回弹仪向下弹击时,弹击杆分四次旋转,每次旋转约 90°,弹击 3 次,取连续 3 次且读数稳定的回弹值进行平均。弹击杆每旋转一次的率定平均值应符合 $[R] = 80 \pm 2$ 的要求。率定的目的是为了保证回弹仪的弹击动能恒定。当测定过程中对回弹值有怀疑时,则应在每次构件测试前后进行率定试验,如果连续数天测试,则可在每天测试完毕后率定一次。

三、回弹仪的操作、保养及检定

(一)操作

将弹击杆顶住混凝土的表面,轻压仪器,松开按钮,弹击杆徐徐伸出。使仪器对混凝土表面缓慢均匀施压,待弹击锤脱钩冲击弹击杆后即回弹,带动指针向后移动并停留在某一位置上,即为回弹值。继续顶住混凝土表面并在读取和记录回弹值后,逐渐对仪器减压,使弹击杆自仪器内伸出,重复进行上述操作,即可测得被测构件或结构的回弹值。操作中注意仪器的轴线应始终垂直于构件混凝土的表面。

(二)保养

仪器使用完毕后,要及时清除伸出仪器外壳的弹击杆、刻度尺表面及外壳上的污垢和尘土。当测试次数较多,对测试值有怀疑时,应将仪器拆卸,并用清洗剂清洗机芯的主要零件及其内孔,然后在中心导杆上抹一层薄薄的钟表油,其他零部件不得抹油。要注意检查尾盖的调零螺丝有无松动,弹击拉簧前端是否钩入拉簧座的原孔位内,否则应送校验单位校验。

(三)检定

当仪器超过检定有效期限(半年),累计弹击次数超过 6 000 次,仪器遭受撞击、损害,零部件损坏需要更换等以及新出厂仪器皆应送检定单位进行检定。检定合格的仪器应符合下列技术要求:

(1)外观。在回弹仪明显的位置上,应有下列标志:名称、制造厂名(或商标)、型号、出厂编号、出厂日期及中国计量器具制造许可证标志 CMC 等;仪器外壳应进行表面处理,不允许有碰撞和摔落的印痕等;各运动部件活动自如、可靠,不得有松动、卡滞和影响操作的现象;指针滑块示值刻线和刻度尺上的刻线应清晰、均匀。

(2)刻度尺上"100"刻线应与机芯刻度槽"100"刻线相重合。

(3)标准状态的仪器水平弹击时的冲击能量应为 2.1～2.3 J,其主要技术要求见表 15-1,允许误差不得大于表 15-1 的规定。

表 15-1 回弹仪的技术要求及允许误差

序号	项 目	技术要求	允许误差
1	机壳刻度槽上"100"刻线位置	与回弹仪检定器中盖板定位缺口侧面重合	在刻线宽度范围内(刻度宽 0.4 mm)
2	指针长度(mm)	20.0	±0.2
3	指针摩擦力(N)	0.65	±0.15
4	弹击杆尾部外观	无环带及缺损	—
5	弹击杆端部球面半径(mm)	25.0	±1.0
6	弹击拉簧外观	直	—
7	弹击拉簧刚度(N/m)	785.0	±40.0
8	弹击锤脱钩位置	刻度尺"100"刻线处	在刻线宽度范围内(刻度宽 0.4 mm)
9	弹击拉簧工作长度(mm)	61.5	±0.3
10	弹击锤冲击长度(mm)	75.0	±0.3
11	弹击锤起跳位置	刻度尺"0"处	+1
12	钢砧率定值	80	±2

上述技术要求由检定单位按国家计量检定规程《混凝土回弹仪》(JJG 817—93)的规定进行检查,检定合格的仪器应有检定单位签发的合格证。检定单位应由当地技术监督部门授权,并必须按照 JJG 817—93 的规定备有回弹仪检定器、拉簧刚度测量仪等设备。

上述标准状态的指标是以仪器的零部件加工精度均符合要求为前提的,否则仍然会出现一定范围的误差。

四、回弹仪的常见故障及排除方法

现将回弹仪常见的故障、原因分析及检修方法列于表 15-2,供操作人员参考。

表 15-2 回弹仪常见故障及排除方法

故障情况	原因分析	检修方法
回弹仪弹击时,指针块停在起始位置上不动	1. 指针块上的指针片相对于指针轴上的张角太小 2. 指针片折断	1. 卸下指针块,将指针片的张角适当扳大些 2. 更换指针片
指针块在弹击过程中抖动步进上升	1. 指针块上的指针片的张角略小 2. 指针块与指针轴之间配合太松 3. 指针块与刻度尺的局部碰撞摩擦或与固定刻度尺的小螺钉相碰撞摩擦,或与机壳滑槽局部摩阻太大	1. 卸下指针块,适量地把指针片的张角扳大 2. 将指针摩擦力调大一些 3. 修锉指针块的上平面,或截短小螺丝,或修锉滑槽
指针块在未弹击前就被带上来,无法读数	指针块上的指针片张角太大	卸下指针块,将指针片的张角适当扳小
弹击锤过早击发	1. 挂钩的钩端已成小钝角 2. 弹击锤的尾端局部破碎	1. 更换挂钩 2. 更换弹击锤

故障情况	原因分析	检修方法
不能弹击	1. 挂钩拉簧已脱落 2. 挂钩的钩端已折断或已磨成大钝角 3. 弹击拉簧已拉断	1. 装上挂钩拉簧 2. 更换挂钩 3. 更换弹击拉簧
弹击杆伸不出来,无法使用	按钮不起作用	用手握住尾盖并施一定压力,慢慢地将尾盖旋下(当心压力弹簧将尾盖冲开弹击伤人),使导向法兰往下运动,然后调整好按钮,如果按钮零件缺损,则应更换
弹击杆易脱落	中心导杆端部与弹击杆内孔配合不紧密	取下弹击杆,将中心导杆端部各瓣适当扩大(装卸弹击杆时切勿丢失缓冲压簧);或更换中心导杆和弹击杆
标准状态仪器率定值偏低	1. 弹击锤与弹击杆的冲击平面有污物 2. 弹击锤与中心导杆间有污物,摩擦力增大 3. 弹击锤与弹击杆间的冲击面接触不均匀 4. 中心导杆端部部分爪瓣折断 5. 机芯损坏	1. 用汽油擦洗冲击面 2. 用汽油清洗弹击锤内孔及中心导杆,并抹上一层薄薄的轻油 3. 更换弹击杆 4. 更换中心导杆 5. 仪器报废

第三节　回弹法测强的主要影响因素

国内外对回弹法的影响因素曾做过一些试验研究,并在许多方面取得了一致的看法,但对某些较重要的影响因素,如水泥品种、粗集料品种、模板种类、养护方法等试验研究还不够全面和系统。为此,我国有关单位对上述影响因素进行了专项试验研究。

到目前为止,我国回弹法研究成果基本只适用于普通混凝土和泵送混凝土,故下面介绍的各种影响因素是对普通混凝土和泵送混凝土而言的。

一、原材料的影响

(一)水泥的影响

将其他原材料固定,分别采用符合国家标准的普通硅酸盐水泥、矿渣硅酸盐水泥及粉煤灰硅酸盐水泥成型了 100 余组的混凝土试件,标准养护 7 d 后,将一部分试件装进塑料袋密封以隔绝空气,存放在常温的室内;另一部分试件存放在同一室内,在空气中自然养护,于龄期 7、28、90、180 d 时分别测其回弹值、强度值及碳化深度值。试验结果表明:

(1)当碳化深度为 $d_m = 0$ 或同一碳化深度下,尽管三种水泥矿物组成不同,但是它们的混凝土抗压强度值间的规律基本相同,其“$f_{cu} \sim R$”相关曲线没有明显的差别。

(2)自然养护条件下的长龄期试块,由于混凝土表面产生了碳化现象,即表面生成了硬度较高的碳酸钙层,使得在相同强度情况下,已碳化的试件回弹值高,未碳化的试件回弹值低,这就对强度及相应的回弹值之间的相关关系产生了显著的影响,龄期愈长,此种现象愈明显。不同水泥品种因其矿物组成不同,在相同的条件下其碳化速度不同。普通水泥水化后生成大量的氢氧化钙,使得混凝土硬化后与二氧化碳作用生成碳酸钙需要较长的时间,亦即碳化速度慢。而矿渣水泥及粉煤灰水泥中的掺和料含有活性氧化硅和活性氧化铝,它们和氢氧化钙结合形成具有胶凝性的活性物质,降低了碱度,因而加速了混凝土表面形成碳酸钙的过程,亦即碳化速度较快。从而表现了不同的"$f_{cu} \sim R$"相关曲线。由此可知,适用于普通混凝土的硅酸盐类水泥品种本身对回弹法测强并没有明显的影响,三种水泥在图中相关曲线出现分离现象是因碳化速度不同引起的。

至于同一水泥品种不同强度等级及不同用量的影响,经过试验后认为,它们实质上反映了为获得不同强度等级的混凝土的水灰比的影响,它对混凝土强度及回弹值产生的影响基本一致,因此它对"$f_{cu} \sim R$"相关关系没有显著的影响。

综上所述,用于普通混凝土的五大水泥品种及同一水泥品种不同强度等级、不同用量对回弹法的影响,在考虑了碳化深度的影响条件下,可以不予考虑。

(二)细集料的影响

普通混凝土用细集料的品种和粒径,只要符合《普通混凝土用砂质量标准及检验方法》(JGJ 52—92)的规定,对回弹法测强没有显著影响。国内的试验研究资料及看法与国外一致。

(三)粗集料对回弹法测强的影响

通过大量同条件对比试验及计算分析认为,不同石子品种的影响并不明显,分别建立曲线未必能提高测试精度,况且同一品种石子的表面粗糙程度及质量差别甚大,现场测试尤其是龄期较长的工程,石子品种又不易调查清楚,采用上述方法反会引起误差,主张不必按石子品种分别建立相关曲线。

国内外对粗集料品种和粒径对回弹法测强的影响至今看法不统一,做法也不一致,各地区在制作自己的曲线时,可结合具体情况确定。

(四)外加剂的影响

我国建筑工程用普通混凝土经常掺加木钙减水剂或三乙醇胺复合早强剂。对此,进行了专题研究,在相同条件下,对配制的混凝土分别进行了掺与不掺外加剂的平行对比试验。外加剂种类及掺量见表15-3。

表15-3 外加剂种类及掺量

编号	混凝土种类	外加剂掺量(占水泥质量%)		
		木钙	硫酸钠	三乙醇胺
A	不掺外加剂	—	—	—
B	掺复合早强剂	—	1.0	0.3
C	掺减水剂	0.25	—	—

试验表明,普通混凝土中掺与不掺上述外加剂对回弹法测强影响并不显著。上述差异系多相非匀质的混凝土材料本身及测试操作中随机误差所引起。近年来,又进行了扩大外加剂种类的试验。结果表明,非引气型外加剂均适用。

二、成型方法的影响

不同强度等级、不同用途的混凝土混合物,应采用各自相应的最佳成型工艺。

现将水灰比变化幅度为 0.78 ~ 0.38、强度等级为 C10 ~ C50 的混凝土混合物,分别进行手工插捣、适振(振动至混凝土表面出浆即停)、欠振(混凝土表面将要出浆时停)、过振(混凝土表面出浆后续振约5 s停)试验。试验表明,只要成型后的混凝土基本密实,上述两类成型方法对回弹法测试无显著影响。目前大多数工地、构件厂都采用振动成型方法,而手工插捣方法极少采用,即使采用也只是用于低标号流动性大的混凝土,因此认为一般成型工艺对回弹法测强无显著影响。

三、养护方法及含水率的影响

我国常用的养护方法,主要有养护室内的标准养护、空气中自然养护及蒸汽养护等。混凝土在潮湿环境或水中养护时,由于水化作用较好,早期及后期强度皆比在干燥条件下养护的要高,但表面硬度由于被水软化反而降低。因此,不同的养护方法产生不同的含水率,对混凝土的强度及回弹值都有很大的影响。

含水率对回弹法测强有较大的影响,这是国内外一致的看法。

如何克服含水率的影响,有的国家采用较粗略的影响系数进行修正,以标准养护下含水率的影响系数为1,在水中养护及在干燥空气中养护的含水率影响系数分别为大于1和小于1。有的资料介绍,最好在混凝土表面为风干状态时试验,或事先取出混凝土试样,测定含水率,测试后计算强度时予以修正。

采用试块含水率状态对比法将含水率大致分为三类(见表15-4)。将现场构件的干湿状态与试块对比,若不一致则按表15-5加以修正。此法半定量地解决了含水率的影响,扩大了使用范围,但因不能对混凝土表面含水率定量取值,且修正系数较大,使用时需有一定经验,否则会降低测试精度。

表 15-4 含水率的分类

类　别	状　态
潮　湿	饱和水下的试块
半　干	标准养护的试块
干　燥	自然养护的试块

表 15-5 矿渣含水率修正值

石子种类	自然养护			蒸汽养护			标准养护		
	干燥	半干	潮湿	干燥	半干	潮湿	干燥	半干	潮湿
卵碎石	1.0	1.22	1.75	1.0	1.15	1.47	0.89	1.0	1.24
机碎石	1.0	1.22	1.74	1.0	1.16	1.51	0.86	1.0	1.34

另将不同强度等级的混凝土试件模拟现场构件的几种含水率情况(如偶因雨、雪受潮或长期处于潮湿环境等)分为四种方法养护,见表15-6。28 d龄期试验结果见图15-3。

从图15-3看出,含水率对于较低强度的混凝土影响大,随着强度的增长,含水率的影响逐渐减少。迄今为止,尚未见国外有研究成功直接在现场构件上测量已硬化混凝土含水率仪器的报道,我国已研制出定量测定现场已硬化混凝土表面含水率的仪器,正在进行含水率对回弹法的影响研究。

表 15-6　四种养护方法

类别	养护方法	含水率
自然养护	成型后 1 d 模中,标准养护 6 d,再置于平均气温为 22 ℃ 的室内自然养护 21 d	7.85%
泡水养护	成型后 1 d 模中,标准养护 6 d,泡水 21 d,晾干半天	10.78%
淋水养护	成型后 1 d 模中,标准养护 6 d,室内自然养护 19 d(室内气温为 22℃),再放入养护室淋水 8 h 后室内晾干 1 d	8.71%
潮湿养护	成型后 1 d 模中,标准养护 6 d,装塑料袋内封好,存放 10 d,再入室内晾干 1 d(室内平均气温为 22 ℃)	9.92%

四、碳化及龄期的影响

水泥一经水化就游离出大约 35% 的氢氧化钙,它对于混凝土的硬化起到了重大作用。已硬化的混凝土表面受到空气中二氧化碳作用,使氢氧化钙逐渐变化,生成硬度较高的碳酸钙,这就是混凝土的碳化现象,它对回弹法测强有显著的影响。因为碳化使混凝土表面硬度增高,回弹值增大,但对混凝土强度影响不大,从而影响了"$f_{cu} \sim R$"相关关系。不同的碳化深度对其影响不一样,同一碳化深度对不同强度等级的混凝土的影响也有差异。

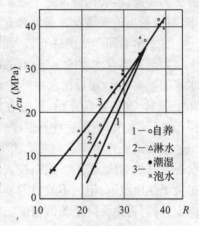

图 15-3　含水率的影响

我国曾有过以龄期的影响代替碳化影响的方法,另有一些研究单位则提出以碳化深度作为测强公式的一个参数来考虑。将同批成型并经 28 d 标准养护后不同强度等级的混凝土试块,一半用塑料袋密封保存,另一半存放室内在空气中自然养护 10 d 及一年。前者(养护 10 d)碳化深度值几乎为零,后者(养护一年)为 5～6 mm。密封养护的混凝土碳化深度为零。试验结果见图 15-4、图 15-5。由图看出,同龄期(一年)不同碳化深度时,"$f_{cu} \sim R$"曲线差异较大,而同碳化深度不同龄期的"$f_{cu} \sim R$"关系曲线基本一致。说明自然养护条件下一年以内的龄期影响实质上是碳化的影响所致。所以,与其用同龄期来反映碳化对回弹测强的影响,远不如用碳化深度作为另一个测强参数来反映更为全面。它不仅包括了龄期的影响,也包括了因不同水泥品种、不同水泥用量引起的混凝土不同碱度,从而使同条件同龄期试块具有不同的碳化深度的影响,也反映了构件所处环境条件例如温度、湿度、二氧化碳含量及日光照射等对碳化及强度的影响。碳化深度使测强曲线简单,提高了测试精度,扩大了使用范围。反之,按不同龄期、不同水泥品种及不同水泥用量建立多条测强曲线,不仅十分繁琐使用不便,而且会引起误差。

对于自然养护三年内不同强度的混凝土,虽然回弹值随着碳化深度的增长而增大,但当碳化深度达到某一数值时,如大于等于 6 mm,这种影响作用基本不再增长。当把碳化深度作为回弹测强公式的另一参数时,应予考虑和处理。此外,如能将同一碳化深度值按不同强度等级分别予以修正的话,将会提高检测精度。

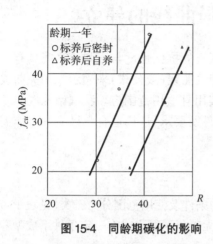

图 15-4　同龄期碳化的影响

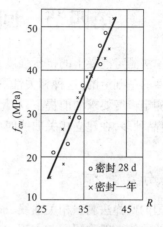

图 15-5　龄期的影响

五、模板的影响

在进行钢、木模板对回弹法测强影响的专题研究中,将混凝土试模(150 mm)进行改装,由钢模及木模分别组成两组相对的模板,木模板面刨平、用桐油涂刷。经过对不同强度等级(C10～C50)、不同龄期(14、28、90、180、360 d)混凝土试块的实测和对试验结果的方差分析,认为钢模板及涂了隔离剂的刨光木模对混凝土的回弹值没有显著影响,钢、木模的平均回弹值与变异系数是基本一致的。鉴于国内使用木模的情形十分复杂,其支模质量、木材品种、新旧程度等对回弹法测强有一定影响,不便规定统一的修正系数,而且上述试验结果表明,只要木模不是吸水性类型且符合《混凝土结构工程施工质量验收规范》(GB 50204—2002)的要求时,它对回弹法测强没有显著影响。

六、泵送混凝土

20 世纪 70 年代末期,我国正式开始推广混凝土泵送施工技术。近年来,随着大中城市泵送混凝土使用的普及,回弹法检测强度设计等级低的泵送混凝土时所推定的混凝土强度值明显低于其实际强度。《回弹法检测混凝土抗压强度技术规程》(JGJ/T 23—92),是针对非泵送普通混凝土制定的。非泵送普通混凝土中很少掺外加剂或仅掺非引气型外加剂,而泵送混凝土则掺入了引气型泵送剂,砂率增加,粗集料粒径减小,坍落度明显增大。因此,有必要对回弹法检测泵送混凝土抗压强度进行修正。

浙江省建筑科学研究院根据全国部分省提供的碳化深度为 0～2.0 mm、抗压强度为 10～60 MPa 间的 150 mm 立方体试件强度的试验数据共 529 组,按 JGJ/T 23—92 附录测区混凝土强度换算表,得出的强度 f_{cu} 越低,误差越大,且正偏差居多,负偏差较少,实际抗压强度值 f_{cu} 普遍高于换算强度值 f_{cu}^c。当 f_{cu} 在 50 MPa 以上时,正负偏差差异减小,误差相对也较小,能满足《规程》测强曲线要求。因此,要减小回弹测强误差,必须设立修正值。当碳化深度大于 2.0 mm 时,是否有必要修正,有待进一步研究。

第四节　回弹法测强曲线的建立

回弹法测定混凝土的抗压强度,是建立在混凝土的抗压强度与回弹值之间具有一定的相关性的基础上的,这种相关性可用"$f_{cu} \sim R$"相关曲线(或公式)来表示。相关曲线应在满足测定精度要求的前提下,尽量简单、方便、实用且适用范围广。我国南北气候差异大,材料品种多,在建立相关曲线时应根据不同条件及要求,选择适合自己实际工作需要的类型。

一、分类及型式

我国的回弹法测强相关曲线,根据曲线制定的条件及使用范围分为三类(见表 15-7)。

相关曲线一般可用回归方程式来表示。对于无碳化混凝土或在一定条件下成型养护的混凝土,可用回归方程式表示:

$$f_{cu}^c = f(R) \tag{15-12}$$

式中　f_{cu}^c——回弹法测区混凝土强度值。

表 15-7　回弹法测强相关曲线

名称	统一曲线	地区曲线	专用曲线
定义	由全国有代表性的材料、成型、养护工艺配制的混凝土试块,通过大量的破损与非破损试验所建立的曲线	由本地区常用的材料、成型、养护工艺配制的混凝土试块,通过较多的破损与非破损试验所建立的曲线	由与结构或构件混凝土相同的材料、成型、养护工艺配制的混凝土试块,通过一定数量的破损与非破损试验所建立的曲线
适用范围	适用于无地区曲线或专用曲线时检测符合规定条件的构件或结构混凝土强度	适用于无专用曲线时检测符合规定条件的结构或构件混凝土强度	适用于检测与该结构或构件相同条件的混凝土强度
误差	测强曲线的平均相对误差 $\leq \pm 15\%$,相对标准差 $\leq 18\%$	测强曲线的平均相对误差 $\leq \pm 14\%$,相对标准差 $\leq 17\%$	测强曲线的平均相对误差 $\leq \pm 12\%$,相对标准差 $\leq 14\%$

对于已经碳化的混凝土或龄期较长的混凝土,可由下列函数关系表示:

$$f_{cu}^c = f(R, d) \tag{15-13}$$

$$f_{cu}^c = f(R, d, D) \tag{15-14}$$

式中　d——混凝土的碳化深度;

　　　D——混凝土的龄期。

如果定量测出已硬化的混凝土构件或结构的含水率,可采用下列函数式:

$$f_{cu}^c = f(R, d, D, \omega) \tag{15-15}$$

式中　ω——混凝土的含水率。

必须指出,在建立相关曲线时,混凝土试块的养护条件应与被测构件的养护条件相一致或基本相符,不能采用标准养护的试块。因为回弹法测强,往往是在缺乏标养试块或对标养试块强度有怀疑的情况下进行的,并且通过直接在结构或构件下测定的回弹值、碳化深度值推定该构件在测试龄期时的实际抗压强度值,这一强度值相当于施工现场或混凝土预制厂在与构件材料质量以及成型、养护工艺和龄期等相同条件下制作的混凝土试块的抗压强度值。因此,作为制定回归方程式的混凝土试块,必须与施工现场或工厂浇筑的构件在材料质量、成型、养护、龄期等条件基本相符的情况下制作。

二、专用测强曲线

(一)制定方法

1. 试块成型

(1)采用与被测结构或构件相同的原材料,若掺有外加剂,其外加剂的品种和用量也应相同。

(2)根据最佳配合比原则,按规定设计五个强度等级的混凝土配合比。

(3)采用与被测结构或构件相同的浇捣工艺,每一强度等级的混凝土成型 150 mm×150 mm×150 mm 立方体试块 2 组,一组供龄期的前限试压,另一组供龄期的后限试压,每组 3 块。一个龄期五个强度等级的混凝土的试块共 10 组,全部试块宜在同一天内成型完毕。

(4)成型后的第二天,将试块移至与被测结构或构件相同的硬化条件下养护至规定的龄期,试块的拆模日期宜与构件的拆模日期相同。试块在自然养护过程中应按"品"字形堆放,并使试块的底面向下,表面向上,四个侧面(与试模侧板相邻的一面)均能接触空气。堆放于室外的试块应避免暴晒或雨淋。

2. 试块测试

建立专用测强曲线测试时,对龄期的要求并不十分严格。每一龄期的前、后限可根据被测结构或构件的可能变动范围和测定的误差的要求来确定。一般前、后限规定为其龄期的 10%左右,例如 28 d 龄期的前、后限为 25 ~ 31 d。此外,龄期的前限不宜早于 14 d。

(1)将到达龄期前限或后限的每一强度等级 1 组,五个强度等级共 5 组的试块表面擦抹干净;以试块与试模侧板相接触的两个表面置于压力机上下两承压板之间,加压 30 ~ 80 kN(低强度试块取小值)。

(2)在试块保持 30 ~ 80 kN 的压力下,用符合标准状态的回弹仪按规定操作程序,在试块两个相对侧面上选择均匀分布的 8 个点进行弹击,测读每点的回弹值至 1,点与点之间、点与试块边缘之间的距离不小于 30 mm,并不得弹击在外露石子和气孔上。

(3)在每一试块的 16 个回弹值中分别剔除其中 3 个最大值和 3 个最小值,然后再求余下的 10 个回弹值的平均值,精确至 0.1,即得该试块的平均回弹值 R_m。

(4)将试块加荷直至破坏,然后计算试块的抗压强度 f_{cu}(MPa),精确至 0.1 MPa。

(5)每一龄期的前限或后限试块应分别在同一天内试压完毕。

3. 专用测强曲线的建立

用于表达每一龄期的专用测强曲线的回归方程式,应采用 30 个试块中每一试块成对的 f_{cu}、R_m 数据,按最小二乘法的原理求得。

推荐使用的回归方程式如下:

$$f^c_{cu,i} = A + BR_m \qquad\qquad (15\text{-}16)$$

$$f^c_{cu,i} = AR^B_m \qquad\qquad (15\text{-}17)$$

$$f^c_{cu,i} = A + BR_m + CR^2_m \qquad\qquad (15\text{-}18)$$

用同一批 30 个数据按不同形式的回归方程式进行计算比较,取其中平均相对误差和相对标准差均符合要求、且其值较小的一个回归方程式作为建立专用测强曲线的依据。

$$\delta = \pm \frac{1}{n}\sum_{i=1}^{n}\left|\frac{f_{cu,i}}{f^c_{cu,i}} - 1\right| \times 100\% \qquad\qquad (15\text{-}19)$$

$$e_r = \sqrt{\frac{1}{n-1}\sum_{i=1}^{n}\left(\frac{f_{cu,i}}{f^c_{cu,i}} - 1\right)^2} \times 100\% \qquad\qquad (15\text{-}20)$$

式中　δ——回归方程的强度平均相对误差(%),精确至一位小数;

　　　e_r——回归方程的强度标准差(%),精确至一位小数;

　　　$f_{cu,i}$——由第 i 个试块抗压试验得出的混凝土抗压强度值,MPa,精确至 0.1 MPa;

　　　$f^c_{cu,i}$——由同一试块的平均回弹值(R_m)按回归方程算出的强度值,精确至 0.1 MPa;

　　　n——建立回归方程式的试块数。

(二)说明

(1)专用测强曲线仅适用于在它建立时用以统计试块的最大和最小回弹值区间,不得外推。为方便起见,可制成表格。

(2)应定期取一定数量的同条件试块对专用测强曲线进行校核,发现有显著差异时,应查明原因采取措施,否则不得继续使用。

三、统一测强曲线

建设部标准 JGJ/T 23—92 中的统一测强曲线,是在统一中型回弹仪的标准状态、测试方法及数据处理的基础上制定的。虽然它的测试精度比专用曲线和地区曲线稍差,但仍能满足一般建筑工程的要求,适用范围较大。我国大部分地区尚未建立本地区的测强曲线,因此集中力量建立一条统一测强曲线是必要的。

统一曲线采用了全国十二个省、直辖市、自治区共 2 000 余组基本数据(每组数据为 f^c_{cu}, R, d),计算了 300 多个回归方程,按照既满足测定精度要求,又方便使用、适应性强的原则进行选定。

(一)方程形式及误差

方程形式为:

$$f^c_{cu,i} = AR^B_m \cdot 10^{Cd_m} \qquad (\text{MPa}) \qquad\qquad (15\text{-}21)$$

能满足一般建筑工程对混凝土强度质量非破损检测平均相对误差不大于 ±15% 的要求。其相对误差基本呈现正态分布,见图 15-6。

(二)特点

(1)统一测强曲线可以按材料品种分别计算成多条曲线,同样能满足误差要求。这就说明这条测强曲线所包含的材料品种的差别对回弹测强影响不大。计算时,曾对同批数据用同一形式回归方程分别按材料品种(主要是卵、碎石和不同水泥品种)分类及全部组合计算,结果是各类公式精度相差不大,并未发现因按材料、品种分类而使精度有较大幅度提高的情况。按粗集料品种分类计算及合并计算的对比误差情况见表15-8。

(2)统一测强曲线的回归方程中采用回弹值 R、碳化深度值 d 两个参数作为主要变量,这与目前国际上常用的回归方程不同,将 d 作为除 R 以外的另一个自变量,不仅

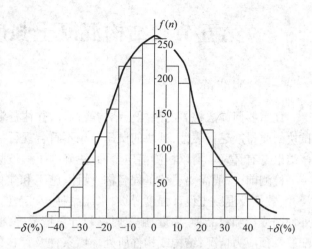

图 15-6 统一测强曲线的误差分布

反映了水泥品种对回弹测强的影响,还可在相当程度上综合反映构件所处环境条件差异及龄期等因素对回弹法测强的影响。计算结果表明,同批数据计算的回归方程中含 R、d 两个自变量的要比只有一个自变量或有 R、D 两个自变量的测定精度有显著的提高,见表15-9。

表 15-8 按集料分类及合并计算误差(%)

分类 公式形式 误差	碎 石		卵 石		全 部	
	δ	e_r	δ	e_r	δ	e_r
$f_{cu,i}^c = AR_m + B\sqrt{d_m} + C$	13.66	18.16	14.79	19.01	14.19	18.75
$f_{cu,i}^c = AR_m^B d_m^C$	13.89	17.66	15.56	18.96	14.65	18.60
$f_{cu,i}^c = AR_m + Bd_m + CD + E$	12.97	17.26	14.47	18.48	13.88	18.23
$f_{cu,i}^c = AR_m + B\sqrt{d_m} + C\ln D + E$	13.60	18.30	14.68	18.75	14.29	18.77
$f_{cu,i}^c = (AR_m + B) \cdot 10^{Cd_m}$	13.21	17.98	15.23	18.64	13.61	17.28
$f_{cu,i}^c = AR_m^B \cdot 10^{Cd_m}$	13.50	17.18	14.88	18.21	14.00	18.00

注:A、B、C、E——回归方程的系数;D——试块的龄期。

表 15-9 不同自变量回归方程比较

回归方程式	δ(%)	e_r(%)
$f_{cu,i}^c = A + BR_m + CR_m^2 + ER_m^3$	18.25	22.58
$f_{cu,i}^c = AR_m + B\ln D + C$	17.53	22.22
$f_{cu,i}^c = AR_m^B \cdot 10^{Cd_m}$	14.00	18.00

在我国采用 R、d 两个自变量是较合适的。今后随着含水率影响研究的深入及相应测试仪器的研制,也可考虑在公式中再增加含水率变量,或作为修正系数加以修正,以进一步提高测试精度并扩大公式应用的范围。

(3)通过分析比较,采用修正系数来考虑碳化深度的影响,概念较明确,方法较简便。统一测强曲线采用的回归方程形式为 $f_{cu,i}^c = AR_m^B \cdot 10^{Cd_m}$。

第五节　结构混凝土强度检测与推定

一、检测准备

凡需要回弹法检测的混凝土结构或构件,往往是缺乏条件试块或标准试块数量不足;试块的质量缺乏代表性,试块的试压结果不符合现行标准、规范、规程所规定的要求,并对该结果持有怀疑。所以检测前应全面、正确地了解被测结构或构件的情况。

检测前,一般需要了解工程名称,设计、施工和建设单位名称;结构或构件名称、外形尺寸、数量及混凝土设计强度等级;水泥品种、安定性、强度等级、厂名,砂、石种类、粒径,外加剂或掺和料品种、掺量、施工时材料计量情况等,模板、浇筑及养护情况等,成型日期,配筋及预应力情况;结构或构件所处环境条件及存在的问题。其中以了解水泥的安定性合格与否最为重要,若水泥的安定性不合格,则不能采用回弹法检测。

一般检测混凝土结构或构件有两类方法,视测试要求而定。一类是逐个检测被测结构或构件,另一类是抽样检测。

逐个检测方法主要用于对混凝土强度有怀疑的独立结构(如现浇整体的壳体、烟囱、水塔、隧道、连续墙等)、单独构件(如结构物中的柱、梁、屋架、板、基础等)和有明显质量问题的某些结构或构件。

抽样检测主要用于在相同的生产工艺条件下,强度等级相同、原材料和配合比基本一致且龄期相近的混凝土结构或构件。被检测的构件应随机抽取不少于同类结构或构件总数的30%,且构件数量不得少于10件。具体的抽样方法,一般由建设单位、施工单位及检测单位共同确定。

二、检测方法

当了解了被检测的混凝土结构或构件情况后,需要在构件上选择及布置测区。所谓"测区"系指检测结构或构件混凝土抗压强度时的一个检测单元。行业标准《回弹法检测混凝土抗压强度技术规程》(JGJ/T 23—2001)规定,取一个结构或构件混凝土作为推定混凝土强度的最小单元,至少取10个测区。但对长度小于4.5 m、高度低于0.3 m的构件,其测区数量可适当减少,但不应少于5个。测区的大小以能容纳16个回弹测点为宜。测区表面应清洁、平整、干燥,不应有接缝、饰面层、粉刷层、浮浆、油垢、蜂窝麻面等。必要时可采用砂轮清除表面杂物和不平整处。测区宜均匀布置在构件或结构的检测面上,相邻测区间距不宜过大,当混凝土浇筑质量比较均匀时可酌情增大间距,但不宜大于2 m,测区离件端部或施工缝边缘不宜大于0.5 m,且不宜小于0.2 m;构件或结构的受力部位及易产生缺陷部位(如梁与柱相接的节点处)需布置测区;测区优先考虑布置在混凝土浇筑的侧面(与混凝土浇筑方向相垂直的模板的一面),如不能满足这一要求时,可选在混凝土浇筑的表面或底面;测区须避开位于混凝土内保护层附近设置的钢筋和预埋件。对于体积小、刚度差以及测试部位的厚度较小的薄壁、小型构件,应设置支撑加以固定。

按上述方法选取试样和布置测区后,先测量回弹值。测试时回弹仪应始终与测面相垂直,并不得弹在气孔和外露的石子上。每一测区的两个测面用回弹仪各弹击8点,如一个测区只有一个测面,则需测16点。同一测点只允许弹击一次,测点宜在测面范围内均匀分布,每一测点的回弹值读数准确至1,相邻两测点的净距一般不小于20 mm,测点距构件边缘或外露钢筋、铁件的间距不得小于30 mm。

回弹完后即测量构件的碳化深度,用合适的工具在测区表面形成直径约为15 mm的孔洞,清除洞中的粉末和碎屑后(注意不能用液体冲洗孔洞)立即用1%的酚酞酒精溶液滴在混凝土孔洞内壁的边缘处,用碳化深度测量仪或其他工具测量自测面表面至深度不变色边缘处与测面相垂直的距离,不应少于3次,该距离即为该测区的碳化深度值,准确至0.5 mm。一般一个测区选择1~3处测量混凝土的碳化深度值,当相邻测区混凝土质量或回弹值与它基本相同时,那么该测区的碳化深度值也可代表相邻测区的碳化深度值,一般应选不少于构件的30%测区数测量碳化深度值。

三、数据处理

当回弹仪水平方向测试混凝土浇筑侧面时,应从每一测区的16个回弹值中剔除其中3个最大值和3个最小值,取余下的10个回弹值的平均值作为该测区的平均回弹值,取一位小数。计算公式为:

$$R_m = \frac{\sum\limits_{i=1}^{10} R_i}{10} \tag{15-22}$$

式中　R_m——测区平均回弹值,精确至0.1;

　　　R_i——第 i 个测点的回弹值。

由于回弹测区曲线是根据回弹仪水平方向测试混凝土试件侧面的试验数据计算得出的。因此当测试中无法满足上述条件时,需对测得的回弹值进行修正。首先将非水平方向测试混凝土浇筑侧面时的数据参照公式(15-22)计算出测区平均回弹值 R_{ma},再根据回弹仪轴线与水平方向的角度 α 按表15-10查出其修正值,然后按下式换算为水平方向测试时的测区平均回弹值。

$$R_m = R_{ma} + R_{aa} \tag{15-23}$$

式中　R_{ma}——回弹仪与水平方向成角测试时测区的平均回弹值,精确至0.1;

　　　R_{aa}——按表15-10查出的不同测试角度的回弹修正值,精确至0.1。

表 15-10　不同测试角度的回弹修正值

R_{ma}＼ΔR_{aa}＼α	+ 90°	+ 60°	+ 45°	+ 30°	− 30°	− 45°	− 60°	− 90°
20	− 6.0	− 5.0	− 4.0	− 3.0	+ 2.5	+ 3.0	+ 3.5	+ 4.0
30	− 5.0	− 4.0	− 3.5	− 2.5	+ 2.0	+ 2.5	+ 3.0	+ 3.5
40	− 4.0	− 3.5	− 3.0	− 2.0	+ 1.5	+ 2.0	+ 2.5	+ 3.0
50	− 3.5	− 3.0	− 2.5	− 1.5	+ 1.0	+ 1.5	+ 2.0	+ 2.5

注:表中未列入的 R_{aa} 修正值,可用内插法求得,精确至一位小数。当 R_{ma} 小于20时,按 R_{ma} = 20修正,当 R_{ma} 大于50时,按 R_{ma} = 50修正。

当回弹仪水平方向测试混凝土浇筑表面或底面时,应将测得的数据参照式(15-24)、式(15-25)修正。

$$R_m = R_m^t + R_a^t \qquad (15\text{-}24)$$

$$R_m = R_m^b + R_a^b \qquad (15\text{-}25)$$

式中　R_m^t、R_m^b——水平方向检测混凝土浇筑表面、底面时,测区的平均回弹值;

　　　　R_a^t、R_a^b——混凝土浇筑表面、底面回弹值的修正值,见表 15-11。

表 15-11　不同浇筑面的回弹值修正值

R_m^t 或 R_m^b	表面修正值 R_a^t	底面修正值 R_a^b	R_m^t 或 R_m^b	表面修正值 R_a^t	底面修正值 R_a^b
20	+ 2.5	− 3.0	36	+ 0.9	− 1.4
21	+ 2.4	− 2.9	37	+ 0.8	− 1.3
22	+ 2.3	− 2.8	38	+ 0.7	− 1.2
23	+ 2.2	− 2.7	39	+ 0.6	− 1.1
24	+ 2.1	− 2.6	40	+ 0.5	− 1.0
25	+ 2.0	− 2.5	41	+ 0.4	− 0.9
26	+ 1.9	− 2.4	42	+ 0.3	− 0.8
27	+ 1.8	− 2.3	43	+ 0.2	− 0.7
28	+ 1.7	− 2.2	44	+ 0.1	− 0.6
29	+ 1.6	− 2.1	45	0	− 0.5
30	+ 1.5	− 2.0	46	0	− 0.4
31	+ 1.4	− 1.9	47	0	− 0.3
32	+ 1.3	− 1.8	48	0	− 0.2
33	+ 1.2	− 1.7	49	0	− 0.1
34	+ 1.1	− 1.6	50	0	0
35	+ 1.0	− 1.5			

注:表中未列数据可用内插法求得,精确至一位小数。当 R_m^t 或 R_m^b 小于 20 时,按 R_m^t(或 R_m^b) = 20 修正,当 R_m^t 或 R_m^b 大于 50 时,按 R_m^t(或 R_m^b) = 50 修正。

如果测试时仪器既非水平方向而测区又非混凝土的浇筑侧面,则应对回弹值先进行角度修正,然后再进行浇筑面修正。

每一测区的平均碳化深度值,按下式计算:

$$d_m = \frac{\sum\limits_{i=1}^{n} d_i}{n} \qquad (15\text{-}26)$$

式中　d_m——测区的平均碳化深度值,mm,精确至 0.5 mm;

　　　　d_i——第 i 次测量的碳化深度值,mm;

　　　　n——测区的碳化深度测量次数。

如 $d_m > 6$ mm,则按 $d_m = 6$ mm 计。

四、测区混凝土强度值的确定

结构或构件第 i 个测区混凝土强度换算值,可按式(15-22)所求得的平均回弹值(R_m)

及式(15-26)所求得的平均碳化深度值(d_m)由现行行业标准附录 A 查表得出,泵送混凝土还应按现行行业标准第 4.1.6 条计算。当有地区测强曲线或专用测强曲线时,混凝土强度换算值应按地区或专用测强曲线换算得出。

五、结构或构件混凝土强度的计算

(1)结构或构件测区混凝土强度测区平均值按下式计算:

$$m_{f_{cu}} = \frac{\sum_{i=1}^{n} f_{cu,i}^c}{n} \tag{15-27}$$

式中　　$m_{f_{cu}}$——结构或构件测区混凝土强度换算值的平均值,MPa,精确至 0.1 MPa;

　　　　n——对于单个测定的结构或构件,取一个构件的测区数,对于抽样测定的结构或构件,取各抽检构件测区数之和。

(2)混凝土强度换算值的标准差按下式计算:

$$S_{f_{cu}} = \sqrt{\frac{\sum_{i=1}^{n} (f_{cu,i}^c)^2 - n(m_{f_{cu}})^2}{n-1}} \tag{15-28}$$

式中　　$S_{f_{cu}}$——构件混凝土强度标准差,MPa,精确至 0.01 MPa。

(3)构件混凝土强度推定值 $f_{cu,e}$。

①当该结构或构件测区数少于 10 个时:

$$f_{cu,e} = f_{cu,min}^c \tag{15-29}$$

式中　　$f_{cu,min}^c$——构件中最小的测区混凝土强度换算值。

②当该结构或构件的测区强度值中出现小于 10.0 MPa 时:

$$f_{cu,e} < 10.0 \text{ MPa} \tag{15-30}$$

③当该结构或构件测区数不少于 10 个或按批量检测时,应按下式计算:

$$f_{cu,e} = m_{f_{cu}} - 1.645 S_{f_{cu}} \tag{15-31}$$

当构件中出现测区强度无法查出(即 $f_{cu,i}^c < 10.0$ MPa 或 $f_{cu,i}^c > 60.0$ MPa)时,因无法计算平均值及方差值,也只能以最小值作为该构件强度推定值。当出现 $f_{cu,i}^c < 10.0$ MPa 的情况时,该构件强度推定值为 < 10.0 MPa。近年实际检测 331 个构件统计计算表明:最小值保证率换算值的比值约为 0.986。按 95% 保证率换算的强度值略低于最小值。

(4)对于按批量检测的构件,当该批构件混凝土强度标准差出现下列情况时,则该批构件全部按单个构件检测推定:

①当该批构件混凝土强度平均值小于 25 MPa 时,$S_{f_{cu}} > 4.5$ MPa;

②当该批构件混凝土强度平均值等于或大于 25 MPa 时,$S_{f_{cu}} > 5.5$ MPa。

六、高强混凝土强度的检测

当混凝土设计强度等级大于 C60 时,可以采用回弹结合芯样试件修正的方法或制定专用测强曲线进行检测,使用的回弹仪冲击动能不宜小于 2.207 J。中国建筑科学研究院等单位已研制出适合工程现场高强混凝土检测的回弹仪。

第六节　工程检测要点

一、回弹仪的性能

回弹仪作为一种计量仪器,每一台仪器的性能指标必须符合相应要求,每一台仪器的零部件质量与装配尺寸,必须确定在一个标准状态。然而,回弹仪的计量规程实施8年来,不少地方仍然不按计量规程检定回弹仪,还错误地沿用仅以钢砧的率定值确定回弹仪的标准状态,甚至有些仪器检定单位也是如此,这就直接影响了检测混凝土强度的准确性和可靠性。

二、抽样及测区布置

现行行业标准规定:在相同的生产工艺条件下,混凝土强度等级相同,原材料、配合比、成型工艺、养护条件基本一致且龄期相近的同类构件可以作为一个批量进行检测。因此,对于一般工程,同一层柱可作为一个批量进行检测;同一层梁、板作为另一个批量进行检测;抽样的原则应根据检测目的的不同而有所不同,作为常规质量监督和验收,应采用随机抽样方法;作为安全鉴定,以主要承重受力构件为主,如主梁、大跨度板、悬挑构件等;作为质量事故处理依据,应由设计等单位提出。另外,作为批量推定,当混凝土强度离散性较大时,应扩大抽样数量,使检测结果更具代表性。

构件选定后,测区的布置应均匀分布在构件的长度方向上,往往构件混凝土强度沿长度和高度方向因施工工艺等原因存在一定波动和离散性。因此,均匀布置测区能使结果代表性强。另外,测区宜布置在混凝土受压或受剪等受力部位。

三、测强曲线的应用

我国混凝土工程施工总体机械化程度不高,且施工队伍水平参差不齐,混凝土离散性大、表面质量差;另外,随着高性能混凝土技术的不断发展,与普通混凝土性能在各方面存在较大差异,使得相当一部分工程混凝土强度检测条件与测强曲线的适用条件存在较大差异。

基于以上原因,应用统一测强曲线对工程现场混凝土强度进行测试,有时会产生较大误差,检测人员应当结合施工情况(原材料、配合比、施工工艺、养护等)对测试结果的准确性进行分析,以免对工程产生误判。必要时钻取数量不少于6个混凝土芯样对回弹测试结果进行修正,提高测试精度。

第七节　实　例

某中学教学楼为五层框架结构,在主体结构验收中,对二层柱混凝土强度有怀疑,柱断面为450 mm×450 mm,设计强度等级为C30。因此,采用回弹法对混凝土的抗压强度进行检测。

一、抽样及测区布置

三层柱共 30 根,随机抽取 10 根柱,满足不少于构件总数 30%且不少于 10 件的要求。每根柱沿柱高在柱的两个对称侧面上每测面各均匀布置 5 个回弹测区,共计 10 个,测区面积为 350 mm × 200 mm。

二、回弹测试与强度推定

磨去测区表面浮浆,清除浮灰,避开模板接缝和柱头疏松部位进行回弹测试,选择不少于 30%的有代表性测区进行碳化测试,强度计算和推定结果见表 15-12 和表 15-13。

表 15-12　单个构件混凝土强度推定值汇总

楼层	构件编号	混凝土抗压强度换算值(MPa)			现龄期混凝土强度推定值(MPa)
		平均值	标准差	最小值	
二层柱	1/A	36.3	1.93	32.7	33.1
	2/B	35.5	1.83	33.6	32.5
	2/C	37.0	2.41	31.5	33.0
	3/A	35.2	2.59	30.8	30.9
	3/B	35.7	1.76	32.1	32.8
	4/A	34.3	2.03	32.1	31.0
	4/B	35.4	2.41	31.8	31.4
	4/C	35.4	2.45	32.1	31.4
	5/A	36.4	3.72	30.4	30.3
	5/B	35.8	1.86	32.8	32.7

表 15-13　批量混凝土强度推定值

构件名称	混凝土抗压强度换算值(MPa)			现龄期混凝土强度推定值(MPa)	设计强度等级
	平均值	标准差	最小值		
二层柱	35.7	2.36	30.4	31.8	C30

三、两点体会

(1)柱测区应沿整个柱高范围内均匀布置,因为柱头部位混凝土往往因浇筑凝结过程中集料下沉,浮浆较多,混凝土强度偏低,因此,柱头部位必须要布置测区。有不少检测人员怕登高,为图省事将测区布置在中下段,使测试结果不能反映实际情况。

(2)在检测该工程中发现,柱表面沿横截面方面,角部混凝土强度偏高,中部偏低,如果测区布置在横截面中部较窄范围内(如:200 mm × 200 mm),测试结果偏低,不利于施工方,且不具代表性。因此,本次检测采用测区面积为 350 mm × 200 mm,使测区能覆盖角部的混凝土。

第十六章　超声法检测结构混凝土缺陷

第一节　基本原理

采声超声法进行非破损检测的基本系统框图如图 16-1 所示。把由压电元件组成的发射探头(即电—声换能器)和接收探头(即声—电换能器),接触在混凝土面上,由发射探头发射超声波,便被接收探头所接收,根据接收到的超声波声学参数便可判断混凝土强度、裂缝深度和内部缺陷等。

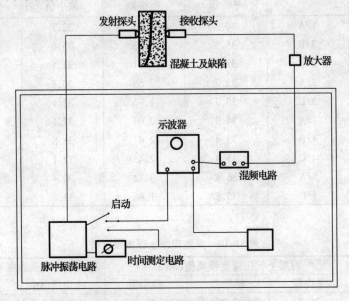

图 16-1　超声检测基本系统框图

混凝土超声探伤的基本原理是超声波在混凝土中传播遇到缺陷时,使超声波的正常传播发生变化,声参数出现异常,根据声参数的变化判断缺陷的存在、性质、位置及大致尺寸。目前,进行混凝土探伤时所需测量与记录的物理量是声时、声程、波幅、接收波形及其频谱,其主要依据是:

(1)根据低频超声波在混凝土中遇到缺陷时的绕射现象,按声时及声速的变化,判别和计算缺陷大小;

(2)根据超声波在缺陷界面上产生散射,抵达接收探头时波幅能量显著衰减的现象,判别缺陷的存在及大小;

(3)根据超声脉冲各频率成分在遇到缺陷时衰减程度的不同,接收频率明显降低,或接收波频谱与发射波频谱产生的差异,判别内部缺陷;

(4)根据超声波在缺陷处的波形转换和叠加,造成接收波形畸变的现象判别缺陷。

超声法检测混凝土缺陷主要依据中国工程建设标准化协会标准《超声法检测混凝土缺陷技术规程》(CECS 21:2000)。另外,水利部颁布的《水工混凝土试验规程》和交通部颁布的《港口工程混凝土非破损检测技术规程》,均已将超声法检测混凝土强度和裂缝的方法编入运用。

第二节 仪器设备

混凝土超声检测的基本装置由超声仪、发射探头和接收探头组成。超声仪产生重复的电脉冲激励发射换能器发射超声波,经耦合进入混凝土,在混凝土中传播后,为接收换能器所接收并转换成电信号,电信号被送至超声仪,经放大后显示在示波屏上。

一、超声仪

目前常见的国产超声仪如汕头产的 CTS-25 型非金属超声检测仪、北京康科瑞公司生产的 NM 系列非金属超声检测分析仪,国外超声仪如瑞士产 TICO 混凝土超声波测试仪、英国产 Pundit 混凝土超声波测试仪等。现阶段国产仪器体积也做得很小,便于携带,具有较强的数据处理和分析功能,且价格低于国外同性能仪器。

超声波检测仪应符合国家相关行业标准,并在法定计量检定有效期限内使用,另外,超声仪还应满足下列要求:

(1)为满足大测距测量的要求,声时可测量范围应在 5 000 μs 以上(相当于 20 m 测距)。为此,应有足够的扫描延迟时间及声时显示位数;为满足测量试件混凝土声速精度的要求,测时最小分度宜为 0.1 μs。

(2)仪器应具有良好的稳定性。声时显示调节在 20~30 μs 范围内时,2 h 声时显示的漂移应不大于 ±0.2 μs,且不允许发生间隔跳动。

(3)仪器接收放大器频率响应范围(频带)应有足够宽度,一般应不小于 10~20 kHz。

(4)仪器宜具有示波屏显示波形和游标测读功能,以便较准确地测读声时、振幅及频率等参数。

(5)适于一般现场测试情况下的温度、电源变化条件。如电源电压波动范围在标称值 ±10% 的情况下能正常工作。一般情况下,现场测试条件较差,对于数字式超声仪,应接上不间断电源 UPS。

二、发射探头和接收探头

发射探头和接收探头的构造是相同的。但发射探头是将振荡器产生的脉冲电压转变成机械振动,接收探头是将传播的超声波振动转换成电气信号。其工作原理是对特殊的结晶体施加压力后,便产生电气信号,也可产生与此相反的现象,都是压电效应的应用。特殊的结晶材料,使用较多的有钛酸钡、罗谢尔盐等。

三、超声仪的检验、使用和保养

(一)超声仪的检验

仪器的各项技术指标应在出厂前用专门仪器设备进行检测或标定。作为使用者或一般检测单位,对超声仪主要性能可进行如下检验或校验。

1．仪器声时显示准确性检验

仪器声时显示准确性是超声仪最重要的性能之一,可以通过测量空气声速的方法来检验仪器声时显示值的准确性。具体步骤如下:

(1)取常用平面换能器一对,接于超声仪上,开机,预热。将一只换能器悬挂起来,与另一只固定不动的换能器上下对准(见图16-2)。改变二者间距 d(如 10、20、30 cm、…),准确测量两相对面距离(精确至 0.5%),同时将接收信号放大,测量各测距下相应的声时读数 t_1、t_2、t_3、…,测点数应不少于 10 组。再测量此时空气温度(精确至 0.2 ℃)。

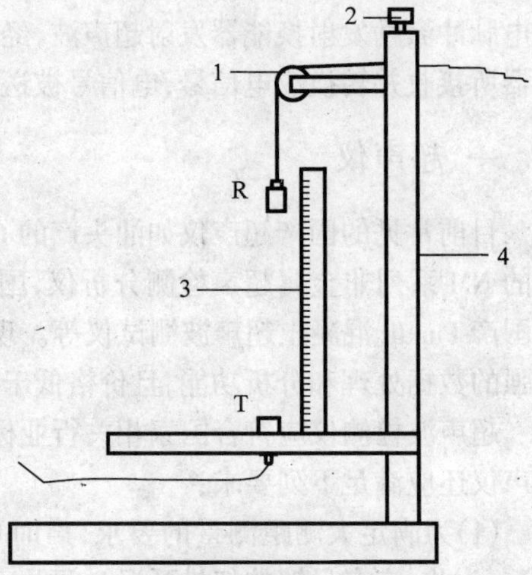

以声时 t 为横坐标,换能器间距 d 为纵坐标,对上述几组数进行回归分析,计算出某一温度下的空气声速实测值 v_s(精确至 0.01 m/s),v_s 即直线 $l = a + bt$ 的斜率 b。

(2)空气声速的标准值 v_c 应按下式计算:

$$v_c = 331.4 \sqrt{1 + 0.003\,67 t_k} \qquad (16\text{-}1)$$

式中　　v_c——空气声速标准值,m/s,精确至 0.01 m/s;

　　　　t_k——空气的温度,℃。

空气声速实测值 v_s 与空气声速标准值 v_c 之间的相对误差 e_r 为:

$$e_r = (v_c - v_s)/v_c \times 100\% \qquad (16\text{-}2)$$

应不大于 ±0.5%,否则仪器计时系统不正常。

图 16-2　换能器悬挂装置
1—定滑轮;2—螺栓;3—刻度尺;4—支架

2．扫延范围检查

对于模拟式超声仪,缓慢调节扫描延迟旋钮,声时显示值也应相应渐变,以此检查显示系统是否顺序递变而无间隔改变。对于数字式超声仪,可以直接用键盘或鼠标来检查。

3．衰减器示值检验

对于模拟式超声仪,将换能器对准标准棒,调节增益旋钮,使接收波形达到示波屏满刻度,量读振幅值 A_1,然后按下衰减器某键,再量读波形振幅 A_2。检查波形振幅减小的倍率 A_2/A_1 是否与所按下的键的衰减显示值相对应。对于数字式超声仪,振幅往往是自动判读,可以用两个标准棒对接来检查。

(二)超声仪的使用和保养

(1)使用前务必了解仪器特性,仔细阅读使用说明书后再开机。

(2)注意使用环境,在潮湿、烈日、灰尘环境中使用时应有保护措施。

(3)环境温度不能太高或太低,一般在温度为 – 10 ℃至 40 ℃范围内使用。

(4)超声仪使用时应尽量避开干扰源,如电焊机、电锯、电台及其他强电磁场。

(5)仪器应放置在通风、干燥、阴凉的环境下保存。若长期不用时,应定期开机驱潮,尤其是在南方梅雨季节。

(6)仪器发射插座有脉冲高压,接换发射换能器应将发射电压旋至在零伏挡或关机后进行。

(7)换能器内压电陶瓷易碎,粘接易脱落,切忌敲打。

(8)普通换能器,如平面换能器不防水,不能在水中使用。

第三节 超声法检测结构混凝土各种缺陷

本节介绍利用超声法检测结构混凝土裂缝、不密实区或空洞、新老混凝土胶结质量等各种缺陷。

一、单面平测法检测浅裂缝深度

当结构的裂缝部位只有一个可测表面,估计裂缝深度小于 500 mm 而又不贯穿构件截面时,可利用单面平测法检测。平测法又分为首波相位反转法和平测计算法。

(一)首波相位反转法

首波相位反转法是根据换能器平置于裂缝两侧时,因两换能器之间的距离不同而引起的首波幅度及相位变化的"首波相位反转现象",在首波相位发生反转变化的临界点上,直接用尺量出两换能器到裂缝中心的距离,计算出裂缝的深度。如图 16-3 所示。

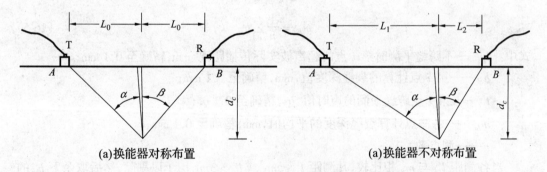

图 16-3 首波相位反转法测量裂缝深度

将换能器置于裂缝两侧,当换能器与裂缝间距离 L_0 分别大于、小于裂缝深度 d_c 时,首波的振幅相位将先后发生反转变化,即在平移换能器时,随着 L_0 的变化,存在一个使首波相位发生反转变化的临界点(图中 A、B 两点)。

当换能器对称布置时,如图 16-3(a)所示,$\alpha + \beta \approx 90°$,裂缝深度 $d_c = L_0$。

当换能器不对称布置时,如图 16-3(b)所示,$\alpha + \beta \approx 90°$,裂缝深度 $d_c = \sqrt{L_1 L_2}$。

(二)平测计算法

(1)首先在裂缝两侧放样布置测点见图 16-4。

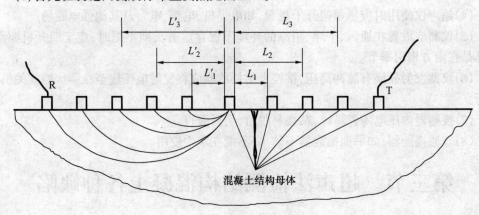

图 16-4 平测法布置

图中 $L_1 = L'_1$、$L_2 = L'_2$、$L_3 = L'_3$、…，分别等于 100、150、200 mm、…，并分别读取声时值 t_i 和 t'_i。

(2)将 L_i、t_i 进行直线回归，得到直线方程如下：

$$L = a + bt \tag{16-3}$$

式中　L——T,R 换能器中至中距离，$L = L_i +$ 换能器直径。

　　　b——不跨缝平测的混凝土声速，km/s，即 $v = b$。

则第 i 点裂缝深度：

$$h_{ci} = \frac{l_i}{2}\sqrt{\frac{(t'_i v)}{l_i} - 1} \tag{16-4}$$

$$m_{hc} = \frac{1}{n}\sum_{i=1}^{n} h_{ci} \tag{16-5}$$

式中　l_i——不跨缝平测时第 i 点的超声波实际传播距离，mm，精确至 0.1 mm；

　　　h_{ci}——第 i 点计算的裂缝深度值，mm，精确至 0.1 mm；

　　　t'_i——第 i 点跨缝平测的声时值，μs，精确至 0.1 μs；

　　　m_{hc}——各测点计算裂缝深度的平均值，mm，精确至 0.1 mm；

　　　n——测点数。

当各测距 l'_i 与 m_{hc} 相比较，凡测距 $l'_i \leqslant m_{hc}$ 或 $l'_i > 3m_{hc}$ 均予以剔除，然后取余下 h_{ci} 的平均值，作为该裂缝的深度值 h_c。

二、双面斜测法测裂缝深度

(一)测点布置

当结构的裂缝部位具有两个相互平行的测试表面时，可采用双面穿透斜测法检测。该方法可以检测任意深度的裂缝。测点布置如图 16-5 所示，将 T、R 换能器置于两测试表面对应测点 1、2、3、…的位置，读取相应声时值 t_i、波幅值 A_i 及主频率 f_i。

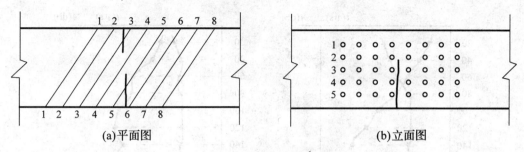

(a)平面图   (b)立面图

图 16-5　斜测裂缝测点布置

(二)裂缝深度判定

当 T、R 换能器的连线通过裂缝,根据波幅、声时和主频的突变,可以判定裂缝深度以及是否在所处断面内贯通。

三、钻孔对测法测试裂缝深度

当裂缝所在部位仅有单操作面,裂缝深度较深(大于 500 mm),且允许在裂缝两侧钻测试孔时,可以先钻孔后用超声对测法测试裂缝深度。如大体积混凝土设备基础裂缝、水闸闸室底板裂缝等。检测步骤如:

(1)按图 16-6 所示在裂缝两侧钻测试孔,孔径比所用径向换能器直径大 5 ~ 10 mm,一般用 $\Phi 40 \sim \Phi 50$ mm 钻头即可;孔深应大于裂缝预计深度。经测试如浅于裂缝深度,则应加深钻孔。

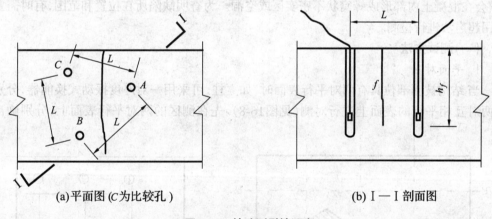

(a)平面图(C为比较孔)　　　　　　　　(b)Ⅰ—Ⅰ剖面图

图 16-6　钻孔测裂缝深度

图 16-6(a)A、B、C 为测试孔,钻孔中要保持其轴线平行,其中 C 孔为比较裂缝区混凝土和完好区混凝土声学参数的比较孔。因此要求 $AB = BC = CA$。测试孔之间距离为 1 500 ~ 2 500 mm,视混凝土密实性而定。

(2)向测试孔中注满清水,将 T、R 径向换能器分别置于裂缝两侧的对应孔中,以相同高程 100 ~ 400 mm 从上到下(或相反)同步移动,逐点记录声时、波幅和所在深度,如图 16-6(b)所示。共读取 3 组数据。

(3)以换能器所处深度(h)与对应的波幅值(A)绘制 $h \sim A$ 坐标图,如图 16-7 所示。

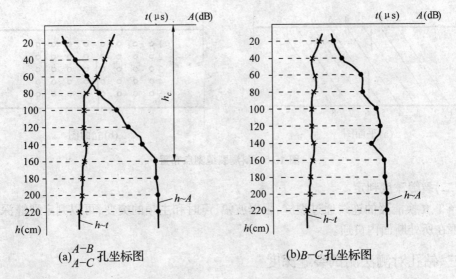

(a) $\begin{smallmatrix}A-B\\A-C\end{smallmatrix}$孔坐标图　　　　　　(b)$B-C$孔坐标图

图 16-7　$h \sim A$ 和 $h \sim t$ 坐标图

　　随着换能器位置的下移,波幅逐渐增大,当换能器下移至某一位置后,波幅达到最大并基本稳定,声时突然变小并也基本稳定,该位置所对应的深度便是裂缝深度值 h_c。

四、不密实区和空洞检测

　　混凝土和钢筋混凝土结构物在施工过程中,因漏振、漏浆或因石子架空在钢筋骨架上,会在混凝土内部形成蜂窝状不密实区或空洞。为查明缺陷所在位置和范围,有时需要利用超声法进行检测。

(一)测试方法

1. 平面对测

　　当结构被测部位具有两对平行表面时,如立柱,可采用一对厚度振动式换能器,分别在两对互相平行的表面上进行对测(见图16-8)。先在测区的两对平行表面上,分别画出

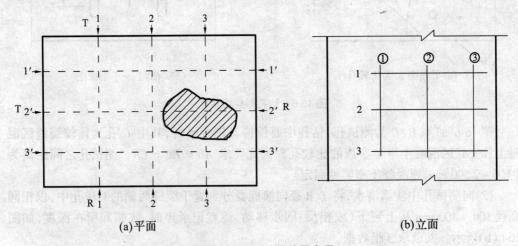

(a)平面　　　　　　　　　　　(b)立面

图 16-8　对测法换能器布置

间距为 200~300 mm 的网格,并逐点编号,定出对应测点的位置,然后将 T、R 换能器经耦合剂分别置于对应测点上,逐点读取相应的声时(t_i)、波幅(A_i)和频率(f_i),并量取测试距离(l_i)。

2. 平面斜测

当结构物的被测部位只有一对平行表面可供测试,或被测部位处于结构的特殊位置时,可采用厚度振动式换能器在任意两个表面进行交叉斜测(见图16-9)。

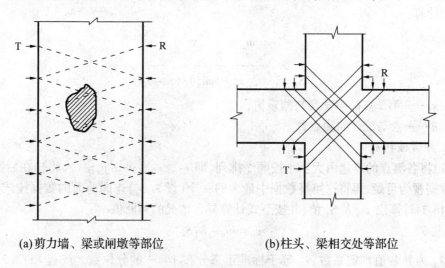

(a)剪力墙、梁或闸墩等部位   (b)柱头、梁相交处等部位

图 16-9　斜测法测缺陷

3. 钻孔测法

对于大体积混凝土结构,由于其断面尺寸较大,如直接进行平面对测,接收的脉冲信号很微弱,甚至无法识别首波的起始位置。为了缩短测试距离,提高检测灵敏度,可在结构适当的位置钻一个或多个平行于侧面的测孔。测孔深度视检测需要而定,孔径根据所用径向换能器的直径选择。结构侧面采用平面换能器,以黄油作耦合剂,测孔中用径向换能器,以清水作耦合剂。换能器布置如图16-10所示。

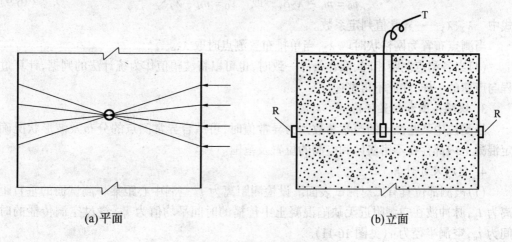

(a)平面   (b)立面

图 16-10　钻孔法换能器布置

(二)不密实区和空洞的判定

一般正常混凝土的质量服从正态分布,在测试条件基本一致,且无其他因素影响的条件下,其声速、频率和波幅观测值也基本属于正态分布。因此,可以利用数理统计方法判定混凝土内部不密实区和空洞的范围。

1. 混凝土声学参数的统计计算

测区混凝土声时(或声速)、波幅及频率等声学参数的平均值(m_x)、均方差(S_x)分别按下式计算:

$$m_x = \frac{1}{n} \sum_{i=1}^{n} x_i \tag{16-6}$$

$$S_x = \sqrt{(\sum_{i=1}^{n} x_i^2 - n m_x^2)/(n-1)} \tag{16-7}$$

式中　x_i——第 i 点的声学参数测量值;

　　　n——参与统计的测点数。

2. 异常值判别

(1)将各测点的声速由大至小按顺序排列,即 $v_1 \geq v_2 \geq \cdots \geq v_n \geq \cdots$,将排在后面明显小的数据视为可疑,再将这可疑数据中最大的一个(设为 v_n)连同前面的数据按式(16-6)或式(16-7)计算出 m_v 及 S_x 值,并按下式计算异常情况的判断值 v_0:

$$v_0 = m_v - \lambda_1 S_x \tag{16-8}$$

式中,λ_1 为异常值判定系数,λ_1 等于标准正态分布 $1 - \frac{1}{n}$ 的分位数。规程 CECS 21:2000 表 6.3.2 中已列出部分数据。

(2)将 v_0 与可疑数据的最大值 v_n 相比较,当 $v_n \leq v_0$ 时,则 v_n 及排列于其后的各数据均为异常值,并且去掉 v_n,再用 $v_1 \sim v_{n-1}$ 进行计算和判别,直至判不出异常值为止;当 $v_n > v_0$ 时,应再将 v_{n+1} 放进去重新进行计算和判别。

(3)当测位中判出异常测点时,可根据异常测点的分布情况,按下式进一步判别其相邻测点是否异常:

$$v_0 = m_v - \lambda_2 S_x \quad \text{或} \quad v_0 = m_v - \lambda_3 S_x \tag{16-9}$$

式中　λ_2、λ_3——异常值判定系数。

当测点布置为网格状时取 λ_2,当单排布置测点时取 λ_3。

(4)当各测点测距相同、耦合条件一致时,也可以将波幅值作为统计法的判据,计算过程与声速的一样,在此不再赘述。

3. 缺陷范围和位置评价

当测位中某些测点的声学参数判为异常值时,可结合异常测点的分布及波形状况确定混凝土内部存在不密实区和空洞的位置及范围。

4. 空洞尺寸计算

(1)被测部位具有二对测试表面。设检测距离为 l,空洞中心距某一测试面的垂直距离为 l_h,脉冲波在空洞附近无缺陷混凝土中传播的时间平均值为 t_m,绕过空洞传播的时间为 t_n,空洞半径为 r(见图 16-11)。

设　　　　　　　　　　　$x = (t_h - t_m)/t_m \times 100\% \tag{16-10}$

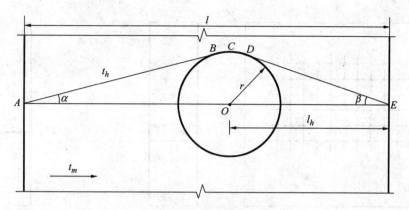

图 16-11 空洞估算模型

$$y = l_h / l \qquad (16-11)$$

根据 x、y 便可求出 z，根据 $z = r/l$ 便可求得空洞半径 r，由于 x、y、z 是一个较复杂的函数关系：

$$x = \sqrt{(1-y)^2 - z^2 + y^2 - z^2} + z0.017\,45 \cdot \left[\arcsin\left(\frac{z}{1-y}\right) + \arcsin\left(\frac{z}{y}\right) \right] - 1$$

规范 CECS 21:2000 中附录已事先计算出 x、y、z 之间的函数表，以便于应用。

(2)当被测部位只有一对可供测试的表面时，假设空洞位于测距中心，则式(16-11)变成 $y = 0.5$。

$$r = \frac{l}{2}\sqrt{(t_h/t_m)^2 - 1} \qquad (16-12)$$

式中　　r——空洞半径，mm，精确至 0.1 mm；

　　　　l——T、R 换能器之间的距离，mm，精确至 0.1 mm；

　　　　t_h——缺陷处的最大声时值，μs，精确至 0.1 μs；

　　　　t_m——无缺陷区的平均声时值，μs，精确至 0.1 μs。

五、混凝土结合面质量检测

在施工过程中，有时因施工工艺的需要或因停电、停水等意外原因，在混凝土浇筑的中途停顿，间歇时间超过三个小时后再继续浇筑；还有已浇筑好的混凝土结构物，有时需要加固补强，进行第二次混凝土浇筑。两次浇筑混凝土之间结合质量的好坏，关系到结构或构件是否能形成一个整体，共同承担荷载，确保构件的安全使用。利用超声脉冲法可以准确可靠地测试混凝土结合质量。

(一)测点布置

混凝土结合面质量检测可采用对测法和斜测法，测点布置如图 16-12 所示。

按布置的两测点分别测出各点的声时、波幅和主频值。

(二)数据处理及判断

(1)将同一测位各测点的声速、波幅和主频值分别按本节四(二)条进行统计和判断。

(2)当测点数无法满足统计法判断时，可将 L_2 的声速、波幅等声学参数与 L_1 进行比

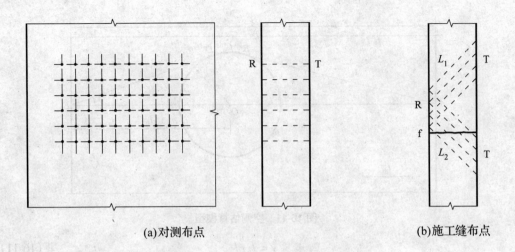

(a)对测布点   (b)施工缝布点

图 16-12　混凝土结合面质量检测

L_1—未穿施工缝测线；L_2—穿施工缝测线

较,若 L_2 的声学参数比 L_1 显著降低时,则该点可判为异常测点。

(3)当通过结合面的某些测点的数据被判为异常,并查明无其他因素影响时,可判定混凝土结合面在该部位结合不良。

六、表面损伤层检测

混凝土和钢筋混凝土结构物,在施工和使用过程中,因高温、低温、碰撞、酸碱盐等物理、化学作用,或因长期老化作用,会在混凝土表面形成损伤层或老化层。试验和研究表明,混凝土表面损伤层总是最外层损伤严重,越向里损伤程度越轻,其强度和声学参数的分布曲线应该是连续光滑的。但为了能利用超声法测出损伤的大致厚度,把损伤层与未损伤层部分简单分为两层来考虑,计算模型如图 16-13 所示。

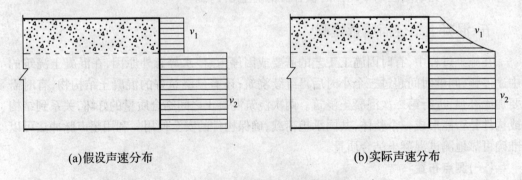

(a)假设声速分布   (b)实际声速分布

图 16-13　表面损伤层计算模型

(一)测点布置

常用的测混凝土表面损伤层的方法为单面平测法,测点布置见图 16-14。

测试时,将 T 换能器耦合好,保持不动,然后将 R 换能器依次耦合在间距为 30～100 mm 的测点 1、2、3…位置上,读取相应的声时值 t_1、t_2、t_3…,并测量每次 T、R 换能器内边缘

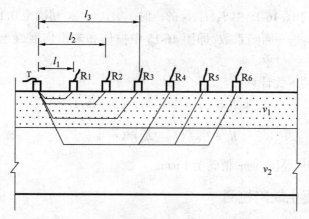

图 16-14 检测损伤层厚度

之间的距离 l_1、l_2、l_3……。每一测位的测点数不得少于 6 个,当损伤层较厚时,应适当增加测点数。

(二)数据处理及判断

(1)求损伤和未损伤混凝土的回归直线方程。用各测点的声时值 t_i 和相应测距值 l_i 绘制"时—距"坐标图(见图 16-15)。由图可得到声速改变所形成的转折点,该点前、后分别表示损伤和未损伤混凝土的 l 与 t 相关直线。用回归分析方法分别求出损伤、未损伤混凝土 l 与 t 的回归直线方程:

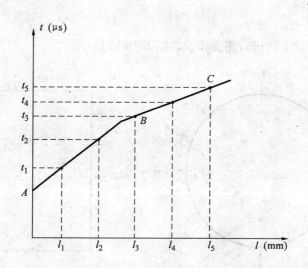

图 16-15 损伤层检测"时—距"

损伤混凝土 $\qquad l_f = a_1 + b_1 \cdot t_f$ $\qquad\qquad\qquad$ (16-13)

未损伤混凝土 $\qquad l_a = a_2 + b_2 \cdot t_a$ $\qquad\qquad\qquad$ (16-14)

式中 $\quad l_f$ ——拐点前各测点的测距,mm,精确至 1 mm,对应于图中的 l_1、l_2;

$\qquad t_f$ ——对应于图中 l_1、l_2 的声时 t_1、t_2,μs,精确至 0.1 μs;

$\qquad l_a$ ——拐点后各测点的测距,mm,精确至 1 mm;对应于图 16-15 中的 l_3、l_4、l_5;

t_a——对应于图 16-15 中 l_3、l_4、l_5 的声时 t_3、t_4、t_5,μs,精确至 0.1 μs;

a_1、b_1、a_2、b_2——回归系数,即图 16-15 中损伤和未损伤混凝土直线的截距和斜率。

(2)损伤层应按下式计算:

$$l_0 = (a_1 b_2 - a_2 b_1)/(b_2 - b_1) \tag{16-15}$$

$$h_f = \frac{l_0}{2}\sqrt{(b_2 - b_1)/(b_2 + b_1)} \tag{16-16}$$

式中 h_f——损伤层厚度,mm,精确至 1 mm。

七、钢管混凝土缺陷检测

钢管混凝土系在钢管中浇灌混凝土并振捣密实,使钢管与核心混凝土共同工作的一种新型的复合结构材料,它具有强度高、塑性变形大、抗震性能好、施工快等优点。随着钢管混凝土作为结构材料在工业、桥梁、台基工程建筑中的推广应用,有关核心混凝土的施工质量、强度及其与钢管结合的整体性等问题也逐渐为人们所关注。

钢管混凝土在施工过程中,可能会形成以下几种缺陷:混凝土内部空洞、核心混凝土与钢管内壁结合不良、漏振疏松缺陷、钢管混凝土胶结处收缩缝、混凝土严重分层离析以及钢管混凝土施工缝。一般,根据超声声学参数很难辨别缺陷究竟是在核心混凝土处还是在核心混凝土与钢管内壁结合处。因此,现行测缺规程涉及到对管壁与混凝土胶结良好的钢管缺陷的检测。

(一)测点布置

采用径向对测的方法进行测点布置。如图 16-16 所示。

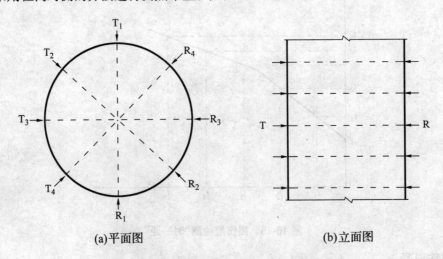

(a)平面图   (b)立面图

图 16-16 钢管混凝土缺陷检测

测量钢管实际周长,再将圆周等分,在钢管测试部位画出若干根母线和等间距的环向线,线间距为 150～300 mm,并给测点编号。对于直径较大的钢管混凝土,可以采用预埋声测管的方法进行检测。

(二)声参数采集

在钢管混凝土每一环线上保持 T、R 换能器连线通过圆心,沿环向测试,重点读取声时、波幅和主频。

(三)数据处理和判断

对于同一测距的声时、波幅和频率,参照本节四(二)条进行统计计算及异常值判别。当同一测位的测试数据离散性较大或数据较少时,可将怀疑部位的声速、波幅、主频与相同直径钢管混凝土的质量正常部位的声学参数相比较,综合分析判断所测部位的内部质量。

第四节 超声法测试灌注桩质量

一、概述

混凝土灌注桩是高层建筑、桥梁等工程结构常用的基桩形式。近年来钻孔灌注桩、人工挖孔桩的施工数量逐年增多,而且为了提高单桩承载力,钻孔灌注桩的桩长和桩径都有越来越大的趋势。基桩是地下隐蔽工程,其质量直接影响上部结构的安全。因此,在灌注桩施工时,除了要加强质量控制外,还要采取有效的无损检测方法进行质量检验。常用的此类方法有低应变和高应变法,本章将要介绍的是低应变法中的声波透射法。它在《基桩低应变动力检测规程》(JGJ/T 93—95)和 CECS 21:2000 中均有明确规定。

二、检测导管埋设

钻孔灌注桩超声脉冲检测法的基本原理与超声测缺和测强技术基本相同。但由于桩深埋土内,而检测只能在地面进行,因此又有其特殊性。为了使超声脉冲能横穿各不同深度的横截面,必须使超声探头深入柱体内部,为此,须事先预埋声测管,作为探头进入桩内的通道。

(一)检测管埋设数量

根据桩径大小预埋声测导管。桩径为 0.6 ~ 1.0 m 时,一般埋 2 根管;桩径为 1.0 ~ 2.5 m 时,埋 3 根管,按正三角形布置;桩径为 2.5 m 以上时,一般埋 4 根管,按正方形布置,如图 16-17 所示。

(二)埋设要求

(1)声测管之间应保持平行。

(2)声测管一般用钢管制作,管内径视径向换能器直径而定,一般为 28 ~ 45 mm,各段声测管应用外套管连接并保持通直,管的上端封闭,下端加盖,防止水泥浆或泥浆漏入管中。钢管接头处飞边、毛刺需清理干净。对于桩长小于 15 m 的桩,声测管也可以用硬质 PVC 塑料管。

(3)声测管的埋设深度应与灌注桩的底部齐平,管的上端应高于桩顶表面 300 ~ 500 mm,且管口最好处于同一高程。

(4)声测管要牢靠固定在钢筋笼内侧。

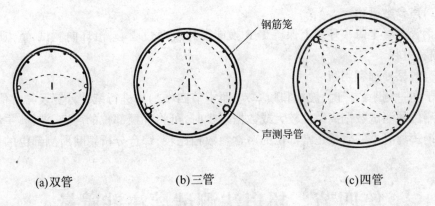

钢筋笼

声测导管

(a)双管   (b)三管   (c)四管

图 16-17　声测管埋设

三、现场检测

对于仅检验桩身完整性,一般在混凝土龄期达到 5 d 后,即可实施检测,若要同时了解桩身完整性和桩身混凝土强度,应在混凝土龄期到 28 d 后进行检测。现场检测步骤如下:

(1)向管内注满清水。

(2)采用一段直径略大于换能器的圆钢作为疏通吊锤,逐根检查声测管的畅通情况及实际深度。

(3)用钢卷尺测量同根桩顶各声测管之间的净距离。

(4)根据桩径大小选择合适频率的换能器和仪器参数,一经选定,在同批桩的检测过程中不得随意改变。

(5)将 T、R 换能器分别置于两个声测孔的顶部或底部,以同一高度或相差一定高度以 200～500 mm 等距离同步移动,逐点测读声学参数并记录换能器所处深度。对数据可疑的部位应进行复测或加密检测。

(6)遇到缺陷时,利用交叉斜测和扇形扫测的方法,进一步确定缺陷的位置和范围(见图16-18)。

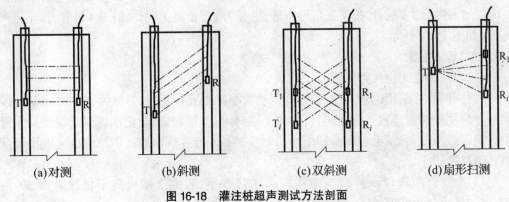

(a)对测   (b)斜测   (c)双斜测   (d)扇形扫测

图 16-18　灌注桩超声测试方法剖面

(7)当一根桩有多根检测管时,应将每二根检测管编为一组,分组进行测试。

(8)每组检测管测试完成后,测试点应随机重复抽测 10% ~ 20%,发现差异大,则再重复抽测。具体要求见规范规定。

四、数据处理与判断

(一)概述

对桩身混凝土缺陷可疑点的判断通常有两种方法,一种为概率法,即将同一桩(几个方向测距一样)的声速、波幅、主频按本章第三节四(二)条中提到的异常点判别的方法进行计算和异常值判别。当某一测点的一个或多个声学参数被判为异常值时,则为存在缺陷的可疑点。另一种方法为斜率法,下面将作进一步介绍。

(二)斜率法判断缺陷

(1)计算声时 t_c 和声速 v_p

$$t_c = t - t_{c0} \tag{16-17}$$

$$v_p = I / t_c \tag{16-18}$$

式中　t_c——混凝土中声波传播时间,μs,精确至 $0.1 \mu s$;

　　　t——声时原始测试值,μs,精确至 $0.1 \mu s$;

　　　t_{c0}——声时初读数,μs,精确至 $0.1 \mu s$;

　　　I——两个检测管外壁间的最短距离,mm,精确至 1 mm;

　　　v_p——混凝土声速,km/s,精确至 0.01 km/s。

声时初读数 t_{c0} 可以按下列方法算出:将两个换能器保持其轴线相互平行,置于清水中同一水平高度,两个换能器内边缘间距先后调节在 l_1、l_2,分别读取相应声时值 t_1、t_2。由仪器、换能器及其高频电缆所产生的声时初读数 t_0 为:

$$t_0 = (l_1 \cdot t_2 - l_2 \cdot t_1) / (l_1 - l_2) \tag{16-19}$$

则　　　　　$$t_{c0} = t_0 + (d_2 - d_1)/v_g + (d_1 - d)/v_w \tag{16-20}$$

式中　d——径向换能器直径,mm,精确至 1 mm;

　　　d_1、d_2——预埋声测管的内径和外径,mm,精确至 1 mm;

　　　v_w——水中的声速,km/s,精确至 0.01 km/s,$v_w = 1.44 + 2 \times 10^{-3} \times$ 水的温度(℃);

　　　v_g——预埋声测管所用材料中的声速,km/s,精确至 0.01 km/s。用钢管时 $v_g = 5.80$ km/s,用 PVC 管时,$v_g = 2.35$ km/s。

(2)计算声时平均值 μ_t 和均方差 σ_t 及波幅平均值 μ_q。

$$\mu_t = \frac{1}{n} \sum_{i=1}^{n} t_{ci} \tag{16-21}$$

$$\sigma_t = \sqrt{\sum_{i=1}^{n} (t_{ci} - \mu_t)^2 / n} \tag{16-22}$$

$$\mu_q = \frac{1}{n} \sum_{i=1}^{n} q_i \tag{16-23}$$

式中　n——测点数;

　　　t_{ci}——混凝土中第 i 测点声波传播时间,μs,精确至 $0.1 \mu s$;

　　　μ_t——声时平均值,μs,精确至 $0.1 \mu s$;

σ_t——声时标准差;

q_i——第 i 测点的波幅值,dB,精确至 0.1 dB。

(3)计算 PSD 值:

$$PSD = \frac{(t_{ci} - t_{ci-1})^2}{z_i - z_{i-1}} \qquad (16\text{-}24)$$

式中　t_{ci}——第 i 测点的声时,μs,精确至 0.1 μs;

t_{ci-1}——第 $i-1$ 测点的声时,μs,精确至 0.1 μs;

z_i, z_{i-1}——第 i 点、$i-1$ 点的深度,m,精确至 0.01 m。

其基本含义为:当超声波在桩体中完好混凝土部位传播时,其声时随着深度的变化是一连续函数;当声波道路上存在缺陷时,由于在缺陷与完好混凝土界面处声时值的突变,函数将变成不连续函数,至少在缺陷区边界上,函数斜率大。反映在 PSD 的表达式上,当相邻测点声时没有变化时,即在完好混凝土中,$PSD_i = 0$;当相邻测点声时有一定变化时,即在缺陷临界处,由于 PSD_i 与 $(t_{ci} - t_{ci-1})^2$ 成正比,PSD_i 将显著提高,在 $PSD_i \sim z_i$ 曲线上,曲线将出现明显的峰值,该方法对缺陷的临界反映十分敏感,同时基本上可排除声测管不平行或混凝土不均匀所引起的声时变化对缺陷判断的影响,但对缺陷区内声时的连续变化反应灵敏较低。

(4)绘制曲线。

根据上面计算的数据,绘制出下列曲线(见图 16-19):①$H_i \sim t_i$,$H_i \sim \mu_t + 2\sigma_t$;②$H_i \sim q_i$,$H_i \sim \mu_q - 6$;③$H_i \sim PSD_i$。

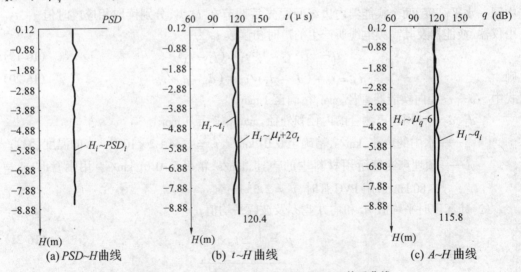

(a) $PSD \sim H$ 曲线　　　(b) $t \sim H$ 曲线　　　(c) $A \sim H$ 曲线

图 16-19　$H_i \sim t_i$、$\mu_t + 2\sigma_t$、q_i、$\mu_q - 6$、PSD_i 关系曲线

一般将各曲线绘制在一张图上,即利用声时、波幅对混凝土缺陷进行综合判别。另外,由于声波在缺陷界面上复杂的反射、折射,使声波的相位发生变化,叠加的结果导致接收信号的波形发生不同程度的畸变。因此,分析波形对缺陷位置、性质的判断也很关键。

(5)缺陷判定。图 16-19 中,$\mu_t + 2\sigma_t$、$\mu_q - 6$、PSD_i 均为判据。当 $t > \mu_t + 2\sigma_t$ 时,或

$q_i < \mu_q - 6$，或 PSD_i 值出现突变时，均被判为可疑点，要对这些测点进行缺陷分析与判断。

在作出缺陷判定后，如需判定桩身缺陷尺寸及空洞分布，还需进一步采用多点发射、不同深度接收的扇形测量法，用多条交会的声线所测取的波速及波幅的异常加以判定。

第五节　工程检测要点

一、超声法测试缺陷影响因素

采用超声脉冲波检测混凝土缺陷的基本依据，是利用脉冲波在技术条件相同的混凝土中传播的时间（或速度）、接收波的振幅和频率等声学参数的相对变化，来判定混凝土的缺陷。因此，准确采集声参数是正确判断缺陷的前提和关键。试验和实践表明，影响超声测缺的因素主要有下列三种。

(一)耦合状态的影响

由于脉冲波接收信号的波幅值，对混凝土缺陷反映最敏感，所以测得的波幅值（A_i）是否可靠，将直接影响到混凝土缺陷的检测结果。对于测距一定的混凝土，测试面的平整程度和耦合剂的厚薄，是影响波幅测值的主要原因，如果测试面凹凸不平或粘附泥砂，便保证不了换能器整个辐射面与混凝土测试面的接触，发射和接收换能器与测试面之间只能通过局部接触点传递脉冲波，使其大部分声能被损耗，造成波幅降低。另外，如果作用在换能器上的压力不均衡，使其耦合剂半边厚或者时厚时薄，造成波幅不稳定。这些原因都使测试结果不能反映混凝土的真实情况，使波幅测值失去可比性。因此，要求超声测试必须具备良好的耦合状态。

(二)钢筋的影响

由于脉冲波在钢筋中的传播速度比在混凝土中的传播速度快，在发射和接收换能器的连线上或其附近存在主钢筋时，必然影响混凝土声速测量值，其影响程度取决于钢筋相对于测试方向的位置及钢筋的数量和直径。不少研究者的试验结果表明，当钢筋轴线垂直于测试方向时，其影响程度取决于通过各钢筋声程之和 l_s 与测试距离 l 之比，对于声速 $v \geq 4.00$ km/s 的混凝土来说，$l_s \leqslant l/12$ 时，钢筋对混凝土声速的影响小，一般为 1%～3%。当钢筋轴线平行于测试方向，对混凝土声速测值的影响较大。为避免其影响，必须使发射和接收换能器的连线离开钢筋一定距离。

(三)水分的影响

由于水中的声速和声阻抗率比空气中的声速和声阻抗率大许多倍，如果混凝土缺陷内空气被水取代，则脉冲波的绝大部分在缺陷界面不再反射和绕射，而是通过水耦合层穿过缺陷直接传播至接收换能器，使得有或者无缺陷的混凝土声速、波幅和频率测量值的差异不明显，给缺陷测试和判断带来困难。为此，在进行缺陷检测时，要力求混凝土处于自然干燥状态。这也是 CECS 21:2000 第 5.1.2 条规定"被测裂缝中不得有积水或泥浆等"的原因。

二、检测各种缺陷其他注意事项

表 16-1 列出了在检测各种缺陷时需要注意的问题以及有可能出现的后果。

表 16-1

所测缺陷种类	注意事项	可能产生的影响
混凝土浅裂缝	1. 裂缝周围区域不能有其他裂缝、龟裂缝或表面缺陷 2. 布置测点时,位置要准确,做好标记,在涂耦合剂和按换能器时,尤其要看准测点,并以大小差不多的力按上去 3. 在所测裂缝上多布置几个测点,以便数据间相互比较,必要时选择若干测位取芯验证	跨缝平测的声时值和不跨缝平测声时值等,数据规律性差,无法进行数据处理,计算不出缝深
钻孔对测法测裂缝深度	1. 测孔必须深入到无缝混凝土一定深度,测点不应少于3点	否则,无法检测到确切缝深
	2. 位于裂缝两侧的声测孔轴线要保持平行。	否则,各测点的测试距离不一致,读取的声时和波幅缺乏可比性,给测试数据的分析和裂缝深度判定带来困难
钻孔对测法测裂缝深度	3. 测孔间距应根据现场裂缝开展的性态作初步判断后选定。	测距过大,脉冲波的接收信号很微弱,过缝与不过缝进行测试的波幅差异不明显,不利于裂缝判断;测距过小,延伸的裂缝可能位于两测孔的连线之外,造成漏检
不密实区和空洞	在检测过程中,凡遇到读数异常的测点,一定要检查其表面是否平整、干净或是别的干扰因素,必要时加密测点进行重复测试	否则,到室内处理数据,拿不准是缺陷还是别的原因导致数据异常
两次浇筑的混凝土之间结合质量	放样布点、涂抹耦合剂和按换能器时,穿施工缝测线与未穿施工缝测线的距离均要保持一致,两者相对误差不能超过0.5%	否则,会给声学参数对比和统计带来不便
表面损伤层	1. 构件被测表面应平整并处于自然干燥状态,且无接缝和饰面层 2. 放样布点、涂抹耦合剂和按换能器时,务必对准位置 3. 同一损伤区域,应适当增加测点数,保证测区数不少于2个,必要时可钻取芯样验证	否则,在损伤层厚度判定时,时—距图上找不到拐点,因此也无法算出损伤层厚度
灌注桩柱身完整性	1. 检测前,务必用比换能器稍粗的钢棒试一下测管是否通畅,以防卡住换能器 2. 现场测试时,遇到可疑测点,需反复测试	
钢管混凝土缺陷	布置测点时,要使测线穿过圆心,避免首波信号由钢管壁传播	

第六节 实 例

一、利用超声法测试混凝土密实性

(一)工程概况

合肥市某大楼箱形基础施工于 1985 年,后因资金等原因停建。由于当时施工质量差,结构物表面缺陷较多,又闲置 8 年。为全面了解结构物质量现状,给设计复核提供必要的数据资料,对钢筋混凝土工程质量进行了全面检测与评价。混凝土缺陷和施工密实性检测与评价为其中一项工作。

(二)现场测试情况

现场抽测 10 道墙体,采用 40 cm × 35 cm 方格网布点,每墙布置 88 ~ 108 对测点。每测点涂以适量黄油作耦合剂,然后用超声仪逐点测量声波穿透时间,并记录波幅和波形。

(三)数据处理分析

根据实测的测距,将各测点声时换算成混凝土声波速度,然后根据缺陷判别原则将离群体检验剔出后,计算声速临界值。

(四)隔墙缺陷分布图

将各隔墙测点声速值逐一与声速临界值相比较。采用声速等值线包络图法,绘制出各缺陷区的位置和范围(见图 16-20)。

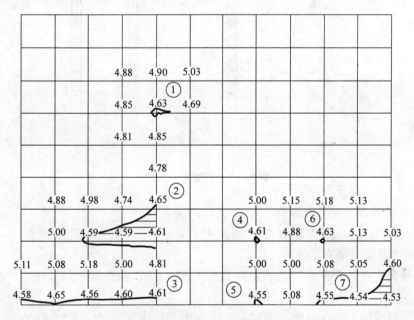

图 16-20 某隔墙缺陷分布

(五)分析意见

图 16-20 显示了墙体缺陷的位置和范围。根据各测点声能衰减情况,该缺陷区为蜂

窝集中的区域。其中 7/G－H 墙体表面已用砂浆修补,由于修补时没有凿去松散部分,门北侧缺陷仍为蜂窝。其他墙除外露蜂窝外,凡表面完好区域混凝土密实性均好。缺陷区域内表面完好部分混凝土密实性比其他区域稍差,但内部无蜂窝。

二、声波透射法测桩身完整性

(一)工程概况

马达加斯加共和国毕塔贝瓦图曼德里公路为中华人民共和国援建工程,公路全长 44.81 km,中、小桥梁工程 8 座,其中 K35＋980、K36＋449.5、K37＋335 和 K42＋865.5 桥基为灌注桩工程。

为控制和检测桥梁基桩工程混凝土质量,每根基桩预埋了 3 根 $\Phi57$ mm 的钢管为超声法检测导管。安徽省建筑工程质量监督检测站受安徽省外经建设(集团)公司委托,利用超声法检测钻孔灌注桩混凝土质量。

(二)桩体声测导管的埋设

该工程埋设了 3 根内径为 $\Phi50$ mm 钢管,钢管点焊在钢筋笼加强箍内侧。

(三)测试方法

采用对测与斜测交汇法,如图 16-21 所示。

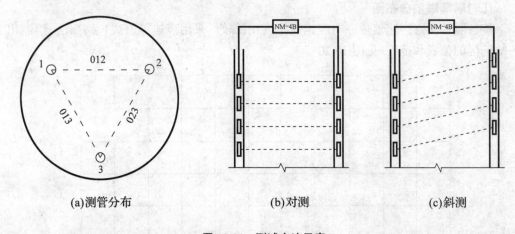

|(a)测管分布|(b)对测|(c)斜测|

图 16-21　测试方法示意

(四)桩体混凝土完整性评价

(1)计算 PSD、t_0、q_0(见表 16-2)。绘制 $PSD \sim H$、$t \sim H$、$q \sim H$ 曲线(见图 16-19)。

(2)桩体混凝土完整性分析:

①0 号台左桩。PSD 曲线正常。在高程 1.37～0.80 m,混凝土局部密实性稍差。桩体混凝土完整。

②0 号台右桩。PSD 曲线在高程 －0.73 m 012 测线向和高程 －9.73 m 023 测线向有异常。根据声速和波幅分布,在高程 －9.53～－10.33 m 的范围混凝土局部密实性稍差。桩体混凝土基本完整。

③1 号墩左桩。PSD 曲线正常。在高程 0.23 m 处混凝土密实性稍差。桩体混凝土完整。

表 16-2　K35+980 桥桩声学参数统计汇总

桩编号		测线号	$t_0(\mu s)$	$q_0(dB)$	可疑测点数
0 号台	左桩	012	122.4	108.0	$1t$、$2a$
		013	136.3	109.9	$1a$
		023	122.7	115.1	$2a$
	右桩	012	149.9	110.1	$1a$
		013	129.7	110.3	$1t$、$1a$
		023	143.7	112.2	$2a$
1 号墩	左桩	012	119.1	117.4	$1t$、$1a$
		013	117.9	116.5	$1a$
		023	124.3	114.2	$1t$、$2a$
	右桩	012	117.4	115.7	$1a$
		013	120.4	115.8	$2a$
		023	123.9	114.3	$1a$
2 号墩	左桩	012	116.5	110.0	$1t$、$2a$
		013	120.8	112.6	$1a$
		023	123.5	108.7	$1t$、$3a$
	右桩	012	116.0	115.1	$2a$
		013	124.2	114.0	$2a$
		023	121.2	112.8	$2a$
3 号台	左桩	012	137.0	112.7	$1a$
		013	125.0	112.8	$1a$
		023	121.1	109.0	$2a$
	右桩	012	122.3	110.7	$2a$
		013	120.9	110.1	$1t$、$1a$
		023	120.6	107.7	$1t$、$2a$

注：t 和 a 分别代表声时和波幅可疑测点。

④1 号墩右桩。PSD 曲线正常。混凝土无缺陷,桩体混凝土完整。

⑤2 号墩左桩。PSD 曲线正常。在高程 -9.00 m 处混凝土局部密实性稍差,桩体混凝土完整。

⑥2 号墩右桩。PSD 曲线正常。混凝土无缺陷,桩体混凝土完整。

⑦3 号台左桩。PSD 曲线基本正常,在高程 $-2.28 \sim -3.50$ m 混凝土局部密实性稍差,桩体混凝土完整。

⑧3 号台右桩。PSD 曲线正常。混凝土无缺陷,桩体混凝土完整。

第十七章　超声回弹综合法检测
混凝土强度

第一节　基本原理

超声法和回弹法都是以混凝土材料的应力、应变行为与强度之间的关系作为其测试依据。但超声法主要反映材料的弹性性质,当超声波经混凝土传播后,它将携带有关混凝土材料性能、内部结构及组成的有关信息;回弹法反映了材料的弹性性质,同时在一定程度上也反映了材料的塑性性质,但它只能确切反映混凝土表层的状态,因此,它们具有各自的优劣点。超声与回弹法的综合,既能反映混凝土的弹性,又能反映混凝土的塑性;既能反映表层的状态,又能反映内部的构造,与单一法相比具有较小的测试误差和较宽的适用范围。因此,超声回弹综合法是国内外研究最多、应用最广的一种测试方法。

超声回弹综合法测定混凝土强度,最早由罗马尼亚建筑及建筑经济科学研究院于1966年首次提出,得到了各国工程界科研技术人员的重视。1976年我国引进了这一方法,在结合我国具体情况的基础上,国内许多科研单位进行大量的对比试验,经过近十余年的努力,完成了多项科研成果,为该方法在结构混凝土工程质量检测中的实际应用起到了积极的推动作用。1988年由中国工程标准化委员会批准了我国第一本《超声回弹综合法检测混凝土强度技术规程》(CECS 02:88)(以下简称规程)。

超声回弹综合法基本原理是采用低频超声仪和中型回弹仪,在结构混凝土同一测区分别测量声时值及回弹值,然后利用已建立起来的测强公式推算该测区混凝土强度的一种测试方法。与单一法(回弹法和超声法)相比,综合法具有以下特点:

(1)减少龄期和含水率的影响。混凝土的声速值除受粗集料的影响外,还受混凝土的龄期和含水率等因素的影响。而回弹值除受表面状态的影响外,也受混凝土的龄期和含水率的影响。但是,混凝土的龄期及含水率对两者的影响有着本质的区别。混凝土含水率大,声速值偏高,而回弹值则偏低;混凝土龄期长,超声声速增长率下降,而回弹值因混凝土碳化程度增大而提高。因此,二者综合起来可以部分抵消龄期和含水率对测试混凝土强度的影响。

(2)优势互补。一个物理参数只能从某一方面、在一定范围内反映混凝土的力学性能,超过一定范围,单一法就可能不很敏感或者不起作用。例如回弹值主要以表层砂浆的弹性性能来反映混凝土中的强度,当强度较低、塑性变形较大或内外质量有较大差异时,很难反映混凝土的实际强度。超声声速是以整个截面的动弹性来反映混凝土强度,而混凝土强度较高(往往大于35 MPa),相应声速随强度变化的幅度不大,其声速与实际强度相关性较差。因此,采用回弹和超声法综合测定混凝土强度,既可内外结合,又能在较低和较高的强度区间弥补各自的不足,能够较全面地反映结构混凝土的实际强度。

(3)提高测试精度。由于综合法能减少一些因素的影响程度,较全面地反映整体混凝土质量,所以对提高检测混凝土强度的精度,具有明显的效果。

(4)具有更广的适用性。我们知道,混凝土强度是一个多因素的综合指标,它与弹性、塑性、材料的非均质性、孔隙的量和孔的结构及试验条件等一系列因素有关,而单一指标往往与某些因素有较好的相关性,而对其他因素的影响却表现得不太显著。因此,采用单一指标与混凝土强度之间建立相关关系,使其局限性增大。例如,混凝土中粗集料用量及品种的变化,可导致声速值明显变化,而对强度影响却不如此显著。又如,龄期对强度的影响不十分明显,而回弹值因为碳化程度的增大提高。实践证明,将声速和回弹值合理综合后,能消除原来影响 $f_{cu} \sim v$ 和 $f_{cu} \sim R$ 关系的许多因素。例如,水泥品种的影响,构件混凝土含水量的影响及碳化影响等,都不像单一法所造成的影响那么显著。因此,综合法采用多指标反映混凝土强度,比单一法测强具有更广的适用性。

鉴于超声回弹综合法具有上述许多优点,因此,在国内诸多工程的混凝土强度检测中已广泛地采用了这一方法,为工程质量事故的处理提供了重要依据。

第二节　综合法测强主要影响因素

近年来,我国有关部门对超声回弹综合法检测结构混凝土强度的影响因素进行了全面综合性研究,针对我国具体原材料情况及施工特点,全面得出了符合我国实际情况的分析结论。

一、水泥品种及水泥用量的影响

用普通硅酸盐水泥、矿渣硅酸盐水泥及粉煤灰硅酸盐水泥配制的 C10、C20、C30、C40、C50 强度等级的混凝土试件所进行的对比试验证明,上述水泥品种对 $f_{cu} \sim R \sim v$ 关系无显著影响(见图 17-1),可以不予修正。其原因如下:

(一)水泥品种的影响

一般认为,水泥品种对声速 v 及回弹值 R 有影响的原因主要有两点:

(1)由于各种水泥密度不同,导致混凝土中水泥体积含量存在差异。根据检测中的实际情况进行分析可知,水泥密度不同所引起的混凝土中水泥体积含量的变化很小,不会引起声速和回弹值的明显波动。

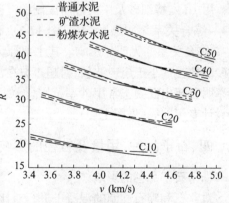

图 17-1　不同水泥品种的" $f_{cu} \sim R \sim v$ "关系

(2)由于各种水泥的强度发展规律不同,导致配合比相同的混凝土在某一龄期区间内(28 d 以前)强度不同。对比试验得知,在早期若以普通水泥配制的混凝土推算强度为基准,采用矿渣水泥配制的混凝土实际强度可能比基准推定强度低 10%,即推算强度应乘以 0.9 的修正系数。但 28 d 以后这一影响已不明显,两者的强度发展逐渐趋于一致,因此水泥品种对强度的影响主要产生在早期。而实际工程检测一般都在 28 d 以后,所以在超声回弹综合法中,水泥品种的影响可不予修正是合理的。

(二)水泥用量的影响

对比试验证明,当每立方米混凝土中,水泥用量在 200、250、300、350、400、450 kg 范围内变化时,对综合关系没有显著影响。但当水泥用量超出上述范围时,应另外建立专用测强曲线。

二、混凝土碳化深度及含水率的影响

(一)碳化深度的影响

采用回弹法测强,碳化的大小对回弹值有明显的影响。因此,推定强度时必须把碳化深度作为一个重要参数加以考虑。而采用综合法测强,碳化仅对回弹值产生影响,而随着碳化深度的增加,混凝土含水量相应降低,导致声速稍有下降,因此在综合关系中可部分抵消因回弹值上升所造成的影响。试验证明,在综合法中碳化深度每增加 1 mm,用 $f_{cu} \sim R \sim v$ 关系推定的混凝土强度仅比实际强度提高 0.6%左右。为了简化修正项,在实际检测中基本上可不考虑碳化因素的影响。

(二)含水率的影响

一般来说,湿度越大,回弹值越低,而对超声来说,声速在水中传播要比在空气中传播快。因此,在综合关系中可抵消因回弹值下降所造成的影响,这种影响亦随混凝土强度的提高而变小。同时,规程规定回弹测试面应处于干燥状态,这也进一步减小混凝土含水率所产生影响。所以混凝土含水率的影响可以不予修正。

三、砂子品种及砂率的影响

用山砂、特细砂及中河砂所配制的混凝土进行对比试验,结果证明,砂的品种对 $f_{cu} \sim R \sim v$ 综合关系无明显影响(见图 17-2),而且当砂率在常用的 30%上下波动时,对 $f_{cu} \sim R \sim v$ 综合关系亦无明显影响。其主要原因是,在混凝土中常用砂率的波动范围有限,同时砂的粒径远小于超声波长,对超声波在混凝土中的传播状态不会造成很大影响。但当砂率明显超出混凝土常用砂率范围(例如小于 28%或大于 44%)时,也不可忽视,而应另外设计专用曲线(见图 17-3)。

四、石子品种、用量及粒径的影响

(一)石子品种的影响

对卵石和碎石配制的混凝土进行对比试验证明,石子品种对 $f_{cu} \sim R \sim v$ 综合关系有十分明显的影响(见图 17-4)。由于卵石和碎石的表面情况完全不同,使混凝土内部界面的粘结情况也不同。在相同的配合比情况下,表面越粗糙,粘结情况越好,由于碎石表面比卵石粗糙,因而与砂浆的界面粘结强度要高,混凝土强度亦相应提高。因此,若以碎石配制的混凝土强度为基准,则用卵石配制的混凝土推定强度平均比实际强度偏高 25%左右。因此,采用不同石子品种配制的混凝土,在实际检测中应建立不同的 $f_{cu} \sim R \sim v$ 关系曲线。

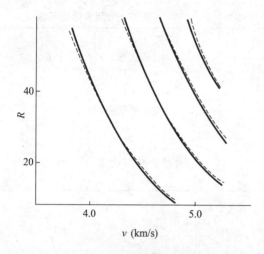

图 17-2　同条件不同砂品种的
"$f_{cu} \sim R \sim v$"关系

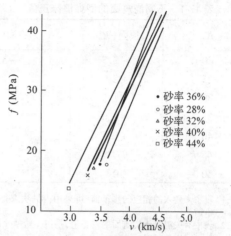

图 17-3　砂率变化对混凝土 28 d
超声测强的影响

(二)石子用量的影响

试验表明,当石子用量变化时,声速将随含石量的增加而增加,回弹值也随含石量的增加而增加。

(三)石子粒径的影响

当石子粒径在 2～4 cm 范围内变化时,对 $f_{cu} \sim R \sim v$ 的影响不明显,但当超过 4 cm 时,其影响不容忽略。

综合所述,在超声回弹综合法测强时,必须重视石子因素所产生的影响。

五、混凝土外加剂的影响

混凝土外加剂种类繁多,选用常用的木钙减水剂、硫酸钠及三乙醇胺早强复合剂掺入混凝土中进行对比试验证明,上述外加剂品种对 $f_{cu} \sim R \sim v$ 综合关系无显著影响。这是由于外加剂的主要效果一般在早期,即混凝土胶化反应和 3～5 d 早期强度均增高,而规程规定综合法测强在混凝土龄期 14 d 后进行,所以可以不考虑外加剂的影响。

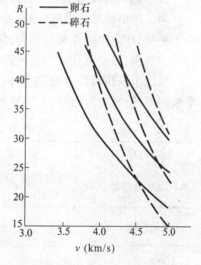

图 17-4　石子品种对 $f_{cu} \sim R \sim v$
关系的影响

六、测试面的位置及表面平整度的影响

(一)测试面位置的影响

当在混凝土浇筑顶面或在底面进行测试时,由于石子离析下沉及表面泌水、浮浆等因素的影响,其声速与回弹值均与侧面测量时不同。若以侧面测量为基准,顶面或底面测量时对声速及回弹值均应乘以修正系数,具体修正系数见表 17-1 和表 17-2 所示。

表 17-1 不同浇筑面的回弹值修正值 （单位：MPa）		
R_m	顶面（R_a^t）	底面（R_a^b）
20	+ 2.5	− 3.0
25	+ 2.0	− 2.5
30	+ 1.5	− 2.0
35	+ 1.0	− 1.5
40	+ 0.5	− 1.0
45	0	− 0.5
50	0	0

表 17-2 超声修正系数	
测试状态	K
浇筑的两侧面	1.0
浇筑的上、下表面	1.034

注：1. 表中未列入的相应的修正值，可采用内插法求得，精确至一位小数。

2. 表中有关混凝土浇筑面的修正值，是指一般原浆抹面后的修正值。

3. 表中有关混凝土底面的修正值，是指结构或构件底面与侧面采用同一类模板在正常浇筑情况下的修正值。

(二)测试面表面平整度的影响

当采用钢模或木模施工时，混凝土的表面平整度明显不同，采用木模浇筑的混凝土表面不平整，往往影响探头的耦合，因而使声速偏低。因此，规程规定应对不平整的表面进行磨平处理，以消除这一因素的影响。

从以上分析可以看出，超声回弹综合法测强的影响因素，比单一参数(超声或回弹)法影响因素要少得多。现将有关影响因素归纳起来列于表 17-3。

表 17-3 超声回弹综合法的影响因素

影响因素	试验验证范围	影响程度	修正方法
水泥品种及用量	普通水泥、矿渣水泥、粉煤灰水泥 250～450 kg/m³	不显著	不修正
碳化深度	—	不显著	不修正
砂子品种及砂率	山砂、特细粉、中砂 25%～40%	不显著	不修正
石子品种及用量	卵石、碎石，骨灰比 1:4.5～1:5.5	显著	必须修正或制订不同的曲线
石子粒径	0.5～2 cm，0.5～4 cm，0.5～3.2 cm	不显著	>4cm 应修正
外加剂	木钙减水剂、硫酸钠、二乙醇胺	不显著	不修正
含水率	—	有影响	表面应干燥
测试面	1. 浇筑侧面与浇筑上、下表面比较 2. 经磨平处理表面与不平整表面	有影响	1. 对 v、R 分别进行修正 2. 对不平整表面进行磨平处理

第三节　测强曲线的建立与应用

用混凝土试块或芯样的抗压强度与非破损系数(回弹值 R 和超声声速值 v 等物理参数)之间建立起来的相关关系曲线,即为测强曲线。对于超声回弹综合法来说,即先对一定数量的混凝土试块或芯样分别进行超声和回弹测试,然后再把试块或芯样进行抗压强度测试,将测试取得的超声声速值 v、回弹值 R 和混凝土抗压强度值 f_{cu},按照相应的数学拟合曲线,采用数理统计方法,确立混凝土试块或芯样抗压强度 f_{cu}、声速值 v 和回弹值 R 三者之间的相关关系曲线,即为超声回弹综合法测强曲线。在综合法测强实际检测中,结构或构件上每一个测区的混凝土强度换算值,是根据该测区实测并经必要修正的超声声速值 v 和回弹平均值 R,按已建立起来的 $f_{cu} \sim R \sim v$ 测强曲线推定出来的,因此必须建立可靠的 $f_{cu} \sim R \sim v$ 测强曲线。

一、$f_{cu} \sim R \sim v$ 测强曲线的分类

根据规程规定,测强曲线可按其适用范围分以下三种类型:

(一)通用测强曲线(全国曲线)

通用测强曲线的建立是以全国许多地区曲线为基础,收集了全国大量试验数据,经过计算统计的回归结果,具有一定的现场适用性。由于影响因素复杂,误差较大,精度不很高,使用时必须慎重。规程规定:通用测强曲线适用于无地区测强曲线和专用测强曲线的工程或单位,但在采用通用测强曲线前,应进行验证后才能使用。

(二)地区测强曲线

地区测强曲线是采用本地区常用的有代表性的混凝土材料、成型养护工艺和龄期为基本条件,并针对我国地域辽阔和各地所使用原材料差异较大这一特点,在本地区制作相当数量的试块进行非破损和破损平行试验建立起来的。此类测强曲线适用于无专用测强曲线的工程中使用,其现场适用性及测试精度均高于通用测强曲线。

(三)专用测强曲线

专用测强曲线是以某一具体工程为对象,采用与被测工程相同的原材料质量、成型养护工艺和龄期,制作一定数量的试块,或现场从结构或构件中钻取一定数量有代表性同条件的混凝土芯样,进行非破损和破损平行测试建立的测强曲线。由于它针对性强,与实际情况较为吻合,因此测试精度较通用和地区测强曲线为高。

综上所述,根据不同测强曲线建立的特点,在检测结构或构件的混凝土强度时,规程规定应优先采用专用或地区测强曲线。当缺少该类曲线时,应经过验证证明符合要求后方可采用规程推荐的通用测强曲线。

二、$f_{cu} \sim R \sim v$ 测强曲线的建立

(一)测强曲线的建立方法

在综合法测强中,混凝土的配合比、水泥品种及用量、粗集料性质及粒径、龄期等因素对测试结果都有着不同程度的影响,为了解决这个问题,提高测试精度,在如何建立测强

曲线这个问题上有两种做法。一种是标准混凝土方法,它是采用标准曲线,然后用多个系数进行修正以确定混凝土强度的一种建立方法。另一种是最佳配合比(或常用配合比)法,它是采用最佳配合比,配制不同强度等级的混凝土试块,然后在不同龄期进行测试,以建立测强曲线,这样建立的曲线针对性强、精度较高,但曲线的数量多,目前是我国应用较多的一种建立方法,也是本节论述中主要所采用的方法。

(二)建立专用或地区测强曲线的基本要求

由于通用测强曲线的建立是以全国许多地区曲线为基础,经过大量的分析研究和计算汇总而成的,使用范围广但精度不很高,而建立专用或地区测强曲线具有更强的适应性和更高的测试精度。规程亦规定,应优先采用专用或地区测强曲线进行测强。因此,下面将主要讨论专用或地区测强曲线是如何建立的。

1.测试仪器的选用

在制定综合法测强曲线的试验中,应采用中型回弹仪和低频超声波检测仪,其仪器的各项技术性能必须符合以下要求:

1)回弹仪的选用

(1)应采用中型回弹仪。回弹仪应通过技术鉴定,并必须具有产品合格证及检定证书;

(2)选用回弹仪应符合下列标准状态的要求:水平弹击时,在弹击锤脱钩的瞬时,回弹仪的标称动能应为 2.207 J;弹击锤与弹击杆碰撞的瞬间,弹击拉簧应处于自由状态,此时弹击锤起点应位于刻度尺的零点处;在洛氏硬度为 HRC60 ± 2 的钢砧上,回弹仪的率定值应为 80 ± 2。

2)超声波检测仪器的选用

(1)应采用低频超声波检测仪,并应通过技术鉴定,必须具有产品合格证及检定证书;

(2)仪器的声时范围应为 0.5 ~ 9 999 μs,测读精度为 0.1 μs;

(3)仪器应具有良好的稳定性,声时显示调节在 20 ~ 30 μs 范围内时,2 h 内声时显示的漂移不得大于 ± 0.2 μs;

(4)仪器的放大器频率响应宜分为 10 ~ 200 kHz、200 ~ 500 kHz 两频段;

(5)仪器宜具有示波屏显示及手动游标测读功能,显示应清晰稳定,若采用整形自动测读,混凝土超声测距不得超过 1 m;

(6)仪器应能适用于温度为 − 10 ~ + 60 ℃、相对湿度不大于 80%、电源电压波动为 (220 ± 22)V 的环境中,且能连续 4 h 正常工作。

3)换能器的选用

(1)换能器宜采用厚度振动形式压电材料;

(2)换能器的频率宜在 50 ~ 100 kHz 范围以内;

(3)换能器实测频率与标称频率相差应不大于 ± 10%。

2.混凝土材料的选用

选用本地区常用的水泥、粗集料、细集料。选用水泥应符合现行国家标准的要求,选用的砂、石应符合现行部颁标准的要求。

3. 试块的制作和养护

(1)试块的制作。试块是 150 mm × 150 mm × 150 mm 的立方体。

试块的测试龄期可分别为 7、14、28、60、90、180、365 d,也可根据曲线允许使用的时间进行选择。

试块的强度等级可分 C10、C20、C30、C40、C50 等数种,也可根据实际需要进行选择,每种强度等级的混凝土可采用最佳配合比或常用配合比进行配制。

每一龄期的每组试块由 3 个(或 6 个)试块组成。每种混凝土强度等级的试块数不应少于 30 块,并宜在同一天内用同条件的混凝土成型。制定地区测强曲线时试块的数量一般不少于 150 块,制定专用测强曲线时试块的数量一般不少于 30 块。

试块采用振动台成型,成型后第二天拆模。

(2)试块的养护。试块的养护方法应与被测构件相同,若建立蒸汽养护混凝土测强曲线时,则试块应进行蒸汽养护,其试块静停时间和养护条件应与构件预期的相同。若建立自然养护的测强曲线时,则试块应进行自然养护。自然养护时,应将试块移至不直接受日晒雨淋处,按品字形堆放。

4. 试块的测试

到达测试龄期的试块,清除测试面上的粘杂物质后,进行超声、回弹及试块抗压强度测试。

(1)试块声时值测试。为了保证换能器与测试面之间有良好的声耦合,试块声时测试,应取试块浇灌方向的侧面为测试面,宜采用黄油作为耦合剂。

声时测试采用对测法,按图 17-5 所示在一个相对测试面布置三个测点,为了避免不同测距对测试结果的影响,发射和接收换能器轴线应在同一直线上。

试块声时值 t_m 为三点平均值,保留小数点后一位有效数字。试块边长测量精确至 1 mm,测量误差不大于 1%。

试块声速值应按下式计算:

$$v_a = l/t_m \qquad (17-1)$$

式中 v_a——试块声速值,km/s,精确至 0.01 km/s;

　　　 l——超声测距,mm,精确至 1 mm。

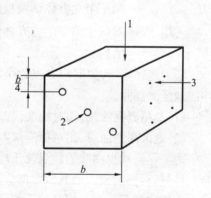

图 17-5 试块测点布置
1—浇筑方向;2—超声测试方向;
3—回弹测试及抗压方向

(2)试块回弹值的测试。回弹值测量应选用非浇筑方向不同于声时测量的另一相对测面上(见图 17-5)。

将试块油污擦净放置在压力机上、下承压板之间,加压至 30～50 kN,并在此压力作用下,在试块相对测面上按回弹规程规定各测 8 点回弹值,剔除 3 个最大和最小值,将余下 10 个回弹值的平均值作为该试块的回弹值 R_a,保留小数后一位有效数字。

(3)试块抗压强度测试。回弹值测试完毕后卸荷,将回弹面放置在压力承压板间,以每秒(6±4)kN 的速度连续均匀加荷至破坏,抗压强度值 f_{cu} 精确到 0.1 MPa。

(三)测强曲线的建立及验证

1. 测强曲线的建立

当所有测试龄期的试块全部测试完毕后,即每个试块都可得到三个数据:回弹值 R_a、声速值 v_a 和抗压强度值 f_{cu}。采用数理统计理论进行回归分析,寻求非确定量 R、v 和 f_{cu} 之间的相关关系,找出能描述非确定量之间关系的数学表达式,运用所得出的数学表达式去推算因变量 f_{cu} 的取值,并估计其精确程度。

要确定混凝土试块抗压强度 f_{cu}、声速值 v_a 和回弹值 R_a 三者之间的相关关系,在进行回归分析时,应选用不同方程进行拟合计算。常用拟合方程有线性(非线性)函数方程、幂函数方程、指数方程和对数方程等,择其相关系数最大者作为曲线拟合方程。试验证明,采用幂函数是一种较理想的回归方程式。因此,规程推荐用下式进行回归分析:

$$f_{cu}^c = a(v_a)^b(R_a)^c \tag{17-2}$$

式中　a——常数项系数;

　　　b、c——回归系数;

　　　f_{cu}^c——混凝土强度换算值,MPa。

相对标准误差 e_r,按下式计算:

$$e_r = \sqrt{\frac{\sum\limits_{i=1}^{n}(f_{cu,i}/f_{cu,i}^c - 1)^2}{n-1}} \times 100\% \tag{17-3}$$

式中　e_r——相对标准误差(%);

　　　$f_{cu,i}$——第 i 个立方体试块抗压强度值,MPa,精确至 0.1 MPa;

　　　$f_{cu,i}^c$——对应于第 i 个立方体试块按公式(17-2)计算的强度换算值,MPa,精确至 0.1 MPa。

经上述计算后,如回归方程的误差符合下述要求时:则可报请有关部门批准,作为专用或地区测强曲线:

(1)专用测强曲线,相对标准误差 $e_r \leqslant 12\%$;

(2)地区测强曲线,相对标准误差 $e_r \leqslant 14\%$。

为了尽量减少曲线的数量便于应用,对测强因素影响程度不大的试块测试数据可以合并计算,对影响较大的测试数据应分别建立各自的测强曲线,比如粗集料影响较大,则可分别建立卵石测强曲线和碎石测强曲线。

测强曲线建立完成后,应写明建立曲线的技术条件,如粗集料种类、水泥品种、养护方法、混凝土强度等级及龄期适用范围等。测强曲线仅可在建立测强曲线时的技术条件下使用,不得外推,以保证测试结果的准确性。

2. 测强曲线的验证

测强曲线建立以后,在结构或构件混凝土强度的实际检测中,应进行系统的验证工作,以检验测强曲线的测试精度及其实用性。

(1)通用测强曲线的验证。规程规定:如缺少专用或地区测强曲线时,在采用规程通用测强曲线前,应进行验证。

通用测强曲线的验证方法如下:使用符合规定要求的回弹仪和超声波检测仪;选用该

地区常用混凝土的原材料,按最佳配合比配制强度等级为 C10、C20、C30、C40、C50 的混凝土,制作边长为 150 mm 立方体试块各 3 组,采用自然养护;按龄期为 28 d、60 d 和 90 d 分别进行综合法测试和试块抗压强度试验;根据每个试块测得的回弹值 R_a、超声声速值 v_a,代入 $f'_{cu,i}$ 通用测强公式推算出的强度换算值,按公式(17-3)进行计算。如相对标准误差 $e_r \leqslant 15\%$ 时,则可使用规程推荐的通用测强曲线公式;如 $e_r > 15\%$ 时,应另行建立专用或地区测强曲线。

(2)地区测强曲线的验证。验证用仪器技术要求应符合规定要求;验证用试块可采用现场预留的有代表性的同条件养护试块,当没有同条件试块时,也可采用钻取芯样试件进行验证。

立方体试块的非破损测试与数据处理方法和建立测强曲线时的方法相同。而芯样试件的非破损测试数据是从结构或构件混凝土测区上获得的,这就要求钻芯位置必须在非破损测区内。每个试块或芯样测出回弹值 R_a 和超声声速值 v_a 后,代入测强曲线公式推算出非破损强度换算值 $f'_{cu,i}$,与实测试块或芯样抗压强度值 $f_{cu,i}(f_{cor,i})$,按公式(17-3)计算测强曲线的误差范围,当计算的相对标准误差符合要求($e_r \leqslant 14\%$)时,则可使用地区测强曲线。

三、测强曲线的应用

(一)通用测强曲线的应用

制定通用测强曲线时,中国建筑科学研究院广泛收集了北京、上海、天津、黑龙江等全国大部分地区的资料,因此覆盖较广,具有一定的代表性。但是,由于我国地域辽阔,原材料复杂,施工条件各异,很难用一个统一的经验测强公式解决所有的问题。因此,各地使用通用测强曲线时应持谨慎态度。应优先使用专用测强曲线或地区测强曲线,若尚未制定专用测强曲线或地区测强曲线时,可使用通用测强曲线,但必须经过验证或修正,验证方法可按本节二、(三)条的要求进行。若验证后相对标准误差小于或等于 ± 15%,则该地区可使用通用测强曲线,否则应另作地区或专用测强曲线,或进行修正后使用。

通用测强曲线适用于以下范围的普通混凝土测强,若超出此范围,应另外建立专用测强曲线或进行必要的修正:

(1)混凝土用水泥应符合现行国家标准的要求;

(2)混凝土用砂、石集料应符合现行部颁标准的要求;

(3)掺或不掺减水剂或早强剂;

(4)人工或一般机械搅拌、成型;

(5)钢模或木模,符合现行国家标准的有关规定;

(6)自然养护;

(7)龄期为 7 ~ 730 d,如超出此龄期时,可钻取混凝土进行修正;

(8)混凝土强度等级为 C10 ~ C50。

(二)专用或地区测强曲线的应用

地区测强曲线是针对某一地区(省、市、县等)的具体情况,以常用的有代表性的混凝土原材料或利用现场预留试块(或钻芯取样)、成型养护工艺和龄期为基本条件而建立起来的,其现场适用性和测试精度均高于通用测强曲线,但对于某一具体工程实际检测中,和通用测强曲线一样也应该验证其适用性或进行必要的修正。专用测强曲线是针对某一工程或企业的原材料条件和施工特点所制定的曲线,由于它针对性强,与实际情况较为吻合,因此推算误差低于通用和地区测强曲线,在实际应用中应优先采用。

无论通用、专用或地区测强曲线仅可在建立测强曲线时的技术条件下使用,为保证测试结果的准确性,在实际应用中一般不能外推。

第四节　结构混凝土强度的推定

在正常情况下,混凝土强度的验收与评定应按现行的国家标准执行。当对结构的混凝土强度有怀疑时,可按综合法规程进行检测,以推定混凝土强度,并作为处理混凝土质量问题的一个主要依据。

一、测区回弹和超声声速值的计算

采用综合法检测结构或构件测区混凝土强度换算值,应在结构或构件上布置的测区内分别进行超声和回弹测试,用所获得的超声声速值和回弹值,按已确定的综合法测强曲线,推算出相应测区混凝土强度换算值。

(一)回弹值的计算

(1)计算测区平均回弹值时,应从该测区两个相对测试面的 16 个回弹值中,剔除 3 个最大值和 3 个最小值,然后将余下的 10 个回弹值按下式计算:

$$R_m = \sum_{i=1}^{10} R_i / 10 \tag{17-4}$$

式中　R_m——测区平均回弹值,计算至 0.1;

R_i——第 i 个测点的回弹值。

(2)由混凝土浇灌方向的顶面或底面测得的回弹值,应按下式修正:

$$R_a = R_m + R_a^t + R_a^b \tag{17-5}$$

式中　R_a——浇筑面修正后的测区回弹值;

R_a^t——测顶面时的回弹修正值,按表 17-1 取值;

R_a^b——测底面时的回弹修正值,按表 17-1 取值。

(3)非水平状态测得的回弹值,应按下式修正:

$$R_a = R_m + R_{a\alpha} \tag{17-6}$$

式中　R_a——角度修正后的测区回弹值;

$R_{a\alpha}$——测试角度为 α 的回弹修正值,按表 17-4 选用。

(4)测试时,如仪器非水平方向且测试面非混凝土的浇筑侧面,则应对测得的回弹值先进行角度修正,然后再对修正后的值进行不同浇筑面修正。

(二)超声声速值的计算

(1)测点内超声声速值按公式(17-7)、式(17-8)计算:

$$v = l / t_m \tag{17-7}$$

表 17-4　非水平状态测得的回弹修正值 $R_{a\alpha}$

测试角度 R_m	向　上				向　下			
	90°	60°	45°	30°	−30°	−45°	−60°	−90°
20	−6.0	−5.0	−4.0	−3.0	+2.5	+3.0	+3.5	+4.0
30	−5.0	−4.0	−3.5	−2.5	+2.0	+2.5	+3.0	+3.5
40	−4.0	−3.5	−3.0	−2.0	+1.5	+2.0	+2.5	+3.0
50	−3.5	−3.0	−2.5	−1.5	+1.0	+1.5	+2.0	+2.5

注:1. 当测试角度 $\alpha = 0°$ 时,修正值为 0。

2. 表中未列数值,可用内插法求得。

$$t_m = (t_1 + t_2 + t_3)/3 \tag{17-8}$$

式中　　v——测区超声声速值,km/s,精确至小数点后二位;

　　　　l——超声测距,mm,精确至 1 mm;

　　　　t_m——测区平均声时值,μs,精确至小数点后一位;

　　　　t_1、t_2、t_3——分别为测区中 3 个测点的声时值,μs,精确至小数点后一位。

(2)当在混凝土浇灌的顶面与底面进行测试时,测区声速值应按公式(17-9)修正:

$$v_a = \beta v \tag{17-9}$$

式中　　v_a——修正后的测区声速值,km/s,精确至小数点后二位;

　　　　β——超声测试面修正系数,参考表 17-2 取用。

二、结构混凝土强度的推定

(一)测区混凝土强度换算值的计算

在计算测区混凝土强度换算值时,应优先采用专用或地区测强曲线推定。当无该类测强曲线时,经验证符合要求后可按通用测强公式(17-10)、公式(17-11)进行计算:

(1)粗集料为卵石时:

$$f_{cu,i}^c = 0.003\,8(v_{ai})^{1.23}(R_{ai})^{1.95} \tag{17-10}$$

(2)粗集料为碎石时:

$$f_{cu,i}^c = 0.008(v_{ai})^{1.72}(R_{ai})^{1.57} \tag{17-11}$$

式中　　$f_{cu,i}^c$——第 i 个测区混凝土强度换算值,MPa,精确至 0.1 MPa;

　　　　v_{ai}——第 i 个测区修正后的超声声速值,km/s,精确至 0.01 km/s;

　　　　R_{ai}——第 i 个测区修正后的回弹值,精确至 0.1。

(二)测强曲线的现场修正

现场混凝土的原材料、配合比以及施工条件不可能与所建立的测强曲线的技术条件完全一致,因此强度推算值往往有一定的偏差。为了提高测试结果的可靠性,当结构所用材料与建立测强曲线所用材料有较大差异时,须用同条件试块或从结构构件测区中钻取的混凝土芯样进行修正,用来修正的试件数量不应少于 3 个。此时,用所采用测强曲线得到的测区混凝土强度换算值应乘以修正系数。修正系数可按式(17-12)和式(17-13)来确定。

(1)有同条件立方体试块时:

$$\eta = \frac{1}{n}\sum_{i=1}^{n} f_{cu,i}/f_{cu,i}^c \qquad (17\text{-}12)$$

(2)测区钻取混凝土芯样试件时：

$$\eta = \frac{1}{n}\sum_{i=1}^{n} f_{cor,i}/f_{cu,i}^c \qquad (17\text{-}13)$$

式中　　η——修正系数,精确至小数点后两位;

　　　　$f_{cu,i}$——第 i 个混凝土立方体试块抗压强度值,MPa,以边长为 150 mm 计,精确至 0.1 MPa;

　　　　$f_{cu,i}^c$——对应于第 i 个立方体试块或芯样试件的混凝土强度换算值,MPa,精确至 0.1 MPa;

　　　　$f_{cor,i}$——第 i 个混凝土芯样试件抗压强度值,MPa,精确至 0.1 MPa;

　　　　n——用来修正的试件数量。

(三)结构或构件混凝土强度的推定

(1)单个构件混凝土强度的推定。当按单个构件检测时,单个构件的混凝土强度推定值取该构件各测区中最小的混凝土强度换算值。

(2)批量构件混凝土强度的推定。当按批抽样检测时,该批构件的混凝土强度推定值应按式(17-14)、式(17-15)和式(17-16)计算:

$$f_{cu,e} = m_{f_{cu}} - 1.645 S_{f_{cu}} \qquad (17\text{-}14)$$

$$m_{f_{cu}} = \frac{1}{n}\sum_{i=1}^{n} f_{cu,i}^c \qquad (17\text{-}15)$$

$$S_{f_{cu}} = \sqrt{\frac{\sum_{i=1}^{n}(f_{cu,i}^c)^2 - n(m_{f_{cu}}^f)^2}{n-1}} \qquad (17\text{-}16)$$

当同批测区混凝土强度换算值标准差 $S_{f_{cu}}$ 过大时,该批构件的混凝土强度推定值也可按公式(17-17)计算:

$$f_{cu,e} = m_{f_{cu,min}} = \frac{1}{m}\sum_{j=1}^{m} f_{cu,min,j}^c \qquad (17\text{-}17)$$

式中　　$f_{cu,e}$——结构或构件的混凝土强度推定值,MPa;

　　　　$m_{f_{cu}}$——构件混凝土强度平均值,MPa,精确至 0.1 MPa;

　　　　$S_{f_{cu}}$——构件混凝土强度标准差,MPa,精确至 0.1 MPa;

　　　　$m_{f_{cu,min}}$——该批每个构件中最小的测区混凝土强度换算值的平均值,MPa,精确至 0.1 MPa;

　　　　$f_{cu,min,j}^c$——第 j 个构件中最小的测区混凝土强度换算值,MPa,精确至 0.1 MPa;

　　　　n——测区数;

　　　　m——批中抽取的构件数。

(3)当属同批构件按批抽样检测时,若全部测区强度的标准差出现下列情况时,则该批构件应全部按单个构件检测:

当混凝土强度等级低于或等于 C20 时: $S_{f_{cu}} > 4.5$ MPa;

当混凝土强度等级高于 C20 时：$S_{f_{cu}} > 5.5\ \text{MPa}$。

第五节　工程检测要点

综合法检测混凝土强度技术,实质上就是超声法和回弹法两种单一测强的综合运用。因此,有关检测方法及规定与单一法测强基本相同。

一、综合法测强适用范围

综合法测强适用于检测建筑结构和构筑物中的普通混凝土抗压强度值,并应在建立测强曲线的技术条件下使用。一般来讲,凡是不宜进行回弹法或超声法单一参数检测的工程,综合法也不宜采用。在具有用钻芯试件作校核的前提下,也可对结构或构件长龄期的混凝土进行检测推定。

综合法测强不适用于检测下列情况的结构或构件混凝土强度：

(1)遭受冻害、化学侵蚀、火灾、高温损伤;

(2)被测构件厚度小于 100 mm;

(3)结构或构件所处环境温度低于 – 4 ℃或高于 + 40 ℃;

(4)内部存在缺陷的部位(如蜂窝、孔洞等)。

二、仪器设备选用要点

参见本章第三节二、(二)中"测试仪器的选用"。

三、检测准备工作要点

(一)资料准备

(1)工程名称与设计、施工、建设及监理单位名称;

(2)结构或构件名称、施工图纸及要求的混凝土强度等级;

(3)水泥品种、标号、用量、出厂厂名、砂石品种、粒径、外加剂或掺和料品种、掺量以及混凝土配合比等;

(4)模板类型、混凝土浇筑和养护情况以及成型日期;

(5)结构或构件存在的质量问题,混凝土试块抗压报告等。

(二)被测结构或构件准备

(1)构件的测区,应满足下列要求：

①测区布置在构件混凝土浇筑方向的侧面,也可布置在浇筑方向的顶面和底面;

②测区均匀分布,相邻两测区的间距不宜大于 2 m;

③测区避开钢筋密集区和预埋件或内部存在缺陷的部位;

④单个测试面尺寸为 200 mm × 200 mm,相对应的两个 200 mm × 200 mm 测试面应视为一个测区,且两个测试面应对称布置;

⑤测试面应清洁、平整、干燥,不应有接缝、饰面层、浮浆和油垢,并避开蜂窝、麻面部位,必要时可用砂轮片清除杂物和磨平不平整处,并擦净残留粉尘。

(2)测区数量应符合下列规定：

①当按单个构件检测时，应在构件上均匀布置测区，每个构件上的测区数不应少于10个；

②对同批构件按批抽样检测时，构件抽样数应不少于同批构件的 30%，且不少于 10 个构件，每个构件测区数不应少于 10 个，即测区总数量不少于 100 个；

③对长度小于或等于 2 m 的构件，其测区数量可适当减少，但不应少于 3 个。

(3)当按批抽样检测时，符合下列条件的构件方可作为同批构件：

①混凝土强度等级相同；

②混凝土原材料、配合比、成型工艺、养护条件及龄期基本相同；

③构件种类相同；

④在施工阶段所处状态相同。

(4)结构或构件的每个测区应注明编号，并记录测区位置及外观质量情况。

(5)结构或构件的每一测区，宜先进行回弹测试，后进行超声测试。

(6)非同一测区内的回弹值及超声声速值，在计算混凝土强度换算值时不得混用。

四、测区回弹值和超声声速值的测量要点

(一)回弹值的测量

(1)综合法测强所采用的回弹仪测试时，仪器必须处于标准状态，并在钢砧上率定值为 80 ± 2。

(2)用回弹仪测试时，宜使仪器处于水平状态，测试混凝土浇筑方向的侧面。如不能满足这一条件，也可非水平状态测试，或测试混凝土浇筑方向的顶面或底面，且测试过程中应使回弹仪的纵轴线方向与测试面保持垂直。

(3)应按回弹规程的要求，对构件上每一测区的两个相对测试面各弹击 8 个点，每一测点的回弹值测读精确至 1.0。

(4)回弹测点在测区范围内宜均匀分布，但不得布置在气孔或外露石子上。相邻两测点的间距一般不小于 30 mm；测点距构件边缘或外露钢筋、铁件的距离不小于 50 mm，且同一测点只允许弹击一次。

(二)超声声速值的测量

(1)超声波检测仪必须是符合技术要求并具有质量检定合格证；

(2)实施测量时，超声仪器应按下列步骤进行操作：

①接上电源后，仪器首先应预热 10 min 以上；

②换能器与标准棒应耦合良好，调节首波幅度至 30～40 mm 后测读声时值。有调零装置的仪器，应调节调零电位器以扣除初读数。

③在实测时，接收信号的首波幅度均应调至 30～40 mm 后，才能测读每个测点的声速值。

(3)超声测点应布置在回弹测试的同一测区内；

(4)测量超声声速时，应保证换能器与混凝土耦合良好；

(5)在每个测区内的相对测试面上，应各布置 3 个测点，且发射和接收换能器的轴线

应在同一直线上。

五、结构混凝土强度推定要点

(一)测强曲线的选取

现场从结构或构件中,实测出测区回弹平均值和超声声速值后,代入已选用的测强曲线去推定测区混凝土强度值。因此,测强曲线的选取是否合理,将直接影响到测试的精度。

测强曲线选用原则是:根据不同测强曲线建立的技术条件不同,应优先选用专用测强曲线,其次是地区测强曲线,最后是通用测强曲线。当无专用或地区测强曲线时,可选用通用测强曲线,但选用前,应验证其现场适用性,验证方法可按本章第三节要求进行。如验证后,相对标准误差 e_r($\leqslant15\%$)符合规定的要求时,则可选用通用测强曲线,否则,应另外建立专用或地区测强曲线。

(二)结构混凝土强度的推定

(1)现场检测时,当结构所用材料与建立测强曲线所用材料有较大差异时,须用同条件试块或从结构构件钻取混凝土芯样进行修正,试件数量应不少于 3 个。

(2)单个构件和按批量推定结构混凝土强度,可按本章第四节相应要求进行。

(3)按批量推定结构混凝土强度时,当测区间计算标准差过大时(小于或等于 C20 时,$S_{f_{cu}} > 4.5$ MPa;大于 C20 时,$S_{f_{cu}} > 5.5$ MPa),则该批构件不能按批量进行推定,应全部按单个构件检测。

第六节　实　例

一、检测施工过程中的结构混凝土强度

实例 1　某教学楼 2000 年竣工,系二层砖混结构。交付使用一年后,发现底层楼和 2 层楼大部分混凝土梁在靠近支座处有较大斜裂缝,而且所有梁上裂缝均在同一部位。经多次查找原因认为设计上虽然存在一定的问题,但怀疑混凝土强度不足亦是产生斜裂缝的另一重要因素,因此设计单位要求提出确切的混凝土强度值,以便采取必要的加固措施。由于该工程同条件养护试块已没有,而且当地材料情况与制定测强曲线时所用材料有所不同,如果只用超声回弹综合法换算混凝土强度,那么有可能会有较大误差,因此采用超声回弹综合法和钻芯相结合方法进行检测,用芯样试件进行必要的修正。将钻取的芯样抗压强度与对应的非破损强度值进行对比,按公式(17-13)计算出强度修正系数。芯样强度与对应非破损强度见表 17-5。

根据表 17-5 和公式(17-13)计算出芯样修正系数 $\eta = 1.07$。

用芯样修正系数对非破损测出的强度进行修正,这样所推定的构件强度值更为精确。

由于芯样是直接由构件上钻取下来的,因此材料、配合比、养护条件都与结构实际情况相同,所以用芯样修正系数对非破损测出的强度进行修正,修正后的测区强度精度高,与实际混凝土强度更接近。

表 17-5　测试结果

楼层	梁编号	f_{au}^c(MPa)	$f_{cor,i}$(MPa)
一层顶	1－1－2	13.5	14.5
	1－2－2	16.0	17.3
	1－3－2	11.9	13.0
二层顶	2－1－2	12.5	14.1
	2－2－2	15.5	16.0
	2－3－2	13.0	13.5

二、检测超龄期结构混凝土强度值

实例 2　某厂的单层厂房是 1957 年施工的,厂房于 1959 年建成投产,系钢筋混凝土排架结构。由于使用要求,厂方拟对该厂房进行技术改造,为确保改造后原结构能够安全使用,厂方要求对老结构混凝土强度进行检测。由于该工程混凝土龄期长,已有 40 余年,且原设计图纸及有关施工资料全部散失,鉴于现有非破损测强曲线是以最长龄期为 2 年的混凝土试验结果建立的,为能在没有任何原始资料的条件下获得较为可信的测试结果,决定将非破损法与半破损法测试相结合,即从结构混凝土中钻取一定数量芯样试件,以芯样混凝土强度来修正非破损测试强度,提高测试精度。

芯样试件进行修正的方法见实例 1。

由于该工程已钻取芯样,因此龄期或碳化的修正问题已在芯样试件中反映。

经当事人回忆,当年的混凝土材料采用粗砂,集料为卵石,人工搅拌,人工振捣,估计混凝土标号大约为 150 号左右,40 余年后,抽检结果表明,现有构件混凝土强度推定值在 26.1～31.4 MPa 之间。这说明该工程长龄期混凝土强度增长较大。

三、利用专用测强曲线检测结构混凝土强度

实例 3　某综合写字楼为高层框筒结构,建筑面积达 2 万 m^2,当施工至四层结构封顶时,发现现场部分预留混凝土试块抗压强度没有达到设计强度等级。由于该工程为省级重点工程,影响面较大,设计单位要求提供现有结构混凝土强度推定值。为保证测试精度和为设计复核提供比较准确的数据,采取了建立专用测强曲线来推定结构混凝土强度的方法,由于该工程四层以下均采用 C40 混凝土,所使用原材料、外加剂、成型工艺及养护条件等均基本一致,因此只需建立一条专用测强曲线即可。现场从测区中共钻取直径 100 mm 的混凝土芯样 81 个,利用测区回弹值 R_{ai}、超声声速值 v_{ai} 及混凝土芯样抗压强度 $f_{cor,i}$ 之间的相关关系,建立了该工程专用测强曲线,曲线公式为 $f_{cu,i} = 0.1103(v_{ai})^{1.68} \cdot (R_{ai})^{0.914}$,相关系数 0.92,相对标准误差 $e_r = 6.1\%$。满足规程规定曲线回归方程相对标准误差要求,可以应用该曲线推定结构混凝土强度。

该工程专用测强曲线建立以后,将各测区所测得的超声声速值 v_{ai} 和回弹值 R_{ai} 代入专用测强曲线推算出测区混凝土强度换算值 $f_{cu,i}$,考虑到各次测试龄期的差异,实际计算时,用所取芯样实际抗压强度与测强曲线推算的计算值之比,分别对曲线公式常数项系数

进行了修正,使推算值更接近于结构实际混凝土强度,保证了测试精度。设计单位根据所提供的各层混凝土强度推定值对结构进行了验算复核,使原计划炸掉重建且已经投入数百万元的在建工程,仅需对局部承受荷载较大的柱进行加固补强即可满足承载力和正常使用要求,为建设单位节约了大笔资金,减少了社会负面影响,保证了工程按期交付使用。

第十八章　后装拔出法检测混凝土强度

第一节　基本原理

一、拔出法种类

拔出法检测混凝土强度,早在 20 世纪 30 年代,国外就进行了研究,直到进入 70 年代后,这种方法才被用于工程混凝土检测,许多国家制定了标准。如美国标准《硬化混凝土拔出强度标准试验方法》(ASTMC 900—82),苏联标准《拔出法试验混凝土强度》(TOCT 21243—75),丹麦标准《硬化混凝土拔出试验》(DS 423.31),瑞典标准《硬化混凝土拔出试验》(SS 137238)等,还有国际标准《硬化混凝土拔出强度试验方法》(ISO/DIS 8046)。

拔出法可分为两类:一类是预埋拔出法,即将锚头预埋在混凝土中,待混凝土硬化达到一定时期后把锚头拔出,测试抗拔力;另一种是在已硬化混凝土中钻孔,装入锚固件拔出,测试抗拔力。这种抗拔力与混凝土母体的抗压强度有着密切关系,进而可以间接测定混凝土强度。

我国在 1985 年前后,一些科研单位相继开展了这项技术的研究与开发工作,尤其对后装拔出法研究比较深入。就开发的仪器而言,大体上分为两类:一类是圆环反力支撑,这类拔出仪主要是模仿丹麦生产的 LOK 和 CAPO 拔出仪,例如 TYL 型混凝土强度拔出仪;另一类是三点反力支撑,这类拔出仪是我国自行研制的,例如 YJ-PI 拔出仪、JDL-1 型电动拔出仪、BCY-8 型拔出仪等。所有这些拔出仪都被应用于工程质量检测,受到人们普遍欢迎。目前,全国性及行业标准有《后装拔出法检测混凝土强度技术规程》(CECS 69:94),铁道部标准《混凝土强度预埋拔出试验方法》(TB/T 2298·1—91)和《混凝土强度后装拔出试验方法》(TB/T 2298·2—91),冶金部标准《拔出法检验评定混凝土抗压强度技术规程》(YBJ 229—91)。本章着重介绍后装拔出法。

二、基本原理

图 18-1 是拔出法基本原理图。锚盘直径 d_2,锚头埋深为 h,承力环内径为 d_3,拔出夹角为 2α,拔出试验时以承力环为反力座和约束圈,通过拉杆拔锚头。当拔出试验达到极限拉拔力时,混凝土将大致沿 2α 的圆锥面产生开裂破坏,从母体混凝土中拔出一个截头圆锥体。当 d_2、h 和 2α 值合适时,混凝土的抗压强度 f_{cu} 与极限拉拔力 F_p 之间具有良好的线性关系,其相关系数在 0.95 以上。

拉拔力 F_p 的大小和变异性决定于反力支撑形式以及锚头直径 d_2、埋深 h 和承力环的内径 d_3 等主要参数,对这几个参数分析讨论如下:

(1)反力支撑形式。拔出仪在混凝土表面的支撑形式分环式和点式两类,点式支撑可

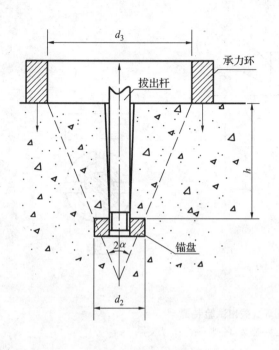

图 18-1 拔出法基本原理

分为二点式和三点式。苏联标准采用二点式支撑,北欧等国标准采用圆环式支撑,我国采用圆环式和三点式支撑两种。点式支撑约束较小,相对拉拔力较低,拔出测试装置较为简单。由于约束反力不能均匀分布,混凝土呈不规则破损,破损范围有时扩展至约束直径以外,对结构破损也较大。环式支撑受力均匀,混凝土破损局限在承力环之内,试验数据变异性较小。因此,采用圆环式作为反力支撑比较合理。

(2)锚头直径 d_2 和埋深 h。锚头直径 d_2 和埋深 h 是拔出施力装置的主要参数,埋置过浅,测试值和变异性将偏大,不能正确反映内部混凝土的强度。反之,h 增大,需要施加的拔出力随之增大,这样将会加大拔出仪的技术难度和质量。从试验精度和对拔出仪的技术要求两方面综合考虑,锚头直径 d_2 和埋深 h 都定为 25 mm 比较适宜。

(3)反力支撑内径 d_3。反力支撑内径是一项决定混凝土拔出破坏状态以及拉拔力的重要因素。环式支撑,混凝土在拉拔力作用下大体上沿着顶角 2α 的圆锥面破坏。当 d_2 和 h 不变时,随着 2α 增大,拔出破坏面的面积将会有所增大,但极限拉拔力却反而减小。当 2α 增大到 62° 以后,混凝土将不是单纯沿着承力环内缘开裂而破坏,由此可见,在设计圆环支撑拔出仪时,2α 不宜大于 62°。例如:铁道部科学研究院研制的 TYL 拔出仪主要参数为:$d_2 = 25$ mm, $h = 25$ mm, $2\alpha = 62°$, $d_3 = 55$ mm。

由于粗集料粒径大小直接影响拔出仪检测混凝土强度的准确性,一般圆环式支撑的拔出仪适应粗集料粒径小于 40 mm 的混凝土强度检测(丹麦标准)。对于粗集料粒径比较大(小于 60 mm)的混凝土强度检测,宜使用三点式支撑的拔出仪。

第二节 仪器设备

一、圆环式支撑拔出仪

丹麦 CAPO 试验和我国 TYL 型拔出仪试验所采用的拔出装置参数相同。见图 18-2。

(一)后装拔出孔槽主要尺寸

圆孔直径 $d_1 = 18$ mm,孔深为 55～65 mm,工作深度 35 mm,预留 20～30 mm 作为安装锚固件和收容粉屑所用。在距孔口 $h = 25$ mm 处磨槽,槽宽 10 mm,扩孔的环形槽直径 $d_2 = 25$ mm,夹角 $2\alpha = 62°$。

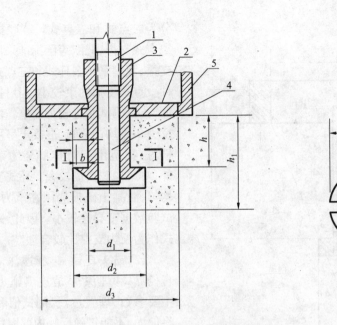

图 18-2   圆环式拔出试验装置
1—拉杆;2—对中圆盘;3—胀簧;4—胀杆;5—反力支撑

(二)孔槽加工

(1)钻孔。所有后装拔出法都需要钻孔。钻孔的基本要求是:孔径准确,孔轴线与混凝土面垂直。当混凝土表面不平时,可以用水磨机磨平。钻孔是采用带水冷却和导向装置的专用手提式钻孔机,可以使钻孔轴线与混凝土表面保持垂直,钻出的孔外形规整、孔壁光滑。钻一个合格的直径为 18 mm 的孔需 3～10 min。见图 18-3(a)。

(2)磨槽。在圆孔中距孔口 25 mm 处磨切一环形槽,磨槽是采用带有磨头及水冷却装置的专用磨槽机,能够控制深度和垂直度,磨槽时磨槽机沿孔壁运动,磨头便对孔壁进行磨切。磨出的环形槽外径为 25 mm、宽为 10 mm。见图 18-3(b)。

(3)锚固件。常用的锚固件主要有两种:一种是 CAPO 试验的胀圈方式;另一种是在我国使用的胀簧方式。胀圈拔出装置由胀杆、胀圈、定位套管、拉杆和压胀母组成。胀

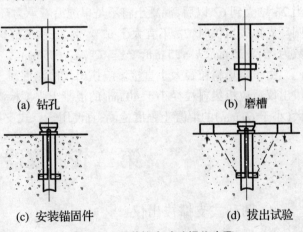

(a) 钻孔　　　　　　　　(b) 磨槽

(c) 安装锚固件　　　　　(d) 拔出试验

图 18-3   后装拔出试验操作步骤

圈是一个闭合时外径为 18 mm、胀开时外径为 25 mm、断面为方形条钢绕成二层的开口圆环。胀杆下端有一圆锥体。当将胀圈套入胀杆,借助旋紧压胀母通过定位套管对胀圈施加压力,胀圈在圆锥体的胀力作用下渐渐张开,最终胀圈被挤胀成外径为 25 mm、厚度为 5 mm 带有斜切口的单层圆环。

胀圈安装时,将胀圈、定位套管依次套入胀杆,然后将胀杆旋进带压胀母的拉杆,互相扣接。把带胀圈的一端插入孔中,用扳手稳住拉杆。用另一扳手旋紧压胀母,使其通过定位套管对胀圈产生压入胀圆锥体的压力。直到胀圈落入档肩,完全展开为一外径为 25 mm 的圆环。当进行拔出试验时,先在拔出装置上套入支撑环。在拉杆上拧上连接盘,通过连接盘与拔出仪连接。使拔出仪压紧支撑环,就可以开始拔出试验。

胀圈拔出装置的优点是,胀圈张开后为平面状圈环,拔出时胀圈与混凝土接触良好,能避免混凝土在拔出时局部受力不均,拔出试验的数据离散性小。其缺点是在安装时要想使胀圈完全胀开比较费劲,尤其是胀圈安装在混凝土中,有时往往难以准确判断是否已完全胀开。为克服上述缺点,人们研制出一种胀簧拔出装置。这一装置由胀簧管、胀杆、对中圆盘和拉杆组成,见图 18-3(c)。胀管前部有个簧片,簧片端部有一突出平钩。胀簧簧片闭合时,突出平钩的外径为 18 mm,正好可以插入钻孔中。当将胀杆打入胀簧管中时,4 个簧片胀开,突出平钩嵌入圆孔的环形扩大磨槽部位,胀杆的打入深度恰好使簧片胀开成平均直径为 25 mm。拔出试验时,分别套进对中圆盘和支撑环,拧上拉杆和连接盘,即可与拔出仪连接进行拔出试验。拔出时,簧片平钩对槽沟部分混凝土的接触呈间断的圆环状。国内研制的拔出仪基本上都使用胀簧方式。

(三)拔出试验

将胀簧或带胀杆的胀圈插入成型孔内,通过胀杆使胀簧锚固台阶或胀圈完全嵌入环形槽内,使其锚固可靠。拔出仪与拉杆对中连接,并使支撑环均匀地压紧混凝土表面,摇动拔出仪的摇柄,对锚固件连续均匀施加拔出力,加荷速度为 0.5 ~ 1.0 kN/s,见图 18-3(d)。当施加荷载至混凝土开裂破坏,测力显示器读数不再增加时,记录极限拔出力读数,然后,回油卸载。混凝土表面留下小圆锥台体凹坑。根据提供的测强曲线,可由测试的拔出力换算出混凝土强度。采用 TYL 型拔出仪,推荐使用的测强曲线为:$f_{cu} = 1.59 F_p - 5.8$,式中,f_{cu} 相当于边长为 150 mm 的立方体试块强度换算值(MPa),F_p 为极限拔出力。

二、三点式支撑拔出仪

三点式拔出仪与前述的 CAPO 型和 TYL 型拔出仪原理基本相同,主要是支撑方式不同,对混凝土表面破坏形式也不一样。三点式拔出仪结构简单,制造方便,因而价格便宜(见图 18-4)。

对同一强度的混凝土,三点支撑的拔出力比圆环支撑小,因而可以扩大拔出装置的检测范围。在规程 CECS 69:94 中,对三点支撑方式的拔出试验装置参数规定为反力支撑内径 $d_3 = 120$ mm,锚固深度 $h = 35$ mm,钻孔直径 $d_1 = 22$ mm。

拔出法检测时,混凝土中粗集料的粒径对拔出力的影响最大。混凝土的拔出力变异系数随着粗集料最大粒径的增加而增加。因此,一般规定锚固件的锚固深度为 25 mm 时,被检测混凝土粗集料的最大粒径不大于 40 mm,当粗集料粒径大于这个尺寸时,便要求更深的锚固件锚固深度,以保证检测结果的精度。不同的粗集料粒径对拔出试验的影响是显而易见的,尤其是后装拔出法检测,安设的锚固件也许就在集料中。另一个原因是不同的粗集料要求被拔出的混凝土圆锥体的体积大小也不同,这跟混凝土粗集料粒径与标准试块尺寸的比例的规定是相似的。在我国,虽然大部分建筑所用的混凝土的最大粗集料

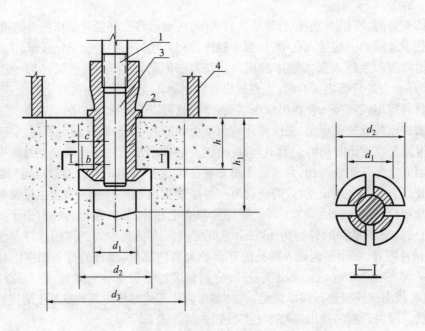

图 18-4 三点式拔出试验装置

1—拉杆;2—胀簧;3—胀杆;4—反力支撑

粒径往往不大于 40 mm,而大于 40 mm 的情况也是常有的,这就要求锚固件有较深的锚固深度。三点式拔出仪锚固件深度为 35 mm,可以满足粗集料最大粒径不大于 60 mm 时的使用要求,使拔出法应用具有更广的适用范围。当锚固件锚固深度 35 mm 时,拔出力将比锚固深度为 25 mm 时有较大幅度的增加,采用三点反力支撑可以降低拔出力,使拔出仪能够容易满足最大量程的要求。

我国现有几种拔出仪类型见表 18-1。

表 18-1 拔出仪的几种类型

型号	支撑形式	反力支撑 内径(mm)	锚固件埋设 深度(mm)	生产单位
CAPO	圆环	55	25	丹麦 Creman 公司
TYL	圆环	55	25	铁道部科学研究院
JDL-1	三点	160	25	中建一局建筑科学研究所
BCY-8B	三点	120	35	哈尔滨工业大学
YJ-P1	三点	120	25	冶金部建筑研究总院

下面以 BCY-8B 型拔出仪为例进行介绍:

(1)拔出试验仪。拔出仪由手动油泵和工作油缸合为一体组成,锚固件采用胀簧方式。

(2)孔槽加工。

①钻孔,钻孔机采用钻头直径为 22 mm 的电锤。钻孔时钻头与混凝土表面保持垂直,钻孔深度不少于 65 mm。

②扩孔磨槽,扩孔磨槽所用的磨槽机与 CAPO 等拔出试验所用磨槽机相同,为一带冷

却装置的专用设备,磨出的环形槽外径不小于 28 mm,宽为 10 mm。

③锚固件,将锚固件放入加工好的拔出孔内,使锚固件的平钩位于环形槽内,把锥销放入胀管内锤击锥销,胀簧完全胀开,使胀管胀开贴于孔壁,锚固件均匀完全嵌入环形槽内。

(3)拔出试验。

①安装拔出仪,将拔出仪中心拉杆与锚固件通过螺纹连接,使两者的轴线重合,并且垂直于混凝土表面。

②加荷拔出,摇动手动油泵加荷,加荷速度控制在 0.5～1.0 kN/s,加荷要求连续、均匀,拔出试验进行到反力支撑架下的混凝土已经破坏,力值显示器读数不再增加为止。

第三节　拔出法检测混凝土强度影响因素

影响拔出法检测混凝土强度因素较多,如水泥品种、粗集料粒径、外加剂、养护方法、测试面、碳化等。现就国内研究主要成果分述如下。

一、集料粒径的影响

粗集料粒径对后装拔出法检测混凝土强度有着明显影响,一般随着集料粒径的增大,混凝土抗拔力增大。这样,以拔出力来推定混凝土强度就会偏高。根据国内试验研究成果,集料最大粒径在 40 mm 以下时,集料粒径影响不明显。

二、水泥品种影响

利用矿渣硅酸盐水泥和普通硅酸盐水泥分别制作 C20、C30、C40 试件进行试验比较,两条曲线基本重合,说明水泥品种对拔出法测强影响不明显。

三、碳化的影响

混凝土碳化后,形成致密、坚硬的碳酸钙结硬层,从而增强了混凝土表面的硬度。当混凝土碳化较浅时,对混凝土拔出试验结果没有影响;当碳化较深,大于 25 mm 时,对混凝土拔出试验结果有影响,但不显著。

四、测试面影响

混凝土在浇筑振捣过程中,一般都会发生不同程度的分层现象,粗大集料沉积下部,水分被挤上升,使混凝土表面强度低于底部强度。以侧面系数为1,其表面修正系数为0.85,底面修正系数为1.20。工程结构混凝土的浇筑模板类型对拔出法测强影响不显著。

五、外加剂的影响

外加剂种类较多,就使用的减水剂、膨胀剂和泵送剂混凝土试验分析:

(1)掺入减水剂混凝土与同条件未掺外加剂混凝土,随着混凝土强度等级增大,掺入减水剂混凝土所需拔出力增加。对 C30 以上掺加减水剂混凝土拔出力影响为 5%～

10%。

(2)掺入膨胀剂、泵送剂混凝土与同条件未掺外加剂混凝土,随着混凝土强度等级增大,对混凝土拔出力影响较小,一般不超过 5%。

第四节 测强曲线的建立

一、基本要求

(1)混凝土所用水泥、砂、石应符合现行国家标准的规定。

(2)建立测强曲线试验用混凝土,应不少于 C10、C20、C30、C40、C50、C60 等 6 个强度等级,每一强度等级混凝土不应小于 6 组,每组由 1 个至少可布置 3 个测点的拔出试件和相应的 3 个立方体试块组成。用于建立测强曲线的总数据不少于 30 组。由于影响混凝土强度的因素很多,在试验室模拟现场施工混凝土总是有一定的差异,这种差异包括原材料、配合比、成型工艺、养护条件等。因此,建立测强曲线时,应充分考虑这些因素,最好针对检测对象建立专用测强曲线。

二、拔出试验规定

(1)拔出所用的混凝土试件与留置混凝土立方体试块应采用同一盘混凝土,在振动台上同时振捣,同条件养护。试件和立方体试块的养护条件与被测结构构件预期的养护条件基本相同,尽可能消除拔出试件、立方体试块和被测体混凝土在制作、养护上的差异影响。

(2)拔出试验的测点布置在试件混凝土成型侧面,在每一拔出试件上应进行不少于 3 个测点的拔出试验,取 3 个测点平均值为试件的拔出力计算值。

(3)立方体试块的抗压强度代表值,按现行国家标准《混凝土强度检验评定标准》确定。

三、测强曲线

(一)回归分析

将每组试件的拔出力计算值及立方体试块的抗压强度代表值汇总,按最小二乘法原理进行回归分析。推荐采用的回归方程式为:

$$f_{cu}^c = A \cdot F + B \tag{18-1}$$

式中　f_{cu}^c——混凝土强度换算值,MPa,精确至 0.1 MPa;

　　　F——拔出力,kN,精确至 0.1 kN。

　　　A、B——测强公式回归系数。

(二)测强曲线精度估计

回归方程的相对标准误差 e_r,按下式计算:

$$e_r = \sqrt{\frac{\sum\limits_{i=1}^{n}(f_{cu,i}/f_{cu,i}^c - 1)^2}{n-1}} \times 100\% \tag{18-2}$$

式中 e_r——相对标准误差;

$f_{cu,i}$——第 i 组立方体试块强度代表值,MPa,精确至 0.1 MPa;

$f_{cu,i}^c$——由第 i 个拔出试件的拔出力计算值 F_i 按式(18-1)计算混凝土强度换算值,MPa,精确至 0.1 MPa。

n——建立回归方程式的数据组数。

拔出法检测混凝土强度所用测强曲线允许相对标准误差不大于 12%,该曲线应经技术鉴定和工程质量主管部门审定后,才能用于工程质量检测。

四、几种测强曲线

(1)冶金部建筑研究总院 YJ-PI 型拔出仪(三点式支撑)推荐使用的测强曲线 $f_{cu} = 7.24F - 13.71$,相关系数 $r = 0.98$。

适用条件:①普通混凝土,其强度等级大于 C10;②粗集料为卵石,粒径 5 ~ 40 mm;③混凝土处于自然干燥状态。当检测情况与上述条件不符时,可将公式中拔出力 F 值乘以修正系数 k_F。k_F 值见表 18-2。

表 18-2

序号	修正条件	k_F
1	粗集料为 5 ~ 40 mm 碎石	0.94
2	粗集料为 5 ~ 20 mm 碎石	0.91
3	粗集料为 5 ~ 20 mm 卵石	1.09
4	混凝土处于水饱和状态	1.10

(2)铁道部科学研究院 TYL 型拔出仪(圆环支撑)推荐使用测强曲线 $f_{cu} = 1.59F - 5.8$,f_{cu}、F 意义同上,相关系数 $r = 0.98$,相对标准误差 9.8%。适用条件:①普通混凝土,其强度等级为 C10 ~ C60;②粗集料最大粒径小于 60 mm;③自然干燥状态。

(3)上海地区后装拔出法测强曲线 $f_{cu} = 1.52 + 1.970F + 0.048F^2$,相关系数 $r = 0.97$,相对标准误差 9.2%。适用条件:①普通混凝土,其强度等级 C10 ~ C60;②粗集料粒径为 5 ~ 40 mm 碎石;③自然干燥状态。

第五节 结构混凝土强度检测与推定

一、测区布置

后装拔出法检测结构或构件混凝土强度,可按单个构件或按同批构件抽样检测。对于同批构件应符合以下基本要求:混凝土强度等级相同;原材料、配合比、施工工艺、养护条件及龄期基本相同;构件种类及所处环境相同。

(一)单个构件检测

单个构件检测时,应在构件上均匀布置 3 个测点。当 3 个拔出力中的最大拔出力和最小拔出力与中间值之差均小于中间值的 15% 时,仅布置 3 个测点即可;当最大拔出力或最小拔出力与中间值之差大于中间值的 15%（包括两者均大于中间值的 15%）时,应在最小拔出力测点附近再加测 2 个测点。这种复式布点可减少一些测点数量,且检测结果偏于安全。

（二）批构件检测

当按同批构件抽样检测时,抽检构件数量不小于同批构件总数的 30%,且不少于 10 件,每个构件不应少于 3 个测点。

二、混凝土强度换算与推定

（一）混凝土测强曲线修正

当检测构件混凝土材料与使用测强曲线所用材料有较大差异时,可在被测构件上钻取混凝土芯样,根据芯样强度对拔出法测强曲线换算值进行修正。

芯样数量不少于 3 个,在每个钻取芯样附近做 3 个测点的拔出试验,取 3 个拔出力的平均值代入测强曲线 $f_{cu} = A \cdot F + B$ 中,计算混凝土强度换算值。修正系数按下式计算:

$$k = \frac{1}{n} \sum_{i=1}^{n} (f_{cor,i} / f_{cu,i}^c) \tag{18-3}$$

式中　k——修正系数,精确至 0.01;

　　　$f_{cor,i}$——芯样抗压强度,MPa,精确至 0.1 MPa;

　　　$f_{cu,i}^c$——对应取芯区拔出法测强换算值,精确至 0.1 MPa;

　　　n——芯样数量。

（二）单个构件混凝土强度推定

对于单个构件的检测,当构件 3 个拔出力中的最大和最小拔出力与中间值之差均小于中间值的 15% 时,取最小值作为该构件拔出力计算值;当复加测试时,加测的 2 个拔出力值和最小拔出力值一起取平均值,再与前一次的拔出力中间值比较,取小值作为该构件拔出力计算值。

单个构件拔出力计算值代入测强曲线换算出混凝土强度值,即为单个构件混凝土强度推定值 $f_{cu,e}$。

（三）批抽检构件的混凝土强度推定

按批抽样检测时,将抽检的每个拔出力值均代入测强曲线中计算混凝土强度 $f_{cu,i}$。则批混凝土强度推定值 $f_{cu,e}$ 按下式计算:

$$f_{cu,e1} = m_{f_{cu}^c} - 1.645 S_{f_{cu}^c} \tag{18-4}$$

$$f_{cu,e2} = m_{f_{cu,min}^c} = \frac{1}{m} \sum_{j=1}^{m} f_{cu,min,j}^c \tag{18-5}$$

式中　$m_{f_{cu}^c}$——批抽检构件混凝土强度换算值的平均值,MPa,精确至 0.1 MPa,按下式计

　　　算:$m_{f_{cu}^c} = \frac{1}{n} \sum_{i=1}^{n} f_{cu,i}^c$,$f_{cu,i}^c$ 为第 i 个测点混凝土强度换算值;

　　　$S_{f_{cu}^c}$——批抽检构件混凝土强度换算值的标准差,MPa,精确至 0.1 MPa。按下式

　　　计算:$S_{f_{cu}^c} = \sqrt{\dfrac{\sum\limits_{i=1}^{n} (f_{cu,i}^c)^2 - n(m_{f_{cu}^c})^2}{n-1}}$;

$m_{f_{cu,min}^f}$——批抽检每个构件混凝土强度换算值中最小值的平均值,MPa,精确至 0.1

MPa;

$f_{cu,min,j}^c$——第 j 个构件混凝土强度换算值中的最小值,MPa,精确至 0.1 MPa;

n——批抽检构件的测点总数;

m——批抽检的构件数。

取 $f_{cu,e1}$ 和 $f_{cu,e2}$ 的较大值作为该批构件的混凝土强度推定值。

对于按批抽样检测的构件,当全部测点的强度标准差出现下列情况时,则该批构件应全部按单个构件检测:

(1)当混凝土强度换算值的平均值小于或等于 25 MPa 时,$S_{f_{cu}^f} > 4.5$ MPa;

(2)当混凝土强度换算值的平均值大于 25 MPa 时,$S_{f_{cu}^f} > 5.5$ MPa。

第六节   工程检测要点

一、资料收集

检测前应收集以下工程资料:工程名称;建设、设计、施工、监理单位名称;结构、构件名称;混凝土强度等级;集料品种、最大粒径;水泥品种、配合比;浇筑工艺和施工龄期;养护情况;结构或构件存在的质量问题等。

二、仪器设备检查

检测前应检查钻孔机、磨槽机、拔出仪的工作状态是否正常;对拔出仪出力系统的可靠性和精度应进行校准。

三、拔出试验异常值

拔出试验出现异常时,应作详细记录,并进行补测。拔出试验结果是否出现异常,可以从下面几个方面来判断:

(1)反力支撑内混凝土仅有小部分破损,而大部分没有破损。

(2)拔出后的混凝土破损面有外露钢筋、铁件等。

(3)拔出后的破坏面出现混凝土缺陷,如蜂窝、孔洞、疏松等现象。

(4)拔出后的混凝土出现特大集料,超过各锚固深度所允许的最大粗集料粒径。

(5)对圆环支撑还有:不见圆形突痕,也没有其他破损现象;反力支撑环外的混凝土有裂缝。

当结构所用混凝土与制定测强曲线所用混凝土有较大差异时,需从结构构件检测处钻取混凝土芯样进行修正,此时得到的混凝土强度换算值应乘以修正系数。这样能够提高检测精度,减少检测误差。

第七节　实　例

某工程系五层框架结构,浇筑四层梁时,发现三层柱预留试块强度达不到设计要求。因此,要求检测柱混凝土强度。柱混凝土设计强度等级 C25,三层柱共有 30 根。

一、抽样

按批检测,抽样数量不少于 30％,三层柱应抽检 10 根。

二、拔出仪

利用 YJ-PI 型三点式支撑拔出仪,后装拔出法测强曲线为:$f_{cu}^c = 6.81 F - 12.89$。

三、钻芯修正测强曲线

现场钻取 3 个直径为 100 mm 的芯样,用于修正测强曲线。在取芯部位附近做 3 点拔出试验,取 3 点拔出力平均值为芯样混凝土拔出力计算值。修正系数 k 见表 18-3。

表 18-3　计算修正系数 k

取芯部位	f_{cor}(MPa)	F(kN)	f_{cu}^c(MPa)	K
1#	25.4	5.9	27.3	
2#	31.5	6.8	33.4	0.93
3#	28.1	6.4	30.7	

四、检测结果

10 根柱测区强度和最小强度见表 18-4。

表 18-4　检测结果

构件名称	F_i (kN)	f_{cu}^c (MPa)	$f_{cu,min}^c$ (MPa)	构件名称	F_i (kN)	f_{cu}^c (MPa)	$f_{cu,min}^c$ (MPa)
A$_{1Z}$	5.7	24.1		B$_{5Z}$	5.6	23.5	
	6.4	28.5	24.1		6.5	29.2	23.5
	6.1	26.6			7.0	32.3	
A$_{3Z}$	6.7	30.4		B$_{8Z}$	6.0	26.0	
	5.9	25.4	23.5		5.8	24.7	24.1
	5.6	23.5			5.7	24.1	
A$_{5Z}$	6.0	26.0		C$_{3Z}$	6.6	29.8	
	5.8	24.7	24.7		6.1	26.6	25.4
	5.9	25.4			5.9	25.4	
A$_{7Z}$	6.5	29.2		C$_{6Z}$	7.0	32.3	
	6.7	30.4	26.0		6.6	29.8	29.2
	6.0	26.0			6.5	29.2	
B$_{2Z}$	6.7	30.4		C$_{9Z}$	5.8	24.7	
	7.1	33.0	30.4		6.5	29.2	24.7
	7.1	33.0			6.5	29.2	

从表18-4数据分析：

$n = 30 \quad m_{f_{cu}^c} = 27.8 \text{ MPa} \quad S_{f_{cu}^c} = 3.0 \text{ MPa}$

$f_{cu,e1} = m_{f_{cu}^c} - 1.645 S_{f_{cu}^c} = 27.8 - 1.645 \times 3.0 = 22.9 (\text{MPa})$

$f_{cu,e2} = m_{f_{cu,min}^c} = 25.6 (\text{MPa})$

该批构件混凝土推定强度为 25.6 MPa。

五、结论

该工程三层柱混凝土总体推定强度为 25.6 MPa。

第十九章　钻芯法检测混凝土强度

第一节　基本原理

一、钻芯法的发展

钻芯法是利用专用钻机,直接从结构混凝土上钻取芯样,经过切割磨平后进行抗压强度试验,并依据芯样混凝土的表观质量和抗压强度来评价结构混凝土质量的一种检测方法。这种方法对结构物有局部损伤,因此,它是一种半破损现场检测方法。

钻芯法广泛用于结构混凝土质量检测和工程结构物尺寸检查等方面。在国外应用已有几十年的历史。美国、英国、丹麦、法国、比利时等国均制定了钻取混凝土芯样进行强度试验的标准,国际标准化组织也编制了国际标准《硬化混凝土芯样的钻取检查及抗压强度试验》(ISO/DIS 7034)。我国从20世纪80年代初开始对钻芯法从机具、钻头、切磨及试验方法等方面进行深入细致的研究,于1988年编制了建设工程行业标准《钻芯法检测混凝土强度技术规程》(CECS 03:88),促进了钻芯法的应用。

利用钻芯法检测结构混凝土强度,不需进行某种物理量与强度之间的换算,被公认为是一种直观、可靠和准确的方法。但由于它对结构物有局部损伤,且受结构物尺寸、配筋密度的影响,同时,取芯成本较高,因此在工程质量检测中,大量钻取芯样往往受到一定限制。近年来,检测人员通常把钻芯法与其他非破损检测方法结合使用,如回弹—取芯、超声回弹—取芯、拔出—取芯、射钉—取芯等。一方面,利用非破损方法可以大量测试而不损伤结构;另一方面,又可利用钻芯法提高非破损检测精度,二者相辅相成。

二、钻芯法的应用

非破损检测方法用于检测结构混凝土质量,虽有操作方便、迅速等特点,但也有局限性,如不能检测受冻伤、化学侵蚀、火灾等建筑物混凝土的强度。而钻芯法能够从结构母体中钻取混凝土芯样进行直观检查和试验分析,来判断混凝土强度和缺陷损伤程度。

通常,钻芯法主要应用于以下几个方面:

(1)立方体试件强度低于混凝土设计强度等级,需要准确检测混凝土强度。

(2)立方体试件强度不能真实表征结构混凝土质量,需要检测结构实际质量。

(3)混凝土结构因原材料质量较差或因施工养护不良发生了质量缺陷,需要鉴定缺陷形成原因,评价对结构影响。

(4)采用回弹、超声、拔出等非破损方法检测结构混凝土质量,需要钻芯修正测强曲线,以提高检测精度。

(5)结构混凝土受冻伤、化学侵蚀、火灾等破坏时,需要检测混凝土强度和损伤程度。

(6)混凝土浇筑、振捣不力时,出现冷缝、蜂窝等缺陷,需要检测缺陷区质量。

(7)老建筑物质量鉴定,需要了解结构混凝土强度。

(8)对施工有特殊要求的结构和构件,如机场跑道、高速公路混凝土测强、测厚等。

同时,利用钻取混凝土芯样可以进行混凝土轴芯抗拉强度、劈裂抗拉强度、抗冻性、吸水性和密度的测定。

对于混凝土强度等级低于 C10 的结构,不宜采用钻芯法检测。

第二节　仪器设备

钻芯法所需的仪器设备包括:钻芯机、芯样切割机、磨平机和芯样补平器、人造金刚石空心薄壁钻头、钢筋位置测定仪以及电锤、水泵和水管等配套设备。

一、钻芯机

(一)钻芯机的分类

在混凝土结构的钻芯或工程施工钻孔中,由于被钻混凝土的强度等级、孔径大小、钻孔位置及操作环境等变化很大,因此人们就生产出不同类型的钻芯机来与之相适应。国外设计生产了轻便型、轻型、重型和超重型四种类型的钻芯机,钻孔直径 12 ~ 700 mm,转速200 ~ 2 000 r/min,功率 1.1 ~ 7.5 kW。国内生产的钻芯机从其功率及可钻孔径来看,属于轻型和轻便型两种。如 PQ-1 型手持式钻芯机,其自重约 6 kg,靠操作人员身体支撑,可以在工地现场骑缝取芯,检查裂缝深度或在砖墙上钻孔,安装空调冷却管。

如 HZQ-150B 型轻型钻芯机,电机功率 2 kW,最大行程 600 mm,钻孔最大直径 150 mm,自重 23 kg。使用简单,操作方便。

目前,国内生产厂家较多,品种型号不一,现列几种钻芯机技术参数于表 19-1。

表 19-1　几种钻芯机主要技术指标

序号	钻芯机型号	钻芯直径 (mm)	最大行程 (mm)	主轴转速 (r/min)	电机		钻芯机尺寸 (长×宽×高) (mm×mm×mm)	整机质量 (kg)	固定方式
					电压 (V)	功率 (kW)			
1	GZ-1120	160	500	950/440	380	3	630 × 450 × 1 800	85	支撑
2	HZQ-100	118	370	850	220	1.7	480 × 250 × 890	23	锚固螺栓
3	回 HZ-160	160	400	500 ~ 1 000	220	1.7	470 × 235 × 880	25	锚固螺栓
4	HZ-1	30	400	720	380	0.75		5	吸盘式
5	HE-200	200	500	900/450	220	2.2		28	锚固螺栓
6	SPO(日本)	160	400	600/300	220	2.2	100 × 230 × 603	30	锚固螺栓
7	HME(英国)	150	600	900/450	220	2.2	610 × 500 × 1 800	75	支撑

(二)钻芯机的构造

钻芯机一般由机架部分、进给部分、变速箱、给水部分和动力部分组成。图 19-1 为回 HZ-160 混凝土钻芯机构造示意图。

1. 机架部分

机架部分主要由底座和立柱所组成。立柱安装在底座上,立柱上安装有齿条、电动机等零部件。在底座上一般安有四个调平螺丝和两个行走轮。

2. 进给部分

进给部分由滑块导轨、升降座、齿条、齿轮、进给手柄等组成。当把升降座上的锁紧螺钉松开后,利用进给手柄可使升降座安全匀速地上下移动,以保证钻头在允许行程范围内的前进或后退。

3. 变速箱

变速箱由壳体、变速齿轮、变速手柄和旋转水封等组成。通过拨动变速手柄可得到高低两挡转速,有的钻芯机变速箱只有一挡转速。钻芯时在变速箱前端的主轴上安装金刚石薄壁钻头。

4. 给水部分

给水部分在钻芯过程中,必须供应一定流量的冷却水,以便冷却钻头和冲走混凝土碎屑。

5. 动力部分

动力部分主要由电动机、启动器和开关等组成。

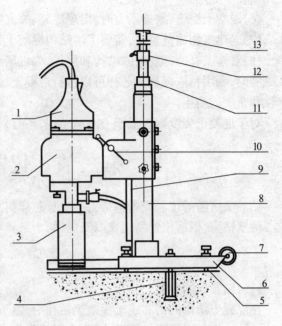

图 19-1　回 HZ-160 混凝土钻芯机构造
1—电动机;2—变速箱;3—钻头;4—膨胀螺栓;5—支撑螺钉;
6—底座;7—行走轮;8—立柱;9—升降齿条;10—进给手柄;
11—堵盖;12—支撑杆;13—紧固螺钉

(三)钻芯机检修检验和保养

为了延长钻芯机设备的使用寿命,保证钻芯机的正常使用,应对其定期进行检修检验和保养。为此,操作人员首先必须对钻芯机的技术要求有所了解。

1. 技术要求

(1)钻芯机行进过程应灵活,锁紧螺钉锁紧后,机头应稳固。

(2)电机不应有油污,应风道畅通,保证电机的良好散热条件。

(3)电路接触良好。

(4)钻芯机主轴不偏心,空转时稳定,不晃动。

(5)密封圈处不漏水。

(6)变速箱内润滑油应为 1/3 ~ 1/2 容积。

(7)钻芯机工作时噪声应小于 90 dB。

2. 检修检验用工具

检验钻孔的上述技术要求,一般需要用到百分表、磁性表座、分贝仪和摇表等标准器具。另外,钻芯机转子、轴承、碳刷、密封圈、保险丝、润滑脂等易损、易耗配件也应该常备,以便及时更换。

3. 检验方法和程序

钻芯机的检验和维护保养通常按下列方法和程序进行:

(1)用摇表测量线路绝缘电阻。特别对于长期停用的钻孔,在重新使用时,必须测试电机绕阻与机壳间的绝缘电阻,其数值不应小于 5 MΩ。

(2)拆下电机机壳,清除油污。

(3)接上电源,空转钻芯机,检查碳刷及换向器接触状态,如果出现断续接触或火花应立即停机切断电源,并作如下处理:转动主轴,检查碳刷与换向器间有无空隙;检查换向器表面光洁度,如有麻点,应拆下用磨床磨光,不准用砂纸打光或涂油;检查碳刷磨损情况,如果磨损至 6 mm 时应更换碳刷。

(4)给钻芯机加上工作水头,检查油封处有无漏水现象。如果有应更换油封。

(5)接上电源,开动钻芯机,用磁性表座和百分表检查钻芯机主轴及钻头径向跳动情况。一般地,主轴径向跳动不应超过 0.1 mm,钻头胎体对钢体的同心度不得大于 0.3 mm,钻头径向跳动不得大于 1.5 mm。如果钻芯机振动较大,应仔细检查各联结部位,及时调整紧固。

(6)检查变速箱内润滑油是否清洁。一般每 6 个月要清洗、更换一次润滑脂。如果钻芯机使用频繁,间隔时间要更短一些。轴承处加钙-钠润滑脂(ZGN-1 或 ZGN-2),齿轮则宜加 3 号钙基润滑脂(ZG-3)。

(7)用分贝仪测读噪音值。

(8)经检验、维修完毕的钻芯机应放在干燥处,用防尘罩罩上。

另外,钻芯机在工作过程中需要注意:钻头在安装前,应给联结螺纹处涂上钙基润滑脂,保证拆装方便;钻头刃口磨损和崩裂严重时应更换钻头,以免在钻削过程中损坏电机。

钻芯机在使用过程中,一般常见故障及排除方法见表 19-2。

表 19-2　钻芯机一般故障及排除方法

故障现象	产生原因	排除方法
电机不运转 或运转不良	电源不通 接头松落 电刷接触不良或已经磨损 开关接触不良或不动作 转子有断线 转子变形 轴承损坏	修复电源 检查所有接头 更换 修理或更换 更换 更换 更换
电机发生严重火花	电枢短路局部发热、焊点脱落 碳刷与换向器接触不良 碳刷磨损	修复 砂磨换向器及碳刷 更换
电机表面过度发热	作业时间过长 绕组潮湿 电源电压下降	停机休息 干燥电机 调整电源电压
水封处严重漏水	密封圈已损坏	更换密封圈

二、芯样切割机

当检测混凝土力学性能指标时,应根据相应规范要求将芯样用切割机加工成一定高径比的试件。

混凝土芯样切割机按切割方式可分两种类型,一种是圆锯片不移动,但工作台可以移动(手摇和自动两种);另一种是,锯片平行移动,但工作台不动。

也有一些单位用砂轮锯改装成简易芯样切割机,效果也较好。

三、磁感仪

磁感仪通常被称作混凝土保护层厚度测定仪,是取芯工作必备的配套仪器。在取芯过程中为了避免碰到钢筋、预埋铁件或电线等金属物品,在取芯前应采用磁感仪测出这些物品的位置。

磁感仪主要是根据平行谐振电路的电压振幅减少的原理制作的。探头等计量仪器中的线圈,在交流电流通电后便产生磁场。当该磁场内有钢筋等磁性体存在时,磁性体便产生电流,并形成新的反向磁场。这个新的磁场又在计量仪器的线圈产生反向电流,结果使线圈电压产生变化。由于线圈的电压变化是随磁场内磁性体的特性及距离变化的,利用这种现象便可测出混凝土中的钢筋位置和尺寸。

以英产 CM9 钢筋探测仪为例,对构件进行测试。在定位模式下,通过屏幕底部的信号强度线找出最大信号,也可以使用仪器内置的声音指示信号定出钢筋位置;在深度模式下,用于精确测试混凝土保护层厚度,而且无论钢筋尺寸已知或未知都可以使用。进口钢筋定位仪可以将 $\Phi6$ 以上的钢筋位置准确测出,多次测试的结果一致;用钢卷尺量出混凝土表面相邻两根钢筋位置线的距离即为混凝土内钢筋的实际距离;测出的保护层厚度误差不超过 2 mm,一般能满足工程检测的需要;有的钢筋探测仪测试的最大深度为 360 mm,能够在搪粉层外测出砌体拉结筋的位置和长度。英产 MICRO 钢筋探测仪、瑞士产 PRO-FORMET4、5 型 Rebar Locator 均为数字显示仪器,都可以很轻松地准确测量钢筋数量、间距和混凝土保护层厚度。

第三节　芯样的钻取与制样

一、钻芯位置的选择

钻芯时会对结构混凝土造成局部损伤,因此要慎重选择取芯位置,原则上应尽量选择在结构受力较小的部位。对于一些重要构件或者一些构件的重要区域,尽量不在这些部位取芯,以免对结构安全工作造成不利影响。另外选择取芯位置应遵循下列原则:

(1)取芯位置混凝土强度应具有代表性。一般情况下,应首先对结构混凝土进行回弹或超声的测试,然后根据检测目的与要求来确定钻芯位置。

(2)在使用其他非破损方法与钻芯法共同检测结构混凝土强度时,为了能建立起非破损测试强度与芯样抗压强度之间的良好对应关系,取芯位置应选择在具有代表性的非破损测区内。

二、钻芯技术

(一)钻芯前的准备

1. 调查了解工程质量情况

(1)工程名称以及建设、设计、施工、监理单位名称;

(2)结构或构件种类、外形尺寸及数量;

(3)混凝土强度等级,所用的水泥品种,粗集料粒径,砂、石产地及配合比等;

(4)结构混凝土的浇筑日期,混凝土试块抗压强度;

(5)结构或构件的现有质量状况以及存在的质量问题;

(6)有关的结构设计图和施工图。

2. 钻芯机具准备

根据结构检测的目的,选择合适型号的钻芯机和钻头是十分必要的。对体积较大的混凝土基础,当取芯深度要求大于 400 mm 时,宜用 GZ-1200 型钻芯机和长度 500 mm 的钻头;对于梁、柱等结构取芯较短和取芯位置不方便的区域,应选用轻便式钻芯机和长度 250～300 mm 的钻头。

3. 钻头直径的选择

在一般情况下,芯样用于混凝土抗压强度试验时,其直径为粗集料粒径的 3 倍。在钢筋过密或因取芯位置不允许钻取较大芯样的特殊情况下,钻芯直径可为粗集料直径的 2 倍。在建筑工程中的梁、柱、板基础等现浇混凝土结构中,一般使用粗集料的最大粒径不大于 40 mm,这样采用内径为 100 mm 或 150 mm 的钻头可满足要求。

当混凝土的粗集料粒径为 5～20 mm 时,可使用小直径钻头。为了减小结构或构筑物的损伤程度,确保结构安全,应尽量选取小直径钻头,但芯样直径不得小于集料最大粒径的 2 倍。

如取芯是为了检测混凝土的内部缺陷或受冻害、腐蚀层的深度,则钻头直径的选择可不受粗集料最大粒径的限制。

4. 钻芯数量的确定

在进行强度检测时,取芯的数量一般可分以下两种情况:

(1)单个构件进行强度检测时,在构件上的取芯个数一般不少于 3 个;当构件的体积或截面较小时取芯过多会影响结构承载能力,这时可取 2 个。

(2)为了对构件某一指定的局部区域的质量进行检测,取芯数量应视这一区域的大小而定,这时检测结果仅代表取芯位置的质量,而不能据此对整个构件或结构物强度作出整体评价。

(二)钻芯机的安装

钻芯机的固定方法有:配重法、真空吸附法、顶杆支撑法和膨胀螺栓法等,必要时可两种方法同时使用。钻芯机安装的稳定性和垂直性是保证钻芯工作顺利进行的首要条件。下面对国产轻便型钻芯机常用的固定方法——膨胀螺栓固定法作一简介。

第一步:用电锤在预定位置钻一孔洞,通常直径为 14 mm,深度为 50 mm 左右。清理孔中碎屑后将直径为 10 mm 的膨胀螺栓放入钻孔中,通过敲击螺栓的套管和拧紧螺帽,紧固好膨胀螺栓。然后在其上部装上硬度很大的钢制加长螺栓,长度为 50 mm。

第二步:把钻芯机底座的螺栓孔插入加长螺栓上,用螺帽紧固钻机,随即调整底座四角的螺丝,使钻头的轴线与混凝土表面垂直。

利用这种方法安装钻芯机,加长螺栓可以重复使用,膨胀螺栓往往是一次性的。

(三)芯样钻取

混凝土芯样的钻取,看似简单,实则技术性很强,在工地上一般不能让配合人员操作。芯样质量的好坏,钻头和钻芯机的使用寿命以及工作效率,都与操作者的熟练程度和经验有关。芯样钻取大致分下列 4 个步骤:

(1)钻芯机安装稳固并调至与结构物表面垂直后,安好钻头,接通水源,水流量宜为 3 ~ 5 L/min,出口水温不宜超过 30 ℃。

(2)启动电动机,操作加压手柄慢慢接触混凝土面。当混凝土表面不平或钻头接触到混凝土面发生剧烈抖动时,下钻更应特别小心,现场可用两根木条交叉引导钻头进钻,待钻头入槽稳定后方可适当加压进钻。

(3)当钻至要求的长度后,退钻至离混凝土表面 20 ~ 30 mm 时停电停水,然后将钻头全部退出混凝土表面,以防卡钻。

(4)移开钻机,用带弧度的钢钎插入芯样圆形槽用锤敲击,弯矩的作用使芯样在底部与结构断离,然后将芯样取出,及时编号,检查外观质量情况,作好记录后,妥善保管。必要时可以在芯样上较精确量测出混凝土碳化深度。

在大体积混凝土构筑物或箱形基础底板检测时,有时需要深孔取芯,这就需要在某些方面加以改进后才能完成。安徽省建筑工程质量监督检测站通过多年实践,研制了混凝土取芯器,利用国产的一些中小型钻芯机经加接长杆或套管的办法,取芯深度可达 3 m。

(四)钻孔的修补

混凝土结构经钻孔取芯后,对结构的承载能力会有一定的影响,应及时进行修补。修补时,首先尽量将孔壁凿毛,并清除孔内污物,以保证新老混凝土良好结合。其次,配制适当的混凝土,减少收缩变形。通常,采用微膨胀水泥细石混凝土,强度等级高于老混凝土一个强度等级进行修补;在便于浇捣部位,可用干硬性细石混凝土捶捣修补,补后应注意养护。

对于钻孔过程中切断的钢筋,应视钢筋作用和结构重要性来确定是否对钢筋进行补焊,以尽量减少对结构物不利的影响。

三、芯样的加工及端面修整

从钻孔中取出的芯样往往是长短不齐和两端极为粗糙的,不能满足芯样试件的尺寸要求,必须进行切割加工和端面修补后才能进行抗压试验。

(一)芯样切割

利用芯样切割机将芯样两端切平,芯样高径比应在 1.0 ~ 2.0 的范围内,最好控制在 1.0 ~ 1.2 之间。锯切前一定要将芯样固定,并使芯样的轴线与金刚石锯片相垂直。

注意事项:①锯切过程要保证冷却水注入到锯切片上。②芯样试件内不宜含有钢筋。

若实在避不开,每个试件内最多只允许含有二根直径小于 10 mm 的钢筋,且钢筋应与芯样轴线基本垂直并不得露出端面。③操作人员不得远离操作台,保证在发生意外时可以及时处理。

(二)切样磨平

芯样在锯切过程中,由于受到振动、夹持不紧或圆锯片偏斜等因素的影响,芯样端面可能出现突起、凹痕等,导致其平整度及垂直度不能满足试件尺寸的要求。这就需要在磨平机上进行磨平处理。

具体做法是:在磨平机的磨盘上洒上金刚石砂粒和水,把芯样放在磨平机夹具上或手持芯样对其两端面进行磨平。用钢板尺或角尺靠在芯样端,测量平整度和垂直度(见图19-2),直至满足规范要求。

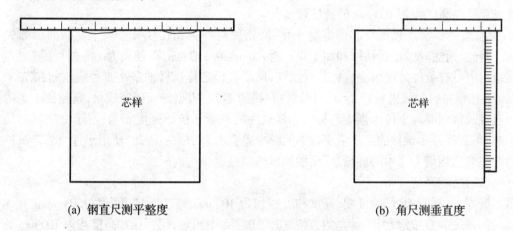

(a) 钢直尺测平整度   (b) 角尺测垂直度

图 19-2   芯样平整度和垂直度测量

(三)芯样补平

为保证芯样端面与试验机垫块良好结合,试件经磨平后往往还需要用硫磺胶泥或水泥砂浆补平。补平器如图 19-3 所示。

用硫磺胶泥补平方法简单、方便、效率高,容易保证补平质量,补平后即可进行抗压试验,因此通常被检测人员所采用。但也应注意:①补平前芯样应处于自然干燥状态,并保持端面清洁。②补平器底盘内需涂上深层矿物油或其他脱模剂,以防硫磺胶泥与底盘粘结。③补平后应再复测芯样垂直度。④补平厚度不宜超过 1.5 mm。⑤人员操作时应在通风良好

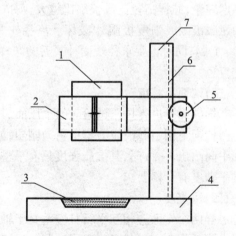

图 19-3   硫磺胶泥补平器
1—芯样;2—夹具;3—硫磺液体;4—底盘;
5—手轮;6—齿条;7—立柱

的地方或在通风橱内进行,以避免 SO_2 等有害气体对人身健康带来伤害。

第四节　钻芯法测强主要影响因素

一、芯样尺寸和加工质量的影响

(一)芯样直径

传统观点考虑环箍效应认为芯样直径愈小,则强度愈高,但近年来的研究指出,由于小直径芯样其表面积与体积之比较大,即钻芯时损伤程度大,认为直径在 50~150 mm 之间的芯样,其抗压强度差别不大。《港口工程混凝土非破损检测技术规程》(JTJ/T 272—99)第 5.4.6 条则为:"当芯样直径 < 100 mm 时,试件的抗压强度应乘以换算系数 1.12,换算成直径与高度均为 100 mm 的抗压强度"。

总之,芯样抗压强度与芯样混凝土直径、粗集料种类和粒径等是一个复杂的函数关系。因此,检测时应尽量钻取和加工直径为100 mm或150 mm,高径比为1:1的标准样品。在检测中可有条件地使用小直径芯样试件,但小直径芯样试件的最小直径应控制在 70~75 mm 且粗集料的最大粒径小于芯样试件直径的 1/2。根据最新研究成果,高径比 1:1 的小直径试件的混凝土抗压强度与标准芯样试件的混凝土抗压强度相当,由于受集料粒径影响,小直径芯样试件的抗压强度样本的标准差会明显增大。因此,使用小直径芯样试件时应注意适当增大样本的容量,严格控制试件误差。

(二)芯样高度

据国内外的一些试验证明,高度和直径均为 100 mm 的芯样与边长为 150 mm 立方体试块的强度非常接近,为了计算的方便,CECS 03:88 中规定,用直径和高度均为 100 mm 的芯样试件作为圆柱体标准试件,对不符合上述规定的芯样统称为非标准圆试件。根据压杆稳定理论,芯样高径比或长细比越大,则抗压强度降越低,反之,芯样中的压应力达到材料的屈服极限或强度极限才破坏。高径比为 1.0~2.0 的芯样混凝土强度换算系数为 1.00~1.24,同时也要求径端面补平后的芯样高度必须在 $0.95\ d$~$2.05\ d$(d 为芯样试件平均直径)之间。

(三)端面平整度

芯样端面是进行抗压试验时的承压面,其平整度对抗压强度影响很大。端面不平时,向上凸比向下凹引起的应力集中更为剧烈,如同劈裂抗拉破坏一样,强度下降非常大。当端面中间凸出 1 mm 时,其抗压强度只有平整试件的 50% 左右,因此国内外标准中对芯样端面平整度有严格要求。

(四)垂直度

芯样两个端面应相互平行且应垂直于轴线。芯样端面与轴线间垂直度偏差过大,抗压时会降低强度,其影响程度还与试验机的球座及试件的尺寸大小有关。有关标准规定,端面与轴线的垂直度偏差不应超过 2 度。

二、芯样抗压试验的影响

芯样在抗压破型过程中,加荷速度和芯样在压力机上的摆放位置等因素对芯样混凝土抗压强度有一定的影响。

（一）加荷速度

一般地，加荷速率偏大，则抗压破坏荷载会偏高，反之，则偏低。这是由于混凝土承受荷载时，起初只产生微裂缝，随着荷载逐步加大后，裂缝逐渐扩大并联成一片便产生破坏。因此，在进行芯样试件试压，试件混凝土出现裂缝时，即使维持荷载不变或荷载增加很慢，裂缝也会逐渐增加，直到破坏，这样得到的破坏荷载会偏低，其抗压强度就会偏小。

（二）摆放位置

芯样试件在试压时要放在压力机下压板上，而且使试件的中心与下压板中心对准。开动试验机后，当上压板与试件接近时，要调整球座，使之均匀接触。否则会导致试件偏心受压，得到的破坏荷载将小于实际值，给试验结果带来很大误差。

三、芯样含水率的影响

芯样的潮湿程度对抗压结果有一定影响，混凝土材料随着含水量的增加会降低强度。一般地，混凝土强度等级越低，影响愈显著。这是由于试件受荷载时，水在混凝土中不能被压缩，只能横向膨胀，使试件侧向增加拉应力，加上混凝土内的水分产生尖劈力并减弱了颗粒间的摩阻力等多种原因，使试件强度降低。

在干燥状态下试验的试件，通常比经过浸湿的芯样强度高，如表 19-3 试验成果。芯样浸湿后的强度比干燥状态低 10% ~ 22%。

表 19-3　芯样干湿状态对混凝土强度的影响

试验单位	试件尺寸（mm）	试件数量（个）	湿度状态	平均强度（MPa）	均方差（MPa）	变异系数（%）	$\dfrac{f_干 - f_湿}{f_干}$（%）
中国建筑科学研究院	$\Phi100 \times 100$	66	风干芯样	39.4	4.80	12.1	19.0
		66	浸水芯样	31.9	4.80	15.0	
	$150 \times 150 \times 150$	33	风干芯样	32.2	6.60	20.5	15.9
		33	浸水芯样	27.1	6.00	22.1	
中建四局建筑科学研究所	$\Phi100 \times 100$	—	风干芯样	41.2	4.00	9.74	13.0
		—	浸水芯样	36.0	3.29	10.9	
广西自治区建筑科学研究所	$\Phi100 \times 100$	—	风干芯样	19.1	2.80	14.8	22.0
		—	浸水芯样	14.9	1.60	11.1	
	$150 \times 150 \times 150$	—	风干芯样	17.4	2.30	12.9	14.0
		—	浸水芯样	15.1	2.30	15.1	
北京市建筑工程科学研究所	$\Phi100 \times 100$	66	风干芯样	—	—	—	12.5
		66	浸水芯样	—	—	—	
	$150 \times 150 \times 150$		风干芯样				3.0
			浸水芯样				
山西省建筑科学研究所	$\Phi100 \times 100$		风干芯样				10.0
			浸水芯样				

四、芯样中含有钢筋对抗压强度的影响

芯样在进行抗压试验时，其轴线主向承受压力，因此不允许有与轴线相互平行的钢筋。许多国家的标准都作了这样的规定。但对于与轴线垂直的钢筋，各国标准的规定不

一致。国际标准规定,芯样应不带或基本不带有钢筋;我国标准规定,每个芯样试件内最多允许含有 2 根直径小于 10 mm 的钢筋,且钢筋应与芯样轴线基本垂直并不得露出端面;我国标准 JTJ/T 272 中规定,对于芯样直径 $\Phi \geqslant 100$ mm 的试件,可含一根与试件受压面平行的直径 $\Phi \leqslant 6.0$ mm 的钢筋。

关于与轴线垂直的钢筋对抗压强度的影响问题,国内外的试验结果并不一致。英国标准认为,芯样中含有的钢筋会降低抗压强度,并根据钢筋直径和钢筋在芯样中的位置列出了计算混凝土抗压强度修正系数的公式。国内一些单位对含有钢筋的芯样与不含钢筋的芯样做了对比试验(其他所有条件均一致),结果如表 19-4。

表 19-4 芯样中有无钢筋对强度的影响

含钢筋情况	试件数量 (个)	试件尺寸 (mm)	平均强度 (MPa)	均方差 (MPa)	变异系数 (%)	$\dfrac{f_{有筋} - f_{无筋}}{f_{无筋}}$
不含钢筋	7	$\Phi 100 \times 100$	34.5	1.19	3.5	6%
含有 $\Phi 6$ mm 或 $\Phi 8$ mm 2 根钢筋,距端面 $5 \sim 40$ mm	10	$\Phi 100 \times 100$	36.7	2.06	5.9	

表 19-4 的试验结果认为,由于钢筋直径小且数量少,影响程度被混凝土强度本身的变异性所掩盖,因此,反映出含有钢筋的芯样强度比不含钢筋的芯样强度稍高点,影响并不显著。试验还认为,芯样中部存在钢筋,影响就会大一些;若钢筋通过轴心,钢筋受拉应力,防止横向膨胀,起到增强作用;如果在芯样周边上存在一小段钢筋,由于钢筋与砂浆间的粘结力,不如砂浆和粗集料间的粘结力强,该处为低强区,降低了芯样的强度。

总之,芯样中含有钢筋对强度的影响是一个复杂的问题,在取芯或加工芯样时,应尽量避免钢筋的存在。

第五节 芯样试件抗压强度测定

芯样试件加工修补完成后,应根据结构工作条件对芯样试件进行养护,然后测量芯样的平均直径、高度、垂直度等几何尺寸,进行抗压试验。

一、芯样几何尺寸测量

(一)直径
利用游标卡尺测量试件中部,在相互垂直的两个位置上,测量两次,计算其算术平均值,精确至 0.5 mm。

(二)高度
用钢板尺或游标卡尺在芯样由面至底的两个相互垂直位置上,测量两次,计算其算术平均值,精确至 1.0 mm。

(三)垂直度
用游标量角器测量两个端面与母线的夹角,精确至 0.1°。

(四)平整度

用钢板尺或角尺紧靠在试件端面上,用塞尺测量与试件端面的间隙,精确至0.05 mm。

二、抗压试验

芯样试件在进行试验时,可分潮湿状态和干燥状态两种试验方法。如结构工作条件比较干燥,芯样试件应以自然干燥状态进行试验;结构工作条件比较潮湿,芯样试件应以潮湿状态进行试验。CECS 03∶88规定,对于干燥状态,芯样应在室内自然干燥3天;对于潮湿状态,应在(20±5)℃的清水中浸泡40~48 h。

抗压试验一般按下列步骤进行:

(1)先估计一下试件的破坏荷载,选择压力机,要求试件的预期破坏在全量程的20%~80%的范围内。

(2)将试件两端的污物、水迹等清除干净,然后放于压力机下压板(或垫块)上,并使试件的中心与下压板的中心对准。开动试验机后,让上压板与试件缓慢、均匀接触,以每秒0.3~0.5 MPa(强度等级小于C25)、0.5~0.8 MPa(强度等级不小于C25)的速度连续而均匀地加荷,直至破坏。

三、抗压强度计算及混凝土强度推定

(一)计算公式

芯样试件的抗压强度等于试件破坏时的最大压力除以截面积,截面积用平均直径计算。我国以边长150 mm的立方体试块作为标准试块。由非标准圆柱体(芯样)试件强度换算成标准尺寸立方体试件强度时必须进行两次换算:①非标准圆柱体换算成标准圆柱体试件强度;②由标准圆柱体试件换算成标准立方体试块强度。

在钻芯法规程中规定,以直径100 mm,高径比为1的圆柱体作为标准试件,其他尺寸的芯样则为非标准试件。经大量实践证明,标准圆柱体试件抗压强度与边长150 mm立方体试块强度基本上是一致的(见表19-5)。因此,由标准圆柱体试件强度换算成标准立方体试块强度时,可不必进行修正,即取修正系数为1。那么由非标准圆柱体试件强度换算成标准立方体试块强度时只要换算成标准圆柱体试件强度就可以了。

(1)芯样试件的混凝土强度可按下列公式计算:

$$f_{cu}^c = \alpha \frac{4F}{\pi d^2} \tag{19-1}$$

式中　f_{cu}^c——芯样试件混凝土强度换算值,MPa,精确到0.1 MPa;

　　　F——芯样试件抗压试验测得的最大压力,N,精确到1 N;

　　　d——芯样试件的平均直径,mm,精确到1 mm;

　　　α——不同高径比芯样试件混凝土换算强度的修正系数。

(2)不同高径比芯样试件混凝土强度修正系数 α。

系数 α 是用全国各单位试验结果的统计值,其回归公式如下:

$$\alpha = \frac{x}{ax + b} \tag{19-2}$$

表 19-5　标准立方体试块与标准圆柱体试件强度比值

试验单位	试件数量(个)	强度比值(f_{cu}^c/f_{cor})
中国建筑科学研究院	100	1.06
山西省建筑科学研究所	30	1.02
北京市建筑工程科学研究所	30	1.03
广西自治区建筑科学研究所	30	1.02
中建四局建筑科学研究所	18	1.05
冶金部建筑科学研究总院	102	1.01
平均值		1.03
苏联　ГОСТ		1.04
英国 BS 1881　Part 120-1983		1.00
国际标准		1.00

式中　a——0.617 49；

　　　b——0.379 67；

　　　x——h/d（h 为高，d 为直径）。

根据该式计算的结果列于表 19-6 中。

表 19-6　芯样试件混凝土强度换算关系系数值

高径比 (h/d)	1.0	1.1	1.2	1.3	1.4	1.5	1.6	1.7	1.8	1.9	2.0
系数 (α)	1.00	1.04	1.07	1.10	1.13	1.15	1.17	1.19	1.21	1.22	1.24

(二)混凝土强度推定

(1)在外力作用下,结构混凝土的破坏一般都是首先出现在最薄弱的区域,为了推定结构混凝土强度,对于单个构件或单个构件的局部区域,可取芯样试件混凝土强度换算值中的最小值作为构件强度代表值。

(2)当采用取芯法对其他非破损方法测强曲线进行修正时,可利用芯样混凝土强度换算值与芯样所在非破损方法测区换算强度进行比较,利用比值的平均值(有时需要剔除异常值)对测强曲线进行修正。然后,根据相应的非破损检测规程对结构混凝土强度进行推定。

(3)几种修正方法。

在结构混凝土强度检测中,可使用总体修正量方法、局部修正量法和局部修正系数法。而目前普遍采用的是局部修正系数的方法。

修正量形式与修正系数形式的显著差别是:修正量形式只对非破损检测样本的算术平均值 $f_{cu,m0}^c$ 进行修正,而不对非破损检测样本的标准差 S_0 进行修正;修正系数形式不仅对非破损检测样本的算术平均值 $f_{cu,m0}^c$ 进行了修正,而且也将非破损检测样本的标准差 S_0 进行了修正。实际上,由于芯样试件的样本容量较小,没有对非破损样本的标准差进行检验和修正的可能,因此不应该对非破损样本的标准差进行修正。

①总体修正量法。总体修正量法是用芯样试件样本换算抗压强度的算术平均值

$f_{cor,m}$ 与非破损样本换算抗压强度的算术平均值 $f^c_{cu,m0}$ 的差值 Δ_z 作为修正量,然后用 Δ_z 与非破损检测样本中的测试值相加得到修正后的值。相应的修正公式为

$$f_{cu,i} = f_{cu,i0} + \Delta_z \tag{19-3}$$

式中　$f_{cu,i}$——修正后的测区换算强度;

　　　$f_{cu,i0}$——未修正的测区换算强度;

　　　Δ_z——总体修正量。

总体修正量方法的概念明确,是检验批混凝土强度均值 μ 与估计值之间的比较。$f_{cor,m}$ 是对检验批混凝土强度均值 μ 的估计值,当两个估计值存在着差异时,认为存在系统误差,对非破损样本的系统误差进行修正。

由于钻芯法的系统误差小,抽样误差大,因此当采用总体修正量法时对芯样试件强度样本的抽样误差提出限制要求。具体要求为:对检验批混凝土强度均值 μ 给出推定区间,推定区间包括检验批混凝土强度均值 μ 的概率(置信度)为 0.90;推定区间上限值与下限值之差值 Δ_m 应小于 5 MPa 和 $0.1f_{cor,m}$ 两者的较大值。Δ_m 按下式计算:

$$\Delta_m = 2kS \tag{19-4}$$

式中　k——推定区间上限值和下限值系数,查表确定;

　　　S——芯样试件换算抗压强度样本的标准差。

一般情况下应选择总体修正量的修正方法。当总体修正量法对芯样试件样本的上述要求无法满足时可采用局部修正量法或局部修正系数法。

②局部修正量法。局部修正量法是用芯样试件样本换算抗压强度的算术平均值 $f_{cor,m}$ 与非破损样本的对应测区应换算抗压强度的算术平均值 $f^c_{cu,m1}$ 的差值 Δ_j 作为修正量,然后用 Δ_j 与非破损检测样本中的测试值相加得到修正后的值。相应的修正公式见式(19-5)。

$$f_{cu,i} = f_{cu,i0} + \Delta_j \tag{19-5}$$

式中　$f_{cu,i}$——修正后的测区换算强度;

　　　$f_{cu,i0}$——未修正的测区换算强度;

　　　Δ_j——局部修正量。

局部修正量方法的原理是:取非破损检测数据的子样本代表非破损样本的总体,芯样试件样本的容量与之相当。局部修正量法的基本原理与相应国家标准规定的方法的原理相同。

局部修正量法是总体修正量法的补充,允许采用局部修正量的方法完全是为了方便检测工作的实施。局部修正量法的芯样试件数量不少于 6 个。

第六节　工程检测要点

一、钻芯前

(1)当采用单一取芯法检测混凝土强度时,要了解委托单位的检测目的和工程相关

资料。

(2)当采用钻芯法和非破损法综合测定混凝土强度时,应注意测区选择要具代表性,同时在原始记录上标明钻芯位置和测区,以便在修正测强曲线时能正确使用。

(3)取芯位置应选择在结构或构件受力较小的部位,同时要避开钢筋、预埋件和管线的位置。

二、钻芯过程中

(1)将钻芯机牢固安装在选定的取芯位置,不能在工作时因振动产生位置偏移,导致卡钻。若目测结构混凝土强度较低,要采取防护措施,以防钻机脱落伤人。

(2)芯样钻出后应及时编号,作详细的取芯记录。必要时测试其碳化深度。

三、钻芯后

(1)按照规程要求,对结构或构件钻芯后留下的孔洞及时进行修补,以保证结构或构件正常工作。

(2)加工芯样时,应特别控制好样品端面平整度和垂直度。

(3)抗压试验前,按结构混凝土工作环境对样品进行养护。

(4)抗压试验时,应摆放好样品,并控制好加荷速度。

第七节　实　例

某工程系八层框架结构,建筑面积 3 200 m²。基础采用独立柱基础,混凝土设计强度等级为 C20。±0.00 以上混凝土设计强度等级为 C25。因基础和二层柱预留试块混凝土强度与设计强度等级有显著差异,需要对工程实体进行检测。

一、检测方案

利用取芯法抽检基础混凝土强度,共抽检 5 个基础;利用回弹法兼取芯修正的方法对二层柱混凝土强度进行批量检测,共抽检 11 根柱,布置回弹测区 110 个,钻取芯样 6 个。

二、现场检测情况

(一)基础

随机选择 5 个基础,每个基础钻取 2 个直径为 100 mm 芯样,芯样长度在 230 mm 以上。芯样钻取完毕及时进行修补。

(二)二层立柱

随机选取 11 根柱,按规范要求布置回弹测区,打磨测区混凝土表面,使之清洁平整后,测试混凝土回弹值和碳化深度值。然后选择 6 个回弹测区钻取直径为 100 mm 的芯样,其中,回弹值较高处和较低处各 1 个芯样,回弹值一般处 1 个芯样。同样,芯样长度控制在 230 mm 以上。芯样钻取完毕及时进行修补。

三、室内试检和数据处理

(一)芯样混凝土强度

将钻取的芯样加工成高径比为 1:1 的标准样品,两端磨平后用硫磺胶泥补平。基础芯样在(20±5)℃的清水中浸泡 2 d 后,进行抗压强度试验,结果如表 19-7 所示。立柱芯样在试验室内自然干燥 3 d,进行抗压强度试验,结果如表 19-8 所示。

表 19-7　基础芯样抗压强度试验结果

测试部位	芯样编号	芯样混凝土强度换算值(MPa)	构件混凝土强度代表值(MPa)
1/A	$1^{\#}-1$	23.2	21.2
	$1^{\#}-2$	21.2	
3/C	$2^{\#}-1$	26.3	25.1
	$2^{\#}-2$	25.1	
6/A	$3^{\#}-1$	24.9	24.9
	$3^{\#}-2$	30.2	
9/B	$4^{\#}-1$	21.8	20.7
	$4^{\#}-2$	20.7	
12/C	$5^{\#}-1$	26.3	20.5
	$5^{\#}-2$	20.5	

(二)回弹数据处理

按照《回弹法检测混凝土抗压强度技术规程》(JGJ/T 23—2001)计算各构件各测区混凝土强度换算值。将立柱芯样抗压强度与芯样所在测区回弹法计算的混凝土强度换算值进行比较,从而求得修正系数 k。结果如表 19-8 所示。

表 19-8　立柱芯样抗压强度试验结果

检测部位	芯样编号	f_{cu}(MPa)	f_{cu}^{c}(MPa)	$k=f_{cu}/f_{cu}^{c}$
1/A	$6^{\#}$	30.1	26.7	1.126
3/C	$7^{\#}$	25.6	25.0	1.023
6/C	$8^{\#}$	29.6	30.7	0.965
8/A	$9^{\#}$	35.6	35.2	1.012
10/C	$10^{\#}$	31.2	29.3	1.065
12/C	$11^{\#}$	28.7	26.0	1.102

注:1. f_{cu} 为芯样混凝土强度换算值,MPa;f_{cu}^{c} 为芯样所在测区回弹法混凝土强度换算值,MPa。
　　2. 平均修正系数为 1.049。

利用上面求得的修正系数乘以各测区混凝土强度换算值,便可以得最终各构件各测区的混凝土强度换算值。进而再计算各构件的测区混凝土强度平均值和标准差以及二层柱总体混凝土强度换算值的平均值($m_{f_{cu}}$)、标准差($S_{f_{cu}}$)和总体推定强度($f_{cu,e}$)。结果如表 19-9 所示。

表 19-9

构件名称		混凝土抗压强度换算值(MPa)			现龄期混凝土强度推定值(MPa)
		平均值	标准差	最小值	
二层柱	1/A	32.0	3.12	25.6	26.9
	2/B	29.6	2.32	24.9	25.8
	3/C	32.6	3.20	26.7	27.3
	4/A	35.1	3.11	29.3	30.0
	5/B	34.9	4.02	27.2	28.3
	6/C	30.2	2.52	26.3	26.0
	7/B	31.2	3.96	24.9	24.7
	8/A	34.5	5.03	25.2	26.2
	9/B	32.3	3.56	26.1	26.4
	10/C	34.3	4.01	27.0	27.7
	12/A	31.9	2.78	27.1	27.3
总体		$n=110$ $\quad m_{f_{cu}}=32.6\,\text{MPa}$ $\quad S_{f_{cu}}=4.07\,\text{MPa}$ $\quad f_{cu,e}=25.9\,\text{MPa}$			

四、结论

(1)抽检的 5 处基础混凝土强度代表值分别为 21.2、25.1、24.9、20.7、20.5 MPa。

(2)抽检的二层柱混凝土强度推定值为 25.9 MPa。

第二十章 回弹法检测砌筑砂浆强度

第一节 基本原理

我国开展砌筑砂浆回弹法检测技术的研究,始于 20 世纪 60 年代的京津地区抗震加固与鉴定工作。当时,北京市建筑工程科学研究所与天津建筑仪器厂研制了第一代适宜检测砌筑砂浆强度的砂浆回弹仪,用于京津地区房屋普查工作,但该仪器测试误差较大,未能普及推广。随后辽宁省建筑科学研究设计院研制了简易设备,用于砌体切向和法向粘结力测定,进而推定砌筑砂浆强度,该方法被列入《工业与民用建筑抗震加固技术措施》一书中。

20 世纪 80 年代后期,国内有关单位开展了十多项有关砌体及其材料力学性能现场检测的研究工作,除回弹法外,尚有原位轴压法、扁顶法、推出法、剪切法、点荷法、筒压法、射钉法及贯入法等。

回弹法因可随意布置和增加测位,对墙体无损伤,且测试迅速、费用低等特点而被广泛应用,回弹仪具有结构轻巧、操作简单等优点。自 20 世纪 60 年代以来,国内有关单位先后对轻型回弹仪及在砌体中的应用技术进行了试验研究,并研制出 HT-28 型回弹仪。

四川省建筑科学研究院在 HT-28 型回弹仪基础上,与天津建筑仪器厂合作,研制出 HT-20 型砂浆回弹仪,并对其技术性能、测试技术、影响因素等进行系统试验研究。在大量试验与分析研究的基础上,建立了 19 条回弹测强曲线,其中单一曲线 16 条,综合曲线 3 条,曲线的相关指数均在 0.85 以上,满足工程使用要求。此外还有山东乐陵回弹仪厂生产的 ZC5 型砂浆回弹仪。

四川省建筑科学研究院于 1990 年制定四川省标准《回弹法评定砖砌体中砌筑砂浆抗压强度》(DBJ 20—6—90)。2000 年 7 月国家标准《砌体工程现场检测技术标准》(GB/T 50315—2000)发布,目前已推广使用。

第二节 仪器设备

砂浆回弹仪的构造同混凝土回弹仪,仅标准状态不同,其操作、保养和检验方法可参照混凝土回弹仪。

砂浆回弹仪的主要技术指标符合表 20-1 要求,为便于比较,表中也列出了混凝土回弹仪的有关技术指标。

回弹仪的质量及测试性能直接影响砌筑砂浆强度推定结果的准确性,回弹仪的标准状态是统一仪器性能的基础,是使回弹仪广泛应用于现场检测的关键所在。只有采用质量统一、性能一致的回弹仪,才能保证测试结果的可靠性,并能在同一水平上进行比较。因此,回弹仪必须符合产品质量要求,并获得专业检验机构校准;使用过程中,应定期校准、维修与保养。

表 20-1 砂浆回弹仪和混凝土回弹仪技术性能指标

项　　目	砂浆回弹仪	混凝土回弹仪
冲击动能(J)	0.196	2.207
弹击锤冲程(mm)	75 ± 0.5	75 ± 0.3
指针滑块的静摩擦力(N)	0.5 ± 0.1	0.65 ± 0.15
弹击球面曲率半径(mm)	25	25
在钢砧上率定平均回弹值 R	74 ± 2	80 ± 2
外形尺寸(mm)	$\Phi 60 \times 280$	$\Phi 60 \times 280$

表 20-2 是用一台标准状态的回弹仪和一台非标准状态回弹仪测试同一测位砌筑砂浆强度的结果,平均回弹值相差 3,强度换算值相差 32%。可见,仪器性能和状态对测试结果会产生较大影响。

表 20-2 仪器性能不稳定对测试结果的影响

仪器状态	标　　准	非标准
平均回弹值 R	25	22
碳化深度(mm)	2.0	2.0
强度换算值(MPa)	8.6	5.8
相对误差	$\dfrac{5.8 - 8.6}{8.6} \times 100\% = -32\%$	

第三节　回弹法测强的主要影响因素

一、砂浆品种

砂浆在建筑工程中,是一项用量大、用途广泛的建筑材料。由无机胶凝材料、细集料和水组成,胶凝材料有水泥、石灰、石膏等,细集料有中砂、粗砂、细砂、石粉等。砌体中的砌筑砂浆分为水泥砂浆和水泥混合砂浆(简称混合砂浆),混合砂浆由水泥、细集料、掺加料和水配制而成。掺加料系为改善砂浆和易性而加入的无机材料,例如:石灰膏、电石膏、粉煤灰、粘土膏等。外加剂在拌制砂浆过程中的掺入,以改善砂浆性能,有早强、缓凝、防冻剂等。改善保水性的有无机或有机塑化剂。

安徽省建筑科学研究设计院对不同品种砂浆回弹法测强进行了试验,共制作了 96 组试件:水泥砂浆、石灰混合砂浆、粉煤灰混合砂浆、微沫混合砂浆共四种,每种砂浆强度等级分别为 M2.5、M5.0、M7.5、M10.0 四个等级,每个等级共六组。

试验结果表明:按照《砌体工程现场检测技术标准》(GB/T 50315—2000)测强公式(11.4.3-1～3)进行计算推定,水泥砂浆强度偏高、粉煤灰和微沫砂浆强度偏低,平均偏差为 -20% ～ +15%。四川省建筑科学研究院按照不同砂浆品种建立了 16 条测强曲线。以上说明,不同砂浆品种对回弹测强有一定影响。

二、砌筑质量

由于建筑队伍技术和管理素质参差不齐,砖砌体施工质量水平不一,主要表现为:

(1)砌筑砂浆强度不稳定,表现在砂浆强度波动较大,匀质性差,主要由以下几方面因素造成:

①计量不准。对砂浆的配合比使用体积比,以手推小车为计量单位。由于砂子含水量的变化和运料途中丢失,使砂浆用砂量低于规范规定量的 10% ~ 20%。

②塑化材料的掺量超过规定用量。在混合砂浆中,塑化材料(如石灰膏、电石膏、粉煤灰等)若超过规定用量一倍,砂浆强度会下降约 40%。

③塑化材料材质不佳。如石灰膏中含有较多灰渣,或运至现场保管不当,发生结硬、干燥等情况,使砂浆中含有较多软弱颗粒,降低了强度。

④砂浆搅拌不均匀。人工拌和翻拌次数不够,机械搅拌加料顺序颠倒,使塑化材料未分散,水泥分布不均匀,影响砂浆的匀质性及和易性。

⑤掺微沫剂超过规定用量,严重降低了砂浆强度。

(2)砂浆饱满度及灰缝厚薄不匀,主要由于干砖上墙、砂浆和易性差、瓦工水平低造成。

砌筑质量对砌筑砂浆回弹测强的影响,主要表现在以下几个方面:如果砌筑砂浆表层不饱满,造成砂浆受弹击时边界条件改变,使能量损失增加,回弹值降低;灰缝厚度偏差较大时,在低强时影响较大,当灰缝厚度大于 12 mm 时,弹击时由于砖对砂浆的挤压和约束减小,变形增大、消耗能量增高、回弹值减小,反之,回弹值增大;灰缝表面如果不平整,造成弹击面接触情况及边界发生变化,对回弹结果产生影响,检测时需对检测面进行修整;灰缝表面受冻时不宜采用回弹法进行检测,砌筑砂浆强度本身离散性大和不稳定,对回弹测强的推定产生影响,可以通过增加测区数量来提高检测的精度。

工程施工状况不良,主要是指:砂浆拌和不匀,和易性、保水性差,稠度未能按施工规范控制,砂浆在运送及停放时水泥浆流失严重,砌筑时已失去流动性,也不经第二次拌和就砌筑;砖外观指标差,缺棱掉角,弯裂不平,半截砖多等;砖的湿润不够,干砖上墙;灰缝的饱满度差,低于规范规定要求。由于以上原因,极大地影响砌体灰缝砂浆的强度,致使灰缝砂浆回弹强度推定值相应偏低,与取样试件抗压强度相比较,其误差增大,显然,这种误差主要不是测试误差,而是施工质量差的综合反映。因此,在实际应用中,当砌体灰缝砂浆测区回弹值的变异系数 δ 大于 40% 时,需要考虑施工质量的影响,不宜仅用回弹测强结果进行强度推定。

三、碳化深度

砂浆和混凝土一样,由于碳化使砂浆表面硬度增加,从而增大回弹值。碳化值随砂浆的龄期、密实度、强度、品种、砌体所处环境条件等而变化。

由于砌筑砂浆强度较低,因而表面硬度较小,密实度较差,其碳化速度较快。在标准条件下养护 28 d 后,混合砂浆和粉煤灰砂浆有 0.5 ~ 1 mm 碳化层,微沫砂浆和水泥砂浆基本未碳化;90 d 的试件,碳化深度一般大于 1 mm,小于 3 mm。气干状态下的碳化速度一般为标准条件下碳化速度的 7 ~ 10 倍。

同条件的试件或墙体灰缝砂浆,不同碳化深度时,其回弹值差异较大,计算所得强度差异也较大。

在工程实践中,我们经常发现,当砌筑砂浆强度小于或等于 M5 时,大部分工程 28 d 以上龄期砌筑砂浆碳化深度大于 3 mm,应用 GB/T 50315—2000 中 11.4.3-3 公式进行计算,结果比同条件试块强度低 15%左右,有的甚至达 30%。实践证明,低强度等级砂浆,碳化深度对测试结果影响程度,有待于广大无损检测人员进一步探讨。

四、测试面干湿和平整程度

龄期 28 d 的砂浆试件,在表面干燥处理过程中,经 (70 ± 5)℃的低热养护,强度有所提高;其表面软化层变硬,回弹值也随之提高。经过 282 个试件的试验证实:当砂浆表面干燥(即砂浆含水为 4%左右)后,比未经过处理的潮湿试件(即砂浆含水为 10%左右)的抗压强度平均提高 11%,反映在回弹值上,干燥试件的回弹值比潮湿试件的回弹值高 3~5。碳化深度 $d \leqslant 1.0$ mm 的测强曲线是在表面干燥处理条件下建立的。因此,施工现场墙体在较短期内(约 90 d 前,且碳化深度 $d \leqslant 1.0$ mm 时)较潮湿,进行回弹测强时,必须考虑这种影响。

第四节　砂浆回弹测强曲线的建立

一、砂浆回弹测强曲线的建立

砂浆回弹测强曲线是以回弹值和相应的砂浆试块强度的关系建立的,四川省建筑科学研究院通过分析实测数据,采用不同回归式回归结果表明,测强曲线选用幂函数表达式为较好的曲线形式。

确定了回归方程形式,在解析了上述主要影响因素的基础上,将所有原始数据按《数据的统计和解释正态样本异常值的判断和处理》(GB/T 4883—1985)标准中格拉布斯检验法,进行异常数据的取舍,然后建立了符合材料性质、不同碳化深度、不同砂浆品种、不同砂子粒径的 16 条测强曲线。

碳化深度 $d \leqslant 1.0$ mm 的曲线方程,见表 20-3 中公式(1)~(8);

碳化深度 1.0 mm $< d < 3.0$ mm 的曲线方程,见表 20-4 中公式(9)~(14);

碳化深度 $d \geqslant 3.0$ mm 的曲线方程,见表 20-5 中公式(15)~(16)。

表 20-3　砂浆回弹测强曲线(碳化深度 $d \leqslant 1.0$ mm)

砂及砂浆品种	回归方程		n	相关系数	S_{n-2}(MPa)
细砂、水泥砂浆	$f_2 = 1.99 \times 10^{-7} R^{5.41}$	(1)	77	0.93	2.36
细砂、混合砂浆	$f_2 = 2.41 \times 10^{-4} R^{3.22}$	(2)	77	0.98	1.01
细砂、微沫砂浆	$f_2 = 5.27 \times 10^{-6} R^{4.37}$	(3)	80	0.90	1.41
细砂、粉煤灰混合砂浆	$f_2 = 1.71 \times 10^{-3} R^{2.70}$	(4)	83	0.95	1.32
中砂、水泥砂浆	$f_2 = 9.28 \times 10^{-6} R^{4.22}$	(5)	81	0.85	5.83
中砂、混合砂浆	$f_2 = 9.92 \times 10^{-5} R^{3.53}$	(6)	78	0.97	1.51
中砂、微沫砂浆	$f_2 = 1.61 \times 10^{-6} R^{4.75}$	(7)	78	0.95	2.51
中砂、粉煤灰混合砂浆	$f_2 = 1.30 \times 10^{-4} R^{3.49}$	(8)	77	0.97	1.62

表 20-4 碳化深度为 1.0 mm < d < 3.0 mm 的测强曲线

砂及砂浆品种	回归方程		n	相关系数	S_{n-2}(MPa)
细砂、水泥砂浆	$f_2 = 1.46 \times 10^{-3} R^{2.73}$	(9)	36	0.95	2.18
细砂、混合砂浆	$f_2 = 8.27 \times 10^{-4} R^{2.92}$	(10)	35	0.92	2.80
细砂、微沫砂浆	$f_2 = 4.83 \times 10^{-6} R^{4.38}$	(11)	34	0.94	2.69
中砂、水泥砂浆	$f_2 = 5.61 \times 10^{-6} R^{4.32}$	(12)	29	0.91	4.61
中砂、混合砂浆	$f_2 = 8.59 \times 10^{-7} R^{4.91}$	(13)	29	0.93	3.23
中砂、微沫砂浆	$f_2 = 4.50 \times 10^{-6} R^{4.46}$	(14)	36	0.90	4.25

表 20-5 碳化深度 $d \geqslant 3.0$ mm 的测强曲线

砂及砂浆品种	回归方程		n	相关系数	S_{n-2}(MPa)
细砂、混合砂浆	$f_2 = 4.30 \times 10^{-5} R^{3.76}$	(15)	45	0.94	2.02
细砂、水泥砂浆	$f_2 = 2.56 \times 10^{-6} R^{4.50}$	(16)	35	0.95	1.93

二、回弹测强曲线的合并

通过对相同碳化深度范围的两条或几条测强曲线进行比较,检验两者之间有无显著差异,如果无显著差异,合并求得共同的回归方程,以便工程使用。

(一)不同砂浆品种测强曲线的合并

对表 20-3 中式(6)和式(8)所代表的两条曲线,在显著水平时,进行统计检验,两条曲线的 S_{n-2} 没有显著差异,式中系数亦无显著差异。表明不同品种的砂浆对回弹测强没有显著影响(见图 20-1)。

(二)中细砂测强曲线的合并

表 20-3 中式(1)和式(5)所代表的两条曲线,在显著水平为 5% 时,进行统计检验,两条回归方程的 S_{n-2} 没有显著差异,式中系数亦无显著差异。表明砂子粒径对砂浆回弹测强也没有显著影响(参见图 20-2)。

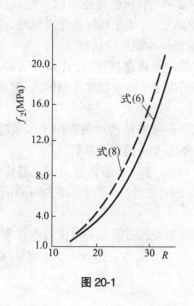

图 20-1

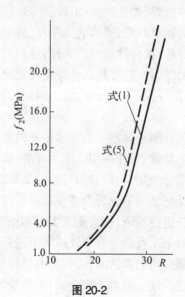

图 20-2

通过检验,不同砂浆品种、不同水泥品种、不同粒径砂的回弹测强曲线都可合并使用,合并后的曲线相关系数均大于 0.85。因此,可将前述 16 条曲线,仅按碳化深度合并为 3 条曲线。合并后的回归方程见表 20-6。

表 20-6　砂浆回弹测强综合曲线

碳化深度(mm)	回归方程		n	相关系数	S_{n-2}(MPa)
$0 \leqslant d \leqslant 1$	$f_2 = 13.97 \times 10^{-5} R^{3.57}$	(17)	648	0.92	2.85
$1 < d < 3$	$f_2 = 4.85 \times 10^{-4} R^{3.04}$	(18)	194	0.89	3.68
$d \geqslant 3$	$f_2 = 6.34 \times 10^{-5} R^{3.60}$	(19)	80	0.90	2.66

三、测强曲线的误差范围

在工程质量问题的处理中,设计、施工、监理监督部门经常提出砂浆回弹法检测精度到底怎样? 也常常对检测报告中的数据准确性产生怀疑。如果有误差,能否满足工程质量控制和安全需要?

通过对大量工程的实践和验证,回弹法测强误差一般在 ±(5% ~ 30%)的范围内,平均在 −20% ~ +15%,如果误差超过 ±30%,说明测试误差偏大,不能满足工程质量控制、验收和处理需要。因为,《砌体工程施工质量验收规范》(GB 50203—2002)将砌体工程施工质量控制等级分为 A、B、C 三级,相应砂浆强度变异系数分别不超过 20%、25%、30%。《砌体结构设计规范》(GB 50003—2002)规定,对一般多层房屋宜按 B 级控制。

回弹法测强误差主要产生于以下几方面:测强曲线本身误差,统一测强曲线与地方材料品种差异,如人工砂、山砂、细砂、粗砂对测试结果的影响,测强范围不同,误差也不同;仪器的标准状态;操作的规范性,特别是人为因素影响更大;施工现场强度离散性,砌筑质量的好坏;抽样数量和代表性,特别对施工质量差的墙体检测更应慎重。

测强精度低是其自身特点客观决定的,砌体灰缝砂浆因厚度薄、设计强度低、匀质性差、离散性大(人工操作,施工周期长)以及可测面窄,决定了砂浆强度检测困难、测试精度低。

现有测强误差范围能满足质量控制和安全需要,砂浆在结构中的作用不如混凝土在结构中显著;设计采用强度为 0.75 倍设计等级,且考虑 30%的变异系数。

综上所述,我们必须对检测结果的可靠性进行判别,千万不能盲目相信仪器检测,如果对检测结果不分析会带来很多后遗症。判别的方法有多种,如通过手感去判别;采用其他方法进行验证;检查施工工艺和施工记录。

对于工程质量有争议或需要进行仲裁检验时,应与委托方等相关单位约定检测方法,当不适宜用回弹法时,应使用其他较合适的方法。

建议建立地方测强曲线,提高检测精度。

第五节　砌筑砂浆强度检测与推定

一、检测前的准备工作

现场检测工作的程序,应按图 20-3 进行。

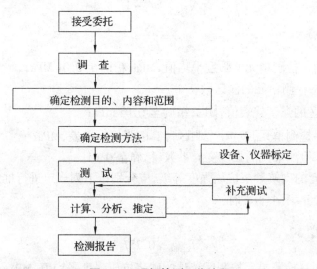

图 20-3　现场检测工作流程

　　收集被检测工程的原设计图纸、施工验收资料、砖与砂浆的品种及有关原材料的试验资料。现场调查工程的结构型式、环境条件、使用期间的变更情况、砌体质量及其存在问题,进一步明确检测原因和委托方的具体要求。

二、检测方法和步骤

　　每一楼层且总量不大于 250 m^3 的材料品种和设计强度等级均相同的砌体作为一个检测单元,按批量检测时每检测单元随机选择 6 个构件(单片墙体、柱),作为 6 个测区。当一个检测单元不足 6 个构件时,应将每一个构件作为一个测区。每一测区应布置 5 个面积不少于 0.3 m^2 的测位。

　　测位处粉刷层、勾缝砂浆、污物等应清除干净;弹击点处的砂浆表面,应仔细打磨平整,并除去浮灰;每个测位内均匀布置 12 个弹击点。选择弹击点应避开砖的边缘、气孔或松动的砂浆。相邻两弹击点的间距不应小于 20 mm;在每个弹击点上,使用回弹仪连续弹击 3 次,第 1、2 次不读数,仅记读第 3 次回弹值,精确至 1 个刻度,回弹仪应始终处于水平状态,其轴线应垂直于砂浆表面,且不得移位;在每一测位内,选择 1~3 处灰缝,用游标尺和 1% 的酚酞试剂测量砂浆碳化深度,读数应精确至 0.5 mm。

三、测位强度换算值计算与检测单元强度推定

　　按现行国家标准 GB/T 4883—1985 中格拉布斯检验法或狄克逊检验法,检出和剔除

检测数据中的异常值和高度异常值。显著水平取1%。不得随意舍去异常值,应检查是否系材料或施工质量变化等原因导致出现异常值。

$$f_{2,m} = \frac{1}{n_2}\sum_{j=1}^{n_2}f_{2i} \tag{20-1}$$

$$S = \sqrt{\frac{\sum_{i=1}^{n_2}(f_{2,m}-f_{2i})^2}{n_2-1}} \tag{20-2}$$

$$\delta = \frac{S}{f_{2,m}} \tag{20-3}$$

式中　$f_{2,m}$——同一检测单元的强度平均值,MPa,精确至0.01 MPa;

　　　n_2——同一检测单元的测区数;

　　　f_{2i}——测区的强度代表值,MPa,精确至0.01 MPa;

　　　S——同一检测单元,按n_2个测区计算的强度标准差,MPa;

　　　δ——同一检测单元的强度变异系数,精确至0.01。

每一检测单元的砌筑砂浆抗压强度等级,应分别按下列规定进行推定:

(1)当测区数n_2不小于6时:

$$f_{2,m} > f_2 \tag{20-4}$$

$$f_{2,min} > 0.75f_2 \tag{20-5}$$

式中　$f_{2,m}$——同一检测单元按测区统计的砂浆抗压强度平均值,MPa;

　　　f_2——砂浆推定强度等级所对应的立方体抗压强度值,MPa;

　　　$f_{2,min}$——同一检测单元测区砂浆抗压强度的最小值,MPa。

(2)当测区数n_2小于6时:

$$f_{2,min} > f_2 \tag{20-6}$$

(3)当检测结果的变异系数δ大于0.35时,应检查检测结果离散性较大的原因,若系检测单元划分不当造成的,宜重新划分,并可增加测区数进行补测,然后重新推定。

对式(20-4)和式(20-5)进行变换:

$$f_2 \leqslant f_{2,m} \tag{20-7}$$

$$f_2 \leqslant f_{2,min}/0.75 \tag{20-8}$$

$f_{2,m}$和$f_{2,min}/0.75$中的较小值就是检测单元推定强度值f_2。

第六节　工程检测要点

一、检测单元的划分与测区测位的布置

对砌筑砂浆强度进行检测主要为工程质量验收、事故处理、旧建筑物改造、可靠性鉴定提供基础数据。首先,应根据被鉴定建筑物的构造特点和承重体系的种类,将该建筑物划分为一个或若干个可以独立进行分析(鉴定)的结构单元,故检测时应根据鉴定要求,将

建筑物划分成同样的结构单元。在每一个结构单元,采用对新施工建筑同样的规定,将同一材料品种、同一等级 250 m³ 砌体作为一个母体,进行测区和测点的布置,将此母体称为"检测单元",故一个结构单元可以划分为一个或数个检测单元。当仅仅对单个构件(墙片、柱)或不超过 250 m³ 的同一材料、同一等级的砌体进行检测时,亦将此作为一个检测单元。每一检测单元内,应随机选择 6 个构件(单片墙体、柱)作为 6 个测区。当一个检测单元不足 6 个构件时,应将每个构件作为一个测区。由于砌体施工周期长及瓦工技能水平不一样,且系手工操作,使砌筑砂浆强度沿检测单元的平面和构件的高度均有一定的离散性。例如,有的工程在 1 m 多高左右灰缝强度极低,是由于采用落地灰砌筑所致;有的新拌制砂浆未能随拌随用或停留时间较长,致使部分灰缝砂浆强度偏低。因此,测区布置应随机均匀分布在检测单元内,测位布置沿墙的高度方向有一定的高度,检测过程中如发现强度离散性较大,应增加测区数,使检测结果代表性强,精度提高。

二、测强公式的应用

GB/T 50315—2000 中测强公式以碳化深度 1 mm 和 3 mm 为界限分为三个,不尽合理。大量工程实践和比对试验结果表明:在低强度测强范围内,碳化对测试结果影响较小,甚至可以不计。大部分工程 28 d 以上龄期砌筑砂浆碳化深度大于 3 mm,灰缝砂浆强度低、密实性差,且配合比中掺有混合料,砂浆测试面暴露在空气中,碳化速度快是必然的。因此,在使用回弹法推定砂浆强度时,应注意不同测强范围公式应用的可靠性,必要时结合实践经验及砂浆砌筑施工中材料配合比、施工工艺及养护对测试结果进行分析,从而对检测结果的精度和误差进行估计,避免对工程误判。

第七节 实 例

一、工程概况

某新村 4 号住宅楼为五层砖混结构,建筑面积 1 958 m²,2000 年 11 月 1 日工程开工,2000 年 11 月 29 日砌筑一层墙体,2000 年 12 月 19 日砌筑二层墙体,2001 年 3 月 12 日该工程结构封顶。2001 年 4 月市建筑工程质量监督站对该工程主体结构进行监督抽查时发现砌筑砂浆强度较低,一层砌筑砂浆设计强度等级为 M7.5,二至五层为 M5。为此,施工单位委托省检测单位对一、二层砌筑砂浆强度进行了检测。

二、测区抽取及测位布置

依据现行检测标准要求,抽取一、二层墙体各 6 片,作为 6 个测区,每个测区(单片墙体)按图 20-4 所示布置 5 个面积约 0.4 m² 的测位,对灰缝表面进行处理,每个测位分别均匀布置 12 个弹击点进行回弹测试。

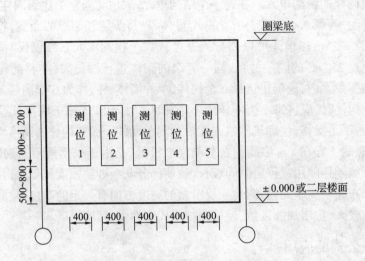

图 20-4　墙体的测位布置 （单位:mm）

三、检测结果

经检测计算,被测一、二层墙体强度代表值汇总于表 20-7。对一、二层各片墙体强度代表值进行统计并对每层墙体砂浆强度等级批量推定,结果见表 20-8。

表 20-7　各片墙体砂浆强度代表值汇总

一层墙体	墙体轴线号	B ~ C/1	A ~ B/2	C ~ D/2	A ~ B/3	A ~ B/5	C ~ D/6
	强度代表值 f_i(MPa)	7.47	5.76	6.27	5.80	5.31	5.57
二层墙体	墙体轴线号	A ~ B/1	C ~ D/1	B ~ D/1/3	B ~ D/1/4	A ~ B/4	C ~ D/6
	强度代表值 f_i(MPa)	5.05	4.98	4.14	3.52	3.76	3.32

表 20-8　一、二层墙体砂浆强度批量推定结果

检测单元名称	平均值 $f_{2,m}$(MPa)	变异系数 δ	推定强度值 f_2(MPa)
一层墙体	6.03	0.13	6.01
二层墙体	4.13	0.18	4.13

四、结论

一层墙体砌筑砂浆推定强度值为 6.01 MPa;二层墙体砌筑砂浆推定强度值为 4.13 MPa。

第二十一章 贯入法检测砌筑
砂浆抗压强度

第一节 基本原理

一、砌筑砂浆抗压强度的检测方法

(一)检测方法

国内砌筑砂浆抗压强度的检测方法根据砌体破损与否可分为两类:第一类是非破损检测方法,如贯入法、射钉法、回弹法、振动法等;第二类是破损检测方法,如点荷法、推出法、冲击筛分法、筒压法、砂浆片剪切法等。

(二)贯入法检测砌筑砂浆抗压强度的现状及发展趋势

加拿大、美国为检测混凝土的早期强度,研制出一种被称之为 PPR-meter 的仪器,在施工现场使仪器中的测钉(钢钉)贯入混凝土中的砂浆部分,通过测量测钉贯入混凝土后的外露长度或贯入混凝土的深度来推定混凝土的强度。PPR-meter 仪器在美国和日本都已商品化制造。根据我国建设部科技信息研究所查新部的查新报告,至 2001 年 4 月止,尚未见国外用贯入法检测砌筑砂浆抗压强度的报道。

中国建筑科学研究院于 1995 年开展贯入法检测砌筑砂浆抗压强度的研究,研制出SJY800 型贯入仪并进行商品化生产,制定了企业标准《贯入法检测砌筑砂浆抗压强度技术规程》,将贯入法测强技术应用于工程实践并在全国大部分省市进行推广。1998 年之后,国内的福建、安徽、河北、浙江、山东等省也开展了贯入法检测砌筑砂浆抗压强度的试验研究并建立了地区曲线。2002 年 1 月,国内部分建科院编制的《贯入法检测砌筑砂浆抗压强度技术规程》(JGJ/T 136—2001)行业标准已发布实施。随着贯入法行业标准的发布实施,贯入法检测技术将会在工程检测中广泛应用,贯入法检测技术将随着试验研究的深入和工程实践的积累而更加完善。

二、贯入法检测砌筑砂浆抗压强度原理

(一)原理

贯入法检测砌筑砂浆抗压强度的仪器为贯入仪,贯入仪中的工作弹簧提供测钉一定量的能量,获得定量能量的测钉贯入砌筑砂浆水平灰缝的深度与砌筑砂浆抗压强度成相关关系。砂浆抗压强度值高,测钉贯入深度就浅;砂浆抗压强度值低,测钉贯入深度就深。根据测钉贯入深度与砂浆抗压强度之间的相关关系建立测强曲线,由测钉的贯入深度通过测强曲线可换算出砂浆的抗压强度。

(二)贯入法检测砂浆抗压强度的特点

(1)贯入法检测砂浆抗压强度的方法是一种原位非破损检测方法。检测时不破坏砌

体结构,布置测点的限制条件较少,测点的代表性能达到保证,可进行量大面广的检测;检测时不需从砌体中将砌筑砂浆取出,避免了取砂浆片时因敲击、振动等因素对砂浆强度的影响,提高了检测精度。

(2)贯入法的检测仪器——贯入仪使用压缩弹簧提供测钉能量,只要调整好压缩弹簧的工作行程,就能使测钉每次贯入的能量保持一致,而且各台仪器之间的测钉贯入能量也能够很容易地保持一致,便于仪器标定并为用同一测强曲线检测砂浆抗压强度提供必要条件,砂浆抗压强度的检测精度也有保证。

(3)贯入法能检测低于 2.0 MPa 的砂浆抗压强度。我国现行的砌筑砂浆抗压强度检测方法中,大部分方法不能检测强度低于 2.0 MPa 的砌筑砂浆,目前强度低于 1.0 MPa 的砌筑砂浆只有贯入法能够检测,贯入法可检测 0.4 ~ 16.0 MPa 的砌筑砂浆。

(4)贯入法可直接检测潮湿状态(砂浆含水率相当于标准养护试块试压前的含水率)的砌筑用水泥砂浆强度。

(5)通过试验验证,在条件合适时,贯入法可用于检测毛石混凝土中的砂浆和粉刷砂浆的抗压强度。

(6)贯入法还可检测水平灰缝深度大于 30 mm 的多孔砖砌体和空斗墙砌体的砌筑砂浆强度。

第二节　仪器设备

贯入法检测砌筑砂浆抗压强度的仪器由贯入式砂浆强度检测仪、贯入深度测量表和配套器具组成。贯入仪及贯入深度测量表必须具有制造厂家的产品合格证且须按行业规程 JGJ/T 136—2001 的规定进行校准。

一、贯入仪

(一)贯入仪的类型

(1)贯入式砂浆抗压强度检测仪有 SJY800 型和 SJY800A 型两种。这两种型号的贯入力均为 800 N。当贯入仪中的工作弹簧被压缩 20 mm,需对工作弹簧施加 800 N 的力;扳动贯入仪扳机使挂钩脱钩(释放工作弹簧)的瞬间,工作弹簧施加给测钉的贯入力为 800 N。中国建筑科学研究院的研究表明:如贯入力较小,低于 800 N,对于 10 MPa 以上的砂浆,其贯入深度变化不大,检测时易产生较大的误差;如贯入力较高,达到 1 000 N 时,贯入检测时易在测点处形成一个坑,所测贯入深度比实际深度大,再者较大的贯入力相对于强度较低的砂浆来说,其贯入阻力相对而言很小,贯入深度的变化反映不出砂浆强度的变化,也会产生较大检测误差。因此,确定贯入力为 800 N 可以保证检测较高和较低砂浆强度都有可靠的精度。

(2)SJY800 型和 SJY800A 型贯入仪的区别在于操作时两者压缩贯入仪工作弹簧的方式不一样。操作 SJY800 型贯入仪时,用手柄旋转铜螺母给贯入杆加载,通过贯入杆和贯入杆上的弹簧座压缩工作弹簧;操作 SJY800A 型贯入仪时,用贯入仪加力器(杠杆)给贯入杆加载,通过贯入杆和贯入杆上的弹簧座压缩工作弹簧。

(二)贯入仪构造与操作程序

SJY800型贯入仪构造见图21-1。测试时用手柄旋转负载铜螺母8,贯入杆4移动并通过贯入杆上的弹簧座压缩工作弹簧,当工作弹簧被压缩20 mm时挂钩11上的棘爪锁住贯入杆4,此时铜螺母8上的800 N负载已转移至挂钩11的棘爪上,将铜螺母8退回至贯入杆外端9,扁头端面13对准测试面,扳动扳机10,这时挂钩11的棘爪松开贯入杆4,工作弹簧5释放800 N的贯入力将测钉2迅速贯入砂浆内,拔出测钉2,用贯入深度测量表插入测钉孔中即可测出贯入深度。

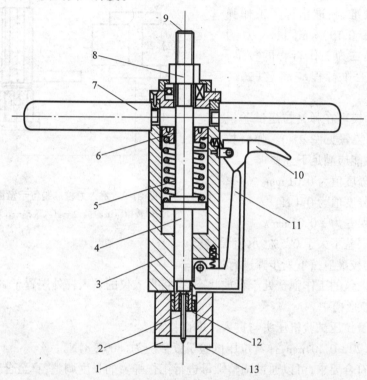

图21-1 SJY800型贯入式砂浆强度检测仪构造图
1—扁头;2—测钉;3—主体;4—贯入杆;5—工作弹簧;6—调整螺母;7—把手;
8—螺母;9—贯入杆外端;10—扳机;11—挂钩;12—贯入杆端面;13—扁头端面

(三)测钉

测钉用特种钢制成,测钉长度为 40 ± 0.10 mm,直径为 3.5 mm,尖端锥度为45°。测钉为贯入仪的易损配件,一枚测钉一般可使用 50~100 次,被测砂浆强度高,测钉的使用次数就少,反之则多。测钉是否废弃可用测钉量规检查后确定,测钉量规的量规槽长度为 $39.5^{+0.10}_{0}$ mm,当测钉能够很容易地通过量规槽时,测钉应废弃,更换新测钉。

(四)贯入仪的校准与保养

1.贯入仪的校准

正常使用过程中,贯入仪应由法定计量部门每年至少校准一次。

当遇到下列情况之一时,贯入仪应送法定计量部门进行校准:

(1)新仪器启用前。

(2)超过校准有效期。

(3)更换主要零件或对仪器进行过调整。

(4)检测数据异常。

(5)零部件松动。

(6)遭遇撞击或其他破坏。

(7)累计贯入次数为 10 000 次。

贯入仪的校准项目有两个。其一为贯入力的校准,校准指标为工作弹簧压缩（20 ± 0.10）mm,贯入力为（800 ± 8）N；其二为工作行程的校准,校准指标为工作行程应满足（20 ± 0.10）mm。

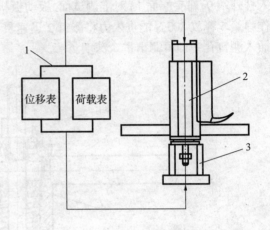

图 21-2　贯入力校准装置示意图
1—弹簧拉压试验机；2—贯入仪；3—U 形架

贯入力的校准在弹簧拉压试验机上进行,校准装置见图 21-2。弹簧拉压试验机的性能应满足下述要求:

（1）位移分度值为 0.01 mm。

（2）负荷分度值为 0.1 N。

（3）位移误差为 ± 0.01 mm。

（4）负荷误差不大于 0.5%（示值误差）。

贯入力的校准应按下列步骤进行:

（1）使贯入仪的工作弹簧处于释放状态后,将贯入仪的贯入杆外端置于试验机工作台上 U 形架的 U 形槽中。

（2）将弹簧拉压试验机压头与贯入杆端面接触。

（3）下压（20 ± 0.10）mm,弹簧拉压试验机读数应为（800 ± 8）N。

（4）如不符合要求,可以通过调整螺母进行工作弹簧的长度调整,直至合格为止。

贯入仪工作行程的校准按下述步骤进行:

（1）将贯入仪贯入杆外端放在 U 形架的 U 形槽中,用深度游标卡尺测量贯入仪工作弹簧处于释放状态时贯入杆端面至扁头端面的距离 l_0。

（2）给贯入杆加荷压缩工作弹簧直至挂钩挂上为止,SJY800 型贯入仪还需将铜螺母退至贯入杆外端。

（3）再将贯入仪贯入杆外端放在 U 形架的 U 形槽中,用深度游标卡尺测量贯入仪在挂钩状态时的贯入杆端面至扁头端面的距离 l_1。

（4）两个距离的差（$l_1 - l_0$）即为工作行程,应满足（20 ± 0.10）mm。

2. 贯入仪的保养

贯入仪应有专人使用和保管；贯入仪不使用时,工作弹簧应处于释放状态（铜螺母不负载,退至贯入杆外端,且挂钩未挂住贯入杆）；贯入仪使用一段时间后,可在压力轴承和贯入杆外露部分涂上少量润滑用黄油；贯入仪不得随意拆装,以免影响检测精度；贯入仪出现故障时,宜由生产厂家和校准单位维修；贯入仪闲置和存放时应擦拭干净放入仪器箱内置于干燥处。

二、贯入深度测量表

(一)贯入深度测量表的构造

贯入深度测量表由机械式百分表改制而成,其构造见图21-3。

(二)贯入深度测量表的校准与保养

1. 贯入深度测量表的检定与校准

贯入深度测量表的检定与校准期限及规定与贯入仪基本相同。贯入深度测量表的校准项目也有两个;其一是贯入深度测量表上的百分表的检定,可送各地法定计量部门检定;其二是百分表检定合格后再校准贯入深度测量表的测头外露长度。测头外露长度是指贯入深度测量表处于自由状态时,百分表指针对零位时的测头外露长度,将测头外露部分压在平整的钢制长方体钢块(或玻璃台板)上,扁头端面和钢块(或玻璃台板)表面重合后,贯入深度测量表的读数为(20±0.02)mm时测头外露长度符合要求,如测头外露长度不符合要求,可松动固定扁头的螺钉调整扁头位置直至测头外露长度符合要求。

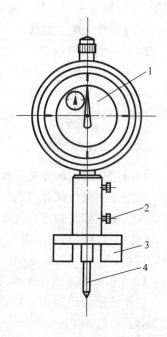

图 21-3　贯入深度测量表示意图
1—百分表;2—锁紧螺钉;
3—扁头;4—测头

2. 贯入深度测量表的保养

贯入深度测量表同贯入仪一样应有专人使用和保管;不使用时,锁紧螺钉不应将测头锁住;不得随意拆装,出现故障时宜由生产厂家和校准单位维修;贯入深度测量表闲置和存放时应擦拭干净并同贯入仪一起放入箱中置于干燥处。

第三节　贯入法测强主要影响因素

一、砂浆用原料

(一)砂浆的组成材料

砂浆由胶结料、细集料、掺加料、外加剂和水配制而成。

(1)水泥、粉煤灰和生石灰的混和物为砂浆用胶结料。

(2)河砂、山砂、人工砂、海砂、部分粉煤灰为砂浆用细集料。

(3)为改善和易性而加入的各种无机材料如石灰膏、电石膏、粉煤灰、粘土膏等为掺加料。

(4)微沫剂、早强剂、缓凝剂、防冻剂等为砂浆用外加剂。

(二)砂浆原料对贯入法测强的影响

1. 砌筑砂浆品种

常用的砌筑砂浆有水泥砂浆、水泥混合砂浆、微沫砂浆和粉煤灰砂浆四个品种。中国建筑科学研究院为研究砂浆品种对贯入法测强的影响,分别建立了水泥砂浆、水泥混合砂浆、微沫砂浆和粉煤灰砂浆贯入法测强曲线,对不同品种砂浆贯入法测强曲线有无差异进行了检验,检验表明不同品种砌筑砂浆贯入法测强曲线存在显著差异。因此,应按砂浆品种不同分别建立测强曲线。

2. 细集料与外加剂

各地区砂浆用原料均就地取材,所用细集料种类和粒径粗细不同,掺加料种类也不同,各地区使用行业标准统一测强曲线于工程中检测时必须对检测误差进行验证,其检测误差应满足检测要求,否则应按现行行业标准要求建立专用测强曲线。

二、碳化及龄期

(一)碳化对检测砌筑砂浆强度的影响

混凝土表面的碳化对回弹法检测混凝土强度有显著的影响。为验证砂浆表面的碳化对贯入法检测砂浆强度有无影响,安徽省建筑科学研究设计院开展了试验研究,研究表明:碳化对贯入法检测水泥混合砂浆强度有显著影响;碳化对贯入法检测水泥砂浆抗压度影响较小。

1. 碳化对贯入法检测水泥混合砂浆强度的影响

制作强度等级为 M5、M10 的混合砂浆试块,其碳化深度值与贯入深度值散点图见图 21-4。

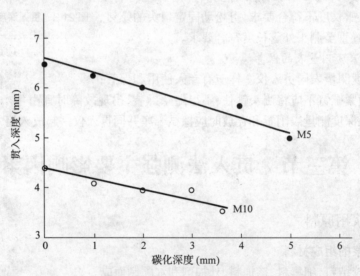

图 21-4　砂浆试块碳化深度值—贯入深度值散点图

由图 21-4 可以看出,强度等级为 M5 和 M10 的混合砂浆试块,其贯入深度值随碳化深度值的增大呈线性减小;不同等级的砂浆试块减小幅度不一样,M5 混合砂浆试块,碳化深度每增加 1 mm,贯入深度值降低约 0.28 mm。M10 混合砂浆试块,碳化深度每增加 1 mm,贯入深度值降低约 0.20 mm。根据贯入深度值与碳化深度值之间的线性递减关系,建立测强曲线和进行检测时可通过对碳化深度值的检测对贯入深度进行修正,以减小碳化对贯入法检测水泥混合砂浆强度的影响,提高检测精度。安徽省地方标准《贯入法检测砌筑砂浆抗压强度技术规程》(DB34/T 233—2002)为考虑并减小碳化因素的影响,对混合砂浆贯入深度的修正方法作了详细规定。

砂浆的碳化深度与其碳化速度和龄期有关,而碳化速度取决于砂浆所处环境的温度、湿度、二氧化碳浓度。一般情况下当环境中二氧化碳浓度大,温度较高,湿度又适中,碳化速度就较快。在相同的环境下,不同品种的砌筑砂浆碳化速度也不相同。因此,工程检测时根据龄期推定砂浆碳化深度值是不妥的,应通过检测确定碳化深度。同盘砂浆制作的试块与砌筑的砌体,同环境养护时,砌体灰缝中的砂浆和与其对应的砂浆试块因裸露于空气中的面积及湿度等因素影响,其同龄期碳化深度有差异,一般来说试块的碳化深度值比砌体灰缝砂浆大。

2. 碳化对贯入法检测水泥砂浆强度的影响

试验表明:水泥砂浆碳化深度值对其贯入深度值的影响不呈现一定的规律且影响较小,建立测强曲线和进行检测时可不考虑碳化的影响。

(二)龄期与养护条件

《砌体工程施工质量验收规范》(GB 50203—2002)对砂浆强度的验收以标准养护,龄期28 d的试块强度为准,标准养护条件为:

水泥混合砂浆:温度 17 ~ 23 ℃,相对湿度 60% ~ 80%;

水泥砂浆:温度 17 ~ 23 ℃,相对湿度 90% 以上。

养护条件(温度和湿度)是影响砂浆强度增长速率的主要因素,湿度一定的条件下,适宜的温度范围内,养护温度高,砂浆强度增长速率就快,养护温度低,砂浆强度增长速率就慢。砌体中的砌筑砂浆基本上是自然养护,如其养护温度比 17 ℃ 低得多,其 28 d 龄期强度就达不到标养强度。因此,贯入法检测砌筑砂浆抗压强度的龄期应为 28 d 或 28 d 以上。如砂浆龄期在 14 ~ 28 d 之间,所测砌筑砂浆抗压强度宜作为参考值。

三、砌块种类与压应力

(一)砌块种类

福建省建筑科学研究院选取烧结普通砖、石块、加气混凝土砌块三种砌体材料,配制 M5 和 M10(M5、M10 由以烧结普通砖作底模的试块强度确定)水泥砂浆砌筑 12 组砌体,研究不同材质砌块对贯入法检测砌筑砂浆抗压强度的影响。研究表明:相同配比的砌筑砂浆,在温、湿度相同的养护条件下用贯入法测得砖砌体灰缝砌筑砂浆抗压强度换算值最高,加气混凝土砌块次之,石块砌体最低。这是由于不同材质砌块的吸水性能、约束条件等不同导致砌筑砂浆强度不同。贯入检测时,为简化检测技术,可不考虑砌块种类的影响。

对于多孔砖砌体和空心砖砌体,因多孔砖和空心砖与烧结普通砖的吸水率和砌筑工艺基本相同,故多孔砖和空心砖砌体及烧结普通砖空斗墙砌体的水平灰缝深度大于 30 mm 时均可用贯入法检测其砌筑砂浆强度。

(二)压应力

贯入法测强曲线是用砂浆试块试验并建立的,试验时试块不承受荷载或承受的荷载较小。在实际工程检测中,砌体均承受一定的荷载,亦即砌体中砌筑砂浆承受着一定的压应力。为了解不同压应力对贯入法检测砌筑砂浆抗压强度是否有影响,福建省建筑科学研究院用水泥砂浆和水泥混合砂浆砌筑 240 mm × 240 mm × 360 mm 的砌体,以 15 kN 的加荷级数给砌体加压,直至砌体破坏,试验砌体承受不同压力时的贯入深度见表 21-1。

表 21-1　砌体承受不同压力时的贯入深度试验结果

砂浆品种	试块强度(MPa)	砌体承受的压力(kN)	$\dfrac{\text{砌体承受的压力}}{\text{砌体承受的极限力}} \times 100\%$	贯入深度(mm)
水泥砂浆	4.1	30	16	9.79
		45	24	9.50
		60	32	9.20
		75	39	9.02
		90	47	8.91
		105	55	8.84
		120	63	9.22
		135	71	9.49
		190 破坏		
水泥混合砂浆	1.7	15	13	9.73
		30	26	9.49
		45	39	9.41
		60	52	9.25
		75	65	9.27
		90	78	9.33
		105	91	9.89
		115 破坏		

表 21-1 的试验结果表明,在加载的初期阶段,贯入深度值由大变小,在极限荷载的 40% ~ 50% 时,贯入深度值趋于稳定,当荷载值达到 60% ~ 70% 时,贯入深度值逐渐增大。最大的贯入深度变化在 1.5 mm 左右。由于测强曲线是非线性的,被测砌体通常处于受荷载状态,当砌体受荷在 30% ~ 60% 之间时,贯入深度变化一般不大于 1.00 mm,为简化检测技术,通常情况下,贯入法检测可不考虑压应力的影响。

四、砂浆含水率

《建筑砂浆基本性能试验方法》(JGJ 70—90)规定的标准养护条件表明:水泥混合砂浆试块试压时,其含水率接近于自然风干状态;水泥砂浆试块试压时,其面层潮湿,砌筑砂浆的含水率与试块试压时的含水率有差异,贯入检测时,其含水率应与标养试块含水率相当。河北省建筑科学研究院试验研究了砌筑砂浆含水率对贯入法测强的影响,研究结果详述如下。

(一)水泥混合砂浆

强度等级不大于 M2.5 的砌筑用水泥混合砂浆,当砂浆的含水率为饱水(标养 28 d 后水中浸泡 4 d)、面干(标养 28 d 后水中浸泡 3 d,自然风干 1 d)、风干状态(标养 28 d 后,自然养护 4 d)时,其贯入深度值有差异。因此,低强度等级砌筑用水泥混合砂浆,测试时应在风干状态下进行。对于强度等级不小于 M5 的砌筑用水泥混合砂浆,含水率对贯入法测强的影响较小。

(二)水泥砂浆

砌筑用水泥砂浆,其含水率不同时,对贯入法测强的影响不大。

五、砖的含水率

《砌体工程施工质量验收规范》(GB 50203—2002)规定,砌筑砖砌体时,砖应提前 1 ~ 2 d 浇水湿润(增加砖与砂浆间的粘结力),烧结普通砖、多孔砖含水率一般为10% ~ 15%。制作砂浆试块时,要求底砖的含水率≤2%。根据有关资料提供的数据,砌体中砖的含水率在 0 ~ 5% 时,砂浆强度不降低;砌体中砖含水率 10% 时,砂浆强度降低 20%;砖含水率达到 30% 时,砂浆强度降低 30%。现行验收规范为保证砖与砂浆间粘结力及灰缝砂浆饱满度,要求砖的含水率宜为10% ~ 15%,导致正常施工的情况下,现场检测的砌筑砂浆强度换算值比试块强度降低。

第四节　测强曲线的建立与应用

北京、河北、福建、浙江、山东、安徽等省已建立了贯入法测强地区曲线或专用曲线,随着行业规程 JGJ/T 136—2001 的发布实施,统一测强曲线也将应用于工程检测。

一、测强曲线的回归方程式

测强曲线可用回归方程式表示。专用测强曲线、地区测强曲线、统一测强曲线均依据砌筑砂浆的抗压强度与其贯入深度成相关关系的原理建立,国内部分单位的试验结果表明,测强曲线宜用式(21-1)所示的指数函数式表示:

$$f_2 = A \cdot m_d^B \tag{21-1}$$

式中　A、B——测强曲线回归系数;

　　　m_d——贯入深度;

　　　f_2——砂浆抗压强度换算值。

二、建立测强曲线的试件

(一)试件的类型

建立测强曲线的试件有两种类型。第一类为试块—试块试件,即同条件试块中,一组进行抗压强度试验,对应的另一组进行贯入试验;第二类为试块—砌体试件,即采用同盘砂浆,在砌筑砌体时同时制作一组试块,进行同条件养护或标准养护,对试块进行抗压强度试验,对砌体灰缝进行贯入试验。

(二)试件的选用

用试块—试块试件建立测强曲线,试验的工作量小;试块与试块间的强度差异小,所建立的测强曲线相关系数绝对值大,测强曲线的平均相对误差和相对标准差也较小;试块的碳化深度值均匀且易于控制,便于消除碳化因素的影响,提高检测精度。但若用试块—

试块试件建立的测强曲线进行工程检测,鉴于试块与砌体灰缝砂浆成型工艺不同,需对建立的测强曲线进行误差验证试验,如平均相对误差和相对标准差较小,检测精度则较高。

用试块—砌体试件建立测强曲线,试验的工作量大;试块强度与砌体灰缝砂浆强度差异及砌体灰缝间砂浆强度差异(养护时的湿度、砖的含水率和砌筑砂浆分层度差异均可导致灰缝砂浆强度与试块强度的差异),使得建立的曲线相关系数绝对值较试块—试块曲线小,曲线的平均相对误差和相对标准差也较大。用试块—砌体试件建立的测强曲线也需进行误差验证试验。鉴于试块强度与砌体灰缝强度的差异,用试块—砌体试件建立的测强曲线用于工程中检测,检测精度不一定比试块—试块曲线高。

三、专用测强曲线的建立

(一)原料

制作专用测强曲线试验的原材料应与欲测砌体基本相同。

(二)试件的选用与制作

宜选用试块—试块试件,根据《砌体结构设计规范》(GB 50003—2001)的规定和工程检测需要,按常用配合比设计和制作 M0.4、M1、M2.5、M5、M7.5、M10、M15 共 7 个强度等级试块,也可按实际需要确定强度等级的数量,但实测强度范围不宜超出 0.4 ~ 16.0 MPa。

每一强度等级制作 70.7 mm × 70.7 mm × 70.7 mm 立方体试块的数量不应少于 72 个。试块应采用同盘砂浆,用烧结普通砖作底模,按现行行业标准 JGJ 70—90 的要求制作试块。

(三)试块的养护

(1)温度。砂浆试块应与欲测砌体同温度养护。

(2)湿度。砌筑砌体时砖已洒水湿润,灰缝砂浆裸露于空气中的面积小,湿度有保证;砂浆试块拆模后有五个面裸露于空气中,湿度难以保证,如为刮风、低温、干燥天气,试块将因湿度降低而导致强度降低。为避免湿度差异而导致的强度差异,水泥混合砂浆试块养护时的湿度应控制为 60% ~ 80%(试块置于不通风的室内),水泥砂浆和微沫砂浆试块养护时,试块表面应保持湿润状态(如将试块放入湿砂堆中)。制定专用测强曲线的试块自然养护时宜避开低温干燥天气。

(3)试块的放置。前已述及碳化深度对贯入深度值的影响,为避免不同试块间碳化深度值的差异,试块养护时应摊开成一字形放置,试块与试块间间隔应相等,如 10 ~ 20 mm。

(四)试块的抗压与贯入

(1)将同龄期(龄期宜不少于 28 d)同强度等级且同盘制作的试块表面擦净,以六块试块进行抗压强度试验,同时以六块试块进行贯入试验。

(2)按现行行业标准 JGJ 70—90 进行抗压强度试验并取抗压强度平均值为代表值 f_2(MPa),精确至 0.1 MPa。

(3)由于贯入深度几乎不受试块所承受的荷载的影响,所以贯入试验时,试块无需模拟加载,可将试块的一个成型面置于平整的刚性面层上(如厚实的水泥地面或变形很小的钢板)即可。按行业标准 JGJ/T 136—2001 的规定,在试块的成型侧面上贯入,每块试块贯入一次,取试块的贯入深度平均值为代表值 m_d(mm),精确至 0.01 mm。

(五)回归方程式的建立

对每组试块的 f_2 和对应的一组 m_d 数据,采用最小二乘法计算回归方程式($f_2 = A \cdot m_d^B$)中的回归系数 A、B,再将计算出的 A、B 数值代入回归方程式中即建立好测强曲线。

(六)专用测强曲线强度误差要求

建立的专用测强曲线平均相对误差和相对标准差愈小愈好,专用测强曲线的平均相对误差不应大于 18%,相对标准差不应大于 20%。

四、专用测强曲线的误差验证

在使用专用测强曲线前应首先进行检测误差验证。用试块—试块试件建立的曲线宜用试块—砌体试件进行误差验证;用试块—砌体试件建立的曲线宜用试块—试块试件进行误差验证。验证用试块强度等级范围不应超出测强曲线的范围。验证方法可参照专用曲线的制定方法,如建立专用测强曲线的试块组数为 n,每组试块的抗压强度代表值 f_{2j} 对应一组贯入深度代表值 m_{dj},则专用测强曲线的强度平均相对误差 m_δ 和强度标准差 e_r 按式(21-2)和式(21-3)计算:

$$m_\delta = \pm \frac{1}{n} \sum_{j=1}^{n} \left| \frac{f_{2j}}{f_{2j}^c} - 1 \right| \times 100\% \qquad (21\text{-}2)$$

$$e_r = \sqrt{\frac{1}{n-1} \sum_{j=1}^{n} \left(\frac{f_{2j}}{f_{2j}^c} - 1 \right)^2} \times 100\% \qquad (21\text{-}3)$$

式中　f_{2j}——由第 j 组试块试压得出的砂浆抗压强度代表值,MPa;

　　　f_{2j}^c——由第 j 组 m_{dj} 按测强曲线算出的砂浆强度换算值,MPa。

五、测强曲线的应用

(一)统一测强曲线

全国统一测强曲线采用试块—试块试件,按照专用测强曲线制定方法,用全国有代表性的材料成型砂浆试块进行大量试验,通过对试验结果进行回归分析建立。

试验数据来自北京、安徽、河北、山东、浙江等省、市。测强曲线的回归效果见表 21-2。

表 21-2　测强曲线回归效果分析

砂浆品种	测强曲线	相关系数	平均相对误差 m_δ(%)	相对标准差 e_r(%)
水泥混合砂浆	$f_{2,j} = 159.2906 m_{dj}^{-2.1801}$	-0.97	17.0	21.7
水泥砂浆	$f_{2,j} = 181.0213 m_{dj}^{-2.1730}$	-0.97	19.9	24.9

1. 建立统一测强曲线的原材料

符合 GB 50203—2002 标准要求的水泥;砂子品种为河砂或海砂,砂子的细度为中砂或细砂,使用前筛除 5 mm 以上的颗粒;掺和料为石灰膏。

2. 建立统一测强曲线试块的成型与养护

成型与养护符合现行行业标准要求,养护时试块宜成一字形放置并控制其间距相等。

(二)地区测强曲线

由地区常用材料及养护条件制定的测强曲线,其制定方法与专用测强曲线相同。

(三)测强曲线的使用原则

优先使用专用测强曲线。如被测砂浆的原料、养护等与地区测强曲线或统一测强曲线相同,且地区测强曲线或统一测强曲线的误差验证指标满足检测要求,可使用地区测强曲线或统一测强曲线。地区测强曲线因误差验证指标要求严,应比统一测强曲线优先使用。如地区测强曲线或专用测强曲线的误差验证指标不满足检测要求,应建立专用测强曲线再进行检测。

(四)三种测强曲线的适用范围

(1)自然养护。

(2)砂浆龄期为 28 d 或 28 d 以上(气温较低,龄期应在 28 d 以上),水泥混合砂浆的含水率为自然风干状态,水泥砂浆的含水率与其标养试块试压前的含水率相当。

(3)强度范围为 0.4~16.0 MPa(贯入力为 800 N 的贯入仪)。

(五)三种测强曲线不适用范围

不适用于遭受高温、冻害、化学侵蚀、火灾等表面损伤的砂浆检测,以及冻结法施工的砂浆强度在回升期阶段的检测。

第五节 砌筑砂浆强度检测与推定

一、检测准备

(一)了解工程概况

(1)了解工程建设单位、设计单位、监理单位和委托单位名称。

(2)了解工程名称、结构类型、建筑面积。

(3)了解原材料质量、砂浆品种、设计强度等级和配合比。

(4)了解砌筑日期、施工及养护情况、砂浆含水率,向委托单位说明贯入法行业标准为推荐性标准。

(5)了解检测原因和检测要求。

(二)测点布置

(1)贯入法检测砌筑砂浆抗压强度,以面积不大于 25 m² 的砌体构件或构筑物为一个构件,砖混结构常抽取相邻两轴线间的承重横墙作为一个构件。

(2)按批抽样检测时,龄期相近的同楼层、同品种、同强度等级砌筑砂浆且不大于 250 m³ 砌体为一批,抽检构件数量不少于砌体总构件数的 30%,且不少于 6 个构件。基础砌体可按一个楼层计。

(3)布置测点的灰缝砂浆应饱满,其厚度不应小于 7 mm,并应避开竖缝位置、门窗、洞口、后砌洞口和预埋件的边缘。

(4)检测多孔砖砌体和空斗墙砌体时,其水平灰缝深度应大于 30 mm。多孔砖砌体水平灰缝的深度可通过检测孔的位置及壁厚确定。

(5)构件中测试部位的饰面层、粉刷层、勾缝砂浆、浮浆以及表面损伤层等,应清除干净,待测灰缝砂浆暴露后,经打磨平整再进行检测。

(6)每一构件测试 16 点。测试面宜选择砌体的挂线面(正手墙),非挂线面易出现贯入仪扁头端面贴不到灰缝砂浆表面的现象。测点应均匀分布于构件的水平灰缝(应包括两步架水平灰缝)上,相邻测点水平间距不宜小于 240 mm,每条灰缝测点不宜多于 2 点。

二、贯入检测

(一)贯入操作程序

(1)将测钉插入贯入杆的测钉座中,测钉尖端朝外,固定好测钉。

(2)SJY800 型贯入仪用摇柄旋紧螺母,直至挂钩挂上为止,然后将螺母退至贯入杆外端;SJY800A 型贯入仪采用贯入仪加力器(杠杆)压缩工作弹簧直至挂钩挂上。

(3)将贯入仪扁头端面对准灰缝中间,并垂直贴在被测砌体灰缝砂浆的表面,握住贯入仪把手,扳动扳机,将测钉贯入被测砂浆中。每一构件的贯入次数要保证 16 个有效数据。

(4)每次试验前,应清除测钉上附着的杂物,如水泥灰渣等;同时用测钉量规检验测钉的长度,测钉能通过测钉量规槽时应废弃,重新选用新的测钉。

(二)贯入操作注意事项

(1)当测点处的灰缝砂浆存在空洞时,该测点应作废,另选测点补测。

(2)测钉尖端不应对准块状石灰膏及灰缝中不小于 5 mm 的集料(正常施工的砂浆无 5 mm 及其以上的集料和块状石灰膏)。如发现灰缝砂浆中粗颗粒及块状物较多,可在测量贯入深度后开挖测孔,观测有无粗颗粒及块状物来确定检测数据是否有效。

(3)测孔周围砂浆不完整时,该测点作废,另选测点补测。

(三)贯入深度的测量程序

(1)将测钉拔出,用吹风器(即吸球)将测孔中的粉尘吹干净。

(2)将贯入深度测量表扁头对准灰缝,同时将测头插入测孔中,并保持测量表垂直于被测砌体灰缝砂浆的表面,从表盘中直接读取测量表显示值并记录于记录表中,贯入深度按下式计算:

$$d_i = 20.00 - d'_i \tag{21-4}$$

式中　　d'_i——第 i 个测点贯入深度测量表读数,精确至 0.01 mm;

　　　　d_i——第 i 个测点贯入深度值,精确至 0.01 mm。

(3)若直接读数不方便,可用锁紧螺钉锁定测头,然后取下贯入深度测量表读数。

(4)砌体的灰缝经打磨仍难以达到平整时,可在测点处标记,贯入检测前用贯入深度测量表测读测点处的砂浆表面不平整读数 d_i^0,然后再在测点处进行贯入检测,读取 d'_i,则贯入深度按下式计算:

$$d_i = d_i^0 - d'_i \tag{21-5}$$

式中　　d_i^0——第 i 个测点贯入深度测量表的不平整读数,精确至 0.01 mm。

(5)贯入深度只能用贯入深度测量表检测一次。低强度等级砂浆,因贯入深度较深,检测时易发生测量表测头未插到底的现象,为避免这一现象发生,检测时可轻击百分表上部,如果百分表指针不动,说明已经插到测孔底部。

三、砂浆抗压强度计算与推定

(一)砂浆抗压强度计算

1. 贯入深度的计算

将一个构件的 16 个贯入深度值中的 3 个较大值和 3 个较小值剔除,然后将余下的 10 个贯入深度值按下式取平均值:

$$m_{dj} = \frac{1}{10} \sum_{i=1}^{10} d_i \tag{21-6}$$

式中　m_{dj}——第 j 个构件的砂浆贯入深度平均值,精确至 0.01 mm;

　　　d_i——第 i 个测点的贯入深度值,精确至 0.01 mm。

2. 抗压强度的计算

按测强曲线的选用原则选定测强曲线,将计算所得的构件贯入深度平均值按不同品种的砂浆由选定的测强曲线计算砂浆抗压强度换算值 $f_{i,j}^c$。

(二)砂浆抗压强度的推定

1. 批量检测

(1)按批检测时,应计算同批砂浆强度平均值和强度变异系数,其计算方法如下列公式:

$$m_{f_2^c} = \frac{1}{n} \sum_{j=1}^{n} f_{2,j}^c \tag{21-7}$$

$$S_{f_2^c} = \sqrt{\frac{\sum_{j=1}^{n} (m_{f_2^c} - f_{2,j}^c)^2}{n-1}} \tag{21-8}$$

$$\delta_{f_2^c} = S_{f_2^c} / m_{f_2^c} \tag{21-9}$$

式中　$m_{f_2^c}$——同批各构件砂浆抗压强度换算值的平均值,MPa,精确至 0.1 MPa

　　　$S_{f_2^c}$——同批砂浆抗压强度换算值的标准差,MPa,精确至 0.1 MPa

　　　$\delta_{f_2^c}$——同批砂浆抗压强度换算值的变异系数,精确至 0.1。

　　　n——抽检的构件数。

(2)按批检测时,砌体砌筑砂浆抗压强度推定值 $f_{2,e}^c$ 按下列公式计算:

$$f_{2,e1}^c = m_{f_2^c} \tag{21-10}$$

$$f_{2,e2}^c = \frac{f_{2,\min}^c}{0.75} \tag{21-11}$$

式中　$f_{2,\min}^c$——同批构件中砂浆抗压强度换算值的最小值,精确至 0.1 MPa。

取公式(21-10)和公式(21-11)中的较小值为该批构件中的砌筑砂浆抗压强度推定值。

(3)对于按批抽检的砌体,当该批构件砌筑砂浆抗压强度换算值变异系数不小于 0.3 时,则该批构件应全部按单个构件检测。

2. 按单个构件检测

按单个构件检测时,该构件的砌筑砂浆抗压强度推定值应按下列公式计算:

$$f_{2,e}^c = f_{2,j}^c \tag{21-12}$$

第六节　工程检测要点

一、了解工程概况

1. 收集设计与施工资料

(1)设计资料。查阅设计图纸及变更通知,了解工程结构型式、层数、建筑面积、被测砌体是否配筋以及被测砌体砂浆强度等级和品种。

(2)施工资料。了解工程开工、完工日期,投入使用时间,对于在建工程还需了解被测砌体砌筑日期、施工、养护情况。

2. 现场调查

根据检测原因及要求,到工程现场进行观测,听取有关各方的介绍,了解工程使用情况。

二、检测范围的确定与测点布置

根据检测原因和要求,结合对设计、施工和现场观测情况及工程使用情况的掌握,依据现行行业标准,确定检测范围,抽取构件,布置测点。

三、贯入检测

在工程现场将测钉贯入各测点,测量贯入深度并记录于原始记录表中。

四、砂浆抗压强度的计算与推定

先计算各构件贯入深度平均值,再通过测强曲线计算或查得各构件砂浆抗压强度换算值 $f_{2,j}$。由 $f_{2,j}$ 可对各检测批或单个构件砂浆强度进行推定。

五、出具检测报告

检测工作和内业工作结束后,应将检测结果编写成检测报告出具给委托方,报告中的主要内容应符合现行行业标准的要求。

第七节　实　例

合肥郊县某学生公寓楼为六层砖混结构,基础墙体砂浆设计为 M10 水泥砂浆,因未办理报建手续,需对基础墙体砌筑砂浆强度进行检测。

(1)经建设、施工单位介绍和现场察看,该基础墙体砌筑砂浆用材料为 32.5 级普通硅酸盐水泥和细度模数为 2.11 河砂,砂浆自然养护 15 d 后被回填土覆盖,砂浆龄期 40 d,40 d 龄期期间的气温在 18~34 ℃之间,由于基础墙体被回填土覆盖,人工开挖出基础墙体,砂浆的含水率接近于标养试块的含水率。

(2)该工程基础墙体砌筑砂浆的原料、养护情况与行标中的全国统一测强曲线相同;

安徽省建筑科学研究设计院用相同的材料对行标中的统一测强曲线的误差验证指标(验证的平均相对误差 m_δ 为 17.5%,相对标准差 e_r 为 19%)满足检测要求;砂浆的含水率较高。因此,采用贯入法检测该工程基础墙体砌筑砂浆强度。

　　(3)按行标要求抽取共 15 个构件,在每个抽取的构件上布置贯入测点并进行检测,检测结果见表 21-3。

　　(4)该工程基础墙体砌筑砂浆抗压强度推定值为 10.4 MPa。

表 21-3　贯入法检测原始记录表

工程名称:某中学学生公寓楼　　贯入仪型号:SJY800　　砂浆品种:水泥砂浆　　温度:22 ℃　　湿度:50%

| 构件名称 | 轴线号 | | 贯入深度测量表读数 d'_i(mm) 和贯入深度 d_i(mm) | | | | | | | | | | | | | | | | m_{dj} (mm) | $f^c_{2,j}$ (MPa) | 备注 |
			1	2	3	4	5	6	7	8	9	10	11	12	13	14	15	16			
基础墙体	C~D/1	d'_i	16.80	17.00	16.52	16.00	15.30	15.50	16.40	17.21	16.48	16.53	16.19	16.40	16.37	16.42	17.11	16.82	3.51	11.9	强度平均值 $m_{f_2^c}$ 为 12.1 MPa; 强度标准差 S_{f_2} 为 1.5 MPa; 强度变异系数 δ_{f_2} 为 0.1; 强度推定值 $f_{2,e}$ 为 10.4 MPa
		d_i	3.20	3.00	3.48	4.00	4.70	4.50	3.60	2.79	3.52	3.47	3.81	3.60	3.63	3.58	2.89	3.18			
	D/2~3	d'_i	16.45	16.81	17.20	15.43	16.00	16.72	16.22	16.24	16.32	15.90	15.77	14.92	16.38	16.40	16.55	15.80	3.77	10.4	
		d_i	3.55	3.19	2.80	4.57	4.00	3.28	3.78	3.76	3.68	4.10	4.23	5.08	3.62	3.60	3.45	4.20			
	C~D/4	d'_i	16.21	15.80	14.31	15.47	15.90	15.77	16.41	17.80	15.42	15.61	15.66	15.55	15.72	16.20	15.91	15.38	4.25	7.8	
		d_i	3.79	4.20	5.69	4.53	4.10	4.23	3.59	2.20	4.58	4.39	4.34	4.45	4.28	3.80	4.19	4.62			
	C~D/6	d'_i	16.98	16.91	16.85	16.73	15.81	16.22	16.72	17.20	17.67	16.67	16.88	16.32	16.51	16.42	16.46	16.30	3.38	12.8	
		d_i	3.02	3.09	3.15	3.27	4.19	3.78	3.28	2.80	3.33	3.33	3.12	3.68	3.49	3.58	3.54	3.70			
	C~D/7	d'_i	16.81	16.77	16.65	16.43	16.82	16.92	16.57	16.08	15.56	15.81	16.43	16.99	16.62	16.77	16.66	16.58	3.41	12.6	
		d_i	3.19	3.23	3.35	3.57	3.18	3.08	3.43	3.92	4.44	4.19	3.57	3.01	3.38	3.23	3.34	3.42			
	C~D/8	d'_i	16.41	16.78	16.92	16.99	17.02	17.13	16.85	16.76	16.68	16.44	16.30	16.70	16.72	16.85	16.64	16.55	3.26	13.9	
		d_i	3.59	3.22	3.08	3.01	2.98	2.87	3.15	3.24	3.32	3.56	3.70	3.30	3.28	3.15	3.36	3.45			
	D/9~10	d'_i	16.34	16.35	16.56	16.78	16.67	16.72	16.88	16.97	16.84	16.78	16.66	16.80	16.90	16.32	16.45	16.50	3.32	13.3	
		d_i	3.66	3.65	3.44	3.22	3.33	3.28	3.12	3.03	3.16	3.22	3.34	3.20	3.10	3.68	3.55	3.50			
	~B/11	d'_i	17.10	16.89	16.73	15.65	16.45	15.72	16.35	16.40	16.77	16.55	16.81	16.90	17.00	16.78	16.55	16.67	3.34	13.2	
		d_i	2.90	3.11	3.27	4.35	3.55	4.28	3.65	3.60	3.23	3.45	3.19	3.10	3.00	3.22	3.45	3.33			

基础墙体

续表 21-3

构件名称	构件轴线号		贯入深度测量表读数 d''_i (mm) 和贯入深度 d_i (mm)																m_{dj} (mm)	$f^c_{2,j}$ (MPa)	备注
			1	2	3	4	5	6	7	8	9	10	11	12	13	14	15	16			
	C~D/13	d''_i	16.72	16.64	16.35	15.99	16.44	17.12	16.80	16.77	16.72	16.75	16.64	16.39	16.41	16.78	16.36	16.40	3.41	12.6	
		d_i	3.28	3.36	3.65	4.01	3.56	2.88	3.20	3.23	3.28	3.25	3.36	3.61	3.59	3.22	3.64	3.60			
	C/14~15	d''_i	16.58	15.58	15.76	16.33	16.27	16.45	16.81	16.77	16.55	16.62	16.45	16.48	16.72	16.81	16.82	16.63	3.40	12.8	
		d_i	3.42	4.42	3.24	3.67	3.73	3.55	3.19	3.23	3.45	3.38	3.55	3.52	3.28	3.19	3.12	3.37			
	C~D/15	d''_i	16.92	16.85	16.47	16.00	16.38	16.66	16.67	16.66	16.36	16.52	16.63	16.71	16.77	16.75	16.50	16.30	3.41	12.6	
		d_i	3.08	3.15	3.53	4.00	3.62	3.34	3.33	3.34	3.64	3.48	3.37	3.29	3.23	3.25	3.50	3.70			
基础墙体	D/15~16	d''_i	16.34	16.54	16.68	14.31	15.88	16.92	16.65	16.30	16.20	16.18	16.75	16.88	16.67	16.64	16.53	16.78	3.47	12.1	
		d_i	3.66	3.46	3.32	5.69	4.12	3.08	3.35	3.70	3.80	3.82	3.25	3.12	3.33	3.36	3.47	3.22			
	C~D/17	d''_i	16.85	16.78	16.86	16.88	16.71	16.68	16.48	16.32	16.54	15.32	15.48	16.27	16.41	15.96	16.17	16.23	3.54	11.6	
		d_i	3.15	3.22	3.14	3.12	3.29	3.32	3.52	3.68	3.46	4.68	4.52	3.73	3.59	4.04	3.83	3.77			
	C/17~18	d''_i	16.62	16.72	16.72	16.70	16.50	16.54	16.67	16.78	16.82	16.80	16.70	15.44	16.77	17.08	16.73	16.43	3.31	13.4	
		d_i	3.38	3.28	3.28	3.30	3.50	3.46	3.33	3.22	3.18	3.20	3.30	4.56	3.23	2.92	3.27	3.57			
	C~D/19	d''_i	16.10	15.75	16.24	16.72	16.34	16.58	16.58	16.76	14.43	16.38	16.25	16.27	16.34	16.44	16.39	16.42	3.64	10.9	
		d_i	3.90	4.25	3.76	3.28	3.66	3.42	3.12	3.24	5.57	3.62	3.75	3.73	3.66	3.56	3.61	3.58			

复核：×××　　记录：×××　　检测：×××　　检测日期：2001年6月18日

第二十二章 冲击筛分法检测砌筑砂浆强度

第一节 基本原理

冲击筛分法检测砌筑砂浆强度是冶金建筑研究总院开发的,并编制了冶金部标准《冲击法检测硬化砂浆抗压强度技术规程》(YB 9248—92)。该方法主要是利用对硬化砂浆试料施加冲击功使之破坏所带来的单位功表面积增量与砂浆抗压强度或良好负相关的性质,来确定砌体砂浆抗压强度的。试验和理论证明,对粒状试料进行冲击破碎,破碎后新增加的表面积与破碎功耗成线性关系:

$$W = \sigma \cdot \Delta S = \sigma(S - S_0) \tag{22-1}$$

式中　W——冲击功;

　　　S——冲击后试料表面积;

　　　S_0——冲击前试料表面积;

　　　σ——比例系数。

而砂浆强度与单位功表面积增量 $\Delta S / \Delta W$ 成负相关:

$$f_{cm} = A(\Delta S / \Delta W)^{-B} \tag{22-2}$$

式中　A, B——大于零的系数。

式(22-2)也是 YB 9248—92 规程中测强曲线采用的一种形式。由此可看出单位功引起的表面积增大越多,砂浆抗压强度越低,反之亦然。也就是说,越容易破碎的砂浆,其强度越低。

冲击筛分法在现场检测过程中,对砌体结构的既有性能有局部的、暂时的影响,但可以修复,而且在取样时可以很方便地量测出水平灰缝砂浆饱满度。

第二节 仪器设备

冲击筛分法检测砂浆强度应具备下列仪器设备:冲击仪、标准筛、振筛机、电子天平以及尺、钢凿、手锤、样品筛等取样工具。

一、冲击仪

(一)冲击仪构造

目前,检测单位使用的冲击仪一般是冶金部建筑研究总院研制的 YJ-1 型冲击仪。其构造如图 22-1 所示。它主要由主导杆、提杆、卡爪、重锤、料筒、套筒、底板等构成。

(二)冲击仪安装与操作

(1)将冲击仪置于坚实地面上。用水平尺检查下托板 12 是否水平,如不平,调整螺栓 14 使其水平。

(2)将主导杆 5 提起(此时提杆 6 同升起)约 20 cm 高,用定位卡 4 嵌牢主导杆(主导杆上设有定位孔)。然后将料筒 9 固定在冲击仪上,拧紧料筒壁上的紧固螺栓 11。

(3)估计试料的抗压强度范围,选择冲击锤质量 P 和落锤高度 H。

(4)按选择好的落锤高度,将撞针用紧固螺钉固定在主导杆的相应位置上。主导杆上设有标距孔。

(5)将主导杆下端的冲击垫旋下,把选择好的重锤套入主导杆上,然后旋上冲击垫(此时提杆上的卡爪与重锤脱开,重锤沿主导杆垂直向试料冲击)。

二、筛、振筛机和电子天平

(一)筛

选用直径为 200 mm 的砂料标准筛,包括孔径为 10.5 mm 的圆孔筛和孔径为 2.5、1.25、0.63、0.315、0.16 mm 的方孔筛以及筛底和盖。

另外配孔径分别为 10 mm 及 12 mm 的筛各一个,用于加工砂浆试料。

(二)振筛机

振筛机与上述标准筛相配套使用,应符合下列要求:① 振动次数 221 次/min;② 振击次数 147 次/min;③ 回转半径 12.5 mm。

(三)电子天平

试料筛分后,应称各级筛余量。为提高工作效率,保证试验精度,宜选用称量不小于 120 g、感量 0.001 g 的电子天平。

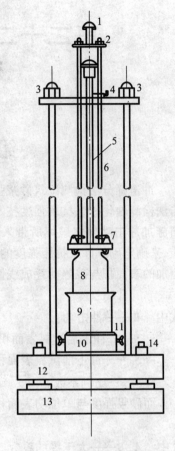

图 22-1 冲击仪构造示意图
1—把手;2—把手板;3—螺母;
4—定位卡;5—主导杆;6—提杆;
7—卡爪;8—重锤;9—料筒;
10—套筒;11—紧固螺钉;12—下托板;
13—底板;14—调整螺栓

第三节 冲击筛分法测强主要影响因素

冲击筛分法作为一种微破损方法,其测试精度相对较高,尤其当砂浆强度在 2.0 ~ 15.0 MPa 时,预留试件强度值与由同组试件制成标准样品的冲击筛分法测定值相比较,平均相对误差小于 15%。

影响冲击筛分法测强的因素主要来自下列几个方面。

(一)采集样品

采集样品是指在工程现场抽检某片砌体时,凿去若干砌块,收集砌块间水平灰缝内砂浆。在取样过程中通常会碰到两种情况:①当砂浆强度稍低,离散性又较大时,采集的样品往往是强度偏高的砂浆块,留下易碎的低强度样品,从而使检验结果偏高。②当砂浆强度较高时,采集了易取的砂浆块而留下强度过高的不易凿取的样品,从而使检验结果偏低。另外,对于在建工程由于取样人员粗心,会将"落地灰"、"碰头灰"或"搪粉砂浆"采集到样品中,也直接影响了评定结果。

(二)冲击筛分过程

如前所述,冲击筛分法是利用冲击功使砂浆破碎引起砂浆表面积增大,建立起两者的关系,从而推定砂浆强度。如图 22-2 所示。

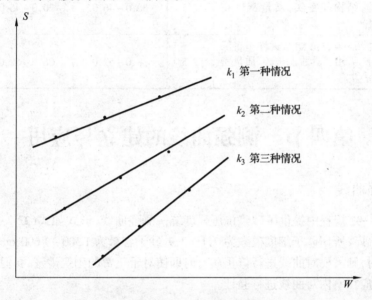

图 22-2 $W \sim S$ 关系曲线

图中的 k_1、k_2、k_3 是单位功表面积增量 $\Delta S / \Delta W$,砂浆强度 $f_{cm} = Ak^B$。通过大量试验表明,对于同一锤重和落锤高度,冲击次数过多,会形成第一种情形,即冲击功增大时,单位表面积没有相应增大,导致结果偏大;冲击次数过少,会形成第二种情况,即冲击功增加很少时,单位表面积却增大很多,导致结果偏小;只有当冲击次数适中时,才能保证测试结果误差最小。

同样,当锤重和落锤高度选择不当时,会导致类似的结果。如锤重选择轻了,要把砂浆破碎到一定程度,势必增加冲击次数,结果形成第一种情形。

另外,经过首次冲击后,5 mm 筛面上的筛余量多少也在很大程度上影响砂浆强度。经过大量试验,当砂浆强度在 5.0 ~ 20.0 MPa 时,经二次击打(占总功的 20%)后,5 mm 筛面上的筛余量应在 42 g 左右是比较适宜的。表 22-1 列出了冲击筛分试验用锤重和落锤高度的建议值。

综上所述,在做冲击筛分检验时,选取锤重和落锤高度非常关键,对最终检验结果有较大影响。因此,检测人员应多做试验以积累经验,保证试验结果的准确性。

表 22-1　试验用锤重或落锤高度选择

试料的特征	锤重 P (kg)	落锤高度 H (cm)	一次冲击功值 (kg·cm)	总冲击次数
估计强度在 2.0～5.0 MPa,块状试样可用手捏碎或掰碎,质量密度在 1.87 g/cm³ 左右	1.0	16.0～36.0	16.0～36.0	5
估计强度在 5.0～10.0 MPa,试样棱角易被掰掉,质量密度在 1.94 g/cm³ 左右	1.5	12.0～30.0	12.0～30.0	10
估计强度在 10.0～15.0 MPa,试样棱角不易被掰掉,孔隙相对较少,质量密度在 2.0 g/cm³左右	2.0	22.0～40.0	22.0～40.0	10
估计强度在 15.0～20.0 MPa,块状试样经摔击可能破碎,结构较密实,质量密度在 2.05 g/cm³ 左右	2.5	30.0～46.0	30.0～46.0	10
估计强度在 20.0～25.0 MPa,试样呈青绿色,结构较致密,需用工具才能破碎,质量密度在 2.08 g/cm³ 左右	2.5	38.0～52.0	38.0～52.0	12

第四节　测强曲线的建立与应用

一、测强曲线

YB 9248—92 规程中提供了砂浆抗压强度统一测强曲线,形式如式(22-2)。它的运用条件为:砌筑砂浆所用砂子细度模数为 2.1～2.9,砂子含量为 1 300～1 600 kg/m³。当砂子偏细或偏粗时,则需要对曲线进行修正。有时即使对于正常的砌筑砂浆,我们在首次使用该曲线时,也应在室内对曲线进行验证。

二、曲线的验证

(一)试件制作

采用本地区砂和常用普通硅酸盐水泥,设计出若干个不同强度的砌筑砂浆,使强度范围在 1.5～20.0 MPa 之间,每个强度级别制作试块 6 个,在标准或自然条件下养护 28 d,并在室内自然风干 7 d 以上备用。试块组数不宜少于 12 个。

(二)对比试验

(1)取同一强度级别的 3 个试块按蜡封法测定其平均质量密度 γ_0,然后清除试块上的蜡,将试块凿成直径为 10～12 mm 接近球体的粒料 180 g。注意:试料上不允许粘有蜡。

(2)将试料轻轻和匀,分成三份,每份重(50±0.10)g,按规程要求分别进行冲击筛分试验,求出单位功表面积增量的平均值 $\Delta S/\Delta W$、试料的质量密度 γ_0 和砂浆抗压强度平均值 f_{cm}^c。

(3)在冲击筛分试验的同时,取 3 个同条件试块进行抗压强度试验,并计算抗压强度的平均值 f_{cm}。

(三)结果分析

1. 建立测强曲线

利用数组$(\Delta S/\Delta W, f_{cm})$按最小二乘法原理进行二元曲线回归,曲线采用幂函数形式:

$$f_{cm} = A(\Delta S/\Delta W)^{-B} \tag{22-3}$$

式中　A, B——回归系数。

要求回归方程平均相对误差 $m_\sigma \leqslant \pm 12.0\%$,相对标准差 $e_r \leqslant 14.0\%$,相关系数 $r \geqslant 0.90$。

其中:

$$m_\sigma = \pm \frac{1}{n} \sum_{i=1}^{n} \left| \frac{f_{cm,i}}{f_{cm,i}^c} - 1 \right| \times 100\% \tag{22-4}$$

$$e_r = \sqrt{\frac{1}{n} \sum_{i=1}^{n} \left(\frac{f_{cm,i}}{f_{cm,i}^c} - 1 \right)^2} \times 100\% \tag{22-5}$$

式中　$f_{cm,i}$——第 i 个强度级别的试块抗压试验得出的抗压强度值,MPa,精确至 0.1 MPa;

$f_{cm,i}^c$——由同强度级别试块经冲击法试验计算出的强度值,MPa,精确至 0.1 MPa,计算公式用新建立的测强曲线;

n——用以建立回归方程式的试块数。

2. 检验测强曲线

将冲击筛分试验得出的 $\Delta S/\Delta W$ 值代入规程所提供的测强曲线,得出各强度等级的砂浆抗压强度值 f_{cm}^c。利用式(22-3)的曲线计算值计算与实际强度值间的平均相对误差,以评价在检测工作中利用规程中测强公式的可靠性。

第五节　砌体砂浆强度检测与推定

一、收集资料

正常情况下,砂浆强度均以 28 d 龄期的标准养护立方体试块极限抗压强度作为设计强度等级和评定砌体砂浆实际强度的基本依据。但当砂浆试块缺乏代表性或对试块的试验结果有争议或需要确定某结构砂浆强度时,可以利用冲击筛分法进行检测,并作为处理工程质量问题的依据。

在检测前,一般应先了解:工程名称及设计、施工和建设单位名称;结构或构件名称;外形尺寸、数量及砂浆种类和设计强度等级;原材料种类;施工日期,结构或构件所处环境及有关的问题。其中以了解砂的粗细最为重要。

二、检测技术

(一)取样

(1)根据委托单位对砂浆强度检测的要求,规程中分两种取样方法:单元检测和整体检测。

单元检测:运用于一个砌体单元,取样部位应均匀布置,且不小于 3 处,砌体单元指按楼层或轴线划分的不大于 40 m² 的墙面和柱。

整体检测:随机抽取试料的砌体单元数量应不少于同一验收批中砌体单元总数的 30%,且试料总数不应少于 12 份。同一验收批指砂浆强度等级相同、原材料和配合比基本一致,处于同一分项工程中的砌体。

(2)在选定的部位凿取砌体中的水平灰缝内砂浆试料,采集的试料厚度不应小于 10 mm,平面各边尺寸不应小于 15 mm,每份试料总量应不少于 600 g,以保证加工成标准试样后总质量不少于 180 g。

(3)每份试料要单独包装,并注明工程名称、取样部位、时间和取样人姓名,以免各试料间以及不同工程所取样品间发生混淆。

由于在大多数情况下,委托单位要求检测砂浆强度时,还要求了解砂浆的饱满度,因此在现场检测时最好采用专用记录纸写清楚工程名称,取样部位、时间,砂浆饱满度和检测人员。

(二)试样制备

(1)以 10 mm 和 12 mm 筛孔为准,用剪刀将试块剪成尺寸为 10 ~ 12 mm 接近球形颗粒。每份试料制得的标准试样总量不少于 180 g。

(2)潮湿的试样应在 50 ~ 60 ℃温度烘烤 2 h,冷却后备用。

(三)试验操作

(1)将冲击仪置于坚实地面,底盘应调整成水平。

(2)根据操作经验和表 22-1 的建议,选择好冲击锤重、自由下落高度和击打制式。

(3)将制备好的标准试样轻轻和匀后分成三份,取其中一份称量 (50 ± 0.1) g,放入冲击仪料筒中,将料面大体整平,并放入冲击垫。

(4)进行冲击筛分试验:第一回冲击→机械振筛 2 min→筛分,记录各级筛及筛底上的筛余量→第二回冲击→机械振筛 2 min→筛分,记录各级筛及筛底上的筛余量→第三回冲击→机械振筛 2 min→筛分,记录各级筛及筛底的筛余量。

(四)数据处理

1. 计算冲击功

击打 n 次总的冲击功 W_n:

$$W_n = nPH \tag{22-6}$$

式中　　n——对试料的打击次数;

　　　　P——锤重,kg,精确至 0.1 kg;

　　　　H——冲击高度,cm,指落锤底面至冲击垫顶面之间的距离,精确至 0.1 cm。

2. 计算试料的表面积 S_i

(1)某级(i)筛面上试料的表面积 S_i:

$$S_i = \frac{10.5 Q_i}{d} \tag{22-7}$$

(2)试料的总表面积 S:

$$S = 10.5 \sum \frac{Q_i}{d_{mi}} \tag{22-8}$$

式中　S——试料的总表面积，cm^2，精确至 $0.001\ cm^2$；

　　　S_i——i 级筛面上试料的表面积，cm^2，精确至 $0.001\ cm^2$；

　　　Q_i——i 级筛面上试料的质量，g，精确至 $0.001\ g$；

　　　d_{mi}——i 级筛面上试料的平均粒径，cm，按表 22-2 取值，精确至 $0.001\ cm$。

表 22-2　各筛级间试料的平均粒径 d_m　　　（单位:cm）

筛孔径范围	1.0~0.5	0.5~0.25	0.25~0.125	0.125~0.063	0.063~0.0315	0.0315~0.016	0.016 以下（筛底）
平均粒径 d_m	0.721	0.361	0.180	0.090	0.045	0.023	0.007

3. 计算单位功表面积增量 $\Delta S/\Delta W$

$\Delta S/\Delta W$ 由式(22-6)、式(22-7)计算得到 3 对数据(W_1, S_1)、(W_2, S_2)、(W_3, S_3)，按直线方程确定：

$$\frac{\Delta S}{\Delta W} = \frac{3A_{WS} - A_W A_S}{3A_{WW} - A_W} \tag{22-9}$$

$$r_{WS} = \frac{A_{WS} - A_W A_S}{\sqrt{(3A_{WW} - A_W^2)(3A_{SS} - A_S^2)}} \tag{22-10}$$

式中　$\dfrac{\Delta S}{\Delta W}$——试料单位功表面积增量，即直线方程的斜率，$cm^2/(kg\cdot cm)$，精确至 0.001 $cm^2/(kg\cdot cm)$；

　　　r_{WS}——直线的相关系数，应不小于 0.97，否则试验应重做；

　　　A_W——$W_1 + W_2 + W_3$；

　　　A_S——$S_1 + S_2 + S_3$；

　　　A_{WS}——$W_1 S_1 + W_2 S_2 + W_3 S_3$；

　　　A_{WW}——$W_1^2 + W_2^2 + W_3^2$；

　　　A_{SS}——$S_1^2 + S_2^2 + S_3^2$。

4. 计算试料的质量密度 γ_0

硬化砂浆质量密度 γ_0，应采用蜡封方法通过试验求得，试验方法参照《土工试验规程》上册，也可以利用下列经验公式计算：

$$\gamma_0 = 2.325\,7 \left(\frac{\Delta S}{\Delta W}\right)^{-0.051\,7} \tag{22-11}$$

式中　γ_0——试料的质量密度，g/cm^3，精确至 $0.001\ g/cm^3$；

　　　$\dfrac{\Delta S}{\Delta W}$——单位功表面积增量，$cm^2/(kg\cdot cm)$，精确至 $0.001\ cm^2/(kg\cdot cm)$。

5. 计算砂浆试样的抗压强度 f_{cm}

将 $\Delta S/\Delta W$、γ_0 代入规程测强曲线中或专用测强曲线中，即可得砂浆试样的抗压强度

f_{cm}。YB 9248—92 规程中测强曲线如下：

$$f_{cm} = 394.9\left(\frac{1}{\gamma_0} \cdot \frac{\Delta S}{\Delta W}\right)^{-0.78} \tag{22-12}$$

式中　f_{cm}——试料砂浆的抗压强度，MPa，精确至 0.1 MPa；

　　　γ_0——试料的质量密度，g/cm^3，精确至 0.001 g/cm^3；

　　　$\dfrac{\Delta S}{\Delta W}$——单位功表面积增量，$cm^2/(kg \cdot cm)$，精确至 0.001 $cm^2/(kg \cdot cm)$。

6. 分析评价

计算出的各部位砂浆强度分别相当于一组边长为 7.07 cm 立方体同条件试块的抗压强度。

因此最终评定可以参照《砌体工程施工质量及验收规范》(GB 50203—2002)第 4.0.12 条进行，即：

$$f_{c,m} \geq f_2 \tag{22-13}$$
$$f_{c,\min} \geq 0.75 f_2 \tag{22-14}$$

式中　$f_{c,m}$——同一验收批(单元或整体)中冲击法测得砂浆抗压强度平均值，MPa，精确至 0.1 MPa；

　　　$f_{c,\min}$——同一验收批(单元或整体)中冲击法测得砂浆强度的最小的一个值，MPa，精确至 0.1 MPa；

　　　f_2——验收批砂浆设计强度等级所对应的立方体抗压强度，MPa。

第六节　工程检测要点

(一)检测前

检测人员在首次到现场进行概况调查时，除搞清楚工程概况外，应对砂浆的种类和砂浆用砂的粗细程度有所了解，并通过用手掰或铁钉划等方法对砂浆强度有初步印象，以便在制订检测方案时有的放矢。因为砂子过细或过粗或强度过低(小于 1.5MPa)时，利用规程中曲线会产生较大误差。若一定要用冲击法时，则需考虑建立专用测强曲线。

(二)砂浆样品

(1)通常情况下，若委托单位或相关单位没有特殊要求时，砂浆样品的采集大部分应在非承重墙或容易操作的部位进行。总的原则是，破坏后的砌体易于修复，不致对结构受力带来不利影响。

(2)凿取水平灰缝内的砂浆，不要误拾落地砂浆或凿取竖直灰缝内的砂浆。

(3)每个部位采集到足够的砂浆后，装进塑料袋中立即放入一张写有工程名称、取样部位、取样日期和取样人的纸条，并封死袋口，妥善保管好。注意当砂浆潮湿时，要采取措施防止放入的纸条受潮看不清字迹。

(三)冲击筛分试验

(1)估计强度范围，选择适当的击打制式、冲击锤重和自由下落高度。尽量做到经首次击打 1~3 次后，5 mm 筛面上的筛余量约为 42 g。

（2）为保证冬季或夏季正常工作，试验室内应安装空调，不能使用电风扇，以免使微小颗粒丢失，给试验带来误差。因此，规程中规定：第一回冲击后质量差应小于0.1 g，第三回冲击后累计质量差应小于0.5 g，不满足要求时，应重做试验。

第七节　实　例

某中学教学楼，为三层砖混结构，建筑面积700 m²。该教学楼由某教育基金会投资兴建，于1997年建成。一、二层砌体砂浆设计强度等级为M5.0，三层砌体砂浆设计强度等级为M2.5。工程在使用过程中，发现屋面板、屋面梁、墙体局部出现裂缝及渗漏问题。为查明裂缝产生原因，给工程下一步处理提供依据，需要对该工程现有质量状况进行检测。其中，为了解砌体砂浆质量，采用冲击筛分法对砂浆强度进行检测。

一、测试

一至三层墙体每层随机在非承重部位抽4个部位，如窗台墙上掀去3皮砖后，收集砌体水平灰缝砂浆，同时，用百格网量测砖砂浆饱满度（若没有此项委托要求，则不用量测）。在室内将所取试样加工成粒径10～12 mm的球形试料，用冲击仪进行试验。

二、记录

记录格式及内容见表22-3。

三、计算

计算结果见表22-4。

砌体砂浆饱满度、抗压强度汇总见表22-5。

表 22-3

| 样品编号 | 冲击次数 | 各尺寸筛上筛余量(mg) | | | | | | | 累计筛余量(mg) | 锤重(kg) | 冲击高度(cm) |
		5.000	2.5	1.250	0.630	0.315	0.160	<0.160			
#10 三层 3～4/A 窗台墙	2	42.023	2.109	0.466	0.901	2.833	0.541	1.035	49.908	1.5	17.5
	4	33.531	5.919	1.239	1.754	4.135	0.966	2.259	49.802		
	6	24.303	8.200	2.561	2.827	6.290	1.710	3.737	49.628		
砂子品种	中砂	砂浆种类		混合		龄期			4 年		
设计强度等级	M2.5	备注									

表 22-4

样品编号	冲击功 (kg·cm)	各筛上试样的平均粒径 d_{mi} 和表面积 S_i(假设 $\gamma_0 = 1$)							试样总表面积 $S(\text{cm}^2)$	(W, S) 直线方程
		0.721	0.361	0.180	0.090	0.045	0.023	0.007		
$^\#$10 三层 3~4/A 窗台墙	52.5	611.985	61.312	27.183	105.117	661.033	246.978	1 552.500	3 266.138	$\dfrac{\Delta S}{\Delta W} = 53.9$ $r = 0.997$
	105.0	488.316	172.130	72.275	204.633	964.833	441.000	3 388.500	5 731.087	
	157.5	353.927	238.504	149.392	329.817	1 467.667	780.652	5 605.5	8 925.459	

注:由 $\dfrac{\Delta S}{\Delta W}$ 查曲线得 $\gamma_0 = 1.894 \Rightarrow \dfrac{1}{\gamma_0} \cdot \dfrac{\Delta S}{\Delta W} = 28.458$。$\gamma_0$ 也可由试验求得。

$f_{cm} = 39.49 \times 28.458^{-0.78} = 2.9 \text{ MPa}$。

表 22-5

检测部位		饱满度(%)				抗压强度 (MPa)
		1	2	3	平均值	
一层	1~2/A	90	84	66	80	6.6
	2~3/D	80	73	86	80	5.4
	3~4/C	77	80	84	80	9.0
	5~6/F	78	96	99	91	8.9
二层	1~2/F	98	97	95	97	8.0
	3~4/D	83	78	79	80	6.1
	5~6/A	92	78	76	82	5.6
	7~8/C	84	97	99	93	6.1
三层	1~2/C	83	88	86	86	3.9
	3~4/A	99	80	63	80	2.9
	5~6/D	75	86	91	84	2.3
	7~8/F	93	74	88	85	4.9

四、分析评价

通过检验与计算,该工程一层砌体砂浆抗压强度为 5.4~9.0 MPa,平均强度为 7.5 MPa,满足设计强度等级 M5 的要求;二层砌体砂浆抗压强度为 5.6~8.0 MPa,平均强度为 6.4 MPa,满足设计强度等级 M5 的要求;三层砌体砂浆抗压强度为 2.3~4.9 MPa,平均为 3.5 MPa,满足设计强度等级 M2.5 的要求。

第二十三章　基桩和复合地基静载荷试验

第一节　概　述

基桩作为上部构筑物的基础结构,承受着上部构筑物的全部荷载和其他作用力,它的承载力可靠性对整个构筑物的安全使用有至关重要的影响。因此,在桩基和复合地基设计中,常常对桩进行各种现场荷载试验,来取得必要的试桩资料,以确定和验证基桩和复合地基的承载能力和安全可靠性。同时通过试桩的观测分析,研究桩土体系在不同荷载作用下的变化规律,为改进和充实设计理论积累必要的资料数据。

对重要的大型建筑,对基础沉降有特殊要求的建筑、住宅群和建筑群,缺乏施工经验和试桩资料,地质情况复杂,对成桩质量有疑问等情况,均应进行桩的垂直静载试验。承受较大水平力的桩基础,八度以上抗震设防的重要建筑,八层以上、高度 30 m 以上的高大建筑和建筑群,对基础水平位移有特殊限制的建筑等,均应做桩的水平静载试验。需要承受上拔力的桩要做抗拔试验。

桩的静载试验除可以确定基桩的承载能力和安全可靠性外,同时又是检验其他测桩方法的主要依据。所以对静载试验的方法和基本要求,以及如何根据静荷载试验曲线确定单桩承载力等,都应该有相当深入的了解。

一、基桩静载试验分类

基桩静载试验一般分为两类。

(一)力学性试桩

通过荷载试验,对桩的承载力和工作性能提出结论性意见。

1. 破坏性试验

在专供试验的桩上加载直到桩身破坏或沉降或锚桩上拔量超过限值。

2. 验证性试验

一般在实际工程桩上进行,加载到设计荷载的 1.2~1.5 倍。

(二)工艺性试桩

这类试桩系检查桩位处工程地质情况是否有变化;施工工艺的适应性;确定达到成桩质量标准的技术措施;试验新的试桩设备和工艺方法等;为正式工程的施工设计提供技术方案和技术措施。

二、加载方法

(一)锚桩—反力梁加载方法

锚桩—反力梁加载方法,常用的加载装置如图 23-1 所示。其锚桩一般采用钢杆锚桩或钢筋混凝土桩;反力梁(主梁或次梁)采用常备式钢梁、工字钢叠合梁。

锚桩—反力梁加载方法适用于加载量在 3 000 kN 以上的试桩。

(二)堆重加载方法

该方法是预先估计桩的破坏荷载,据此将一定质量的物体堆重堆在桩顶的平台上,然后用千斤顶起重加载,测得桩的承载力。

这种加载方法常用在 300 ~ 3 000 kN 的试桩中。

对加载为 3 000 ~ 6 000 kN 的试桩,有时也采用锚桩—堆重联合加载方法。

三、试桩数量

在同一条件下的试桩数量不宜小于总桩数的 1%,且不应少于 3 根;工程桩总数在 50 根以内时不应少于 2 根。

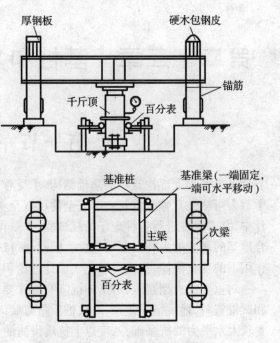

图 23-1　单桩竖向静载试验装置

第二节　单桩竖向抗压静荷载试验

一、试验目的

采用接近于竖向抗压桩的实际工作条件的试验方法,确定单桩竖向抗压极限承载力标准值,作为设计依据,或对工程桩的承载力进行抽样检验和评价。

对一、二级建筑桩的极限承载力标准值,原则上应以现场静载荷试验来确定。

二、试验加载装置

(1)试桩设备包括油压千斤顶、常备式反力梁和钢质锚杆及其连接件等,如图 23-1。

(2)锚桩横梁反力装置。锚桩、反力梁装置能提供的反力应不小于预估最大试验荷载的 1.2 ~ 1.5 倍。采用工程桩作锚桩时,锚桩数量不得少于 4 根,并应对试验过程的锚桩上拔量进行监测。

(3)压重平台反力装置。压重量不得少于预估试桩破坏荷载的 1.2 倍;压重应在试验开始前一次加上,并均匀稳固放置于平台上。

(4)锚桩压重联合反力装置。当试桩最大加载量超过锚桩的抗拔能力时,可在横梁上放置或悬挂一定重物,由锚桩和重物共同承受千斤顶加载反力。

三、荷载与沉降的量测仪表

(1)荷载可用放置于千斤顶上的应力环、应变式压力传感器直接测定,或用联于千斤顶的压力表测定油压,根据千斤顶率定曲线换算荷载。

(2)试桩沉降一般采用百分表或电子位移计测量。对大直径桩应在其2个正交直径方向对称安置4个位移测量仪表,中等和小直径桩可安置2个或3个位移测量仪表,仪表精度为0.01 mm。沉降测定平面离桩顶距离不应小于0.5倍桩径,固定和支承百分表的夹具和基准梁在构造上应确保不受气温、振动及其他外界因素影响而发生竖向变位。

(3)试桩、锚桩(压重平台支墩)和基准桩之间的中心距离应符合表23-1的规定。

表 23-1 试桩、锚桩和基准桩之间的中心距离

反力系统	试桩与锚桩 (或压重平台支墩边)	试桩与基准桩	基准桩与锚桩 (或压重平台支墩边)
锚桩横梁反力装置 压重平台反力装置	≥4d 且 ≮2.0 m	≥4d 且 ≮2.0 m	≥4d 且 ≮2.0 m

注:d 为试桩或锚桩的设计直径,取其较大者(如试桩或锚桩为扩底桩时,试桩与锚桩的中心距不应小于2倍扩大端直径)。

(4)试桩制作要求。①试桩顶部一般应予加强,可在试桩顶部配置加密钢筋网2~3层,或以薄钢板圆筒做成加劲箍与桩顶混凝土浇成一体,用高标号砂浆将桩顶抹平;②为安置沉降测点和仪表,试桩顶部露出试桩地面的高度不少于600 mm,试桩地面宜与桩承台设计标高一致。

(5)从成桩到开始试验的间歇时间。灌注桩应在桩身混凝土强度达到设计强度等级的前提下,对砂性土,不应少于10 d;对于粉土和粘性土不应少于15 d;对于淤泥或淤泥质土,不应少于25 d。预制桩在砂土中入土不得少于7 d,在粘性土中入土不得少于15 d;对饱和软粘土不得少于25 d。

(6)试验加载方式。采用慢速维持荷载,即逐级加载,每级荷载达到相对稳定后加下一级荷载,直到试验桩破坏,然后分级卸载到零。考虑结合实际工程,试桩的荷载特征可采用多循环加卸载法(每级荷载达到相对稳定后卸载到零)。考虑缩短试验时间,对于工程桩的检验性试验,可采用快速维持荷载法,即一般每隔1 h加一级荷载。

(7)加卸载与沉降观测。①加载分级:每级加载为预估极限荷载的1/10~1/15,第一级可按2倍分级荷载加荷。②沉降观测:每级加载后间隔5、10、15 min各测读一次,以后每隔15 min测读一次,累计1 h后每隔30 min测读一次。每次测读值记入试验记录表。③沉降相对稳定标准:每1 h的沉降不超过0.1 mm,并连续出现两次(由1.5 h内连续三次观测值计算),认为已达到相对稳定,可加下一级荷载。

(8)终止加载条件。当出现下列情况之一时,即可终止加载:①某级荷载作用下,桩的沉降量为前一级荷载作用下沉降量的5倍;②某级荷载作用下,桩的沉降量大于前一级荷载作用下沉降量的2倍,且经24 h尚未达到相对稳定;③已达到锚桩最大抗拔力或压重平台的最大重量时。

(9)卸载与卸载沉降观测。每级卸载值为每级加载值的2倍,每级卸载后隔15 min测读一次残余沉降,读两次后,隔30 min再读一次,即可卸下一级荷载,全部卸载后,隔3~4

h 再读一次。

（10）试验报告内容及资料整理。①单桩竖向抗压静载试验概况：整理成表格形式（表23-2、表23-3），并应对成桩和试验过程出现的异常现象作补充说明；②单桩竖向抗压静载试验记录表（表23-4）；③单桩竖向抗压静载试验荷载—沉降汇总表（表23-5）；④确定单桩竖向极限承载力，一般应绘 $Q \sim S$、$S \sim \lg t$ 曲线，以及其他辅助分析所需曲线。如图23-2所示。

表23-2　单桩竖向（水平）静载试验概况表

工程名称		地点		试验单位		
试桩编号		桩型		试验起止时间		
成桩工艺		桩断面尺寸		桩长		
混凝土强度等级	设计	灌注桩虚土厚度		配筋	规格长度	配筋率
	实际	灌注充盈系数				

表23-3　土的物理力学指标

层次	深度 (m)	γ (kN/m³)	ω (%)	e	S_r	ω_p (%)	I_p	I_L	a_{1-2} (a_{2-3})	E_S (MPa)	ψ (度)	f_k (kPa)
1												
2												

表23-4　单桩竖向抗压静载试验记录表

荷载 (kN)	观测时间 （日/月　时:分）	间隔时间(min)	读				数	沉降(mm)		备注
			表1	表2	表3	表4	平均	本次	累计	

表23-5　单桩竖向抗压静载试验结果汇总表

序号	荷载 (kN)	历时(min)		沉降(mm)	
		本级	累计	本级	累计

（11）单桩竖向极限承载力的确定。①根据沉降随荷载的变化特征确定极限承载力，对于陡降型 $Q \sim S$ 曲线取 $Q \sim S$ 曲线发生明显陡降的起始点。②根据沉降确定极限承载力，对于缓变型 $Q \sim S$ 曲线一般可取 $S = 40 \sim 60 \text{ mm}$ 对应的荷载，对大直径桩可取 $S = 0.03 \sim 0.06D$（D 为桩端直径，大直径取低值，小直径取高值）所对应的荷载；对于细长桩（$l/d > 80$）可取 $S = 60 \sim 80 \text{ mm}$ 对应的荷载。③根据沉降随时间的变化特征确定极限承载力，取 $S \sim \lg t$ 曲线尾部出现明显向下弯曲的前一级荷载值。

（12）单桩竖向极限承载力标准值应根据试桩位置、实际地质条件、施工情况等综合确定。当各试桩条件基本相同时，单桩竖向极限承载力标准值可按下列步骤与方法确定：

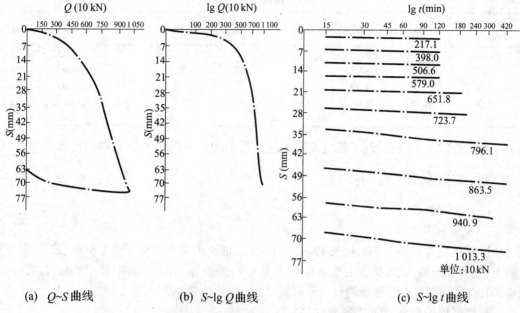

(a) Q~S 曲线   (b) S~lg Q 曲线   (c) S~lg t 曲线

图 23-2   单桩竖向静载试验曲线示例

①计算试桩结果统计特征值。

A. 按上述方法,确定 n 根正常条件试桩的极限承载力实测值 Q_{ui}。

B. 按下式计算 n 根试桩实测承载力平均值 Q_{um}:

$$Q_{um} = \frac{1}{n} \sum_{i=1}^{n} Q_{ui} \tag{23-1}$$

C. 按下式计算每根试桩的极限承载力实测值与平均值之比 a_i:

$$a_i = \frac{Q_{ui}}{Q_{um}} \tag{23-2}$$

下标 i 根据 Q_{ui} 值由小到大的顺序确定。

D. 计算 a_i 的标准差 S_n:

$$S_n = \sqrt{\sum_{i=1}^{n} (a_i - 1)^2 / (n - 1)} \tag{23-3}$$

②确定单桩竖向极限承载力标准值 Q_{uk}。

A. 当 $S_n \leqslant 0.15$ 时,$Q_{uk} = Q_{um}$。

B. 当 $S_n > 0.15$ 时,$Q_{uk} = \lambda Q_{um}$。

λ 为单桩竖向极限承载力标准值折减系数。按下列方法确定:

当试桩数 $n = 2$ 时,按表 23-6 确定。

当试桩数 $n = 3$ 时,按表 23-7 确定。

表 23-6   折减系数 λ($n = 2$)

$a_2 - a_1$	0.21	0.24	0.27	0.30	0.33	0.36	0.39	0.42	0.45	0.48	0.51
λ	1.00	0.99	0.97	0.96	0.94	0.93	0.91	0.90	0.88	0.87	0.85

表 23-7 折减系数 λ(*n* = 3)

$\dfrac{a_3 - a_1}{a_3}$	0.30	0.33	0.36	0.39	0.42	0.45	0.48	0.51
0.84							0.93	0.92
0.92	0.99	0.98	0.98	0.97	0.96	0.95	0.94	0.93
1.00	1.00	0.99	0.98	0.97	0.96	0.95	0.93	0.92
1.08	0.98	0.97	0.95	0.94	0.93	0.91	0.90	0.88
1.16							0.86	0.84

当试桩数 *n* ≥ 4 时,按《建筑桩基技术规范》(JGJ 94—94)附录 C 式(C-4)计算。

四、试桩检测要点与实例

(一)检测要点

1. 试桩基本资料

试压桩桩身直径 1.6 m,桩长 12 m,入土 12 m,桩周土层从上至下为亚粘土、细砂、轻亚粘土、细砂和砾砂;试压桩混凝土强度等级为 C18;沿桩身全长配筋,主筋 12Φ12,箍筋 Φ8@200;在桩顶部 1 m 的桩身增设水平筋网 2 层,并用 C28 混凝土浇筑而成。

预估试桩的最大竖向荷载为 10^4 kN。

2. 加载装置

试桩采用锚桩—反力梁加载装置。锚桩为厚壁高强度钢管,锚桩直径 350 mm,长度 35 m。反力梁:主梁长 6 m,次梁长 2.5 m,最大承载力为 1.2×10^4 kN。

3. 加载方法

采用单循环慢速加载法,稳定时间不少于 2 h,沉降稳定标准选择砂性土每小时不超过 0.2 mm,连续出现 2~3 次后,施加下一级荷载。

4. 沉降观测

在桩头按直径方向垂直交叉布设 4 只百分表进行沉降观测,观测点距桩顶 800 mm。

5. 加载设备

加载使用 4 台 YQ320 型油压千斤顶,进场前,在试验室内对千斤顶进行率定,并绘制荷载~油压关系曲线,确定各级荷载值,实现同步操作顶升。

6. 荷载分级

荷载按预估试桩的最大竖向荷载为 10^4 kN 的 1/13 进行荷载分级,第 1 级按 2 倍分级荷载加荷。荷载分级见表 23-8。

表 23-8 荷载分级表 (单位:10 kN)

分级	1	2	3	4	5	6	7	8	9	10
加载	217.1	398.0	506.6	579.0	651.8	723.7	796.1	863.5	940.9	1 073.3
卸载	796.1	579.0	361.9	144.8	0	—	—	—	—	—

卸载值为每级加载值的 2 倍,并测读残余沉降。全部卸载后,隔 3~4 小时再读一次。

(二)实例

1. 实测结果

实测单桩竖向抗压静载试验结果见表 23-9。

表 23-9　实测沉降结果表

序号	加载 (10 kN)	稳定时间 (h:min)	沉降量 S(mm)	卸载 (10 kN)	稳定时间 (h:min)	各级残余沉降量 S(mm)
1	217.1	2	2.20	796.1	1	72.91
2	398.0	2	7.16	579.0	1	71.78
3	506.6	2	11.80	361.9	1	70.05
4	579.0	2	16.07	144.8	1	67.41
5	651.8	3	21.66	0	4	63.07
6	723.7	3:30	28.66			
7	796.1	7	39.14			
8	863.5	7	51.49			
9	940.9	5:15	62.61			
10	1 013.3	6:30	73.06			

2. 单桩极限承载力的确定

1）终止加载条件

加载到第 10 级荷载总沉降量累计达 73.0 mm,桩头附近地面出现环状凹陷开裂,根据试桩资料曲线判断已接近破坏荷载,故终止加载。

按两级加载量作一级卸载值分级卸载,最后测得残余沉降量为 63.0 mm。

2）绘制试桩曲线

绘制单桩静载试验曲线:$Q \sim S$ 曲线、$S \sim \lg t$ 曲线、$S \sim \lg Q$ 曲线。如图 23-2 所示。

3）单桩极限承载力

从 $Q \sim S$ 曲线上看,后半段曲线已呈近似直线下降的趋势,从 $S \sim \lg Q$ 曲线上也能明显地看出。当加载到第 10 级荷载时,$S \sim \lg t$ 曲线也出现了明显的下弯。在荷载 1.01×10^4 kN 时,桩的残余沉降已达 63.0 mm,故最后确定该桩的极限荷载为 9.5×10^3 kN。

第三节　单桩水平静载试验

一、试验目的

确定单桩的水平承载力和地基土的水平抗力系数,或对工程桩的水平承载力进行检验和评价。

二、试验设备与仪表装置

(1)采用千斤顶施加水平力,水平力作用线应通过地面标高处(地面标高应与实际工程桩基承台底面标高一致)。在千斤顶与试桩接触处宜安置一球形铰座,以保证千斤顶作用力能水平通过桩身轴线。如图 23-3。

(2)桩的水平位移宜采用大量程百分表测量。每一试桩的作用水平面上和该平面以上 500 mm 左右各安装一只或二只百分表(下表测量桩身在地面处的水平位移,上表测量桩顶水平位移,根据两表位移差与两表距离的比值求得地面以上的转角)。

(3)固定百分表的基桩宜打设在试桩侧面靠位移的反方向,与试桩的净距不少于 1 倍试桩直径。

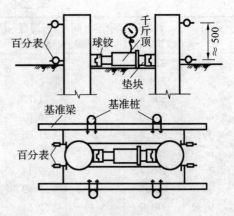

图 23-3　单桩水平静载试验装置(单位:mm)

三、试验加载方式

宜采用单向多循环加卸载法进行试验。

四、多循环加卸载试验法

(一)荷载分级

取预估水平极限承载力的 1/10 ~ 1/15 作为每级荷载的加载增量。根据桩径大小并适当考虑土层软硬,对于直径 300 ~ 1 000 mm 的桩,每级荷载增量可取 2.5 ~ 20 kN。

(二)加载程序与位移观测

每级荷载施加后,恒载 4 min 测读水平位移,然后卸载至零,停 2 min 测读残余水平位移,至此完成一个加卸载循环,如此循环 5 次便完成一级荷载的试验观测。加载时间应尽量缩短,测量位移的时间间隔严格准确,试验不得中途停歇。

(三)终止试验的条件

当桩身断折或水平位移超过 30 ~ 40 mm(软土取 40 mm)时,可终止试验。

五、单桩水平静载试验报告内容及资料整理

(1)整理成表格形式,对成桩和试验过程发生的异常现象应作补充说明。

(2)单桩水平静载记录表见表 23-10。

表 23-10　单桩水平静载试验记录表

试桩号:　　　　　　　　　　　　　　　　　　　　　　　　上下表距:

荷载(kN)	观测时间(日/月　时:分)	循环数	加载		卸载		水平位移(mm)		加载上下表读数差	转角	备注
			上表	下表	上表	下表	加载	卸载			

试验:　　　　　　　　记录:　　　　　　　　校核:

(3)绘制有关试验成果曲线:水平力 ~ 时间 ~ 位移($H_0 \sim t \sim x_0$)曲线、水平力 ~ 位移梯度($H_0 \sim \frac{\Delta x_0}{\Delta H_0}$)曲线(图 23-4)。

六、单桩水平临界荷载的确定

(1)取 $H_0 \sim t \sim x_0$ 曲线出现突变(相同荷载增量的条件下,出现比前一级明显增大的

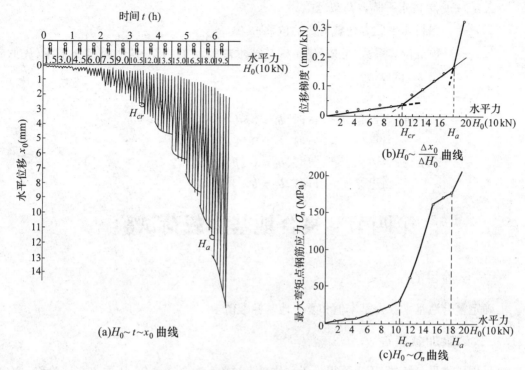

图 23-4　单桩水平静载试验成果曲线示例

位移增量)点的前一级荷载为水平临界荷载。

(2)取 $H_0 \sim \dfrac{\Delta x_0}{\Delta H_0}$ 曲线第一直线的终点对应的荷载为水平临界荷载。

(3)当有钢筋应力测试数据时,取 $H_0 \sim \sigma_n$ 第一突变时对应的荷载为水平临界荷载。

七、单桩水平极限荷载的确定

(1)取 $H_0 \sim t \sim x_0$ 曲线明显陡降的前一级荷载为极限荷载。

(2)取 $H_0 \sim \dfrac{\Delta x_0}{\Delta H_0}$ 曲线第二直线段的终点对应的荷载为极限荷载。

(3)取桩身折断或钢筋应力达到流限的前一级荷载为极限荷载。

有条件时,可模拟实际荷载情况,进行桩顶同时施加轴向压力的水平静载试验。

八、地基土水平抗力系数的比例系数的确定

根据试验结果,按式(23-4)确定地基土水平抗力比例系数 m。

$$m = \frac{\left(\dfrac{H_{cr}}{x_{cr}} V_x\right)^{\frac{5}{3}}}{b_0 (EI)^{\frac{2}{3}}} \tag{23-4}$$

式中　m——地基土水平抗力系数的比例系数,MN/m⁴,该数值为地面以下 $2(d+1)$ 深度
　　　　内各土层的综合值;

H_{cr}——单桩水平临界荷载,kN;

x_{cr}——单桩水平临界荷载对应的位移;

V_x——顶桩位移系数,可按《建筑桩基技术规范》(JGJ 94—94)表 5.4.2 采用(先假定 m,试算 a);

b_0——桩身计算宽度,m。

圆形桩:当直径 $d \leqslant 1$ m 时,$b_0 = 0.9(1.5d + 0.5)$

当直径 $d > 1$ m 时,$b_0 = 0.9(d + 1)$

方形桩:当边宽 $b \leqslant 1$ m 时,$b_0 = 1.5b + 0.5$

当边宽 $b > 1$ m 时,$b_0 = b + 1$

第四节　复合地基静载荷试验

一、试验目的

确定复合地基承载力基本值和复合地基标准值。

二、试验加载装置

采用压重平台装置,压重不得少于预估最大试验荷载的 1.2 倍,压重应在试验前一次加上,并均匀稳固放置于平台上。

三、测试仪表和设备

与单桩竖向抗压静载试验的测试仪表和设备基本相同。

四、复合地基载荷试验的承压板

复合地基承载试验的承压板可用圆形或方形,面积为一根桩承担的处理面积。多桩复合地基载荷试验的承压板可用方形或矩形,其尺寸按实际桩数所承担的处理面积确定。

采用压板应有足够的刚度,避免压板翘曲变形影响沉降测读的结果。压板底高程应与基础底面设计高程相同,压板下宜设中粗砂找平层。

五、试验荷载

加荷等级可分为 8 ~ 12 级,总加载量不宜少于设计要求值的两倍。

六、沉降量的测读

每加一级荷载 Q_i,在加荷前后应各读记压板沉降 S 一次,以后每半小时读记一次。当 1 h 内沉降增量小于 0.1 mm 时,即可加下一级荷载;对饱和粘性土地基中的振冲桩或砂石桩,当 1 h 内沉降增量小于 0.25 mm 时,即可加下一级荷载。

七、终止试验条件

当出现下列现象之一时,可终止试验:

(1)沉降急骤增大,土被挤出或周围出现明显的裂缝。

(2)累计沉降已大于压板宽度或直径的 10%。

(3)总加载量已为设计要求值的两倍以上。

八、卸载及回弹测读

卸载可分三级等量进行,每卸一级,读记回弹量,直至变形稳定。

九、复合地基承载力基本值的确定

(1)当 $Q \sim S$ 曲线上有明显的比例极限时,可取该比例极限所对应的荷载。

(2)当极限荷载能确定,而其值又小于对应比例极限荷载值的 1.5 倍时,可取极限荷载的一半。

(3)按相对变形值确定。①振冲桩和砂、石桩复合地基。对以粘性土为主的地基,可取 $\frac{S}{b}$ 或 $\frac{S}{d} = 0.02$ 所对应的荷载(b 和 d 分别为压板宽度和直径);对以粉土或砂土为主的地基,可取 $\frac{S}{b}$ 或 $\frac{S}{d} = 0.015$ 所应的荷载。②土挤密桩复合地基,可取 $\frac{S}{b}$ 或 $\frac{S}{d} = 0.010 \sim 0.015$ 所对应的荷载;对灰土挤密桩复合地基,可取 $\frac{S}{b}$ 或 $\frac{S}{d} = 0.008$ 所应的荷载。③深层搅拌桩或旋喷桩复合地基,可取 $\frac{S}{b}$ 或 $\frac{S}{d} = 0.004 \sim 0.010$ 所对应的荷载。

十、复合地基承载力标准值

试验点的数量不应少于 3 点,当满足其极差不超过平均值的 30% 时,可取平均值为复合地基承载力标准值。

第五节　单桩荷载传递机理试验

一、试验目的

试验目的是测量静载试压桩(或水平静载试桩)荷载传递规律,通过换算求得桩身轴向力和桩周摩阻力的分布。

二、试验方法

通过埋设在地面以下各土层交界处和地面处桩身截面内的钢筋应变计(或混凝土应变计)等测量传感器测得桩身的应变或应力。

应变片牢固地粘在钢筋上,引出的电缆顺应主筋固定,避免在试压桩灌注混凝土时磨断。

制作钢筋应变计时,就作防水防潮处理,一般要求绝缘电阻在 500 MΩ 以上,方可进行测读。

桩身埋设测点较多,测读时间较长,应掌握测读间隔时间,以免影响沉降稳定时间。

三、桩周摩阻力的推算

如图 23-5 所示,列计算式如下:

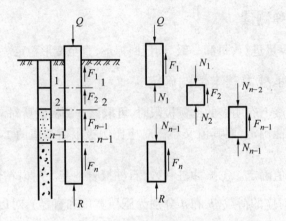

图 23-5　桩侧摩阻力推算示意图

$$Q = R + \sum F_i \qquad (i = 1, 2 \cdots, n) \tag{23-5}$$

$$F_1 = Q - N_1$$

$$F_2 = N_1 - N_2$$

$$\vdots$$

$$F_n = N_{n-1} - R$$

$$\sum F_i = Q - R \tag{23-6}$$

式中　Q——桩顶荷载,kN;

　　　R——桩底反力,kN;

　　　F_i——第 i 层的桩周摩阻力,kN。

四、试验资料的整理

(1)各级荷载下,桩身轴向力分布曲线图。

(2)各级荷载下,桩侧摩阻力分布曲线图。

(3)各级荷载下,桩侧摩阻力、桩端承力的分配比例。

(4)进行单桩水平静载试验,在埋设桩身应变计测量元件时,可测定桩身应力变化,并由此求得桩身弯矩分布。

五、桩的荷载传递一般规律

(1)对于摩擦桩,其桩顶荷载几乎只由桩侧摩阻力 Q_S 承受,即 $Q \approx Q_S$, $Q_P \approx 0$,桩测摩阻力与桩顶荷载的比值 Q_S/Q_P 几乎保持不变。

(2)对于端承摩擦桩,在加荷初期,桩顶荷载几乎只由桩侧摩阻力承受,没有或者仅有小的荷载传到桩底;随着荷载逐渐增大,桩的下沉也逐渐增大,桩侧摩阻力逐渐在桩全长上进一步得以发挥,桩端阻力也逐渐增大;再进一步加荷,当桩顶下沉达到某一数值 S_u 时,从整体上看,桩侧摩阻力已被充分发挥,并达到最大值 Q_{SU};桩顶荷载再增加,桩侧极限摩阻力 Q_{SU} 几乎保持不变,荷载的增量直接传到桩底,直至桩端土发挥到最大值,桩身不停止下沉,桩达到真正的破坏。

(3)对于摩擦端承桩(钻孔扩底短桩)。试验表明,钻孔短桩在加荷期,扩大头就明显地参与工作,但桩根部端阻力不大,桩侧摩阻力占全部桩顶荷载的比例较大;随着荷载增加,桩侧摩阻力 Q_S、扩大头底部阻力 Q_{P1} 和桩根部阻力 Q_{P2} 都随着增大;再进一步加荷,桩侧摩阻力值基本不变,荷载增量将由扩大头底部和根部的地基来承受。此时 $\Delta S/\Delta Q$ 明显增大,下沉速率 $\Delta S/\Delta t$ 出现明显增加。这表明扩大头底部和桩根部地基有塑性开展,但这并不意味着扩大头和桩根底部地基丧失承载能力而破坏。

六、试桩荷载传递曲线示例

试桩基本资料:反循环法成孔的钻孔灌注桩,直径 1.52 m,桩长 26.5 m,最大试验荷载 29 420 kN,最大桩顶下沉量 131.6 mm,试桩的荷载传递曲线见图 23-6。

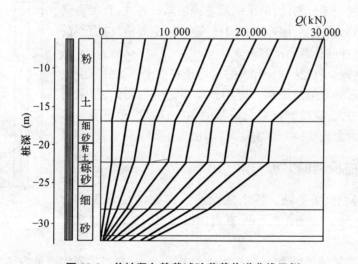

图 23-6　单桩竖向静载试验荷载传递曲线示例

第二十四章 基桩低应变动测

第一节 基本原理

以瞬态激振方式为特点的各种低应变测试方法,是目前桩基检测应用最广泛的方法。应力波反射法、机械阻抗法和动力参数法是桩基低应变检测方法中最典型和最实用的三种测试方法。由于它们物理概念清楚,测试设备轻巧,携带方便,特别是分析软件的发展和提高,已成为桩基检测的主流方法之一。

"桩—土"构成的体系是一个较为复杂的体系,各种低应变测试方法都是依据"一维波动理论"和"质量—弹簧—阻尼振动理论"。前者为波动理论,主要用来检测桩基的完整性;后者为刚体振动理论,用来测试承载力。

"一维波动理论"的应用,是将桩身视为连续、均质的弹性均匀直杆,把振动力作用下的桩土体系响应作为弹性体的一维纵向波动。应用波动理论进行测试,可采用瞬态冲击激振方式,直接测试量是桩顶受到的力、速度、加速度和阻抗等参数,主要有"应力波反射法"和"机械阻抗法"等测试方法。

"质量—弹簧—阻尼振动理论"的应用是将桩土体系的响应视为单自由度体系的有阻尼振动。应用振动理论进行测试,可采用瞬态冲击激振方式,直接测试量是桩基的主频、阻尼、动刚度等参数,主要有"动力参数法"和"球击法"等测试方法。

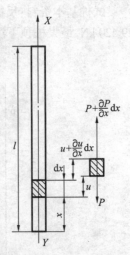

图 24-1 杆纵向振动

一、杆纵向振动的方程与解

取杆的纵向作为 X 轴。各个截面的纵向振动位移表示为 $u(x,t)$。如图 24-1 杆的微单元 dx 在自由振动中的受力图也在图中给出。

设杆单位体积的质量为 ρ,杆长为 l,截面积为 A,材料的弹性模量为 E。任一截面 x 处,纵向振动应变表示为 $\varepsilon(x)$,纵向张力表示为 $P(x)$,则由材料力学知:

$$\varepsilon(x) = \frac{\partial u}{\partial x}$$

$$P(x) = AE\varepsilon = AE\frac{\partial u}{\partial x}$$

而在 $x + dx$ 截面处的张力为:

$$P + \frac{\partial P}{\partial x}dx = AE\left(\frac{\partial u}{\partial x} + \frac{\partial^2 u}{\partial x^2}dx\right)$$

列出杆微单元 dx 的运动微分方程,得:

$$\rho A \mathrm{d}x \frac{\partial^2 u}{\partial t^2} = AE \frac{\partial^2 u}{\partial x^2} \mathrm{d}x$$

整理得杆纵向振动的微分方程为：

$$\frac{\partial^2 u}{\partial x^2} = \frac{1}{c^2} \frac{\partial^2 u}{\partial t^2}$$

其中：$c^2 = E/\rho$，为压缩波沿杆的纵向的传播速度，显然，当纵向压缩波在杆内传播时，有：$L = ct$。其中，L 为波传播长度，t 为所需的传播时间。

采用分离变量法，将 $u(x,t)$ 表示为：

$$u(x,t) = X(x)U(t)$$

则可得常微分方程组。并解得 $U(t)$ 与 $X(x)$：

$$U(t) = A\sin\omega t + B\cos\omega t$$

$$X(x) = C\sin(\frac{\omega}{c}x) + D\cos(\frac{\omega}{c}x)$$

$$c = \sqrt{\frac{E}{\rho}}$$

其中，ω 为杆纵向振动的固有角频率，它与 $f(\mathrm{Hz})$ 之间有如下关系：

$$f = \frac{\omega}{2\pi}$$

二、各种边界条件下杆的固有频率和振型

(一)两端自由的杆

这种边界条件给出了一般桩的力学约束模型，当土质刚度远低于桩身刚度时，就类似于这种情况。

这时杆两端的应力为零，故边界条件为：

$$\frac{\mathrm{d}X}{\mathrm{d}x}(0) = \frac{\mathrm{d}X}{\mathrm{d}x}(l) = 0 \tag{24-1}$$

由此得

$$C = 0 \quad \frac{\omega}{c} \cdot D\sin(\frac{\omega}{c} \cdot l) = 0$$

由后一方程可得

$$\omega = 0 \quad (\text{或} f = 0)$$

或

$$\sin(\frac{\omega}{c} \cdot l) = 0$$

$$\frac{\omega}{c} \cdot l = i\pi$$

故杆的固有频率为

$$\omega_i = \frac{i\pi}{l} \sqrt{\frac{E}{\rho}}$$

$$\omega_i = 2\pi f_i$$

或

$$f_i = \frac{i}{2l} \sqrt{\frac{E}{\rho}} = \frac{ic}{2l} \quad (i = 0,1,2,\cdots) \tag{24-2}$$

相应的振型函数为

$$X_i(x) = \cos\frac{i\pi x}{l} \quad (i = 1,2,\cdots) \tag{24-3}$$

由杆的固有频率可得到桩基导纳法检测中一个十分重要的公式：

$$\Delta f = \frac{c}{2l} \tag{24-4}$$

其中，Δf 是相邻两阶固有频率之差，显然：

$$\Delta f = f_1 \tag{24-5}$$

即 Δf 与一阶固有频率相等。如图 24-2 所示。

（二）一端自由，一端固定的杆

其边界条件为 $\qquad\qquad X(0) = 0 \tag{24-6}$

$$\frac{\mathrm{d}X}{\mathrm{d}x}(l) = 0$$

由此得 $\qquad\qquad D = 0 \quad \frac{\omega}{c} \cdot C\cos(\frac{\omega}{c}l) = 0$

从后一方程得 $\qquad\qquad \cos(\frac{\omega}{c}l) = 0$

故得杆的固有频率为 $\qquad \omega_i = \frac{2i-1}{2} \cdot \frac{\pi}{l}\sqrt{\frac{E}{\rho}} \qquad (i = 1,2,\cdots)$

或 $\qquad\qquad f_i = \frac{2i-1}{4l}\sqrt{\frac{E}{\rho}} = \frac{2i-1}{4l} \cdot c \qquad (i = 1,2,\cdots) \tag{24-7}$

$$X_i(x) = \sin(\frac{2i-1}{2} \cdot \frac{\pi x}{l}) \qquad (i = 1,2,\cdots) \tag{24-8}$$

由固有频率公式可见 $\qquad \Delta f = \frac{c}{2l} \tag{24-9}$

相邻两阶固有频率之差与自由—自由杆相同。但 Δf 不再与一阶固有频率相等。一端自由，一端固定的杆，类似于桩底受基岩约束或下端土质刚度很大的情况。如图 24-3 所示。

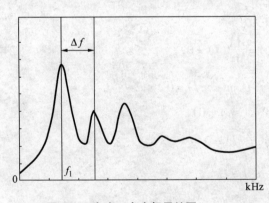

图 24-2　自由—自由杆导纳图

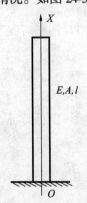

图 24-3　固定—自由杆

（三）两端固定的杆

边界条件为 $\qquad\qquad X(0) = X(l) = 0 \tag{24-10}$

由此得杆的固有频率为 $\qquad \omega_i = \frac{i\pi}{l}\sqrt{\frac{E}{\rho}} \qquad (i = 1,2,\cdots) \tag{24-11}$

或 $\qquad\qquad f_i = \frac{i}{2l}\sqrt{\frac{E}{\rho}} = \frac{ic}{2l} \qquad (i = 1,2,\cdots) \tag{24-12}$

与自由—自由杆相同。

相应的振型函数为：

$$X_i(x) = \sin\frac{i\pi x}{l} \qquad (i = 1, 2, \cdots) \qquad\qquad (24\text{-}13)$$

(四)一端固定,一端有集中质量 *M*(图 24-4)

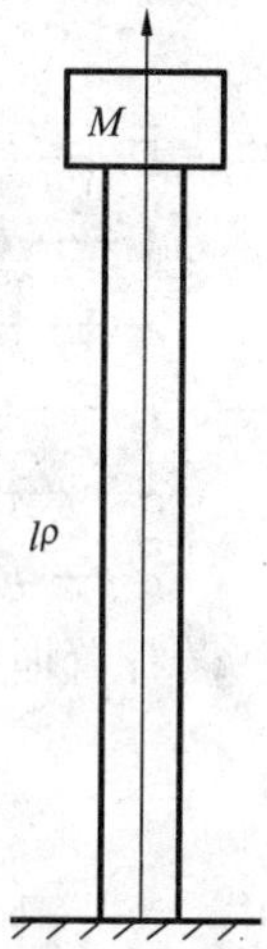

这时杆的纵向振动频率与"一端固定,一端自由"杆的固有频率之间的关系为：

$$f_M = \frac{2}{\pi}\beta f$$

式中　f_M——一端固定,一端有集中质量杆的固有频率；

　　　f——一端固定,一端自由杆的固有频率。

其中,系数 β 有如下关系：

$$\beta\,\mathrm{tg}\,\beta = \alpha \qquad\qquad (24\text{-}14)$$

而系数 α 为杆的总质量与集中质量之比：

$$\alpha = \frac{Al\rho}{M} \qquad\qquad (24\text{-}15)$$

图 24-4　固定—
集中质量杆

由超越方程解得 α 与 β 的部分数值关系如下：

α	0.01	0.1	0.3	0.5	1	2	4	∞
β	0.1	0.32	0.52	0.65	0.86	1.08	1.27	$\pi/2$

三、机械阻抗与动刚度

古典的阻抗或导纳的概念是在简谐激振下导出的,它定义为频域内的响应量与激振量之比。而广义的机械导纳(或阻抗是用任意激振下)以激振力与响应量的傅里叶变换之比来定义的。不论激振量和响应量是周期的还是瞬态的,所得的机械阻抗都是一样的。也就是说机械阻抗仅与系统的固有特性有关。

机械阻抗的倒数,即为机械导纳。在单个激振力 $f(t)$ 的作用下,机械系统上某一点的位移为 $x(t)$,速度为 $v(t)$,加速度为 $a(t)$,则定义各自的导纳为：

位移导纳　　　　　　$$Y(\omega) = \frac{X(\omega)}{F(\omega)}$$

速度导纳　　　　　　$$Y_V(\omega) = \frac{V(\omega)}{F(\omega)}$$

加速度导纳　　　　　$$Y_A(\omega) = \frac{A(\omega)}{F(\omega)}$$

其中,$X(\omega)$、$V(\omega)$、$A(\omega)$ 和 $F(\omega)$ 为各傅里叶变换,如 $v(t)$ 的傅里叶变换为：

$$V(\omega) = \int_{-\infty}^{\infty} v(t)\mathrm{e}^{-i\omega t}\mathrm{d}t$$

机械阻抗是导纳的倒数,如速度阻抗：

$$Z_V(\omega) = \frac{1}{Y_V(\omega)} = \frac{F(\omega)}{V(\omega)}$$

自由—自由杆的阻抗为：

$$Z = \sqrt{KM} = \sqrt{E\rho S^2} = \sqrt{\frac{E}{\rho}} \cdot \rho S = c\rho S$$

式中　E——杆的弹性模量；

　　　M——杆的质量；

　　　ρ——杆的密度；

　　　K——杆的刚度；

　　　S——杆的横截面面积；

　　　c——声波在杆内的传播速度。

若杆置埋在土介质中,则阻抗为:

$$Z_c = Z \frac{\sqrt{P^2 + P\xi + \omega_0^2}}{P} \qquad (24\text{-}16)$$

式中　ξ——阻尼比；

　　　ω_0——无阻尼杆的自振频率；

　　　P——$P = j\omega$,ω 为杆土系统振动频率。

当振动频率→0,即接近静态时,有:

$$Z_c \to \frac{Z\omega_0}{j\omega} = \frac{\sqrt{KM \cdot \dfrac{K'}{M}}}{P} = \frac{\sqrt{KK'}}{P} = \frac{K_D}{P} \qquad (24\text{-}17)$$

式中　M——杆的质量；

　　　K——杆的刚度；

　　　K'——杆侧土的刚度。

则动刚度:

$$\left| K_D \right| = \left| \omega Z_c \right| = \frac{2\pi f}{V/F} \qquad (24\text{-}18)$$

第二节　仪器设备

一、桩基动态检测参数

在利用振动、冲击和波动试验方法进行桩基础质量动态检测时,常需要测试一些振动量(指位移、速度、加速度和力等)的特征参数。这些参数主要有:振动量的频率、相位、幅值(包括峰值、有效值、平均值或方差)、频谱和时差等。

理论上,可选择加速度、速度和位移三个量中的任一个来测量振动,若不考虑它们之间的相位差别,只作平均—时间测量时,在给定频率 f 下的速度,就等于加速度除以一个与频率成正比的因子;而位移,就等于加速度除以一个与频率平方成正比的因子,该因子为 $2\pi f$。在电子测量仪器中,以上运算可通过积分电路实现。图 24-5 给出了三个参量之间的关系,图中坐标轴为对数坐标,三个量均作为频率的函数。

在对数坐标图上,三条直线的斜率之间关系是:加速度、速度、位移之间各相差6 dB/每倍频程。

由图可见:三个量所显示的频率分量一样,只是平均斜率不同,从图上还可以看出,用

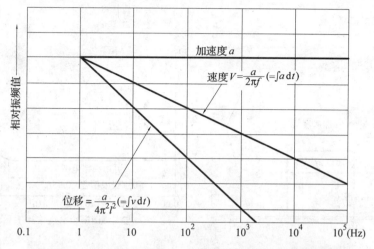

图 24-5 对加速度一次积分、二次积分分别得到速度与位移

位移来进行测量时,低频分量占很大比重。相反地,用加速度测量时,高频分量占很大比重,因此在实际振动测量中,为了最大限度地利用测量仪器的动态范围,最好是能选择这样一个参数,用它来测量振动时,绘出的频谱图最平直。

为了实现机械阻抗法和应力波反射法检测分析,要求检测频宽为 2~3 000 Hz;动态范围约为 60 dB,检测精度在 10% 以内。

二、检测传感器

在桩基动态检测中常用的传感器有加速度传感器、速度传感器、位移传感器和力传感器等。其中压电式加速度和压电式力传感器由于其性能稳定、动态范围大、频带宽、体积小等优点而得到了普遍的应用。速度和位移传感器由于其动态范围和频率太窄,在桩基动态检测,特别是冲击和瞬态检测中受到了很大的限制,图 24-5 给出了位移式、速度式传感器及加速度传感器的频率及动态范围。

实践表明,用于桩基动态检测的加速度计,其动态范围应大于 90 dB,这是一般的位移传感器和速度传感器所无法满足的,由图 24-6 可见,加速度传感器可达到 140~160 dB 的动态范围。因此,它能满足桩基动测的需要。

(一)电荷灵敏度与电压灵敏度

定义压电加速度计的灵敏度为输出电量与输入机械量之比。按照定义,当 $\omega_n \gg \omega$ 时,压电加速度计的电荷幅值灵敏度为

$$S_q = \frac{Q}{A} = \frac{dk_0}{\omega_n^2} \tag{24-19}$$

(二)幅频特性

图 24-7 表示压电加速度计的幅值灵敏度 S_q 随频率的变化情况,亦即传感器的幅频特性。由图可见,曲线的上限受到加速度计固有频率的限制。通常仅使用其频响曲线的线性部分。因此,有效工作频率上限远低于其自振频率 ω_n。

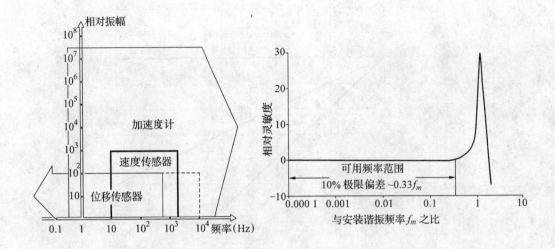

图 24-6　振动检测传感器的频率与动态范围　　图 24-7　加速度计的幅频特征曲线

三、动态信号分析系统

(一)动态信号分析系统的构成

动态信号分析系统主要由测试分析前端和计算机以及相应的信号分析软件组成,测试分析前端包括多通道采集 FFT、加窗预处理两部分,为了同时能适用于被试系统的动态特性测试,往往还有多功能信号源。

(二)动态信号分析系统的基本功能与指标

动态信号分析仪器和系统的主要性能归纳介绍如下:

1. 分析功能

(1)时域分析功能:瞬态时间波形、平均时间波形、自相关函数、互相关函数等。

(2)频域分析功能:线性谱(包括时间平均线性谱)、自动率谱密度(均方谱)、互功率谱密度等。

(3)幅值域分析功能:如直方图、概率密度函数、概率分布函数等。

2. 通道路

单通道与双通道。

3. 频域特性

(1)频率范围:现代动态信号分析上限频率可达 50～100 kHz,如用于机械结构振动特性分析,一般上限频率 2～5 kHz 即可满足要求,稳态导纳法可在 2～3 kHz 内分析。

(2) 记录长度:当分析上限频率(f_m)确定后,频率分辨率即由记录长度(N)决定($\Delta f = \dfrac{2.56 f_m}{N}$)。对于动态信号分析系统,记录长度一般在 64～4 096 范围可选。

4. 幅值及相位特性

(1)动态范围:对于动态信号分析仪器或系统,动态范围是十分重要的性能指标,一般为 70～80 dB。该指标直接与抗混滤波器、A/D 及 FFT 性能有关。

(2)幅值精度：±0.2 dB,主要受制于抗混滤波器的通带波动及模拟量电路的精度。

(3)通道相位差：±(0.5~1.0)°。

第三节　各种测试方法与应用

一、应力波反射法

(一)波动的基本概念

传递波动的物质称为介质。介质质点运动随时间的变化,称为振动;整个介质随空间、时间的运动变化情况,则称为波动。

正弦波随时间沿 x 方向的传播,可视为最简单的例子,这种状态可用下式所示的距离 x 和时间 t 的函数来表示：

$$\xi = A\sin(kx - \omega t) = A\sin\left[\frac{2\pi}{T}\left(\frac{V}{x} - t\right)\right] = A\sin\left[2\pi\left(\frac{x}{\lambda} - \frac{t}{T}\right)\right]$$

其中, A 为振幅, k 为波数, ω 为角频率。另设 f 为频率, T 为周期, λ 为波长, V 为传播速度或者相速度。

以上各常数之间有下列关系式：

$$T = 2\pi/\omega = 1/f$$

$$\lambda = 2\pi/T$$

$$V = \lambda/T = \omega/k$$

图 24-8 绘出了波动的典型传播情况。图 24-8(a)、(b)分别表示波动中的某一地点 x_0 随时间的变化及某一时刻 t_0 的状态分布。

根据上述定义可知：图 24-8(a)仅表示 x_0 点的振动现象,把图 24-8(a)、(b)都包括在内才能了解波动现象。

(二)弹性波在杆的固定端和自由端的反射

当杆中传播的应力波到达杆的另一端时将发生波的反射,其情况视边界条件而异。边界条件对于入射波来说,是对入射波波阵面后方状态的一个新的扰动,这一扰动的传播就是反射波。反射波的具体情况应根据入射波与反射波合起来的总效果符合所给定的边界条件而定,对于弹性波来说,入射波与反射波的总效果可按叠加原理来确定。

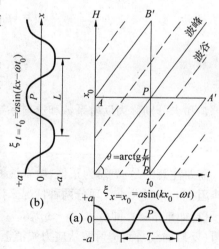

图 24-8　波的传播

两弹性波相互作用后杆中质点速度 v_3 和应力 σ_3 分别为

$$v_3 = v_1 + v_2$$

$$\sigma_3 = \sigma_1 + \sigma_2$$

如有 $v_2 = -v_1$，则 $v_3 = 0, \sigma_3 = 2\sigma_1$，即两波相遇界面处质点速度为零而应力加倍，这相当于法向入射弹性波在固定端(刚壁)的反射。如有 $v_2 = v_1$，则 $v_3 = 2v_1, \sigma_3 = 0$，即两波相遇界面处应力为零而质点速度加倍，这相当于法向入射弹性波有自由端(自由表面)的反射。

(三)弹性波在不同介质面上的反射和透射

设弹性波从一种介质(有关各量都有下标 1 表示)传播到另一种阻抗不同的介质(有关各量都用下标 2 表示)，传播方向垂直于界面，即讨论正入射的情况。当弹性波到达界面时，不论对于第一种介质或第二种介质，都引起一个扰动，分别向两种介质中传播，此即反射波和透射波。只要这两种介质在界面处始终保持接触(既能承压又能承拉而不分离)，则根据连续条件和牛顿第三定律，界面上两侧质点速度应相等，应力应相等：

$$v_I + v_R = v_T$$

$$\sigma_I = \sigma_R + \sigma_T$$

此处 I、R 和 T 分别表示入射波、反射波和透射波的有关各量，由波阵面动量守恒条件可把上式化为(入射波到达界面之前 $\sigma = 0, v = 0$)：

$$\frac{\sigma_I}{(\rho_0 C_0)_1} - \frac{\sigma_R}{(\rho_0 C_0)_1} = \frac{\sigma_T}{(\rho_0 C_0)_2}$$

与上两式联立求解可得：

$$\sigma_R = F\sigma_I$$

$$v_R = -Fv_I$$

$$\sigma_T = Tv$$

$$v_T = nTv_I$$

式中

$$n = (\rho_0 C_0)_1 / (\rho_0 C_0)_2$$

$$F = \frac{1-n}{1+n}$$

$$T = \frac{2}{1+n}$$

F 和 T 分别称为反射系数和透射系数，完全由两种介质的声阻抗比值 n 所确定，显然：

$$1 + F = T$$

需要注意的是：T 总为正值，所以透射波和入射波总是同号。F 的正负取决于两种介质声阻抗的相对大小。现分两种情况来讨论：

(1)如果 $n < 1$，即 $(\rho_0 C_0)_1 < (\rho_0 C_0)_2$，则 $F > 0$。这时，反射波的应力与入射波的应力同号(反射加载)，而透射波从应力幅值上来说强于入射波($T > 1$)。这就是应力波由所谓"软"材料传入"硬"材料时的情况。

在特殊情况下，当 $(\rho_0 C_0)_2 \to \infty$ ($n \to 0$)时，就相当于弹性波在刚壁(固定端)的反射。这时，有 $T = 2, F = 1$。

(2)如果 $n > 1$，即 $(\rho_0 C_0)_1 > (\rho_0 C_0)_2$ 时，则 $F < 0$。这时，反射波的应力与入射波的应力异号(反射卸载)，而透射波从应力幅值上来说弱于入射波($T < 1$)。这就是应力波由所谓"硬"材料传入"软"材料时的情况。

在特殊情况下,当 $(\rho_0 C_0)_2 \to 0 (n \to \infty)$ 时,就相当于弹性波在自由表面(自由端)的反射。这时有 $T = 0, F = -1$。

两种不同的介质,即使 ρ_0 和 C_0 各不相同,但只要其声阻抗相同,即 $n = 1$,则弹性波在通过此两种介质的界面时将不产生反射($F = 0$),称为阻抗匹配。对于某些不希望产生反射波的情况,选材时需考虑到波阻抗的匹配问题。

(四)弹性波在变截面杆中的反射和透射

在变截面杆中,当应力波通过截面积发生突然变化的界面时也将发生反射和透射。这时只要把界面上两侧应力相等条件代之以总作用力相等条件,而速度相等条件继续成立,于是有:

$$A_1(\sigma_I + \sigma_R) = A_2\sigma_T$$

$$\frac{\sigma_I}{(\rho_0 C_0)_1} - \frac{\sigma_R}{(\rho_0 C_0)_1} = \frac{\sigma_T}{(\rho_0 C_0)_2}$$

由此联立求解可得

$$\sigma_R = F\sigma_I$$
$$v_R = -F\sigma_I$$
$$\sigma_T = T\sigma_I A_1/A_2$$
$$v_T = nTv_I$$
$$n = (\rho_0 C_0 A_0)_1/(\rho_0 C_0 A_0)_2$$
$$F = \frac{1-n}{1+n}$$
$$T = \frac{2}{1+n}$$

式中的 $(\rho_0 C_0 A_0)$ 叫做广义波阻抗。

当界面两侧声阻抗相同,在仅由于截面积的间断引起弹性波的反射和透射的情况下,例如在同一材料的阶梯状杆中,$n = A_1/A_2$,引入 $T_A = n \cdot T$,则 $\sigma_T = T \cdot \sigma_I \cdot \frac{A_1}{A_2} = T_A \cdot \sigma_I$。由于 n 和 T 总为正值,则 T_A 也必为正,所以透射波和入射波总是同号;F 的正负则视 A_1 和 A_2 相对大小而异。当应力波由小截面传入大截面($A_1 < A_2$ 或即 $n < 1$)时,反射波的应力和入射波的应力同号(反射加载),但注意此时由于 $T_A = 2n/(1+n) < 1$ 因而透射波弱于入射波。当应力波由大截面传入小截面($A_1 > A_2$ 或即 $n > 1$)时,反射波的应力和入射波的应力异号(反射卸载),但透射波却强于入射波($T_A > 1$)。这是与单纯因波阻抗($\rho_0 C_0$)不同所引起的反射和透射情况不同之处。

(1)缺陷反射波的识别可根据桩身内声波传播的衰减规律,以及反射的能量关系及反射波与直达波初动相位间的关系,和透过波的能量分配关系等进行。由缺陷反射波来认识缺陷类型的规律是:将直达波、缺陷反射波、桩底反射波三者的"相位"、"振幅"及"频率"三个判据进行综合分析判断。

缺陷的类型可归纳为:①扩颈;②缩颈;③夹泥、空间、微裂;④离析;⑤断裂;⑥全断六类。而后五类可等效视为"缩颈类"缺陷。

我们认为对缺陷类型的差别还不能仅从直径 D、缺陷反射波 R' 及桩底反射波 R 的相位 φ、振幅 A 及频率 f（即 D、R'、R 波的 φ、A、f）来判定。另外应十分重视下列辅助资料的收集及参与分析判断，它们是：①灌注桩的成孔工艺；②成桩机具及工艺与施工记录；③岩土工程地质勘察报告。

这些辅助资料可以分析可能出现哪些缺陷，甚至缺陷可能出现的部位。故反射波法缺陷的分析判断是一个高度综合分析判断的过程，而这个分析判断的解释方法，对一个工地上的所有被检测的桩，可能出现的缺陷都能正确地加以解释。

表 24-1 列出了上述六类缺陷的 D、R'、R 波的 φ、A、f 解释的一个范例。注意它还没有加入三个辅助资料的分析判断。应该说反射波法对桩身缺陷的分析解释，从理论到测试技术、仪器装备及解释方法都比较完善。

表 24-1　不同缺陷反射波典型记录曲线

缺陷类别	典型记录曲线	说　明
完　整	D ～ R	1. 短桩桩底反射波 R 与直达波 D 频率相近振幅略小 2. 长桩 R 振幅小频率低 3. R 与 D 初动相位相同
扩　径	D ～ R' ～ R	1. 情况与完整桩相近 2. 扩径反射波 R' 初动相位与直达波 D 相反 3. R' 的振幅与扩径尺寸相关
缩　径	D ～ R' ～ R	1. 缩径反射波 R' 其振幅大小与缩径尺寸有关 2. 缩径尺寸越大，R' 振幅大而桩底反射 R 振幅变小
夹　泥 微　裂 空　洞	D ～ R' ～ R	1. 夹泥、微裂、空洞三者的情况接近，缺陷反射波 R' 初动相位与 D 相同 2. 桩底反射 R 的频率随缺陷严重程度有所降低
离　析	D ～ R' ～ R	1. 离析反射 R' 一般不明显 2. 桩底反射 R 的频率有所下降
局　部 断　段	D ～ R' ～ R'' ～ R''' ～ R	1. 局部断裂也会出现缺陷的多次反射 R'、R''、R''' 2. 桩底反射振幅小，频率往往降低
断　桩	D ～ R' ～ R'' ～ R''' ～ R	断桩无桩底反射，只有断桩部位的多次反射 R'、R''、R'''

(2)在缺陷类型作出判断后,还要确定其在桩身内的位置,故需首先测算出桩身混凝土的声波平均波速 C(纵波波速以符号 C 表示):

$$C = \frac{2L}{t_R} \quad (\text{m/s})$$

二、机械阻抗法

机械阻抗法有稳态和瞬态两种激振方式,适用于检测桩身混凝土的完整性,推定缺陷的类型及其在桩身中的部位。当有可靠的同条件动静对比试验资料时,本方法可用于推算单桩的承载力。本方法有效测试范围为:桩长和桩径之比小于 30;对于摩擦端承桩或端承桩之比可达 50。

(一)瞬态机械阻抗法

1. 测试方法

瞬态机械阻抗法的现场检测示意图如图 24-9(a)所示,由此可看出它和反射波法的不同之处仅仅是在激励的锤头上加装了一个测瞬态激振力的传感器。在用锤激励桩头时,只要激振力的脉冲力波的频谱成分能包含桩的一阶、二阶和三阶共振频率,则在桩头上安装的传感器可接收到如图 24-9(b)所示的振动速度时域曲线,如前所述,它可包含质点振动和桩的多阶共振。在对图 24-9(b)所示的振动速度时域曲线进行 FFT 变换后,可得到图 24-9(c) 所示的振速的振幅谱,做到这一步时,也就是反射波的频域解释。

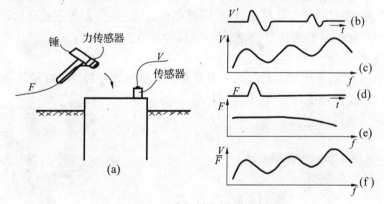

图 24-9 瞬态机械阻抗法示意图

由锤上安装的瞬态力传感器提供的力波时域信号,见图 24-9(d),进行 FFT 变换后得到的力波频域信号,即力波的振幅谱,见图 24-9(e),与图 24-9(c)的振速振幅谱相除后,可得到图 24-9(f)所示的 $V/F \sim f$ 曲线,称导纳频谱特征曲线,简称导纳曲线。这是因为机械阻抗的定义是:$Z = F/V$,则机械导纳 $N = 1/Z = V/F$。

2. 桩基完整性及承载力的分析判断

在取得导纳曲线后(如图 24-10),机械阻抗法桩身完整性分析判断由下述几个动态参数入手。

1)桩身混凝土声速(波速)

桩身混凝土的声速:

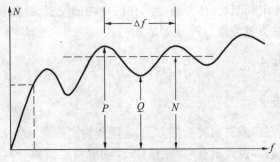

图 24-10　典型导纳曲线

$$C = 2L\Delta f \tag{24-20}$$

式中，L 为桩长，$\Delta f = f_2 - f_1$ 即导纳曲线两谐振波峰之间的频差。由式(24-20)可计算出整个工地已测的完整桩平均声速：

$$\overline{C} = \frac{1}{n}\sum_{i=1}^{n} C_i \qquad (i = 1, 2, \cdots, n) \tag{24-21}$$

(注：在规程中声速用 V_p 表示，平均声速用 $\overline{V}_p$ 表示)

用平均声速可反算桩长和计算缺陷距桩顶的距离 L'：

$$L' = \frac{\overline{C}}{2 \cdot \Delta f'} \tag{24-22}$$

(注：规程中将缺陷距桩顶距离用 L_1 表示)

如果计算出的 L' 小于实际桩长，则说明桩存在缺陷，如果 L' 等于桩长则说明无缺陷，对有缺陷的桩可根据其他测量参数，判断异常部位的性质及类型。

2)导纳值 N

导纳值 N 是对桩身质量分析的另一重要参数。这里要计算导纳理论值 N_t，还要由实测导纳曲线计算出实测的导纳几何平均值 N_m。公式如下：

$$N_t = \frac{1}{\rho \cdot C \cdot A} \qquad (\text{s/kg}) \tag{24-23}$$

式中　ρ——混凝土质量密度，kg/m^3；

　　　A——桩身截面积，m^2。

$$N_m = \sqrt{P_{\max} \cdot Q_{\max}} \tag{24-24}$$

式中　$P_{\max}$——导纳曲线上谐振峰的平均值；

　　　$Q_{\max}$——导纳曲线上谐振波谷的平均值，见图 24-10。

由式(24-23)可知，不同直径(或截面积)的桩，其导纳理论值 N_t 有其不同的确定值。可用实测的导纳平均值 N_m 与 N_t 进行比较来判定桩身的质量。

当 $N_m = N_t$ 时，为正常桩；

$N_m > N_t$ 时，可能是桩身混凝土声速 C 及密度低或截面积 A 缩小；

$N_m < N_t$ 时，为截面积扩大。

若 N_m 值随激振频率增加而减小，则一般为桩径上大下小，反之亦然。

3)嵌固系数 q(规程中用 λ 表示)

嵌固系数 q 由下式表达：

$$q = \frac{f_1}{\Delta f} = \frac{f_1}{f_2 - f_1} \qquad (24\text{-}25)$$

式中 f_1 及 f_2 为桩的一阶及二阶共振频率,显然嵌固系数同样是利用导纳曲线的低频特性来评价桩底的嵌固情况,并给出定量值。

4)动刚度 K_d

当桩在低频小位移振动时,其振动可视为刚体运动,并以质弹体系表示。由图 24-10 中低频段的直线部分斜率的倒数可表示其动刚度。即:

$$K_d = \frac{2\pi f_m}{\left| \dfrac{V}{F} \right|_m} \qquad (24\text{-}26)$$

式中 f_m 及 $\left| \dfrac{V}{F} \right|_m$ 分别为导纳曲线低频直线段上任一点 m 处的频率值及导纳值。它反映的是桩周土对桩的弹性支撑的程度。由实测动刚度值与理论值或平均值比较,也可对桩的完整性做出判断。

5)桩身完整性判断的综合方法

由桩身混凝土的声速 C,实测导纳平均值 N_m,实测动刚度 K_d 及测量桩长 L_0,可综合判断桩身的完整性,归纳为表 24-2。

表 24-2　按机械导纳曲线推定桩身结构完整性

机械导纳曲线形态	实测导纳值 N_0		实测动刚度 K_d		测量桩长 L_0	实测桩身波速平均值 V_{pm}(m/s)	结论
与典型导纳曲线接近	与理论值 N 接近		高于	工地平均动刚度值 K_{dm}	与施工长度接近	$3\,500 \sim 4\,500$	嵌固良好的完整桩
			接近				表面规则的完整桩
			低于				桩底可能有软层
呈调制状波形	高于	实测导纳几何平均值 N_{0m}	低于	工地平均动刚度值 K_{dm}		$< 3\,500$	桩身局部离析,其位置可按主波的 Δf 判定
	低于		高于			$3\,500 \sim 4\,500$	桩身断面局部扩大,其位置可按主波的 Δf 判定
与典型导纳曲线类似,但共振峰频率增量 Δf 偏大	高于理论值 N 很多		远低于	工地平均动刚度值 K_{dm}	小于施工长度	—	桩身断裂,有夹层
	低于工地平均值 N_{0m} 很多		远高于			—	桩身有较大鼓肚
不规则	变化或较高		低于工地平均动刚度值 K_{dm}		无法由计算确定桩长	—	桩身不规则,有局部断裂或贫混凝土

注:$N_t = \dfrac{1}{V_p A \rho}$。

由表 24-3 可先从实测导纳曲线的形态粗略划分,由 N_m、K_d、L_m 及 C 值综合判断出桩可能有哪些缺陷。

表 24-3　按机械导纳曲线异常程度进一步推定桩身结构完整性

初步辨别有异常	有可能的异常位置	异常性质的判断	异常程度的判断	异常程度的判断
$V_p = 2\Delta fL =$ 正常波速,只有桩底反射效应,桩身无异常	—	$N_0 \approx N$ 优质桩	波峰间隔均匀,整齐	全桩完整,混凝土质量优而均匀
			波峰间隔均匀,但不整齐	全桩基本完整,外表面不规则
		$N_0 \approx N$ $K_d = K'_d$ 混凝土质量稍有不均匀	波峰间隔不均匀,整齐	全桩完整,混凝土质量基本完好
			波峰间隔不太均匀,欠整齐	全桩基本完整,局部混凝土质量不太均匀
$\Delta f_1 < \Delta f_2$, $V_{p1} = 2\Delta f_1 L =$ 正常波速,有桩底反射效应,同时 $V_{p2} = 2\Delta f_2 L >$ 正常波速, $L' = \dfrac{V_p}{2\Delta f_2} < L$ 表明有异常处反射效应	$L' = \dfrac{V_p}{2\Delta f_2}$	$N_0 < N$ $K_d > K'_d$	波峰圆滑,N_p 值小	有中度扩径
			波峰圆滑,N_p 值大	有轻度扩径
		$N_0 > N$ $K_d < K'_d$ 缩径或混凝土局部质量不均匀	波峰尖峭,N_p 值大	有中度裂缝或缩径
$u_p = 2\Delta fL >$ 正常波速,$L_0 = \dfrac{V_p}{2\Delta f} < L$,表明无桩底反射效应,只有其他部位的异常反射效应	$L' = \dfrac{V_p}{2\Delta f_2}$	$N_0 > N$ $K_d < K'_d$ 缩径或断裂	波峰尖峭,N_p 值小	有严重缩径
			波峰间隔均匀,尖峭,N_p 值大	严重断裂,混凝土不连续
		$N_0 < N$ $K_d > K'_d$ 扩径	波峰圆滑,N_p 值小	有较严重扩径
			波峰间隔均匀,圆滑,N_p 值小	有严重扩径

注:Δf_1 为有缺陷桩导纳曲线上小峰之间的频率差;Δf_2 为有缺陷桩导纳曲线上大峰之间的频率差;N_p 为导纳最大峰幅值。

3. 承载力的测试

由式(24-26)所表示的动刚度 K_d 后,再根据静动对比关系,将动刚度转变成静刚度 K_s,再合理地预估出单桩的允许沉降量,即可估算出桩的容许承载力 R_a。

$$R_a = [S]K_s = [S]\frac{K_d}{\eta} \tag{24-27}$$

式中　K_d——桩土体系的动刚度,kN/mm;

　　　η——刚度的动静对比系数,一般可取在0.9~2.0之间,由本地区的动静对比试验求取;

　　　$[S]$——单桩允许沉降量,mm。

第四节 工程检测要点

一、仪器和传感器及激振源选择

应力波反射法、机械阻抗法及动力参数法三种测试方法所用的仪器,原则上讲,只要具有数据采集、放大、滤波和存储功能的信号记录仪即可。

(一)测试仪器的基本性能

每一个测试对象对仪器要求是不同的,而每种仪器的功能又不能面向所有的测试对象。一台满足正常测试要求的桩基低应变动测仪器,必须具备以下几项基本功能:

(1)数据采集输入模式:电压和电荷两种方式。

(2)通道数目:至少2个。

(3)A、D转换:12位。低于12位的转换精度,对微弱信号的分辨能力不强。

(4)分析功能:具备包括时域分析等功能。

(5)动态范围:大于70~80 dB,这个指标直接反映仪器的抗混滤波器和A/D转换及FFT性能。

(6)检测精度在10%以内。

(7)触发功能:至少具备自由、信号输入和正负延迟触发等功能。

(8)频率范围:时域分析要求单通道分析频率范围 f_m 在4 k以上,频域分析要求单通道分析频率范围 f_m 在8 k以上。仪器采样频率范围 $f_s = 2.56f_m$,故测试仪器单通道采样频率范围上限必须大于20 k。由于桩身阻力和桩周土的影响,应力波沿桩身传播的信号将发生衰减以及频散,一般频率越高,衰减越快。所以,上述的频宽还应更宽些。对于低频要求尽可能低,一般小于5 Hz。

(二)传感器的频响

桩基测试,一般使用速度计和加速度计。检波器作为速度计因价廉而广泛使用。但是,就其性能比较,速度计远不如加速度计,其动态范围和频率范围太窄。例如,38 Hz检波器频率线性范围为38~1 000 Hz,15 Hz检波器为15~500 Hz。这种传感器会因高频响应不够和低频响应不足而测不出浅层和深部缺陷。国内出现的高阻尼速度检波器,其频率范围在20~1 500 Hz,尚能满足测试桩的频率要求。但是,这是以增大阻尼和降低灵敏度为代价的。加速度计的频响能达到30 kHz,用于桩基动测的加速度计的动态范围一般大于90 dB。根据加速度传感器使用原则,其共振峰频率1/3可视为该加速度计的频率使用上限。内置式加速度计是测桩较好的传感器。由于低阻抗输出是电压而不是电荷量,所以抗干扰能力较强,测试导线也能使用较长。另外,传感器的低频特性将影响整个仪器的低频响应。

(三)激振源的选择

理想的激振方式应该保证在应测试频率范围内与桩各特征频率无关。但是,不同的测试对象(如不同的桩长和不同深度的缺陷)对测试频率范围要求是不同的。影响振源主频和频宽的因素很多,而两种材料接触硬度和激振质量影响最大。工程测试时,应根据不同测试对象和缺陷情况,选择不同的激振源,应避免振源的主频和传感器共振峰接近。以瞬态方式为例,力棒因冲击主频很低而效果最好;高频小铁锤对浅部缺陷有效;大铁锤和尼龙锤对中部缺陷有效;橡胶锤对桩底和深部缺陷有效。

激振源的选择,还要考虑桩的长径比,当过大时,应选择较高能量激振,以克服土阻力和混凝土内阻尼所产生的波耗频散;另外,还要注意脉冲宽度的适度。

(四)现场测试过程中的典型问题

1. 噪声干扰

噪声是影响测试的主要外界因素,它可使信号混杂,使正常信号畸变,甚至能完全淹没有用信号,使测试无法分析。噪声分为内、外部两类。内部噪声是由仪器器件热运动和电子线路的设计不佳等原因产生的。使用者在选择仪器时,除了从价格考虑外,更重要的是考虑仪器性能,诸如信噪比、测试精度等技术指标。

外部噪声引起的干扰,主要来源于环境的机械振动、电磁感应以及电焊火花等影响。这些干扰使现场产生非桩的信号触发,特别是 50 Hz 交流电的干扰,如果用 50 Hz 交流电干扰信号作谱分析,即可看见一个 50 Hz 的谱峰。在测试现场,干扰途径是各式各样的,主要是通过下面几种方式干扰测试系统:①由于测试回路分布电容和杂散磁通,而输入信号是比较微弱的,所以干扰噪声很容易经导线耦合到系统中去。②由于仪器内部电路中的电容分布和电感等使系统各接地点的电位不同,而系统的接地点与大地之间不具有零阻抗,将产生电位差。

现场测试必须解决外部噪声。一般方法为:①杜绝测试周围振动源和电弧、点火等装置工作。②远离周围强磁场。③测试线必须屏蔽,与仪器外壳接地端共地。地线最好要用钢筋引入地下一定深度,周围泼水潮湿,使系统的接地点与大地之间的电阻尽量减少。特别注意,不能多点接地。④有些照明电路上零线和地线共线,这就可能使系统接地端浮空,很容易受交流电干扰,系统接地特别重要。

2. 正确选择、布置和安装传感器

除了要正确选择传感器的技术指标外,还要注意传感器最佳应用对象。根据我们长期经验,一般深度的大直径桩的测试用速度计和加速度计都可以,小直径桩或短桩最好用加速度计;灌注桩对传感器的要求不严,而预制桩用加速度计才能获得可读性较好的信号。

传感器的选择,要注意桩长的影响,传感器布置数量应根据桩径大小而定。另外,敲击点离传感器过近,很容易产生强烈的面波干扰(二维效应)。

传感器安装的好坏,直接影响测试结果。传感器安装应牢固,尽量不要降低传感器的谐振频率。我们经常看到有些测试者用手将传感器扶在桩顶上采样。这种安装传感器的方法,如果是加速度计的话,其谐振频率只有 2 k,而速度计则更低。换成有用的测试频率上限,根本不能用来测桩。增加传感器的安装刚度可以提高信号质量。

传感器安装的原则是与桩连接刚度越大越好。理想的安装办法是用螺栓连接,这时的加速度计谐振频率可高达 30 kHz 以上。实际测试中,这种安装方式工作效率太低。一般采用仅降低少许安装谐振频率而能大幅度提高现场采样工作效率的办法。速度计谐振频率低,最好打孔与桩刚性连接。加速度计最常见的方法是用薄蜡、橡皮泥或高温黄油粘

结,粘结面一般还要用砂轮机磨平。安装良好时,可测上限达 $10\ g$。粘结安装方法很不容易使传感器粘牢在桩顶上(特别是在夏日),会使信号产生畸变、基线漂移。

3. 测试参数设置

桩基测试的成败,在于能否采集到真实而质量高的信号,而正确设置测试和分析参数是其关键。理论和实践证明,采用不同的分析方法(例如时域分析或频域分析),其参数设置是不同的。

由 $\delta_f = 1/(N \cdot \delta_t)$ 公式可知,当 N(记录长度)一定时,δ_f(频率分辨率)与 δ_t(采样间隔)是一对不能设置两全的参数。为了检测浅层缺陷,我们希望加大采样频率(即缩小采样间隔),但是,为了保证频率分析精度,采样间隔又要求很大。例如,某桩设 f_m 为 10 kHz,则 $\delta_f = 1/2.56f_m \approx 39\ \mu s$ 即能满足时域分析要求。但是,如果用这些参数进行频域分析的话(设 $N = 1\ 024$),则 $\delta_t = 25\ Hz$。这样的频率分辨率太粗糙,分析精度差。由另一公式 $\delta_f = 2.56f_m/N$ 可知,δ_f 是受分析频率 f_m 控制的;f_m 大,δ_f 也相应加大。这时,为了提高在频域分析中分辨率,就不得不降低分析频率范围(即加大采样间隔)来满足频率分辨率要求。例如,设 $\delta_t = 200\ \mu s$,则 $\delta_f = 5\ Hz$,基本可以进行频域分析。但是,这时 f_m 范围不到 2 kHz。这样的频率分析范围不能进行浅层缺陷分析。为了从时域和频率两方面分析问题,现场采样必须进行不同的参数选择,分析也要有所侧重,才能达到预定目标。有经验的人,不会在一个工程设一个参数从开始测到结束。当然,使用多时基、多传感器采集或频域细化等技术有时是可以兼顾的办法。

4. 滤波选择

为了在现场就能对所测试桩有一个大概了解,必须在采样时用滤波方法获得桩的可读性曲线。现场滤波的方法很多。较经济的方法为:速度计可直接用数字滤波方式,加速度计用橡胶垫也能达到上述目的。

我们经常看到一些测试报告中所附的反射波欠阻尼振荡衰减曲线,也不知道测试人员在现场是如何根据曲线控制疑问桩的。因为这种曲线可能是桩顶夹层面波或浅层缺陷产生的高频干扰信号,也可能是采样参数选择不对或滤波不当或传感器安装不良造成的。据了解,有些测试人员一直认为好桩就是这种周期振荡指数衰减的信号;还有一些人认为采样不应丢掉任何信息。这种看法也颇偏。测试人员对桩的有效频率应心中有数。能反映桩特性的所有信息一定不能丢失,但不要保留与桩无关的干扰信号,这种波形几乎淹没了桩的缺陷反射信息,只能增加分析的随意性。武汉岩海工程技术开发公司在一篇文章中介绍过这样的痛苦教训。他们说,事实上,这种曲线如不经处理,经常导致漏判和误判。

应该注意的是,频域分析采样时,低通滤波频率不能过低。否则,有可能把缺陷反射频率给滤掉。

5. 指数放大功能和信号过载

不论是测试还是分析,关键要抓住桩底的反射点。一根不太长的桩,很容易获得这样一张清晰的曲线。但是,桩基稍长或土质较硬时,要想看到既有较清晰的桩底反射波,又没有削顶的入射波,确实很困难。信号放大(特别是指数放大)功能能将桩周高阻抗信号放大,把不是一个数量级的幅值曲线叠加在一张图上。

指数放大功能要合理使用,信号放大了,也会放大缺陷。一般地,要在原始曲线上进行缺陷分析。过载和削波信号使波形局部畸变而掩盖一些缺陷的真实面貌。

6. 注意浅层缺陷

动测盲区是在 2 m 以内的浅层。但是,值得庆幸的是,严重的浅层缺陷,只要有一些测试经验的人都能直观判断出来。这类桩,一锤敲下就能听出异常;侧击时,手感很明显。浅层缺陷有两个特点:其一,缺陷位置较浅的波形上,经过正确的滤波后,入射波后是一条时间间隔很小的振荡衰减曲线;其二,缺陷位置稍深的波形是一条大周期的减振荡曲线。根据理论分析,因浅层缺陷的长度远小于应力波的波长,桩顶的运动形式表现为刚体阻尼振动,而不是弹性波的运动。浅层缺陷位置很难算准,计算误差能达到几倍。现场一定要将浅层缺陷段挖出,测明缺陷以下桩身。

7. 建立现场测试步骤

建立现场测试步骤,既能提高现场工作效率,又能保证采集的信号可靠。常见的错判和漏判,主要是现场因图快所致。

1)建立现场测试条件

测试面混凝土密实与否,直接关系到信号的质量好坏,同时,要注意测试面无空心夹层,并要保证桩体不能与垫层或其他结构相连。一般讲,委托单位并不理解现场测试前桩头处理的重要性和现场干扰给测试结果带来的危害。测试人员应阐明并争取支持,建立良好的测试条件。

2)现场测试要点

首先要在几根认为施工质量较好的桩上认真调试测试参数。根据工程经验,同一个工程的波形往往具有较好的相似性。初测要获得本工程桩质量的感性认识和测试信号的大体形态,要分析土层对曲线形态的影响以及桩端状况,进一步确定测试所选用最合适的传感器和安装方法以及激振锤垫,判断本工程波速范围等。

在实际测试中,现场敲锤是很有讲究的。特别是瞬态测试,锤击的力度、角度和敲击点等方面都是要有工程实际经验的,有耐心才能使所采集的信号重复性好而不畸变。

其次,可大范围快速检测所有工程桩。快速测试,就是要快速通过好桩并要留住坏桩。

最后,要多方面多手段测试疑问桩,须更换不同的测点,对信号的可靠性应心中有数。用不同传感器和不同激振源及不同测试方法测试的某一根可疑桩的主要特征和结果应该大致相同;用不同传感器测试的曲线,其形态也应一致。

正式分析前应认真阅读工程地质报告和设计图纸以及施工记录,对本工程地质条件下施工可能产生的测试情况应有一个大致了解。尽管有些地质报告误差较大,特别是施工记录可信度更差。但是,有测试经验的人,对这些不真实的资料还是能找到规律的。要防止因虚报桩长可能带来过高的波速而产生测试结果的偏差。

二、波速和混凝土强度的判别

工程实践证明,不同的测试方法在同一根桩上得出来的波速是不太一样的。超声法高,敲击法次之,而高应变所测的波速最低。弹性波在混凝土中传播速度不仅与测试方法有关,与强度有关,而且还取决于水泥种类等级、砂、石等集料的体积和类型以及品质,养护龄期、温度与湿度、浇捣条件等因素。另外,桩结构内部缺陷的存在,使纵波在介质内传递时间延长,波速也会降低。所以,波速与混凝土强度之间不是简单的对应关系,不应把两者无任何对比绑在一起,仅根据第二届"应力波在桩基应用"国际会议推荐的波速直接对混凝土强度作出判定。实际工程中,要对成桩条件相同的桩基同时进行波速测定和抗压强度试验,以确定其地区换算系数。

三、缺陷的定性和定量

低应变法主要分析广义波阻抗 $Z(\rho,C,A)$ 的变化来进行桩身缺陷判定。根据一维应力波理论,很难在不参考其他地质资料、设计和施工的情况来判别是因桩身混凝土强度或均匀性或是因截面引起的阻抗变化。靠一条单一曲线信号,要想定量给出裂缝宽度、离析段厚度和沉渣厚度等性状是不可能的。尽管频域分析在一定程度上能帮助定性分析缺陷,但都很难准确地提供缺陷的程度和性质。

现在国内外出现的低应变波动方程曲线拟合程序,其拟合过程必须在人的干预下进行,而最后的拟合结果只是多种结果中的一个可能结果。

当第一缺陷为轻度时,第二缺陷还有可能判定;如果第一缺陷较严重时,第二缺陷根本无法断定。当第二缺陷是第一缺陷的两倍距离时,即使第一缺陷不严重,第二缺陷也识别不清。

多节预制桩也有类似上述特点。如果接桩质量差,测试就无法提供缺陷下段的成桩情况。多节预制桩测试分析时,更要注意区别接桩截面和缺陷处产生的反射信息。

四、离析桩和缩径桩以及断桩的区别

这三种缺陷桩的反射部位均相同。缩径桩波速一般不会降低。而一般离析桩是质量渐变过程,无明显反射波出现,但桩底反射减弱,波速有所降低;只有严重离析桩的波形特征是在桩底反射波到达前出现干扰波列,波速明显降低,桩底反射甚至难以记录到。断桩的特征为断裂处的反射时间小于桩底应反射时间,并可记录到不是很深的断裂处的多次反射信息。

要识别渐变截面的波形和嵌岩桩底反射特征。嵌岩桩的桩底反射相位应根据沉渣厚度正确确定。

有经验的人已经认识到土的作用对测试信号影响非常大。一根完整桩在未埋入土中时,曲线上可以看到多次桩底反射;埋入土中后,即使不太长的同样桩,也很难看到二次以上较明显的桩底反射。另外,分析阻抗变化时,是相对传感器安装位置的桩土参数而言。可以想像,桩入土后的阻抗变化就很复杂了。测试分析时,可根据这个特征来识别两种信号。①由于一根完整均匀的桩通过变化较大的土层时,往往会引起波阻抗变化。所以,当应力波通过硬土进入软土时,因桩周阻力急剧减小,会在此处产生类似"缩径"反射。②可以根据桩底应力波反射幅值来定性判别沉渣情况。一般地,幅值高,沉渣就厚,桩底嵌固差。这一现象可以从应力波在固定端和自由端的反射理论来说明:应力波在刚性固定端的界面处,其质点速度为零;在柔性自由端的界面处,其速度加倍。

第五节 实 例

这里选择一些科研用的标准试验桩和经过开挖或取芯验证过的工程桩作为典型例子,来对比分析和考察完好桩和缺陷桩的桩身阻抗变化情况。

一、科研桩完整性分析和计算

这里所列三根为科研而设置的标准试验桩(见表 24-4)。

表 24-4 标准试验桩参数

试验桩号	SY1#	SY2#	SY3#
桩型	预制桩	灌注桩	预制桩
桩径(mm)	400×400	$\phi 350$	400×400
桩长(m)	6.11	10.09	11.50
设计强度	C25	C18	C30
持力层	粘土	粘土	粉土
动测方法	应力波反射法	应力波反射法	应力波反射法 频谱分析法
缺陷设置位置与缺陷设置性质	2.8 m 处;较重缩径	(1)1.8 m 处;粗集料多,水泥浆少 (2)7.8 m 处;较重缩径	4.5 m 处;静压桩接桩位置,角钢焊接
缺陷测试位置	$L_1 = 2.72$ m	$L_1 = 1.60$ m $L_2 = 7.71$ m	测试选用波速,$C = 4\,200$ m/s $L_1 = 4.52$ m

图 24-11、图 24-12、图 24-13 是这三根桩的实测曲线。

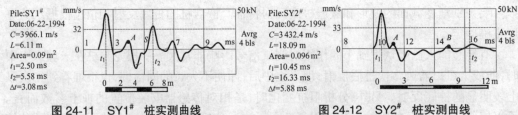

图 24-11　SY1# 桩实测曲线　　　　图 24-12　SY2# 桩实测曲线

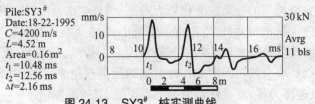

图 24-13　SY3# 桩实测曲线

(1)SY1$^{\#}$:桩长 $L=6.11$ m,缺陷设置和性质为 2.8 m 处较重缩径。

根据本桩缺陷性质,应能看见桩底反射。桩底反射时间 $\Delta t=3.08$ ms。测试波速 $C=3\,966$ m/s。

A 点为缺陷位置反射处,$\Delta t_1=1.37$ ms。

测试缺陷位置 $L_1=1/2\cdot(C\cdot\Delta t_1)=2.72$ m。

根据本桩所设的缺陷性质,不能看见桩底。

(2)SY2$^{\#}$:桩长 $L=10.09$ m,缺陷设置和性质为 1.8 m 浅层阻抗变小(粗集料多,水泥浆少),模拟离析;7.8 m 处较重缩径。根据本桩所设的第一缺陷和第二缺陷的性质应能看见桩底。

桩底反射时间 $\Delta t=5.88$ ms。测试波速 $C=3\,432$ m/s。

A 点和 B 点为缺陷位置反射处,$\Delta t_1=0.93$ ms,$\Delta t_2=3.56$ ms。

测试缺陷位置 $L_1=C/2\cdot(\Delta t_2)=1.60$ m,$L_2=C/28\cdot(\Delta t_2+\Delta t_2)=7.71$ m。

(3)SY3$^{\#}$:桩长 $L=11.5$ m,时域分析:

缺陷设置和性质为 $L_1=4.5$ m 处静压桩接桩处,角钢焊接连接。

缺陷处反射时间 $\Delta t_1=2.16$ ms。计算波速 $C=4\,167$ m/s。

C30 混凝土波速一般在 4 200 m/s 左右,缺陷测试位置 $L_1\approx4.52$ m。

二、工程桩完整性分析和计算

此处是一组经过实际验证的工程桩实例(见表 24-5),每组特选一根完整桩进行对比分析。

表 24-5　工程桩实例

工程名称	某商场工程	
桩型	钻孔灌注桩	
对比桩数	一组两根	
桩号	D3$^{\#}$	D1$^{\#}$
桩径(mm)	$\Phi1\,400$	
桩长(m)	20.00	19.30
设计强度	250$^{\#}$	
持力层	砂岩	
动测方法	应力波反射法、频谱分析法	
验证方法	钻芯	
缺陷测试位置(m)		-9.70
缺陷验证位置(m)		-9.90
缺陷性质验证	完整	严重劣质混凝土、夹泥

图 24-14、图 24-15 是这两根桩的实测曲线。

(1)D3$^{\#}$ 桩:桩底反射时间 $\Delta t=10.5\times10^{-3}$ s。

测试波速 $C=3\,810$ m/s。

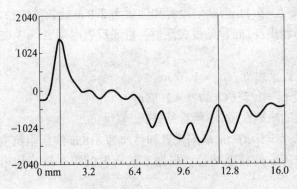

图 24-14   D3#桩实测曲线

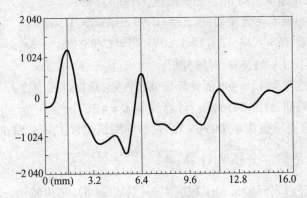

图 24-15   D1#桩实测曲线

此波速为本工程代表波速,本桩结构完整。

(2)D1#桩:本桩看不见桩底反射,Δt_2 为缺陷处二次反射。

测试反射时间:

$$\Delta t_1 = 5.09 \times 10^{-3} \text{s}$$
$$\Delta t_2 = 5.09 \times 10^{-3} \text{s}$$

缺陷位置 $L' = 9.70$ m,恰置桩中段。

辅以频谱分析,本桩缺陷处存在严重的劣质混凝土及夹泥现象。

第二十五章　基桩高应变动测

第一节　基本原理

高应变动力试桩法,就是用重锤冲击桩顶,使桩周土产生塑性变形,实测桩顶力和速度时程曲线。通过波动理论分析,得到桩土体系有关性状的试验方法。这种方法在国际上已经有了将近 30 年的发展历程,1997 年,国家正式颁布了行业标准《基桩高应变动力检测规程》(JGJ 106—97)。

高应变动力试桩法的主要用途是判断单桩竖向抗压承载力是否满足设计要求。其次还有:检测工程桩的桩身完整性,对工程桩的桩身缺陷作出定性、定位乃至定量的评定;检测桩在打入过程中的桩身应力和输入能量,确定贯入度、入土深度和承载力之间的关系,为预制桩的打桩工艺和收锤标准提供依据,并对打桩机的运作性能作出评价,这是静载荷试验无法做到的。

除了上述用途外,把这种试桩方法运用于桩的设计阶段,还能为设计单位提供许多有用的辅助信息;对于发生工程质量事故的桩,这种方法也常常能帮助工程师查清问题,提供事故处理的科学依据。

一、桩身的基本假定

在高应变动力试桩法中,在原理上把桩简化为一维的线性波动力学问题,由于在试验中施加了很高的锤击力,土体中将产生极为强烈的非弹性变形,桩身中产生一定的非弹性变形,特别是在某些局部的薄弱环节上。实践表明,我们可以对桩身进行以下四个基本假定而不致产生严重的误差。

(1)桩的基本特性在所涉及的时间内可以看做是固定不变的,即桩是一个时不变的系统。

(2)桩在总体上是弹性的,所有的输入和输出都可以简单叠加,即桩是一个线性系统。

(3)桩身每个截面上的应力应变都是均匀的,即桩是一个一维的杆件。

(4)破坏发生在桩土界面,可以只把桩身取作隔离体来进行波动计算,桩周土的影响作用可以用桩侧和桩端的力来取代而参加计算,如果破坏发生在桩周土的土体内部,则把部分土体看做为桩身上的附加质量。

二、应力波的作用规律及其基本描述

当应力波沿着一根弹性杆件传播时,在杆件上可以同时从两个不同的角度观察到它的作用:一是杆件的每个截面都将产生轴向运动,产生相应的位移 $U(x,t)$、速度 $V(x,t)$ 和加速度 $a(x,t)$;二是每个截面都将受某个轴向力 $F(x,t)$ 的作用,产生相应的应力

$\sigma(x,t)$ 和应变 $\varepsilon(x,t)$。从受力方面来说,应力波有受压和受拉之分,从运动方面来说,又有产生向下运动和向上运动之分。因此,对于同一个应力波,我们可以分别从受力和运动两个方面来加以描述。按照动力试桩行业的习惯,我们把桩身受压看做是正的,而把向上的运动看做是负的。

由于应力波在其沿着桩身的传播过程中将产生错综复杂的反射,这里把在桩身中运行的各种应力波划分为下行波和上行波两大类。

下行波的运动方向和规定的正向运动方向一致,在下行波的作用下,正的作用力(即压力)将产生正向的运动,而负的作用力则产生负向的运动。换句话说,下行波所产生的力和速度的符号永远保持一致,上行波则正好相反,上行的压力波(其力的符号为正)将使桩身产生负向的运动,而上行的拉力波(力的符号为负)则产生正向的运动。由此可见,上行波产生的力和速度的符号永远相反。

我们在桩身某个截面上分别安装应变式传感器和加速度计,将独立地测得桩身该截面的力 $F(t)$ 和运动速度 $V(t)$,传感器安装截面,一般简称为"检测截面",有时也称之为"截面 M"。

桩身应力应变和运动速度是同一个应力波在桩身中传播的表现,两者之间的关系用公式表示为:

$$V = \varepsilon \cdot c \tag{25-1}$$

这里 V 和 c 虽然都是速度的一种,具有同样的量纲 m/s,却是完全不同的两个物理量。V 是桩身截面在应力波作用下实际获得的质点运动速度,而 c 则是应力波在介质中的传播速度。一般来说,动力试验时桩身的运动速度 V 都在 $3 \sim 5$ m/s 以下,而应力波在桩中的传播速度 c 则较高,在混凝土桩中在 $3\,000 \sim 4\,300$ m/s 之间。

对于一维弹性杆件,应力和应变之间将遵循虎克定律 $\sigma = E \cdot \varepsilon$,代入公式(25-1)后移项,得到下行波作用下桩身应力和速度之间的关系式:

$$\frac{\sigma}{V} = \frac{E}{c} \tag{25-2}$$

在上行波作用下,不难证明,上述公式相差一个负号,即:

$$\frac{\sigma}{V} = -\frac{E}{c} \tag{25-3}$$

这两个公式说明,任何一个应力波在弹性杆件中的某个截面中所产生的应力和运动速度之间,在数值上将始终保持一定的正比关系,而且仅仅和杆件的材料特性有关。在公式两边乘以桩身截面积 A,就得出内力和速度的关系:

$$\frac{F(t)}{V(t)} = \frac{\sigma(t) \cdot A}{V(t)} = \pm \frac{E \cdot A}{c} = \pm Z \tag{25-4}$$

式中的正号适用于下行波,负号适用于上行波,A 是桩身截面积,参量 Z 被称为桩身的动力学阻抗,其单位是 kN·s/m,取决于桩身材料特性和截面积的大小。式(25-4)说明了应力波的基本作用规律:如果我们在描述应力波现象时,把实测得的速度曲线乘以相应的桩身阻抗 Z,该曲线将保持速度的变化规律而按照一定的比例转化为力的单位,如果这时把它和实测的力画在一个坐标体系中,我们就可以直接对比两者的关系。

用符号 $W_d(t)$ 和 $W_u(t)$ 来分别代表下行波和上行波,其单位仍是力的单位。式

(25-4)可改写为以下两个式子：

$$\frac{W_d(t)}{V(t)} = Z \qquad \frac{W_u(t)}{V(t)} = -Z \tag{25-5}$$

在经过实测获得了某个检测截面 M 的内力 $F_m(t)$ 和速度 $V_m(t)$ 之后，根据上述的关系式，我们可以直接通过计算而求得通过该截面的下行波和上行波的时程曲线。

假设在某个桩身截面处，有下行波 $W_d(t)$ 和上行波 $W_u(t)$ 相遇，则由式(25-5)可知，两者带给该截面的运动速度将分别是 $W_d(t)/Z$ 和 $-W_u(t)/Z$。根据叠加原理，截面的总的内力和运动速度将分别为：

$$F(t) = W_d(t) + W_u(t) \qquad V(t) = [W_d(t) - W_u(t)]/Z \tag{25-6}$$

联立求解，得到：

$$W_d(t) = \frac{1}{2}[F(t) + Z \cdot V(t)] \qquad W_u(t) = \frac{1}{2}[F(t) - Z \cdot V(t)] \tag{25-7}$$

由此可见，在高应变动力试桩法中我们对实测数据的基本表达方式有两种：一是桩身内力和速度(乘以桩身阻抗 Z)的时程曲线，称为 $F \sim V$ 图；二是下行波和上行波的时程曲线，称为 $W_d \sim W_u$ 图，两种表达方式的坐标体系一样，都是力和时间。

根据上面所讲的原理，我们不难得到下列几个重要的推论：

(1) $F \sim V$ 图中，下行波都将使两条曲线同向平移，原有距离保持不变；而上行波则都将使两者反向平移，互相靠近或相互分离。

(2)在 $F \sim V$ 图中，如果只有下行波作用，$F(t)$ 曲线和 $Z \cdot V(t)$ 曲线将永远保持重合，直到上行波到达检测面。

(3)在 $F \sim V$ 图中，$F(t)$ 曲线和 $Z \cdot V(t)$ 曲线的相对移动反映了上行波的作用大小。

三、桩身应力波传播速度 c

应力波的传播，实际上发生了力的传播和速度的传播。弹性杆件中波的传播速度仅仅取决于构件本身的材料特性，其表达式为：

$$c^2 = E \cdot g / \gamma \tag{25-8}$$

式中　c——应力波在弹性杆件中的传播速度，m/s；

　　　E——弹性杆件的弹性模量，kPa；

　　　γ——弹性杆件材料的重度，kN/m³；

　　　g——重力加速度，等于 9.81 m/s²。

如果弹性模量的单位按照工程习惯取为 MPa，则上式的右边必须乘以 10^3。

检测截面的内力用 $F_m(t)$ 来表示，在一维弹性杆件的假定下，这个内力可以从所测得的应变按下式计算出来：

　　　钢桩　　　　　　$F_m(t) = A_m \cdot E_m \cdot \varepsilon_m(t)$

　　　混凝土桩　　　　$F_m(t) = A_m \cdot \varepsilon_m(t) \cdot \gamma \cdot c^2 / g$

混凝土的重度 γ 值的变化不大，通常可假定为 24.5 ~ 25 kN/m³。

利用公式(25-8)，我们还可以把桩身的动力学阻抗 Z 从公式(25-4)转化为以下几种常用的表达式：

$$Z = \frac{E \times A}{c} = \rho \cdot c \cdot A = \gamma \cdot c \cdot A / g \qquad (25\text{-}9)$$

式中 A——桩身截面积,m^2;

ρ——桩身材料质量密度,t/m^3。

对于截面阻抗有一定变化的桩,如灌注桩,必要时可以用所谓平均阻抗 Z_a 来表示,设桩身的总质量为 M_p,桩长为 L,则:

$$Z_a = \frac{M_p \cdot c}{L} \qquad (25\text{-}10)$$

四、桩身阻抗变化对应力波传播的影响

应力波在桩身中传播时,如果遇到变阻抗截面,入射波 F_i 将分解为反射波 F_r 和透射波 F_t 两部分。根据界面内力平衡条件和连续条件,可以证明:

$$F_r = \frac{Z_2 - Z_1}{Z_2 + Z_1} F_i \qquad\qquad F_t = \frac{2Z_2}{Z_2 + Z_1} F_i \qquad (25\text{-}11)$$

式中 Z_1、Z_2——相邻两桩身单元的阻抗。

令 $\beta = Z_2/Z_1$ 为桩身截面完整性系数,则由式(25-11)可以推得:

$$\frac{F_r}{F_i} = \frac{\beta - 1}{\beta + 1} \qquad\qquad \frac{F_t}{F_i} = \frac{2\beta}{\beta + 1} \qquad (25\text{-}12)$$

在高应变试验中,由于锤击力较大,作用力的持续较长,实测信号对变阻抗反应的灵敏度和分辨率难免有所下降,但是各种问题的表现特征和规律仍是一样的。高应变试验的优点在于能量大,贯穿深度大,同时获得两条曲线,因而可以对桩的情况进行全面的综合分析和计算,对缺陷的性质和程度作出更加可靠的判断。

桩身阻抗变化在 $F \sim V$ 图上的表现规律可以归纳为以下几点:

(1)阻抗减少将产生上行的拉力波,在到达检测截面时,将引起力值的减小和速度值的增大,即力曲线下移而速度曲线上移。

(2)阻抗增大将产生上行的压力波,在到达检测截面时,将引起力值的增大和速度值的减小,即力曲线上移而速度曲线下移。

(3)上述反射信号到达检测截面的时间和变阻抗截面所在深度成正比,可以根据反射信号在时间轴上的位置和已知的总体平均波速大体确定其所在深度。

(4)由于高应变具有较高的锤击能量,应力波一般能够贯穿整个桩长而直达桩端。因此,在高应变的实测曲线上,常常可以看到整个桩身上的所有变阻抗问题。

图 25-1 所示是在一根正常桩上所实测得到的 $F \sim V$ 图,由于在绝大多数情况下,桩端下土层的阻抗显著小于桩端反射达检测截面的时刻,F 和 V 曲线在这个位置上的变化正是典型的桩端变阻抗反射。

图 25-2 是一根缺陷桩的实测曲线,除了和上图基本相同的桩端反射外,在 $2L/c$ 时刻之前出现了另外一个变阻抗反应。根据这个反应的变化规律,由于这里产生了一个上行拉力波,可以肯定这里另外有一处桩身阻抗变小,我们可以根据这个反应的程度,判断桩身的缺损程度,具体方法见本章第三节。

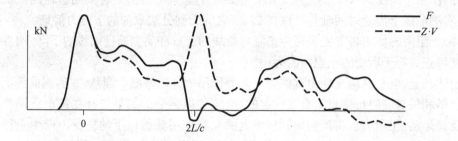

图 25-1　典型的桩端变阻抗反射在实测记录上的表现

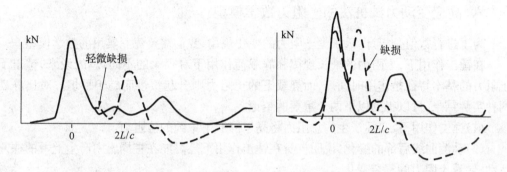

图 25-2　在一根缺陷桩实测得到的 $F \sim V$ 图

五、土阻力所产生的应力波及其在 $F \sim V$ 图上的表现

应力波在传播过程中将使桩身截面产生运动,如果桩身处在桩周土的包围之中,桩身区段在土中将激发起土的阻力。由于桩身所产生的运动是一种瞬态运动,被它激发出来的土阻力也将是一种动态的作用力,从而在桩身中又激发起应力波。

假设 x 深度处作用一个向上的土阻力 R,根据 X 截面的平衡条件和连续条件,可以证明,这个土阻力在桩身中所产生的应力波,将分成两部分而分别作用在以 X 截面为分界面的上下两个桩段上。X 截面以上将产生一个上行的压力波 W_u,X 截面以下将产生一个下行的拉力波 W_d,两者的幅值正好各自等于该土阻力的一半($R/2$)。

如果土阻力作用于检测截面以下 X 处,则由土阻力所激发的上行波将在锤击应力波通过检测截面后再经过 $2X/c$ 时刻到达检测截面。由于该上行波的幅值等于所受土阻力 R 的一半,它将使实测的力曲线 $2X/c$ 处的幅值增大 $R/2$,与此同时,它将使实测的速度曲线(乘以 Z)的 $2X/c$ 处的幅值下降 $R/2$。因此,土阻力在实测曲线上将表现为两根实测曲线的分离,使力曲线高出速度曲线,高出的幅度正好等于所受的土阻力 R。至于另外的那一个下行波,则显然将重叠在原先的锤击下行波上而使其波形发生改变。因此,土阻力所产生的应力波在 $F \sim V$ 图上的表现可归纳为:

(1)锤击力的作用下,桩身运动将激发土阻力而使桩身受到外加的应力波作用。土阻力信号将被检测面的传感器直接接收到,使得实测曲线包含了试验时实际激发的土阻力信息。

(2)作用于深度为 X 处的土阻力所产生的上行波将在 $2X/c$ 时刻到达检测截面。因此,在实测曲线上沿着时间轴将可以在 $2L/c$ 之前看到分层累加的土阻力信息。

(3)土阻力的作用将首先表现为实测力曲线的上升和实测速度曲线的下降,两者的分离幅度将正好等于所受的土阻力的大小。

上述三点,就是高应变动力试桩法土阻力作用的理论基础。当然,在实测曲线上土阻力信息是和桩身变阻抗信息重叠在一起的,必须加以区分。如果桩身在锤击后期产生向上的反弹运动,土阻力也将反向加到桩身上而在其作用截面以下的桩身内产生上行的拉力波。与此同时,为了使这种方法能够实际应用,还必须考虑到动力试验时激发的土阻力和静载荷试验时的静态土阻力的异同,以便从动力试验结果正确推断静载荷试验的结果。

六、高应变动力试桩法的土阻力数学模型

为了进行数值分析计算,根据土阻力的变化规律,我们需要建立实用的数学模型。

在锤击作用下,土阻力的增长规律和静载荷作用下有很大的不同,总的说来,锤击下土阻力的基本特征是作用时间短,而静载下的土阻力则升起缓慢而趋于平坦。对比静动两种实测结果,可以得到以下两个重要的结论:

(1)锤击作用下,实际产生的总阻力将高于静载下单纯的静阻力。

(2)动测曲线后部的变化,说明桩身在锤击作用下还可能在桩周土中产生上下的往复运动,导致土阻力的复杂变化。

在高应变动力试桩法的分析中,对土阻力作用作出如下的假定:

(1)动力试验时实测得到的总的土阻力 R_z 可以近似地看做由两部分叠加而成:一是土在静载荷试验所表现的静阻力 R_s,二是由于动力作用所产生的附加的动阻力 R_d。即有:

$$R_z = R_s + R_d \qquad (25\text{-}13)$$

(2)静阻力和桩的位移有关。静阻力和桩身位移的增长规律可以简化为理想的弹塑性规律,即在位移达到某个最大的弹性位移(以下简称为弹限)S_q 前,符合线性递增的规律;在超过弹限之后则维持常量(见图 25-3),这个规律可以用一个弹簧和一个摩擦片的串联组合来代表,用公式来表达就是:

当 $U_i \leqslant S_{qi}$ 时 $\qquad\qquad R_{si} = \dfrac{U_i}{S_{qi}} R_{ui} \qquad (25\text{-}14)$

当 $U_i > S_{qi}$ 时 $\qquad\qquad R_{si} = R_{ui} \qquad\qquad\qquad (25\text{-}15)$

式中　R_{ui}——第 i 分段处土层的极限静阻力,kN;

$\qquad$ S_{qi}——第 i 分段处土层的弹限,mm;

$\qquad$ U_i——第 i 分段处桩身的位移,mm。

这个静阻力模型被称为 Smith 的静阻力模型,是美国的 E.A.L.Smith 在 20 世纪 60 年代初最早提出来的,也可以简称为 $R_u \sim S_q$ 模型。

(3)动阻力和桩的运动速度有关。动阻力和桩身速度的增长规律可采用最简单的线性粘滞阻尼模型(见图 25-3),可以用一个简单的阻尼器来代表,用公式表达就是:

$$R_{di} = J_i \cdot V_i \qquad (25\text{-}16)$$

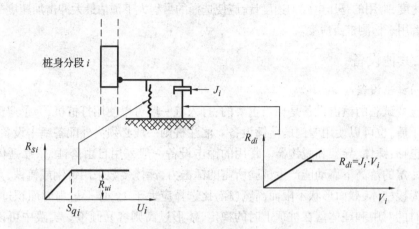

图 25-3　土的静阻力和动阻力的基本数学模型

式中　J_i——在第 i 分段处桩土界面的粘滞阻尼系数,kN·s/m;

　　　V_i——在第 i 分段处桩身的运动速度,m/s。

由于历史的原因,公式还有其他两个不同的表达方式:

$$R_{di} = J_{si} \cdot R_{ui} \cdot V \tag{25-17}$$

式中　J_{si}——Smith 粘滞阻尼系数,s/m。

$$R_{di} = J_{ci} \cdot Z \cdot V_i \tag{25-18}$$

式中　J_{ci}——凯司阻尼系数,是一个无量纲的参数,主要用于 CASE 法。

在上面所讲的数学模型中,只是最最基本的部分,到了实测曲线拟合法中,为了进行全过程的分析,还要对数学模型补充许多细节,详见本章第三节。

第二节　仪器设备

高应变试验是一项高技术的测试方法,不仅对试验人员的素质有较高的要求,同时对试验仪器设备有较高的要求。一般需要数据采集设备、传感器、锤击设备和分析软件等。

一、仪器

目前使用的检测仪器,无例外都是高集成度的数字式仪器,有两种基本结构。

(1)具备计算机的全部功能,能够兼作计算机使用,其中有的厂家把信号采集部分和特制的计算机部分组合在一起作为专用的仪器;多数厂家则利用现成的便携式计算机,外加该厂配制的信号采集单元,采集单元和便携机之间的联系,有的设计通过总线,有的则通过标准的串行口。

(2)只具备简单的数字化功能,只能用来采集数据和完成简单的显示、存储和传输。

二、传感器

高应变使用的传感器有加速度传感器和应变式传感器(应力环)或应变片。前者用来检测桩身速度,常用的是压电式加速度计,应使选择的量程大于预估最大冲击加速度的一倍以上。后者用来检测桩身应变。

三、其他设备

(一)锤击设备

高应变试验的锤击设备是相当重要的,打入桩一般可以使用打桩机,为了避免和打桩过程的矛盾,也可以使用专门的落锤设备。灌注桩则一般必须另外配备锤击设备,落锤设备主要包括:锤体、导架和脱钩器。常用的锤击设备一般采用自由落锤,依靠锤体本身的质量在一定的落高下靠动能产生试验所需的锤击力,锤体多数采用铸钢或铸铁,落锤的体形多数为棱柱体,截面形状不限而高宽(径)比选择应大于1。体形过扁时面积过大,不利于锤击时的对中和锤体落在桩顶上时的稳定,体形过高则容易倾覆。实践中可以见到高宽比很大的落锤,但无疑必须配置稳固的导架。

(二)提升设备

锤体的提升通常要使用吊车,在不可能使用吊车的场合,也可以使用卷扬机或手动葫芦,导架主要是为了保证落锤的对中,显然,导架本身必须十分稳固。

第三节　各种测试方法与应用

目前,高应变动力测桩的分析方法有两种:一种是以波动方程为基础的实测曲线拟合法,该方法计算复杂,必须预先确定许多计算参数值,且一般不能在现场实现确定承载力,后来出现了实测曲线的简化计算方法,即凯司法(CASE)。这种方法是根据行波理论,在公式推导中进行了很大的简化,并将某些经验性的系数加入到计算公式中,使得整个测试和分析变得十分简单,在现场即能完成分析计算。

一、凯司法

凯司法是在美国政府部门的资助下,由美国的凯司技术学院在20世纪60年代中期到70年代中期研究的一种基桩动力检测方法,该方法从行波理论出发,根据现场采集的实测信号,经过一定的近似假定,导出一套简洁的分析计算公式,使之能在测试现场立即得到承载力、桩身质量、锤击能量和桩身应力等许多分析结果。开始本方法主要用在预制桩,近20年来,许多国家和地区都试图把这种方法用到其他各种桩型的承载力检测上去,使得方法有了很多的改进和进展,积累了许多宝贵的经验。

凯司法的主要优点是具有较强的实时分析功能,它主要适用于打入桩的施工检测和监控,较适用于摩擦型的中小直径预制桩和截面较均匀的灌注桩。在一定的经验基础上,或者在其他可靠的方法的支持下,也被广泛用于其他各种类型桩的验收检测。

(一)凯司法的基本近似假定

除本章第一节中所概括的几个关于桩身的基本假定外,该方法在推导过程中对桩土体系又作了若干个补充的近似假定:

(1)桩身的阻抗是恒定的。

(2)动阻力只与桩底质点运动速度成正比,即全部动阻力集中于桩端。

(3)不考虑应力波在传播过程中的能量损失。

(4)土阻力在时刻 $t_2 = t_1 + 2L/c$ 时段内已充分发挥。

总结上述假定,可以看到,凯司法实际上比较适合应用于确定打桩阻力。

(二)凯司法的总阻力公式

现在我们来研究锤击下所激发的土阻力和实测信号的关系。当桩顶受到一个锤击力后,就在桩身上产生一个下行压力波,根据上述近似假定,在一维应力波的传播理论基础上我们可以很容易推导出 CASE 的总阻力公式。限于篇幅,这里只给出最终结果,详细推导过程读者可参阅《桩的动测新技术》(徐攸在,刘兴满.中国建筑工业出版社)。

任意时刻的凯司法总阻力的计算公式:

$$R_z(t) = \frac{1}{2}(F_{m,t} + Z \cdot V_{m,t}) + \frac{1}{2}(F_{m,t_2} - Z \cdot V_{m,t_2}) \tag{25-19}$$

式中 $R_z(t)$——锤击情况下,从 t 至 t_2 时段内实际激发的土对桩的总阻力;

t——选定的计算时刻;

t_2——根据应力波在桩身中所需的传播时间 $2L/c$ 而确定的第二计算时刻;

c——桩身波速,确定方法详见下述(三)条;

Z——桩身阻抗,用公式(25-9)计算。

上式也可改写为:

$$R_z(t_1) = \frac{1}{2}(F_{m,t_1} + F_{m,t_2}) + \frac{Z}{2}(V_{m,t_1} - V_{m,t_2}) \tag{25-20}$$

式中 t_1——选定的计算时刻;

t_2——根据应力波在桩身中所需的传播时间 $2L/c$ 而确定的第二计算时刻,$t_2 = t_1 + 2L/c$。

这个公式被称为 CASE-GOBLE 公式。利用这个公式,我们可以在获得实测的 $F \sim V$ 曲线以后直接计算出锤击下桩周土对桩实际提供的总阻力,由于在公式中只使用了实测曲线上在 t_1 和 $t_1 + 2L/c$ 两时刻的四个实测值,外加一个已知的桩身阻抗值 Z,整个计算过程十分简单和快捷。

(三)确定桩身波速 c 的方法

桩身波速的确定是否正确,对总阻力的计算结果有直接的影响,由于桩身波速 c 的值应根据应力通过整个有效桩长所需的时间来加以确定,因而只有在获得实测信号之后方能确定。

实际上,即使有了实测数据,为了准确确定桩身波速,还必须同时具备两个条件:①准确知道桩长;②实测曲线明确显示桩端反射。

在实际应用过程中,我们经常会遇到以下几种情况:

(1)如果桩长是已知的,能在实测曲线上看到桩端反射,就可以准确确定桩身波速,求得准确的土阻力。由于波速的变动不会超出一定范围,在获得明确的桩端反射时,我们可以确定给出的桩长是否正确而发现严重的偷桩长行为或断桩隐患。

(2)如果桩长已知,却看不到桩端反射,就只能假定波速,计算承载力,这时,波速和桩端在时程曲线上的位置两个重要参数都是近似的,有关承载力的计算结果自然也是近似的。如果桩端附近存在缺损断面误当做桩端,对承载力的计算结果就可能造成严重的错误。

(3)如果桩长不知,又看不到桩端反射,也只能假定波速,计算桩长。这时候,几乎完全无法避免把桩身缺损断面误当做桩端,对承载力的计算结果就可能造成严重的错误。

(4)如果桩长不知,又看不到桩端反射,或者还看到各种缺损断面反射,那么要想得到正确解答的机会就很小。

综上所述,在用高应变动力试桩法确定桩的承载力时,业主或其他相关单位提供的施工桩长要准确可信,它是试验结果是否准确的重要因素。就这项技术的原理和当前水平来说,在对桩长毫无把握的情况下进行分析,错判的可能性是很大的。

根据实测数据确定桩身波速 c 的方法如下(如图 25-4 所示):

(1)当土阻力很小时,反射波波形基本正常,桩底反射明显,可根据速度记录的第一峰和桩底的反射峰之间的时差与已知桩长值确定,简称"峰—峰"法。

(2)土阻力不大,波形失真,"峰—峰"法误差很大时,可使用速度记录的第一峰起升沿的起点和桩底的反射峰的起点之间的时差与已知桩长值确定,简称"起跳点法"。

(3) $F \sim V$ 图上桩底反射不明显, $W_d \sim W_u$ 图上清晰可见,位置准确,可用上下行波起跳点法。

(4)桩较短且锤击力波上升缓慢时,可采用低应变法确定平均波速。

在低应变应力波反射法中,第一种方法是常用的,具体做法是:在实测的速度记录上分别找出锤击的波峰(或波谷)和桩端反射的波峰(或波谷),把两者之间的差 Δt 确定为应力波在桩身中来回传播所需要的准确时间。在已知桩长为 L 的情况下,则桩身波速 c 可用下式计算求得:

$$c = \frac{2L}{\Delta t} \tag{25-21}$$

有时候,在速度记录上可以看到多次的反射波,则为了提高计算精度,取出 n 次来回传播所需要的总时间 Δt,用下式计算其 c 值:

$$c = \frac{n \cdot 2L}{\Delta t} \tag{25-22}$$

在高应变试验中,有时也可以在尚未被打入的预制桩上实测波速。此时,一般都能在所采集的记录上看到清晰的多次反射,就可以用公式(25-22)计算其 c 值,如果测试时传感器距离锤击点很近时,第一峰的信号失真常常较为严重,通常还要舍去第一个峰不用而计算随后几个峰到峰的时间间距。

第二种方法把特征点选择在每个脉冲波的起跳点处,对于锤击波形较差,或者桩端反射波形与锤击波形相差十分显著时,这个方法有时比使用峰或谷更为方便。

在高应变试验中,一般采用第三个方法,即根据上下行波的 c 值。具体的做法是把 t_1 时刻定在下行波的起跳点处,而把 t_2 时刻定在上行波的某个极大值处。因为下行波的起跳点常常具有非常鲜明的特征点,这个时刻意味着锤击脉冲的开始,即应力波前沿的到达时刻。在桩端处,下行的压力波绝大多数情况下将反射为上行的拉力波,而拉力波的前沿

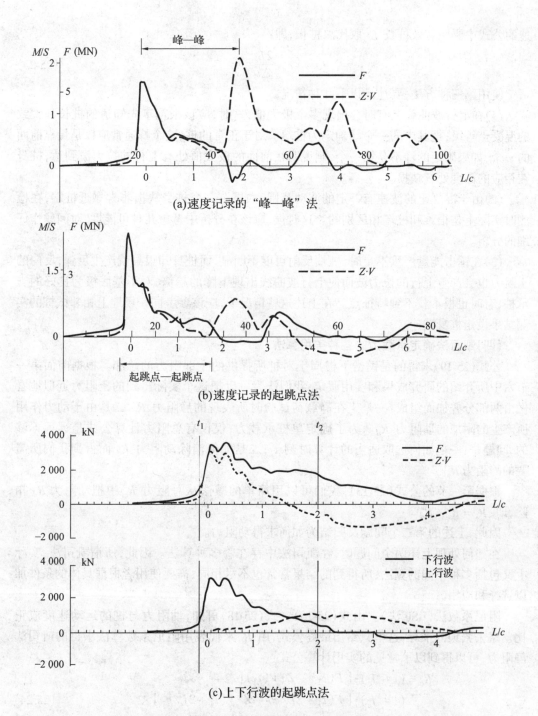

(a)速度记录的"峰—峰"法

(b)速度记录的起跳点法

(c)上下行波的起跳点法

图 25-4　根据实测记录确定总体平均波速的方法

也同样是相当陡峭的;当这个拉力波到达检测截面时,必然引起上行波曲线的下降,就会出现一个清晰的极大值。

　　由于检测时传感器一般不是安装在桩顶,而是安装在检测截面 M 处,在计算桩身波

速的公式中要用有效桩长 L_e 取代总桩长,即:

$$c = \frac{2L_e}{\Delta t} \tag{25-23}$$

使用第三种方法,要注意以下几种情况:

(1)在上行波曲线上有时会出现多个极大值,这时,应该根据事先知道的桩长和大致的混凝土等级,把其中的一个峰确定为桩端。对于正常的桩,这个峰通常应该是最靠前面的一个,如果确定的峰不是第一个,则说明在前面的极大值处有上行的拉力波到达,桩身在相应的深度处有缺损。

(2)由于混凝土的波速有一定的波动范围,如果有一个桩身缺损非常靠近桩端,在检测时实际上是很难和桩端相区别的。这时候,应该在分析中考虑几种可能性,对问题作仔细的分析。

(3)在锤击能量严重不足时,桩端反射可能不明显,而桩身却很早就产生反弹,反向的土阻力也会产生上行的拉力波而使上行波曲线出现下降的趋势,对于基底极为良好的支承桩,有时也根本找不到特征点。在上述这些情况下,应该参考同一场地上相邻试桩的实测结果设定桩身波速。

(四)凯司法确定承载力的各种实用算法

公式(25-19)求得的是锤击下桩周土对桩所提供的全部阻力的总和。根据前面第一节六中所介绍的研究成果和实用假定,我们认为可以把这个实际得到的土阻力近似地看做由两部分叠加而组成:一是土在静载荷试验时所表现的静阻力 R_s,二是由于动力作用所产生的附加的动阻力 R_d。为了确定单桩承载力,仅仅有总阻力计算公式是远远不够的,问题是:一是如何选取适当的计算时刻 t_1;二是如何消除动阻力 R_d 而得到我们所需要的静阻力 R_s。

根据第一节的公式(25-13),我们可以用简单的减法从总阻力 R_z 中把动阻力 R_d 扣除,即:$R_s = R_z - R_d$。

因此,上述的第二个问题又归结为如何求得动阻力。

在如何处理上述两个问题时,在凯司法中存在着多种算法。因此,所谓凯司法,实际上又包括多种不同的算法,所得到的结果常常也不尽相同,需要使用者根据具体的条件加以选择和应用。

阻尼系数法(RSP 法)。由式(25-16)~式(25-18)可知,动阻力与桩的运动速度成正比。略去繁琐的推导,这里只给出最终公式,用 R_c 来代表用阻尼系数算法求得的凯司法静阻力,可以得到以下常见的实用计算公式:

$$R_c = (1 - J_c) \cdot [F(t_1) + Z \cdot V(t_1)]/2 +$$
$$(1 + J_c) \cdot [F(t_1 + 2L/c) - Z \cdot V(t_1 + 2L/c)]/2 \tag{25-24}$$
$$Z = A \cdot E/c \tag{25-25}$$

式中 R_c——由凯司法判定的单桩承载力,kN;

J_c——凯司法阻尼系数;

t_1——速度第一峰对应的时刻,ms;

$F(t_1)$——t_1 时刻的锤击力,kN;

$V(t_1)$——t_1 时刻的质点运动速度,m/s;

Z——桩身阻抗,kN·s/m;

A——桩身截面面积,m²;

L——测点下桩长,m。

公式(25-24)适用于 $t_1 + 2L/c$ 时刻桩侧和桩端土阻力均已充分发挥的摩擦型桩。

从公式(25-24)可知,R_c 计算结果,即总静阻力也将随 t_1 的选择而异,从机理上来讲,这正好说明在锤击下,桩周土对桩所提供的总的静阻力是随时间而变化的,本身就有一个从小到大然后又逐渐减小的过程。这个过程反映了应力波在传播过程中由浅层到深层逐层激发土阻力,然后桩身又逐步趋于静止的过程。显然,我们要检测的应该是最大的阻力,因为在静载荷试验中,这些静阻力都是能够发挥作用的。

在阻尼系数法中,规定把 t_1 时刻选择在锤击开始阶段速度曲线的峰值处,由于峰值处的 F_m 和 V_m 都很大(通常是极大值),把 t_1 时刻选择在峰值的结果是能够获得较大的或最大的 R_{sp}。经证明,对于常见的摩擦桩,即端承力在总的承载力中所占比重不是很大时,把 t_1 时刻固定在峰值处的阻尼系数法所获得的 R_{sp} 值,自然就是桩周土所能提供的最大静阻力。

在实测中,大多数的速度曲线只有一个明确的峰值,但是,有时也会出现靠得很近的双峰(柴油锤),甚至第二峰还高出第一峰。因此,在选择 t_1 时刻时,还可以有以下三种细节上的不同:

(1)第一峰值处,其结果用 R_{s1} 表示。

(2)第二峰值处,其结果用 R_{s2} 表示。

(3)最大峰值处,其结果用 R_{sm} 表示。

一般说来,选择这三种峰值的结果相差不大,如果出现明显的差别,那么,应该选择其中能够提供最大静阻力的那个位置。

规定了固定的 t_1 时刻,根据公式(25-24),只要获得检测截面处的两根实测曲线,能够从桩端反射出现的时刻和已知的桩长,正确确定 $2L_e/c$ 时段的长度,那么,只要选择一个经验的凯司阻尼系数 J_c 值,就可以求得动力试验时土对桩的总的静阻力了。

凯司阻尼系数的取值与桩端的界面状况及其他许多因素有关,只能通过试验的方法确定,应具有现场实测经验和本地区相近条件下的可靠对比验证资料。凯司阻尼系数的经验取值见表 25-1。

表 25-1　凯司阻尼系数 J_c 的经验取值(美国 PDI 公司资料)

土质	纯砂	粉砂	粉土	亚粘土	粘土
J_c	0.1～0.15	0.15～0.25	0.25～0.4	0.4～0.7	0.7～1.0

除阻尼系数法外,CASE 法还有最大阻力法(RMX 法)、自动法(RAU 和 RA2)法等,读者可以参考其他资料。

(五)应用凯司法确定承载力的几个问题

凯司法是一种半经验方法,我们在应用该方法时应要注意负阻力、时间效应、触变效应等方面的问题。

1. 负阻力

在高应变试验中,如果桩身长,上部的部分桩身有可能早于 $2L/c$ 时刻就产生向上的反弹运动,作用在这些桩段上的土阻力因而将反向加到桩身上而产生上行的拉力波。这时,在检测截面处所获得实测曲线上,将可以观察到 t_2 时刻以前速度出现显著的负值。在这种情况下,用凯司法公式计算所得的总阻力比实际情况显著偏低。必要时要对计算结果进行修正,美国 PDI 公司提出一种简便的修正方法如下(图 25-5)。

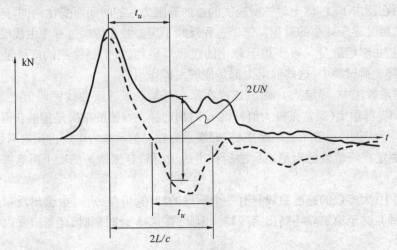

图 25-5 对桩身在 $2L/c$ 时刻前回弹卸载补充值 UN 所做的阻力修正

设实测速度曲线的第一峰值时刻为 t_1,与之相应的桩端反射到达检测截面后时刻为 t_2,在 t_1 和 t_2 之间,速度在 t_0 时为零,则产生反向阻力的持续时间可估计为:

$$t_u = t_2 - t_0$$

由于反向运动发生在桩身上部,可以认为负阻力正好等于 $t_1 \sim t_u$ 时段内的土阻力。从 t_1 时刻向后顺延 t_u 时段,量取该时段实测曲线上两根曲线的差值,就正好等于这个阻力的大小。可以认为,这个逆转的土阻力中的一半将使原有的正阻力减小,而另外的一半才真正产生负阻力的作用。因此,需要修正的负阻力应等于 t_u 时刻两根实测曲线差值的一半,即:

$$R_{un} = \frac{1}{4}\left[(F_{m,t_1} + F_{m,t_u}) + Z(V_{m,t_1} - V_{m,t_u})\right] \tag{25-26}$$

修正后的总阻力应等于原有的总阻力再加上这个修正值,则公式(25-24)将改写为:

$$R_s(t_1) = R_z(t_1) + R_{un} - J_c(F_{m,t_1} + Z \cdot V_{m,t_1} - R_{un})$$

最后得修正后的静阻力,用计算机符号 R_{su} 表示

$$R_{su}(t_1) = R_z - R_d + R_{un}(1 + J_c) \tag{25-27}$$

2. 时间效应

成桩后,岩土对桩的阻力是随时间而不断发生变化的,在桩基工程中,这种作用被称为歇后效应。大多数情况下,桩侧的歇后效应是一种歇后恢复,即岩土阻力随歇后时间的增长而增大。动测前也必须使桩土体系得到适当的搁置时间。只有充分掌握了承载力随

时间的变化规律时,才可以提早进行动测而把实测结果乘以某个可靠的修正系数。大量试验表明桩的歇后效应的作用十分显著。

3. 土阻力的激发程度

为了能和静载荷试验时的极限承载力相对应,显然,动力试验时的土阻力也必须被充分激发出来。岩土阻力的激发程度和桩在土中的位移有关。一般认为:当静载荷试验时桩的位移达到 5~6 mm 时,摩阻力方能充分发挥。另一方面,当每击贯入过大时,说明试验能量过高,此时,桩的位移可能超过静载荷试验的破坏定义的规定,而桩的运动速度又会不适当地高,产生过高的动阻力而导致把部分阻尼力当作静阻力,在这两个因素的影响下,动测对承载力的推断又会偏高。

由此可见,要想使高应变和静载试验方法有可靠的关系,还应使动力试验时的桩顶贯入度控制在每击 2~6 mm 之间。

在端承桩的动力试验中,要想获得桩的极限阻力是很困难的。合理的做法是放弃用试验的方法获得其极限土阻力,而把试验要求仅限于证明试桩是否能够正常符合设计所要求的极限荷载。

4. 触变效应

岩土对桩的阻力还会因桩周附近的各种外力作用而发生变化。高应变动力试桩时的锤击作用相当强烈,足以引起桩—土界面处物理力学状态的改变,导致土阻力的变化。下面是同一试桩在连续锤击下的阻力变化。

图 25-6 所示是某工地的一根沉管灌注桩上实测获得的前后几击下的 $F \sim V$ 实测曲线,根据曲线的变化可见,锤击下桩身上部土阻力的减小十分明显。

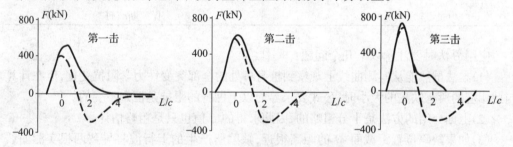

图 25-6　同一试桩在连续锤击下的阻力变化

触变效应所导致的误差,一般很难修正而只能从试验的安排上予以消除或控制。

(六)确定桩身完整性的 β 法

桩身完整性问题,是一个桩身阻抗发生变化的界面问题。设截面 X 为这样一个界面,其上下两个截面的阻抗分别为 Z_1 和 Z_2,则截面的完整性可以用系数 β 来加以描述,根据行波理论我们不难推导出全部用实测曲线的数据表达公式:

$$\beta = \frac{[F(t_1) + Z \cdot V(t_1)] - 2R_x + [F(t_x) - Z \cdot V(t_x)]}{[F(t_1) + Z \cdot V(t_1)] - [F(t_x) - Z \cdot V(t_x)]} \qquad (25\text{-}28)$$

$$x = c \cdot (t_x - t_1)/2\,000 \qquad (25\text{-}29)$$

式中　β——桩身完整性系数;

　　　x——桩身缺陷至传感器安装点的距离,m;

t_1——速度第一峰对应的时刻,ms;

t_x——缺陷反射峰对应的时刻,ms;

R_x——缺陷以上部位土阻力的估计值,等于缺陷反射起始点的力与速度乘以桩身
截面力学阻抗之差值。方法见图25-7。

桩身完整性的判别见表25-2。

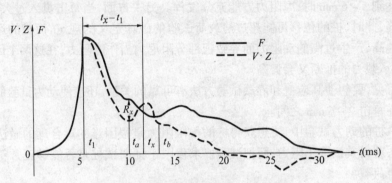

图25-7 桩身变阻抗截面的 β 值计算

表25-2 桩身完整性判别

β 值	类别	
1.0	Ⅰ	匀质截面
0.8 ~ 1.0	Ⅱ	轻微破损
0.6 ~ 0.8	Ⅲ	显著破损
< 0.6	Ⅳ	断 桩

应用 β 法时要注意以下几个问题:

(1)本法虽然能从实测曲线上观察到桩身各处的全部突变性力学阻抗变化,但在计算与此相应的所有缺陷的大小时,公式要求界面以上桩身的阻抗是恒定不变的。

(2)上面介绍的方法是十分粗略的,因此求得的 β 值也只是粗略估计。

(3)如果缺陷位置距截面 M 的距离很近,缺陷所产生的上行波将导致两根实测曲线的波峰分离,因而无法判明其具体位置。

(4)如果缺陷位置截面下不远处有一个反向的变阻抗截面存在,那么在第二个变阻抗上将引发一个反向的上行波而把原先的上行波部分掩盖起来,计算结果将受到影响而得到偏高的 β 值。

二、实测曲线拟合法

由于凯司法在简化计算时所做的一系列近似假定,使得它的应用受到很大的限制。实际上各种灌注桩的桩身等阻抗的条件通常是不能成立的;土的静阻力在计算的时段中始终保持恒定的假定,对于长桩也必然导致很大的误差,粗略的负阻力修正也根本不可能解决问题。实际上,遇到各种稍稍复杂一些的场合,凯司法就不得不放弃其全套理论的演绎而转向静动对比的经验解决办法。1969 年开始了一种利用凯司法的实测数据,应用更

精密的波动理论计算程序,以实测的速度波曲线或力波曲线作为边界条件进行计算,通过计算值与实测值的反复比较、迭代、最后得到较精确的分析结果,它能够对试桩的实际情况获得更多、更深入、更全面的信息,从而得出更加准确的评价。随着计算机技术的发展,这种方法在1974年进入实用阶段,我国称之为实测曲线拟合法,它是通过波动问题数值计算,反演确定桩和土的力学模型及其参数值的一种方法。

实测曲线拟合对数据的需要和凯司法完全一样。因此,只要按照前面所讲的方法采集到了桩顶附近某个检测截面的实测力曲线和速度曲线,我们既可以在现场用凯司法对试桩的情况作出粗略的判断,在返回室内后,又可以用实测曲线拟合法对同一数据进行深入的分析,获得准确而可靠的结果。

(一)拟合分析的基本过程

在分析锤击的过程中,我们已知的是检测截面的两根实测曲线 $F_m(t)$ 和 $V_m(t)$。需要求解的又有两组未知数:桩身的阻抗分布 Z_i 和桩周土对静阻力分布,包括桩侧的 R_{si} 和桩端的 R_{sb}。

如果我们已知桩顶的力(或速度),并且已知桩身阻抗分布和土的静阻力分布,我们就能够运用波动理论的计算公式直接解出桩顶的速度(或力)。正是基于上述情况,提出了一种拟合计算的方法,其过程为:假定各桩单元的桩和土力学模型及其模型参数,利用实测的速度(或力、上行波、下行波)曲线作为输入边界条件,数值求解波动方程,反算桩顶的力(或速度、下行波、上行波)曲线。若计算的曲线与实测的曲线不吻合,说明假设的模型及参数不合理,有针对性地调整模型及参数再进行计算,直至计算与实测曲线的吻合程度良好且不易进一步改善为止。其基本步骤用框图表示如图25-8所示。

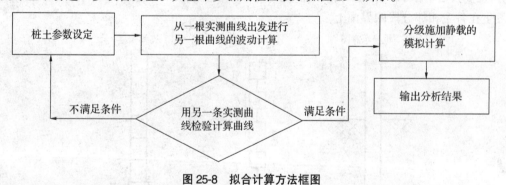

图25-8 拟合计算方法框图

由此可见,整个计算是一种反复的迭代过程。拟合过程目前还必须采用人机对话的方式,依靠经过国家正规培训的专业技术人员的介入。在反复的拟合分析软件中,一些软件已经开始配备辅助性的专家系统和比较周全的自动拟合程序(如 PDC-CMP),从而大大降低了对分析人员的依赖。但是,自动拟合的结果并不一定是最佳的或者是符合实际的结果。因此,在一般情况下,自动拟合的结果还必须经过专业人员的审核、修改或选择,不能盲目自动拟合结果。

在实测曲线拟合法中,必须同时解决桩身承载力和桩身完整性两个问题,因为在拟合过程中,两者是同时起作用的。对于完整性,实测曲线拟合法将提供完整的、每个分段的桩身阻抗分析结果。对于承载力,则将提供完整的、每个分段的土的实际静阻力。根据这些结果,就可以综合判断试桩是否能够满足原定的设计要求,对试桩的工程验收合格性作出适当的结论。

(二)实测曲线拟合法的数学模型

1.桩身模型

初期的分析软件采用 Smith 的质弹模型,后来根据行波理论提出了连续杆件模型。目前的计算软件都采用后者。

实测曲线拟合法的桩身模型,除了前面第一节中的四个基本假定(时不变、线性、一维和桩土界面破坏)继续有效外,摈弃了第三节中凯司法的所有有关近似假定,即桩身等阻抗假定和应力波在传播过程中的无能量损耗的假定,桩身阻抗变化(如扩径、缩径、离析、局部缺损、断裂和低质量接头,扩底桩、特殊的变截面桩和由不同材料组成的复合桩等)对实测曲线拟合法来说都是可以处理的。

关于桩身材料的内阻尼所造成的应力波在传播过程中的衰减,拟合软件中通常采用一定的衰减率来加以考虑。

图 25-9 所示是实测曲线拟合法中的两种桩身模型,早期的软件采用质弹模型,把桩身看做是由一系列等长度的刚性单元和弹簧串联组成的。连续杆件模型把桩身看做一个连续的弹性杆件,只是在计算时按照应力波传播的时间单元划分为 N_p 个分段。这个时间段的长度被称为计算的步长,用 Δt 表示。在普遍情况下,桩身各段的阻抗不同,材质也不同,应力波的传播速度也不相同。因此,为了保持计算步长不变,在连续模型中分段的长度可能各不相同。当分段的长度较小时,可以把每个分段本身的阻抗设定为恒定的。分段与分段间则可以是各不相同的。桩身内部由于变阻抗而产生的反射将可以考虑为只发生在各个相邻分段的界面上。

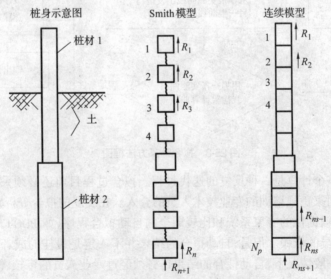

图 25-9 桩身的 Smith 模型和连续模型

如果再把其他外力也都考虑只作用在这些界面上,这些界面就成为分析中的所谓"特征点",可以采用特征线的计算方法并按照固定的时间步长进行计算。和过去的方法相比,连续模型和特征线的算法使波的模拟精度更高。

2. 土的模型

土的模型实际上还是归结为土阻力的数学模型问题。

为了全面而充分地分析桩在锤击下的全过程,显然,第一节中图 25-3 所采用的数学模型是大大不够了。概括说来,在土阻力模型方面,实测曲线拟合法有很多重要的变化。

首先在模型中扩展了土的静阻力模型。在土的静阻力问题上,除了考虑桩身向下运动时所承受的正常土阻力外,还必须考虑桩身在后期的向上运动时所承受的反向土阻力(有时被称为负阻)。此外,桩身的实际运动还可能多次上下反复;对于桩端,由于沉渣或拔起等原因还可能造成一定的缝隙。根据上述的分析,实测曲线拟合法的静阻力模型比凯司法要复杂得多。在美国著名的 CAPWAPC 软件中,采用的桩侧静阻力模型如图 25-10 所示,桩端的静阻力模型见图 25-11 所示。

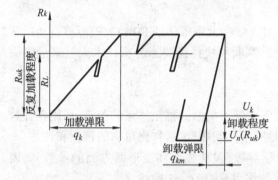

图 25-10　CAPWAPC 软件采用的桩侧静阻力模型　　　图 25-11　CAPWAPC 软件采用的桩端静阻力模型

其次补充了非线性的动阻力理论;采用了辐射阻尼理论;必要时可考虑桩底处的附加土体质量;可以考虑外加的桩端,如设计规定的上部大下部小的变截面桩,或者由于施工原因造成下部缩径的桩,有可能实际形成外加的桩端;还可以考虑残余应力,如在连续锤击过程中,由于上一次锤击下产生的桩身压缩可能受到桩周土的抵制而暂不能充分回弹,部分残余的能量可能储存在桩身之中。这种问题通常被称为"残余应力"问题,在较长的、较柔的摩擦桩中比较显著;同时可以考虑土的静阻力的应变硬化过程或应变软化过程。

(三)拟合计算的一般原则和收敛标准

计算的收敛标准常用计算和实测曲线拟合程度来确定,用计算值与实测值之差的绝对值的和来评价。这个差的绝对值的和被称为拟合质量系数(MQ)。

在拟合计算时一般根据下面的原则调整有关参数:①在 $2L/c$ 时段主要调整桩的侧阻力的分布情况;②在 $2L/c$ 后 $t_r + 3$ ms 的时间区段上,主要修正桩尖的承载力和总承载力(t_r 为 $F \sim V$ 图中波形的起跳点到速度峰值的时间);③在 $2L/c$ 后 $t_r + 5$ ms 的时间区段上,主要修正桩侧和桩尖土的阻尼系数;④在 $2L/c + t_r + 3$ ms 后的 20 ms 时间区段上,主要修正土的卸载性质。

由于实测曲线拟合法在分析时有许多不同的参量可以调整和选择,其拟合结果也不可能是只有一个定解,而常常得到若干个可供考虑和选择的解答。

首先要注意拟合质量系数 MQ 和贯入度,但是单纯凭借这两个指标来评价拟合的质量也不全面。因为,在众多因素的参与下,在选择一套完全不合理的参量时,有时却可能得到很小的 MQ 值和相当接近的贯入度。因此,正确评价所得到的拟合结果时,正确的做法是:

(1)选定的参量值都必须处于合理的范围之内。在操作过程中要结合施工和地质条件合理确定桩土参数取值,如桩端阻力、每层土的阻力。

(2)设定的参量值也必须是分析计算中真正可能达到的。例如,设定的弹限 S_q 值不应超过对应桩身单元的最大计算位移值,可以防止土阻力未充分发挥时的承载力外推;对于桩端,则还必须大于所设定的桩端弹限和土隙的总和。

(3)为判断拟合选用参数特别是 S_q 值是否合理,计算贯入度和实测贯入度基本相符。

(4)拟合质量系数 MQ 应该尽可能小,一般 $MQ \leqslant 5$。

由此可见,在获得若干个拟合结果时,决不可单纯根据 MQ 值的大小决定取舍,而必须综合考虑上述几方面的因素加以抉择。

有的优良的拟合分析软件(如美国的 CAPWAPC,北京平岱的 FDC-CMP)能够自动排除大部分明显不合理的拟合结果。但是,有关的判断和抉择还要靠分析技术人员来最终完成,分析技术人员的知识水平相当重要。

(四)实测曲线拟合法的应用

在实测曲线拟合法中,我们可以根据实测曲线所揭示的桩土体系的信息,运用各种数学力学的方法来更加准确和更加切合实际地查清其问题,最后作出可靠的预测和评估。

一般可以查明桩土体系各个分段的力学参数(包括强度和变形两方面的参数)。因此,可以用模拟计算的方法求得在分级静荷载作用下的 $Q \sim S$ 曲线。

用好实测曲线拟合法,要注意以下几方面:

(1)数据的采集质量仍然是试验分析成败的关键,如果数据质量达不到基本要求,再好的分析方法也是无济于事的。

(2)关于单桩承载力的确定,时间效应、激发程度、触变效应和破坏模式等四个问题在实测曲线拟合法中也同样存在,在应用时仍然需要切实加以注意。

(3)由于动力试验的荷载持续时间极短,即使它能够使土强烈地进入非弹性工作阶段而大体查明其强度特性,土的非弹性变形性状,特别是随时间而发展的粘性方面的性状,和静载荷试验相比还可能有相当显著的差别。因此,就从动力试验推断承载力而言,高应变动力试桩法可以说是一种具有良好理论基础的方法而基本摆脱对静载荷试验的经验性依赖。与此同时,在推断与桩的沉降有关的问题时,高应变动力试桩法仍然必须采用一定的经验系数,以便从实测结果过渡到静载荷试验时的实际结果。

(4)在实测曲线拟合中,土阻力是和桩身的变阻抗一起解决的。因此,在桩身阻抗变化过分复杂的情况下,阻力分析结果的精度将难免有所下降。

(5)应用高应变动力试桩法要求配备经过一定专业训练,具有较高素养并积累相当经验的技术人员。

(6)工程现场的地质勘探资料、桩的设计资料和工程的施工原始记录对于提高分析结果的精度有重要的意义,应该准确提供和掌握。缺乏这些参考资料或检测资料不够准确时,检测者应该能够从实测数据分析出基本正确的结果;相反,没有合格的实测数据,单纯从参考资料猜测试桩的情况,则是根本错误的。实测数据和参考资料发生矛盾时,经过检查证明实测数据无误,则必须以实测数据为准,得出相应的结论。

(7)正确的做法是把各种不同的检测方法合理地、综合地加以应用。低应变的完整性试验,可以有效地用来作大面积的普查,从中发现总体的基本情况和个别突出的问题。在低应变检测的基础上,可以比较合理地选择高应变动力试桩的具体对象,以最小的代价最大限度地解决问题。在高应变动力试桩的基础上,再有什么无法解决的问题,就不得不补做个别的静载荷试验。相信这样一种体系,可以产生极为显著的技术经济效益,值得通过实践加以完善而普遍推广。

对于上述这些问题,只要高应变动力试桩法的检测工作者在运用专业知识进行分析时谨慎从事,就当前的软件性能来说,能够把分析结果的波动控制在工程允许的误差范围内。

第四节　工程检测要点

一、检测前的准备

(1)根据基桩检测的特殊性,为了正确地对基桩质量进行检测和评价,提高高应变检测工作的质量,做到有的放矢,应尽可能详细地了解和搜集有关的技术资料,如:工程概况,建设、监理、设计、施工单位名称,岩土工程勘察报告,桩基设计图纸,施工记录,桩身混凝土强度抗压试验报告,桩顶实际标高等。

(2)制定详细的检测方案,包括:概述、检测目的、检测依据、现场检测的要求等。

(3)桩头处理。在检测前根据现场条件参照规程分别对检测桩的桩头进行必要的处理。

(4)选择大锤。根据极限承载力选择合适的锤重(质量为极限承载力的 1% ~ 1.5%),在试验过程中,一般以人调节锤重。因此,必须事先根据试验所要求激发的承载力选择足够的锤重,这一点十分重要。在现场,一般可在适当的范围内调节落高,以取得满意的试验结果。

(5)检测系统。检测系统采用基桩动测仪、加速度计和应变测量传感器,有的外加计算机所组成的实时检测系统。见图 25-12。

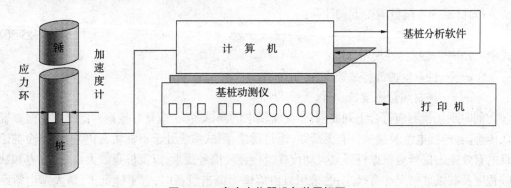

图 25-12　高应变仪器设备装置框图

(6)传感器安装。检测截面选择在离开桩顶不远处,标准的做法是一次安装四个传感器,其中包括力传感器和加速度计各两个。所有的传感器必须对称安装在桩身同一截面上,在桩身的一侧要安装一支力传感器和一支加速度传感器,以保证两者的平均值能消除任何方向的偏心弯矩而真正代表桩身的轴向响应值。

对于混凝土桩的动力试验,还必须配置适当的桩垫。桩垫的作用有二,一是起缓冲作用,使锤击力的峰值不致过高;二是使锤击力的持续时间适当。常用的桩垫材料是胶合板、干的软木板,特制的布垫或纸垫。在缺乏适当的材料时,还可以使用潮湿的砂层。桩垫的厚度必须适当,在现场根据实测数据的具体情况加以调整。为了保证试验的顺利进行,试桩的桩头必须能够承受预期的动力作用,在其相应的部位,又应具备良好的表面以获得可靠的实测数据。一般说来,预制桩头在承受锤击试验时应该没有问题,但灌注桩的桩头却必须经过处理。

二、数据采集

高应变试验要想取得成功,最关键的是要取得高质量的现场采集数据,在检测仪器满足规定要求的前提下,现场检测的参数设定对数据采集至关重要。检测前参数设定应符合下列规定:

(1)采样时间间隔应为 $50 \sim 200\ \mu s$,信号采样点数不宜少于 1 024 点。

(2)传感器的设定值应按计量检定得到的灵敏度设定。

(3)测点处的桩截面尺寸应按实际测定确定,波速、质量密度和弹性模量应按实际情况设定。

(4)测点以下桩长和截面积可采用设计文件或施工记录提供的数据作为设定值。

(5)桩材质量密度应按表 25-3 取值。

表 25-3 桩材质量密度 (单位:kg/m³)

钢桩	混凝土预制桩	离心管桩	混凝土灌注桩
7 850	2 450 ~ 2 500	2 550 ~ 2 600	2 400

(6)桩身波速可结合本地经验或按同场地同类型已检桩的平均波速初步设定,现场检测完成后应根据具体情况进行调整。

(7)桩材弹性模量应按下式计算:

$$E = \rho \cdot c^2 \tag{25-30}$$

式中　　E——桩材弹性模量,kPa;

c——桩身应力波传播速度,m/s;

ρ——桩材质量密度,kg/m³。

同时现场检测应符合下列要求:①交流供电的测试系统,应良好接地。检测前应检查确认传感器、连接电缆及接插件有无断路、短路现象,测试系统处于正常状态;②每根受检桩记录的有效锤击信号应根据桩顶最大动位移、贯入度、信号质量,以及桩身最大拉、压应力和缺陷程度及其发展情况综合确定;③采用自由落锤为锤击设备时,宜重锤低击,最大锤击落距不得大于 2.5 m;④为确定预制桩打桩过程中的桩身应力、沉桩设备匹配能力,应按高应变规程有关规定进行打桩全过程监测;⑤检测时宜实测桩的贯入度,单击贯入度宜在 2 ~ 6 mm之间。

三、资料整编与结果

在高应变检测过程中资料的整理也是相当重要的。要对采集到的信号进行认真的分析,其中选取合理的现场检测信号相当重要。一般的原则是:检测承载力时选取锤击信号,宜取锤击能量较大的击次,当出现下列情况之一时,其信号不得作为分析计算依据:

(1)传感器安装处混凝土开裂或出现严重塑性变形使力曲线最终未归零。

(2)严重锤击偏心,一侧力信号呈现受拉。

(3)由于触变效应的影响,预制桩在多次锤击下承载力下降。

其次是合理确定桩身混凝土平均波速,一般根据下行波波形起升沿的起点到上行波下降沿的起点之间的时差与已知桩长值确定(图 25-13)。桩底反射信号不明显时,可根据桩长、混凝土波速的合理取值范围以及邻近桩的桩身波速值确定。

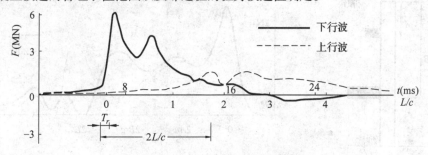

图 25-13   桩身波速的确定

F—锤击力;L—测点下桩长;c—桩身波速

当测点处原设定波速随调整后的桩身平均波速改变时,相应的桩材弹性模量应按式 $E = \rho \cdot c^2$ 重新设置;采用应变式传感器测力时,应对原实测力值校正。在力和速度信号第一峰起始比例失调时,应分析原因,严禁进行比例调整。

在承载力分析计算前,应结合地质条件、设备参数,对实测波形特征进行以下定性检查:

(1)实测曲线特征反映出的桩承载力情况。

(2)观察桩身缺陷程度和位置,连续锤击时缺陷的扩大或逐步闭合情况。

当桩身存在缺陷,无法判定桩的竖向承载力时;单击贯入度大,桩底同向反射强烈且反射峰较宽,侧阻、端阻反射弱,即波形表现出竖向承载性状明显与勘察设计条件不符合时;嵌岩桩桩底同向反射强烈,且在时间 $2L/c$ 后无明显端阻力反射时,应考虑采用静载法进一步验证,对于嵌岩桩也可采用钻芯法核验。

高应变检测是一种技术含量较高,涉及知识面广的检测方法,为了保证检测数据的科学性和追溯性,对成果资料的要求也较高。一般要求提交以下内容:

(1)委托方名称、工程名称、地点,建设、勘察、设计、监理和施工单位,基础、结构型式,层数,设计要求,检测目的,检测依据,检测数量,检测日期等。

(2)地质条件描述。

(3)受检桩的桩号、桩位和施工记录。

(4)检测方法,检测仪器设备,检测过程描述。

（5）计算中每根桩实际采用的桩身波速值；实测曲线拟合法所选用的各单元桩土模型参数、拟合曲线、模拟的静荷载—沉降曲线、土阻力沿桩身分布图；凯司法计算所选用的 J_c 值；表格和汇总结果。

（6）试打桩的打桩监控所采用的桩锤模型、锤垫类型，以及监测得到的锤击数、桩侧和桩端静阻力、桩身锤击拉压应力、桩身完整性和能量传递比随入土深度的变化。

（7）原始资料存档。

四、典型的实测曲线

为了方便大家对高应变波形的了解，这里给出几组实测中典型的波形供读者参考，见图 25-14。

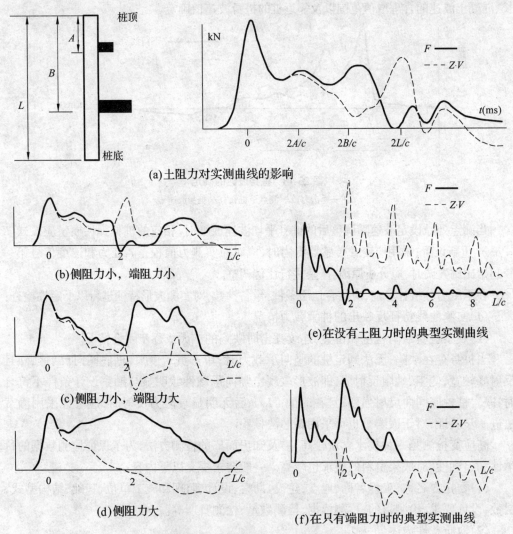

(a)土阻力对实测曲线的影响

(b)侧阻力小，端阻力小

(c)侧阻力小，端阻力大

(d)侧阻力大

(e)在没有土阻力时的典型实测曲线

(f)在只有端阻力时的典型实测曲线

图 25-14 高应变检测典型实测曲线

第五节 实 例

这里选取两个典型的实例,来说明高应变 CASE 法分析承载力,实测曲线拟合法确定承载力的过程。

(一)CASE 法确定承载力

图 25-15 是某大桥 38 m 预应力管桩的凯司法测试的波形曲线。桩外径 680 mm,内径 300 mm,采用 C60 高强混凝土,桩身由四节组成(10 m + 10 m + 10 m + 8 m),测试时实际入土深度 34 m,传感器安装在距桩顶 4.0 m 处,在桩身对称的位置安装了四支传感器(两支加速度计,两支应力环),锤击设备为 4.5 t 柴油锤,落距约 2.0 m。

1. 测试信号可靠性判读

(1)实测的桩身阻抗与理论计算的桩身阻抗应该大体相当。

根据实测资料 $F_{max} = 3\,631$ kN,$V_{max} = 1.35$ m/s,则实测的桩身阻抗 $Z = F_{max}/V_{max} = 3\,631/1.35 = 2\,689$(kN·s/m);根据经验该场地的混凝土波速 c 在 3 600 m/s 左右,则阻抗理论计算值为:$Z = \rho c A = 2.45 \times 3\,600 \times 0.29 = 2\,558$(kN·s/m),两者误差较小。

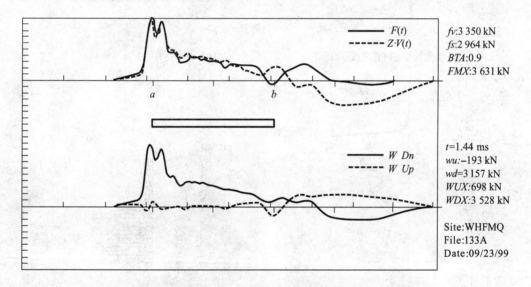

图 25-15 某工地高应变试验 CASE 法实测及结果曲线图

(2)实测的应力波在桩身中来回传播时间 Δt 和理论计算值应大致相符。

冲击波起点为图中 a 点处,在 b 点处速度突然增加,力值突然减少,故 b 点是桩尖回波的时刻。根据时标实测的 Δt 为 17.64 ms;理论估计值为 $2 \times L/c = 34 \times 2/3\,600 = 18.8$(ms),两者基本接近。

(3)在记录波形的初始,F 与 $Z \cdot V$ 波重合良好。

由此可见测试信号基本可靠。

2. 分析与计算

图 25-15 是实测力波与速度波曲线,实测最大冲击力 3 631 kN,该场地的动静对比试

验表明,场地的 CASE 法阻力系数 j_c 为 0.3 左右,按式(25-24)求得的极限承载力值 2 145 kN。

(二)实测曲线确定承载力

图 25-16 是某大楼 28.8 m 混凝土桩的实测曲线及分析结果,截面 0.422 5 m²,采用 C30

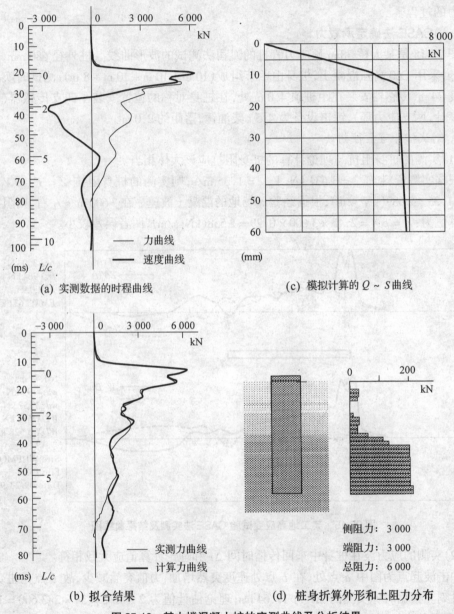

(a) 实测数据的时程曲线

(c) 模拟计算的 $Q \sim S$ 曲线

(b) 拟合结果

侧阻力: 3 000
端阻力: 3 000
总阻力: 6 000

(d) 桩身折算外形和土阻力分布

图 25-16 某大楼混凝土桩的实测曲线及分析结果

混凝土,测试时实际入土深度 28.5 m,在对称的位置安装了四支传感器(两支加速度计,两支应力环),锤击设备:FF-80 柴油锤,锤体重量 80 kN,实测最大动压力 6 366 kN。土层分布依次为:淤泥(6 m),粘土(流塑,1 m),淤泥(1.5 m),淤土(5.7 m),粉土(中密,1.8 m),粉砂(密实,3 m),细砂(密实,20 m)。

1. 测试信号可靠性判读

(1)实测的桩身阻抗与理论计算的桩身阻抗应该大体相当。

实测桩身阻抗 $Z = F_{max}/V_{max} = 4\,220(kN \cdot s/m)$；根据经验，该场地的混凝土波速 c 在 $4\,000$ m/s左右，则阻抗理论计算值为：$Z = \rho cA = 4\,140(kN \cdot s/m)$。

(2)实测的应力波在桩身中来回传播时间 Δt 和理论计算值应大致相符。

冲击波起点为图中 0 点处，在 $2L/c$ 点处阻力突然增加，故 $2L/c$ 点是桩尖回波的时刻。实测 Δt 为 14.8 ms，理论估计值为：$2 \times L/c = 28.5 \times 2/4\,000 = 14.25(ms)$，两者基本接近。

(3)在记录波形的初始阶段，F 与 $Z \cdot V$ 波重合良好。

由此可见测试信号基本可靠。

2. 分析与计算

图 25-16(a)是实测力波与速度波曲线，根据第三节的步骤，用高应变实测法分析软件分析计算，图 25-16 其他三个图是按实测曲线分析软件计算的结果图。分析结果表明，该桩的实测单桩竖向总静阻力 R_u 为 6 000 kN，这根桩的静载试验结果为 6 500 kN，高应变结果偏保守，原因主要是试验时的激发程度稍有不足。

第二十六章　室内环境质量检测

第一节　概　述

随着人民生活水平的提高,房屋装修已成消费热点,因而也极大地培育了各种建材市场,但由于各种质量良莠不齐的新型建材的大量运用,使得室内环境污染日益严重,极大地影响了人民群众的身心健康。为控制解决室内环境污染,2002 年 1 月 1 日国家颁布实施了《民用建筑工程室内环境污染控制规范》(GB 50325—2001)(以下简称《规范》);同时与之相配套的室内装饰装修材料有害物质限量十项国家标准,于 2002 年 7 月 1 日开始实施。

由于造成室内环境污染的因素很多,在工程建设过程中任何一环节出现问题,都可能导致最终室内环境污染物的浓度超标。因此,应从材料、勘察设计、施工三个阶段进行控制,同时,在工程验收时进行室内环境污染物浓度检测尤为必要,只有室内环境质量合格,民用建筑工程才能投入使用。因此,室内环境质量检测与工程结构质量检测具有同样的重要性,并逐步被人们所重视。

本章重点介绍室内环境质量检测及相应装饰装修材料有害物质限量的检测技术要求和检测方法。

第二节　技术要求

一、无机非金属建筑材料和装修材料

(1)民用建筑工程所使用的无机非金属建筑材料,包括砂、石、砖、水泥、商品混凝土、预制构件和新型墙体材料等,其放射性指标限量应符合表 26-1 的规定。

表 26-1　无机非金属建筑材料放射性指标限量

测定项目	限　量
内照射指数 I_{Ra}	≤1.0
外照射指数 I_r	≤1.0

(2)民用建筑工程所使用的无机非金属装修材料,包括石材、建筑卫生陶瓷、石膏板、吊顶材料等,进行分类时,其放射性指标限量应符合表 26-2 的规定。

表 26-2　无机非金属装修材料放射性指标限量

测定项目	限　量	
	A	B
内照射指数 I_{Ra}	≤1.0	≤1.3
外照射指数 I_r	≤1.3	≤1.9

(3)空心率大于25%的建筑材料,其天然放射性核素镭-226、钍-232、钾-40的放射性比活度应同时满足内照射指数不大于1.0、外照射指数不大于1.3。

二、人造木板及饰面人造木板

(1)人造木板及饰面人造木板,应根据游离甲醛含量或游离甲醛释放量限量划分为 E_1 类和 E_2 类。

(2)当采用环境测试舱法测定游离甲醛释放量,并依此对人造木板进行分类时,其限量应符合表26-3的规定。

表26-3 环境测试舱法测定游离甲醛释放量限量

类　别	限量(mg/m^3)
E_1	≤0.12

(3)当采用穿孔法测定游离甲醛含量,并依此对人造木板进行分类时,其限量应符合表26-4的规定。

表26-4 穿孔法测定游离甲醛含量分类限量

类　别	限量($mg/100\,g$,干材料)
E_1	≤9.0
E_2	>9.0,≤30.0

(4)当采用干燥器法测定游离甲醛释放量,并依此对人造木板进行分类时,其限量应符合表26-5的规定。

表26-5 干燥器法测定游离甲醛释放量分类限量

类　别	限量(mg/L)
E_1	≤1.5
E_2	>1.5,≤5.0

(5)饰面人造木板可采用环境测试舱法或干燥器法测定游离甲醛释放量,当发生争议时应以环境测试舱法的测定结果为准;胶合板、细木工板宜采用干燥器法测定游离甲醛释放量;刨花板、中密度纤维板等宜采用穿孔法测定游离甲醛含量。

三、涂料

(1)民用建筑工程室内用水性涂料,应测定总挥发性有机化合物(TVOC)和游离甲醛的含量,其限量应符合表26-6的规定。

表26-6 室内用水性涂料中总挥发性有机化合物(TVOC)和游离甲醛限量

测定项目	限　量
TVOC(g/L)	≤200
游离甲醛(g/kg)	≤0.1

(2)民用建筑工程室内用溶剂型涂料,应按其规定的最大稀释比例混合后,测定总挥发性有机化合物(TVOC)和苯的含量,其限量应符合表26-7的规定。

表26-7　室内用溶剂型涂料中总挥发性有机化合物(TVOC)和苯限量

涂料名称	TVOC(g/L)	苯(g/kg)
醇酸漆	≤550	≤5
硝基清漆	≤750	≤5
聚氨酯漆	≤700	≤5
酚醛清漆	≤500	≤5
酚醛磁漆	≤380	≤5
酚醛防锈漆	≤270	≤5
其他溶剂型涂料	≤600	≤5

(3)聚氨酯漆测定固化剂中游离甲苯二异氰酸酯(TDI)的含量后,应按其规定的最小稀释比例计算出聚氨酯漆中游离甲苯二异氰酸酯(TDI)含量,且不应大于7 g/kg。

四、胶粘剂

(1)民用建筑工程室内用水性胶粘剂,应测定其总挥发性有机化合物(TVOC)和游离甲醛的含量,其限量应符合表26-8的规定。

表26-8　室内用水性胶粘剂中总挥发性有机化合物(TVOC)和游离甲醛限量

类　别	限　量
TVOC(g/L)	≤50
游离甲醛(g/kg)	≤1

(2)民用建筑工程室内用溶剂型胶粘剂,应测定其总挥发性有机化合物(TVOC)和苯的含量,其限量应符合表26-9的规定。

表26-9　室内用溶剂型胶粘剂中总挥发性有机化合物(TVOC)和苯限量

类　别	限　量
TVOC(g/L)	≤750
苯(g/kg)	≤5

(3)聚氨酯胶粘剂应测定游离甲苯二异氰酸酯(TDI)的含量,并不应大于10g/kg。

五、水性处理剂

民用建筑工程室内用水性阻燃剂、防水剂、防腐剂等水性处理剂,应测定总挥发性有机化合物(TVOC)和游离甲醛的含量,其限量应符合表26-10的规定。

表26-10　室内用水性处理剂中总挥发性有机化合物(TVOC)和游离甲醛限量

类　别	限　量
TVOC(g/L)	≤200
游离甲醛(g/kg)	≤0.5

六、土壤氡浓度

民用建筑工程地点土壤中氡浓度,高于周围非地质构造断裂区域3倍及以上时,应根据氡浓度情况在工程设计中采取相应措施。

七、粘合木结构材料

民用建筑工程中使用的粘合木结构材料,游离甲醛释放量不应大于 0.12 mg/m³,采用环境测试舱法进行测定。

八、壁布、帷幕

民用建筑工程室内装修时,所使用的壁布、帷幕等游离甲醛释放量不应大于 0.12 mg/m³,采用环境测试舱法测定。

九、混凝土外加剂

民用建筑工程中所使用的阻燃剂、混凝土外加剂氨的释放量不应大于 0.10%。

十、其他材料

民用建筑工程室内装修时,所使用的地毯、地毯衬垫、壁纸、聚氯乙烯卷材地板,其挥发性有机化合物及甲醛释放量均应符合相应材料的有害物质限量的国家标准规定。

十一、室内环境污染物浓度

民用建筑工程验收时,必须进行室内环境污染物浓度检测。检测结果应符合表 26-11 的规定。

表 26-11　民用建筑工程室内环境污染物浓度限量

污染物	Ⅰ类民用建筑工程	Ⅱ类民用建筑工程
氡(Bq/m³)	≤200	≤400
游离甲醛(mg/m³)	≤0.08	≤0.12
苯(mg/m³)	≤0.09	≤0.09
氨(mg/m³)	≤0.2	≤0.5
TVOC(mg/m³)	≤0.5	≤0.6

注:表中污染物浓度限量,除氡外均应以同步测定的室外空气相应值为空白值。

第三节　检测方法

一、分析方法简介

室内环境检测所用的主要分析方法有两种:一种是分光光度法,另一种是气相色谱法。现简单将两种方法的原理加以介绍。

(一)分光光度法

许多物质溶液具有颜色,而且溶液浓度愈高,颜色就愈深。因此,比较溶液颜色的深浅就可测得有色物质的含量。

朗伯—比尔定律指出:当一束单色光经过有色溶液时,透过溶液的光强度不仅与溶液的浓度有关,还与溶液的厚度以及溶液本身对光的吸收性能有关,表示为:

$$T = \frac{P}{P_0} \tag{26-1}$$

$$E = \lg \frac{P_0}{P} = KCL \tag{26-2}$$

式中　T——透光率;

　　　P_0——入透光强度;

　　　P——透射光强度;

　　　E——消光值(或叫光密度、吸光度);

　　　K——某溶液的消光(吸收)系数。一种有色溶液对于一定波长(单色光)的入射光的 K 值具有一定的数值;

　　　C——溶液的浓度;

　　　L——光程,即溶液的厚度。

从以上公式可知,一束单光的入射光经过有色溶液,当入射光、消光系数和溶液厚度不变时,透光率就随溶液浓度变化而变化。分光光度法正是利用这一原理测定溶液中物质含量的。检测主要分以下四步进行:①对所测样品预处理;②显色反应;③测定溶液吸光度;④计算结果。

(二)气相色谱法

在检测中要分析的样品绝大多数是多组合的混合物,为了对混合物中有关组分进行分析,必须对混合物样品中的各未知组分进行分离。气相色谱法是一种分离技术,混合物的分离是基于组分的物理化学性质的差异。比如,我们常用萃取来分离溶解性不同的物质,用离心来分离密度不同的物质。

气相色谱法主要是利用物质的沸点、极性及吸附性质的差异来实现混合物的分离,其过程如图26-1所示。待分析样品在汽化室瞬间汽化且不被分解后被不与待测物或固定相反应专用来载送试样的惰性气体(即载气,也叫流动相)带入用来分离样品的色谱柱,柱内含有液体或固体固定相,由于样品中各组分的沸点、极性或吸附性能不同,每种组分都倾向于在流动相和固定相之间形成分配或吸附平衡。但由于载气是流动的,这种平衡实际上很难建立起来。也正是由于载气的流动,

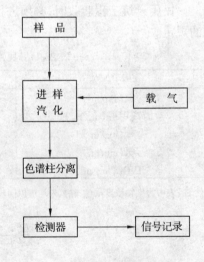

图 26-1　气相色谱分析流程图

使样品组分在运动中进行反复多次的分配或吸附/解吸,结果是在载气中分配浓度大的组分先流出色谱柱,而在固定相中分配浓度大的组分后流出。当组分流出色谱柱后,立即进入检测器。检测器能够将样品组分的存在与否转变为电信号,而电信号的大小与被测组分的量或浓度成比例。当将这些信号放大并记录下来时,就是色谱图。

二、无机非金属建筑材料和装修材料放射性指标检测方法

(一)仪器
低本底多道 γ 能谱仪。

(二)取样与制样
1. 取样

随机抽取样品两份,每份不少于 3 kg。一份密封保存,另一份作为检验样品。

2. 制样

将检验样品破碎,磨细至粒径不大于 0.16 mm。将其放入与标准样品几何形态一致的样品盒中,称量(精确至 1 g)、密封、待测。

(三)测量
当检验样品中天然放射性衰变链基本达到平衡后,在与标准样品测量条件相同情况下,采用低本底多道 γ 能谱仪对其进行镭-226、钍-232 和钾-40 比活度测量。

(四)测量不确定度的要求
当样品中镭-226、钍-232 和钾-40 放射性比活度之和大于 37 Bq/kg 时,本标准规定的试验方法要求测量不确定度(扩展因子 $K = 1$)不大于 20%。

三、游离甲醛含量测定——穿孔法

刨花板、中密度纤维板宜采用《人造板及饰面人造板理化性能试验方法》(GB/T 17657—1999)中穿孔法测定游离甲醛含量。

(一)原理
穿孔法测定甲醛释放量,基于下面两个步骤:

第一步:穿孔萃取——把游离甲醛从板材中全部分离出来,它分为两个过程:首先将溶剂甲苯与试件共热,通过液—固萃取使甲醛从板材中溶解出来,然后将溶有甲醛的甲苯通过穿孔器与水进行液—液萃取,把甲醛转溶于水中。

第二步:测定甲醛水溶液的浓度。①用碘量法测定。在氢氧化钠溶液中,游离甲醛被氧化成甲酸,进一步再生成甲酸钠,过量的碘生成次碘酸钠和碘化钠,在酸性溶液中又还原成碘,用硫代硫酸钠滴定剩余的碘,测得游离甲醛含量。②用光度法测定。在乙酰丙酮和乙酸铵混合溶液中,甲醛与乙酰丙酮反应生成二乙酰基二氢剔啶,在波长为 412 nm 时,它的吸光度最大。

对低甲醛释放量的人造板,应优先采用光度法测定。

(二)仪器与设备
(1)穿孔萃取仪。包括四个部分,见图 26-2。

①标准磨口圆底烧瓶,1 000 mL,用以加热试件与溶剂进行液—固萃取。②萃取管,具

有边管(包以石棉绳)与小虹吸管,中间放置穿孔器进行液—液穿孔萃取。③冷凝管,通过一个大小接头与萃取管联结,可促成甲醛—甲苯气体冷却液化与回流。④液封装置,防止甲醛气体逸出的虹吸装置,包括90°弯头、小直管防虹吸球与三角烧瓶。

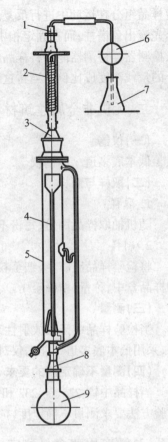

图26-2　多孔器
1、3、8—锥形连接管;2—Dimroh 冷凝管;
4—内置过滤器;5—多孔套管;
6—(双)球管;7—250 mL 锥形烧瓶;
9—1 000 mL 球形烧瓶

(2)套式恒温器,宜于加热 1 000 mL 圆底烧瓶,功率 300 W,可调温度范围 50~200 ℃。

(3)天平。感量 0.01 g;感量 0.000 1 g。

(4)水银温度计,0~300 ℃。

(5)空气对流干燥箱,恒温灵敏度 ±1 ℃,温度范围 40~200 ℃。

(6)分光光度计。

(7)水槽。

(8)玻璃器皿。碘价瓶,500 mL;单标线移液管,0.1、2.0、25、50、100 mL;棕色酸式滴定管,50 mL;棕色碱式滴定管,50 mL;量筒,10、50、100、250、500 mL;干燥器,直径 20~24 cm;表面皿,直径 12~15 cm;白色容量瓶,100、1 000、2 000 mL;棕色容量瓶,1 000 mL;带塞三角烧瓶,50、100 mL;烧杯,100、250、500、1 000 mL;棕色细口瓶,1 000 mL;滴瓶,60 mL;玻璃研钵,直径 10~12 cm。

(9)小口塑料瓶,500、1 000 mL。

(三)试剂

甲苯(C_7H_8),分析纯;碘化钾(KI),分析纯;重铬酸钾($K_2Cr_2O_7$),优级纯;硫代硫酸钠($Na_2S_2O_3 \cdot 5H_2O$),分析纯;碘化汞(HgI_2),分析纯;无水碳酸钠(Na_2CO_3),分析纯;硫酸(H_2SO_4),$\rho = 1.84$ g/mL,分析纯;盐酸(HCl),$\rho = 1.19$ g/mL,分析纯;氢氧化钠(NaOH),分析纯;碘(I_2),分析纯;可溶性淀粉,分析纯;乙酰丙酮($CH_3COCH_2COCH_3$),优级纯;乙酸铵(CH_3COONH_4),优级纯;甲醛溶液(CH_2O),浓度 35%~40%。

(四)试件尺寸

长 $l = 20$ mm,宽 $h = 20$ mm。

(五)方法

1. 仪器校验

先将仪器如图 26-2 所示安装,并固定在铁座上,采用套式恒温器加热烧瓶。将 500 mL 甲苯加入 1 000 mL 具有标准磨口的圆底烧瓶中,另将 100 mL 甲苯及 1 000 mL 蒸馏水加入萃取管内,然后开始蒸馏。调节加热器,使回流速度保持在 30 mL/min,回流时萃取管中液体温度不得超过 40 ℃,若温度超过 40 ℃,必须采取降温措施,以保证甲醛在水中的溶解。

2. 溶液配制

(1)硫酸(1:1 体积浓度):量取 1 体积硫酸($\rho = 1.84$ g/mL)在搅拌下缓缓倒入 1 体积蒸馏水中,搅匀,冷却后放置在细口瓶中。

(2)硫酸(1 mol/L):量取约 54 mL 硫酸($\rho = 1.84$ g/mL)在搅拌下缓缓倒入适量蒸馏水中,搅匀,冷却后放置在 1 L 容量瓶中,加蒸馏水稀释至刻度,摇匀。

(3)氢氧化钠(1 mol/L):称取 40 g 氢氧化钠溶于 600 mL 新煮沸而后冷却的蒸馏水中,待全部溶解后加蒸馏水至 1 000 mL,储于小口塑料瓶中。

(4)淀粉指示剂(0.5%):称取 1 g 可溶性淀粉,加入 10 mL 蒸馏水中,搅拌下注入 200 mL 沸水中,再微沸 2 min,放置待用(此试剂使用前配制)。

(5)硫代硫酸钠[$c(Na_2S_2O_3) = 0.1$ mol/L]标准溶液。

配制:在感量 0.01 g 的天平上称取 26 g 硫代硫酸钠放于 500 mL 烧杯中,加入新煮沸并已冷却的蒸馏水至完全溶解后,加入 0.05 g 碳酸钠(防止分解)及 0.01 g 碘化汞(防止发霉),然后再用新煮沸并已冷却的蒸馏水稀释成 1 L,盛于棕色细口瓶中,摇匀,静置 8～10 d 再进行标定。

标定:称取在 120 ℃下烘至恒重的重铬酸钾($K_2Cr_2O_7$)0.10～0.15 g,精确至 0.000 1 g,然后置于 500 mL 碘价瓶中,加 25 mL 蒸馏水,摇动使之溶解,再加 2 g 碘化钾及 5 mL 盐酸($\rho = 1.19$ g/mL),立即塞上瓶塞,液封瓶口,摇匀于暗处放置 10 min,再加蒸馏水 150 mL,用待标定的硫代硫酸钠滴定到呈草绿色,加入淀粉指示剂 3 mL,继续滴定至突变为亮绿色为止,记下硫代硫酸钠用量 V。

硫代硫酸钠标准溶液的浓度(mol/L),按下式计算:

$$c(Na_2S_2O_3) = \frac{G}{\dfrac{V}{1\,000} \times 49.04} = \frac{G}{V \times 0.049\,04} \tag{26-3}$$

式中　$c(Na_2S_2O_3)$——硫代硫酸钠标准溶液的浓度,mol/L;

　　　V——硫代硫酸钠滴定耗用量,mL;

　　　G——重铬酸钾的质量,g;

　　　49.04——重铬酸钾($\frac{1}{6}K_2Cr_2O_3$)的摩尔质量,g/mol。

(6)硫代硫酸钠[$c(Na_2S_2O_3) = 0.01$ mol/L]标准溶液。

配制:根据公式 $c_浓 V_浓 - c_淡 V_淡$,计算配制 0.01 mol/L 硫代硫酸钠标准溶液需用多少体积已知摩尔浓度(0.1 mol/L)的硫代硫酸钠标准溶液去稀释(保留小数点后两位),然后精确地从滴定管中放出由计算所得的 0.1 mol/L 硫代硫酸钠标准溶液体积(精确至 0.01 mL)于 1 L 容量瓶中,并加水稀释到刻度,摇匀。

标定:由于 0.1 mol/L 硫代硫酸钠标准溶液是经标定的并精确稀释的,所以可达到 0.01 mol/L 的要求浓度,勿须再加标定。

(7)碘[$c(\frac{1}{2}I_2) = 0.1$ mol/L]标准溶液。

配制:在感量 0.01 g 的天平上称取碘 13 g 及碘化钾 30 g,同置于洗净的玻璃研钵内,加少量蒸馏水磨至碘完全溶解。也可以将碘化钾溶于少量蒸馏水中,然后在不断搅拌下加入碘,使其完全溶解后转至1 L的棕色容量瓶中,用蒸馏水稀释到刻度,摇匀,储存于暗处。

(8)碘$[c(\frac{1}{2}I_2) = 0.01\ \text{mol/L}]$标准溶液。

配制:用移液管吸取0.1 mol/L碘溶液100 mL于1 L棕色容量瓶中,加水稀释到刻度,摇匀,储存于暗处。

标定:此溶液不作预先标定。使用时,借助与试液同时进行的空白试验以0.01 mol/L硫代硫酸钠标准溶液标定之。

(9)乙酰丙酮($CH_3COCH_2COCH_3$,体积百分浓度0.4%)溶液。

配制:用移液管吸取4 mL乙酰丙酮于1 L棕色容量瓶中,并加蒸馏水稀释至刻度,摇匀,储存于暗处。

(10)乙酸铵(CH_3COONH_4,质量百分浓度20%)溶液。

配制:在感量为0.01 g的天平上称取200 g乙酸铵于500 mL烧杯中,加蒸馏水完全溶解后转至1 L棕色容量瓶中,稀释至刻度,摇匀,储存于暗处。

3. 试件含水率测定

(1)原理。确定试件在干燥前后质量之差与干燥后质量之比。

(2)仪器。①天平,感量0.01 g;②空气对流干燥箱,恒温灵敏度±1 ℃,温度范围40~200 ℃;③干燥器。

(3)试件尺寸。长$l = (100 \pm 1)$ mm;宽$b = (100 \pm 1)$ mm。

(4)方法。①测定含水率时,试件在锯割后应立即进行称量,精确至0.01 g。如果不可能,应避免试件含水率在锯割到称量期间发生变化;②试件在温度(103 ± 2) ℃条件下干燥至质量恒定(前后相隔6 h两次称量所得的含水率差小于0.1%即视为质量恒定),干燥后的试件应立即置于干燥器内冷却,防止从空气中吸收水分。冷却后称量,精确至0.01 g。

(5)结果计算。

①试件的含水率按下式计算(精确至0.1%):

$$H = \frac{m_u - m_0}{m_0} \times 100\% \qquad\qquad (26\text{-}4)$$

式中　H——试件的含水率(%);

　　　m_u——试件干燥前的质量,g;

　　　m_0——试件干燥后的质量,g。

②一张板的含水率是同一张板内全部试件含水率的算术平均值,精确至0.1%。

4. 萃取操作

关上萃取管底部的活塞,加入1 L蒸馏水,同时加入100 mL蒸馏水有液封装置的三角烧瓶中。倒600 mL甲苯于圆底烧瓶中,并加入105~110 g的试件,精确至0.01 g(M_0)。安装妥当,保证每个接口紧密而不漏气,可涂上凡士林或"活塞油脂"。打开冷却水,然后进行加热,使甲苯沸腾开始回流,记下第一滴甲苯冷却下来的准确时间,继续回流2 h。在此期间保持每分钟30 mL恒定回流速度。这样,一可以防止液封三角瓶中的水虹吸回到萃取管中,二可以使穿孔器中的甲苯液柱保持一定高度,使冷凝下来的带有甲醛的甲苯从穿孔器的底部穿孔而出并溶入水中。因甲苯比重小于 1，浮在水面之上，并通过萃取管的小虹吸管返回到烧瓶中。液—固萃取过程持续 2 h。

在整个加热萃取过程中，应有专人看管，以免发生意外事故。

在萃取结束时，移开加热器，让仪器迅速冷却，此时三角瓶中的液封水会通过冷凝管回到萃取管中，起到了洗涤仪器上半部的作用。

萃取管的水面不能超过图 26-2 的最高水位线，以免吸收甲醛的水溶液通过小虹吸管进入烧瓶。为了防止上述现象，可将萃取管中吸收液转移一部分至 2 000 mL 容量瓶，再向锥形瓶加入 200 mL 蒸馏水，直到此系统中压力达到平衡。

开启萃取管底部的活塞，将甲醛吸收液全部转至 2 000 mL 容量瓶中，再加入两份 200 mL 蒸馏水到三角烧瓶中，并让它虹吸回流到萃取管中，合并转移到 2 000 mL 容量瓶中。

将容量瓶用蒸馏水稀释到刻度，若有少量甲苯混入，可用滴管吸除后再定容、摇匀、待定量。

在萃取过程中若有漏气或停电间断，此项试验须重做。

试验用过的甲苯属易燃品应妥善处理，若有条件可重蒸脱水，回收利用。

5. 甲醛含量的定量操作

1）碘量法

(1)从 2 000 mL 容量瓶中，准确吸取 100 mL 萃取液 V_2 于 500 mL 碘价瓶中，从滴定管精确加入 0.01 mol/L 碘标准溶液 50 mL，立即倒入 1 mol/L 氢氧化钠溶液 20 mL，加塞摇匀，静置暗处 5 min，然后加入 1:1 硫酸 10 mL，即以 0.01 mol/L 硫代硫酸钠滴定到棕色褪尽至淡黄色，加 0.5% 淀粉指示剂 1 mL，继续滴定到溶液变成无色为止。记录 0.01 mol/L 硫代硫酸钠标准液的用量 V_1。与此同时量取 100 mL 蒸馏水代替试液于碘价瓶中用同样方法进行空白试验，并记录 0.01 mol/L 硫代硫酸钠标准液的用量 V_0。每种吸收液须滴定两次，平行测定结果所用的 0.01 mol/L 硫代硫酸钠标准液的量，相差不得超过 0.25 mL，否则需要重新吸样滴定。

若板材中甲醛释放量高，则滴定时吸取的萃取样液的用量可以减半，但须加蒸馏水补充到 100 mL，进行滴定。

(2)甲醛释放量按下式计算：

$$E = \frac{\dfrac{(V_0 - V_1)}{1\,000} \times c \times 15 \times 1\,000 \times 100}{\dfrac{100 M_0}{100 + H} \times \dfrac{V_2}{2\,000}} - \frac{(V_0 - V_1) \times c \times (100 + H) \times 3 \times 10^4}{M_0 \times V_2} \quad (26\text{-}5)$$

式中　E——100 g 试件释放甲醛毫克数，mg/100g，精确至 0.1 mg/100g；

　　　H——试件含水率(%)；

　　　M_0——用于萃取试验的试件质量，g；

　　　V_2——滴定时取用甲醛萃取液的体积，mL；

　　　V_1——滴定萃取液所用的硫代硫酸钠标准溶液的体积，mL；

　　　V_0——滴定空白液所用的硫代硫酸钠标准溶液的体积，mL；

　　　c——硫代硫酸钠标准溶液的浓度，mol/L；

15——甲醛($\frac{1}{2}$CH$_2$O)摩尔质量,g/mol。

2)光度法

(1)标准曲线。标准曲线是根据甲醛溶液绘制的,其浓度用碘量法测定,标准曲线至少每周检查一次。

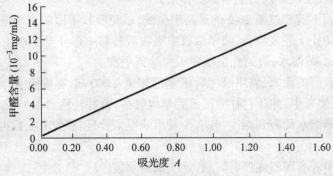

图26-3 标准曲线

①甲醛溶液标定。把大约2.5 g甲醛溶液(浓度35%~40%)移至1 000 mL容量瓶中,并用蒸馏水稀释至刻度。甲醛溶液浓度按下述方法标定:

量取20 mL甲醛溶液与25 mL碘标准溶液(0.1 mol/L)10 mL氢氧化钠标准溶液(1 mol/L)于100 mL带塞三角烧瓶中混合,静置暗处15 min后,把1 mol/L硫酸溶液15 mL加入到混合液中,多余的碘用0.1 mol/L硫代硫酸钠液滴定,滴定接近终点时,加入几滴0.5%淀粉指示剂,继续滴定到溶液变为无色为止,同时用20 mL蒸馏水做平行试验,甲醛溶液浓度按下式计算:

$$c_1(\text{HCHO}) = (V_0 - V) \times 15 \times c_2 \times 1\,000/20 \qquad (26\text{-}6)$$

式中 c_1——甲醛浓度,mg/L;

  V_0——滴定空白液所用的硫代硫酸钠标准溶液的体积,mL;

  V——滴定甲醛溶液所用的硫代硫酸钠标准溶液的体积,mL;

  c_2——硫代硫酸钠溶液的浓度,mol/L;

  15——甲醛($\frac{1}{2}$CH$_2$O)摩尔质量,g/mol。

1 mL 0.1 mol/L硫代硫酸钠相当于1 mL 0.1 mol/L的碘[$c(\frac{1}{2}\text{I}_2)$]溶液和1.5 mg的甲醛。

②甲醛校定溶液。按①中确定的甲醛溶液浓度,计算含有甲醛15 mg的甲醛溶液体积。用移液管移取该体积数到1 000 mL容量瓶中,并用蒸馏水稀释到刻度,则1 mL校定溶液中含有15 μg甲醛。

③标准曲线的绘制。把0、5、10、20、50 mL和100 mL的甲醛校定溶液分别移加到100 mL容量瓶中,并用蒸馏水稀释到刻度。然后分别取出10 mL溶液,按以下(2)所述方法进行光度测量分析。根据甲醛浓度(0~0.015 mg/mL之间)吸光情况绘制标准曲线。斜率由标准曲线计算确定,保留四位有效数字。

(2)量取10 mL乙酰丙酮(体积百分浓度0.4%)和10 mL乙酸铵溶液(质量百分浓度

20%)于 50 mL 带塞三角烧瓶中,再准确吸取 10 mL 萃取液到该烧瓶中。塞上瓶塞,摇匀,再放到(40±2)℃的恒温水浴锅中加热 15 min,然后把这种黄绿色的溶液静置暗处,冷却至室温(18~28 ℃,约 1 h)。在分光光度计上 412 nm 处,以蒸馏水作为对比溶液,调零。用厚度为 0.5 cm 的比色皿测定萃取溶液的吸光度 A_s。同时用蒸馏水代替萃取液作空白试验,确定空白值 A_b。

(3)甲醛释放量按下式计算:

$$E = \frac{(A_s - A_b) \times f \times (100 + H) \times V}{M_0} \tag{26-7}$$

式中　E——每 100 g 试件释放甲醛毫克数,mg/100 g,精确至 0.1 mg/100g;

　　　A_s——萃取液的吸光度;

　　　A_b——蒸馏水的吸光度;

　　　f——标准曲线的斜率,mg/mL;

　　　H——试件含水率(%);

　　　M_0——用于萃取试验的试件质量,g;

　　　V——容量瓶体积,2 000 mL。

(4)一张板的甲醛释放量是同一张板内两个试件甲醛释放量的算术平均值,精确至0.1 mg。

四、游离甲醛释放量测定——干燥器法测定

若胶合板、细木工板采用穿孔法测定游离甲醛含量,因在溶剂中浸泡不完全而影响测试结果。采用干燥法可以解决这个问题,且该方法操作简单易行,测试时间短,所得数据为游离甲醛释放量。宜采用《人造板及饰面人造板理化性能试验方法》(GB/T 17657—1999)规定胶合板、细木工板中干燥器法测定甲醛释放量。

(一)原理

利用干燥器法测定甲醛释放量基于下面两个步骤。

第一步,收集甲醛——在干燥器底部放置盛有蒸馏水的结晶皿,在其上方固定的金属支架上放置试样,释放出的甲醛被蒸馏水吸收,作为试样溶液。

第二步,测定甲醛浓度——用分光光度计测定试样溶液的吸光度,由预先绘制的标准曲线求得甲醛的浓度。

(二)仪器

(1)金属支架,见图 26-4。

(2)水槽。

(3)分光光度计。

(4)天平:感量 0.01 g;感量 0.000 1 g。

(5)玻璃器皿:基本同穿孔法。

(6)小口塑料瓶,500 mL,1 000 mL。

(三)试剂

基本同穿孔法。

(四)试件尺寸

长 $l = (150 \pm 2)$ mm,宽 $b = (50 \pm 2)$ mm。

(五)溶液配制

各种溶液配制同穿孔法。

(六)方法

1. 甲醛的收集

如图 26-5 所示,在直径为 240 mm(容积 9 ~ 11 L)的干燥器底部放置直径为 120 mm、高度为 60 mm 的结晶皿,在结晶皿内加入 300 mL 蒸馏水。在干燥器上部放置金属支架,金属支架上固定试件,试件之间互不接触。测定装置在 (20 ± 2) ℃放置 24 h,蒸馏水吸收从试件释放出的甲醛,此溶液作为待测液。

图 26-4　干燥器法甲醛测定装置　　　　　图 26-5　试件夹示意图

2. 甲醛浓度的定量方法

量取 10 mL 乙酰丙酮(体积百分浓度 0.4%)和 10 mL 乙酸铵溶液(质量百分浓度 20%)于 50 mL 带塞三角烧瓶中,再从结晶皿中移取 10 mL 待测液到该烧瓶中。塞上瓶塞,摇匀,再放到 (40 ± 2) ℃的水槽中加热 15 min,然后把这种黄绿色的溶液静置暗处,冷却至室温(18 ~ 28 ℃,约 1 h)。在分光光度计上 412 nm 处,以蒸馏水作为对比溶液,调零。用厚度为 0.5 cm 的比色皿测定萃取溶液的吸光度 A_s。同时用蒸馏水代替萃取液作空白试验,确定空白值 A_b。

3. 标准曲线绘制

同本节三(穿孔法)中(五)5.2)(1)①条绘制标准曲线。

(七)结果计算

(1)甲醛溶液的浓度按下式计算:

$$c = f \times (A_s - A_b) \tag{26-8}$$

式中　c——甲醛浓度,mg/mL,精确至 0.1 mg/mL;

　　　f——标准曲线的斜率,mg/mL;

　　　A_s——待测液的吸光度;

　　　A_b——蒸馏水的吸光度。

(2)一张板的甲醛释放量是同一张板内两个试件甲醛释放量的算术平均值,精确至

0.1 mg/mL。

五、环境测试舱法测定材料中游离甲醛释放量

(1)环境测试舱的容积应为 1～40 m³。

(2)环境测试舱的内壁材料应采用不锈钢、铝（磨光或抛光）、玻璃等惰性材料建造。

(3)环境测试舱的运行条件应符合下列规定：①温度：(23 ± 1) ℃；②相对湿度：45% ± 5%；③空气交换率：1 ± 0.05 次/h；④被测样品表面附近空气流速：0.1～0.3 m/s；⑤被测样品表面积与环境测试舱容积之比为 1:1；⑥测定饰面人造木板等材料的游离甲醛释放量前，测试舱内洁净空气中甲醛含量不应大于 0.006 mg/m³。

(4)测试应符合下列规定：

①测定饰面人造木板时，除直接用整块材料进行测试外，用于测试的板材均应进行边沿密封处理。

②应将被测材料垂直放在测试舱的中心位置，板材与板材之间距离不应小于 200 mm，并与气流方向平行。

③测试舱法采样测试游离甲醛释放量每天测试 1 次。当连续 2 d 测试浓度下降不大于 5% 时，可认为达到了平衡状态。以最后 2 次测试值的平均值作为材料游离甲醛释放量测定值。

④如果测试第 28 d 仍然达不到平衡状态，可结束测试，以第 28 d 的测试结果作为游离甲醛释放量测定值。

(5)采样方法。空气取样和分析时，先将空气抽样系统与环境测试舱的空气出口相连。两个吸收瓶中各加入 25 mL 蒸馏水，开动抽气泵，抽气速度控制在 2 L/min 左右，每次至少抽取 100 L 空气。

(6)游离甲醛释放量测定——乙酰丙酮分光光度法。

①所用仪器、试剂配制应符合《人造板及饰面人造板理化性能试验方法》(GB/T 17657—1999)的规定。

②空气抽样系统包括：抽样管、2 个 100 mL 的吸收瓶、硅胶干燥器、气体抽样泵、气体流量计、气体计量表。

③校准曲线和校准曲线斜率的确定，应符合《人造板及饰面人造板理化性能试验方法》(GB/T 17657—1999)的规定。

④测定：从 2 个吸收瓶中各取 10.0 mL 分别移入 50.0 mL 具塞三角烧瓶中，再加入 10.0 mL 乙酰丙酮溶液和 10.0 mL 乙酸铵溶液，摇匀，上塞，然后分别放至 40 ℃的水浴中加热 15 min，再将溶液静置暗处冷却至室温（约 1 h）。用分光光度法在 412 nm 处测定吸光度，同时做试剂空白。

⑤计算：吸收液的吸光度测定值与空白值之差乘以校正曲线的斜率，再乘以吸收液的体积，即为每个吸收瓶中的甲醛量。2 个吸收瓶的甲醛量相加，即得甲醛的总量。甲醛总量除以抽取空气的体积，即得每立方米空气中的甲醛量，单位以 mg/m³ 表示。空气样品的体积应通过气体方程式校正到标准温度 23 ℃时的体积。

六、甲苯二异氰酸酯(TDI)的测定

(一)范围

用气相色谱法测定氨基甲酸酯预聚物和涂料溶液中未反应的甲苯二异氰酸酯(TDI)单体含量,测量范围0.1%~10%。

(二)原理

试样经汽化后通过色谱柱,使被测的游离甲苯二异氰酸酯与其他组分分离,用氢火焰离子化检测器检测,采用内标法定量。

(三)影响因素

(1)为了防止试样分解,必须严格控制汽化温度和柱室温度。

(2)由于树脂样品会在注射口留下不挥发残留物,所以建议使用玻璃衬套,并且玻璃衬套应每天清洗。

(3)甲苯二异氰酸酯与水易反应,所以应在载气管路中使用合适的干燥载体。

(四)仪器

(1)色谱仪:配有氢火焰离子化检测器,能满足分析要求的色谱仪。

(2)色谱柱:内径3 mm,长1 m或2 m,不锈钢。

固定相:固定液;甲基乙烯基硅氧烷树脂(UC—W982)。

载体:Chromosorb W HP 180~150 μm(80~100目)。

(3)进样器:微型注射器,10 μL。

(4)分析天平:准确至0.1 mg。

(5)试验室通用玻璃器皿,均应在烘箱中干燥除去水分,放置于装有无水硅胶的干燥器内冷却待用。

(五)试剂和材料

(1)乙酸乙酯:分析纯,经5A分子筛脱水、脱醇,水的质量分数<0.03%,醇的质量分数<0.02%。

(2)甲苯二异氰酸酯(TDI):分析纯(80/20)。

(3)1,2,4-三氯代苯(TCB):分析纯。也可使用色谱纯十四烷。

(4)载气:氮气≥99.8%。

(5)燃气:氢气≥99.8%。

(六)色谱条件

(1)柱温:150 ℃。

(2)汽化温度:150 ℃。

(3)载气流速:氮气50 mL/min。

(4)氢气流速:90 mL/min。

(5)空气流速:500 mL/min。

(6)进样量:1 μL。

（七）试验步骤

1．固定相配制

准确称取 1 g 固定液甲基乙烯基硅氧烷树脂（UC—W982）溶解于 50 mL 二氯甲烷中，将此溶液放在蒸发皿中，缓慢搅拌，待固定液完全溶解后，将 9 g 载体倒入，在通风柜中用红外灯加热至 50 ℃左右，直至溶剂挥发至干，并且能自由流动，干燥半小时，过筛后备用。

2．色谱柱填充与老化

将洗净烘干的柱子一端用玻璃棉堵好，接在真空泵上，另一端接上漏斗，缓慢加入配制好的固定相，并轻轻敲打色谱柱至固定相不再进入为止，塞上玻璃棉，将柱子接到色谱仪上（不接检测器）通载气进行不同温度的分步老化。在 80、120、160 ℃分别老化 2 h，升至 200 ℃老化 4 h，连上检测器直到记录仪基线走直为止。

3．试剂的脱水

将 250 g 5 A 分子筛放在 500 ℃马福炉中灼烧 2 h，待炉温降至 100 ℃以下，取出放入装有无水硅胶的干燥器中冷却后，倒入刚启封的 500 mL 乙酸乙酯中，摇匀，静置 24 h，然后用气相色谱法测定其含水量、含醇量。

4．定量方法

1）校正因子测定

配制 A 溶液：称取 1 g（准确至 0.1 mg）1,2,4-三氯代苯，放入干燥的容量瓶中，用乙酸乙酯稀释至 100 mL。

配制 B 溶液：称取 0.25 g（准确至 0.1 mg）甲苯二异氰酸酯，放入干燥的容量瓶中，加入 10 mL A 溶液，将样品充分摇匀，密封，静止 20 min（该溶液保存期 1 d）。待仪器稳定后，按上述色谱条件进行分析。按式(26-9)计算甲苯二异氰酸酯的相对质量校正因子。

$$f_w = \frac{A_s \cdot W_i}{A_i \cdot W_s} \qquad (26\text{-}9)$$

式中　f_w——甲苯二异氰酸酯的相对质量校正因子；

　　　A_s——内标物 1,2,4-三氯代苯的峰面积；

　　　W_i——B 溶液中甲苯二异氰酸酯的质量，g；

　　　A_i——甲苯二异氰酸酯的峰面积；

　　　W_s——A 溶液中 1,2,4-三氯代苯的质量，g。

2）样品配制

样品中含有 0.1% ~ 1%未反应的甲苯二异氰酸酯时，称取 5 g 试样（准确至 0.1 mg）放入 25 mL 的干燥容量瓶中，用移液管取 1 mL A 溶液和 10 mL 乙酸乙酯移入容量瓶中，密封后充分混合均匀，待测。

样品中含有 1% ~ 10%未反应的甲苯二异氰酸酯时，称取 5 g 试样（准确至 0.1 mg）放入 25 mL 的干燥容量瓶中，用移液管取 10 mL A 溶液，密封后充分混匀（此时不需加入乙酸乙酯），待测。

5．样品分析

在注入上述配制好的样品之前，按色谱条件待仪器稳定后，首先用进样器注入约 1 μL 纯 TDI，使柱子很快达到饱和。然后注入 1 μL 配好的样品溶液进行分析（见图 26-6）。

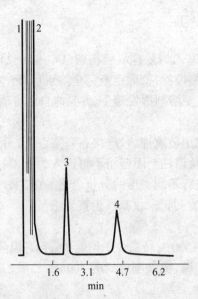

图 26-6 树脂溶液中甲苯二异氰酸酯色谱分离图
1—乙酸乙酯;2—涂料中溶剂;3—内标物;4—被测物

样品中如有溶剂影响内标物和甲苯二异氰酸酯峰时,可能会产生拖尾峰现象,此时甲苯二异氰酸酯拖尾峰应回归到基线,否则给积分结果带来很大的误差,因此建议采用谷谷积分方式。

(1)组分出峰顺序见表 26-12。

表 26-12 组分出峰顺序

序 号	组 分	时间(min)
1	乙酸乙酯	0.4
2	涂料中溶剂*	0.5~0.7
3	1,2,4-三氯代苯	2.2
4	甲苯二异氰酸酯	4.4

注:保留时间不影响试验结果。* 产品中所使用的溶剂。

(2)计算。甲苯二异氰酸酯(TDI)的质量百分数按下式计算:

$$W_{TDI} = \frac{M_s \cdot A_i \cdot f_w}{M_i \cdot A_s} \times 100\% \tag{26-10}$$

式中 W_{TDI}——样品中游离甲苯二异氰酸酯的质量百分数(%);

M_s——内标物 1,2,4-三氯代苯的质量,g;

A_i——游离甲苯二异氰酸酯的峰面积;

f_w——甲苯二异氰酸酯的相对质量校正因子;

M_i——样品的质量,g;

A_s——内标物 1,2,4-三氯代苯的峰面积。

七、水性涂料、水性胶粘剂和水性处理剂中总挥发性有机化合物(TVOC)、游离甲醛含量测定

(一)水性涂料、水性胶粘剂和水性处理剂中总挥发性有机化合物(TVOC)含量测定

(1)水性涂料、水性胶粘剂和水性处理剂,应分别测定其不挥发物含量、水含量、密度和 TVOC 的含量。

(2)水性涂料、水性胶粘剂和水性处理剂不挥发物含量可按国家标准《色漆和清漆挥发物和不挥发物的测定》(GB/T 6751—86)提供的方法进行测定。

(3)水含量:

①用气相色谱法测定水性涂料、水性胶粘剂和水性处理剂中的水含量,可按国家标准《化工产品中水分含量的测定——气相色谱法》(GB 2366—86)提供的方法进行测定,但该方法测量水分的含量范围为 0.05% ~ 1.0%。

②用卡尔·费休法测定水性涂料、水性胶粘剂和水性处理剂中的水含量,可按国家标准《化工产品中水分含量的测定——卡尔·费休法(通用方法)》(GB 6283—86)提供的方法进行测定,样品的取样量,应根据表 26-13 提供的参数进行选择,但应根据样品含不含醛类物质选择相应试剂。

表 26-13　不同水含量样品的参考取样量(卡尔·费休法)

估计水含量(%)	参考取样量(g)	估计水含量(%)	参考取样量(g)
0 ~ 1	5.0	10 ~ 30	0.4 ~ 1.0
1 ~ 3	2.0 ~ 5.0	30 ~ 70	0.1 ~ 0.4
3 ~ 10	1.0 ~ 2.0	> 70	0.1

(4)水性涂料、水性胶粘剂和水性处理剂密度,应按国家标准《色漆和清漆——密度的测定》(GB 6750—86)提供的方法进行测定。

(5)水性涂料、水性胶粘剂和水性处理剂 TVOC 含量测定:

①当 TVOC 含量大于 15% 时,样品中 TVOC 含量应按下式计算:

$$TVOC = (1 - NV - m_w) \times \rho_s \times 1\,000 \qquad (26-11)$$

式中　TVOC——样品中 TVOC 含量,g/L;

NV——不挥发物含量,用质量百分率表示;

m_w——水含量,用质量百分率表示;

ρ_s——样品在 23 ℃的密度,g/ mL。

②当 TVOC 含量不大于 15% 时,宜采用气相色谱法:

A. 仪器及设备:气相色谱仪——带氢火焰离子化检测器,带样品分流的热进样系统;毛细管柱——长 50 m,直径 0.32 mm,内涂覆二甲基聚硅氧烷,膜厚 1 ~ 5 μm;注射器——1 μL。

B. 试剂和材料:内标物——异丁醇(色谱纯),基准物(色谱纯);稀释剂——四氢呋喃(色谱纯);载气——氮气(纯度不小于 99.99%);检测器气体——氢气(纯度不小于 99.99%);辅助气体——空气。

C. 气相色谱条件:汽化室温度——250 ℃;分流比——40:1;进样体积——0.5 μL;程序升温——初始温度为70 ℃,持续3 min,以10 ℃/min速率加热,最终温度为200 ℃,持续15 min;检测器温度——260 ℃;载气——氮气(纯度不小于99.99%),柱前压为100 kPa。

D. 注射一定量的校准混合物到气相色谱仪,每一种化合物的响应因子应按下式计算:

$$r_i = \frac{m_{ci} \times A_{is}}{m_{is} \times A_{ci}} \tag{26-12}$$

式中　r_i——化合物 i 的响应因子;

　　　m_{is}——内标校准混合物的质量,g;

　　　m_{ci}——校准混合物中化合物 i 的质量,g;

　　　A_{is}——内标峰面积;

　　　A_{ci}——化合物 i 的峰面积。

至少应对甲醛、苯、甲苯、对(间)二甲苯、邻二甲苯、苯乙烯、乙苯、乙酸丁酯、十一烷进行识别,其他非识别峰,响应因子宜估计为1.0。

E. 样品准备:称取1~3 g样品和相同数量级的内标物,精确到0.000 1 g置于样品瓶中,用一定体积的稀释剂稀释样品,定容。对杂质及不溶物用离心机去除,注射0.1~1.0 μL测试样品进入气相色谱仪,记录色谱峰面积,样品中各化合物的量应按下式计算:

$$m_i = \frac{r_i \times A_i \times W_{is}}{W \times A_{is}} \tag{26-13}$$

式中　m_i——每克样品中化合物 i 的质量,g;

　　　r_i——化合物 i 的响应因子;

　　　A_i——化合物 i 的峰面积;

　　　A_{is}——内标物峰面积;

　　　W_{is}——样品中内标物的质量,g;

　　　W——样品的质量,g。

F. 计算:样品中TVOC含量应按下式计算:

$$TVOC = \sum_{i=1}^{n} m_i \times \rho_s \times 1\,000 \tag{26-14}$$

式中　TVOC——样品中TVOC含量,g/L;

　　　m_i——每克样品中化合物 i 的质量,g/g;

　　　ρ_s——样品在23 ℃的密度,g/mL。

(二)水性涂料、水性胶粘剂、水性处理剂中游离甲醛含量测定

(1)所用试剂及配制,应符合国家标准《空气质量甲醛的测定——乙酰丙酮分光光度法》(GB/T 15516—1995)的规定。

(2)准确吸收100 μg/mL的甲醛标准溶液0、0.5、1.0、2.0、4.0、6.0 mL和8.0 mL,并称取样品约20 g,精确到0.000 1 g,置于500 mL蒸馏瓶中,加入20%磷酸4 mL,于水蒸气蒸馏装置中加热蒸馏,在冰浴条件下用三角烧瓶(预加约30 mL蒸馏水,使馏出液出口浸没水中)收集馏出液约200 mL,冷却后定量转移至250.0 mL容量瓶中,定容。取馏出液10.0

mL,分别移入 10.0 mL 比色管,用水稀释至刻度。

(3)在标准系列管及样品管中,分别加入 2.0 mL 乙酰丙酮溶液,摇匀,在沸水浴中加热 3 min,取出冷却;分光光度法,用 10 mm 比色杯,在波长(412 ± 2)nm 处测定吸光度,并绘制标准曲线,从标准曲线中查出甲醛量,并应按下式计算样品中游离甲醛的含量:

$$F = \frac{C}{W}$$ (26-15)

式中 F——样品中游离甲醛含量,g/kg;

C——从标准曲线上查得甲醛量,mg;

W——样品质量,g。

八、溶剂型涂料、溶剂型胶粘剂中总挥发性有机化合物(TVOC)、苯含量测定

(一)溶剂型涂料、溶剂型胶粘剂中总挥发性有机化合物(TVOC)含量测定

(1)溶剂型涂料、溶剂型胶粘剂应分别测定其挥发物的含量及密度,并计算总挥发性有机化合物(TVOC)的含量。

(2)挥发物的含量应按国家标准《色漆和清漆挥发物和不挥发物的测定》(GB/T 6751—86)提供的方法进行测定。

(3)密度应按国家标准《色漆和清漆——密度的测定》(GB 6750—86)提供的方法进行测定。

(4)样品中 TVOC 的含量,应按下式计算:

$$TVOC = \frac{\omega_1 - \omega_2}{\omega_1} \times \rho_s \times 1\,000$$ (26-16)

式中   TVOC——样品中总挥发性有机化合物含量,g/L;

ω_1——加热前样品质量,g;

ω_2——加热后样品质量,g;

ρ_s——样品在 23 ℃的密度,g/mL。

(二)溶剂型涂料、溶剂型胶粘剂中苯含量测定

1. 仪器及设备

(1)气相色谱仪:带氢火焰离子化检测器。

(2)毛细管柱:长 50 m,内径 0.32 mm 石英柱,内涂覆二甲基聚硅氧烷,膜厚 1 ~ 5 μm,程序升温 50 ~ 250 ℃,升温速度 5 ℃/min,初始温度为 50 ℃,持续 10 min,分流比为 20:1 ~ 40:1。

(3)载气:氮气(纯度不小于 9.99%)。

(4)顶空瓶:10、20 mL 或 60 mL。

(5)恒温箱。

(6)定量滤纸条:20 mm × 70 mm。

(7)注射器:1、10 μL、1 mL 若干个。

2. 样品测定

(1)标样制备。取 5 只顶空瓶,将滤纸条放入顶空瓶后,应密封;用微量注射器吸取苯

0、0.28、0.60、1.10、2.30 μL,应注射在瓶内的滤纸条上,含苯分别为 0、0.246、0.527、0.967、1.757 mg。

苯为色谱纯,20 ℃时 1 μL 苯重 0.878 7 mg。

(2)样品制备。取装有滤纸条的顶空瓶称重,精确到 0.000 1 g,应将样品(约 0.2 g)涂在滤纸条上,密封后称重,精确到 0.000 1 g,两次称重的差值为样品质量。

(3)将上述标准品系列及样品,置于 40 ℃恒温箱中平衡 4 h,并取 0.20 mL 顶空气作气相色谱分析,记录峰面积。

(4)应以峰面积为纵坐标,以苯质量为横坐标,绘制标准曲线图。

(5)应从标准曲线上查得样品中苯的质量。

3.结果计算

样品中苯的含量,应按下式计算:

$$C = \frac{m}{W} \tag{26-17}$$

式中　C——样品中苯的含量,g/kg;

　　　m——被测样品中苯的质量,mg;

　　　W——样品的质量,g。

九、土壤中氡浓度的测定

(1)一般原则:土壤中氡浓度测量的关键是如何采集土壤中的空气。土壤中氡气的浓度一般大于数百 Bq/m^3,这样高的氡浓度的测量可以采用电离室法、静电扩散法、闪烁瓶法等方法进行测量。

(2)测试仪器性能指标要求:工作条件,温度 -10 ~ 40 ℃;相对湿度≤90%;不确定度≤20%;探测下限≤400 Bq/m^3。

(3)测量区域范围应与工程地质勘察范围相同。

(4)在工程地质勘察范围内布点时,应以间距 10 m 作网格,各网格点即为测试点(当遇较大石块时,可偏离 ±2 m),但布点数不应少于 16 个。布点位置应覆盖基础工程范围。

(5)在每个测试点,应采用专用钢钎打孔。孔的直径宜为 20 ~ 40 mm,孔的深度宜为 600 ~ 800 mm。

(6)成孔后,应使用头部有气孔的特制的取样器,插入打好的孔中,取样器在靠近地表处应进行密闭,避免大气渗入孔中,然后进行抽气。正式现场取样测试前,应通过一系列不同抽气次数的实验,确定最佳抽气次数。

(7)所采集土壤间隙中的空气样品,宜采用静电扩散法、电离室法或闪烁瓶法等测定现场土壤氡浓度。

(8)取样测试时间宜在 8:00 ~ 18:00 点之间,现场取样测试工作不应在雨天进行,如遇雨天,应在雨后 24 h 后进行。

(9)现场测试应有记录,记录内容包括:测试点布设图、成孔点土壤类别、现场地表状况描述、测试前 24 h 以内工程地点的气象状况等。

(10)地表土壤氡浓度测试报告的内容应包括:取样测试过程描述、测试方法、土壤氡浓度测试结果等。

十、室内空气中污染物浓度测定

(一)抽样方法

(1)民用建筑工程验收时,应抽检有代表性的房间室内环境污染物浓度,抽检数量不得少于 5%,并不得少于 3 间;房间总数少于 3 间时,应全数检测。

(2)民用建筑工程验收时,凡进行了样板间室内环境污染物浓度检测且检测结果合格的,抽检数量减半,并不得少于 3 间。

(3)民用建筑工程验收时,室内环境污染物浓度检测点应按房间面积设置:①房间使用面积小于 50 m² 时,设 1 个检测点;②房间使用面积 50～100 m² 时,设 2 个检测点;③房间使用面积大于 100 m² 时,设 3～5 个检测点。

(4)当房间内有 2 个及以上检测点时,应取各点检测结果的平均值作为该房间的检测值。

(5)民用建筑工程验收时,环境污染物浓度现场检测点应距内墙面不小于 0.5 m,距楼地面高度 0.8～1.5 m。检测点应均匀分布,避开通风道和通风口。

(6)民用建筑工程室内环境中游离甲醛、苯、氨、总挥发性有机物(TVOC)浓度检测时,对采用集中空调的民用建筑工程,应在空调正常运转的条件下进行;对采用自然通风的民用建筑工程,检测应在对外门窗关闭 1 h 后进行。

(7)民用建筑工程室内环境中氡浓度检测时,对采用集中空调的民用建筑工程,应在空调正常运转的条件下进行;对采用自然通风的民用建筑工程,应在房间的对外门窗关闭 24 h 以后进行。

(8)当室内环境污染物浓度检测结果不符合本规范的规定时,应查找原因并采取措施进行处理,并可进行再次检测。再次检测时,抽检数量应增加 1 倍。室内环境污染物浓度再次检测结果全部符合本规范的规定时,可判定为室内环境质量合格。

(二)氡浓度测定

国家标准《环境空气中氡的标准测量方法》(GB/T 14582—93)中所规定的 4 种测量方法,即径迹蚀刻法、活性炭盒法、双滤膜法和气球法,从技术角度讲,这 4 种方法各有其优点,均能满足测量要求。从工种应用实际讲,由于径迹蚀刻法检测周期太长(30 d 以上),难以采用;活性炭盒法检测周期较长,尚可采用;双滤膜法和气球法均可采用,但所测量的是瞬时结果。为保证测量结果的可靠性,应在取样测量时间上、取样测量次数等方面有所考虑。其中活性炭盒法也是美国国家环保局实验室使用的方法,受篇幅限制,在此仅对前两种方法作以介绍。

1. 主题内容与适用范围

适用于室内外空气中氡-222 及其子体 α 潜能浓度的测定。

2. 术语

(1)氡子体 α 潜能。氡子体完全衰变为铅-210 的过程中放出的 α 粒子能量的总和。

(2)氡子体 α 潜能浓度。单位体积空气中氡子体 α 潜能值。

(3)滤膜的过滤效率。用滤膜对空气中气载粒子取样时,滤膜对取样体积内气载粒子收集的百分数率。

(4)计数效率。在一定的测量条件下,测到的粒子数与在同一时间间隔内放射源发射出的该种粒子总数之比值。

(5)等待时间。从采样结束至测量时间中点之间的时间间隔。

(6)探测下限。在95%置信度下探测的放射性物质的最小浓度。

3．径迹蚀刻法

1)方法提要

此法是被动式采样,能测量出采样期间内氡的累积浓度,暴露20 d,其探测下限可达 2.1×10^3 Bq·h/m³。探测器是聚碳酸脂片或 CR-39,置于一定形状的采样盒内,组成采样器,如图26-7所示。

氡及其子体发射的 α 粒子轰击探测器时,使其产生亚微观型损伤径迹。将此探测器在一定条件下进行化学或电化学蚀刻,扩大损伤径迹,以致能用显微镜或自动计数装置进行计数。单位面积上的径迹数与氡浓度和暴露时间的乘积成正比。用刻度系数可将径迹密度换算成氡浓度。

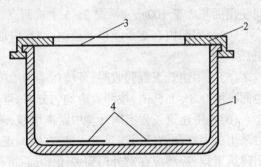

图26-7 径迹蚀刻法采样器结构图
1—采样盒;2—压盖;3—滤膜;4—探测器

2)设备或材料

(1)探测器。聚碳酸脂膜、CR-39(简称片子)。

(2)采样盒。塑料制成,直径60 mm,高30 mm。

(3)蚀刻槽。塑料制成。

(4)音频高压振荡电源。频率0~10 kHz,电压0~1.5 kV。

(5)恒温器。0~100 ℃,误差 ±0.5 ℃。

(6)切片机。

(7)测厚仪。能测出微米级厚度。

(8)计时钟。

(9)注射器。10 mL、30 mL 两种。

(10)烧杯。50 mL。

(11)化学试剂。分析纯氢氧化钾(含量不少于80%)、无水乙醇(C_2H_5OH)。

(12)平头镊子。

(13)滤膜。

3)聚碳酸酯片操作程序

(1)样品制备。①切片。用切片机把聚碳酸酯膜切成一定形状的片子,一般为圆形,也可为方形。②测厚。用测厚仪测出每张片子的厚度,偏离标称值10%的片子应淘汰。③装样。用不干胶把3个片子固定在采样盒的底部,盒口用滤膜覆盖。④密封。把装好的采样器密封起来,隔绝外部空气。

(2)布放。①在测量现场去掉密封包装。②将采样器布放在测量现场,其采样条件要符合 GB/T 14582—93 附录 A(补充件)A2 的要求。③室内测量。采样器可悬挂起来,也可放在其他物体上,其开口面上方 20 cm 内不得有其他物体。

(3)采样器的回收。采样终止时,取下采样器再密封起来,送回试验室。布放时间不少于 30 d。

(4)记录。采样期间应记录的内容见 GB/T 14582—93 附录 A(补充件)A3。

(5)蚀刻。蚀刻液配制。氢氧化钾溶液配制:取分析纯氢氧化钾(含量不少于 80%)80 g 溶于 250 g 蒸馏水中,配成浓度为 16%(m/m)的溶液。化学蚀刻液:氢氧化钾溶液与 C_2H_5OH 体积比为 1:2。电化学蚀刻液:氢氧化钾溶液与 C_2H_5OH 体积比为 1:0.36。化学蚀刻。抽取 10 mL 化学蚀刻液加入烧杯中,取下探测器置于烧杯内,烧杯要编号。将烧杯放入恒温器内,在 60 ℃下放置 30 min。化学蚀刻结束,用水清洗片子,晾干。电化学蚀刻。测出化学蚀刻后的片子厚度,将厚度相近的分在一组。将片子固定在蚀刻槽中,每个槽注满电化学蚀刻液,插上电极。将蚀刻槽置于恒温器内,加上电压,以 20 kV/cm 计(如片厚 200 μm,则为 400 V),频率 1 kHz,在 60 ℃下放置 2 h。2 h 后取下片子,用清水洗净,晾干。

(6)计数和计算。

①计数。将处理好的片子用显微镜测读出单位面积上的径迹数。

②计算。氡浓度用下式计算:

$$C_{Rn} = \frac{n_R}{T \cdot F_R} \tag{26-18}$$

式中　　C_{Rn}——氡浓度,Bq/m³;

　　　　n_R——净径迹密度,T_c/cm²;

　　　　T——暴露时间,h;

　　　　F_R——刻度系数,T_c/cm²/(Bq·h)/m³;

　　　　T_c——径迹数。

4)CR-39 片操作程序

(1)样品制备。①切片。用切片机将 CR-39 片切成一定尺寸的圆形或方形片子。②装样。用不干胶把 3 个片子固定在采样盒的底部,盒口用滤膜覆盖。③密封。把装好的采样器密封起来,隔绝外部空气。

(2)布放。同前述 3)(2)条。

(3)采样器的回收。同前述 3)(3)条。

(4)记录。同前述 3)(4)条。

(5)蚀刻:蚀刻液配制。用化学纯氢氧化钾配制成 $c(KOH) = 6.5$ mol/L 的蚀刻液。

化学蚀刻。抽取 20 mL 蚀刻液加入烧杯中,取下片子置于烧杯内,烧杯要编号。将烧杯放入恒温器内,在 70 ℃下放置 10 h。化学蚀刻结束,用水清洗片子,晾干。

(6)计数和计算。同前述 3)(6)条。

5)质量保证

(1)刻度。把制备好的采样器置于氡室内,暴露一定时间,用规定的蚀刻程序处理探测器,刻度系数 F_R 用下式计算:

$$F_R = \frac{n_R}{T \cdot C_{Rn}} \qquad\qquad (26\text{-}19)$$

式中符号意义同式(26-18)。

刻度时应满足下列条件:①氡室内氡及其子体浓度不随时间而变化;②氡室内氡水平可为调查场所的 10～30 倍,且至少要做两个水平的刻度;③每个浓度水平至少放置 4 个采样器;④暴露时间要足够长,保证采样器内外氡浓度平衡;⑤每一批探测器都必须有刻度。

(2)采平行样。要在选定的场所内平行放置 2 个采样器,平行采样,数量不低于放置总数的 10%,对平行采样器进行同样的处理、分析。

由平行样得到的变异系数应小于 20%,若大于 20% 时,应找出处理程序中的差错。

(3)留空白样。在制备样品时,取出一部分探测器作为空白样品,其数量不低于使用总数的 5%。空白探测器除不暴露于采样点外,与现场探测器进行同样处理。空白样品的结果即为该探测器的本底值。

4.活性炭盒法

1)方法提要

活性炭盒法也是被动式采样,能测量出采样期间内平均氡浓度,暴露 3 d,探测下限可达到 6 Bq/m³。

采样盒用塑料或金属制成,直径 6～10 cm,高 3～5 cm,内装 25～100 g 活性炭。盒的敞开面用滤膜封住,固定活性炭且允许氡进入采样器。如图 26-8 所示。

空气扩散进炭床内,其中的氡被活性炭

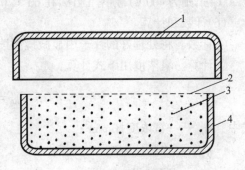

图 26-8 活性炭盒结构
1—密封盖;2—滤膜;3—活性炭;4—装炭盒

吸附,同时衰变,新生的子体便沉积在活性炭内。用 γ 谱仪测量活性炭盒的氡子体特征 γ 射线峰(或峰群)强度。根据特征峰面积可计算出氡浓度。

2)设备或材料

(1)活性炭。椰壳炭 8～16 目。

(2)采样盒。直径 6～10 cm,高 3～5 cm。

(3)烘箱。

(4)天平。感量 0.1 mg,量程 200 g。

(5)γ 谱仪,NaI(Tl)或半导体探头配多道脉冲分析器。

(6)滤膜。

3)操作程序

(1)样品制备。①将选定的活性炭放入烘箱内,在 120 ℃下烘烤 5～6 h。存入磨口瓶中待用。②装样。称取一定量烘烤后的活性炭装入采样盒中,并盖以滤膜。③再称量样品盒的总质量。④把活性炭盒密封起来,隔绝外面空气。

(2)布放。①在待测现场去掉密封包装,放置 3～7 d;②将活性炭盒放置在采样点上,其采样条件要满足 GB/T 14582—93 附录 A(补充件)A2 的要求;③活性炭盒放置在距地面

50 cm 以上的桌子或架子上,敞开面朝上,其上面 20 cm 内不得有其他物体。

(3)样品回收。采样终止时将活性炭盒再密封起来,迅速送回试验室。

(4)记录。采样期间应记录的内容可见 GB/T 14582—93 附录 A(补充件)A3。

(5)测量与计算。测量:采样停止 3 h 后测量,再称量,以计算水分吸收量。将活性炭盒在 γ 谱仪上计数,测出氡子体特征 γ 射线峰(或峰群)面积。测量几何条件与刻度时要一致。

计算:用下式计算氡浓度:

$$C_{Rn} = \frac{an_r}{t_1^b e^{-\lambda_{Rn}t_2}}$$ (26-20)

式中 C_{Rn}——氡浓度,Bq/m³;

       a——采样 1 h 的响应系数,Bq/m³/计数/min;

       n_r——特征峰(峰群)对应的净计数率,计数/min;

       t_1——采样时间,h;

       b——累积指数,为 0.49;

       λ_{Rn}——氡衰变常数,7.55×10^{-3}/h;

       t_2——采样时间中点至测量开始时刻之间的时间间隔,h。

4)质量保证措施

用活性炭盒法测氡的质量保证措施见上述 3 中 5)条。要在不同的湿度下(至少三个湿度:30%、50%、80%)刻度其响应系数 a。

(三)甲醛的测定

甲醛测定有两种方法即第一法酚试剂分光光度法和气相色谱法。在此仅介绍第一法。即酚试剂分光光度法。

1. 原理

空气中的甲醛与酚试剂反应生成嗪,嗪在酸性溶液中被高铁离子氧化形成蓝绿色化合物。根据颜色深浅,比色定量。

2. 试剂

所用水均为重蒸馏水或去离子交换水。所用的试剂纯度一般为分析纯。

(1)吸收液原液。称量 0.10 g 酚试剂[$C_6H_4SN(CH_3)C:NNH_2 \cdot HCl$,简称 MBTH],加水溶解,倾于 100 mL 具塞量筒中,加水到刻度。放冰箱中保存,可稳定 3 d。

(2)吸收液。量取吸收原液 5 mL,加 95 mL 水,即为吸收液。采样时,临用现配。

(3)1% 硫酸铁铵溶液。称量 1.0 g 硫酸铁铵[$NH_4Fe(SO_4)_2 \cdot 12H_2O$]用 0.1 mol/L 盐酸溶解,并稀释至 100 mL。

(4)碘溶液[$c(1/2I_2) = 0.1000$ mol/L]:称量 30 g 碘化钾,溶于 25 mL 水中,加入 127 g 碘。待碘完全溶解后,用水定容至 1 000 mL。移入棕色瓶中,暗处储存。

(5)1 mol/L 氢氧化钠溶液。称量 40 g 氢氧化钠,溶于水中,并稀释至 1 000 mL。

(6)0.5 mol/L 硫酸溶液。取 28 mL 浓硫酸缓慢加入水中,冷却后,稀释至 1 000 mL。

(7)硫代硫酸钠标准溶液[$c(Na_2S_2O_3) = 0.1000$ mol/L]。可用从试剂商店购买的标准试剂,也可按附录 A 制备。

(8)0.5%淀粉溶液。将 0.5 g 可溶性淀粉,用少量水调成糊状后,再加入 100 mL 沸水,并煎沸 2 ~ 3 min 至溶液透明。冷却后,加入 0.1 g 水杨酸或 0.4 g 氯化锌保存。

(9)甲醛标准贮备溶液。取 2.8 mL 含量为 36% ~ 38%甲醛溶液,放入 1 L 容量瓶中,加水稀释至刻度。此溶液 1 mL 约相当于 1 mg 甲醛。

甲醛标准贮备溶液准确浓度用下述碘量法标定:精确量取 20.00 mL 待标定的甲醛标准贮备溶液,置于 250 mL 碘量瓶中。加入 20.00 mL[$c(1/2I_2) = 0.100\ 0$ mol/L]碘溶液和 15 mL,1 mol/L 氢氧化钠溶液,放置 15 min,加入 20 mL,0.5 mol/L 硫酸溶液,再放置 15 min,用 [$c(Na_2S_2O_3) = 0.100\ 0$ mol/L]硫代硫酸钠溶液滴定,至溶液呈现淡黄色时,加入 1 mL 0.5%淀粉溶液继续滴定至恰使蓝色褪去为止,记录所用硫代硫酸钠溶液体积(V_2,mL)。同时用水作试剂空白滴定,记录空白滴定所用硫化硫酸钠标准溶液的体积(V_1,mL)。

甲醛溶液的浓度用下式计算:

$$甲醛溶液浓度(mg/mL) = (V_1 - V_2) \times N \times 15/20 \qquad (26\text{-}21)$$

式中　V_1——试剂空白消耗[$c(Na_2S_2O_3) = 0.1$ mol/L]硫代硫酸钠溶液的体积,mL;

　　　V_2——甲醛标准贮备溶液消耗[$c(Na_2S_2O_3) = 0.1$ mol/L]硫代硫酸钠溶液的体积,mL;

　　　N——硫代硫酸钠溶液的准确当量浓度;

　　　15——甲醛的当量;

　　　20——所取甲醛标准贮备溶液的体积,mL。

二次平行滴定,误差应小于 0.05 mL,否则重新标定。

(10)甲醛标准溶液。临用时,将甲醛标准贮备溶液用水稀释成 1.00 mL 含 10 μg 甲醛,立即再取此溶液 10.00 mL,加入 100 mL 容量瓶中,加入 5 mL 吸收原液,用水定容至 100 mL,此液 1.00 mL 含 1.00 μg 甲醛,放置 30 min 后,用于配制标准色列管。此标准溶液可稳定 24 h。

3.仪器和设备

(1)大型气泡吸收管。出气口内径为 1 mm,出气口至管底距离等于或小于 5 mm。

(2)恒流采样器。流量范围 0 ~ 1 L/min。流量稳定可调,恒流误差小于 2%,采样前和采样后应用皂膜流量计校准采样系列流量,误差小于 5%。

(3)具塞比色管。10 mL。

(4)分光光度计。在 630 nm 测定吸光度。

4.采样

用一个内装 5 mL 吸收液的大型气泡吸收管,以 0.5 L/min 流量,采气 10 L。并记录采样点的温度和大气压力。采样后样品在室温下应在 24 h 内分析。

5.分析步骤

1)标准曲线的绘制

取 10 mL 具塞比色管,用甲醛标准溶液按表 26-14 制备标准系列管。各管中,加入 0.4 mL 1%硫酸铁铵溶液,摇匀。放置 15 min。用 1 cm 比色皿,以在波长 630 nm 下,以水参比,测定各管溶液的吸光度。以甲醛含量为横坐标,吸光度为纵坐标,绘制曲线,并计算回归线斜率,以斜率倒数作为样品测定的计算因子 B_g（μg/吸光度）。

表 26-14

管号	0	1	2	3	4	5	6	7	8
标准溶液（mL）	0	0.10	0.20	0.40	0.60	0.80	1.00	1.50	2.00
吸收液（mL）	5.0	4.9	4.8	4.6	4.4	4.2	4.0	3.5	3.0
甲醛含量（μg）	0	0.1	0.2	0.4	0.6	0.8	1.0	1.5	2.0

2）样品测定

采样后,将样品溶液全部转入比色管中,用少量吸收液洗吸收管,合并使总体积为 5 mL。按绘制标准曲线的操作步骤,测定吸光度（A）。在每批样品测定的同时,用 5 mL 未采样的吸收液作试剂空白,测定试剂空白的吸光度（A_0）。

6. 结果计算

（1）将采样体积按式（26-22）换算成标准状态下采样体积:

$$V_0 = V_t \times \frac{T_0}{273 + t} \times \frac{P}{P_0} \tag{26-22}$$

式中　V_0——标准状态下的采样体积,L;

　　　V_t——采样体积 = 采样流量（L/min）× 采样时间（min）;

　　　t——采样点的气温,℃;

　　　T_0——标准状态下的绝对温度,$T_0 = 273$ K;

　　　P——采样点的大气压力,kPa;

　　　P_0——标准状态下的大气压力,$P_0 = 101$ kPa。

（2）空气中甲醛浓度按式（26-23）计算:

$$C = (A - A_0) \times B_g / V_0 \tag{26-23}$$

式中　C——空气中甲醛,mg/m^3;

　　　A——样品溶液的吸光度;

　　　A_0——空白溶液的吸光度;

　　　B_g——由（1）项得到的计算因子,μg/吸光度;

　　　V_0——换算成标准状态下的采样体积,L。

（四）氨的测定

室内空气中氨的测定,采用国家标准《公共场所空气中氨测定方法——靛酚蓝分光光度法》（GB/T 18204.25—2000）或国家标准《空气质量氨的测定离子选择电极法》（GB/T 14669—93）进行。当发生争议时应以 GB/T 18204.25—2000 的测定结果为准。在此仅介绍第一法靛酚蓝分光光度法。

1. 范围

标准规定了公共场所空气中氨浓度的测定方法,适用于公共场所空气中氨浓度的测定,也适用于居住区大气和室内空气中氨浓度的测定。

2. 原理

空气中氨吸收在稀硫酸中,在亚硝基铁氰化钠及次氯酸钠存在下,与水杨酸生成蓝绿色的靛酚蓝染料,根据着色深浅,比色定量。

3. 试剂和材料

本法所用的试剂均为分析纯,水为无氨蒸馏水(制备方法见 GB/T 18204.25—2000 附录 A)。

(1)吸收液[$c(H_2SO_4) = 0.005$ mol/l]。量取 2.8 mL 浓硫酸加入水中,并稀释至 1 L。临用时再稀释 10 倍。

(2)水杨酸溶液(50 g/L)。称取 10.0 g 水杨酸[$C_6H_4(OH)COOH$]和 10.0 g 柠檬酸钠($Na_3C_6O_7 \cdot 2H_2O$),加水约 50 mL,再加 55 mL 氢氧化钠溶液[$c(NaOH) = 2$ mol/L],用水稀释至 200 mL。此试剂稍有黄色,室温下可稳定一个月。

(3)亚硝基铁氰化钠溶液(10 g/L)。称取 1.0 g 亚硝基铁氰化钠[$Na_2Fe(CN)_5 \cdot NO \cdot 2H_2O$],溶于 100 mL 水中。贮于冰箱中可稳定一个月。

(4)次氯酸钠溶液[$c(NaClO) = 0.05$ mol/L]。取 1 mL 次氯酸钠试剂原液,用碘量法标定其浓度(标定方法见 GB/T 18204.25—2000 附录 B)。然后用氢氧化钠溶液[$c(NaOH) = 2$ mol/L]稀释成 0.05 mol/L 的溶液。贮于冰箱中可保存两个月。

(5)氨标准溶液。①标准贮备液:称取 0.314 2 g 经 105 ℃ 干燥 1 h 的氯化铵(NH_4Cl),用少量水溶解,移入 100 mL 容量瓶中,用吸收液稀释至刻度,此液 1.00 mL 含 1.00 mg 氨;②标准工作液:临用时,将标准贮备液用吸收液稀释成 1.00 mL 含 1.00 μg 氨。

4. 仪器、设备

(1)大型气泡吸收管。有 10 mL 刻度线,见图 26-9,出气口内径为 1 mm,与管底距离应为 3 ~ 5 mm。

(2)空气采样器。流量范围 0 ~ 2 L/min,流量稳定。使用前后,用皂膜流量计校准采样系统的流量,误差应小于 ±5%。

(3)具塞比色管。10 mL。

(4)分光光度计。可测波长 697.5 nm,狭缝小于 20 nm。

5. 采样

用一个内装 10 mL 吸收液的大型气泡吸收管,以 0.5 L/min 流量,采气 5 L,及时记录采样点的温度及大气压力。采样后,样品在室温下保存,于 24 h 内分析。

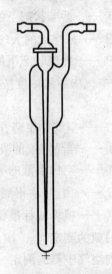

图 26-9 大型气泡吸收管

6. 分析步骤

1)标准曲线的绘制

取 10 mL 具塞比色管 7 支,按表 26-15 制备标准系列管。在各管中加入 0.50 mL 水杨酸溶液,再加入 0.10 mL 亚硝基铁氰化钠溶液和 0.10 mL 次氯酸钠溶液,混匀,室温下放置 1 h。用 1 cm 比色皿,于波长 697.5 nm 处,以水作参比,测定各管溶液的吸光度。以氨含量(μg)为横坐标,吸光度为纵坐标,绘制标准曲线,并用最小二乘法计算校准曲线的斜率、截距及回归方程。

表 26-15　氨标准系列

管号	0	1	2	3	4	5	6
标准工作液(mL)	0	0.50	1.00	3.00	5.00	7.00	10.00
吸收液(mL)	10.00	9.50	9.00	7.00	5.00	3.00	0
氨含量(μg)	0	0.50	1.00	3.00	5.00	7.00	10.00

$$Y = bX - a \tag{26-24}$$

式中　Y——标准溶液的吸光度；

　　　X——氨含量,μg；

　　　a——回归方程式的截距；

　　　b——回归方程式斜率。

标准曲线斜率 b 应为(0.081 ± 0.003)吸光度/μg 氨。以斜率的倒数作为样品测定时的计算因子(B_s)。

2)样品测定

将样品溶液转入具塞比色管中,用少量的水洗吸收管、合并,使总体积为 10 mL。再按制备标准曲线的操作步骤测定样品的吸光度。在每批样品测定的同时,用 10 mL 未采样的吸收液作试剂空白测定。如果样品溶液吸光度超过标准曲线范围,则可用试剂空白稀释样品显色液后再分析。计算样品浓度时,要考虑样品溶液的稀释倍数。

7. 结果计算

(1)将采样体积按式(26-25)换算成标准状态下的采样体积:

$$V_0 = V_t \times \frac{T_0}{273 + t} \times \frac{P}{P_0} \tag{26-25}$$

式中　V_0——标准状态下的采样体积,L；

　　　V_t——采样体积,由采样流量乘以采样时间而得,L；

　　　T_0——标准状态下的绝对温度,$T_0 = 273$ K；

　　　P_0——标准状态下的大气压力,$P_0 = 101.3$ kPa；

　　　P——采样时的大气压力,kPa；

　　　t——采样时的空气温度,℃。

(2)空气中氨浓度按式(26-26)计算:

$$c(NH_3) = \frac{(A - A_0)B_s}{V_0} \tag{26-26}$$

式中　c——空气中氨浓度,mg/m^3；

　　　A——样品溶液的吸光度；

　　　A_0——空白溶液的吸光度；

　　　B_s——计算因子,μg/吸光度；

　　　V_0——标准状态下的采样体积,L。

(五)苯的测定

1. 适用范围

适用居住区大气中苯、甲苯和二甲苯浓度的测定,也适用于室内空气中苯、甲苯和二甲苯浓度的测定。

(1)检出下限。当采样量为 10 L,热解吸为 100 mL 气体样品,进样 1 mL 时,苯、甲苯和二甲苯的检出下限分别为 0.005、0.01、0.02 mg/m³;若用 1 mL 二硫化碳提取的液体样品,进样 1 μL 时,苯、甲苯和二甲苯的检出下限分别为 0.025、0.05、0.1 mg/m³。

(2)干扰和排除。当用活性炭管采气或水雾量太大,以致在炭管中凝结时,严重影响活性炭管的穿透容量及采样效率,空气湿度在 90% 时,活性炭管的采样效率仍然符合要求,空气中的其他污染物的干扰由于采用了气相色谱分离技术,选择合适的色谱分离条件已予以消除。

2. 原理

空气中苯、甲苯和二甲苯用活性炭管采集,然后经热解吸或用二硫化碳提取出来,再经聚乙二醇 6 000 色谱柱分离,用氢火焰离子化检测器检测,以保留时间定性,峰高定量。

3. 试剂和材料

(1)苯。色谱纯。

(2)甲苯。色谱纯。

(3)二甲苯。色谱纯。

(4)二硫化碳。分析纯,需经纯化处理,处理方法见 GB/T 18204.25—2000 附录 A(补充件)。

(5)色谱固定液。聚乙二醇 6 000。

(6)6201 单体。60 ~ 80 目。

(7)椰子壳活性炭。20 ~ 40 目,用于装活性炭采样管。

(8)纯氮。99.99%。

4. 仪器和设备

(1)活性炭采样管。用长 150 mm、内径 3.5 ~ 4.0 mm、外径 6 mm 的玻璃管,装入 100 mg 椰子壳活性炭,两端用少量玻璃棉固定。装限管后再用纯氮气于 300 ~ 350 ℃温度条件下吹 5 ~ 10 min,然后套上塑料帽封紧管的两端。此管放于干燥器中可保存 5 d。若将玻璃管熔封,此管可稳定 3 个月。

(2)空气采样器。流量范围 0.2 ~ 1 L/min,流量稳定。使用时用皂膜流量计校准采样系列在采样前和采样后的流量,流量误差应小于 5%。

(3)注射器。1 mL,100 mL。体积刻度误差校正。

(4)微量注射器。1 μL,10 μL。体积刻度误差应校正。

(5)热解吸装置。热解吸装置主要由加热器、控温器、测温表及气体流量控制器等部分组成。调温范围为 100 ~ 400 ℃,控温精度 ± 1 ℃,热解吸气体为氮气,流量调节范围为 50 ~ 100 mL/min,读数误差 ± 1 mL/min。所用的热解装置的结构应使活性炭管能方便地插入加热器中,并且各部分受热均匀。

(6)具塞刻度试管。2 mL。

(7)气相色谱仪。附氢火焰离子化检测器。

(8)色谱柱。长 2 m、内径 4 mm 不锈钢柱,内填充聚乙二醇 6000-6201 单体(5:100)固定相。

5. 采样

在采样地点打开活性炭管,两端孔径至少 2 mm,与空气采样器入气口垂直连接,以 0.5 L/min 的速度抽取 10 L 空气。采样后,将管的两端套上塑料帽,并记录采样时的温度和大气压力。样品可保存 5 d。

6. 分析步骤

1)色谱分析条件

由于色谱分析条件常因试验条件不同而有差异,所以应根据用气相色谱仪的型号和性能,拟定能分析苯、甲苯和二甲苯的最佳的色谱分析条件。GB/T 18204.25—2000 附录 B(参考件)所列举色谱分析条件是一个实例。

2)绘制标准曲线和测定计算因子

在做样品分析的相同条件下,绘制标准曲线和测定计算因子。

(1)用混合标准气体绘制标准曲线。用微量注射器准确取一定量的苯、甲苯和二甲苯(于 20 ℃时,1 μL 苯重 0.878 7 mg,甲苯重 0.866 9 mg,邻、间、对二甲苯分别重 0.880 2 mg、0.864 2 mg、0.861 1 mg),分别注入 100 mL 注射器中,以氮气为本底气,配成一定浓度的标准气体。取一定的苯、甲苯和二甲苯标准气体分别注入同一个 100 mL 注射器中相混合,再用氮气逐级稀释成 0.02 ~ 2.0 μg/mL 范围内 4 个浓度点的苯、甲苯和二甲苯的混合气体。取 1 mL 进样,测量保留时间及峰高。每个浓度重复 3 次,取峰高的平均值。分别以苯、甲苯和二甲苯的含量(μg/mL)为横坐标,平均峰高(mm)为纵坐标,绘制标准曲线。并计算回归线的斜率,以斜率的倒数 B_g[μg/(mL·mm)]作样品测定的计算因子。

(2)用标准溶液绘制标准曲线。于 3 个 50 mL 容量瓶中,先加入少量二硫化碳,用 10 μL 注射器准确量取一定量的苯、甲苯和二甲苯分别注入容量瓶中,加二硫化碳至刻度,配成一定浓度的贮备液。临用前取一定量的贮备液用二硫化碳逐级稀释成苯、甲苯和二甲苯含量为 0.005 μg/mL、0.01 μg/mL、0.05 μg/mL、0.2 μg/mL 的混合标准液。分别取 1 μL 进样,测量保留时间及峰高,每个浓度重复 3 次,取峰高的平均值,以苯、甲苯和二甲苯的含量(μg/μL)为横坐标,平均峰高(mm)为纵坐标,绘制标准曲线。并计算回归线的斜率,以斜率的倒数 B_g[μg/(μL·mm)]作样品测定的计算因子。

(3)测定校正因子。当仪器的稳定性能差时,可用单点校正法求校正因子。在样品测定的同时,分别取雾浓度与样品热解吸气(或二硫化碳提取液)中含苯、甲苯和二甲苯浓度相接近的标准气体 1 mL 或标准溶液 1 μL 按上述(1)或(2)操作,测量零深度和标准的色谱峰高(mm)和保留时间。校正因子用下式计算:

$$f = \frac{c_s}{h_s - h_0} \tag{26-27}$$

式中 f——校正因子,μg/(mL·mm)(对热解吸气样)或 μg/(μL·mm)(对二硫化碳提取液样);

c_s——标准气体或标准溶液浓度,μg/mL 或 μg/μL;

h_0、h_s——零浓度、标准的平均峰高,mm。

3)样品分析

(1)热解吸法进样。将已采样的活性炭管与 100 mL 注射器相连,置于热解吸装置上,用氮气以 50~60 mL/min 的速度于 350 ℃下解吸,解吸体积为 100 mL。取 1 mL 解吸气进色谱柱,用保留时间定性,峰高(mm)定量。每个样品做 3 次分析,求峰高的平均值。同时,取一个未采样的活性炭管,按样品管同样操作,测定空白管的平均峰高。

(2)二硫化碳提取法进样。将活性炭倒入具塞刻度试管中,加 1.0 mL 二硫化碳,塞紧管塞,放置 1 h,并不时振摇。取 1 μL 进色谱柱,用保留时间定性,峰高(mm)定量。每个样品做 3 次分析,求峰高的平均值。同时,取一个未经采样的活性炭管按样品管同样操作,测量空白管的平均峰高(mm)。

7. 结果计算

(1)将采样体积按式(26-28)换算成标准状态下的采样体积:

$$V_0 = V_t \times \frac{T_0}{273 + t} \times \frac{P}{P_0} \tag{26-28}$$

式中　V_0——换算成标准状态下的采样体积,L;

　　　V_t——采样体积,L;

　　　T_0——标准状态下的绝对温度,$T_0 = 273$ K;

　　　t——采样时采样点的温度,℃;

　　　P_0——标准状态下的大气压力,$P_0 = 101.3$ kPa;

　　　P——采样时采样点的大气压力,kPa。

(2)用热解吸法时,空气中苯、甲苯和二甲苯浓度按下式计算:

$$c = \frac{(h - h_0) B_g}{V_0 E_g} \times 100 \tag{26-29}$$

式中　c——空气中苯或甲苯、二甲苯的浓度,mg/m³;

　　　h——样品峰高的平均值,mm;

　　　h_0——空白管的峰高,mm;

　　　B_g——由 6、2)、(1)条得到的计算因子,μg/(mL·mm);

　　　E_g——由试验确定的热解吸效率。

(3)用二硫化碳提取法时,空气中苯、甲苯和二甲苯浓度按下式计算:

$$c = \frac{(h - h_0) B_g}{V_0 E_s} \times 100 \tag{26-30}$$

式中　c——苯或甲苯、二甲苯的浓度,mg/m³;

　　　B_g——由 6、2)、(2)得到的计算因子,μg/(mL·mm);

　　　E_s——由试验确定的二硫化碳提取的效率。

(4)用校正因子时空气中苯、甲苯、二甲苯浓度按下式计算:

$$c = \frac{(h - h_0)f}{V_0 E_g} \times 100 \quad \text{或} \quad c = \frac{(h - h_0)f}{V_0 E_s} \times 1\,000 \tag{26-31}$$

式中　f——由 6、2）、（3）条得到的校正因子，mg/（mL·mm）（对热解吸气样）或 μg/（mL·mm）（对用二硫化碳提取液样）。

十一、混凝土外加剂中氨释放量的测定（蒸馏后滴定法）

（一）取样和留样

在同一编号外加剂中随机抽取 1 kg 样品，混合均匀，分为两份，一份密封保存三个月，另一份作为试样样品。

（二）原理

从碱性溶液中蒸馏出氨，用过量硫酸标准溶液吸收，以甲基红-亚甲基蓝混合指示剂为指示剂，用氢氧化钠标准滴定溶液滴定过量的硫酸。

（三）试剂

（1）试验所用的水为蒸馏水或同等纯度的水，化学试剂除特别注明外，均为分析纯化学试剂。

（2）盐酸：1 + 1 溶液。

（3）硫酸标准溶液：$c(1/2H_2SO_4) = 0.1$ mol/L。

（4）氢氧化钠标准滴定溶液：$c(NaOH) = 0.1$ mol/L。

（5）甲基红-亚甲基蓝混合指示液：将 50 mL 甲基红乙醇溶液（2 g/L）和 50 mL 亚甲基蓝乙醇溶液（1 g/L）混合。

（6）广泛 pH 试纸。

（7）氢氧化钠。

（四）仪器设备

精度 0.001 g 分析天平一台，500 mL 玻璃蒸馏器、300 mL 烧杯、250 mL 量筒、200 mL 移液管、50 mL 碱式滴定管、1 000 W 电炉各一只。

（五）分析步骤

1. 试样的处理

固体试样需在干燥器中放置 24 h 后测定，液体试样可直接称量。

将试样搅拌均匀，分别称取两份各约 5 g 的试料，精确至 0.001 g，放入两个 300 mL 烧杯中，加水溶解，如试料中有不溶物，采用（2）步骤。

（1）可水溶的试料。

在盛有试料的 300 mL 烧杯中加入水，移入 500 mL 玻璃蒸馏器中，控制总体积 200 mL，备蒸馏。

（2）含有可能保留有氨的水不溶物的试料。在盛有试料的 300 mL 烧杯中加入 20 mL 水和 10 mL 盐酸溶液，搅拌均匀，放置 20 min 后过滤，收集滤液至 500 mL 玻璃蒸馏器中，控制总体积 200 mL，备蒸馏。

2. 蒸馏

在备蒸馏的溶液中加入数粒氢氧化钠，以广泛试纸试验，调整溶液 pH > 12，加入几粒防爆玻璃珠。

准确移取 20 mL 硫酸标准溶液于 250 mL 量筒中，加入 3 ~ 4 滴混合指示剂，将蒸馏器馏出液出口玻璃管插入量筒底部硫酸溶液中。

检查蒸馏器连接无误并确保密封后,加热蒸馏。收集蒸馏液达 180 mL 后停止加热,卸下蒸馏瓶,用水冲洗冷凝管,并将洗涤液收集在量筒中。

3. 滴定

将量筒中溶液移入 300 mL 烧杯中,洗涤量筒,将洗涤液并入烧杯。用氢氧化钠标准滴定溶液回滴过量的硫酸标准溶液,直至指示剂由亮紫色变为灰绿色,消耗氢氧化钠滴定溶液的体积为 V_1。

4. 空白试验

在测定的同时,按同样的分析步骤、试剂和用量,不加试料进行平行操作,测定空白试验氢氧化钠标准滴定溶液消耗体积(V_2)。

(六)计算

混凝土外加剂样品中释放氨的量,以氨(NH_3)质量分数表示,按下式计算:

$$X_氨 = \frac{(V_2 - V_1)c \times 0.017\ 03}{m} \times 100\%\tag{26-32}$$

式中　$X_氨$——混凝土外加剂中释放氨的量(%);

　　　　c——氢氧化钠标准溶液浓度的准确数值,mol/L;

　　　　V_1——滴定试料溶液消耗氢氧化钠标准溶液体积的数值,mL;

　　　　V_2——空白试验消耗氢氧化钠标准溶液体积的数值,mL;

　　　　0.017 03——与 1.00 mL 氢氧化钠标准溶液[$c(NaOH) = 1.000$ mol/L]相当的以克表示的氨的质量;

　　　　m——试料的质量,g。

取两次平行测定结果的算术平均值为测定结果。两次平行测定结果的绝对差值大于0.01%时,需重新测定。

第二十七章 检测工作管理

第一节 概 述

在 20 世纪 80 年代前,我国各类试验室大多是作为企事业单位的内设机构,主要为内部服务,其工作质量是依靠工程师的能力和水平来保证的。虽然检测试验的结果对社会有关方面的利益产生影响,但在实际工作中难以做到对有关方面负责。

随着我国的经济体制向市场经济的转变,经济生活发生了变化,随之而来的在市场机制下的利益分配、经济纠纷等各种矛盾突现出来,建筑市场出现的劣质材料、劣质工程影响了建筑业的发展。为加强对建筑工程及建筑工程所用的材料、制品和设备的质量监督检测工作,以利于保证工程质量,切实维护广大人民群众的利益,1984 年以来在全国范围内相继设立了国家、省、市以及县等各级建筑(建设)工程质量检测机构(以下简称检测机构)。为保证检测机构能够认真执行国家(行业、地方)有关工程质量的技术法规,全面、客观、正确地评价工程质量,为社会提供公正、科学的服务,从而达到促进建设工程质量不断提高的目的,根据建设部要求,各省级建设行政主管部门负责对本区域范围内的检测机构(单位)、企业内部试验室进行监督管理和资质审查与发证工作。各省(市)建设主管部门相继出台了各种管理规定,制定了相应的检测管理办法。虽然各地的管理方式、方法不完全相同,但都力求从检测单位管理及检验工作可能影响检测结果的各个环节加以监督,以保证检测工作的公正性和准确性。

第二节 建设工程质量检测见证取样

检测、试验工作的主要目的是取得代表质量特征的有关数据,科学评价工程质量。建设工程质量的常规检查一般都采用抽样检查,正确的抽样方法应保证抽样的代表性和随机性。抽样的代表性是指保证抽取的子样应代表母体的质量状况,抽样的随机性是指保证抽取的子样应由随机因素决定而并非人为因素决定。样品的真实性和代表性直接影响到检测数据的准确和公正。如何保证抽样的代表性和随机性,有关的技术规范标准中都作出了明确的规定。

样品抽取后应将样品从施工现场送至有检测资格的工程质量检测单位进行检验,从抽取样品到送至检测单位检测的过程是工程质量检测管理工作中的第一步。强化这个过程的监督管理,杜绝因试件弄虚作假而出现试件合格而工程实体质量不合格的现象。为此建设部颁发了《房屋建设工程和市政基础设施工程实行见证取样和送检的规定》。在建设工程中实行见证取样和送样就是指在建设单位或工程监理单位人员的见证下,由施工单位的现场试验人员对工程中涉及结构安全的试块、试件和材料在施工现场取样,并送至具有相应资质的检测机构进行检测。实践证明：对建设工程质量检测工作实行见证取样制度是解决这一问题的成功办法。

一、见证取样、送样的范围和程序

(一)见证取样、送样的范围

下列试块、试件和材料必须实施见证取样和送检：

(1)用于承重结构的混凝土试块。

(2)用于承重墙体的砌筑砂浆试块。

(3)用于承重结构钢筋及连接接头试件。

(4)用于承重墙的砖和混凝土小型砌块。

(5)用于承重结构的混凝土中使用的外加剂。

(6)地下室、屋面、厕浴间使用的防水材料。

(7)国家规定必须实行见证取样和送检的其他试块、试件和材料。

(8)凡涉及房屋建筑工程和市政基础设施工程结构安全的试块、试件和其他建筑材料施工企业必须按照有见证取样送样的规定执行，按不低于有关技术标准中取样数量的30%送至当地建设行政主管部门委托的法定检测机构检测。

(二)见证取样送样的程序

(1)建设单位应向工程监督单位和检测单位递交"见证单位和见证人授权书"(见表27-1)，授权书上应写明本工程现场委托的见证单位、取样单位、见证人姓名、取样人姓名及"见证员证"和"取样员证"编号，以便工程质量监督单位和工程质量检测单位检查核对。

表 27-1　有见证取样和送检见证人备案书

有见证取样和送检见证人备案书

_____　　质量监督站：

_____　　检测中心（试验室）：

　　　我单位决定，由 _____ 同志担任

　　工程有见证取样和送检见证人。有关的印章和签字如下，请查收备案。

有见证人取样和送检印章	见证人签字

　　　建设单位名称（盖章）　　　　　　　　年　　月　　日

　　　监理单位名称（盖章）　　　　　　　　年　　月　　日

　　　施工项目负责人签字　　　　　　　　　年　　月　　日

(2)见证员、取样员应持证上岗。

(3)施工单位取样人员在现场对涉及结构安全的试块、试件和材料进行现场取样时,见证人员必须在旁见证。

(4)见证人员应采取有效的措施对试样进行监护,应和施工企业取样人员一起将试样送至检测单位或采用有效的封样措施送样。

(5)检测单位在接受检测任务时,应由送检单位填写送检委托单,委托单上有该工程见证人员和取样人员签字,否则,检测单位有权拒收。

(6)检测单位应检查委托单及试样上的标识和封志,确认无误后方可进行检测。

(7)检测单位应严格按照有关管理规定和技术标准进行检测,出具公正、真实、准确的检测报告,见证取样送样的检测报告必须加盖见证取样检测的专用章。

(8)检测单位发现试样检测结果不合格时应立即通知该工程的质量监督单位和见证单位,同时还应通知施工单位。

二、见证人员的基本要求和职责

(一)见证人员的基本要求

(1)见证人员应由建设单位或该工程监理单位中具备建筑施工试验知识的专业技术人员担任,应具有建筑施工专业初级以上技术职称。

(2)见证人员应参加建设行政主管部门组织的见证取样人员资质培训考核,考核合格后经建设行政主管部门审核颁发"见证员"证书。

(3)见证人员对工程实行见证取样、送样时应有该工程建设单位签发的见证人书面授权书。见证人书面授权书由建设单位和见证单位书面通知施工单位、检测单位和负责该项工程的质量监督机构。

(4)见证人员的基本情况由当地建设行政主管部门备案,每隔3~5年换证一次。

(二)见证人员的职责

(1)单位工程施工前,见证人员应会同施工项目负责人、取样人员共同制定送检计划。

送检计划是该工程见证取样工作的指导性技术文件。送检计划是根据该工程施工的组织设计和工程特点,以及国家关于工程质量试验和检测的技术标准和规范要求,同时根据工程见证取样送样的范围,对该工程中涉及结构安全的试块、试件和材料的取样部位、取样的时间、样品名称和样品数量、送检时间等按施工工程序先后制定的技术文件。见证人员在整个工程的见证取样工作中应认真执行送检计划。

(2)见证人员应制作见证记录,工程竣工时应将见证记录归入施工档案。

(3)见证人员和取样人员应对试样的真实性和代表性负责。

(4)取样时,见证人员必须在旁见证,取样人员应在见证人员见证下在试样和其包装上作出标识、封志。标识和封志应标明工程名称、取样部位、取样日期、样品名称和样品数量,见证人员和取样人员应共同签字。

(5)见证人员必须对试样进行监护,有专用送样工具的工地,见证人员必须亲自封样。

(6)见证人员必须和送样人员一起将试件送至检测单位。

(7)见证人员必须在检验委托单位上签字,同时出示"见证员证",以备检测单位核验。

(8)见证人员应廉洁奉公,秉公办事,发现见证人员有违规行为,发证单位有权吊销"见证员"证书。

三、见证取样送样的组织和管理

(1)国务院建设行政主管部门对全国房屋建筑工程和市政基础设施工程的见证取样和送检工作实施统一监督管理。县级以上地方人民政府建设行政主管部门对本行政区域内的房屋建筑工程和市政基础设施工程的见证取样和送检工作实施监督管理。各级建设工程质量检测机构应积极在建设行政主管部门的领导下,做好见证人员的考核工作。

(2)各检测单位在承接送检任务时,应核验见证人员证书。凡未执行见证取样的检测报告不得列入该工程竣工验收资料,应由工程质量监督机构指定法定检测单位重新检测,检测费用由责任方承担。

(3)见证单位、取样单位的见证取样人员弄虚作假,玩忽职守者需要追求刑事责任的当依法追究刑事责任。

第三节 检测、试验单位管理

一、检测、试验单位的基本条件

(一)检测机构

建筑(建设)工程质量检测机构(以下简称检测机构)是接受政府部门、司法机关、社会团体、企业、公众及各类机构的委托,依据国家现行法律、法规和技术标准从事检测鉴定工作,向社会出具检测鉴定报告,实行有偿服务并承担相应法律责任,具有独立法人地位的社会中介机构。检测机构通常隶属于建设行政主管部门或政府质量监督站,其设立具有地域性,承担本地域内的工程质量监督抽检和见证取样送检工作,同时参与本地域检测、试验单位和企业试验室的管理工作和人员培训工作。其除在资质范围内接受一般委托检测业务外,同时承担司法、仲裁部门委托的仲裁性检测和鉴定工作。

检测机构应具备以下条件:

(1)具有独立法人地位;

(2)检测机构负责人、技术负责人、质量负责人及各类检测人员应持证上岗;

(3)取得建设厅行政主管部门的资质认可并通过计量认证;

(4)建立完整的质量管理体系;

(5)具有从事建筑(建设)工程质量检测工作的专职技术人员;

(6)具备从事建筑(建设)工程质量检测的仪器、设备和环境设施。

(二)检测单位

在高等院校、科研院(所)的试验室及社会上独立的检测单位,是为满足社会需求,面向社会开展检测与试验工作的,以补充检测试验资源的不足。其应具备的条件与检测机构基本相同,可对外承接检测、试验任务,但一般不具备仲裁鉴定资格。各省(市)在管理工作中通常要求其业务上受所在地检测机构的指导。

(三)建筑企业内部试验室

建筑企业内部试验室是企业质量管理体系的组成部分,其主要职责是依据国家法律、法规和技术标准从事本企业内部的检验试验工作,所出具的试验报告作为企业内部质量控制资料。建筑企业内部试验室不得在社会上承揽检测业务。

建筑企业内部试验室应具备以下条件:

(1)具有企业法定代表人的书面委托;

(2)试验室的负责人、技术负责人、质量负责人及各类试验人员应持证上岗;

(3)取得建设行政主管部门或其委托的有关部门的认可;

(4)建立了完整的质量管理体系;

(5)具有从事建筑工程质量试验工作的专职技术人员;

(6)具备从事建筑工程质量试验的仪器、设备和环境设施。

二、检测单位的管理

省级建设行政主管部门负责对本区域范围内的检测机构(单位)和企业内部试验室进行监督管理,负责组织资质审查,颁发检测机构或企业试验室的资质证书。

检测机构(单位)必须经审查认可后方可在审查认可规定的检测范围内开展检测业务,并对其所出具的检测报告负责,并依法承担相应的法律责任。

企业试验室作为建筑企业资质标准的组成部分对内提供检测报告,不得对外承接委托检测、鉴定检测和见证取样检测等业务。

检测机构(单位)或试验室有下列行为之一的,建设行政主管部门将责令停止违法行为,予以警告并处以罚款,没收所有违法所得;情节严重的,吊销资质证书,并对责任人员给予警告处分并处以罚款,吊销岗位证书;情节严重的,终身不得从事检测、试验工作;触犯刑律的,依法追究刑事责任。

(1)超越资质证书范围承揽检测业务的;

(2)伪造、涂改、出借、转卖、出卖资质证书的;

(3)弄虚作假、营私舞弊,伪造检测数据,出具虚假检测报告或鉴定结论的;

(4)因检测报告错误,造成严重后果的;

(5)不按现行的法规和技术标准从事检测、鉴定工作且情节严重的。

第四节 计量认证

一、建筑工程质量检测试验单位计量认证的特点

建筑工程与一般工业产品不同,它涉及面广,技术参数多,难度大,一般的检测单位的承检能力难以覆盖建设工程的各个方面。此外,建设工程质量的检测检验着重于施工质量的过程控制,根据建设工程行业技术法规的要求,检测抽检的参数均少于单一产品型式检验所含参数。因而,建设工程检测试验单位适合以参数形式申请计量认证,以承验参数的能力来确定其检验能力。

二、《评审准则》简介

(一)《评审准则》制定的依据和适用范围

《产品质量检验机构计量认证/审查认可(验收)评审准则》(简称《评审准则》)主要依据《中华人民共和国计量法》、《中华人民共和国标准化法》和《中华人民共和国质量法》,它涵盖了《校准和检验实验室能力的通用要求》(GB/T 15481—1995)(等同采用 ISO/IEC 导则 25—1990)全部内容,同时兼顾我国的具体国情。主要适用于:为社会提供公正数据的产品,质量检验机构计量认证的评审;依法设置的授权的产品质量检验机构计量认证和审查认可(验收)的评审;其他类型实验室自愿申请计量认证的评审。

计量认证和审查认可工作是由国家和省级质量技术监督局的计量部门和质量监督部门负责实施的。计量认证是对检验机构(实验室)技术能力的考核,不涉及授权问题,它受理的对象主要是产品质量检验机构,中介机构和企业实验室也可自愿申请计量认证。通过计量认证的检验机构才能向社会开展检验工作。审查认可是政府质量管理部门对依法设置或授权承担产品质量检验任务的质检机构设立条件、界定任务范围、检验能力考核、最终授权(验收)的一种强制性管理手段。审查认可是对承检产品质量检验机构检验能力进行考核,而且根据承检能力和地域条件给予授权,通过认可的检验机构,获得了政府授权,对授权承检的产品具有监督抽检、质量仲裁等资格。

(二)《评审准则》简介

《评审准则》共计16章,第1章至第3章是总则、参考文件和定义,第4章至第16章为《评审准则》所述的 13 个要素,共 56 条 126 款。各要素简述见表27-2。

三、计量认证评审程序

主要讲述计量认证审查工作要经过的几个主要阶段以及计量认证监督、复查和扩项评审的相同点与不同点,以帮助大家了解计量认证审查的整个过程。

(一)计量认证申请与受理

申请计量认证的单位,要依照《评审准则》,结合本单位的实际情况,建立具有自己特色的质量管理体系。经过质量体系的试运行(通常需半年以上时间)和审核改进,可向质量技术监督部门具体负责计量认证/审查认可(验收)的评审机构提出计量认证的申请。

1. 计量认证的申请

(1)属全国性的质检机构向国家质量技术监督局具体负责计量认证/审查认可(验收)的评审机构申请计量认证。

(2)属地方的质检机构向省级质量技术监督部门具体负责计量认证/审查认可(验收)的评审机构申请计量认证。

(3)自愿申请计量认证的其他类型的质检单位(实验室)可按隶属关系向省以上质量技术监督部门具体负责计量认证/审查认可(验收)的评审机构申请计量认证。

计量认证申请书由国家质量技术监督局统一制定,可在评审机构获取。

2. 申请材料

申请计量认证应提交下列资料:

表 27-2　《评审准则》各要素简述汇总表

章序	条数	要素	要素简述
4	2 条	组织和管理	是对实验室管理要求中最重要的一个要素。对实验室的法律地位、公正性及应有的各类人员提出了要求
5	6 条	质量体系、审核和评审	针对实验室质量体系,对质量体系的要求、质量手册的内容、质量体系的建立和维护提出了要求
6	3 条	人员	对人员素质与水平的培训和考核,特别是关键人员的任职资格条件等作出了要求
7	6 条	设施和环境	为保证检验工作正常进行,并确保检验结果的有效性和准确性,对实验室的设施和环境提出的要求
8	4 条	仪器设备和标准物质	要求实验室所有仪器设备和标准物质始终全部受控,有维护程序,实施色标管理,并对仪器设备和标准物质档案作出了规定
9	7 条	量值溯源和校准	对检验用仪器设备的校准/检定作出要求,以保证在测量结果或计量标准能够溯源到规定的标准
10	8 条	检验方法	对检验的技术依据的确定和选择作出了规定。要求对检验数据的完整与安全,消耗材料的采购、验收和贮存等制定程序
11	4 条	检验样品的处置	涉及样品的接收状态、检验要求、标识系统、贮存和处置等
12	2 条	记录	对实验室的记录提出了总体要求。从记录的制度、内容、更改和贮存等方面提出了要求
13	7 条	证书和报告	对实验室检验的最终产品——证书报告,从保证其准确性和可靠性入手提出了要求。规定了报告或证书应包括的信息量及其更改、修正和保密的要求
14	2 条	检验的分包	对检验工作在什么情况下允许分包,及对接受分包的实验室应具备的条件作出了规定
15	3 条	外部支持服务和供应	规定对影响实验室检验工作质量的外部支持服务和供应,应制定程序控制其采购过程,保证外部支持服务和供应的质量
16	2 条	抱怨	要求实验室在检验活动中充分注重来自客户或其他方面的抱怨,并予以记录,认真对待,正确处理,以有利于完善质量管理体系,提高实验室的权威性

(1)质检机构计量认证/审查认可(验收)申请书一式两份。

(2)现行有效版本的质量手册一套和程序文件目录。

(3)质检机构法律地位证明文件。

(4)典型检验报告 1~2 份。

(5)能力验证活动记录(若有)。

3.计量认证受理

评审机构收到申请材料后,在规定的时间内,对申请书的填写内容及递交的证明材料是否符合要求进行审核,及时与申请方沟通,通知其是否已被受理。

对已受理的申请,由评审机构制定评审计划。评审工作按评审计划执行,但也可根据实际情况适当调整。

(二)现场评审

1.初审和预访问(必要时)

1)初审

申请方可以根据需要申请初审。初审的程序与现场评审的程序基本相同,只是在评审报告中不做评审结论,仅提出存在问题和整改要求。其目的是及时发现问题,提前整改到位,保证现场评审顺利通过。

2)预访问

评审机构可根据需要,与申请方协商,派评审组长到申请方(实验室)进行预访问(一般为一天时间)。申请方最高管理层应在预访问时与评审组长进行接触。

预访问的目的是使评审组长了解被评审方的概况,掌握其规模、特点,以便制定科学合理的现场评审计划,提出配备必要的技术专家,保证现场评审任务顺利完成。

2.现场评审前的准备

现场评审前一个月,评审机构应确定评审组长,由评审组长对被审方的质量手册、程序文件等资料进行审查,资料审查重点包括:

(1)申请单位是否具备明确的法律地位和承担法律现任的能力,是否能提供足够充分的客观书面证明。

(2)申请认证的技术能力的范围。

(3)质量手册及其程序文件内容是否符合《评审准则》的要求。

评审组长就审查的有关信息向评审机构进行反馈。对于文件审查合格的,评审组长与评审机构共同确定评审组成员,协商后确定现场评审时间。

3.现场评审的实施

现场评审是严格的执法过程,其整个过程严格执行《评审准则》规定的要求。评审中对申请方进行考核,判定其检测能力,考核其管理水平,保证其出具的检验数据准确可靠。现场评审的时间一般为三天。评审组人数可根据被评审方规模、人数和申请项目的多少而定。主要采用的方式有:提问、聆听、观察、检查等方法。

现场评审的主要程序如下:

1)预备会议

预备会议通常在现场评审开始的前一天晚上召开,参加人员为评审组长和评审员,被评审方的技术负责人和质量负责人等。

预备会议的主要内容为：评审组长介绍被评审方的概况、本次现场评审的重点和注意事项；制定现场评审计划日程，并向被评审方交代清楚，以便他们能充分地配合；明确现场评审的软、硬件小组分工；明确现场评审的注意事项；初步确定现场试验项目，以便被评审方能做好必要的准备工作。

2)首次会议

首次会议是实施现场评审的第一次会议，由评审组长主持，参加人员为评审组全体人员(包括技术专家)、被评审方领导及其人员(全体或各部门代表)，时间一般为 30~45 min。首次会议参加人员应签到记录并保存。

其目的是确认现场评审计划，确定现场试验项目，介绍现场评审方法，提出后勤保障要求，听取被评审方领导的简要介绍等。

被评审方还应准备一份实验室有关评审准备或体系自查情况报告。

3)参观

为使评审组了解被评审方环境和仪器设备等情况，首次会议后由被评审方的人员组织参观其试验室、样品室、资料室及主要管理部门，增加感性认识，提高评审效率。

4)分软、硬件小组进行评审

现场评审通常分软、硬件两组进行。

软件小组负责进行《评审准则》中"组织和管理"、"质量体系"、"审核和评审"、"人员"、"检验样品的处置"、"记录"、"检验的分包"、"外部支持服务和供应"、"抱怨"等要求的评审，组织召开座谈会。

硬件小组负责进行"人员"、"设施和环境"、"仪器设备和标准物质"、"量值溯源和校准"、"检验方法"、"证书和报告"等要求的评审，进行现场试验项目的考核。

现场考核试验的方式有：人员比对试验、设备比对试验、盲样试验等。

两组在现场评审过程中分工不分家(如，对授权签字人的考核通常由软件组长和硬件组专家联合进行)，应相互协调、配合，对发现的问题及时沟通，确保现场评审客观、全面、准确。

5)沟通、汇总情况

软、硬件两组将评审情况进行汇总，确定评审通过的项目，提出存在的问题和整改要求，形成评审结论和评审记录。

6)与被评审方领导沟通

评审组将评审汇总的情况与被评审方领导交流，取得共识，对于未达成共识的意见可采取必要的补充评审，以便最终达成共识。

7)末次会议

末次会议是实施现场评审的最终会议。末次会议由评审组长主持，目的是宣布评审结论和评审通过的项目，确定整改要求和期限，请实验室发表意见，宣布现场评审工作结束等。

8)整改实施

对于现场评审提出的问题和整改要求，在两个月内由被审核方进行整改，整改后将书面的整改材料交评审组长确认。如需到现场复查由评审组长或委派评审组成员到现场复查,合格后形成书面材料报评审组长。

(三)审批发证

1. 申请材料、现场评审材料及整改材料的审核

被评审的质检机构将整改材料交评审组长后,评审组长一般在15日内将申请材料和现场评审材料和整改材料上报评审机构,由其指派专门人员对全部申请材料和现场评审材料进行审核,确认批准项目,如发现问题,及时与评审组长或被评审方沟通,直至确认无问题后,上报省以上质量技术监督部门批准。

2. 批准发证

对于申请计量认证并经审核合格的质检机构由省以上质量技术监督部门批准并颁发计量认证合格证书;在证书附表中明确计量认证项目,证书期限一般为5年。

(四)监督评审

对获得计量认证合格证书质检机构由原评审机构进行监督评审。监督评审分定期监督评审和不定期监督评审两种形式。

1. 定期监督评审

对已取得计量认证质检机构,在其证书有效期(5年)内,将有计划地对其进行至少一次监督评审(通常于第3年进行)。其主要目的是保证产品质量检验机构的质量体系运行持续有效,保证其出具的检验数据公正、准确、科学。监督评审计划可与评审计划同时下发。

2. 不定期监督评审

根据产品质量检验机构或实验室的检验工作状况及客户对其有投诉的情况,可进行不定期监督评审,及时发现问题,限期进行整改。促进质量体系的改进和完善,保护社会公众利益。

3. 监督评审的程序

监督评审方式及程序与初次现场评审基本一致,只是略去了初审中"预备会议"和"参观"两个环节。

监督评审的时间少于初次现场评审的时间,评审组人数也可少于初次现场评审的人数,现场试验项目可按计量认证/审查认可(验收)项目数有重点地抽取,必要时可配备技术专家。

4. 监督评审的结果

(1)在监督评审中发现存在的一般问题,在一个月进行整改后,将整改报告上报负责计量认证/审查认可(验收)的评审机构。对于有严重问题的质检机构,要暂停其出具公正数据的资格,停止使用计量认证/审查认可(验收)标志并予以公告。

(2)暂停一般期限为6个月,到期前可申请复审,复审合格则恢复其使用计量认证/审查认可(验收)证书和标志的资格。如不提出申请或复审仍不各格的,则注销其计量认证/审查认可(验收)的合格证书并予以公告。

(五)复查评审

在计量认证证书5年有效期满前6个月,应向评审机构提交复查申请材料,提出复查

申请。评审机构受理申请后,制定复查评审计划,复查评审计划可与监督评审初次现场评审计划一并下达,复查评审程序与初次现场评审的程序相同。

对于到期未提出复查换证申请的质检机构,不列入评审计划,其计量认证证书到期后,不得对外出具数据,也不得在其检验报告上使用计量认证标志。

(六)扩项评审

1.扩项的申请

质检机构对于新开展的检验项目待其检验条件具备后,可向原发证单位提出计量认证/审查认可(验收)的扩项申请。需提交的扩项申请材料包括:①扩项申请书;②如质量手册有变化,也一并上报;③典型检验报告;④标准有效性确认报告;⑤增项批文;⑥能力验证活动记录。

2.扩项的现场评审程序

(1)扩项的现场评审程序与监督评审程序相同,现场试验重点对新开展项目的检验能力、环境条件、人员操作水平进行评审。

(2)扩项申请可以在监督评审或复查评审前提出,以便与监督评审或复查评审同时进行,减少现场评审次数,提高工作效率。

(3)对于比较简单的项目扩项也可将书面申请材料上报后,由负责计量认证/审查认可(验收)的评审机构书面确认,即可开展工作,待监督评审时一并对其进行现场评审。

第五节　质量体系的建立与运行

一、质量体系

(一)质量体系的构成

质量体系是为实施质量管理的组织结构、程序、职责、过程和资源,包括硬件和软件两部分。有必要的符合要求的仪器设备、试验场地及办公设施,合格的检验人员等资源;与其相适应的组织机构,分析确定各检验工作的过程,分配协调各项检验工作的职责和接口,指定检验工作程序及检验依据方法。质量体系应使各项检验工作能有效、协调地进行,成为一个有机的整体,并通过管理评审,内外部的审核,实验室之间验证、比对等方式,不断使质量体系完善和健全。

1.组织机构

检测机构(实验室)必须根据自身的具体情况进行筹划和设计。通常应确立:与检验工作相适应的检验部门;综合协调和管理部门;确定各个部门的职责范围及相应关系;配备与各个部门开展工作所需的资源。

由于每个实验室开展检验产品项目、检验人员素质等情况的不同,不可能存在一种普遍适用的、固定的、相同的组织机构模式,实验室必须根据自身的具体情况进行设计。

2.程序

程序是为进行某项活动所规定的途径。主要规定某项工作的目的范围、应做什么事、谁来做、如何做、什么时间实施、如何控制和记录以及采用什么材料、设备和文件等方面。

3．职责

明确规定各个检验部门和相关人员的岗位责任,即应承担的任务和责任。

4．过程

过程是将输入转换成输出的一组彼此相关的资源和活动。应注意过程中含有价值的转换,其价值的来源就是过程投入的资源和活动所应产生的结果。在进行一项检验工作中,成本核算是一个不可缺少的重要环节。

5．资源

资源包括人员、设备、设施、资金、技术和方法。是质量体系的硬件。

(二)质量体系应具备的特性与功能

质量体系的特性主要由系统性、全面性、有效性和适应性等4个方面来体现。

质量体系应具备的功能有:①质量体系能够对所有影响实验室质量的活动进行有效的和连续的控制;②质量体系能够注重并且能够采取预防措施,减少或避免问题的发生;③质量体系具有一旦发现问题能够及时作出反应并加以纠正的能力。

只有充分发挥质量体系的功能,并使之有效运行,才能不断完善和健全质量体系,达到质量目标的要求。所以说质量体系是实施质量管理的核心。

二、建立质量体系

(一)建立质量体系的步骤

(1)领导的认识阶段。建立质量体系,涉及内部许多部门,是一项全面性的工作。因此,领导对质量体系的建立、改进资源的配备等方面发挥着决策作用。

(2)宣传培训、全员参与。实验室在建立质量体系时,要向全体工作人员进行《评审准则》和质量体系方面的宣传教育。使工作人员了解建立质量体系的重要性,很好地理解《评审准则》的内容和要求,了解自己在建立质量体系工作中的职责和作用,使全体人员无论在思想认识上,还是实际行动上都能做到积极响应和参与。

(3)确定实验室的质量方针和质量目标。质量方针是由组织领导者正式发布的质量宗旨和质量方向。质量目标是质量方针的重要组成部分。同时,质量方针是各部门和全体人员在检验工作中遵循的准则。因此,实验室的领导应结合实验室的工作内容、性质、要求,主持制定符合自身实际情况的质量方针、质量目标,以便指导质量体系的设计和建设工作。

(4)分析现状,确定过程和要素。实验室的最终目标是提供合格的检验报告,由各个检验过程来完成的。因此,对各质量体系要素必须作为一个有机的整体去考虑,了解和掌握要素要达到的目标,按照《评审准则》的要求,结合自身的检验工作及实施要素的能力进行分析比较。确定检验报告形成过程中的质量环节,加以控制。

(5)确定机构,分配质量职责。为了做好质量职责的落实工作,应根据自身的实际情况,筹划设计组织机构的设置。设置的原则是必须有利于实验室检验工作的顺利开展,有利于实验室各环节与管理工作的衔接,有利于质量职能的发挥和管理。

将各个质量活动分配落实到有关部门,根据各部门承担的质量活动确定其质量职责和各个岗位的职责以及赋予相应权限。同时注意规定各项质量活动之间的接口和协调的措施,避免出现职能重叠谁都不负责任或职能空缺,造成无人管理的现象。

(6)质量体系文件化。文件是质量体系存在的基础和证据,是规范实验室检验工作和全体人员行为达到质量目标的质量依据。质量体系很大程度上是通过文件化的形式表现出来的。

质量体系的文件一般包括四方面的内容:质量手册、程序文件、质量计划、质量记录。应制定编制质量体系文件的编写实施计划,对以上各个层次文件的编排方式、编写格式、内容要求,以及之间的衔接关系作出设计。做到每个项目有人承担和检查,保证按时完成。

通过以上6个步骤后,体系文件批准和向实验室全体工作人员进行宣传贯彻,质量体系就可以进入试运行阶段。

(二)质量体系的试运行

质量体系的试运行就是按照质量体系文件的规定和要求来开展各项工作。在此期间,应注意发现质量体系文件编制中遗漏的控制盲点,做好质量反馈,有计划、有重点地对质量体系运行有效性进行调查和分析,并通过质量审核和质量评审,实事求是地对质量体系作出评价。对发现的缺陷,结合质量方针和目标,在实施有针对性的改进措施后,对质量体系文件进行相应的修改或补充,以确定各项质量活动都处于受控状态,使体系处于自我完善、自我发展,具有减少、预防和纠正质量缺陷的良性循环状态。

对首次认证的单位,此过程通常需半年以上时间。

三、质量体系文件编制

文件是评价质量体系运作效果的依据。一个实验室只能有惟一的质量体系文件系统,一般一项活动只能规定惟一的程序;一项规定只能有惟一的理解。质量体系文件一旦批准实施,就必须认真执行,如需修改,必须按规定的程序进行;质量体系文件的设计和编写没有统一的标准化格式,应注重其适用性和可操作性。

(一)质量体系文件

1. 质量体系文件的层次

质量体系的文件一般包括:质量手册、程序文件、质量计划、质量记录。

质量体系文件的层次划分一般为三个或四个层次,如图27-1、图27-2所示。实验室可根据自身的检验工作需要和习惯加以划分。划分时要注意上下层文件要相互衔接,前后呼应,内容要求一致,不能有矛盾。

2. 质量体系文件的编写原则

质量体系文件的编写中要遵循系统协调原则,科学合理、可操作实施的原则。要从检验机构的整体出发进行设计、编制,对影响检测质量的全部因素进行有效的控制,接口要严密,相互协调,构成一个有机整体;应对照《评审准则》,结合自身工作的特点和管理的现状,做到科学合理,充分考虑其可操作性,以便于实施、检查、记录、追溯,使其能够真正有效地指导检验工作。

3. 质量体系文件的编写过程

1)培训学习阶段

(1)学习国家有关的法律法规知识。

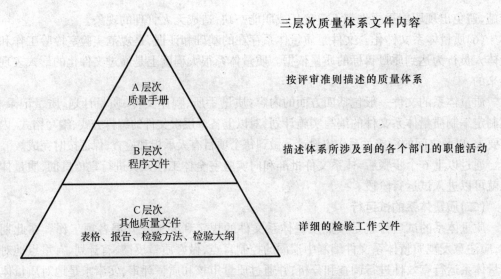

图 27-1　三层次质量体系文体内容图示

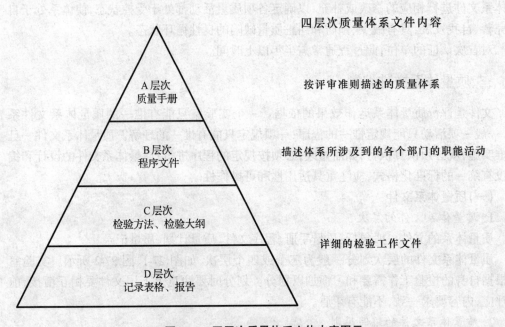

图 27-2　四层次质量体系文体内容图示

(2)学习《评审准则》。

2)调查策划阶段

(1)了解组织机构的现状。

(2)各部门职能权限的现状。

(3)现有的管理制度及执行状况。

(4)现有的各项标准、仪器设备等情况。

3)质量体系文件的编写阶段

(1)制定编写体系文件格式。

(2)制定编写计划分布实施。

(3)编写组按照《评审准则》和检验工作实际情况分工合作进行编写。

(4)质量体系文件的研究设计、协调。

(5)质量体系文件的批准、发布。

4)质量体系文件的宣传贯彻,质量体系试运行阶段

(1)质量体系文件下发,宣讲。

(2)贯彻实施,认真检查考核。

(3)组织内部审核。

(4)根据质量体系试运行,修订质量体系文件。

(5)质量体系正式运行。

(二)质量手册的编写

质量手册的基本结构及内容:

(1)封面。实验室名称和标志,质量手册的标题、编号,发行版次。

(2)批准页。批准人签名,生效日期,持有人或部门(分受控和不受控两类)。

(3)修订页。以修订的表格形式表示质量手册各部分修订状态。受控质量手册的持有者应负责在收到修订页次后立即将旧页次换下。

(4)手册目录。列出质量手册所含的章、节、条号及题目。

(5)前言(概述)。提供实验室名称、地址、通讯方式、经历和背景、规模、性质等,对社会的各项承诺(如公正性声明)也可单独列章。

(6)主题内容及适用范围。列出本质量手册适用于哪些检测领域(包括种类、范围)、服务类型、质量手册采用的质量体系标准(如《评审准则》等)以及规定的所适用的质量体系要素。

(7)定义及缩略语(必要时)。对质量手册中出现的新定义和术语以及缩写进行定义和说明,并指出质量手册中使用的其他术语所符合的标准。

(8)质量手册的管理。对质量手册保存、分发、评审、修订以及是否保密等作出规定。

(9)质量方针和目标。陈述质量方针和质量目标,并说明质量方针和目标如何为实验室全体人员所熟悉理解和执行。

(10)组织机构。陈述高层管理人员(包括技术、质量主管)任职条件、职责、权力、相互关系及权力委派等。与检验质量有关部门和人员的职责、权力和相互关系。

(11)组织机构框图。框图要能表示实验室的内外关系和内部组织关系。当实验室不是独立的法人实体时,要求清楚地表示实验室与母体法人单位及其平行机构之间的关系;母体法人单位同上级行业主管部门的隶属关系以及行业主管部门与国家、地方质量技术监督局的关系;内部组织关系应包括管理部门、技术部门、检测部门、计量检定部门(如适用)、有关的后勤保障部门。

(12)监督网框图和监督人员的任职条件、职责、权力及人数比例。

(13)防止不恰当干扰,保证公正性、独立性的措施。对所有客户能保证同样的检测服

务水平,检测人员不得从事与检测业务有关的开发工作,不得将客户提供的技术资料、技术成果用于开发;对客户要求保密的技术资料和数据要能做到保密;检测工作不受各级领导机构的干扰等措施。

(14)参加比对和验证试验的组织措施。

(15)根据《评审准则》对各要素的要求,对所选择的要素分章编写。质量手册一般只作原则性的描述,且在编写时注意将其章节号与《评审准则》中各要素的对应顺序,以方便对照检查和修改。内容包括:①目的范围(总则);②负责和参与部门(职责);③达到要素要求所规定的程序;④开展活动的时机、地点及资源保证;⑤支持文件。

此外,质量体系要素描述还包括:用表格的形式表述实验室开展产品检验所具备的能力。

(16)支持性资料目录。包括质量手册所需列出的附录(如实验室平面布置图、人员一览表、仪器设备溯源图等)和支持性文件目录(如程序性文件、技术标准等)。

(三)程序文件的编写

1. 程序文件

质量体系文件中的程序文件是规定实验室质量活动方法和要求的文件,是质量手册的支持性文件。质量体系所选定的每个要素或一组相关的要素一般都应该形成书面程序。在编制程序文件中要注意其内容必须与质量手册的规定相一致,特别要强调的是程序文件的协调性、可行性和可检查性。要对检验活动过程中的每个环节作出具体、细致的规定,以便有关人员的理解、执行和检查。

2. 程序文件的内容和格式

(1)封面。实验室的名称和标志、文件名称、文件编号、编制、批准人及日期、生效日期、版次号、受控状态、密级及发放登记号。

(2)刊头。实验室的名称和标志、文件编号、名称、生效日期、版次号、页码。

(3)正文。①目的,简要说明开展这项活动的作用和重要性及其涉及的范围;②适用范围,明确实施此项程序有关部门人员的职责,相互关系;③职责;④工作程序,按顺序列出开展该项活动的细节。明确输入、输出和整个流程中各个环节的转换内容,对人员、设备、材料、环境和信息等方面具体要求。阐明规定应做的工作和执行者,在何时、何地进行,所使用的仪器设备、依据的文件、控制方式、记录要求及特殊情况处理等;⑤相关文件,包括相关的体系文件和对应的记录。

(四)质量记录的编制

质量记录应能客观反映质量活动和体系运行的实际情况,是质量活动追踪和预防的依据。大量的质量记录是以表格的形式表述的。

1. 质量记录的要求

质量记录一般要做到便于管理,易于操作,能正确、真实、准确地进行质量活动,具有很强的可追溯性。同时,质量记录应尽可能做到信息完整,判定技术性记录信息是否完整的标准是看能否复(再)现技术活动,管理性记录信息是否完整的标准是看能否实现跟踪检查。

2.检验记录表的编制要求

(1)检验表格栏目要适当。能按照检验标准的要求反映出质量特性,做到有充分的信息量,易于追溯。

(2)检验表格要规范化。对检验记录内容、格式应力求标准化、规范化,要简明,同时又便于填写。

(3)具有惟一性标识,便于归档、检索。

(五)质量计划的编制

1.质量计划

质量计划是针对特定的产品、项目或合同,规定专门的质量措施、资源和活动顺序的文件。质量计划可以是质量策划的一部分,是将特定要求与现行通用的质量体系程序有机地联系起来,从而保证质量手册中规定的原则和方法得以贯彻和实施。

2.质量计划的主要内容

项目内容,质量目标,该项目和阶段有关部门的职责,特殊程序和方法,所使用仪器设备及其配置要求,检验指导书(实施细则),检验人员的培训,检验记录的要求,重要阶段验证和审核大纲及计划修订等内容。

3.质量计划的编制要求

(1)要与实验室的质量方针和已有的质量体系文件协调一致。

(2)要针对其特殊性和单一性制定明确的质量目标。

(3)要围绕目标制定实行有效的措施,具有可操作性。

(4)对质量计划的内容及格式作出统一规定。

四、质量体系的运行

质量体系的运行就是按照质量体系文件的规定和要求来开展各项工作,否则,不管质量手册编制得如何好也是没有用的。体系运行期间,应注意坚持做到以下几点:

(1)领导重视,做好管理评审;

(2)全员参与,不断增强建立良好机制的信心;

(3)建立监督机制,保证工作质量;

(4)认真开展审核活动,促进质量体系的不断完善;

(5)加强纠正措施落实,改善质量运行水平;

(6)适应市场经济,求得发展,提高检测水平。

参 考 文 献

1 国家建筑工程质量监督检验中心．混凝土无损检测技术．北京：中国建材工业出版社，1996

2 中国工程建设标准化协会标准　CECS 69：94　后装拔出法检测混凝土强度技术规程

3 国家质量技术监督局．计量认证/审查认可(验收)评审准则宣贯指南．北京：中国计量出版社，2001

4 何才旺，等．水泥应用．北京：中国建材工业出版社，1999

5 GB 8170—87　数值修约规则

6 GB 1250—89　极限数值的表示方法和判定方法

7 GB/T 8074—1987　水泥比表面积测定方法(勃氏法)

8 GB/T 1345—1991　水泥细度检验方法(80 μm 筛筛析法)

9 GB/T 1346—2001　水泥标准稠度用水量、凝结时间、安定性检验方法

10 GB/T 1346—2001　水泥胶砂强度检验方法(ISO 法)

11 GB/T 2419—1994　水泥胶砂流动度测定方法

12 JGJ 98—2000　砌筑砂浆配合比设计规程

13 JGJ 70—90　建筑砂浆基本性能试验方法

14 JGJ/T 55—2000　普通混凝土配合比设计规程

15 GB 50164—92　混凝土质量控制标准

16 GB 50204—2002　混凝土结构工程施工质量验收规范

17 GB/T 17431.1—1998　轻集料及其试验方法

18 GBJ 107—87　混凝土强度检验评定标准

19 GBJ 80—85　普通混凝土拌和物性能试验方法

20 GBJ 82—85　普通混凝土长期性能和耐久性能试验方法

21 GBJ 81—85　普通混凝土力学性能试验方法

22 GB/T 50123—99　土工试验方法标准

23 GB/T 50007—2002　建筑地基基础设计规范

24 GB/T 228—2002　金属材料室温拉伸试验方法

25 GB/T 238—1984　金属材料反复弯曲试验方法

26 GB/T 232—1999　金属材料弯曲试验方法

27 GB 1499—1998　钢筋混凝土用热轧带肋钢筋

28 GB 13013—1991　钢筋混凝土用热轧光圆钢筋

29 GB 13788—2000　冷轧带肋钢筋

30 GB/T 701—1997　低碳钢热轧圆盘条

31 GB 700—1998　碳素结构钢

32 JG 3046—1998　冷轧扭钢筋

33 JGJ 272001—1998　钢筋焊接及验收规程

34 JGJ 19—1992　拉拔钢丝预应力混凝土构件与施工规程

35 JGJ 27—2001　钢筋焊接接头试验方法标准

36 JGJ 52—1992　普通混凝土用砂质量标准及检验方法

37 JGJ 53—1992　普通混凝土用碎石或卵石质量标准及检验方法

38 GB 5947—1986 水泥定义和名词术语

39 GB 175—1999 硅酸盐水泥、普通硅酸盐水泥

40 GB 1344—1999 矿渣硅酸盐水泥、火山灰质硅酸盐水泥及粉煤灰硅酸盐水泥

41 GB 12958—1999 复合硅酸盐水泥

42 GB/T 5101—1998 烧结普通砖

43 GB 13544—2000 烧结多孔砖

44 GB 13545—1992 烧结空心砖和空心砌块

45 GB 8239—1997 普通混凝土小型空心砌块

46 GB/T 4111—1997 混凝土小型空心砌块试验方法

47 GB/T 2542—1992 砌墙砖试验方法

48 GB/T 4100.1—5—1999 干压陶瓷砖

49 GB 8478—87 平开铝合金门

50 GB 8480—87 推拉铝合金门

51 GB 8479—87 铝合金平开窗

52 GB 8481—87 铝合金推拉窗

53 JG/T 3017—94 PVC 塑料门

54 JG/T 3018—94 PVC 塑料窗

55 GB/T 8814—1998 门窗框用硬聚氯(PVC)乙烯型材

56 GB 11793—89 PVC 塑料窗建筑物理性能分级

57 GB/T 7106—2002 建筑外窗抗风压性能分级及检测方法

58 GB/T 7107—2002 建筑外窗气密性能分级及检测方法

59 GB/T 7108—2002 建筑外窗水密性能分级及检测方法

60 GB/T 5836.1.2—92 排水用硬聚氯乙烯管材(件)

61 GB 50325—2001 民用建筑工程室内环境污染控制规范

62 GB/T 494—1998 建筑石油沥青

63 JC/T 84—1996 石油沥青玻璃布胎油毡

64 GB 18242—2000 弹性体改性沥青防水卷材

65 GB 18243—2000 塑性体改性沥青防水卷材

66 JC/T 852—1999 溶剂型橡胶沥青防水涂料

67 JC/T 864—2000 聚合物乳液建筑防水涂料

68 JC/T 894—2001 聚合物水泥防水涂料

69 GB 8076—1997 混凝土外加剂

70 GB 18588—2001 混凝土外加剂中释放氨的限量

71 GB/T 8077—2000 混凝土外加剂匀质性试验方法

72 GB 50207—2002 屋面工程质量验收规范

73 SH 0522—2000 道路石油沥青

74 SY 1665—77 普通石油沥青

75 GB 326—89 石油沥青纸胎油毡、油纸

76 GB/T 14686—93 石油沥青玻璃布胎油毡

77 JC/T 504—92(96) 铝箔面油毡

78 JC/T 690—1998 沥青复合胎柔性防水卷材

79 JC/T 633—1996 改性沥青聚乙烯胎防水卷材